图 2.1　彩色图像到灰度图像的转换



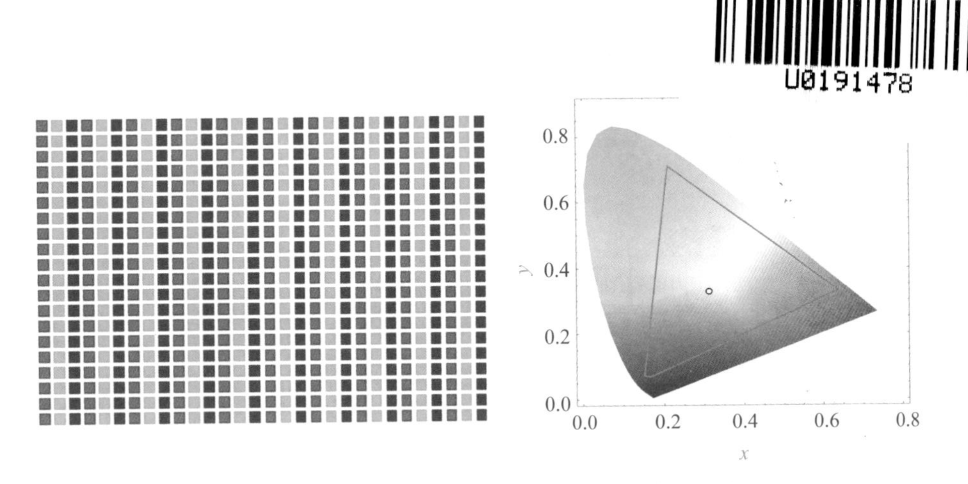


第 2 章“RGB 彩色图像表示”中的插图（第 15 页）

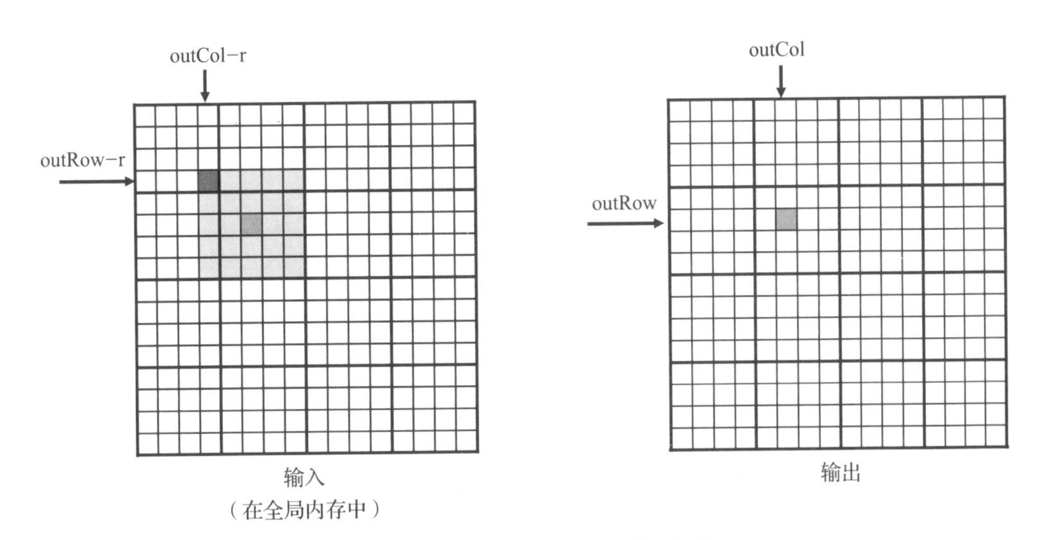


图 7.6　二维卷积的并行化和线程组织

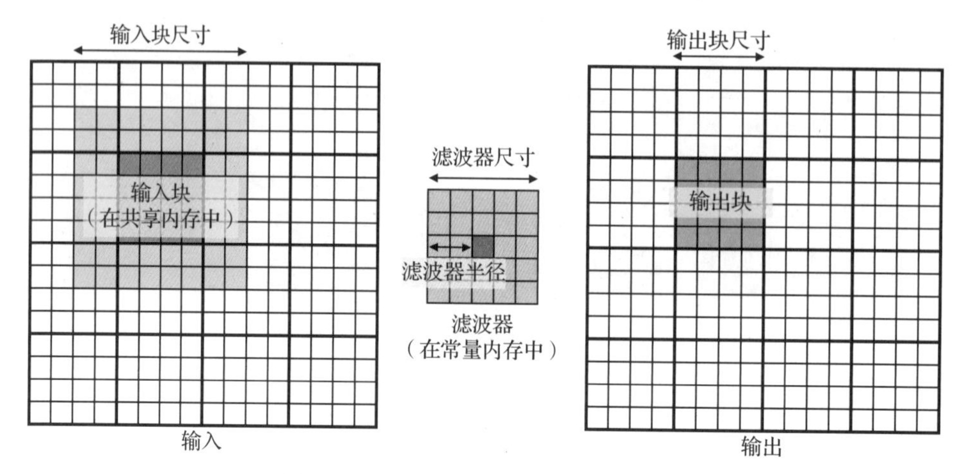


图 7.11　二维卷积中的输入块与输出块

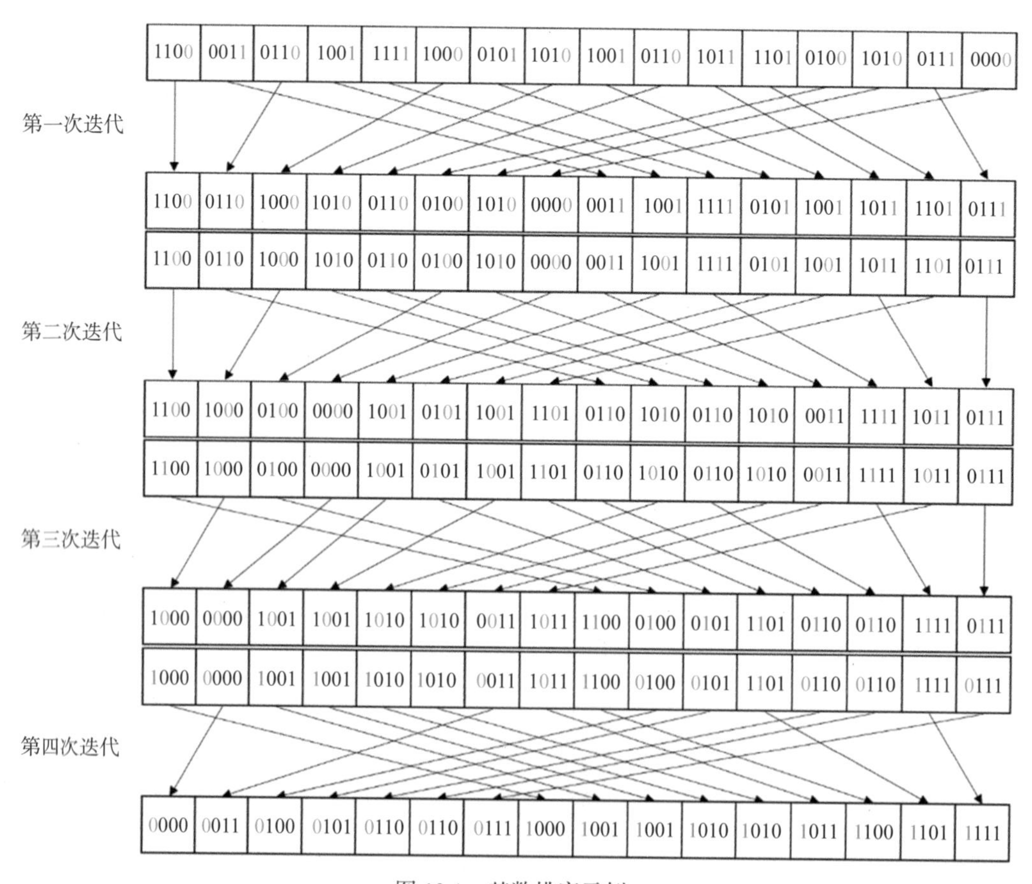


图 13.1　基数排序示例

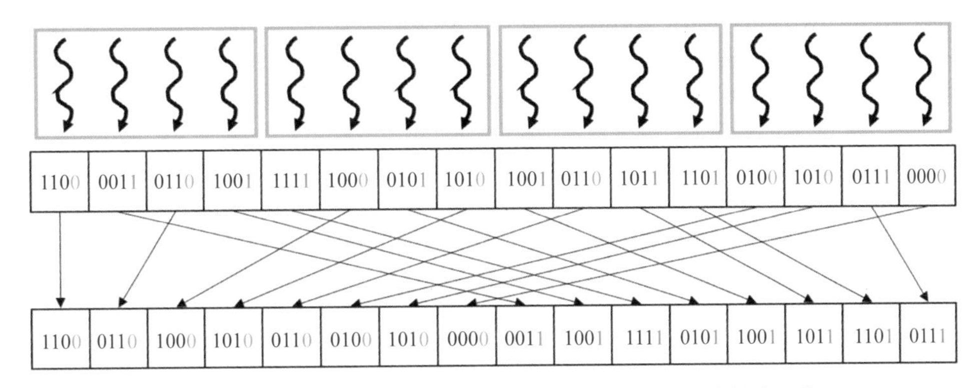


图 13.2　通过将一个输入键分配给每个线程来并行基数排序迭代

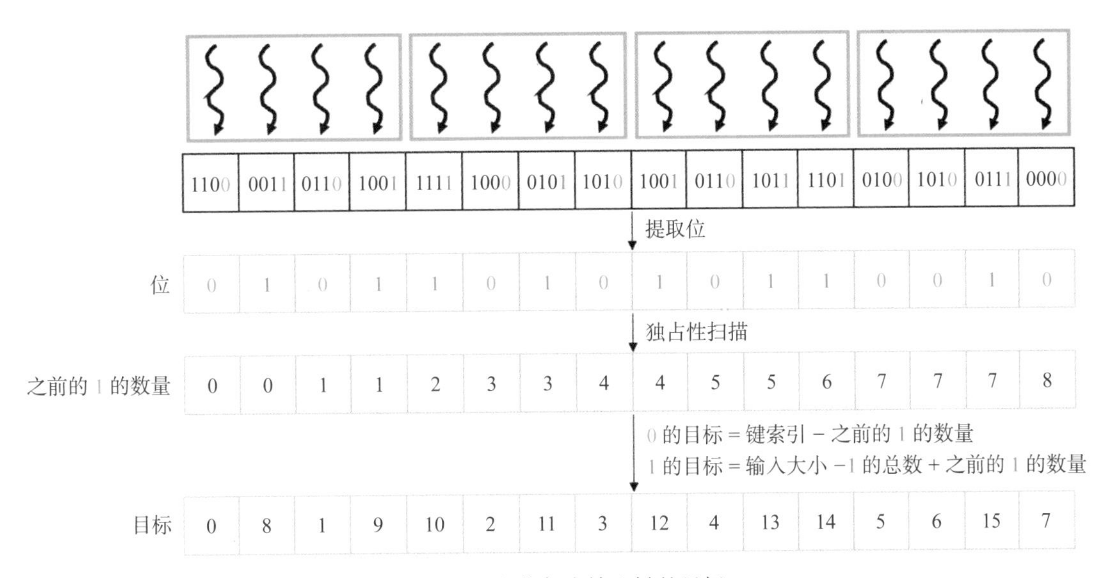


图 13.3　查找每个输入键的目标

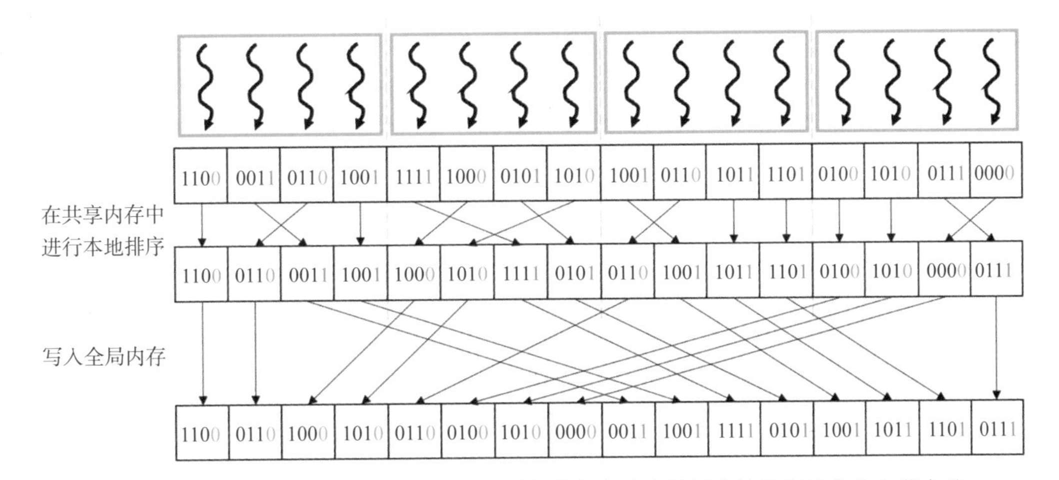


图 13.5　在排序到全局内存中之前，通过在共享内存中进行本地排序来优化内存合并

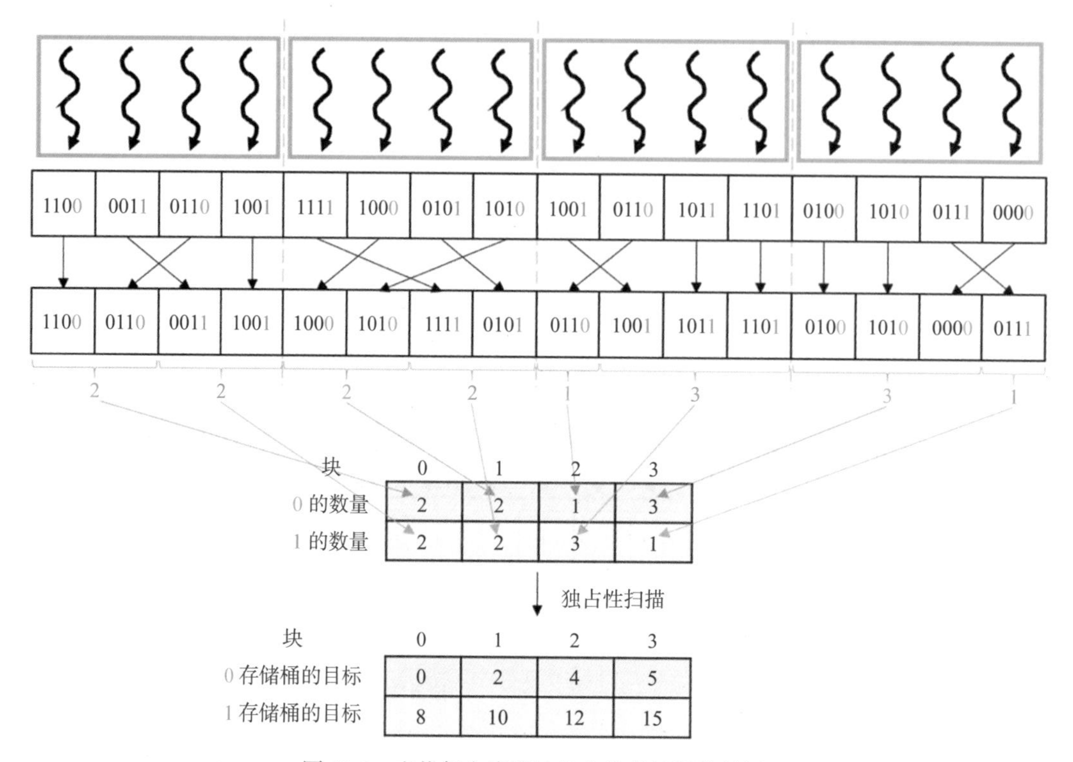


图 13.6 查找每个线程块的本地存储桶的目标

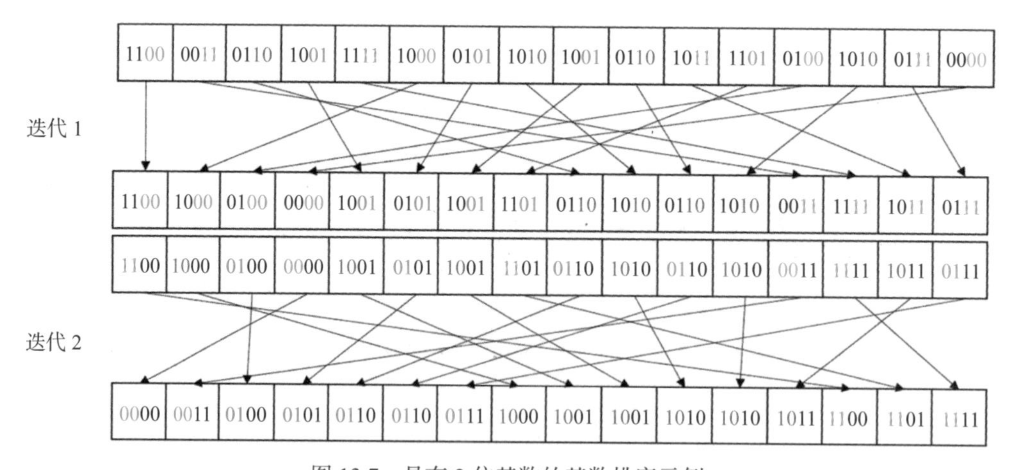


图 13.7 具有 2 位基数的基数排序示例

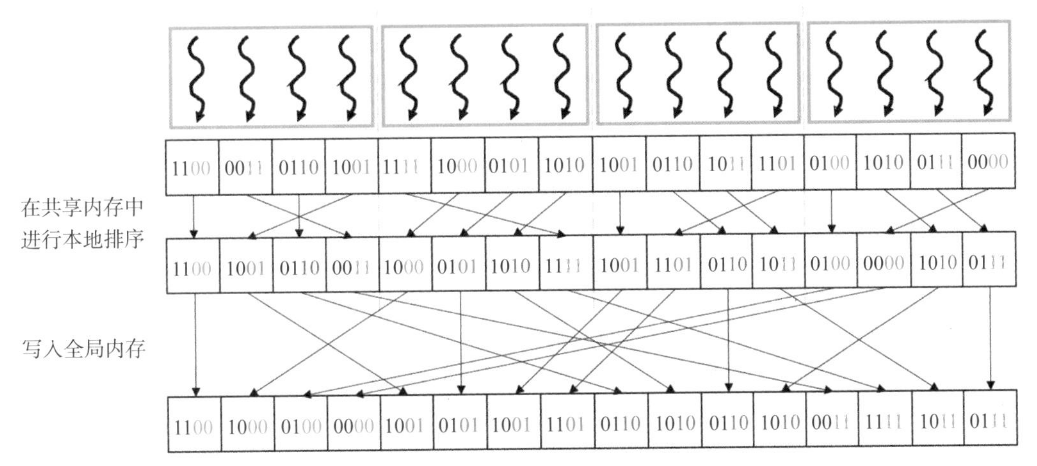


图 13.8　并行化基数排序迭代并使用 2 位基数的共享内存对其进行优化以实现内存合并

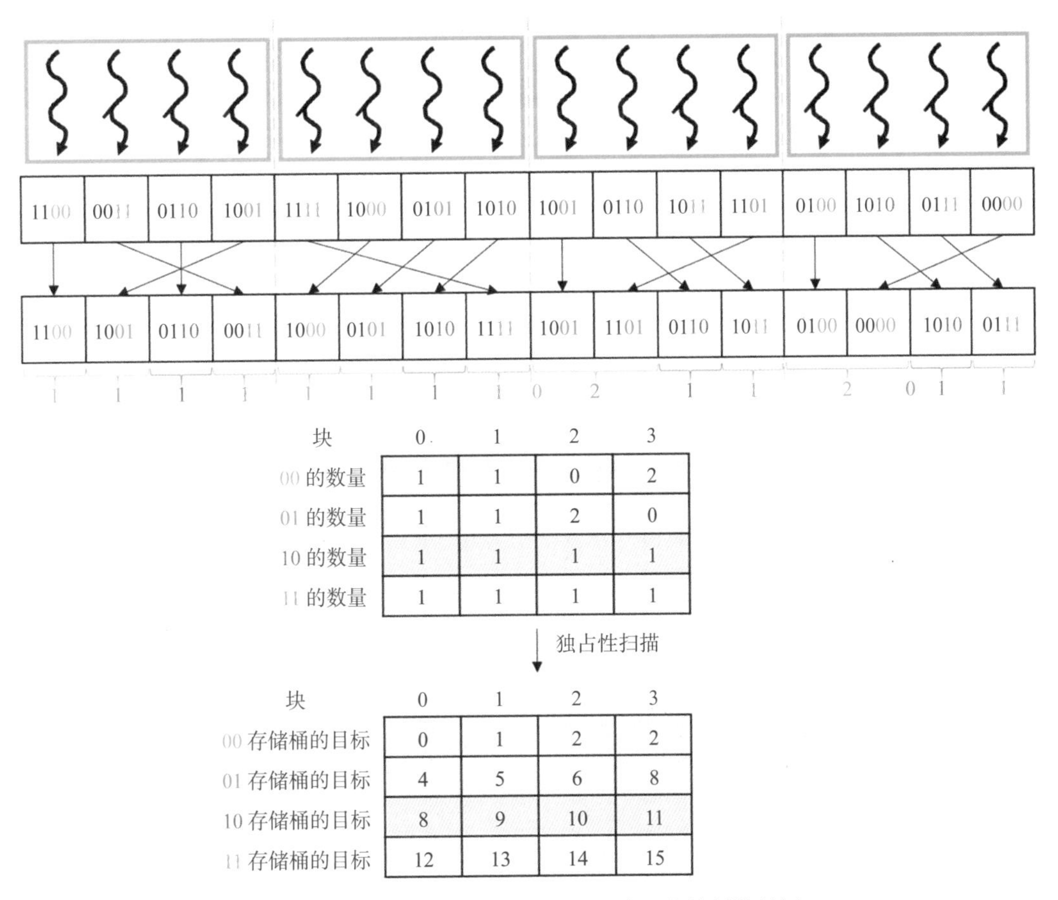


| 块 | 0 | 1 | 2 | 3 |
|---|---|---|---|---|
| 00 的数量 | 1 | 1 | 0 | 2 |
| 01 的数量 | 1 | 1 | 2 | 0 |
| 10 的数量 | 1 | 1 | 1 | 1 |
| 11 的数量 | 1 | 1 | 1 | 1 |

| 块 | 0 | 1 | 2 | 3 |
|---|---|---|---|---|
| 00 存储桶的目标 | 0 | 1 | 2 | 2 |
| 01 存储桶的目标 | 4 | 5 | 6 | 8 |
| 10 存储桶的目标 | 8 | 9 | 10 | 11 |
| 11 存储桶的目标 | 12 | 13 | 14 | 15 |

图 13.9　查找 2 位基数的每个块的本地存储桶的目标

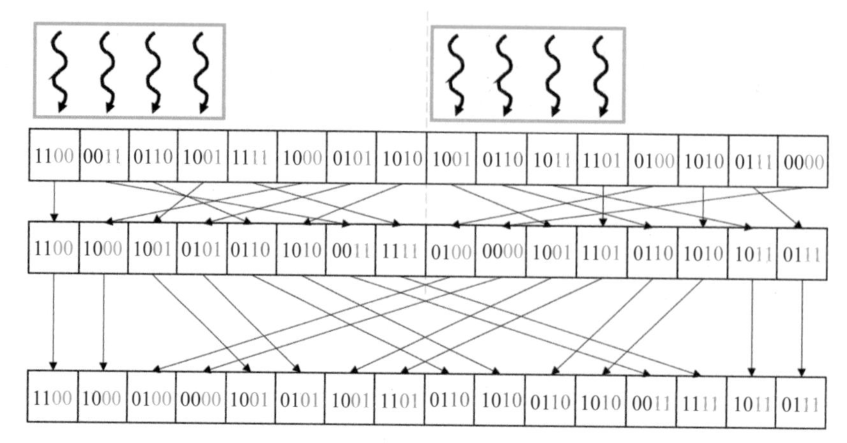


图 13.10　对 2 位基数进行基数排序，并通过线程粗化来改善内存合并

| | | | | |
|---|---|---|---|---|
| 行 0 | 1 | 7 | | |
| 行 1 | 5 | | 3 | 9 |
| 行 2 | | 2 | 8 | |
| 行 3 | | | | 6 |

图 14.1　一个简单的稀疏矩阵示例

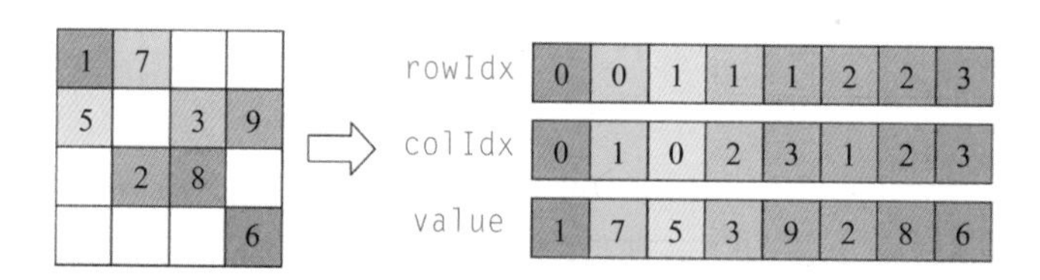


图 14.3　COO 格式的示例

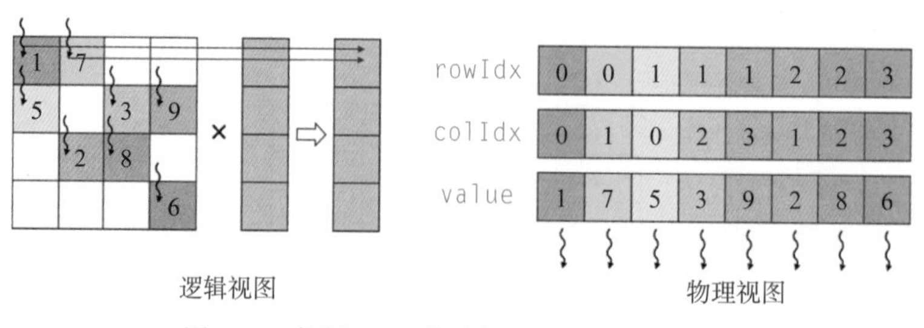


图 14.4　使用 COO 格式的 SpMV 并行化示例

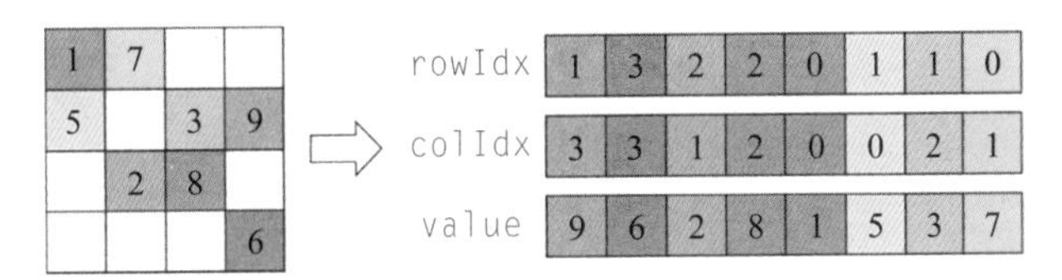


图 14.6　重新排序 COO 格式

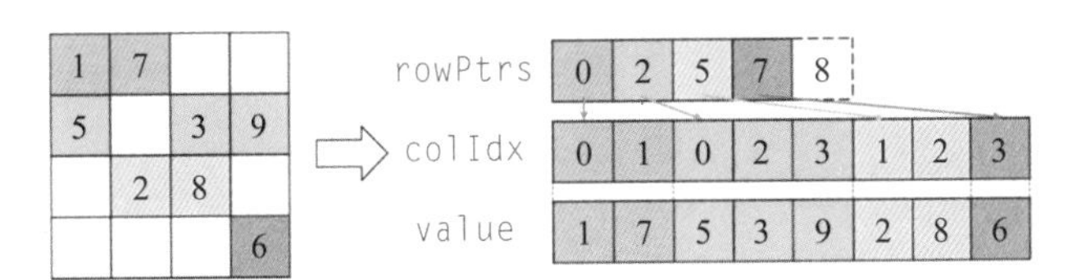


图 14.7　CSR 格式示例

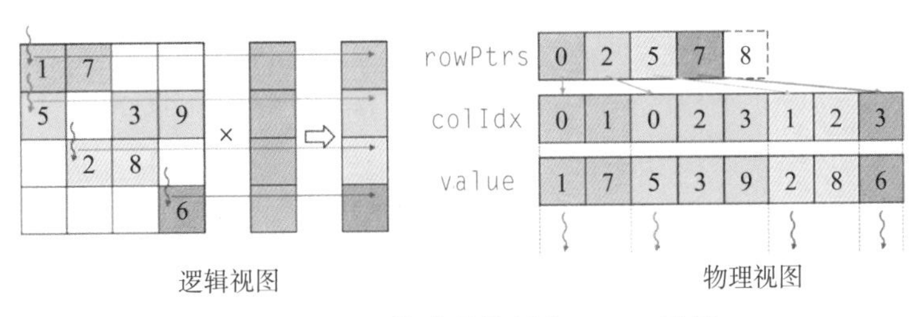


图 14.8　CSR 格式的并行化 SpMV 示例

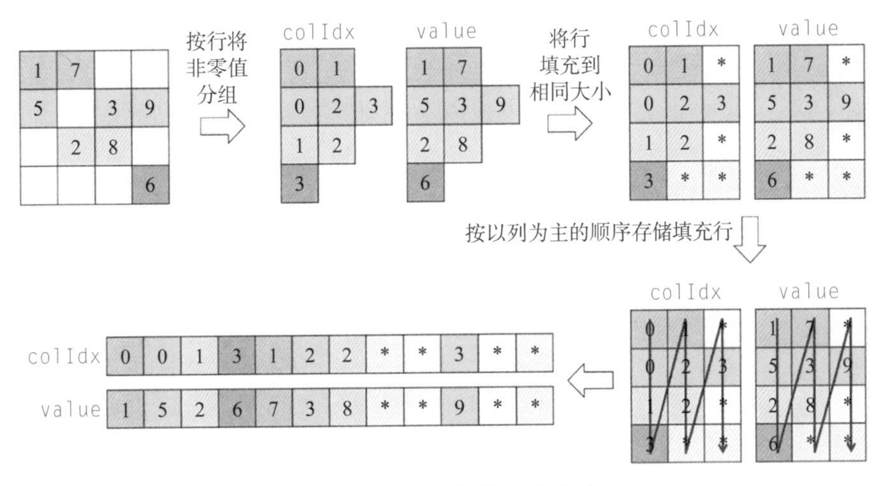


图 14.10　ELL 存储格式示例

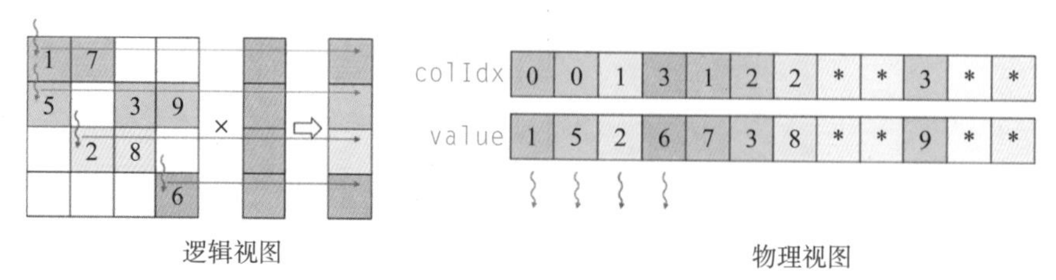


图 14.11　使用 ELL 格式的 SpMV 并行化示例

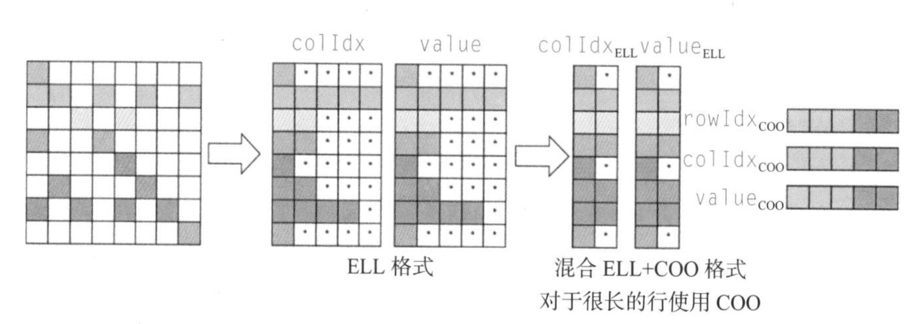


图 14.13　混合 ELL-COO 示例

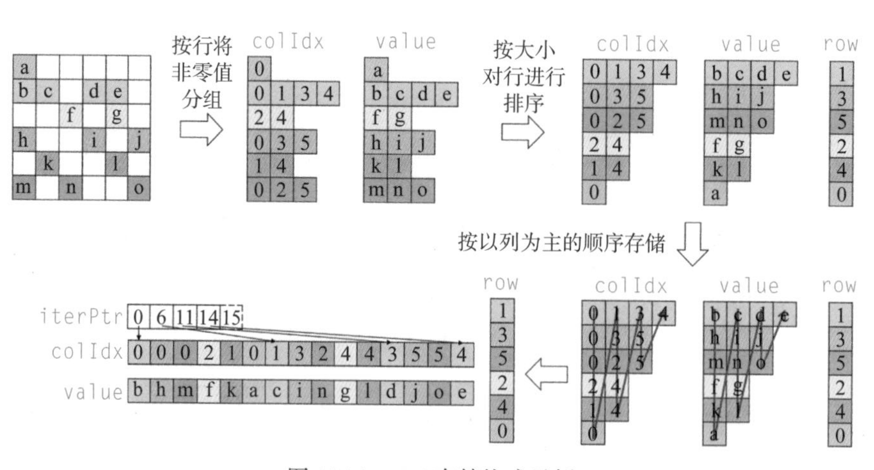


图 14.14　JDS 存储格式示例

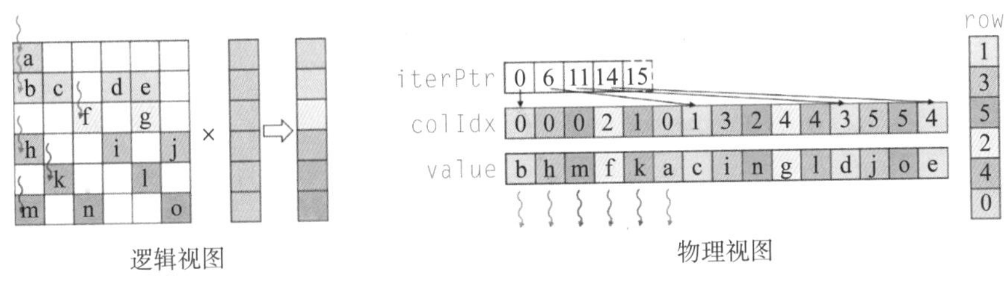


图 14.15　使用 JDS 格式并行化 SpMV 的示例

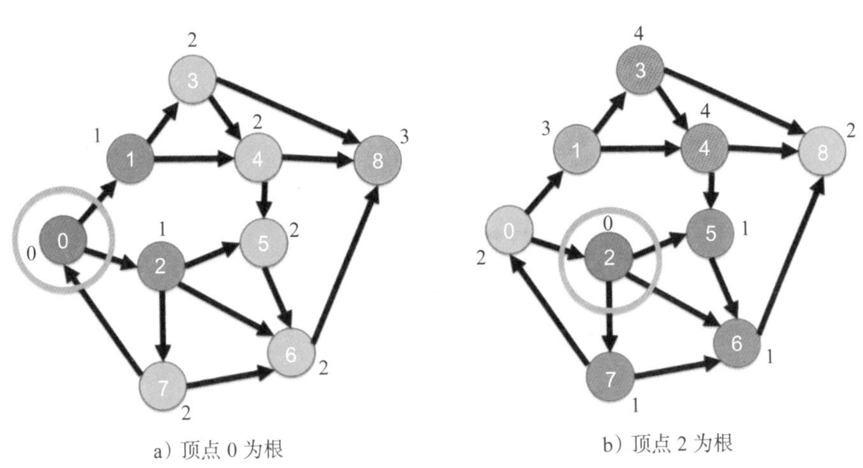


图 15.4　两个不同根顶点的 BFS 结果示例。顶点旁边的数字表示从根顶点到该顶点的跳数（深度）

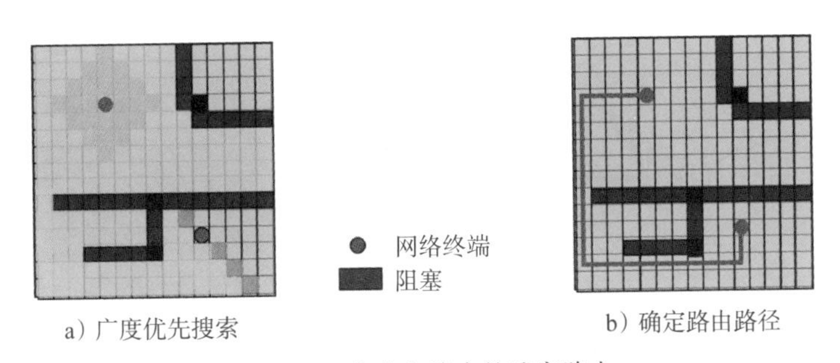


图 15.5　集成电路中的迷宫路由

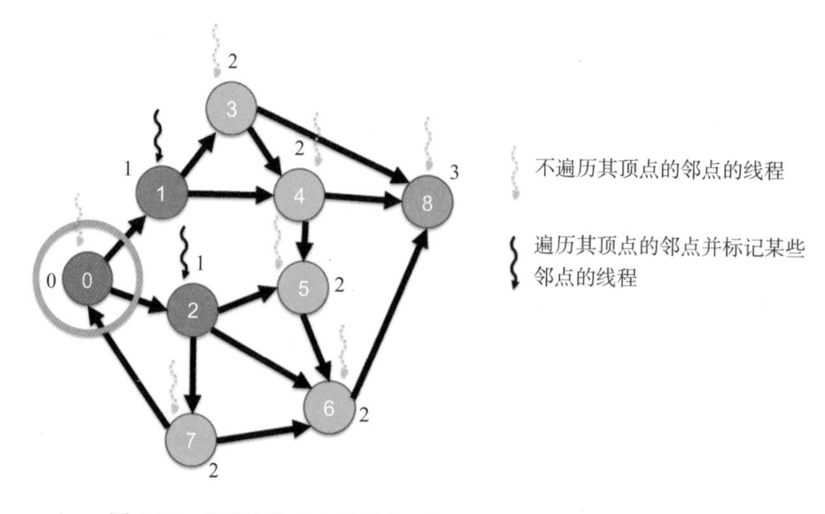

图 15.7　以顶点为中心的从级别 1 向级别 2 的推式 BFS 遍历

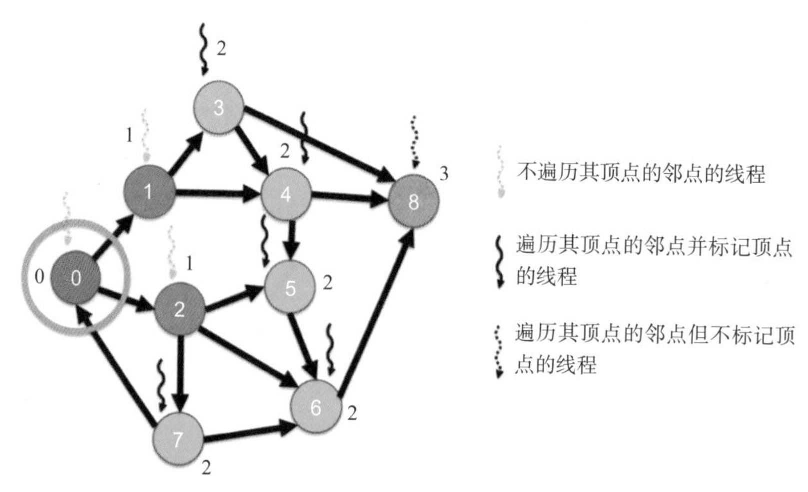

图 15.9　以顶点为中心的从级别 1 级向级别 2 的拉式遍历

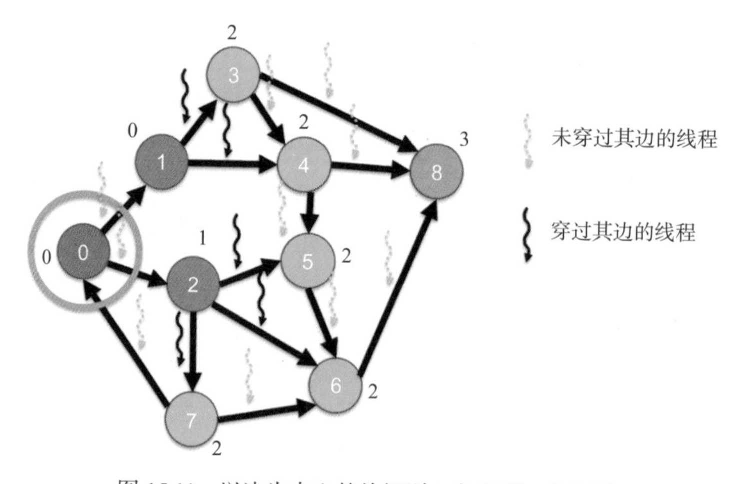

图 15.11　以边为中心的从级别 1 向级别 2 的遍历

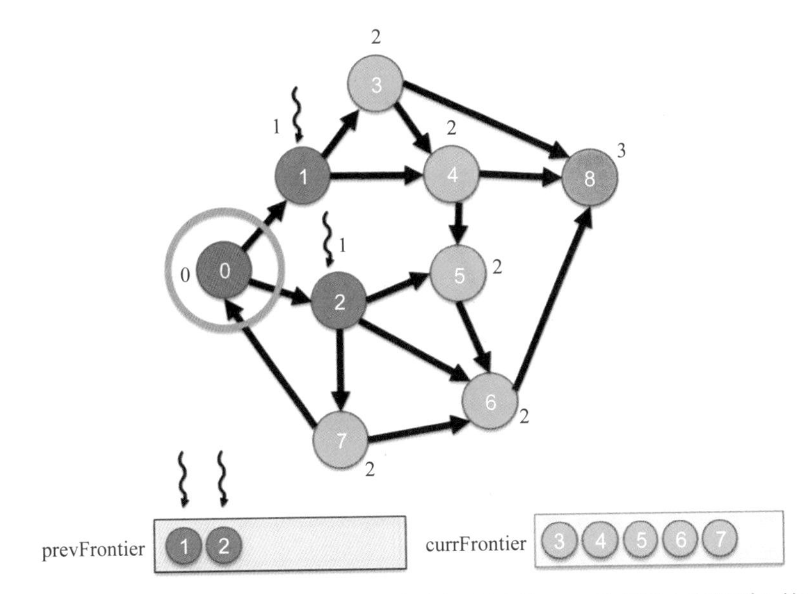


图 15.13　具有边界的以顶点为中心的推式（自顶向下）BFS 从级别 1 向级别 2 的遍历

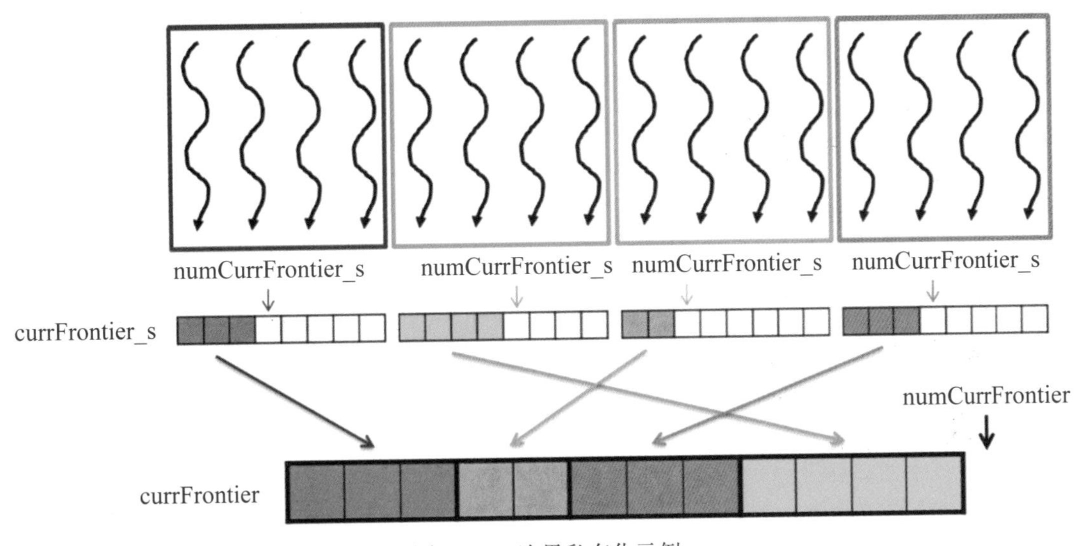


图 15.15　边界私有化示例

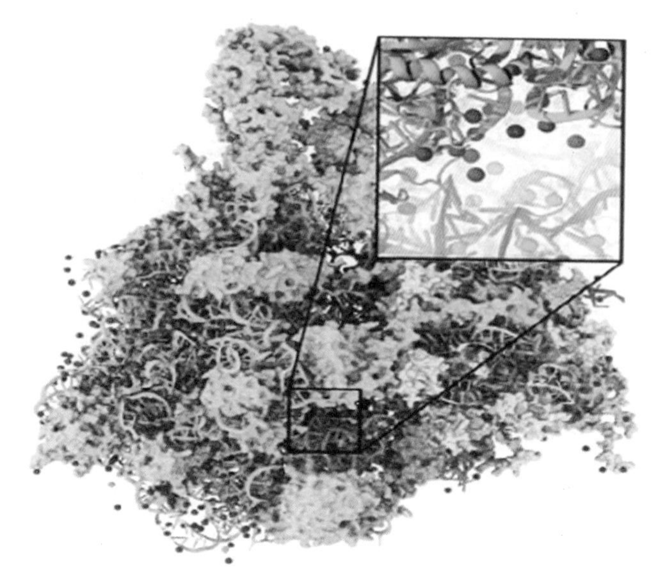

图 18.1　在为分子动力学模拟构建稳定结构时使用的静电势能图

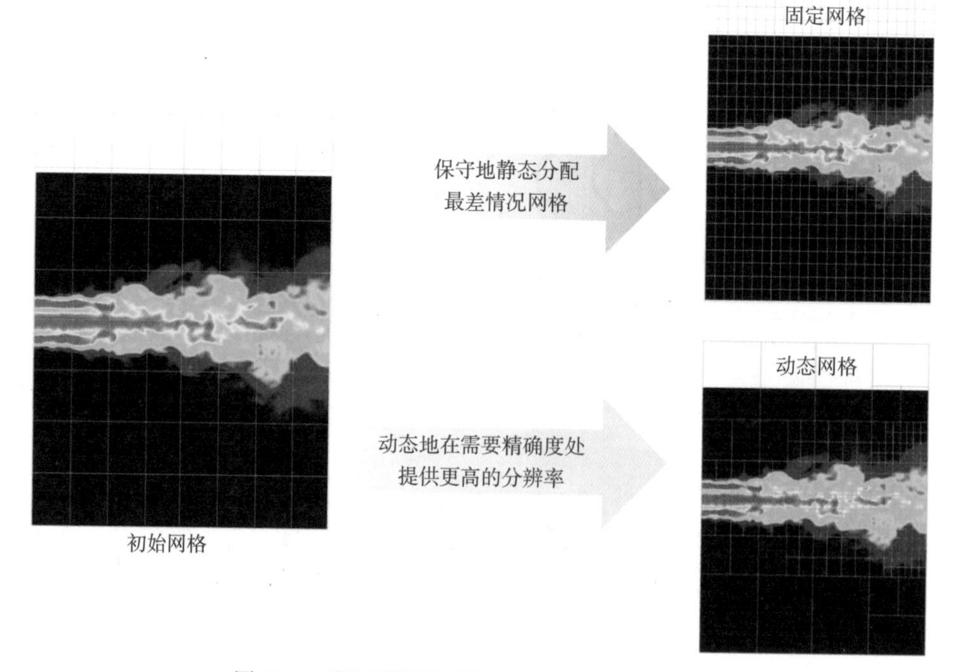


图 21.1　湍流模拟模型中的固定网格与动态网格

计算机科学丛书

原书第4版

# 大规模并行处理器程序设计

[美] 胡文美（Wen-mei W. Hwu）
[美] 大卫·B. 柯克（David B. Kirk） 著
[黎巴嫩] 伊扎特·埃尔·哈吉（Izzat El Hajj）
汤善江 于策 孙超 肖健 黄睿 程乐祥 陈中皓 译

## Programming Massively Parallel Processors

A Hands-on Approach Fourth Edition

机械工业出版社
CHINA MACHINE PRESS

Programming Massively Parallel Processors: A Hands-on Approach, Fourth Edition
Wen-mei W. Hwu, David B. Kirk, Izzat El Hajj
ISBN: 9780323912310

Authorized Chinese translation published by China Machine Press.
《大规模并行处理器程序设计（原书第4版）》(汤善江 于策 孙超 等译)
ISBN: 9787111772767


北京市版权局著作权合同登记　图字：01-2022-6359 号。

**图书在版编目（CIP）数据**

大规模并行处理器程序设计：原书第4版/(美)胡文美，(美)大卫·B. 柯克(David B. Kirk)，(黎巴嫩)伊扎特·埃尔·哈吉(Izzat El Hajj)著；汤善江等译. 北京：机械工业出版社，2025. 1. --(计算机科学丛书). -- ISBN 978-7-111-77276-7

I. TP311.11

中国国家版本馆 CIP 数据核字第 2025779E2F 号

机械工业出版社（北京市百万庄大街22号　邮政编码 100037）
策划编辑：曲　熠　　责任编辑：曲　熠
责任校对：杜丹丹　马荣华　景　飞　　责任印制：张　博
北京联兴盛业印刷股份有限公司印刷
2025年3月第1版第1次印刷
185mm × 260mm · 23.25 印张 · 6 插页 · 590 千字
标准书号：ISBN 978-7-111-77276-7
定价：119.00 元

电话服务
客服电话：010-88361066
010-88379833
010-68326294

网络服务
机　工　官　网：www.cmpbook.com
机　工　官　博：weibo.com/cmp1952
金　书　网：www.golden-book.com
机工教育服务网：www.cmpedu.com

# 译者序



本书由三位杰出的计算机科学家 Wen-mei W. Hwu、David B. Kirk 和 Izzat El Hajj 联袂撰写，多年来畅销欧美，一直是欧美名校中最受欢迎的计算机系列教材之一。本书历经多次升级，目前已经推出了第 4 版。这一版对第 3 版内容进行了彻底的修订和补充，使得内容更加全面、深入和清晰。

本书内容丰富，注重编程实战，涉及异构并行计算的基本概念、编程模型和应用案例，适合技术开发人员和学术研究人员学习与参考。本书主要由四个部分组成：第一部分（第 2 ～ 6 章）介绍异构并行计算编程的基本概念，包括数据并行化、GPU 架构、CUDA 编程及程序性能优化方法等内容；第二部分（第 7 ～ 12 章）介绍并行模式，包括卷积、模板、并行直方图、归约、前缀和、归并等内容；第三部分（第 13 ～ 19 章）介绍高级模式及应用，包括排序、稀疏矩阵计算、图遍历、深度学习、迭代式磁共振成像重建、静电势能图和计算思维等内容；第四部分（第 20 ～ 22 章）介绍高级编程实践，包括异构计算集群编程、CUDA 动态并行化等内容。

本书的翻译是多位科研人员通力合作的结果，其中汤善江负责组织全书的统稿与审校工作，于策、孙超、肖健、黄睿、程乐祥、陈中皓参与了部分章节的翻译与审校。

受语言背景以及技术水平的限制，书中难免出现翻译错误，希望广大读者批评指正。

译　者

2024 年 11 月于天津大学

# 推 荐 序



由两位卓越的计算机科学家及 GPU 计算先驱 Wen-mei 和 David 领衔撰写的这本著作，为塑造新型计算模型持续贡献着珍贵的力量。

GPU 计算早已成为现代科学研究中不可或缺的工具，本书将讲解如何运用这一工具，使其成为解决棘手难题的超强利器。GPU 计算宛如时光机，帮你窥见未来；又如太空飞船，带你进入此刻即可触及的新世界。

在解决世界上众多影响深远的问题时，计算性能的重要性愈发凸显。自计算机诞生以来，架构师便积极探求如何通过并行计算技术提升性能。性能提升百倍，这相当于采用串行处理的 CPU 需要十年时间才能达到的发展水平。虽然并行计算带来了巨大的益处，但打造一个在用户、开发者、供应商和分销商之间具备良性循环的新型计算模型，一直都是一个令人望而生畏的"先有鸡还是先有蛋"的难题。

经过近三十年的发展，NVIDIA GPU 计算已经无处不在，数以百万计的开发者从本书的早期版本中学习了并行编程的精髓。

GPU 计算正深刻地影响着科学和工业的各个领域，甚至影响着计算机科学自身的发展。GPU 的处理速度使得深度学习模型得以从数据中学习、执行智能任务，引发了从自动驾驶车辆、机器人到合成生物学的创新浪潮。AI 时代已然开启。

AI 甚至开始影响物理学，为模拟地球气候提供了前所未有的速度。NVIDIA 正在构建一台名为 Earth-2 的 GPU 超级计算机作为地球的数字孪生。通过与全球科学界紧密合作，Earth-2 旨在预测当今行动对未来几十年气候的影响。

一位生命科学研究者曾对我说："因为有了你们的 GPU，我能在还活着的时候完成毕生的工作。"因此，无论你是在推动人工智能的进步，还是致力于突破性的科学研究，我希望 GPU 计算都能帮助你完成这份人生使命。

黄仁勋（Jensen Huang）

NVIDIA 公司，美国加利福尼亚州圣克拉拉

# 前　言

我们非常自豪地向你介绍本书。

融合多核 CPU 和多线程 GPU 的大众市场计算系统已经将万亿级别的计算能力引入笔记本电脑中，将亿亿级别的计算能力引入计算集群中。在如此强大的计算动能下，我们正处于科学、工程、医学以及商业领域广泛应用计算实验的黎明。我们也亲历了 GPU 计算在金融、电子商务、石油与天然气、制造等关键产业垂直市场的广泛渗透。通过具有前所未有的规模、精确度、安全性、可控性与可视性的计算实验，这些领域的突破将得以实现。本书为这一愿景提供了关键要素，即将并行编程教授给数百万研究生和本科生，使得计算思维和并行编程技能能够与微积分技能一样广泛普及。

本书的主要读者是所有需要通过计算思维和并行编程技能来取得科学与工程学科上的突破的研究生和本科生。此外，本书还被业内专业开发人员广泛使用，目标是在并行计算领域学习新的技能，与技术的飞速进步保持同步。这些专业开发人员涵盖机器学习、网络安全、自动驾驶、计算金融、数据分析、认知计算、机械工程、土木工程、电气工程、生物工程、物理学、化学、天文学以及地理学等领域，他们运用计算推动着各自领域前沿技术的发展。因此，这些开发人员既需要是领域专家，同时也必须是编程专家。本书通过逐步建立对技术的直观理解这一方式讲授并行编程。我们假设读者至少具备基本的 C 编程经验。我们选用了 CUDA C 这一并行编程环境，该环境需要 NVIDIA GPU 的支持。在大众消费者和专业人员手中已有超过 10 亿台这样的处理器，而超过 40 万名程序员在积极地运用 CUDA 进行开发。你在学习过程中开发出的应用程序，将有可能被非常庞大的用户社群所使用。

自 2016 年第 3 版上市以来，我们收到了许多来自读者和教师的宝贵意见。其中，很多人肯定了本书现有的非常重要的特点，其他人则提供了关于如何扩展本书内容以使其更具价值的建议。与此同时，自 2016 年以来，用于异构并行计算的硬件和软件技术已经取得了巨大的进步。在硬件领域，GPU 计算架构已经推出了三代新版本，分别是 Volta、Turing 和 Ampere。在软件领域，从 CUDA 9 到 CUDA 11 的发展使程序员得以访问新的硬件和系统功能。同时，新的算法也得到了开发。为适应这些变化，我们新增了四章，并对大部分现有章节进行了重写。

新增的四章包括一个基础性章节（第 4 章），以及三个关于并行模式和应用的章节（第 8 章、第 10 章和第 13 章）。我们增加这些章节的初衷如下：

- 第 4 章：在之前的版本中，关于架构和调度方面的讨论分布在多个章节中。在这一版中，我们将这些讨论集中在一起，以便感兴趣的读者学习。
- 第 8 章：在之前的版本中，模板模式在关于卷积的章节中略有提及，因为这两种模式有相似之处。在这一版中，第 8 章对模板模式进行了更为全面的介绍，强调其背后的数学原理，突出其与卷积不同的方面，从而为进一步的优化提供了可能。这一章还提供了处理三维网格和数据的示例。
- 第 10 章：在之前的版本中，归约模式在关于性能的章节中略有提及。在这一版中，第 10 章更为全面地呈现了归约模式，采用渐进的方式应用优化方法，并更深入地分析了相关的性能权衡。

- 第 13 章：在之前的版本中，归并排序在关于归并模式的章节中略有提及。在这一版中，第 13 章将基数排序作为一种极其适用于 GPU 并行化的非比较排序算法进行介绍。第 13 章采用渐进的方式进行优化，并分析了性能权衡。此外，这一章还对归并排序进行了探讨。

除了新增的章节外，所有章节都经过了修订，部分章节经过了大幅修改。这些章节包括：

- 第 6 章：之前在本章中的关于架构的内容已经移到第 4 章，归约示例部分则移至第 10 章。对于删改的部分，我们进行了重写以更全面地处理线程粒度问题，更为重要的是，提供一份常见的性能优化策略清单，并讨论了每种策略所解决的性能瓶颈。这份清单在本书的其余部分中被用来优化各种并行模式和应用程序的代码。我们的目标是强调一种用于优化并行程序性能的系统且渐进的方法。
- 第 7 章：在之前的版本中，关于卷积模式的章节以一维卷积作为示例，对二维卷积仅进行了简要处理。在这一版中，我们对本章进行了重写，从一开始就更加注重讨论二维卷积。这一变化使我们能够更全面地探讨更高维度平铺的复杂性和细节，并为读者学习卷积神经网络（第 16 章）提供更好的背景。
- 第 9 章：在之前的版本中，关于直方图模式的章节从一开始就应用了线程粗化优化，并将私有化优化与共享内存的使用相结合。在这一版中，我们对本章进行了重写，采用更渐进的方式进行性能优化。现在介绍的初始实现不再应用线程粗化，并将私有化和在私有 bin 中使用共享内存区分为两种独立的优化方式，前者旨在减少原子操作的争用，后者旨在减少访问延迟。线程粗化在私有化后应用，因为粗化的一个主要优点是减少提交到公共副本的私有副本数量。这种新的章节组织方式更加贴合本书始终遵循的系统化和渐进化的性能优化方法。此外，由于原子操作被用于多块归约和单次扫描核函数中，因此为了更早地引入原子操作，我们将这一章移到了关于归约和扫描模式的章节之前。
- 第 14 章：在这一版中，我们以更系统化的方式分析不同稀疏矩阵存储格式之间的权衡。本章开头介绍了一系列关于不同稀疏矩阵存储格式设计的考量，后文将围绕这些考量系统化地对不同的存储格式进行分析。
- 第 15 章：在之前的版本中，这一章主要聚焦于一种特殊的 BFS 并行策略。在这一版中，我们将本章扩充到更详尽的替代性并行化策略，并分析了不同策略之间的权衡。本章所讨论的策略包含以顶点为中心的推式方法、以顶点为中心的拉式方法、以边为中心的方法和线性代数方法，以取代基于边界的以顶点为中心的推式实现。这些替代方法的分类并非 BFS 所独有，而是广泛适用于图算法的并行化。
- 第 16 章：在这一版中，我们重写本章的目的是提供更全面且更直观的理论背景，以此来帮助读者理解现代神经网络。这将为读者提供一种更简单的方式，从而全面了解神经网络的计算组件，例如全连接层、激活和卷积层。对于核函数如何训练卷积神经网络这一问题，本章也将为读者扫清一些常见障碍。
- 第 19 章：在之前的版本中，本章使用迭代式 MRI 重建和静电势能图中的例子来讨论算法选择与问题分解方法。在这一版中，本章被修改为使用书中更多章节的例子进行讨论，以此作为对第一部分和第二部分的总结。对于问题分解的讨论被专门扩充到包含输出中心分解和输入中心分解的泛化，并使用例子讨论了两者之间的权衡。

- 第 21 章：在之前的版本中，本章讨论了大量涉及动态并行性上下文中不同编程结构和 API 调用的语义的编程细节。在这一版中，本章将重点转向应用示例，对其他编程细节的讨论被简化。对此感兴趣的读者可以参阅 CUDA 编程指南。

尽管做出了如此多的改动，我们仍尽力保留了使本书如此受欢迎的那些特点。首先，我们使解释性的内容尽可能直观。尽管将概念形式化是非常诱人的，尤其是讲到基础并行算法时，但我们仍然保持了本书的简洁性。其次，尽管加入新的材料这一想法让我们动心，但我们仍想让读者通过最少的页数来学习所有关键概念。为此，我们将本书前面章节中关于数值的讨论移到了附录中。尽管数值方面的考虑在进行并行计算时是非常重要的，但我们发现有计算机科学或计算科学背景的读者对于其中大量的内容已经非常熟悉了。因此，我们决定将更多的写作空间留给更多的并行模式。

除了增加全新的章节以及彻底改写其他章节，相较于之前的版本，我们还将本书重新组织成四个部分，如图 P.1 所示。第一部分介绍并行编程的基本概念、GPU 架构以及性能分析和优化。第二部分应用上述概念，涵盖六个基本的计算模式，并展示了这些模式如何并行化、如何优化。在介绍每种并行模式时，还引入了一种新的编程特性或技术。第三部分介绍进阶的模式和应用，并继续应用第二部分中介绍过的优化方法。不过，第三部分更加注重探索用以并行化计算的其他问题分解形式，并在此之上分析不同分解形式与数据结构之间的权衡。最后，第四部分展现了高级实践及编程特点。

## 如何使用本书

我们非常乐意分享使用本书进行教学的经验。从 2006 年起，我们教过各种类型的课程，包括一学期的常规课程和一周的紧密课程。最开始的 ECE498AL 课程最后转变为伊利诺伊大学厄巴纳 – 香槟分校的一门固定课程，即 ECE408 或 CS483。在第二次开设 ECE498AL 时，我们开始了本书最初几章的写作。本书前四章也被当作实验教材，在 MIT 由 Nicolas Pinto 在 2009 年春季讲授。从那以后，我们多次在 ECE408 的教学中使用本书，同时还在 Coursera 的“异构并行编程”课程以及 VSCSE 和 PUMPS 暑期学校中使用本书。

## 两阶段方法

本书的大部分章节被设计为适用于大约一节 75 分钟的课程。而对于第 11 章、第 14 章和第 15 章，可能需要两节 75 分钟的课程才能完成讲授。在 ECE408 课程中，课堂讲授、编程作业和期末项目彼此之间相互配合，分为两个阶段。

第一阶段包括本书的第 1 章、第一部分和第二部分，学生学习基础知识和基本模式，并通过指导性的编程作业练习所学技能。这个阶段包括 12 章，通常需要大约 7 周。学生每周都要根据当周的教学内容完成一个与之对应的编程作业。例如在第一周，基于第 2 章的课程主要讲授基本的 CUDA 内存 / 线程模型、CUDA 对 C 语言的扩展以及基本的编程工具。完成这一周的学习后，学生可以在几个小时内编写一段简单的向量加法代码。

接下来的两周包括基于第 3 章到第 6 章的四节课程，这些课程将帮助学生理解 CUDA 内存模型、CUDA 线程执行模型、GPU 硬件性能特性和现代计算机系统架构的概念。在这两周内，学生会学习矩阵乘法的不同实现，并从中看到这些实现所带来的性能的显著提升。之后四周的课程将涵盖通用数据并行编程模式，这些模式是开发第 7 章到第 12 章中的高性能并行应用所需的。在这几周内，学生将完成有关卷积、直方图、归约和前缀和的作业。到第一阶段结束时，学生应该对自己的并行编程技能感到相当自信，并且可以通过较少的辅助实现更高级的代码。

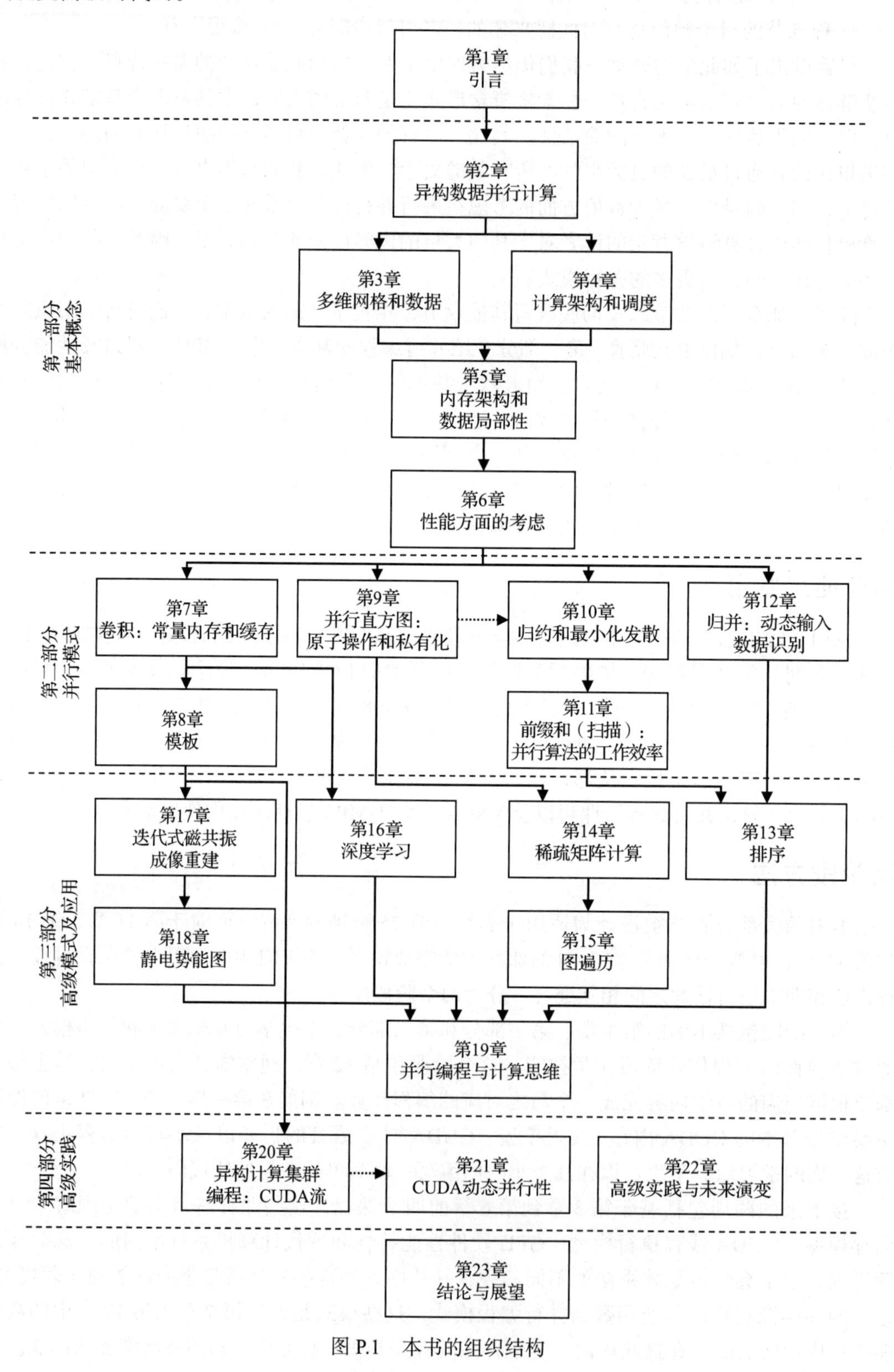


图 P.1　本书的组织结构

第二阶段包括第三部分和第四部分，学生将学习高级模式及应用，同时开始进行涉及加速高级模式或应用的期末项目。他们还将学习可能有助于完成项目的高级实践。尽管在这个阶段通常不会每周都布置编程作业，但项目通常会发布每周的进度安排以帮助学生调整进度。根据课程的持续时间和形式，教师可能无法在此阶段涵盖所有章节，因此可能需要跳过一些章节。教师还可以选择用客座讲座、论文讨论会或旨在帮助学生完成期末项目的课程来作为替代。因此，图 P.1 使用箭头来表示章节之间的依赖关系，以帮助教师选择可以跳过或重新排序的章节，以便根据特定情境为课程定制内容。

## 融会贯通：期末项目

尽管课堂教学、实验与本书的章节内容有助于帮助学生打好基础，但只有期末项目才可以将学习经验融会贯通。期末项目对于全学期的课程非常重要，它是本课程的核心，并且需要近两个月的时间集中完成。期末项目包含五个创新性的环节：指导课、研讨课、实践课、项目报告及项目交流会。尽管大部分关于期末项目的信息在伊利诺伊-NVIDIA GPU 教学包中都可以找到，但我们还是希望给出设计这一部分的理念。

解决代表着学术社区中主流挑战的问题是学生完成期末项目的主要出发点。为给学生建立研究的基础，教师应该邀请几个计算科学研究团队来提出问题并担任导师。导师需要提前准备一份一到两页的项目说明书，其中的内容包括：简要描述将要构建的应用的重要性；导师希望与学生团队合作取得的成就；理解和处理此应用所需的技能（特定类型的数学、物理和化学课程）；网络资源和传统资源列表，学生可以从中了解技术背景、一般信息和构建模块，以及特定实现和编码示例的具体 URL 或 FTP。这份项目说明书还将为学生提供学习经验，帮助其在以后的职业生涯中确定自己的研究项目。在伊利诺伊-NVIDIA GPU 教学包中提供了几个示例。

## 设计文档

学生确定了项目内容并组成小组后，需要提交一份项目设计文档。这有助于他们在着手工作之前思考完成项目的流程。这种规划能力对于他们在以后的职业生涯中取得成功至关重要。设计文档应当包括项目的背景与出发点、应用层面的目标与潜在影响、终端应用的主要特点、设计综述、实现方案、性能目标、验证方案与验收测试，以及项目的时间安排。

## 项目报告与项目交流会

学生需要以小组为单位提交一份项目报告，总结关键成果。我们建议组织一场全天的班级项目交流会，根据小组规模，为每个小组分配展示报告的时长。在展示期间，学生可以分享项目报告中最精彩的部分，以供全班交流学习。展示是学生成绩的重要组成部分。每个学生必须分别回答单独向其提出的问题，以评定小组内不同成员的分数。在交流会上，学生将有机会学习如何完成一份优秀的报告，不仅内容简洁，而且能吸引其他同学阅读论文全文。

## 班级竞赛

2016 年 ECE408 课程的选课学生人数远远超过了以期末项目作结所能容纳的范围，因此我们把期末项目转变为一场班级竞赛。我们在期中时公布了竞赛问题，并用一节课的时间来解释这个问题以及团队胜负规则。所有学生提交的成果都会被自动评分和排名，每个团队的最终排名取决于其并行代码的执行时间、正确性和清晰度。学生在期末时演示他们的解决方案，并提交最终报告。当课程规模使得期末项目变得不可行时，这种折中方案部分保留了期末项目的优势。

## 课程资源

对于将本书作为教材的教师，可参考伊利诺伊-NVIDIA GPU 教学包中的教学课件、教学录像、实验安排、期末项目指导，以及一些示例性的项目指导书。另外，我们基于本书在伊利诺伊大学为本科生及研究生讲授的课程，也即将成为公开资源。尽管本书是这些课程的重要基础，但其他教学资源对于达到总体的教学目标亦至关重要。

最后，我们希望听到你的声音。如果你对于改进本书有任何想法，我们非常乐意听取你的意见。我们也非常想了解如何改进补充性的在线材料。当然，我们也非常希望知道你喜欢本书的哪些方面。期待你的建议。

Wen-mei W. Hwu
David B. Kirk
Izzat El Hajj

# 致　谢



本书第 4 版受益于众多特别贡献者的倾力奉献。我们首先要对部分章节的共同作者表示感谢，他们的名字被列在相关章节的开头。他们的专业知识丰富了新版中的技术内容，并且带来了无与伦比的影响。没有他们的专业知识与贡献，我们将无法以如此深入的视角讲授本书所涵盖的主题。

我们要特别向 Ian Buck（CUDA 之父）和 John Nickolls（Tesla GPU 计算架构的首席架构师）致以敬意。他们的团队为本课程构建了出色的基础架构。NVIDIA 公司的大量工程师和研究者也同样为 CUDA 的飞速发展做出了贡献，这为高级并行模式的高效实现提供了极大的支持。然而令我们深感遗憾的是，John 在我们编写本书第 2 版时离世了，我们深切地怀念他。

自第 3 版以来，外审专家花费了大量宝贵的时间为我们提供有见地的反馈意见，他们包括：Sonia Lopez Alarcon（罗切斯特理工学院），Bedrich Benes（普渡大学），Bryan Chin（加州大学圣地亚哥分校），Samuel Cho（维克森林大学），Kevin Farrell（布兰察斯镇理工学院），Lahouari Ghouti（法赫德国王石油与矿业大学），Marisa Gil（加泰罗尼亚理工大学），Karen L. Karavanic（波特兰州立大学），Steve Lumetta（伊利诺伊大学厄巴纳 – 香槟分校），Dejan Milojici（惠普实验室），Pinar Muyan-Ozcelik（加州州立大学萨克拉门托分校），Greg Peterson（田纳西大学诺克斯维尔分校），José L. Sánchez（卡斯蒂利亚 – 拉曼查大学），Janche Sang（克利夫兰州立大学），Jan Verschelde（伊利诺伊大学芝加哥分校）。他们的反馈意见帮助我们大大改善了本书的内容并提高了可读性。

Elsevier 的 Steve Merken、Kiruthika Govindaraju、Naomi Robertson 及其团队不计辛劳地为本书付出了很多。

我们还要特别感谢黄仁勋（Jensen Huang），他为我们开发课程提供了大量财务和人力资源，为这本书的创作奠定了坚实基础。

我们要感谢 Dick Blahut，正是他激励我们着手创作本书。Beth Katsinas 为 Dick Blahut 和 NVIDIA 副总裁 Dan Vivoli 安排了一次交流会议。正是通过那次会议，Blahut 认识了 David，并邀请 David 与 Wen-mei 一同前往伊利诺伊州创立了最初的 ECE498AL 课程。

还要特别感谢我们的同事 Kurt Akeley、Al Aho、Arvind、Dick Blahut、Randy Bryant、Bob Colwell、Bill Dally、Ed Davidson、Mike Flynn、Michael Garland、John Hennessy、Pat Hanrahan、Nick Holonyak、Dick Karp、Kurt Keutzer、Chris Lamb、Dave Liu、David Luebke、Dave Kuck、Nacho Navarro、Sanjay Patel、Yale Patt、David Patterson、Bob Rao、Burton Smith、Jim Smith 和 Mateo Valero，这些年来他们总是愿意抽出时间与我们分享他们的深刻见解。

我们深感荣幸，感激所有为这门课程和这本书做出贡献的人的慷慨和热情。

# 目　录

Programming Massively Parallel Processors: A Hands-on Approach, Fourth Edition


译者序

推荐序

前言

致谢

**第 1 章　引言** ……1

1.1　异构并行计算……2

1.2　为什么需要速度与并行性……5

1.3　加快实际应用的速度……6

1.4　并行编程中的挑战……7

1.5　相关的并行编程接口……8

1.6　本书的总体目标……9

1.7　本书的章节安排……10

参考文献……12

**第一部分　基本概念**

**第 2 章　异构数据并行计算** ……14

2.1　数据并行性……14

2.2　CUDA C 程序结构……16

2.3　向量加法核……17

2.4　设备全局存储和数据传输……19

2.5　核函数和线程……22

2.6　调用核函数……25

2.7　编译……27

2.8　总结……27

2.8.1　函数声明……27

2.8.2　内核调用和网格启动……27

2.8.3　内置（预定义）变量……28

2.8.4　运行时应用程序编程接口……28

练习……28

参考文献……30

**第 3 章　多维网格和数据** ……31

3.1　多维网格组织……31

3.2　将线程映射到多维数据……33

3.3　图像模糊：更复杂的内核……38

3.4　矩阵乘法……41

3.5　总结……44

练习……44

**第 4 章　计算架构和调度** ……46

4.1　现代 GPU 架构……46

4.2　块调度……47

4.3　同步和透明可扩展性……47

4.4　线程束和 SIMD 硬件……49

4.5　控制发散……53

4.6　线程束调度和延迟容忍……55

4.7　资源划分和占用率……56

4.8　查询设备属性……58

4.9　总结……60

练习……60

参考文献……61

**第 5 章　内存架构和数据局部性** ……62

5.1　内存访问效率的重要性……62

5.2　CUDA 内存类型……64

5.3　利用平铺减少内存流量……68

5.4　平铺的矩阵乘法内核……70

5.5　边界检查……74

5.6　内存使用对占用率的影响……76

5.7　总结……78

练习……78

**第 6 章　性能方面的考虑** ……81

6.1　内存合并……81

6.2　隐藏内存延迟……87

6.3　线程粗化……91

6.4　优化清单……93

6.5　了解计算瓶颈……96

6.6 总结 …… 96
练习 …… 96
参考文献 …… 97

第二部分 并行模式

第 7 章 卷积：常量内存和缓存 …… 100
7.1 背景 …… 100
7.2 并行卷积：一种基本算法 …… 103
7.3 常量内存和缓存：概念与实例 …… 105
7.4 边缘单元平铺卷积 …… 108
7.5 使用边缘单元缓存的平铺卷积 …… 111
7.6 总结 …… 113
练习 …… 113

第 8 章 模板 …… 115
8.1 背景 …… 115
8.2 并行模板：基本算法 …… 118
8.3 用于模板扫描的共享内存平铺 …… 119
8.4 线程粗化 …… 121
8.5 寄存器平铺 …… 123
8.6 总结 …… 125
练习 …… 125

第 9 章 并行直方图：原子操作和私有化 …… 126
9.1 背景 …… 126
9.2 原子操作与基本直方图内核 …… 128
9.3 原子操作的延迟和吞吐量 …… 131
9.4 私有化 …… 132
9.5 粗化 …… 134
9.6 聚合 …… 137
9.7 总结 …… 138
练习 …… 138
参考文献 …… 139

第 10 章 归约和最小化发散 …… 140
10.1 背景 …… 140
10.2 归约树 …… 141
10.3 一个简单的归约内核 …… 143
10.4 最小化控制发散 …… 145
10.5 最小化内存发散 …… 148
10.6 最小化全局内存访问 …… 149
10.7 对任意输入长度进行分层归约 …… 150
10.8 利用线程粗化减少开销 …… 152
10.9 总结 …… 154
练习 …… 154

第 11 章 前缀和（扫描）：并行算法的工作效率 …… 156
11.1 背景 …… 156
11.2 基于 Kogge-Stone 算法的并行扫描 …… 158
11.3 关于速度与工作效率的考虑 …… 162
11.4 基于 Brent-Kung 算法的并行扫描 …… 163
11.5 利用粗化提高工作效率 …… 167
11.6 任意长度输入的分段并行扫描 …… 168
11.7 利用单次扫描提高内存访问效率 …… 171
11.8 总结 …… 172
练习 …… 173
参考文献 …… 173

第 12 章 归并：动态输入数据识别 …… 175
12.1 背景 …… 175
12.2 串行归并算法 …… 176
12.3 并行化方法 …… 177
12.4 共秩函数的实现 …… 178
12.5 基本并行归并内核 …… 182
12.6 用于改进内存合并的平铺归并内核 …… 183
12.7 循环缓冲区归并内核 …… 187
12.8 用于归并的线程粗化 …… 192
12.9 总结 …… 192
练习 …… 193
参考文献 …… 193

## 第三部分　高级模式及应用


第 13 章　排序 …… 196

13.1　背景 …… 196
13.2　基数排序 …… 197
13.3　并行基数排序 …… 198
13.4　内存合并优化 …… 200
13.5　基值的选择 …… 202
13.6　利用线程粗化改善合并 …… 204
13.7　并行归并排序 …… 205
13.8　其他并行排序方法 …… 205
13.9　总结 …… 206
练习 …… 207
参考文献 …… 207

第 14 章　稀疏矩阵计算 …… 208

14.1　背景 …… 208
14.2　具有 COO 格式的简单 SpMV 内核 …… 209
14.3　利用 CSR 格式分组非零行 …… 211
14.4　利用 ELL 格式改善内存合并 …… 213
14.5　利用混合 ELL-COO 格式调节填充 …… 216
14.6　利用 JDS 格式减少控制发散 …… 217
14.7　总结 …… 219
练习 …… 219
参考文献 …… 220

第 15 章　图遍历 …… 221

15.1　背景 …… 221
15.2　广度优先搜索 …… 223
15.3　以顶点为中心的广度优先搜索并行化 …… 225
15.4　以边为中心的广度优先搜索并行化 …… 228
15.5　利用边界提高效率 …… 230
15.6　利用私有化减少争用 …… 232
15.7　其他优化 …… 233
15.7.1　减少启动开销 …… 233
15.7.2　优化负载均衡 …… 234
15.7.3　进一步的挑战 …… 234
15.8　总结 …… 235
练习 …… 235
参考文献 …… 236

第 16 章　深度学习 …… 237

16.1　背景 …… 237
16.1.1　多层分类器 …… 239
16.1.2　训练模型 …… 241
16.2　卷积神经网络 …… 244
16.2.1　卷积神经网络推理 …… 245
16.2.2　卷积神经网络反向传播 …… 248
16.3　卷积层：CUDA 推理内核 …… 252
16.4　卷积层的 GEMM 表示 …… 254
16.5　CUDNN 库 …… 258
16.6　总结 …… 259
练习 …… 260
参考文献 …… 260

第 17 章　迭代式磁共振成像重建 …… 261

17.1　背景 …… 261
17.2　迭代式重建 …… 263
17.3　计算 $\boldsymbol{F}^{H}\boldsymbol{D}$ …… 264
17.3.1　第 1 步：确定核函数的并行结构 …… 265
17.3.2　第 2 步：克服内存带宽限制 …… 269
17.3.3　第 3 步：使用硬件三角函数 …… 273
17.3.4　第 4 步：实验性能调优 …… 275
17.4　总结 …… 275
练习 …… 275
参考文献 …… 276

第 18 章　静电势能图 …… 277

18.1　背景 …… 277
18.2　核函数设计：分散法与聚集法 …… 278
18.3　线程粗化 …… 281
18.4　内存合并 …… 283
18.5　用于数据尺寸可扩展性的截断分箱 …… 284

18.6 总结 …… 288
练习 …… 288
参考文献 …… 288

第 19 章 并行编程与计算思维 …… 289
19.1 并行计算的目标 …… 289
19.2 算法选择 …… 291
19.3 问题分解 …… 293
19.4 计算思维 …… 295
19.5 总结 …… 296
参考文献 …… 296

第四部分 高级实践

第 20 章 异构计算集群编程：CUDA 流 …… 298
20.1 背景 …… 298
20.2 一个运行示例 …… 298
20.3 MPI 基础 …… 300
20.4 点对点通信的 MPI …… 302
20.5 计算与通信的重叠 …… 307
20.6 MPI 集体通信接口 …… 313
20.7 CUDA 感知的 MPI …… 313
20.8 总结 …… 313
练习 …… 314
参考文献 …… 314

第 21 章 CUDA 动态并行性 …… 315
21.1 背景 …… 315
21.2 动态并行性概述 …… 316
21.3 示例：贝塞尔曲线 …… 318
21.3.1 线性贝塞尔曲线 …… 319
21.3.2 二次贝塞尔曲线 …… 319
21.3.3 贝塞尔曲线计算（不使用动态并行性） …… 319
21.3.4 贝塞尔曲线计算（使用动态并行性） …… 320
21.4 递归示例：四叉树 …… 321
21.5 重要注意事项 …… 326
21.5.1 内存和数据可见性 …… 326
21.5.2 待处理启动池配置 …… 327
21.5.3 流 …… 327
21.5.4 嵌套深度 …… 328
21.6 总结 …… 328
练习 …… 328
参考文献 …… 329
附录 四叉树示例的支持代码 …… 329

第 22 章 高级实践与未来演变 …… 332
22.1 主机 / 设备交互模型 …… 332
22.1.1 零拷贝内存及统一虚拟地址空间 …… 333
22.1.2 大型虚拟和物理地址空间 …… 334
22.1.3 统一内存 …… 334
22.1.4 虚拟地址空间控制 …… 336
22.2 内核执行控制 …… 336
22.2.1 核函数中的函数调用 …… 336
22.2.2 核函数中的异常处理 …… 337
22.2.3 多个网格的同时执行 …… 337
22.2.4 硬件队列和动态并行性 …… 337
22.2.5 可中断的网格 …… 337
22.2.6 合作内核 …… 338
22.3 内存带宽和计算吞吐量 …… 338
22.3.1 双精度速度 …… 338
22.3.2 更好的控制流效率 …… 338
22.3.3 可配置缓存和暂存内存 …… 338
22.3.4 增强的原子操作 …… 339
22.3.5 增强的全局内存访问 …… 339
22.4 编程环境 …… 339
22.4.1 统一设备内存空间 …… 339
22.4.2 使用关键路径分析进行性能分析 …… 340
22.5 展望未来 …… 341
参考文献 …… 341

第 23 章 结论与展望 …… 342
23.1 目标回顾 …… 342
23.2 未来展望 …… 343

附录 数值方面的考虑 …… 345

# 第1章

Programming Massively Parallel Processors: A Hands-on Approach, Fourth Edition

# 引　言

自计算机出现伊始，许多高价值应用就已经需要远超计算机设备能提供的大量执行资源和更快的执行速度。早期应用依赖于处理器速度，内存速度和内存容量的发展加强了其应用层面的能力，例如天气预报的实时性，工程结构分析的精确度，计算机生成图像的真实性，机票预订系统每秒能处理的订单数，以及金融系统每秒能处理的转账数目。而现在，以深度学习为代表的新型应用所需要的执行速度和资源已经超过了最好的计算设备所能提供的执行速度和资源。这些应用需求已然在过去五十年内极大推动了计算设备性能的发展，并在可预见的未来仍将继续保持该趋势。

在20世纪八九十年代，基于单中央处理器（CPU）的串行指令执行微处理器——例如Intel和AMD的x86架构处理器——以其配备的快速增长的时钟频率及硬件资源，在计算机应用上实现了高速的性能增长和成本减缩。在经历二十年的增长之后，这些单CPU微处理器为桌面市场带来了GFLOPS级算力（每秒吉（$10^9$）比特浮点运算），并为数据中心带来了TFLOPS级算力（每秒太（$10^{12}$）比特浮点运算）。性能上持续不断的提升使应用软件能够提供更多的功能，更美观的用户界面，并产生更多有用的结果。与此同时，用户在适应了性能增长之后则提出了更丰富的需求，从而使得计算机产业走上了良性循环。

然而，这种驱动力自2003年开始有所减缓，主要是由于能耗墙和散热问题。这些问题限制了时钟频率的进一步提升，以及单CPU在保持串行指令执行的情况下每个时钟周期内所能提供的算力。从那时开始，几乎所有微处理器供应商都转向了多物理CPU——被称为处理器核心——的架构模型以提高处理能力。在此模型下，一个传统的CPU可以被视作一个单核CPU。为利用多处理器核心的优势，用户必须使用能同时在多个核心上执行的多指令序列，无论这种序列是来自同一应用还是不同应用。而对于某一特定的应用，也需要将工作分割为能在多个处理器核心上同时执行的多指令序列，这样才能发挥多处理器核心的优势。这种从单CPU串行指令执行到多核心多指令并行执行的转换对软件开发行业产生了巨大的影响。

传统上，绝大多数的软件应用程序都被编写为串行执行的程序，并由处理器执行。这些处理器的设计是由冯·诺依曼于1945年在其开创性报告中所提出的（Von Neumann et al., 1972）。这些程序的执行可以被人类理解为基于程序计数器的概念按顺序步进代码，在文献中也被称为指令指针。程序计数器包含处理器将执行的下一条指令的内存地址。在文献中，由应用程序的这种串行的、逐步的执行所产生的指令执行活动序列被称为执行线程，或简称为线程。线程的概念非常重要，因此在本书的其余部分将对它进行更正式的定义，并且将广泛使用这一概念。

历史上，大多数软件开发人员依赖于硬件的进步，如提高时钟速度和执行多条指令，以提高其串行应用程序的速度。随着每一代新处理器的引入，同样的软件只是运行得更快。计算机用户也越来越期望这些程序在新一代微处理器上运行得更快。然而这种期望在十多年来都没有实现过。一个串行程序将只在一个处理器核心上运行，这不可能一代一代地变得更快。如果不提高性能，应用程序开发人员将不再能够随着新的微处理器的引入而在软件中引入新的特性和功能，这延缓了整个计算机行业的发展。

相反，在新一代微处理器中，能够支持多个执行线程协作以更快完成任务的并行程序将继续获得显著的性能提升，并行程序相对于串行程序的这个显著的新优势被称为并发革命（Sutter and Larus，2005）。并行编程实践绝不是什么新鲜事。高性能计算（HPC）团队几十年来一直在开发并行程序。这些并行程序通常在昂贵的大型计算机上运行。只有少数应用程序才能够使用这些计算机，因此并行编程实践就被限制在少数应用程序开发人员身上。现在所有新的微处理器都是并行计算机，需要作为并行程序开发的应用程序数量急剧增加。软件开发人员迫切需要学习并行编程，这也是这本书的重点。

## 1.1　异构并行计算

自 2003 年以来，半导体行业已经确定了设计微处理器的两个主要路径（Hwu et al., 2008）。多核路径寻求在引入多个核的同时保持串行程序的执行速度。多核从双核处理器开始，核的数量随着每个半导体过程的产生而增加。一个例子是最近的英特尔多核服务器微处理器，最多有 24 个处理器核心，每个核都是一个无序的、多指令问题处理器，实现完整的 x86 指令集，支持具有两个硬件线程的超线程，旨在最大限度地提高串行程序的执行速度。另一个例子是最近的 ARM Ampere 多核服务器处理器，它具有 128 个处理器核。

相比之下，多线程路线更关注并行应用程序的执行吞吐量。多线程路线始于大量的线程，同样，线程的数量随着每一代的增加而增加。最近的一个例子是 NVIDIA Tesla A100 图形处理单元（GPU），它有数万个线程，在大量简单、有序的流水线中执行。多线程处理器，特别是 GPU，自 2003 年以来一直引领着浮点式性能的竞赛。截至 2021 年，A100 GPU 的峰值浮点吞吐量达到 64 位双精度为 9.7TFLOPS，32 位单精度为 156TFLOPS，16 位半精度为 312TFLOPS。相比之下，最近的英特尔 24 核处理器的峰值浮点吞吐量达到双精度为 0.33TLOPS，单精度为 0.66TFLOPS。多线程 GPU 和多核 CPU 之间的峰值浮点计算吞吐量的比率一直在增加。这些不一定是应用程序速度，它们只是执行资源在这些芯片中可能支持的原始速度。

多核和多线程之间如此大的峰值性能差距导致了显著的“电势”积累，因此在某种程度上，必须给出相应的解决方案。这一点我们已经做到了。到目前为止，这种巨大的性能峰值的差距已经促使许多应用程序开发人员将其软件的计算密集型部分转移到 GPU 中执行。也许更重要的是，并行执行的性能使革命性的新应用成为可能，如本质上由计算密集的部分组成的深度学习技术。毫不奇怪，这些计算密集的部分也是并行编程的主要目标：当有更多的工作要做时，就有更多的机会将工作分配给协作的并行工作者，即线程。

有人可能会问，为什么在多线程 GPU 和多核 CPU 之间存在如此大的峰值性能差距。答案在于这两种处理器在基本设计理念上的差异，如图 1.1 所示。CPU 的设计如图 1.1a 所示，是为串行代码性能进行优化。算术单元和操作数数据传递逻辑的设计是以增加芯片面积和每单位功率的使用为代价，来达到最小化算术操作的有效延迟的目的。大型的芯片缓存用于捕获频繁访问的数据，并将一些长延迟内存访问转换为短延迟缓存访问。使用复杂的分支预测逻辑和执行控制逻辑来减少条件分支指令的延迟。通过减少操作的延迟，CPU 硬件减少了每个单独线程的执行延迟。然而，低延迟的算术单元、复杂的操作数传递逻辑、大的缓存存储器和控制逻辑严重消耗了芯片面积和功率，这些本可以用于提供更多的算术执行单元和存储器访问通道。这种设计方法通常被称为面向延迟的设计。

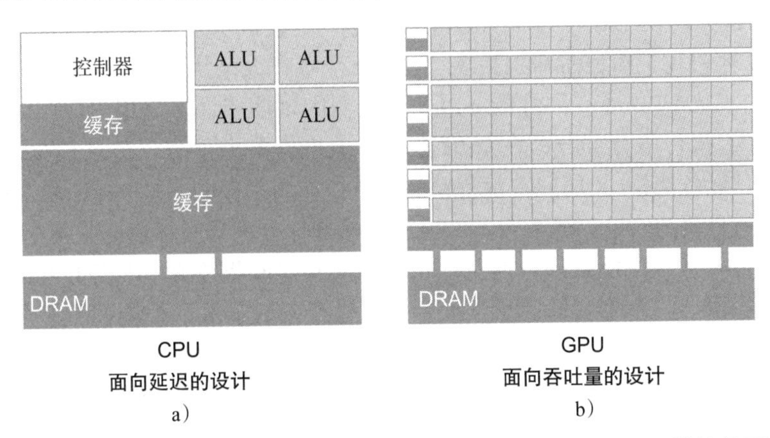


图 1.1 CPU 和 GPU 有完全不同的设计理念，CPU 设计是面向延迟的，GPU 设计是面向吞吐量的

另一方面，GPU 的设计理念受到快速发展的电子游戏产业的影响，这对在高级游戏中执行大量浮点计算和每个视频帧的内存访问施加了巨大的经济压力。这种需求促使 GPU 供应商寻找方法来最大化芯片面积和功率预算，以专门用于浮点计算和提升内存访问吞吐量。

在图形应用程序中，对于诸如视点转换和对象渲染等任务，每秒需要执行大量的浮点计算。此外，每秒执行大量内存访问也同样重要，甚至可能更重要。许多图形应用程序的速度受到数据从内存系统传输到处理器的速率的限制，反之亦然。GPU 必须能够将大量的数据移动到 DRAM（动态随机存取内存）中的图形帧缓冲区中，因为这种移动使得视频显示内容丰富且能让玩家满意。游戏应用程序普遍接受的松弛内存模型（各种系统软件、应用程序和 I/O 设备期望的内存访问方式）也使 GPU 更容易支持在访问内存时的大规模并行性。

相比之下，通用处理器必须满足操作系统、应用程序和 I/O 设备的需求，这些设备给支持并行内存访问带来了更多的挑战，因此使得增加内存访问的吞吐量（通常称为内存带宽）更加困难。因此，图形芯片的工作速度大约是同期可用 CPU 芯片的 10 倍，我们预计 GPU 将在一段时间内继续在内存带宽方面保持优势。

一个重要的结论是，在功率和芯片面积方面，减少延迟要比增加吞吐量的成本昂贵得多。例如，可以以加倍芯片面积和功耗为代价，使算术吞吐量加倍。然而，将算术延迟减少一半可能需要使电流增加一倍，但代价是将芯片面积增加两倍以上，并将功耗增加四倍。因此，GPU 中流行的解决方案是优化大量线程的执行吞吐量，而不是减少单个线程的延迟。这种设计方法通过允许流水线内存通道和算术操作具有长时间延迟，从而节省芯片面积和功率。内存访问硬件和算术单元的面积和功率的减少允许 GPU 设计者在一个芯片上设计更多的硬件设备与内存，从而增加总执行吞吐量。图 1.1 直观地说明了设计方法的差异，图 1.1a 中显示了较小的算术单元和较少的内存通道，而图 1.1b 中则体现了较大的算术单元和较多的内存通道。

这些 GPU 的应用软件将使用大量的并行线程来编写。当其中一些线程在等待长延迟的内存访问或算术操作时，硬件利用大量的线程来寻找要做的工作。图 1.1b 中提供了小的缓存存储器，以帮助控制这些应用程序的带宽需求，以便访问相同内存数据的多个线程不需要全部转到 DRAM。这种设计风格通常被称为面向吞吐量的设计，因为它努力最大化大量线程的总执行吞吐量，同时允许单个线程可能花费更长的时间来执行。

很明显，GPU 被设计为并行的、面向吞吐量的计算引擎，这样，它们在执行某些为 CPU 而设计的任务时就会显得力不从心。对于有一个或极少线程的程序，具有较低操作延迟的 CPU 可以获得比 GPU 更高的性能。当一个程序有大量线程时，具有更高执行吞吐量的 GPU 可以实现比 CPU 更高的性能。因此，人们应该期望许多应用程序同时使用 CPU 和 GPU，在 CPU 上执行串行部分，在 GPU 上执行数字密集型部分。这就是 NVIDIA 在 2007 年引入计算统一设备架构（CUDA）编程模型来支持应用程序的 CPU-GPU 联合执行的原因。

同样重要的是要注意，当开发人员为应用程序选择处理器时，速度并不是唯一的决定因素。其他几个因素甚至可能更加重要。首先，所选的处理器必须在市场上占有很大的份额，这被称为处理器的装机基数。原因非常简单，软件开发成本最好由庞大的客户群体来承担。运行在市场份额较小的处理器上的应用程序不可能拥有庞大的客户群。这一直是传统并行计算系统面临的一个主要问题，与传统微处理器相比，这些系统的市场份额微不足道。

只有少数由政府和大公司资助的精英应用程序能够在这些传统的并行计算系统上成功地开发出来。这种情况在多线程 GPU 中发生了改变。由于它们在个人计算机市场上很受欢迎，GPU 已经售出了数亿台。几乎所有的台式计算机和高端笔记本电脑都配有 GPU。到目前为止，有超过 10 亿个支持 CUDA 的 GPU 在使用。如此庞大的市场使得这些 GPU 成为对应用程序开发人员具有经济吸引力的目标。

另一个重要的决策因素是实际的形式和易获取性。直到 2006 年，并行软件应用程序都运行在数据中心服务器或部门集群上。但是，这种执行环境往往会限制对这些应用程序的使用。比如在医学影像这样的应用中，基于 64 节点的集群机器发一篇论文是没问题的。但磁共振成像（MRI）机器的实际临床应用是基于 PC 和特殊硬件加速器的某种组合。原因很简单，通用电气和西门子等制造商无法销售在临床环境中需要计算机服务器机架的 MRI，而这在学术环境中很常见。事实上，美国国立卫生研究院（NIH）在一段时间内拒绝资助并行编程项目，他们认为，并行软件的影响将是有限的，因为巨大的基于集群的机器不能在临床环境中工作。今天，许多公司都在运送带有 GPU 的 MRI 产品，NIH 也已经资助使用 GPU 计算进行的研究。

直到 2006 年，图形芯片还很难用，因为程序员必须使用相当于图形 API（应用程序编程接口）的函数来访问处理单元，这意味着需要利用 OpenGL 或 Direct3D 技术来为这些芯片编程。简单地说，计算必须被表示为以某种方式绘制像素的函数，以便在这些早期 GPU 上执行。这种技术被称为 GPGPU，用于使用 GPU 进行通用编程。即使使用了更高层次的编程环境，底层代码仍然需要适配用于绘制像素的 API。这些 API 限制了人们实际上可以为早期 GPU 编写的应用程序的类型。因此，GPGPU 并没有成为一种广泛存在的编程对象。尽管如此，这项技术还是令人兴奋的，人们对其进行了一些探索，并取得了优秀的研究成果。

2007 年随着 CUDA（NVIDIA，2007）的发布，一切都发生了变化。CUDA 并不单独代表软件的变化，也不是在芯片上添加了额外的硬件。NVIDIA 实际上使用专门的芯片区域来为并行编程提供便利。在 G80 及其用于并行计算的后续芯片中，GPGPU 程序根本不再通过图形接口。相反，硅芯片上的一个新的通用并行编程接口服务于 CUDA 程序的请求。通用编程接口极大地扩展了可以为 GPU 开发的应用程序类型。所有其他软件层也被重新设计，以便程序员使用熟悉的 C/C++ 编程工具。

虽然 GPU 在异构并行计算中是一类重要的计算设备，但在异构计算系统中，还有其他重要类型的计算设备被用作加速器。例如，现场可编程门阵列已被广泛用于加速网络应用。本书中介绍的使用GPU作为学习工具的技术也适用于这些加速器的编程任务。

## 1.2 为什么需要速度与并行性

大规模并行编程的主要动机是为了让应用程序在未来的新一代硬件中享受持续的速度增长。我们将在关于并行模式、高级模式和应用程序（第二部分和第三部分）的章节讨论，当一个应用程序适合并行执行时，有效利用GPU可以实现比串行执行的单个CPU核心快100倍的速度。如果该应用程序包含我们所谓的“数据并行性”，那么通常只需几个小时的工作就可以实现10倍的加速。

有人可能会问，为什么应用程序将继续要求提高速度？我们今天拥有的许多应用程序似乎运行得相当快。尽管在当今世界有无数的计算应用程序，然而未来许多令人兴奋的公共应用就是我们以前认为的超级计算应用或超级应用。例如，生物学研究界正越来越多地进入分子水平。显微镜，可以说是分子生物学中最重要的仪器，曾经也依赖光学或电子仪器。然而，我们使用这些仪器进行的分子水平的观察也有局限性。通过结合计算模型来模拟潜在的分子活动，可以突破这些局限。通过模拟，我们可以测量更多的细节，测试更多传统仪器无法实现的假设。在可预见的未来，就可建模的生物系统的规模和可在可容忍的响应时间内模拟的反应时长而言，这些模拟将继续受益于不断提高的计算速度。这些进步将对科学和医学产生巨大的影响。

对于视频和音频等应用程序，请考虑我们对数字高清（HD）电视与传统的NTSC电视的满意度。一旦我们在高清电视上体验到画面的细节，就很难回到传统技术的时代。但是考虑高清电视所涉及的所有处理过程：这是一个高度并行的过程，如三维（3D）成像和可视化。在未来，新的功能（如视图合成和用高分辨率显示低分辨率视频）将要求电视具备更强的计算能力。在消费者层面，我们将会看到越来越多的视频和图像处理应用程序，以改善图片和视频的焦点、照明和其他关键方面。

计算速度的提高所带来的好处之一是更好的用户界面。智能手机用户已享受到更自然的界面和高分辨率的触摸屏，甚至可与大屏幕电视媲美。毫无疑问，这些设备的未来版本将结合传感器和显示器、虚拟和物理空间信息，以及语音和计算机视觉接口，这些都需要更高的计算速度。

消费类电子游戏也得到了类似的发展。过去，在游戏中开车只是基于一套预先安排好的场景。如果你的车撞到了障碍物，车的路线将不会改变，只有游戏分数会改变。车的轮子也不会损坏，即使实际上应该失去一个轮子。随着计算速度的提高，游戏可以基于动态模拟，而不是预先安排的场景。我们可以期待在未来体验到更多这样的现实影响。交通事故会损坏车轮，而你的在线驾驶体验将会更加真实。精确模拟物理现象的能力已经激发了数字孪生的概念，在数字孪生中，物理物体在模拟空间中有精确的模型，以便以更低的成本彻底进行应力测试和恶化预测。众所周知，物理效应的真实建模和模拟需要庞大的计算能力。

基于人工神经网络的深度学习是计算吞吐量的新应用的一个重要例子。虽然关于神经网络的研究自20世纪70年代以来便已积极开展，但它们一直没有得到实际应用，因为需要太多的标记数据和太多的计算来训练这些网络。互联网的兴起提供了大量的标记图片，而GPU的兴起带来了计算吞吐量的激增。因此，神经网络已经得到了快速应用。自2012年以来，神经网络在计算机视觉和自然语言处理中的应用已经彻底改变了这些应用程序，并推动了自动驾驶汽车和家庭助理设备的快速发展。

我们提到的所有新的应用程序都涉及以不同的方式和不同的级别来模拟或表示一个物理的和并发的世界，并且正在处理海量数据。有了如此大量的数据，大部分的计算都可以并行地在数据的不同部分上完成，尽管它们必须在某个时候得到协调。在大多数情况下，对数据交付的有效管理可能会对并行应用程序的可实现速度产生重大影响。虽然一些每天使用此类应用程序的专家通常都知道这些技术，但绝大多数应用程序开发人员可以从对这些技术的更直观的理解和实际的工作中获益。

我们的目标是以一种直观的方式向那些受过正规教育但并非计算机科学或计算机工程领域的应用程序开发人员展示数据管理技术。我们还将提供许多实用的代码示例和实践练习，以帮助读者获得相关知识。这需要一个实用的编程模型，以促进并行实现，并支持对数据交付的管理。CUDA 提供了这样的编程模型，并且已经得到了一个大型开发人员社区的充分测试。

## 1.3 加快实际应用的速度

并行化一个应用程序能将速度提高多少？计算系统 A 相对计算系统 B 的应用加速的定义是，在系统 B 中执行应用的时间与在系统 A 中执行相同应用的时间的比率。例如，如果应用在系统 A 中执行需要 10 秒但在系统 B 中执行需要 200 秒，则系统 A 相对系统 B 的加速为 200/10=20，称为 20 倍加速。

并行计算系统在串行计算系统上可以实现的加速取决于应用程序中可以并行化的部分。例如，如果在可以并行化的部分中花费的时间百分比为 30%，并行部分的 100 倍加速将使应用程序的总执行时间至多减少 29.7%。也就是说，整个应用程序的加速将只有大约 1/（1−0.297）=1.42 倍。事实上，即使在并行部分中有无限数量的加速，也只能减少 30% 的执行时间，从而实现不超过 1.43 倍的加速。通过并行执行可以实现的加速水平可能受到应用程序可并行部分的严重限制，这被称为 Amdahl 定律（Amdahl，2013）。另一方面，如果 99% 的执行时间在并行部分，则并行部分的 100 倍加速将使应用程序的执行时间减少到原始时间的 1.99%。这给整个应用程序带来了 50 倍的加速。因此，对于大规模并行处理器来说，将应用程序的大部分执行放在并行部分是非常重要的，这样可以有效地提高执行速度。

研究人员已经为某些应用程序实现了超过 100 倍的加速。然而，这通常需要经过大量的优化和调优，在算法得到增强之后，使应用程序的工作超过 99.9% 是在并行部分进行的。

对于应用程序来说，影响加速水平的另一个重要因素是从内存中访问和写入数据的速度。在实践中，应用程序的直接并行化通常会使内存（DRAM）带宽饱和，从而仅带来大约 10 倍的加速。其中的诀窍是弄清楚如何绕过内存带宽的限制，例如，利用专门的 GPU 片上内存来大幅减少对 DRAM 的访问次数。然而，必须进一步优化代码，以克服芯片上内存容量有限等限制。本书的一个重要目标是帮助读者充分理解这些优化，并熟练地使用它们。

请记住，在单核 CPU 执行上实现的加速级别也可以反映 CPU 对应用程序的适用性。在一些应用程序中，CPU 的性能非常好，这使得使用 GPU 更难提高性能。大多数应用程序都有一些由 CPU 可以更好地执行的部分。我们必须给 CPU 一个公平的机会来执行，并确保代码的编写能够方便 GPU 补充 CPU 执行，从而适当地利用组合的 CPU/GPU 系统的异构并行计算能力。到今天为止，结合多核 CPU 和多核 GPU 的大众市场计算系统已经实现了万亿级计算性能的笔记本电脑和百亿亿级计算性能的集群。

图 1.2 显示了一个典型应用程序的主要部分。实际应用程序的大部分代码往往都是串行

排列的。这些连续的部分被说明为“桃核”区域，试图将并行计算技术应用到这些部分就像咬桃核——这给人的感觉不是很好。这些部分很难并行化。CPU 往往在这些部分上做得很好。好消息是，尽管这些部分占代码的很大一部分，但它们往往只占超应用程序执行时间的一小部分。

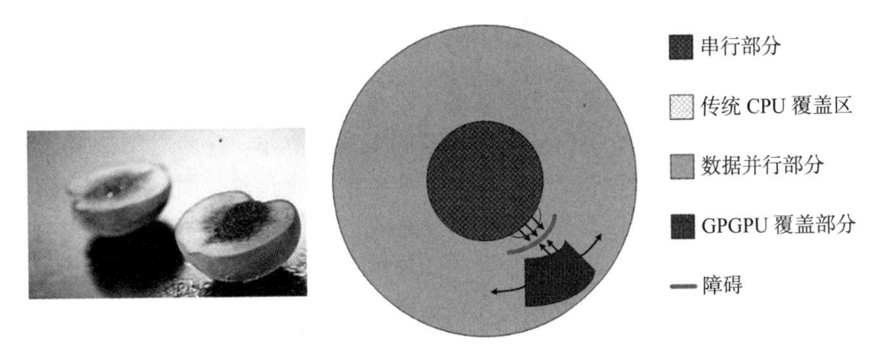


图 1.2 串行应用和并行应用的覆盖范围。串行部分和传统的（单核）CPU 覆盖部分相互重叠。以前的 GPGPU 技术提供的数据并行部分的覆盖范围非常有限，因为它仅限于可以被表述成绘制像素的计算。这些障碍指的是功率限制，因此很难扩展单核 CPU 以覆盖更多的数据并行部分

然后是“桃肉”部分。这些部分很容易并行化，例如一些早期的图形应用程序。异构计算系统中的并行编程可以大大提高这些应用程序的速度。如图 1.2 所示，早期的 GPGPU 编程接口只覆盖了桃肉的一小部分，这类似于最令人兴奋的应用程序中的一小部分。正如我们将看到的，CUDA 编程接口的设计旨在覆盖令人兴奋的应用程序的更大部分。并行编程模型及其底层硬件仍在快速发展，以实现更大部分的应用程序的高效并行化。

## 1.4 并行编程中的挑战

是什么使并行编程如此困难？有人曾经说过，如果你不关心性能，那么并行编程就非常容易，你可以在一个小时内编写一个并行程序。但是，如果你不关心性能，为什么还要编写并行程序呢？

本书探讨了在并行编程中实现高性能所面临的若干挑战。首要的挑战在于，设计具有与串行算法相同算法（计算）复杂度的并行算法可能十分困难。许多并行算法执行的工作量与相应的串行算法相当。然而，有些并行算法所做的工作却超过了相应的串行算法。事实上，有时它们所做的工作多到在处理大型输入数据集时反而运行得更慢。这一问题尤为突出，因为快速处理大型输入数据集正是并行编程的重要动因之一。

例如，我们可以很自然地用数学递归来描述许多现实世界中的问题。同时解决这些问题通常需要用非直观的方式来思考，并且在执行过程中可能需要完成更多额外的工作。有一些重要的算法原语（如前缀和）可以促进将问题的串行、递归公式转换为更并行的形式。我们将更正式地介绍*工作效率*的概念，并将说明设计并行算法所涉及的方法和权衡，这些算法可以达到相同的计算复杂度，使用重要的并行模式，如第 11 章中介绍的前缀和（扫描）。

许多应用程序的执行速度受到内存访问延迟和吞吐量的限制。我们将这些应用程序称为内存绑定；相比之下，计算绑定的应用程序受到每个字节数据所执行的指令数量的限制。在内存绑定的应用程序中实现高性能的并行执行通常需要提高内存访问速度。我们将在第 5 章

和第 6 章中介绍针对内存访问的优化技术，并将在关于并行模式和应用的几章中应用这些技术。

并行程序的执行速度往往比串行程序对输入数据特征更敏感。许多真实世界的应用程序需要处理特征完全不同的输入，如不稳定或不可预测的数据大小和不均匀的数据分布。这些大小和分布上的变化可能会导致分配给并行线程的工作量不均匀，并会显著降低并行执行的有效性。并行程序的性能有时会随着这些特性而发生巨大的变化。我们将在介绍并行模式和应用程序的章节中介绍正则化数据分布和动态细化线程数量的技术，从而应对这些挑战。

有些应用程序可以并行化，同时不需要跨不同线程的协作。这些应用程序通常被称为*易并行*。其他应用程序需要线程相互协作，这就需要使用同步操作，如屏障或原子操作。这些同步操作给应用程序带来开销，因为线程经常发现自己在等待其他线程，而不是执行有用的工作。我们将在整本书中讨论减少同步开销的各种策略。

幸运的是，上述大多数问题已经被研究人员解决了。跨应用程序领域也有一些常见的模式，这使得我们可以将在一个领域中派生的解决方案应用于其他领域。这就是我们将在重要的并行计算模式和应用程序的上下文中提出解决这些问题的关键技术的主要原因。

## 1.5　相关的并行编程接口

在过去的几十年里，许多并行编程语言和模型被提出（Mattson et al.，2004）。使用最广泛的是用于共享内存多处理器系统的 OpenMP（Open，2005）和用于可伸缩集群计算的消息传递接口（MPI)(MPI，2009）。两者都已成为由主要计算机供应商支持的标准化编程接口。

OpenMP 由编译器和运行时组成。程序员指定对 OpenMP 编译器循环的指令（命令）和实用程序（提示）。使用这些指令和实用程序，OpenMP 编译器可以生成并行代码。运行时系统通过管理并行线程和资源来支持并行代码的执行。OpenMP 最初是为 CPU 执行而设计的，现在已经被扩展到支持 GPU 执行。OpenMP 的主要优点是提供了编译器自动化和运行时支持，以便从程序员那里抽象出许多并行编程细节。这种自动化和抽象使应用程序代码在由不同供应商生产的系统以及来自同一供应商的不同代系统之间更具可移植性。我们将此属性称为*性能可移植性*。然而，OpenMP 中的有效编程仍然需要程序员理解所涉及的所有详细的并行编程概念。因为 CUDA 为程序员提供了对这些并行编程细节的明确控制，所以即使对于那些想要使用 OpenMP 作为主要编程接口的人来说，它也是一个很好的学习工具。此外，根据我们的经验，OpenMP 编译器仍在不断发展和改进。许多程序员可能需要面对 OpenMP 编译器不足的部分并使用 CUDA 风格的接口。

另一方面，MPI 是一个编程接口，其中集群中的计算节点不共享内存（MPI，2009）。所有的数据共享和交互都必须通过显式的消息传递来完成。MPI 在 HPC 中得到了广泛的应用。用 MPI 编写的应用程序已经在拥有超过 10 万个节点的集群计算系统上成功运行。今天，许多 HPC 集群都采用异构的 CPU/GPU 节点。由于计算节点缺乏跨节点的共享内存，将应用程序移植到 MPI 所需的工作量可能相当大。程序员需要执行域分解，以跨单个节点划分输入和输出数据。在域分解的基础上，程序员还需要调用消息发送和接收功能来管理节点间的数据交换。相比之下，CUDA 在 GPU 中为并行执行提供了共享内存来解决这个困难。虽然 CUDA 是与每个节点的有效接口，但大多数应用程序开发人员需要使用 MPI 在集群级别进行编程。此外，通过 NVIDIA 集合通信库（NCCL）等 API，对 CUDA 中的多 GPU 编程的支持也越来越多。因此，重要的是使 HPC 领域的并行程序员了解如何在使用多 GPU 节点的现代计算集群中进行联合 MPI/CUDA 编程，这个主题将在第 20 章进行介绍。

2009 年，包括苹果、英特尔、AMD/ATI 和 NVIDIA 在内的几家主要行业参与者联合开发了一种名为开放计算语言（OpenCL）的标准化编程模型（Khronos Group，2009）。与 CUDA 类似，OpenCL 编程模型定义了语言扩展和运行时 API，以允许程序员在大规模并行处理器中管理并行性和数据交付。与 CUDA 相比，OpenCL 更多地依赖 API，而更少依赖语言扩展。这允许供应商快速调整现有的编译器和工具来处理 OpenCL 程序。OpenCL 是一种标准化的编程模型，在 OpenCL 中开发的应用程序不必修改便可在支持 OpenCL 语言扩展和 API 的所有处理器上正确运行。然而，人们可能需要修改应用程序，以实现新的处理器需要的高性能。

同时熟悉 OpenCL 和 CUDA 的人都知道，OpenCL 和 CUDA 的关键概念和特性有显著的相似之性。也就是说，CUDA 程序员可以轻松掌握 OpenCL 编程。更重要的是，在 CUDA 中学到的几乎所有技术都很容易应用于 OpenCL 编程。

## 1.6 本书的总体目标

我们的第一个目标是教读者如何为大规模并行处理器编程以实现高性能。因此，本书的大部分内容都致力于开发高性能并行代码的技术。我们的方法将不需要大量的硬件专业知识。不过，你需要对并行硬件架构有很好的概念上的理解，这样才能推理出代码的性能。因此，我们将把一些篇幅用于直观地理解基本的硬件架构的特性，还有许多篇幅用于开发高性能并行程序的技术。特别是，我们将专注于计算思维（Wing，2006）技术，这些技术将使你能够以适合在大规模并行处理器上进行高性能执行的方式来考虑问题。

在大多数处理器上进行高性能并行编程需要了解硬件是如何工作的。构建工具和机器可能需要很多年的时间，不过现在的程序员能够在没有这些知识的情况下开发高性能代码。即使如此，那些了解硬件的程序员将能够比那些不了解硬件的程序员更有效地使用这些工具。因此，我们将在第 4 章介绍 GPU 的基本架构原理。作为讨论高性能并行编程技术的一部分，我们还将讨论更专门的架构概念。

我们的第二个目标是使并行编程获得正确的功能和可靠性，这在并行计算中是一个微妙的问题。了解并行系统的程序员知道，实现初始性能是不够的。挑战在于如何以这样一种能够调试代码并支持用户的方式来实现它。CUDA 编程模型鼓励使用简单形式的屏障同步、内存一致性和原子性来管理并行性。此外，它还提供了一系列功能强大的工具，不仅可以调试功能方面，还可以调试性能瓶颈。我们将展示，通过关注数据并行性，程序员可以在应用程序中实现高性能和高可靠性。

我们的第三个目标是，通过探索并行编程的方法实现支持未来硬件的可伸缩性，这样，未来的机器将越来越并行，运行代码的速度将比今天的机器更快。我们希望帮助你掌握并行编程，以便你的程序能够扩展到新一代机器的性能水平。这种可伸缩性的关键是规范化和本地化内存数据访问，以最大限度地减少关键资源的消耗和更新数据结构中的冲突。因此，开发高性能并行代码的技术对于确保应用程序未来的可伸缩性也很重要。

为了实现这些目标，需要大量的知识，因此我们将在本书中介绍并行编程的一些原则和模式（Mattson et al.，2004）。我们不会仅仅教授这些原则和模式，而是在并行化有用的应用程序的上下文中进行讨论。然而，我们不能涵盖所有这些技术，所以我们选择了最有用和经过充分证明的技术来详细讲解。事实上，这一版在并行模式方面的章节数量显著增加。现在，我们准备为你提供本书其余部分的快速概述。

## 1.7 本书的章节安排

本书共分为四个部分。第一部分介绍并行编程、数据并行性、GPU 和性能优化等方面的基本概念。这些章节使读者具备成为一名 GPU 程序员所必需的基本知识和技能。第二部分涵盖原始的并行模式，而第三部分涵盖更高级的并行模式和应用程序。这两部分应用了第一部分中学到的知识和技能，并介绍了其他的 GPU 架构特性和优化技术。第四部分介绍高级实践，以提供更完善的内容给那些想成为 GPU 专家的程序员。

第一部分包括第 2 ～ 6 章。第 2 章介绍数据并行性和 CUDA C 编程。这一章所依赖的事实是，读者以前有使用 C 编程的经验。首先将 CUDA C 作为一个简单的 C 扩展，支持异构 CPU/GPU 计算和广泛使用的单程序多数据并行编程模型。然后按以下思路展开讲解：识别应用程序中要并行化的部分；隔离并行化代码要使用的数据，使用 API 函数在并行计算设备上分配内存；使用 API 函数将数据传输到并行计算设备；将并行部分开发成由并行线程执行的核函数；启动由并行线程执行的核函数；最终使用 API 函数调用将数据传回主机处理器。我们使用一个向量加法的运行示例来说明这些概念。虽然本章的目的是介绍 CUDA C 编程模型的概念，以便读者能够编写一个简单的并行 CUDA C 程序，但也涵盖了基于任何并行编程接口开发并行应用程序所需的几项基本技能。

第 3 章介绍 CUDA 并行执行模型的更多细节，特别是涉及使用线程的多维组织处理多维数据。这一章详细介绍了线程的创建、组织、资源绑定和数据绑定，从而使读者能够使用 CUDA C 实现复杂的计算。

第 4 章介绍 GPU 架构，重点是如何组织计算核心，以及如何计划在这些核心上执行线程。这一章讨论了各种架构上的考量，以及它们对 GPU 架构上执行的代码性能的影响。这些概念包括透明可扩展性、SIMD 的执行和控制发散、多线程和延迟容忍以及占用率等概念，所有这些概念都将在本章中进行定义和讨论。

第 5 章扩展了第 4 章，主要讨论 GPU 的内存架构。这一章还讨论了可用于保存 CUDA 变量以管理数据传递和提高程序执行速度的特殊内存。我们介绍了分配和使用这些内存的 CUDA 语言特性。适当地使用这些内存可以极大地提高数据访问吞吐量，并有助于缓解内存系统中的流量拥塞。

第 6 章提出了当前 CUDA 硬件中几个重要的性能方面的考虑因素，特别是包括关于线程执行和内存访问的理想模式的更多细节。这些细节构成了程序员推理组织计算和数据的决策的后果的基础。本章最后列出了 GPU 程序员经常用来优化计算模式的常见优化策略清单。该清单将贯穿本书接下来的两部分，以优化各种并行模式和应用程序。

关于原始并行模式的第二部分包括第 7 ～ 12 章。第 7 章提出了卷积，一种常用的并行计算模式，它植根于数字信号处理和计算机视觉，需要仔细管理数据访问的局部性。我们还使用这种模式在现代 GPU 中引入常量内存和缓存。第 8 章提出了模板计算，一种类似于卷积的模式，但来源于求解微分方程并具有一些不同的特性，为进一步优化局部数据访问提供了可能性。我们还使用这个模式来引入线程和数据的三维组织，并展示在第 6 章中介绍的针对线程粒度的优化。

第 9 章介绍直方图，这是一种广泛应用于统计数据分析和大数据集的模式识别方法。我们还使用这种模式来引入原子操作，作为协调对共享数据的并发更新和私有化优化的一种手段，从而减少了这些操作的开销。第 10 章介绍归约树模式，它是用于汇总输入数据的集合。我们还使用这个模式来演示控制发散对性能的影响，并展示用于减轻这种影响的技术。第 11 章提出了前缀和，这是一种重要的并行计算模式，它将固有的串行计算转换为并行计算。我们还使用这种模式来引入并行算法中的工作效率的概念。第 12 章介绍并行归并，这是一种在分治工作分区策略中广泛使用的模式。这一章还介绍了动态输入数据的识别和组织。

相比于第二部分，关于高级并行模式和应用的第三部分所涵盖的模式更详细，通常涉及更多的应用环境。因此，这些章节不太关注新的技术或特性，而是更关注特定于应用的注意事项。对于每个应用，我们首先确定制定并行执行的基本结构的替代方法，然后对每种替代方法的优缺点进行分析。之后，我们将完成实现高性能所需的代码转换步骤。这些章节帮助读者将前面章节中的所有知识融会贯通，并在开发应用时合理运用。

第三部分包括第 13 ～ 19 章。第 13 章介绍两种并行排序方法：基数排序和归并排序。这种高级模式利用了前几章中介绍的更原始的模式，特别是前缀和和并行归并。第 14 章提出了稀疏矩阵计算，它被广泛用于处理非常大的数据集。本章还介绍了重新排序数据以获得更有效的并行访问的相关概念：数据压缩、填充、排序、转置和正则化。第 15 章介绍图算法，以及如何在 GPU 编程中有效地实现图搜索。提出了许多不同的图算法并行化策略，并讨论了图结构对最佳算法选择的影响。这些策略建立在更原始的模式之上，如直方图和合并。

第 16 章涵盖深度学习，这正在成为 GPU 计算的一个极其重要的领域。我们引入了卷积神经网络的有效实现，但没有展开更深入的讨论。卷积神经网络的有效实现利用了平铺和卷积等技术。第 17 章涵盖非笛卡儿 MRI 重建，以及如何利用循环分裂和分散 – 聚集转换等技术来增强并行性和减少同步开销。第 18 章涵盖分子的可视化和分析，通过应用从稀疏矩阵计算中得到的经验教训来处理不规则数据。

第 19 章介绍计算思维，即以更适合 HPC 的方式制定和解决计算问题的艺术。为此，我们需要组织程序的计算任务，以便它们可以并行完成。我们首先讨论了将抽象的特定于问题的概念组织成计算任务的转换过程，这是生产高质量应用软件（无论是串行还是并行）的重要的第一步。本章讨论并行算法结构及其对应用性能的影响，以及基于 CUDA 的性能调优经验。虽然我们没有深入讨论这些替代并行编程风格的实现细节，但我们希望读者在读完本书后能够对其中任何一种进行编程。

第四部分包括第 20 ～ 22 章。第 20 章涵盖异构集群上的 CUDA 编程，其中每个计算节点都由 CPU 和 GPU 组成。我们将讨论如何使用 MPI 和 CUDA 来集成节点间计算和节点内计算，以及由此产生的通信问题和实践。第 21 章涵盖动态并行性，即 GPU 基于数据或程序结构动态创建工作的能力，而不是一直等待 CPU 这样做。第 22 章详细介绍了一系列对 CUDA 程序员来说很重要的高级特性和实践。这些主题包括零拷贝内存、统一虚拟内存、同时执行多个内核、函数调用、异常处理、调试、分析、双精度支持、可配置缓存 / 暂存大小等。例如，早期版本的 CUDA 在 CPU 和 GPU 之间提供了有限的共享内存能力。程序员需要显式地管理 CPU 和 GPU 之间的数据传输。然而，当前版本的 CUDA 支持统一虚拟内存和零拷贝内存等特性，使它们能够在 CPU 和 GPU 之间无缝地共享数据。有了这种支持，CUDA 程序员可以声明变量和数据结构是在 CPU 和 GPU 之间共享的。运行时的硬件和软件保持一致，并根据需要代表程序员自动执行优化的数据传输操作。这种支持大大降低了数据传输与计算和 I/O 活动重叠所涉及的编程复杂性。在介绍性的部分中，我们使用 API 来进行显式的数据传输，以便读者能够更好地理解在其外壳下发生了什么。

虽然本书内容都是基于 CUDA 的，但能够帮助读者为一般的并行编程打好基础。我们相信，当我们通过具体的例子学习时，往往理解得更好。也就是说，我们必须首先在一个特定的编程模型的上下文中学习这些概念，当我们将知识推广到其他编程模型时，这将为我们提供坚实的基础。此时，我们可以从 CUDA 的例子中借鉴相关经验。关于 CUDA 的经验将帮助我们更快地理解甚至可能与 CUDA 模型不相关的概念。

第 23 章对大规模并行编程的未来进行总结和展望。我们首先回顾目标，并总结这些章节如何结合在一起以帮助我们实现目标。我们最后预测，这些在大规模并行计算方面的快速发展将使其成为未来十年最令人兴奋的领域之一。

## 参考文献


Amdahl, G.M., 2013. Computer architecture and amdahl's law. Computer 46 (12), 38–46.

Hwu, W.W., Keutzer, K., Mattson, T., 2008. The concurrency challenge. IEEE Design and Test of Computers 312–320.

Mattson, T.G., Sanders, B.A., Massingill, B.L., 2004. Patterns of Parallel Programming, Addison-Wesley Professional.

Message Passing Interface Forum, 2009. MPI – A Message Passing Interface Standard Version 2.2. http://www.mpi-forum.org/docs/mpi-2.2/mpi22-report.pdf, September 4.

NVIDIA Corporation, 2007. CUDA Programming Guide, February.

OpenMP Architecture Review Board, 2005. OpenMP application program interface.

Sutter, H., Larus, J., 2005. Software and the concurrency revolution, in. ACM Queue 3 (7), 54–62.

The Khronos Group, 2009. The OpenCL Specification version 1.0. http://www.khronos.org/registry/cl/specs/opencl-1.0.29.pdf.

von Neumann, J., 1972. First draft of a report on the EDVAC. In: Goldstine, H.H. (Ed.), The Computer: From Pascal to von Neumann. Princeton University Press, Princeton, NJ, ISBN 0–691-02367-0.

Wing, J., 2006. Computational thinking. Communications of the ACM 49 (3).

# 第一部分



# 基本概念

■ 第 2 章　异构数据并行计算
■ 第 3 章　多维网格和数据
■ 第 4 章　计算架构和调度
■ 第 5 章　内存架构和数据局部性
■ 第 6 章　性能方面的考虑

# 异构数据并行计算

数据并行性（data parallelism）是指在数据集的不同部分执行的计算工作可以相互独立地完成，从而可以并行的现象。许多应用程序都具有丰富的数据并行性，这使得它们能够适应可伸缩的并行执行。因此，对于并行程序员来说，熟悉数据并行性的概念和用于编写利用数据并行性的代码的并行编程语言结构是很重要的。在本章中，我们将使用 CUDA C 语言构造来开发一个简单的数据并行程序。

## 2.1 数据并行性

当现代软件应用程序运行缓慢时，问题通常出在数据上——有太多的数据要处理。图像处理应用程序可以处理数百万到数万亿像素的图像或视频。科学应用程序使用数十亿个网格点建立流体动力学模型。分子动力学应用程序必须模拟数千到数十亿原子之间的交互作用。航空公司的航班调度程序要处理数千个航班、机组人员和机场登机口数据。大多数像素、粒子、网格点、交互作用、飞行状态等数据通常都可以独立处理。例如，在图像处理中，将一个颜色像素转换为灰度只需要该像素的数据。模糊图像时，将每个像素的颜色与邻近像素的颜色进行平均，只需要像素的小邻域数据。即使是一个看似全局的操作，比如寻找图像中所有像素的平均亮度，也可以分解成许多可以独立执行的更小的计算。这种对不同数据块的独立评估是数据并行性的基础。编写数据并行代码需要（重新）组织围绕数据的计算，这样我们就可以并行地执行所产生的独立计算，从而更快地完成整个工作——通常要快得多。

我们用一个彩色到灰度转换的例子来说明数据并行性的概念。图 2.1 中，一幅彩色图像（左侧）由许多像素组成，每个像素包含一个红、绿、蓝的值（$r, g, b$），这些值从 0（黑色）到 1（全强度）不等。

图 2.1　彩色图像到灰度图像的转换

为了将彩色图像（图 2.1 左边）转换为灰度图像（图 2.1 右边），我们采用以下加权和公式计算每个像素的亮度值 $L$：

$$L = r \times 0.21 + g \times 0.72 + b \times 0.07$$

**RGB 彩色图像表示**

在 RGB 表示中，图像中的每个像素都存储为（$r, g, b$）值的元组。图像的行格式是 $(r, g, b)(r, g, b) \cdots (r, g, b)$，如下图所示。每个元组指定红、绿和蓝的混合。也就是说，对于每个像素，$r$、$g$ 和 $b$ 值表示像素渲染时红、绿、蓝光源的强度（0 为黑色，1 为全强度）。

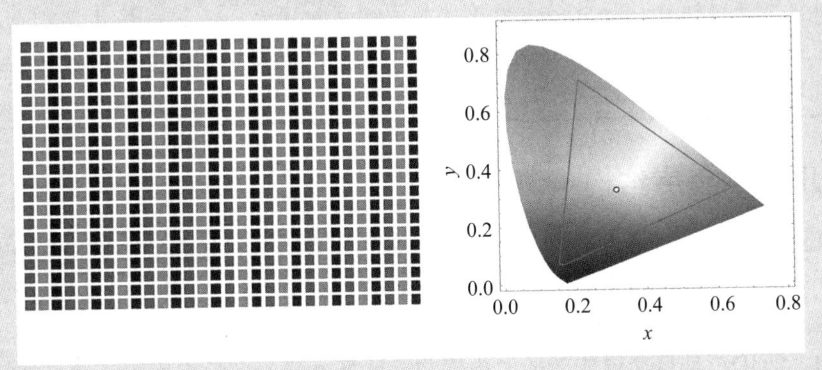


这三种颜色实际允许的混合范围在不同行业指定的颜色空间中是不同的。在这里，三种颜色在 AdobeRGB 颜色空间中的有效组合显示为三角形的内部。每个混合的垂直坐标（$y$ 值）和水平坐标（$x$ 值）表示像素强度应该分配给 $g$ 和 $r$ 的部分。像素强度的剩余部分（$1-y-x$）应该分配给 $b$。为了渲染图像，需要使用每个像素的 $r$、$g$、$b$ 值来计算像素的总强度（亮度）。

将输入图像作为 RGB 值的数组 $I$，输出图像作为亮度值的数组 $O$，得到如图 2.2 所示的简单计算结构。例如，$O[0]$ 是根据上式计算 $I[0]$ 中 RGB 值的加权和生成的，$O[1]$ 是通过计算 $I[1]$ 中 RGB 值的加权和生成的，$O[2]$ 是通过计算 $I[2]$ 中 RGB 值的加权和生成的，等等。这些逐像素计算没有一个是相互依赖的，所以都可以独立执行。显然，彩色到灰度的转换显示了丰富的数据并行性。当然，完整应用程序中的数据并行性可能更加复杂，本书的大部分内容都致力于教授发现和利用数据并行性所必需的并行思维。

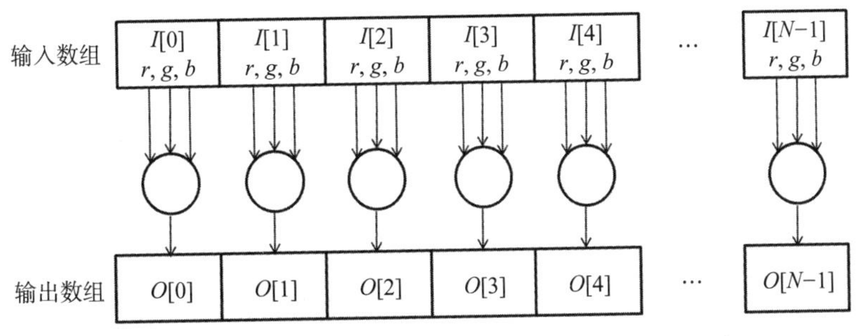


图 2.2　彩色到灰度转换的数据并行性。像素可以相互独立地计算

**任务并行性与数据并行性**

数据并行性不是并行编程中使用的唯一一种类型的并行。任务并行性在并行编程中也得到了广泛的应用。任务并行性通常通过应用程序的任务分解来实现。例如，一个简单的应用程序可能需要进行向量加法和矩阵向量乘法运算。每一项都是一项任务。如果

两个任务可以独立完成，则存在任务并行性。I/O 和数据传输也是常见的任务来源。

在大型应用程序中，通常有大量的独立任务，因此有大量的任务并行性。例如，在分子动力学模拟器中，自然任务列表包括振动力、旋转力、非键力的邻近粒子识别、非键力、速度和位置，以及基于速度和位置的其他物理性质。

通常，数据并行性是并行程序可伸缩性的主要来源。对于大型数据集，通常可以发现大量的数据并行性，从而能够大规模地利用并行处理器，应用程序的性能也将随着每一代拥有更多执行资源的硬件的进步而增长。然而，任务并行性也可以在实现性能目标方面发挥重要作用。我们将在稍后介绍流时再讨论任务并行性。

## 2.2 CUDA C 程序结构

现在我们准备学习如何编写 CUDA C 程序来利用数据并行性以实现更快的执行。CUDA C[⊖]用最小的新语法和库函数扩展了流行的 ANSI C 编程语言，使程序员能够聚焦于包含 CPU 核和大规模并行 GPU 的异构计算系统。顾名思义，CUDA C 是基于 NVIDIA 的 CUDA 平台构建的。CUDA 是目前最成熟的大规模并行计算框架，广泛应用于高性能计算行业，在常见的操作系统上都可以使用编译器、调试器和解析器等基本工具。

CUDA C 程序的结构反映了计算机中一个*主机*（CPU）和一个或多个*设备*（GPU）的共存。每个 CUDA C 源文件都可以包含主机代码和设备代码。默认情况下，任何传统的 C 程序都是只包含主机代码的 CUDA 程序。可以将设备代码添加到任何源文件中。设备代码清楚地标记了特殊的 CUDA C 关键字。设备代码包括函数或*内核*，它们的代码以数据并行的方式执行。

CUDA 程序的执行如图 2.3 所示。执行从主机代码（CPU 串行代码）开始。当核函数被调用时，会在设备上启动大量线程来执行内核。由内核调用启动的所有线程称为一个*网格*。这些线程是 CUDA 平台中并行执行的主要载体。图 2.3 显示了两个线程网格的执行情况，下文将讨论这些网格是如何组织的。当网格中的所有线程都完成执行时，网格终止，并且在主机上继续执行，直到启动另一个网格。

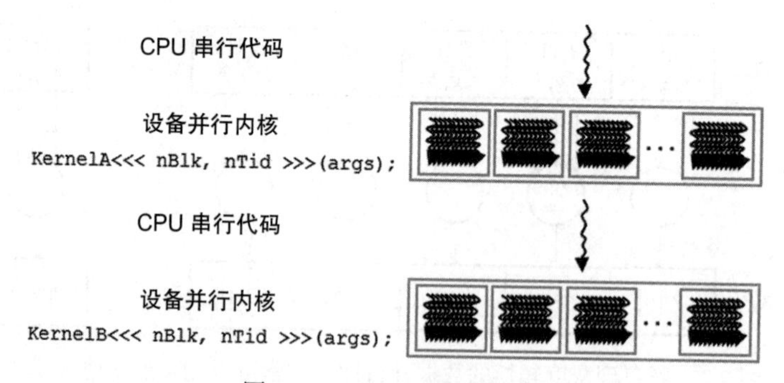


图 2.3　CUDA 程序的执行

请注意，图 2.3 是一个简化的模型，在这个模型中 CPU 执行和 GPU 执行不重叠。许多异构计算应用管理重叠的 CPU 和 GPU 执行，以充分利用 CPU 和 GPU 的优势。

启动网格时通常会生成许多线程来利用数据并行性。在彩色到灰度转换的例子中，每个

⊖ CUDA C 在采用 C++ 功能方面已经有了稳定的发展，我们将在编程示例中使用这些 C++ 特性。

线程都可以用来计算输出数组 $O$ 的一个像素。在这种情况下，网格应该启动数量上等于图像中的像素数的线程。这就意味着对于大型图像，将生成大量的线程。CUDA 程序员可以假设，由于有效的硬件支持，这些线程生成和调度只需要很少的时钟周期。这种假设与传统的 CPU 线程不同，后者通常需要数千个时钟周期来生成和调度。在下一章中，我们将展示如何实现彩色到灰度的转换和图像模糊核。在本章的其余部分中，我们将使用向量加法作为一个简单的运行示例。

**线程**

线程是现代计算机中处理器执行串行程序的简化视图。线程由程序的代码、代码中被执行的点、它的变量值和数据结构组成。就用户而言，线程的执行是串行的。可以使用源代码级调试器来监视线程的进度，每次执行一条语句，查看下一步要执行的语句，并在执行过程中检查变量和数据结构的值。

线程在编程中已经使用了很多年。如果程序员想在应用程序中启动并行执行，那么需要使用线程库或特殊语言来创建和管理多个线程。在 CUDA 中，每个线程的执行也是串行的。CUDA 程序通过调用核函数来启动并行执行，这导致底层运行时机制启动一个线程网格，并行处理数据的不同部分。

## 2.3　向量加法核

我们使用向量加法来演示 CUDA C 程序的结构。向量加法可以说是最简单的数据并行计算，相当于串行编程中的“Hello World”。在展示向量添加的内核代码之前，我们首先需要回顾一下传统的向量加法（主机代码）函数是如何工作的。图 2.4 展示了一个简单的传统 C 程序，它由一个主函数和一个向量加法函数组成。在所有的例子中，只要需要区分主机数据和设备数据，我们就会在主机使用的变量名后加上“_h”后缀，在设备使用的变量名后加上“_d”后缀，以指明这些变量的用途。因为图 2.4 中只有主机代码，所以我们看到的只是以“_h”为后缀的变量。

```
01    // Compute vector sum C_h = A_h + B_h
02    void vecAdd(float* A_h, float* B_h, float* C_h, int n) {
03        for (int i = 0; i < n; ++i) {
04            C_h[i] = A_h[i] + B_h[i];
05        }
06    }
07    int main() {
08        // Memory allocation for arrays A, B, and C
09        // I/O to read A and B, N elements each
10        ...
11        vecAdd(A, B, C, N);
12    }
```

图 2.4　一个简单的传统向量加法的 C 代码示例

**C 语言中的指针**

图 2.4 中的函数参数 A、B 和 C 都是指针。在 C 语言中，指针可以用来访问变量和数据结构。而浮点变量 V 可以用以下语句声明：

```
float V;
```

指针变量 P 可以用以下语句声明：

```
float *P;
```

通过用语句 P=&V 将 V 的地址赋给 P，我们使 P“指向”V，P 成为 V 的同义词。例如，U=*P 将 V 的值赋给 U。另一个例子，*P=3 将 V 的值改为 3。

C 程序中的数组可以通过指向其第 0 个元素的指针访问。例如，语句 P=&(A[0]) 使 P 指向数组 A 的第 0 个元素。P[i] 成为 A[i] 的同义词。事实上，数组名称 A 本身就是指向其第 0 个元素的指针。

在图 2.4 中，将数组名称 A 作为函数调用的第一个参数传递给 vecAdd，使函数的第一个参数 A_h 指向 A 的第 0 个元素。因此，可以使用函数体中的 A_h[i] 来访问主函数中数组 A 的 A[i]。

参考（Patt & Patel，2020）以获得关于 C 语言中指针的详细用法的易于理解的解释。

假设要添加的向量存储在主程序中分配和初始化的数组 A 和 B 中。输出向量在数组 C 中，也在主程序中分配。为了简洁起见，我们没有详细说明 A、B 和 C 是如何在 main 函数中分配或初始化的。指向这些数组的指针和包含向量长度的变量 n 一起传递给 vecAdd 函数。请注意，vecAdd 函数的参数后缀为“_h”，以强调它们是由主机使用的。当我们在接下来的几个步骤中引入设备代码时，此命名约定将会有所帮助。

图 2.4 中的 vecAdd 函数使用 for 循环遍历向量元素。在第 1 次迭代中，输出元素 C_h[i] 接收 A_h[i] 和 B_h[i] 之和。向量长度参数 n 用于控制循环，使迭代次数与向量的长度相匹配。该函数分别通过指针 A_h、B_h 和 C_h 读取 A 和 B 的元素，并写入 C 的元素。当 vecAdd 函数返回时，主函数中的后续语句可以访问 C 的新内容。

并行执行向量加法的一个简单方法是修改 vecAdd 函数并将其计算移到设备上。在图 2.5 中给出了这种修正的 vecAdd 函数的结构。该函数的第 1 部分在设备（GPU）存储器中分配空间以保存 A、B 和 C 向量的副本，并将 A 和 B 向量从主机内存复制到设备内存。第 2 部分调用实际的向量加法内核在设备上启动线程网格。第 3 部分将和向量 C 从设备内存复制到主机内存，并从设备内存释放三个数组。

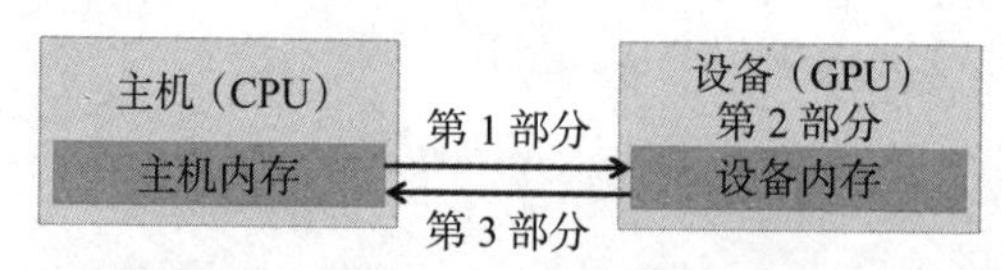


```
01    void vecAdd(float* A, float* B, float* C, int n) {
02        int  size = n* sizeof(float);
03        float  *d_A *d_B, *d_C;
04
05        // Part 1: Allocate device memory for A, B, and C
06        // Copy A and B to device memory
07        ...
08
09        // Part 2: Call kernel - to launch a grid of threads
```

图 2.5　修改后的 vecAdd 函数，该函数将工作转移到设备上

```
10          // to perform the actual vector addition
11          ...
12
13          // Part 3: Copy C from the device memory
14          // Free device vectors
15          ...
16      }
```

图 2.5　修改后的 vecAdd 函数，该函数将工作转移到设备上（续）

请注意，修改后的 vecAdd 函数本质上是一个外包代理，它将输入数据发送到设备，激活设备上的计算，并从设备收集结果。代理以这样一种方式执行，主程序甚至不需要知道向量加法现在实际上是在设备上完成的。在实践中，这样一种“透明”的外包模式可能非常低效，因为所有的数据都需要来回复制。人们通常会在设备上保留大型和重要的数据结构，并简单地从主机代码调用它们的设备函数。然而现在，我们将使用简化的透明模型来介绍基本的 CUDA C 程序结构。修改后的函数的细节以及组成内核函数的方法，将是本章余下部分的主题。

## 2.4　设备全局存储和数据传输

在当前的 CUDA 系统中，设备通常是带有自己的动态随机访问内存的硬件卡，称为设备全局内存，或简称为全局内存。例如，NVIDIA Volta V100 配备了 16GB 或 32GB 的全局内存。称其为“全局”内存，可将其与程序员也可访问的其他类型的设备内存区别开来。第 5 章将详细讨论 CUDA 内存模型和不同类型的设备内存。

对于向量加法内核，在调用内核之前，程序员需要在设备全局内存中分配空间，并将数据从主机内存传输到设备全局内存中分配的空间。这与图 2.5 的第 1 部分相对应。类似地，在设备执行之后，程序员需要将结果数据从设备全局内存传回主机内存，并释放设备全局内存中不再需要的分配空间。这与图 2.5 的第 3 部分相对应。CUDA 运行时系统（通常在主机上运行）提供应用程序编程接口（API）函数来代表程序员执行这些活动。从现在开始，我们将简化表达，即简单地说数据从主机传输到设备，以此代表数据从主机内存复制到设备全局内存。反之亦然。

在图 2.5 中，vecAdd 函数的第 1 部分和第 3 部分需要使用 CUDA API 函数为 A、B、C 分配设备全局内存，将 A 和 B 从主机转移到设备，在向量相加后将 C 从设备转移到主机，并为 A、B 和 C 释放设备全局内存。我们将首先解释内存分配和释放函数。

图 2.6 显示了用于分配和释放设备全局内存的两个 API 函数。可以从主机代码调用 cudaMalloc 函数为对象分配一段设备全局内存。读者应该注意到 cudaMalloc 和标准 C 运行时库 malloc 函数之间惊人的相似之处。这是特意设计的，CUDA C 是具有最小扩展的 C 语言。CUDA C 使用标准的 C 运行时库 malloc 函数来管理主机内存[⊖]，并将 cudaMalloc 添加为 C 运行时库的扩展。通过使接口尽可

cudaMalloc()
- 在设备全局内存中分配对象
- 两个参数
  - 指向分配对象的**指针的地址**
  - 分配对象的**大小**，以字节为单位

cudaFree()
- 释放设备全局内存中的对象
  - 指向已释放对象的**指针**

图 2.6　用于管理设备全局内存的 CUDA API 函数

⊖ CUDA C 还具有更高级的库函数来分配主机内存中的空间，我们将在第 20 章中讨论它们。

能接近原始的C运行时库，CUDA C最大限度地减少了C程序员重新学习这些扩展的用法所花费的时间。

cudaMalloc函数的第一个参数是指针变量的地址，该变量将被设置为指向分配的对象。指针变量的地址应该强制转换为(void**)，因为该函数需要一个泛型指针。内存分配函数是一个不限于任何特定类型对象的泛型函数[㊀]。该参数允许cudaMalloc函数将分配内存的地址写入所提供的指针变量中，而不管其类型如何[㊁]。调用内核的主机代码将此指针值传递给需要访问所分配内存对象的内核。cudaMalloc函数的第二个参数给出了要分配的数据的大小（以字节数为单位）。第二个参数的用法与C malloc函数的size参数一致。

我们现在使用下面的简单代码示例来说明cudaMalloc和cudaFree的用法：

```
float *A_d
int size=n*sizeof(float);
cudaMalloc((void**)&A_d, size);
...
cudaFree(A_d);
```

这是图2.5中例子的延续。为了清楚起见，我们为指针变量添加后缀“_d”，以指示它指向设备全局内存中的一个对象。传递给cudaMalloc的第一个参数是指针A_d（即&A_d）的地址，该地址被转换为void指针。当cudaMalloc返回时，A_d将指向为A向量分配的设备全局内存区域。传递给cudaMalloc的第二个参数是要分配的区域的大小。由于size是以字节数表示的，所以程序员在确定size的值时需要将数组中的元素数转换为字节数。例如，在为$n$个单精度浮点元素的数组分配空间时，size的值将是单精度浮点数大小的$n$倍，在当今的计算机中为4字节。因此，size的值将是$n \times 4$。在计算之后，使用指针A_d作为参数调用cudaFree，以从设备全局内存释放A向量的存储空间。注意，cudaFree不需要改变A_d的值，它只需要使用A_d的值来将分配的内存返回可用池。因此，只有A_d的值而不是地址作为参数传递。

A_d、B_d和C_d中的地址指向设备全局内存中的位置。这些地址不应在主机编码中取消引用。它们应该用于调用API函数和核函数。在主机编码中取消引用设备全局内存指针可能导致异常或其他类型的运行时错误。

读者应自行完成图2.5中vecAdd示例的第1部分的B_d和C_d指针变量及其相应的cudaMalloc调用的类似声明。此外，图2.5中的第3部分可以通过cudaFree调用B_d和C_d来完成。

一旦主机代码已经在设备全局内存中为数据对象分配了空间，它就可以请求将数据从主机传输到设备。这是通过调用CUDA API函数之一来完成的。图2.7展示了这样一个API函数cudaMemcpy。cudaMemcpy函数接受四个参数。第一

cudaMemcpy()
- 内存数据转换
- 需要四个参数
  - 指向目标位置的指针
  - 指向源位置的指针
  - 已复制的字节数
  - 传输类型/方向

图2.7 主机和设备之间数据传输的CUDA API函数

㊀ cudaMalloc返回泛型对象，这使得动态分配的多维数组的使用变得更加复杂。我们将在3.2节中讨论这个问题。

㊁ 请注意，cudaMalloc的格式与C malloc函数不同。C malloc函数返回一个指向已分配对象的指针。它只接受一个指定所分配对象大小的参数。cudaMalloc函数写入指针变量，该变量的地址作为第一个参数给出。因此，cudaMalloc函数接受两个参数。cudaMalloc的双参数格式允许它使用返回值报告任何错误，方法与其他CUDA API函数相同。

个参数是指向要复制的数据对象的目标位置的指针。第二个参数指向源位置。第三个参数指定要复制的字节数。第四个参数指示复制中涉及的内存类型：从主机到主机、从主机到设备、从设备到主机以及从设备到设备。例如，存储器复制功能可以用于将数据从设备全局内存中的一个位置复制到设备全局内存中的另一个位置。

vecAdd 函数调用 cudaMemcpy 函数将 A_h 和 B_h 向量从主机内存复制到设备内存中的 A_d 和 B_d，然后将它们相加，并在相加完成后将 C_d 向量从设备内存复制到主机内存中的 C_h。假设 A_h、B_h、A_d、B_d 和 size 的值已经像我们之前讨论的那样设置好了，下面显示了三个 cudaMemcpy 调用。两个符号常量 cudaMemcpyHostToDevice 和 cudaMemcpyDeviceToHost 是 CUDA 编程环境的可识别的预定义常量。请注意，通过对源指针和目标指针进行适当排序，并为传输类型使用适当的常量，可以使用相同的函数在两个方向上传输数据。

```
cudaMemcpy(A_d, A_h, size, cudaMemcpyHostToDevice);
cudaMemcpy(B_d, B_h, size, cudaMemcpyHostToDevice);
...
cudaMemcpy(C_h, C_d, size, cudaMemcpyDeviceToHost);
```

总之，图 2.4 中的主程序调用 vecAdd，它也在主机上执行。vecAdd 函数如图 2.5 所示，分配设备全局内存中的空间，请求数据传输，并调用执行实际向量加法的内核。我们将这种类型的主机代码称为调用内核的存根。我们在图 2.8 中展示了 vecAdd 函数的更完整的版本。

```
01  void vecAdd(float* A_h, float* B_h, float* C_h, int n) {
02      int size = n * sizeof(float);
03      float *A_d, *B_d, *C_d;
04
05      cudaMalloc((void **) &A_d, size);
06      cudaMalloc((void **) &B_d, size);
07      cudaMalloc((void **) &C_d, size);
08
09      cudaMemcpy(A_d, A_h, size, cudaMemcpyHostToDevice);
10      cudaMemcpy(B_d, B_h, size, cudaMemcpyHostToDevice);
11
12      // Kernel invocation code - to be shown later
13      ...
14
15      cudaMemcpy(C_h, C_d, size, cudaMemcpyDeviceToHost);
16
17      cudaFree(A_d);
18      cudaFree(B_d);
19      cudaFree(C_d);
20  }
```

图 2.8　vecAdd 函数的更完整的版本

与图 2.5 相比，图 2.8 中的 vecAdd 函数的第 1 部分和第 3 部分已完成。第 1 部分为 A_d、B_d 和 C_d 分配设备全局内存，并将 A_h 传输到 A_d，将 B_h 传输到 B_d。这是通过调用 cudaMalloc 和 cudaMemcpy 函数来完成的。我们鼓励读者用适当的参数值编写自己的函数调用，并将自己的代码与图中所示的代码进行比较。图 2.8 的第 2 部分调用内核，这一内容将在下一小节中描述。第 3 部分将向量和数据从设备复制到主机，从而使这些值在主函数中可用。这是通过调用 cudaMemcpy 函数来完成的。然后，它从设备全局内存中释放 A_d、B_d 和 C_d 的内存，这是通过调用 cudaFree 函数来完成的。

**CUDA 中的错误检测与处理**

一般来说，检查和处理错误对程序来说是很重要的。CUDA API 函数返回标志，指示它们在处理请求时是否发生了错误。大多数错误都是由调用中使用的不当参数值引起的。为了简洁起见，我们将不在示例中显示错误检查代码。

例如，图 2.8 显示了对 cudaMalloc 的调用：

```
cudaMalloc((void**) &A_d, size);
```

在实践中，我们应自行用测试错误条件的代码包围调用，并打印错误消息，以便用户能够意识到错误已经发生。这种检查代码的简单版本如下：

```
cudaError_t    err5 cudaMalloc((void**) &A_d, size);
if (error! = cudaSuccess)    {
    printf("%s in %s at line %d\n",     cudaGetErrorString(err),
  __FILE__, __LINE__);
    exit(EXIT_FAILURE);
}
```

这样，如果系统的设备内存不足，用户将被告知该情况。这可以节省数小时的调试时间。

可以定义一个 C 宏，使源代码中的检查代码更加简洁。

## 2.5 核函数和线程

现在，我们准备进一步讨论 CUDA C 核函数以及调用这些核函数的效果。在 CUDA C 中，核函数指定了并行阶段中所有线程要执行的代码，并在并行阶段将所有线程执行的代码线程化。由于所有这些线程执行相同的代码，CUDA C 编程是众所周知的单程序多数据（SPMD）（Atallah，1998）并行编程风格的实例，这是并行计算系统的一种流行的编程风格[1]。

当程序的主机代码调用内核时，CUDA 运行时系统启动一个线程网格，这些线程网格被组织成两级层次结构。每个网格都被组织为线程块的数组，为了简洁起见，我们将其称为块。网格的所有块大小相同，在当前系统上，每个块可以包含多达 1024 个线程[2]。图 2.9 展示了一个例子，其中每个块由 256 个线程组成。每个线程用一个从带有线程在块中索引号的标签的框中发出的曲线箭头来表示。

**内置变量**

许多编程语言都有内置变量。这些变量具有特殊的意义和目的。这些变量的值通常

[1] 注意，SPMD 与 SIMD（单指令多数据）不同（Flynn，1972）。在 SPMD 系统中，并行处理单元对数据的多个部分执行相同的程序。然而，这些处理单元不需要同时执行相同的指令。在 SIMD 系统中，所有处理单元在任何时刻执行相同的指令。

[2] 在 CUDA 3.0 及更高版本中，每个线程块最多可以有 1024 个线程。一些早期的 CUDA 版本在一个块中最多只允许有 512 个线程。

由运行时系统预先初始化，并且在程序中通常是只读的。程序员应该避免为了任何其他目的重新定义这些变量。

每个线程块中的线程总数由调用内核时的主机代码指定。同一内核可以在主机代码的不同部分使用不同数量的线程来调用。对于给定的线程网格，块中的线程数可以在名为 blockDim 的内置变量中获得。blockDim 变量是一个具有三个无符号整数字段（x、y 和 z）的结构体，可以帮助程序员将线程组织成一维、二维或三维数组。对于一维结构，仅使用 x 字段。对于二维结构，使用 x 和 y 字段。对于三维结构，使用 x、y 和 z 三个字段。组织线程的维度选择通常反映数据的维度。这是有意义的，因为创建线程是为了并行处理数据，所以线程的组织反映数据的结构是很自然的。在图 2.9 中，每个线程块被组织为一维线程数组，因为数据是一维向量。blockDim.x 变量的值表示每个块中的线程总数，在图 2.9 中为 256。通常，出于硬件效率的原因，建议线程块的每个维度中的线程数是 32 的倍数。我们稍后会再讨论这个问题。

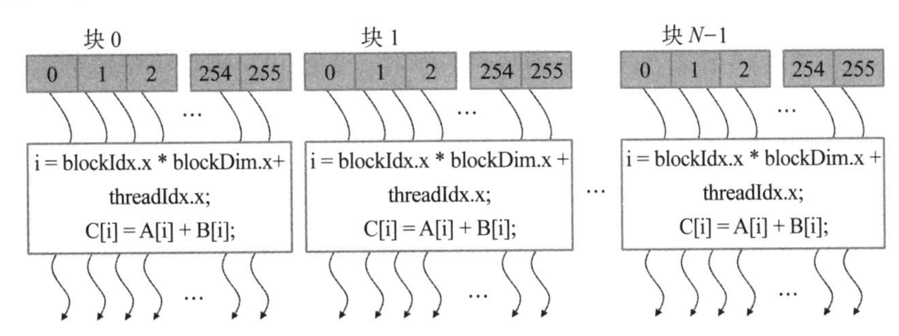


图 2.9 网格中的所有线程执行相同的内核代码

CUDA 内核可以访问另外两个内置变量（threadIdx 和 blockIdx），这些变量允许线程相互区分，并确定每个线程要处理的数据区域。threadIdx 变量为每个线程在块内提供唯一的坐标。在图 2.9 中，由于我们使用的是一维线程组织，所以只使用 threadIdx.x。每个线程的 threadIdx.x 值显示在图 2.9 中每个线程的小阴影框中。每个块中的第一个线程在其 threadIdx.x 变量中的值为 0，第二个线程的值为 1，第三个线程的值为 2，以此类推。

**层级组织**

像 CUDA 线程一样，许多现实世界的系统都是按层次组织的。美国的电话系统就是一个很好的例子。在顶层，电话系统由“区域”组成，每个区域对应于一个地理区域。同一区域内的所有电话线都有相同的 3 位数“区号”。一个电话区域有时比一个城市还大。例如，伊利诺伊州中部的许多县和城市都在同一个电话区域内，并且共享同一个区号 217。在一个区域内，每条电话线都有一个七位数的本地电话号码，这使得每个区域最多可以有大约一千万个号码。

可以将每条电话线视为 CUDA 线程，区号为 blockIdx 的值，七位本地号码为 threadIdx 的值。这种分层组织允许系统具有大量电话线，同时保留呼叫同一区域的“局部性”。也就是说，当拨打同一地区的电话线时，呼叫者只需要拨打本地号码。只要大部分的电话都是在本地区域打的，我们就很少需要拨区号。如果偶尔需要拨打另一个区域的电话线，我们先拨 1 和区号，再拨本地号码（这就是任何区域的本地号码都不应该以 1 开头的原因）。CUDA 线程的分层组织也提供了一种局部形式，我们很快将研究这个问题。

blockIdx 变量为块中的所有线程提供一个公共块坐标。在图 2.9 中，第一个线程块中的所有线程在其 blockIdx.x 变量中的值为 0，第二个线程块中的值为 1，以此类推。用电话系统类比，可以将 threadIdx.x 看作本地电话号码，blockIdx.x 看作区号。这两种方式共同为全国的每条电话线提供了唯一的电话号码。类似地，每个线程可以联合其 threadIdx 和 blockIdx 值，以在整个网格中为自己创建唯一的全局索引。

在图 2.9 中，唯一全局索引 i 的计算方式为 i=blockIdx.x * blockDim.x + threadIdx.x。回想一下，在我们的示例中，blockDim 是 256，块 0 中线程的 i 值范围从 0 到 255，块 1 中线程的 i 值范围从 256 到 511，块 2 中线程的 i 值范围从 512 到 767。也就是说，这三个块中的线程的 i 值形成从 0 到 767 的值的连续覆盖。由于每个线程使用 i 访问 A、B 和 C，这些线程覆盖了原始循环的前 768 次迭代。通过启动具有更大数量块的网格，可以处理更大的向量。通过启动具有 *n* 个或更多线程的网格，可以处理长度为 *n* 的向量。

图 2.10 给出了向量加法的核函数。请注意，我们在内核中不使用“_h”和“_d”约定，因为没有混淆的可能。在我们的示例中，我们将无法访问主机内存。内核的语法是 ANSI C，有一些值得注意的扩展。首先，在 vecAddKernel 函数的声明前面有一个 CUDA-C-specific 关键字“__global__”。此关键字指示函数是一个内核，可以调用它来在设备上生成线程网格。

```
01    // Compute vector sum C = A + B
02    // Each thread performs one pair-wise addition
03    __global__
04    void vecAddKernel(float* A, float* B, float* C, int n) {
05        int i = threadIdx.x + blockDim.x * blockIdx.x;
06        if (i < n) {
07            C[i] = A[i] + B[i];
08        }
09    }
```

图 2.10　向量加法核函数

通常，CUDA C 扩展了 C 语言，有三个限定符关键字，可以在函数声明中使用。这些关键字的含义见图 2.11。__global__ 关键字表示声明的函数是 CUDA C 核函数。请注意，global 两边各有两个下划线字符。这样的核函数在设备上执行并且可以从主机调用。在支持动态并行的 CUDA 系统中，它也可以从设备调用，正如我们将在第 21 章中看到的那样。一个重要的特性是调用这样的核函数会导致在设备上启动一个新的线程网格。

| 限定符关键字 | 可调用类型 | 处理位置 | 处理者 |
|---|---|---|---|
| __host__（默认） | 主机 | 主机 | 调用主机线程 |
| __global__ | 主机（或设备） | 设备 | 设备线程的新网格 |
| __device__ | 设备 | 设备 | 调用设备线程 |

图 2.11　函数声明的 CUDA C 关键字

关键字 __device__ 表示所声明的函数是 CUDA 设备函数。设备函数在 CUDA 设备上执行，只能从核函数或其他设备函数调用。设备函数由调用它的设备线程执行，不会导致任何新的设备线程被启动⊖。

__host__ 关键字表示声明的函数是 CUDA 主机函数。主机函数是一个传统的 C 函数，它在主机上执行，只能从另一个主机函数调用。默认情况下，CUDA 程序中的所有函数都是主机函数，除非它声明了任何 CUDA 关键字。这是有意义的，因为许多 CUDA 应用程序都是从只有 CPU 的执行环境移植而来的。在移植过程中，程序员需要添加核函数和设备函数。原始函数仍然作为主机函数。将所有函数默认为主机函数，使程序员省去了更改所有原始函数声明的烦琐工作。

注意，在函数声明中可以同时使用 __host__ 和 __device__。这种组合告诉编译系统为同一函数生成两个版本的目标代码。一个在主机上执行，只能从主机函数调用。另一个在设备上执行，只能从设备或核函数调用。这支持一个常见的用例，即可以重新编译相同的函数源代码以生成设备版本。许多用户库函数都可能属于这一类。

第二个值得注意的向 C 语言的扩展是内置变量 threadIdx、blockIdx 和 blockDim（见图 2.10）。回想一下，所有线程执行相同的内核代码，需要有一种方法使它们彼此区分开来，并将每个线程指向数据的特定部分。这些内置变量是线程访问向线程提供标识坐标的硬件寄存器的手段。不同的线程将在其 threadIdx.x、blockIdx.x 和 blockDim.x 变量中看到不同的值。

图 2.10 中有一个自动（局部）变量 i。在 CUDA 核函数中，自动变量对于每个线程是私有的。也就是说，会为每个线程生成一个版本的 i 变量。如果启动一个拥有 10 000 个线程的网格，就会有 10 000 个 i 的版本，每个线程一个版本。线程分配给其 i 变量的值对其他线程不可见。我们将在第 5 章中更详细地讨论这些自动变量。

对图 2.4 和图 2.10 的快速比较将揭示对 CUDA 内核的一个重要认识。图 2.10 中的核函数没有一个对应于图 2.4 中的循环。读者应该问循环去了哪里。答案是循环现在被线程网格所取代。整个网格形成了循环的等价物。网格中的每个线程对应于原始循环的一次迭代。这有时被称为*循环并行*，其中原始串行代码的迭代由线程并行执行。

注意，图 2.10 中 addVecKernel 中存在 if(i<n) 语句。这是因为并非所有向量长度都可以表示为块大小的倍数。例如，假设向量长度为 100。最小的有效线程块尺寸是 32。假设我们选择 32 作为块大小。需要启动四个线程块来处理所有 100 个向量元素。然而，四个线程块将具有 128 个线程。我们需要禁用线程块 3 中的最后 28 个线程以确保其不会执行原程序不期望的工作。由于所有线程都要执行相同的代码，所以所有线程都将根据 n（即 100）测试它们的 i 值。使用 if(i<n) 语句，前 100 个线程将执行加法，而最后 28 个线程则不会执行加法。这允许调用内核来处理任意长度的向量。

## 2.6 调用核函数

实现了核函数后，剩下的步骤是从主机代码调用该函数以启动网格。这在图 2.12 中给出。当主机代码调用内核时，它通过执行*配置参数*设置网格和线程块维度。配置参数在 <<< 和 >>> 之间给出，在传统的 C 函数参数之前。第一个配置参数给出网格中的块数。第二个

⊖ 稍后我们将解释在 CUDA 的不同代中使用间接函数调用和递归的规则。一般来说，应该避免在设备函数和核函数中使用递归和间接函数调用，以允许最大的可移植性。

参数指定每个块中的线程数。在该示例中，每个块中有 256 个线程。为了确保网格中有足够的线程来覆盖所有向量元素，我们需要将网格中的块数设置为期望线程数（在本例中为 n）除以线程块大小（在本例中为 256）的向上取整（将商向上舍入到直接较高的整数值）。有许多方法可以进行向上取整。一种方法是将 C 的向上取整函数应用于 n/256.0。使用浮点值 256.0 可以确保为除法生成一个浮点值，以便向上取整函数可以正确地将其舍入。例如，如果想要 1000 个线程，我们将启动 ceil(1000/256.0)=4 个线程块。因此，该语句将启动 4×256=1024 个线程。在内核中使用 `if(i<n)` 语句如图 2.10 所示。在图 2.10 中，前 1000 个线程将对 1000 个向量元素执行加法。剩下的 24 个则不会。

```
01    int vectAdd(float* A, float* B, float* C, int n) {
02        // A_d, B_d, C_d allocations and copies omitted
03        ...
04        // Launch ceil(n/256) blocks of 256 threads each
05        vecAddKernel<<<ceil(n/256.0), 256>>>(A_d, B_d, C_d, n);
06    }
```

图 2.12　向量加法内核调用声明

图 2.13 给出了 vecAdd 函数的最终主机代码。此源代码完成了图 2.5 和图 2.12 中的框架，共同展示了由主机代码和设备内核组成的简单 CUDA 程序。代码是硬链接的，以使用 256 个线程的线程块[⊖]。然而，所使用的线程块的数量取决于向量的长度（n）。如果 n 为 750，则将使用 3 个线程块。如果 n 为 4000，则将使用 16 个线程块。如果 n 为 2 000 000，则将使用 7813 个线程块。注意，所有线程块都在向量的不同部分上操作。它们可以任意顺序执行。程序员不得对执行顺序做出任何假设。具有少量执行资源的小型 GPU 可仅并行执行这些线程块中的一个或两个。较大的 GPU 可以并行执行 64 或 128 个块。这为 CUDA 内核提供了硬件执行速度的可扩展性。也就是说，相同的代码在小型 GPU 上以较低的速度运行，而在大型 GPU 上以较高的速度运行。我们将在第 4 章中重新讨论这一点。

```
01    void vecAdd(float* A, float* B, float* C, int n) {
02        float *A_d, *B_d, *C_d;
03        int size = n * sizeof(float);
04
05        cudaMalloc((void **) &A_d, size);
06        cudaMalloc((void **) &B_d, size);
07        cudaMalloc((void **) &C_d, size);
08
09        cudaMemcpy(A_d, A, size, cudaMemcpyHostToDevice);
10        cudaMemcpy(B_d, B, size, cudaMemcpyHostToDevice);
11
12        vecAddKernel<<<ceil(n/256.0), 256>>>(A_d, B_d, C_d, n);
13
14        cudaMemcpy(C, C_d, size, cudaMemcpyDeviceToHost);
15
16        cudaFree(A_d);
17        cudaFree(B_d);
18        cudaFree(C_d);
19    }
```

图 2.13　vecAdd 函数中主机代码的完整版本

需要再次指出的是，使用向量加法的例子是为了简单。在实践中，分配设备内存、从主

⊖ 虽然我们在该示例中使用任意块大小 256，但是块大小应当由稍后将引入的多个因素来确定。

机到设备的输入数据传输、从设备到主机的输出数据传输以及解除分配设备内存的开销将可能使所得代码比图 2.4 中的原始串行代码执行得慢。这是因为内核完成的计算量相对于处理或传输的数据量来说是小的。对两个浮点输入操作数和一个浮点输出操作数只执行一次加法。真实的应用程序通常具有内核，其中相对于处理的数据量需要更多的工作，这使得额外的开销是值得的。真实的应用程序也倾向于在多个内核调用之间将数据保存在设备内存中，以便可以分摊开销。我们将介绍几个这样的应用实例。

## 2.7 编译

我们已经看到，实现 CUDA C 内核需要使用各种不属于 C 的扩展。一旦这些扩展在代码中被使用，它就不再被传统的 C 编译器所接受。代码需要由识别和理解这些扩展的编译器编译，例如 NVCC（NVIDIA C 编译器）。如图 2.14 顶部所示。NVCC 编译器处理 CUDA C 程序，使用 CUDA 关键字分离主机代码和设备代码。主机代码是纯 ANSI C 代码，使用主机的标准 C/C++ 编译器编译，并作为传统的 CPU 进程运行。该设备代码标记有 CUDA 关键字，这些关键字指定 CUDA 内核及其关联的助手函数和数据结构，NVCC 将其编译成名为 PTX 文件的虚拟二进制文件。这些 PTX 文件由 NVCC 的运行时组件进一步编译成真实的对象文件，并在支持 CUDA 的 GPU 设备上执行。

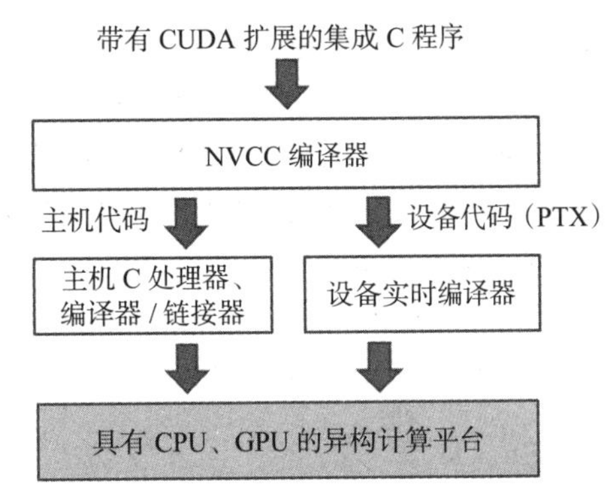


图 2.14 CUDA C 程序的编译过程

## 2.8 总结

本章提供了对 CUDA C 编程模型的快速、简化概述。CUDA C 扩展了 C 语言以支持并行计算。我们在本章讨论了这些扩展的一个基本子集。为方便起见，我们将本章中讨论的扩展总结如下。

### 2.8.1 函数声明

CUDA C 扩展了 C 函数声明语法，以支持异构并行计算。使用 `__global__`、`__device__` 或 `__host__` 中的一个，CUDA C 程序员可以指示编译器生成核函数、设备函数或主机函数。所有不包含这些关键字的函数声明默认为主机函数。如果在函数声明中同时使用 `__host__` 和 `__device__`，编译器将生成两个版本的函数，一个用于设备，一个用于主机。如果函数声明没有任何 CUDA C 扩展关键字，则该函数默认为主机函数。

### 2.8.2 内核调用和网格启动

CUDA C 扩展了 C 函数调用语法，内核执行配置参数由 <<< 和 >>> 包围。这些执行配置参数仅在调用核函数启动网格时使用。我们讨论了定义网格维度和每个块维度的执行配置参数。读者应参考 CUDA 编程指南（NVIDIA，2021），以了解内核启动扩展以及其他类型的执行配置参数的更多细节。

### 2.8.3 内置（预定义）变量

CUDA 内核可以访问一组内置的、预定义的只读变量，这些变量允许每个线程将自己与其他线程区分开来，并确定要处理的数据区域。我们在本章中讨论了 threadIdx、blockDim 和 blockIdx 变量。在第 3 章中，我们将讨论使用这些变量的更多细节。

### 2.8.4 运行时应用程序编程接口

CUDA 支持一组 API 函数，为 CUDA C 程序提供服务。我们在本章中讨论的服务是 cudaMalloc、cudaFree 和 cudaMemcpy 函数。这些函数由主机代码调用，以分别代表调用程序分配设备全局内存、解除分配设备全局内存以及在主机和设备之间传输数据。读者可参考 CUDA C 编程指南以了解其他 CUDA API 函数。

本章的目标是介绍 CUDA C 的核心概念以及编写简单 CUDA C 程序所需的基本 CUDA C 扩展。本章并不展开介绍 CUDA 的所有功能。其中的一些特性将在本书的其余部分介绍。然而，我们的重点将是这些功能所支持的关键并行计算概念。我们将只介绍并行编程技术的代码示例中所需的 CUDA C 功能。总的来说，我们鼓励读者经常查阅 CUDA C 编程指南，以了解 CUDA C 功能的更多细节。

## 练习

1. 如果我们想使用网格中的每个线程来计算向量加法的一个输出元素，那么将线程 / 块索引映射到数据索引（i）的表达式是什么？

   a. i=threadIdx.x + threadIdx.y;
   b. i=blockIdx.x + threadIdx.x;
   c. i=blockIdx.x*blockDim.x + threadIdx.x;
   d. i=blockIdx.x * threadIdx.x;

2. 假设我们要使用每个线程来计算向量加法的两个相邻元素。将线程 / 块索引映射到线程要处理的第一个元素的数据索引（i）的表达式是什么？

   a. i=blockIdx.x*blockDim.x + threadIdx.x +2;
   b. i=blockIdx.x*threadIdx.x*2;
   c. i=(blockIdx.x*blockDim.x + threadIdx.x)*2;
   d. i=blockIdx.x*blockDim.x*2 + threadIdx.x;

3. 我们希望使用每个线程来计算向量加法的两个元素。每个线程块处理形成两个部分的 2*blockDim.x 个连续元素。每个块中的所有线程将首先处理一个部分，每个线程处理一个元素。然后，它们都将移动到下一个部分，每个处理一个元素。假设变量 i 应该是线程要处理的第一个元素的索引。将线程 / 块索引映射到第一个元素的数据索引的表达式是什么？

   a. i=blockIdx.x*blockDim.x + threadIdx.x +2;
   b. i=blockIdx.x*threadIdx.x*2;
   c. i=(blockIdx.x*blockDim.x + threadIdx.x)*2;
   d. i=blockIdx.x*blockDim.x*2 + threadIdx.x;

4. 对于向量加法，假设向量长度为 8000，每个线程计算一个输出元素，线程块大小为 1024 个线程。程序员将内核调用配置为具有最小数量的线程块以覆盖所有输出元素。网格中将有多少线程？

   a. 8000

b. 8196
c. 8192
d. 8200

5. 如果我们想在 CUDA 设备全局内存中分配一个包含 v 个整数元素的数组，对于 cudaMalloc 调用的第二个参数，下列表达式中合理的是？

a. n
b. v
c. n * sizeof(int)
d. v * sizeof(int)

6. 如果我们想分配一个由 n 个浮点元素组成的数组，并使用一个浮点指针变量 A_d 来指向分配的内存，那么 cudaMalloc 调用的第一个参数的表达式是什么？

a. n
b. (void *) A_d
c. *A_d
d. (void **) &A_d

7. 如果我们想将 3000 字节的数据从主机阵列 A_h（A_h 是指向源阵列元素 0 的指针）复制到设备阵列 A_d（A_d 是指向目标阵列元素 0 的指针），那么在 CUDA 中，下列哪一项是合适的 API 调用？

a. cudaMemcpy(3000, A_h, A_d, cudaMemcpyHostToDevice);
b. cudaMemcpy(A_h, A_d, 3000, cudaMemcpyDeviceTHost);
c. cudaMemcpy(A_d, A_h, 3000, cudaMemcpyHostToDevice);
d. cudaMemcpy(3000, A_d, A_h, cudaMemcpyHostToDevice);

8. 如何声明一个变量 err，以适当地接收 API 调用的返回值？

a. int err;
b. cudaError err;
c. cudaError_t err;
d. cudaSuccess_t err;

9. 考虑以下 CUDA 内核和调用它的相应主机函数：

```
01        __global__ void foo_kernel(float* a, float* b, unsigned int
N){
02                unsigned int i=blockIdx.x*blockDim.x + threadIdx.
x;
03                if(i < N) {
04                        b[i]=2.7f*a[i] - 4.3f;
05                }
06        }
07        void foo(float* a_d, float* b_d) {
08                unsigned int N=200000;
09                foo_kernel << < (N + 128-1)/128, 128 >> >(a_d,
b_d, N);
10        }
```

a. 每个块的线程数是多少？
b. 网格中的线程数是多少？
c. 网格中的块数是多少？
d. 执行第 02 行代码的线程数是多少？

e. 执行第 04 行代码的线程数是多少？

10. 一个新来的实习生对 CUDA 感到沮丧。他一直在抱怨 CUDA 非常乏味。他必须声明许多计划在主机和设备上执行的函数两次，一次作为主机函数，一次作为设备函数。对此，你如何评论？

## 参考文献


Atallah, M.J. (Ed.), 1998. Algorithms and Theory of Computation Handbook. CRC Press.

Flynn, M., 1972. Some computer organizations and their effectiveness. IEEE Trans. Comput. **C-** 21, 948.

NVIDIA Corporation, March 2021. NVIDIA CUDA C Programming Guide.

Patt, Y.N., Patel, S.J., 2020. ISBN-10: 1260565912, 2000, 2004 Introduction to Computing Systems: From Bits and Gates to C and Beyond. McGraw Hill Publisher.

# 多维网格和数据

在第2章中，我们学习了编写一个简单的CUDA C++程序，该程序通过调用核函数来操作一维数组的元素，从而启动一维线程网格。内核指定网格中每个线程执行的语句。在本章中，我们将在总体上了解线程是如何组织的，并学习如何使用线程和块来处理多维数组。本章将使用多个示例，包括将彩色图像转换为灰度图像、模糊图像和矩阵乘法。这些示例有助于读者在接下来学习GPU架构、内存组织和性能优化之前进一步熟悉数据并行性。

## 3.1 多维网格组织

在CUDA中，网格中的所有线程都执行相同的核函数，它们依赖于坐标（即线程索引）来区分彼此并识别要处理的数据的适当部分。正如我们在第2章中看到的，这些线程被组织成两级层次结构：网格由一个或多个块组成，每个块由一个或多个线程组成。块中的所有线程共享相同的块索引，可以通过blockIdx（内置）变量访问。每个线程也有一个线程索引，可以通过threadIdx（内置）变量访问。当线程执行一个核函数时，对blockIdx和threadIdx变量的引用返回线程的坐标。内核调用语句中的执行配置参数指定网格的维度和每个块的维度。这些维度可通过gridDim和blockDim（内置）变量获得。

通常，网格是块的3D阵列，每个块是线程的3D阵列。当调用内核时，程序需要指定网格的大小和每个维度中的块。这些是通过使用内核调用语句的执行配置参数（在<<<...>>>中）指定的。第一个执行配置参数以块的数量指定网格的尺寸。第二个参数以线程数的形式指定每个块的尺寸。每个这样的参数的类型均为dim3，即三个元素x、y和z的整数向量类型。这三个元素指定三个维度的大小。程序员可以通过将未使用的维的大小设置为1来使用少于三个维。

例如，以下主机代码可用于调用vecAddkernel()核函数并生成由32个块组成的1D网格，每个块由128个线程组成。网格中的线程总数为128×32=4096：

```
dim3 dimGrid(32, 1, 1);
dim3 dimBlock(128, 1, 1);
vecAddKernel<<<dimGrid, dimBlock>>>(...);
```

请注意，dimBlock和dimGrid是由程序员定义的主机代码变量。这些变量可以有任何合法的C变量名，只要它们的类型为dim3。例如，以下语句实现与上述语句相同的结果：

```
dim3 dog(32, 1, 1);
dim3 cat(128, 1, 1);
vecAddKernel<<<dog, cat>>>(...);
```

网格和块尺寸也可以从其他变量计算。例如，图2.12中的内核调用可以写成如下代码：

```
dim3 dimGrid(ceil(n/256.0), 1, 1);
dim3 dimBlock(256, 1, 1);
vecAddKernel<<<dimGrid, dimBlock>>>(...);
```

这允许块的数量随着向量的大小而变化，使得网格将具有足够的线程来覆盖所有向量元素。在本例中，程序员选择将块大小固定为256。在内核调用时变量 n 的值将决定网格的维数。如果 n 等于1000，则网格将由4个块组成。如果 n 等于4000，则网格将具有16个块。在每种情况下，将有足够的线程来覆盖所有向量元素。启动网格后，网格和块尺寸将保持不变，直到整个网格执行完毕。

为了方便起见，CUDA 提供了一个特殊的快捷方式，用于调用具有1D网格和块的内核。除了使用 dim3 变量外，还可以使用算术表达式来指定1D网格和块的配置。在这种情况下，CUDA 编译器只是将算术表达式作为 x 维，并假设 y 和 z 维为1。这就给出了图2.12所示的内核调用语句：

```
vecAddKernel<<<ceil(n/256.0), 256>>>(...);
```

熟悉 C++ 的读者会意识到，这种1D配置的“速记”约定利用了 C++ 构造函数和默认参数的工作方式。dim3 构造函数的参数的默认值是1。在需要 dim3 的地方传递单个值时，该值将传递给构造函数的第一个参数，而第二个和第三个参数采用默认值1。结果是一个1D网格或块，其中 x 维的大小是传递的值，y 和 z 维的大小是1。

在核函数内，变量 gridDim 和 blockDim 的 x 字段根据执行配置参数的值被预初始化。例如，如果 n 等于4000，则 vecAddkernel 内核中对 gridDim.x 和 blockDim.x 的引用将分别为16和256。请注意，与主机代码中的 dim3 变量不同，核函数中这些变量的名称是 CUDA C 规范的一部分，不能更改。也就是说，gridDim 和 blockDim 是内核中的内置变量，并且总是分别反映网格和块的尺寸。

在 CUDA C 中，gridDim.x 的允许值范围为1到 $2^{31}-1$[⊖]，gridDim.y 和 gridDim.z 的允许值范围为1到 $2^{16}-1$（65 535）。块中的所有线程共享相同的 blockIdx.x、blockIdx.y 和 blockIdx.z 值。在块之中，blockIdx.x 值的范围从0到 gridDim.x-1，blockIdx.y 值的范围从0到 gridDim.y-1，blockIdx.z 值的范围从0到 gridDim.z-1。

现在我们将注意力转向块的配置。每个块被组织成3D线程阵列。可以通过将 blockDim.z 设置为1来创建2D块。1D块可以通过将 blockDim.y 和 blockDim.z 都设置为1来创建，如 vecAddkernel 示例中所示。正如我们之前提到的，网格中的所有块都具有相同的尺寸和大小。块的每个维度中的线程数由内核调用时的第二个执行配置参数指定。在内核中，这个配置参数可以作为 blockDim 的 x、y 和 z 字段访问。

当前 CUDA 系统中的块的总大小被限制为1024个线程。这些线程可以以任何方式分布在三维上，只要线程的总数不超过1024。例如，blockDim 值（512，1，1）、（8，16，4）和（32，16，2）都是允许的，但（32，32，2）是不允许的，因为线程总数将超过1024。

网格及其块不需要具有相同的维度。网格可以具有比块更高的维度，反之亦然。例如，图3.1显示了一个小的玩具网格示例，gridDim 为（2，2，1），blockDim 为（4，2，2）。可以使用以下主机代码创建这样的网格：

⊖ 计算能力小于3.0的设备支持的 blockIdx.x 的范围为1到 $2^{16}-1$。

```
dim3 dimGrid(2, 2, 1);
dim3 dimBlock(4, 2, 2);
KernelFunction<<<dimGrid, dimBlock>>>(...);
```

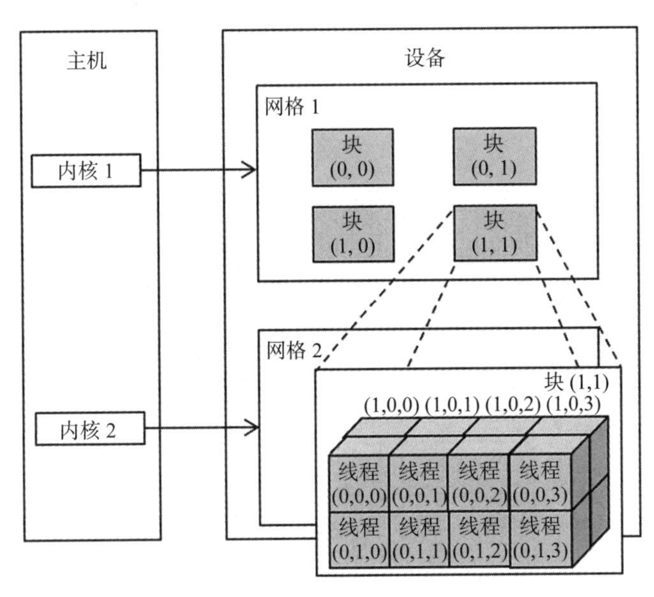


图 3.1 CUDA 网格组织的多维示例

图 3.1 中的网格由组织成 2×2 阵列的四个块组成。每个块用（blockIdx.y，blockIdx.x）标记。例如，对于块（1，0）有 blockIdx.y=1 和 blockIdx.x=0。请注意，块和线程标签的顺序是最高维度首先出现。这种表示法使用的顺序与 C 语句中设置配置参数时使用的顺序相反，在 C 语句中，最低维先出现。当我们说明在访问多维数据时将线程坐标映射到数据索引时，这种标记块的反向排序效果更好。

每个 threadIdx 也由三个字段组成：x 坐标 threadIdx.x、y 坐标 threadIdx.y 和 z 坐标 threadIdx.z。图 3.1 说明了块内线程的组织。在该示例中，每个块被组织成 4×2×2 个线程阵列。由于网格中的所有块都具有相同的尺寸，因此我们只显示其中一个。图 3.1 扩展了块（1，1）以显示其 16 个线程。例如，线程（1，0，2）具有值 threadIdx.z=1、threadIdx.y=0 和 threadIdx.x=2。注意，在这个例子中，我们有 4 个块，每个块有 16 个线程，网格中总共有 64 个线程。我们使用这些小数字来确保图示简单。典型的 CUDA 网格包含数千到数百万个线程。

## 3.2 将线程映射到多维数据

1D、2D 或 3D 线程组织的选择通常基于数据的性质。举例来说，图片是像素的 2D 阵列。使用由 2D 块组成的 2D 网格通常便于处理图片中的像素。图 3.2 给出了用于处理 62×76 1 F1F[⊖]图像 $P$（在垂直或 y 方向上有 62 个像素，在水平或 x 方向上有 76 个像素）的这种布置。

⊖ 我们将按降序引用多维数据的维度：z 维之后是 y 维，等等。例如，对于在垂直或 y 维上具有 $n$ 个像素并且在水平或 x 维上具有 $m$ 个像素的图片，我们将其称为 $n \times m$ 图片。这遵循 C 语言的多维数组索引约定。例如，为了简洁，我们可以在文本和图中将 $P[y][x]$ 称为 $P_{y,x}$。不幸的是，这种排序与数据维度在 gridDim 和 blockDim 维度中的排序顺序相反。当我们根据要由线程处理的多维数组定义线程网格的维度时，这种差异可能会特别令人困惑。

假设我们决定使用 16×16 的块，x 方向有 16 个线程，y 方向有 16 个线程。我们在 y 方向上需要四个块，在 x 方向上需要五个块，这将需要 4×5=20 个块，如图 3.2 所示。粗线标记块边界。阴影区域描绘了覆盖像素的线程。每个线程被分配以处理像素，该像素的 y 和 x 坐标从其 blockIdx、blockDim 和 threadIdx 变量值导出：

```
Vertical (row) coordinate = blockIdx.y*blockDim.y+threadIdx.y
Horizontal (column) coordinate = blockIdx.x*blockDim.x+threadIdx.x
```

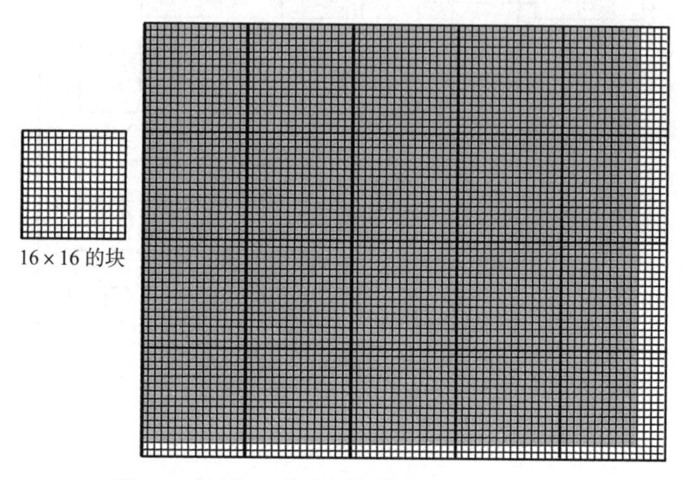


图 3.2　使用 2D 线程网格处理 62×76 图片 *P*

例如，要由块（1，0）的线程（0，0）处理的 Pin 元素可以被标识如下：

$$\mathrm{Pin}_{\mathrm{blockIdx.y*blockDim.y+threadIdx.y,\ blockIdx.x*blockDim.x+threadIdx.x}} = \mathrm{Pin}_{1*16+0,\ 0*16+0} = \mathrm{Pin}_{16,0}$$

请注意，在图 3.2 中，y 方向有两个额外的线程，x 方向有四个额外的线程。也就是说，我们将生成 64×80 个线程来处理 62×76 个像素。这类似于图 2.9 中的 1D 内核 vecAddKernel 处理 1000 元素向量时使用四个 256 线程块的情况。回想一下，图 2.10 中的 if 语句需要防止额外的 24 个线程生效。类似地，我们应该认为图片处理核函数具有 if 语句来测试线程的垂直和水平索引是否落在有效的像素范围内。

我们假设主机代码使用整数变量 n 来跟踪 y 方向上的像素数，并且使用另一整数变量 m 来跟踪 x 方向上的像素数。我们进一步假设输入图片数据已经被复制到设备全局存储器并且可以通过指针变量 Pin_d 来访问。输出图片已经被分配在设备存储器中，并且可以通过指针变量 Pout_d 来访问。以下主机代码可用于调用 2D 内核 colorToGrayscaleConversion 来处理图片，如下所示：

```
dim3 dimGrid(ceil(m/16.0), ceil(n/16.0), 1);
dim3 dimBlock(16, 16, 1);
colorToGrayscaleConversion<<<dimGrid,dimBlock>>>
                        (Pin_d, Pout_d, m, n);
```

在该示例中，为了简单起见，我们假设块的尺寸固定为 16×16。另一方面，网格的尺寸取决于图片的尺寸。为了处理一张 1500×2000（300 万像素）的图片，我们将生成 11 750 个块：在 y 方向上为 94，在 x 方向上为 125。在核函数中，gridDim.x、gridDim.y、blockDim.x 和 blockDim.y 的值将分别为 125、94、16 和 16。

在展示内核代码之前，我们首先需要了解 C 语句如何访问动态分配的多维数组的元素。

理想情况下，我们希望将 `Pin_d` 作为 2D 数组访问，其中第 `j` 行和第 `i` 列的元素可以作为 `Pin_d[j][i]` 访问。然而，开发 CUDA C 所基于的 ANSI C 标准要求在编译时知道 `Pin` 中的列数，以便 `Pin` 可作为 2D 数组访问。不幸的是，对于动态分配的数组，在编译时不知道此信息。事实上，使用动态分配数组的部分原因是允许这些数组的大小和维度根据运行时的数据大小而变化。因此，通过设计，关于动态分配的 2D 阵列中的列数的信息在编译时是未知的。因此，程序员需要显式线性化或"扁平化"动态分配的 2D 数组，使其成为当前 CUDA C 中等效的 1D 数组。

实际上，C 中的所有多维数组都是线性化的。这是由于现代计算机中使用了"平面"内存空间。在静态分配数组的情况下，编译器允许程序员使用更高维的索引语法（如 `Pin_d[j][i]`）来访问它们的元素。在底层，编译器将它们线性化为等效的 1D 数组，并将多维索引语法转换为 1D 偏移量。在动态分配数组的情况下，当前的 CUDA C 编译器将这种翻译工作留给程序员，因为在编译时缺乏维度信息。

**内存空间**

内存空间是现代计算机中处理器如何访问其内存的简化视图。存储器空间通常与每个正在运行的应用程序相关联。要由应用处理的数据和针对应用执行的指令被存储在其存储器空间的位置中。每个位置通常可以容纳一个字节并具有一个地址。需要多个字节的变量（float 为 4 个字节，double 为 8 个字节）存储在连续的字节位置。从存储器空间访问数据值时，处理器给出起始地址（起始字节位置的地址）和所需的字节数。

大多数现代计算机至少有 4G 字节大小的位置，其中每个 G 为 1 073 741 824（$2^{30}$）。所有位置都标有从 0 到所用最大数字的地址。由于每个位置只有一个地址，我们说内存空间具有"平面"组织。因此，所有多维数组最终都被"展平"为等效的一维数组。虽然 C 程序员可以使用多维数组语法访问多维数组的元素，但编译器将这些访问转换为指向数组开始元素的基指针，以及从这些多维索引计算的一维偏移量。

至少有两种可以使 2D 阵列线性化的方式。一种是将同一行的所有元素放置到连续的位置，然后将行一个接一个地放置到存储器空间中。这种安排称为*以行为主的布局*，如图 3.3 所示。为了提高可读性，我们使用 $M_{j,i}$ 来表示 $\boldsymbol{M}$ 的第 $j$ 行和第 $i$ 列处的元素。$M_{j,i}$ 等价于 C 表达式 `M[j][i]`，但可读性稍强。图 3.3 显示了一个例子，其中一个 $4 \times 4$ 矩阵 $M$ 被线性化为 16 个元素的 1D 阵列，首先是第 0 行的所有元素，然后是第 1 行的四个元素，依此类推。因此，在第 $j$ 行和第 $i$ 列处的 $\boldsymbol{M}$ 的元素的 1D 等效索引是 $j \times 4+i$。$j \times 4$ 跳过第 $j$ 行之前的行的所有元素。然后，$i$ 项选择第 $j$ 行中的正确元素。例如，$M_{2,1}$ 的 1D 索引是 $2 \times 4+1=9$。这在图 3.3 中示出，其中 $M_9$ 是与 $M_{2,1}$ 等价的 1D 坐标形式。这是 C 编译器线性化 2D 数组的方式。

线性化 2D 阵列的另一种方式是将同一列的所有元素放置在连续的位置中。然后将列一个接一个地放置到存储器空间中。这种布局称为*以列为主的布局*，由 FORTRAN 编译器使用。注意，2D 阵列的以列为主的布局等效于其转置形式的以行为主的布局。我们不会花更多的时间在这方面，除了主要使用 FORTRAN 的读者，其他读者应该知道 CUDA C 使用以行为主的布局而不是以列为主的布局。此外，许多设计用于 FORTRAN 程序的 C 库使用以列为主的布局来匹配 FORTRAN 编译器布局。因此，这些库的手册中通常会告诉用户，如果他们从 C 程序调用这些库，就需要转置输入数组。

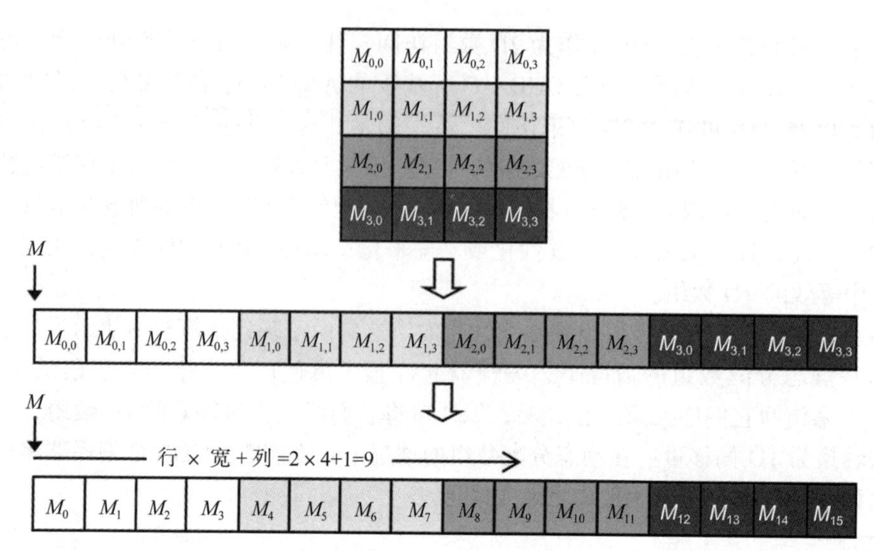


图 3.3　二维 C 阵列的以行为主的布局结果是由索引表达式 $j\times$ 宽 $+i$ 访问的等效 1D 阵列，该索引表达式对应每行中“宽”元素阵列的第 $j$ 行和第 $i$ 列中的元素

我们现在准备研究 colorToGrayscaleConversion 的源代码，如图 3.4 所示，内核代码使用以下等式将每个彩色像素转换为对应的灰度像素：

$$L=0.21\times r+0.72\times g+0.07\times b$$

```
01  // The input image is encoded as unsigned chars [0, 255]
02  // Each pixel is 3 consecutive chars for the 3 channels (RGB)
03  __global__
04  void colorToGrayscaleConversion(unsigned char * Pout,
05                  unsigned char * Pin, int width, int height) {
06      int col = blockIdx.x*blockDim.x + threadIdx.x;
07      int row = blockIdx.y*blockDim.y + threadIdx.y;
08      if (col < width && row < height) {
09          // Get 1D offset for the grayscale image
10          int grayOffset = row*width + col;
11          // One can think of the RGB image having CHANNEL
12          // times more columns than the gray scale image
13          int rgbOffset = grayOffset*CHANNELS;
14          unsigned char r = Pin[rgbOffset    ]; // Red value
15          unsigned char g = Pin[rgbOffset + 1]; // Green value
16          unsigned char b = Pin[rgbOffset + 2]; // Blue value
17          // Perform the rescaling and store it
18          // We multiply by floating point constants
19          Pout[grayOffset] = 0.21f*r + 0.71f*g + 0.07f*b;
20      }
21  }
```

图 3.4　colorToGrayscaleConversion 的源代码，带有 2D 线程映射到数据

在水平方向上总共有 blockDim.x*gridDim.x 个线程。与 vecAddKernel 示例类似，以下表达式生成从 0 到 blockDim.x*gridDim.x-1 的每个整数值（第 06 行）：

```
col = blockIdx.x*blockDim.x + threadIdx.x
```

我们知道 gridDim.x*blockDim.x 大于或等于 width（从主机代码传入的 m 值）。我们至少有与水平方向上的像素数量一样多的线程。在垂直方向上也是如此。因此，只要

我们测试并确保只有具有行和列值的线程在范围内，即 `(col<width)&&(row<height)`，就能够覆盖图片中的每个像素（第 07 行）。

由于每行中有 width 像素，我们可以将 row 和 col 处的像素的 1D 索引生成为 `row*width+col`（第 10 行）。该 1D 索引 grayOffset 是 Pout 的像素索引，因为输出灰度图像中的每个像素是 1 字节（无符号 char）。使用 62 × 76 的图像示例，由块（1，0）的线程（0，0）使用以下公式计算 Pout 像素的线性化 1D 索引：

$$\text{Pout}_{\text{blockIdx.y*blockDim.y+threadIdx.y, blockIdx.x*blockDim.x+threadIdx.x}}$$
$$=\text{Pout}_{1*16+0,\,0*16+0}=\text{Pout}_{16,0}=\text{Pout[16*76+0]}=\text{Pout[1216]}$$

至于 Pin，我们需要将灰色像素索引乘以 32 F2F⊖（第 13 行），因为每个彩色像素存储为三个元素（$r$，$g$，$b$），每个元素为 1 字节。结果 rgbOffset 给出 Pin 数组中颜色像素的起始位置。我们从 Pin 数组的三个连续字节位置（第 14 ～ 16 行）开始执行灰度像素值的计算，并且使用 grayOffset 将该值写入 Pout 阵列（第 19 行）。在 62 × 76 的图像示例中，由块（1，0）的线程（0，0）处理的 Pin 像素的第一分量的线性化 1D 索引可以用以下公式计算：

$$\text{Pin}_{\text{blockIdx.y*blockDim.y+threadIdx.y, blockIdx.x*blockDim.x+threadIdx.x}}=\text{Pin}_{1*16+0,\,0*16+0}$$
$$=\text{Pin}_{16,0}=\text{Pin[16*76*3+0]}=\text{Pin[3648]}$$

正在访问的数据是从字节偏移量 3648 开始的 3 个字节。

图 3.5 说明了在处理 62 × 76 示例时 colorToGrayscaleConversion 的执行。假设采用 16 × 16 的块，调用 colorToGrayscaleConversion 内核将生成 64 × 80 个线程。网格将有 4 × 5=20 个块：4 个在垂直方向，5 个在水平方向。块的执行行为将落入 4 种不同情况中的一种，如图 3.5 中的 4 个阴影区域所示。

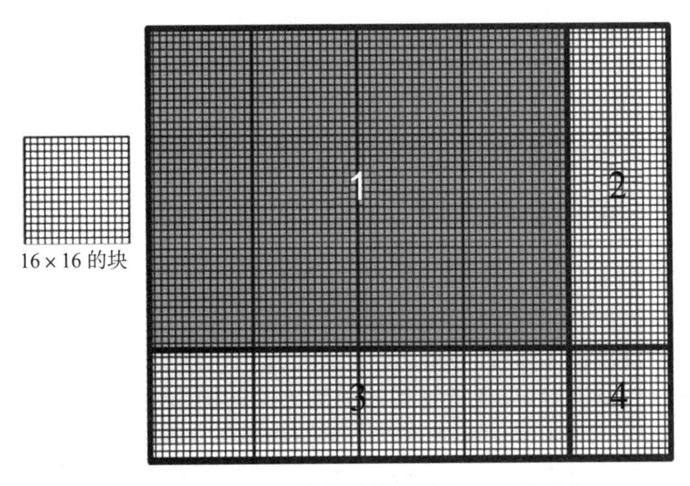


图 3.5　用 16 × 16 的块覆盖一张 62 × 76 的图片

第一个区域在图 3.5 中标记为 1。由属于覆盖图像中大部分像素的 12 个块的线程组成。这些线程的 col 和 row 值都在范围内，且都通过 if 语句测试并处理图片深色阴影区域中的像素。也就是说，每个块中的所有 16 × 16=256 个线程将处理像素。

第二个区域在图 3.5 中标记为 2，包含属于覆盖图片右上像素的中等阴影区域中的三个

⊖ 我们假设 CHANNELS 是一个值为 3 的常数，并且它的定义在核函数之外。

块的线程。尽管这些线程的 row 值始终在范围内，但其中一些线程的 col 值超过了 m 的值 76。这是因为水平方向上的线程数总是程序员选择的 blockDim.x 值的倍数（本例中为 16）。覆盖 76 个像素所需的 16 的最小倍数是 80。因此，每行中的 12 个线程将在范围内找到它们的 col 值，并且将处理像素。每行中的其余四个线程将发现它们的 col 值超出范围，因此将使 if 语句的条件失败。这些线程将不处理任何像素。总的来说，这些块中的 16 × 16=256 个线程中的 12 × 16=192 个将处理像素。

第三个区域在图 3.5 中标记为 3，占了 4 个左下角的块，覆盖了图片的中等阴影区域。尽管这些线程的 col 值始终在范围内，但其中一些线程的 row 值超过了 n 的值 62。这是因为垂直方向上的线程数总是程序员选择的 blockDim.y 值的倍数（在本例中为 16）。16 的大于 62 的最小倍数是 64。因此，每列中的 14 个线程将在范围内找到它们的 row 值，并且将处理像素。每列中的其余两个线程将不会通过 if 语句，并且将不处理任何像素。总的来说，256 个线程中的 16 × 14=224 个将处理像素。

第四个区域在图 3.5 中标记为 4，包含覆盖图片右下角浅色阴影区域的线程。与区域 2 类似，前 14 行中的每一行中的 4 个线程将发现它们的 col 值超出范围。与区域 3 类似，此块的底部两行的 row 值将超出范围。总的来说，16 × 16=256 个线程中只有 14 × 12=168 个线程将处理像素。

我们可以很容易地将对 2D 数组的讨论扩展到 3D 数组，方法是在线性化数组时包含另一个维度。这通过将阵列的每个“平面”一个接一个地放置到地址空间中来完成。假设程序员使用变量 m 和 n 分别跟踪 3D 阵列中的列数和行数。程序员还需要在调用内核时确定 blockDim.z 和 gridDim.z 的值。在内核中，数组索引将涉及另一个全局索引：

```
int plane = blockIdx.z*blockDim.z + threadIdx.z
```

对 3D 阵列 P 的线性化访问将是 P[plane*m*n +row*m+col] 的形式。处理 3D P 阵列的内核需要检查所有三个全局索引 plane、row 和 col 是否落在阵列的有效范围内。CUDA 内核中 3D 数组的使用将在第 8 章中进一步研究。

## 3.3 图像模糊：更复杂的内核

我们研究了 vecAddkernel 和 colorToGrayscaleConversion，其中每个线程只对一个数组元素执行少量的算术运算。这些内核很好地实现了它们的目的：说明基本的 CUDA C 程序结构和数据并行执行的概念。在这一点上，读者应该问一个显而易见的问题：CUDA C 程序中的所有线程都只执行这些简单而琐碎的操作吗？答案是否定的。在真实的 CUDA C 程序中，线程经常对它们的数据执行复杂的操作，并且需要相互协作。在接下来的几章中，我们将研究具有这些特征且越来越复杂的例子。我们将从图像模糊函数开始。

图像模糊平滑掉像素值的突然变化，同时保留对于识别图像的关键特征至关重要的边缘。图 3.6 说明了图像模糊的效果。对于人眼来说，模糊图像往往会模糊细节，并呈现“大图片”的印象，或图片中的主要对象。在计算机图像处理算法中，图像模糊的常见用例是通过用干净的周围像素值校正有问题的像素值来减少图像中的噪声和颗粒渲染效果的影响。在计算机视觉中，图像模糊可以使边缘检测和对象识别算法专注于主要对象，而不是被大量的细粒度对象所困扰。在显示器中，图像模糊有时用于通过模糊图像的其余部分来突出显示图像的特定部分。

图 3.6 原始图像（左）和模糊图像（右）

在数学上，图像模糊函数将输出图像像素的值计算为包含输入图像中的像素的像素块的加权和。正如我们将在第 7 章学习的那样，这种加权和的计算属于卷积模式。在本章中，我们将使用一种简化的方法，对目标像素周围的 $N \times N$ 像素块取一个简单的平均值。为了保持算法简单，我们不会根据像素与目标像素的距离对任何像素的值进行加权。在实践中，放置这样的权重在卷积模糊方法（诸如高斯模糊）中是非常常见的。

图 3.7 是使用 3×3 补丁的图像模糊的示例。当计算（row，col）位置处的输出像素值时，我们看到补丁以位于（row，col）位置处的输入像素为中心。3×3 补丁跨越三行（row-1、row、row+1）和三列（col-1、col、col+1）。例如，用于计算（25，50）处的输出像素的九个像素的坐标是（24,49）、（24,50）、（24,51）、（25,49）、（25,50）、（25,51）、（26，49）、（26，50）和（26，51）。

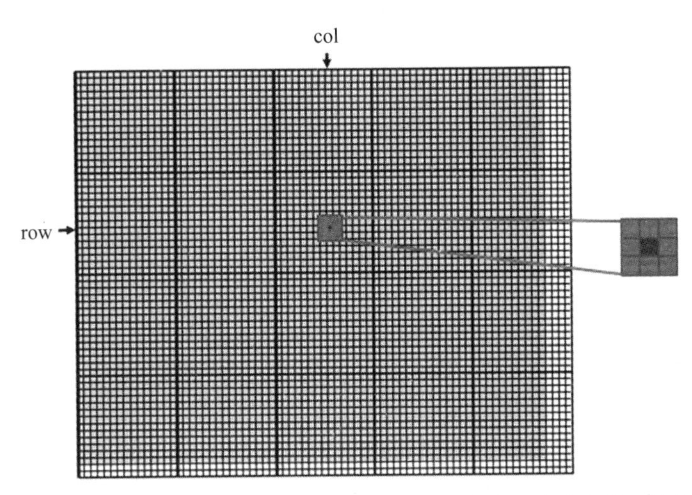


图 3.7 每个输出像素是输入图像中一片周围像素和它自身的平均值

图 3.8 给出了图像模糊核。与 colorToGrayscaleConversion 中使用的策略类似，我们使用每个线程来计算输出像素。也就是说，线程到输出数据的映射保持不变。因此，在内核的开头，我们看到了熟悉的 col 和 row 索引的计算（第 03 ～ 04 行）。我们还看到了熟悉的 if 语句，它根据图像的高度和宽度验证 col 和 row 是否在有效范围内（第 05 行）。只有 col 和 row 索引都在值范围内的线程才允许参与执行。

如图 3.7 所示，col 和 row 值还确定了用于计算线程的输出像素的输入像素块的中心像素位置。图 3.8 中的嵌套 for 循环（第 10 ～ 11 行）迭代通过补丁中的所有像素。我们假设程序定义了一个常量 BLUR_SIZE。BLUR_SIZE 的值被设置为使得 BLUR_SIZE 给出在补丁的每一侧（半径）上的像素的数量，并且 2*BLUR_SIZE+1 给出跨补丁的一个维度的像素的总数。例如，对于 3×3 补丁，BLUR_SIZE 设置为 1，而对于 7×7 补丁，BLUR_SIZE

设置为 3。外循环遍历补丁的行。对于每一行，内循环遍历补丁的列。

```
01  __global__
02  void blurKernel(unsigned char *in, unsigned char *out, int w, int h){
03    int col = blockIdx.x*blockDim.x + threadIdx.x;
04    int row = blockIdx.y*blockDim.y + threadIdx.y;
05    if(col < w && row < h) {
06      int pixVal = 0;
07      int pixels = 0;
08
09          // Get average of the surrounding BLUR_SIZE x BLUR_SIZE box
10      for(int blurRow=-BLUR_SIZE; blurRow<BLUR_SIZE+1; ++blurRow){
11         for(int blurCol=-BLUR_SIZE; blurCol<BLUR_SIZE+1; ++blurCol){
12            int curRow = row + blurRow;
13            int curCol = col + blurCol;
14                  // Verify we have a valid image pixel
15             if(curRow>=0 && curRow<h && curCol>=0 && curCol<w) {
16                 pixVal += in[curRow*w + curCol];
17                 ++pixels; // Keep track of number of pixels in the avg
18               }
19             }
20          }
21          // Write our new pixel value out
22          out[row*w + col] = (unsigned char)(pixVal/pixels);
23      }
24  }
```

图 3.8　图像模糊核

在 3×3 补丁的示例中，BLUR_SIZE 为 1。对于计算输出像素（25，50）的线程，在外循环的第一次迭代期间，curRow 变量是 row-BLUR_SIZE=25−1=24。因此，在外循环的第一次迭代期间，内循环迭代通过行 24 中的块像素。内循环从列 col-BLUR_SIZE=50−1=49 开始迭代到 col+BLUR_SIZE=51。因此，在外循环的第一次迭代中处理的像素是（24，49）、（24，50）和（24，51）。读者应该验证在外循环的第二次迭代中，内循环迭代通过像素（25，49）、（25，50）和（25，51）。最后，在外循环的第三次迭代中，内循环迭代像素（26，49）、（26，50）和（26，51）。

第 16 行使用 curRow 和 curCol 的线性化索引来访问在当前迭代中访问的输入像素的值，并将像素值累加到变量 pixVal 中。第 17 行记录了通过递增 pixels 变量将又一个像素值添加到运行和中的事实。在处理完补丁中的所有像素之后，第 22 行通过将 pixVal 值除以像素值来计算补丁中的像素的平均值。它使用行和列的线性化索引将结果写入其输出像素。

第 15 行包含一个条件语句，用于确保第 16 行和第 17 行的执行。例如，在计算图像边缘附近的输出像素时，假设使用 3×3 的补丁，补丁可能延伸到超出输入图像的有效范围。这在图 3.9 中给出。在情况 1 中，左上角的像素正在模糊。预期补丁中的 9 个像素中的 5 个不存在于输入图像中。在这种情况下，输出像素的 row 和 col 值分别为 0 和 0。在嵌套循环的执行期间，9 次迭代的 curRow 和 curCol 值是（−1，−1）、（−1，0）、（−1，1）、（0，−1）、（0，0）、（0，1）、（1，−1）、（1，0）和（1，1）。注意，对于图像外部的 5 个像素，至少一个值小于 0。if 语句的 curRow<0 和 curCol<0 条件捕获这些值并跳过第 16 行和第 17 行的执行。结果，只有 4 个有效像素的值被累加到运行和变量中。像素值也仅正确地递增 4 次，使得可以在第 22 行处正确地计算平均值。

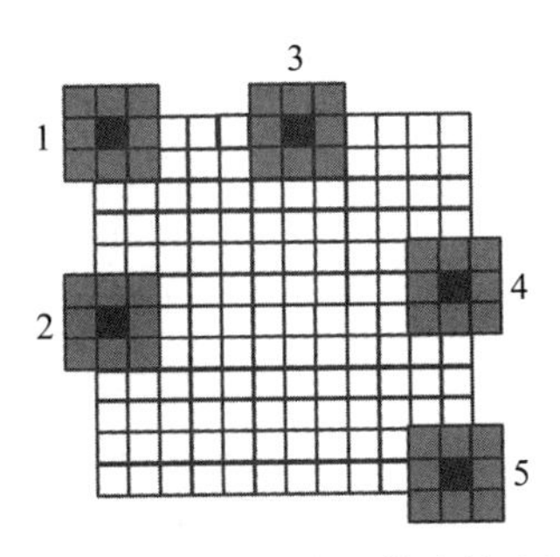


图 3.9　处理图像边缘附近像素的边界条件

读者应该考虑图 3.9 中的其他情况并分析 `blurKernel` 中嵌套循环的执行行为。请注意，大多数线程将在输入图像内找到其分配的 3 × 3 补丁中的所有像素。它们将累积所有 9 个像素。然而，对于 4 个角上的像素，负责的线程将仅累积 4 个像素。对于 4 个边缘上的其他像素，负责的线程将累积 6 个像素。这些变化是需要跟踪与可变像素一起累积的像素的实际数量的原因。

## 3.4　矩阵乘法

矩阵 – 矩阵乘法简称矩阵乘法，是基本线性代数子程序标准的重要组成部分。它是许多线性代数求解器的基础，如 LU 分解。这也是使用卷积神经网络进行深度学习的重要计算，将在第 16 章中详细讨论。

**线性代数函数**

线性代数运算广泛应用于科学和工程应用中。在基本线性代数子程序（Basic Linear Algebra Subprogram，BLAS）中，执行基本代数运算的库的实际标准，有三个级别的线性代数函数。随着级别的增加，由函数执行的操作的数量增加。一级函数执行 $\boldsymbol{y}=\alpha\boldsymbol{x}+\boldsymbol{y}$ 形式的向量运算，其中 $\boldsymbol{x}$ 和 $\boldsymbol{y}$ 是向量，$\alpha$ 是标量。我们的向量加法示例是一个具有 $\alpha=1$ 的一级函数的特例。二级函数执行形式为 $\boldsymbol{y}=\alpha \boldsymbol{A}\boldsymbol{x}+\beta\boldsymbol{y}$ 的矩阵向量运算，其中 $\boldsymbol{A}$ 是矩阵，$\boldsymbol{x}$ 和 $\boldsymbol{y}$ 是向量，$\alpha$ 和 $\beta$ 是标量。我们将研究稀疏线性代数中的二级函数的一种形式。三级函数以 $\boldsymbol{C}=\alpha \boldsymbol{A}\boldsymbol{B}+\beta\boldsymbol{C}$ 的形式执行矩阵 – 矩阵运算，其中 $\boldsymbol{A}$、$\boldsymbol{B}$ 和 $\boldsymbol{C}$ 是矩阵，$\alpha$ 和 $\beta$ 是标量。我们的矩阵 – 矩阵乘法示例是一个三级函数的特例，其中 $\alpha=1$，$\beta=0$。这些 BLAS 函数非常重要，因为它们被用作高级代数函数的基本构建块，例如线性系统求解器和特征值分析。正如我们稍后将讨论的那样，BLAS 函数的不同实现方式的性能可以在串行计算机和并行计算机中按数量级变化。

$i \times j$（$i$ 行乘 $j$ 列）的矩阵 $\boldsymbol{M}$ 与 $j \times k$ 的矩阵 $\boldsymbol{N}$ 之间的矩阵乘法产生 $i \times k$ 的矩阵 $\boldsymbol{P}$。执行矩阵乘法时，输出矩阵 $\boldsymbol{P}$ 的每个元素是 $\boldsymbol{M}$ 的行和 $\boldsymbol{N}$ 的列的内积。我们将继续使用下列符号，其中 $P_{\text{row, col}}$ 是垂直方向上的位置 row 和水平方向上的位置 col 的元素。如图 3.10 所示，$P_{\text{row, col}}$（$\boldsymbol{P}$ 中的小正方形）是由 $\boldsymbol{M}$ 的第一行形成的向量（显示为 $\boldsymbol{M}$ 中的水平条带）和由 $\boldsymbol{N}$ 的第一列形成的向量（显示为 $\boldsymbol{N}$ 中的垂直条带）的内积。两个向量的内积有时称为点积，是各个向量元素的乘积之和。也就是说：

$$P_{\text{row,col}}=\sum M_{\text{row,k}} \times N_{\text{k,col}},\ k=0,1,\cdots,\text{Width}-1$$

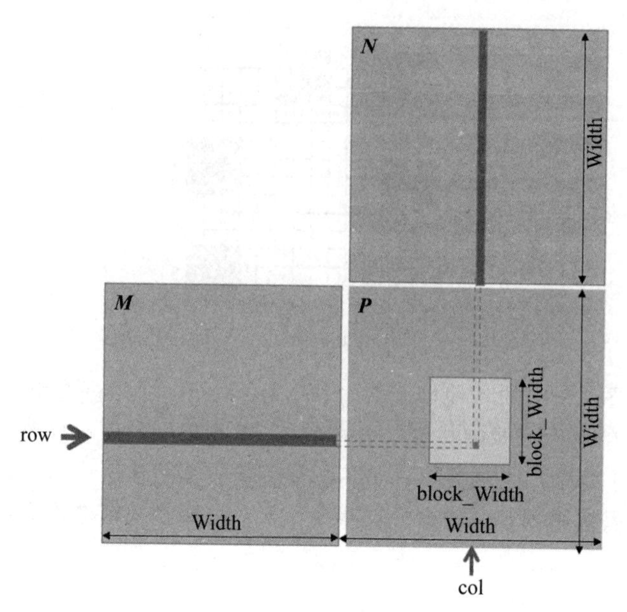


图 3.10 通过平铺 ***P*** 使用多个块的矩阵乘法

例如，在图 3.10 中，假设 row=1，col=5，则

$$P_{1,5}=M_{1,0}\times N_{0,5}+M_{1,1}\times N_{1,5}+M_{1,2}\times N_{2,5}+\cdots+M_{1,\text{Width}-1}\times N_{\text{Width}-1,5}$$

为了使用 CUDA 实现矩阵乘法，我们可以使用与 colorToGrayscaleConversion 相同的方法将网格中的线程映射到输出矩阵 ***P*** 的元素。也就是说，每个线程负责计算一个 ***P*** 元素。每个线程要计算的 ***P*** 元素的行和列索引与之前相同：

```
row = blockIdx.y*blockDim.y + threadIdx.y
```

和

```
col = blockIdx.x*blockDim.x + threadIdx.x
```

通过这种一对一映射，row 和 col 线程索引也是其输出元素的行和列索引。图 3.11 显示了基于这个线程到数据映射的内核的源代码。读者应该立即看到熟悉的计算 row 和 col 的模式（第 03 ～ 04 行），以及利用 if 语句测试 row 和 col 是否都在范围内（第 05 行）。这些语句与 colorToGrayscaleConversion 中的对应语句几乎相同。唯一显著的区别是我们做了一个简化的假设，即 matrixMulKernel 只需要处理方阵，所以我们用 Width 替换了 width 和 height。这种线程到数据的映射有效地将 P 划分为多个小块，其中的一个小块在图 3.10 中显示为浅色正方形。每个块负责计算这些小块中的一个。

现在我们将注意力转向每个线程所做的工作。回想一下，$P_{\text{row, col}}$ 被计算为 M 的第 1 行和 N 的第 1 列的内积。在图 3.11 中，我们使用 for 循环来执行这个内积运算。在进入循环之前，我们初始化一个局部变量 Pvalue 为 0（第 06 行）。循环的每次迭代访问来自 M 的第 row 行的元素和来自 N 的第 col 列的元素，将这两个元素相乘，并将乘积累加为 Pvalue（第 08 行）。

我们首先关注在 for 循环中访问 M 元素。M 被线性化为一个等效使用以行为主的顺序的 1D 数组。也就是说，M 的行从第 0 行开始一个接一个地放置在存储器空间中。因此，第

1行的开始元素是M[1*Width]，因为我们需要考虑第0行的所有元素。通常，第row行的开始元素是M[row*Width]。由于行的所有元素被放置在连续位置中，所以第row行的第k个元素在M[row*Width+k]处。这个线性化的阵列偏移就是我们在图3.11中使用的(第08行)。

```
01    __global__ void matrixmulKernel(float* M, float* N,
02                                    float* P, int Width) {
03        int row = blockIdx.y*blockDim.y+threadIdx.y;
04        int col = blockIdx.x*blockDim.x+threadIdx.x;
05        if ((row < Width) && (col < Width)) {
06            float Pvalue = 0;
07            for (int k = 0; k < Width; ++k) {
08                Pvalue += M[row*Width+k]*N[k*Width+col];
09            }
10            P[row*Width+col] = Pvalue;
11        }
12    }
```

图3.11　使用一个线程计算P元素的矩阵乘法内核

现在我们将注意力转向访问N。如图3.11所示。第col列的开始元素是第0行的第col个元素，即N[col]。访问第col列中的下一个元素需要跳过整行。这是因为同一列的下一个元素是下一行中的同一个元素。因此，第col列的第k个元素是N[k*Width+col](第08行)。

在执行退出for循环之后，所有线程都在Pvalue变量中拥有它们的P元素值。然后，每个线程使用1D等效索引表达式row*Width+col来写入其P元素(第10行)。同样，这个索引模式与colorToGrayscaleConversion内核中使用的类似。

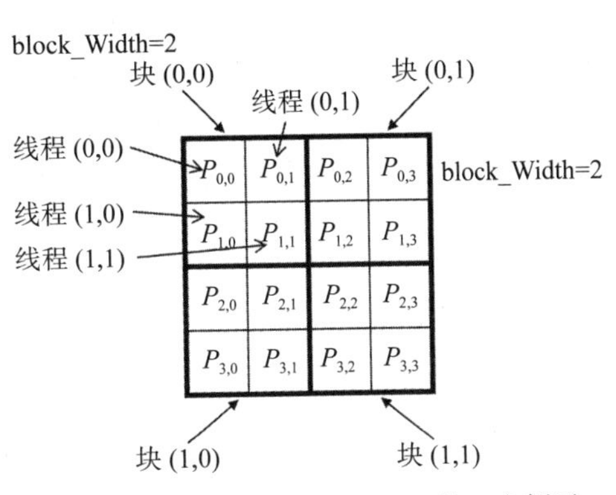


图3.12　matrixMulKernel的一个例子

我们现在使用一个例子来说明矩阵乘法内核的执行。图3.12显示了block_Width=2的4×4图像P。尽管如此小的矩阵和块大小并不现实，但这允许我们将整个示例放入一张图片中。P矩阵被划分为四个小块，并且每个块计算一个小块。我们创建由2×2个线程数组组成的块，每个线程计算一个P元素。在该示例中，块(0,0)的线程(0，0)计算$P_{0,0}$，而块(1，0)的线程(0，0)计算$P_{2,0}$。

在matrixMulKernel中，row和col索引标识了线程要计算的P矩阵中的元素。row索引还标识了M矩阵的行，而col索引标识了N矩阵的列，作为线程的输入值。图3.13展示了每个线程块中的乘法操作。对于小矩阵乘法示例，块(0，0)中的线程产生四个点积。在块

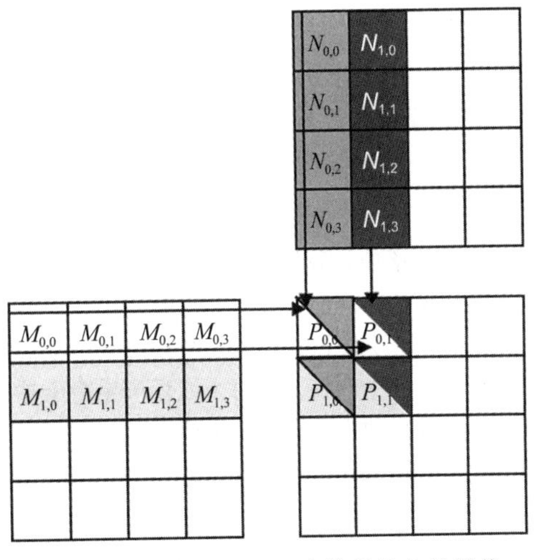


图3.13　矩阵乘法在一个线程块上的操作

（0，0）中，线程（1，0）的 row 和 col 索引分别为 0×0+1=1 和 0×0+0=0。因此，该线程映射到 $P_{1,0}$，并计算 M 矩阵的第 1 行和 N 矩阵的第 0 列的点积。

让我们来看看图 3.11 的 for 循环的执行过程。对于块（0，0）中的线程（0，0），在迭代 0（k=0）期间，row*Width+k=0×4+0=0，k*Width+col=0×4+0=0。因此，所访问的输入元素是 M[0] 和 N[0]，它们与 $M_{0,0}$ 和 $N_{0,0}$ 在 1D 上是等价的。注意，它们实际上是 M 的第 0 行和 N 的第 0 列的第 0 个元素。因此，我们正在访问的 M[1] 和 N[4] 与 $M_{0,1}$ 和 $N_{1,0}$ 在 1D 是等价的。它们是 M 的第 0 行和 N 的第 0 列的第一个元素。在迭代 2（k=2）期间，row*Width+k=0×4+2=2，k*Width+col=2×4+0=8，其结果为 M[2] 和 N[8]。因此，这些元素与 $M_{0,2}$ 和 $N_{2,0}$ 在 1D 上是等价的。最后，在迭代 3（k=3）期间，row*Width+k=0×4+3=3，k*Width+col=3×4+0=12，其结果为 M[3] 和 N[12]，即 $M_{0,3}$ 和 $N_{3,0}$ 的 1D 等价表达式。我们现在已经验证了 for 循环执行块（0，0）中的线程（0，0）的 M 的第 0 行和 N 的第 0 列之间的内积。循环结束后，线程写入 P[row*Width+col]，其为 P[0]。这是 $P_{0,0}$ 的 1D 等价表达式，因此块（0，0）中的线程（0，0）成功地计算了 M 的第 0 行和 N 的第 0 列之间的内积，并将结果存入 $P_{0,0}$。

我们将这个问题留给读者作为练习，让读者手动执行并验证块（0，0）或其他块中其他线程的 for 循环。

由于网格的大小受每个网格的最大块数和每个块的线程数的限制，因此可以由 matrixMulKernel 处理的最大输出矩阵 P 的大小也将受这些约束的限制。在要计算大于该限制的输出矩阵的情况下，可以将输出矩阵划分为大小可以由网格覆盖的子矩阵，并使用主机代码为每个子矩阵启动不同的网格。或者，我们可以更改内核代码，以便每个线程计算更多的 P 元素。我们将在本书后面探讨这两种选择。

## 3.5 总结

CUDA 网格和块是多维的，最高为三维。网格和块的多维性对于组织要映射到多维数据的线程很有用。内核执行配置参数定义网格及其块的维度。BlockIdx 和 ThreadIdx 中的唯一坐标允许网格线程标识自己及其数据域。程序员的责任是在核函数中使用这些变量，以便线程能够正确地标识要处理的数据部分。当访问多维数据时，程序员经常不得不将多维索引线性化为一维偏移。原因是 C 中动态分配的多维数组通常采用以行为主的顺序存储为一维数组。我们使用越来越复杂的例子来使读者熟悉用多维网格处理多维数组的机制。这些技能将是理解并行模式及其相关优化技术的基础。

## 练习

1. 在这一章中，我们实现了一个矩阵乘法内核，它使每个线程产生一个输出矩阵元素。在这道题中，你将实现不同的矩阵 – 矩阵乘法内核，并对它们进行比较。
   a. 编写一个内核，使每个线程产生一个输出矩阵行。为你的设计填写执行配置参数。
   b. 编写一个内核，使每个线程产生一个输出矩阵列。为你的设计填写执行配置参数。
   c. 分析两种内核设计的优缺点。
2. 矩阵向量乘法取一个输入矩阵 $\boldsymbol{B}$ 和一个向量 $\boldsymbol{C}$，得到一个输出向量 $\boldsymbol{a}$。输出向量 $\boldsymbol{a}$ 的每一个元素是输入矩阵 $\boldsymbol{B}$ 和 $\boldsymbol{C}$ 的一行的点积，即 $A[i]=\sum_{i}^{j} B[i][j]+C[j]$。为了简单起见，我们将只处理元素为单精度浮点数的方阵。编写矩阵向量乘法内核和主机桩函数，可以使用四个参数调用：指向输出矩阵的指针，指向输入矩阵的指针，指向输入向量的指针，以及每个维度的元素个数。使用一个线程计算输出向量元素。

3. 考虑以下 CUDA 内核和调用它的相应主机函数：

```
01    __global__ void foo_kernel(float* a, float* b, unsigned int M,
unsigned int N) {
02        unsigned int row = blockIdx.y*blockDim.y + threadIdx.y;
03        unsigned int col = blockIdx.x*blockDim.x + threadIdx.x;
04        if(row < M && col < N) {
05            b[row*N + col] = a[row*N + col]/2.1f + 4.8f;
06        }
07    }
08    void foo(float* a_d, float* b_d) {
09        unsigned int M = 150;
10        unsigned int N = 300;
11        dim3 bd(16, 32);
12        dim3 gd((N - 1)/16 + 1, (M - 1)/32 + 1);
13        foo_kernel <<< gd, bd >>>(a_d, b_d, M, N);
14    }
```

a. 每个块的线程数是多少？

b. 网格中的线程数是多少？

c. 网格中有多少块？

d. 执行第 05 行代码的线程数是多少？

4. 考虑一个宽度为 400、高度为 500 的 2D 矩阵。该矩阵以 1D 数组的形式存储。指定矩阵元素在第 20 行和第 10 列的数组索引。

a. 如果矩阵按以行为主的顺序存储。

b. 如果矩阵按以列为主的顺序存储。

5. 考虑一个宽度为 400、高度为 500、深度为 300 的 3D 张量。张量以行序 1D 数组的形式存储。指定张量元素在 $x$=10，$y$=20，$z$=5 处的数组索引。

# 第 4 章

Programming Massively Parallel Processors: A Hands-on Approach, Fourth Edition

# 计算架构和调度

在第 1 章中，我们了解了 CPU 的设计目标是最小化指令执行的延迟，而 GPU 的设计目标是最大化执行指令的吞吐量。在第 2 章和第 3 章中，我们学习了 CUDA 编程接口的核心特性，用于创建和调用内核来启动和执行线程。在接下来的三章中，我们将讨论现代 GPU 的架构，包括计算架构和内存架构，以及对这种架构的理解所带来的性能优化技术。本章介绍了 GPU 计算架构的几个方面，这对于 CUDA C 程序员理解和判断内核代码的性能是必不可少的。我们将首先展示一个高级的、简化的计算架构视图，并探讨灵活的资源分配、块调度和占用率的概念。然后，我们将进一步讨论线程调度、延迟容忍、控制发散和同步。本章最后介绍 API 函数，这些函数可以用来查询 GPU 中可用的资源，以及在执行内核时帮助估计 GPU 占用率的工具。在接下来的两章中，我们将介绍 GPU 内存架构的核心概念和编程方面的考虑。特别地，第 5 章关注片上内存架构，第 6 章简要介绍片外内存架构，然后阐述将 GPU 架构作为一个整体时性能方面的不同考量。掌握了这些概念的 CUDA C 程序员就能够很好地理解和编写高性能的并行内核。

## 4.1 现代 GPU 架构

图 4.1 展示了 CUDA C 程序员视角下典型 CUDA GPU 架构的高级视图。它被组织成一个高线程流多处理器（SM）的数组。每个 SM 都有几个称为流处理器或 CUDA 核的处理单元（为了简洁起见，以下简称为核），如图 4.1 中 SM 内部的小块所示，它们共享控制逻辑和内存资源。例如，Ampere A100 GPU 有 108 个 SM，每个 SM 有 64 个核，总共 6912 个核。

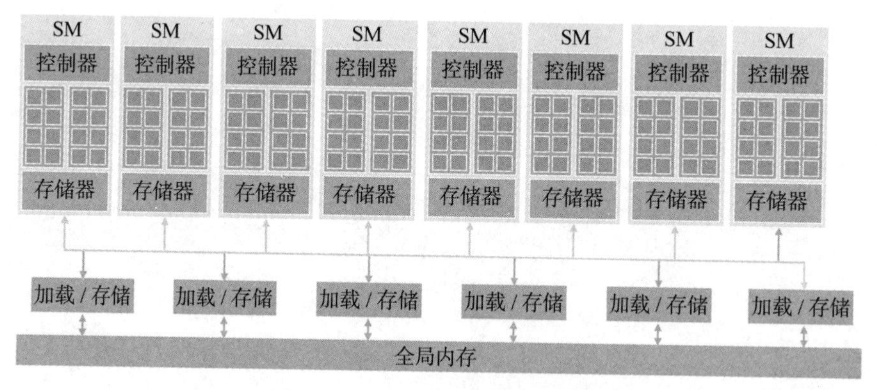


图 4.1 支持 CUDA 的 GPU 架构

SM 也有不同的片上存储器结构，在图 4.1 中被统称为“存储器”。这些芯片上的内存结构将是第 5 章的主题。GPU 还带有千兆字节的芯片外设备内存，在图 4.1 中被称为“全局内存”。虽然以前的 GPU 使用图形双数据速率同步 DRAM，但从 NVIDIA 的 Pascal 架构开始的最新 GPU 可能使用 HBM（高带宽内存）或 HBM2，它们由 DRAM（动态随机访问内存）

模块与 GPU 紧密集成在同一个包中。为了简单起见，本书的其余部分将所有这些类型的内存统称为 DRAM。我们将在第 6 章中讨论访问 GPU DRAM 时涉及的最重要的概念。

## 4.2 块调度

当内核被调用时，CUDA 运行时系统启动一个线程网格来执行内核代码。这些线程是按块分配给 SM 的。也就是说，一个块中的所有线程都被同时分配给同一个 SM。

图 4.2 显示了 SM 的块分配。多个块可能同时被分配给同一个 SM。例如，在图 4.2 中，给每个 SM 分配了三个块。但是，块需要为执行预留硬件资源，因此只能同时分配有限数量的块给给定的 SM。块数量的限制取决于 4.6 节将讨论的各种因素。

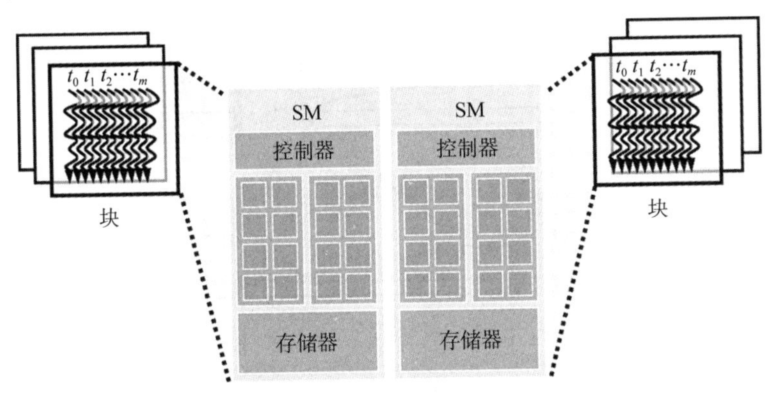


图 4.2 流多处理器的线程块分配

由于 SM 数量和可同时分配给每个 SM 的块数量有限，CUDA 设备中可同时执行的块总数是有限的。大多数网格包含比这个数字更多的块。为了确保网格中的所有块都被执行，运行时系统维护了一个需要执行的块列表，并在之前分配的块完成执行时分配新的块给 SM。

在块的基础上将线程分配给 SM，可以保证在相同的 SM 上同时调度相同块中的线程。这个保证使得同一个块中的线程能够以不同块中的线程无法实现的方式相互交互[⊖]，包括在 4.3 节中讨论的屏障同步。这还包括访问驻留在 SM 上的低延迟共享内存，这将在第 5 章中讨论。

## 4.3 同步和透明可扩展性

CUDA 允许同一块中的线程使用屏障同步函数 `__syncthreads()` 来协调活动。请注意，“__”由两个“_”字符组成。当一个线程调用 `__syncthreads()` 时，它将被保存在该调用的程序位置，直到同一块中的每个线程都到达该位置。这确保了一个块中的所有线程都已经完成所执行的阶段，然后它们中的任何一个才可以进入下一个阶段。

屏障同步是协调并行活动的一种简单且流行的方法。在现实生活中，我们经常使用屏障同步来协调多人的并行活动。例如，假设四个朋友开车去购物中心。他们可以去不同的商店买衣服，这是一种并行的活动，比一起依次访问各自感兴趣的商店要高效得多。然而，在他

⊖ 不同块中的线程可以通过 Cooperative Groups API 执行屏障同步。然而，有几个重要的限制必须遵守，以确保所有涉及的线程确实是同时在 SM 上执行。有兴趣的读者可以参考 CUDA C 编程指南来正确使用 Cooperative Groups API。

们离开商场之前，需要进行屏障同步——必须等到四个朋友都回到车上才能离开。那些比别人完成得早的人必须等待完成得晚的人。如果没有屏障同步，当汽车离开时，可能还有人留在商场里，这可能会影响他们的友谊。

图 4.3 演示了屏障同步的执行。块中有 $N$ 个线程，时间从左到右。有些线程提前到达屏障同步语句，有些则要晚很多。那些早到的会等待那些晚到的。当最新的线程到达屏障时，所有线程都可以继续执行。有了屏障同步，“没有人会掉队”。

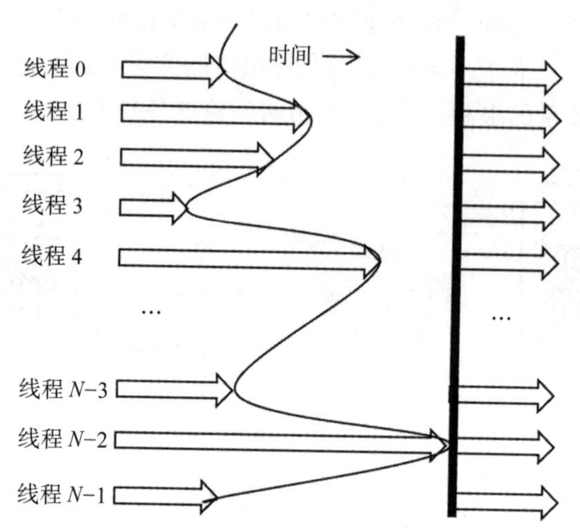


图 4.3　执行屏障同步的例子。箭头表示一段时间内的执行活动。图中的曲线标记了每个线程执行 __syncthreads 语句的时间。曲线右侧的空格表示每个线程等待所有线程完成的时间。竖线表示最后一个线程执行 __syncthreads 语句的时间，之后所有线程都可以继续执行 __syncthreads 语句之后的语句

在 CUDA 中，如果 __syncthreads() 语句存在，则必须由一个块中的所有线程执行。当 __syncthreads() 语句被放在 if 语句中时，要么一个块中的所有线程都执行包含 __syncthreads() 的路径，要么都不执行。对于 if-then-else 语句，如果每个路径都有 __syncthreads() 语句，则块中的所有线程要么执行 then 路径，要么全部执行 else 路径。两个 __syncthreads() 是不同的屏障同步点。例如，在图 4.4 中，从第 04 行开始的 if 语句中使用了两个 __syncthreads()。所有具有偶数 threadIdx.x 值的线程执行 then 路径，而其余线程执行 else 路径。第 06 行和第 10 行的 __syncthreads() 调用定义了两个不同的屏障。因为不是一个块中的所有线程都保证执行两个屏障中的任何一个，所以代码违反了使用 __syncthreads() 的规则，并将导致未定义的执行行为。通常，错用屏障同步会导致不正确的结果，或者线程永远等待对方，这被称为死锁。程序员有责任避免不恰当地使用屏障同步。

屏障同步对块中的线程施加了执行约束。这些线程应该在彼此接近的时间内执行，以避免过长的等待时间。更重要的是，系统需要确保所有参与屏障同步的线程都能访问必要的资源，从而最终到达屏障。否则，永远不会到达屏障同步点的线程可能会导致死锁。CUDA 运行时系统通过将执行资源作为一个单元分配给块中的所有线程来满足这个约束。不仅块中的所有线程都必须被分配给同一个 SM，而且需要同时分配。也就是说，只有当运行时系统保护了块中所有线程完成执行所需的所有资源时，块才能开始执行。这确保了块中所有线程的

时间接近性，并防止在屏障同步过程中过多甚至不确定的等待时间。

```
01  void incorrect_barrier_example(int n) {
02      ...
03      if (threadIdx.x % 2 == 0) {
04          ...
05          __syncthreads();
06      }
07      else {
08          ...
09          __syncthreads();
10      }
11  }
```

图 4.4　错误使用了 __syncthreads()

CUDA 运行时系统可以以任何相对顺序执行块，因为它们不需要彼此等待。这种灵活性支持可扩展的实现，如图 4.5 所示。图中的时间从上到下。在只有少量执行资源的低成本系统中，可以同时执行少量的块，如图 4.5 左侧所示，一次执行两个块。在具有更多执行资源的高端实现中，可以同时执行多个块，如图 4.5 的右侧所示，一次执行四个块。如今的高端 G4PU 可以同时执行数百个块。

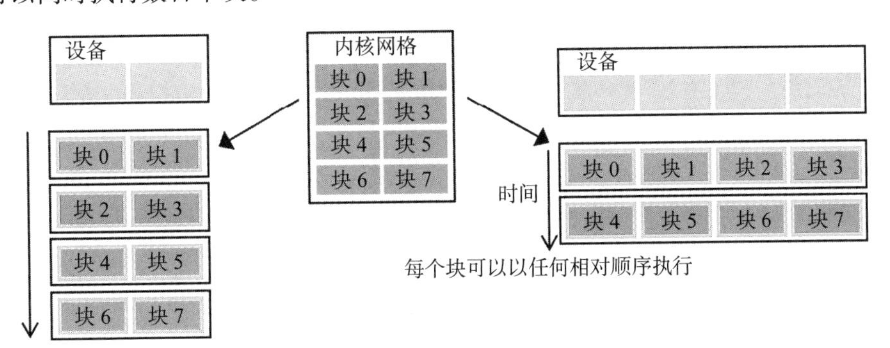


图 4.5　块之间缺乏同步约束使 CUDA 程序具有透明可扩展性

以不同的速度执行相同的应用程序代码的能力，使得人们可以根据不同市场细分的成本、功率和性能要求，生产出各种各样的产品。例如，移动处理器可能以很慢的速度执行应用程序，但耗电量极低，而桌面处理器可能以更高的速度执行同一个应用程序，但耗电量却更高。两者在不修改代码的情况下执行同一个应用程序。在不同的硬件上使用不同数量的执行资源执行相同的应用程序代码的能力被称为*透明可扩展性*，它减轻了应用程序开发人员的负担，并提高了应用程序的可用性。

## 4.4　线程束和 SIMD 硬件

我们已经看到，块可以以任何相对顺序执行，这允许跨不同设备的透明可扩展性。然而，我们并没有详细说明每个块中线程的执行时间。从概念上讲，我们应该假设一个块中的线程可以按照任何顺序执行。在分阶段的算法中，当我们想要确保所有线程在开始下一个阶段之前都完成了前一个阶段的执行时，应该使用屏障同步。执行一个内核的正确性不应该依赖于任何假设，即某些线程会在没有使用屏障同步的情况下彼此同步执行。

CUDA GPU 中的线程调度是一个硬件实现概念，因此必须在特定的硬件实现上下文中进行讨论。在迄今为止的大多数实现中，一旦块被分配给 SM，它就会被进一步划分为 32 个线程的单元，称为线程束。线程束的大小是基于特定实现的，在未来几代 GPU 中可能会有所不同。线程束的知识有助于理解和优化特定代 CUDA 设备上的 CUDA 应用程序的性能。

线程束是 SM 中线程调度的单位。图 4.6 显示了在一个实现中块被分割成线程束的过程。在这个例子中，块 1、块 2 和块 3 都分配给了一个 SM。为了进行调度，这三个块中的每一个被进一步划分为线程束。每个线程束由 32 个连续 threadIdx 值的线程组成：线程 0 到 31 构成第一个线程束，线程 32 到 63 构成第二个线程束，依此类推。对于给定的块大小和分配给每个 SM 的块数量，我们可以计算出驻留在 SM 中的线程束数。在这个例子中，如果每个块有 256 个线程，我们可以确定每个块有 256/32=8 个线程束。SM 中有三个块，也就有 8×3=24 个线程束。

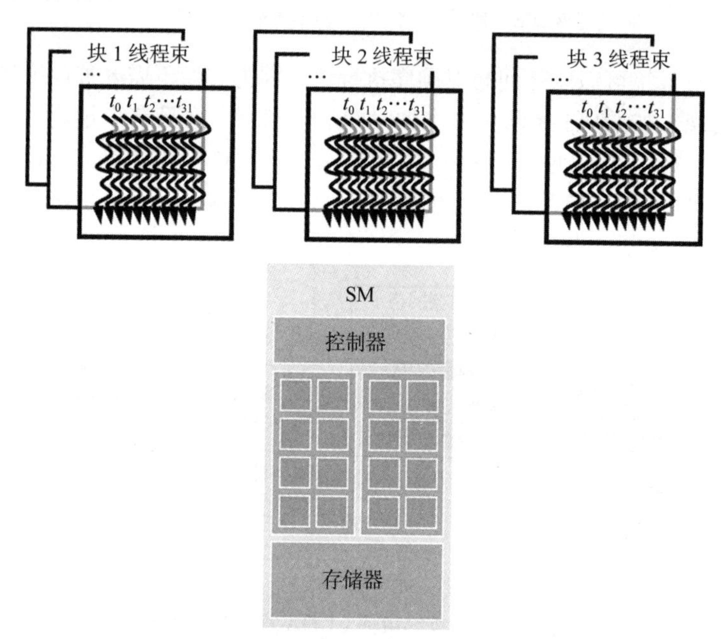


图 4.6　块被划分成线程束，用于线程调度

根据线程索引将块划分为线程束。如果一个块被组织成一维数组，也就是说，只有 threadIdx.x 被使用，分区就很简单了。threadIdx.x 中线程束的 x 值是连续的并不断增加。对于线程束尺寸为 32 的线程束，线程束 0 从线程 0 开始，以线程 31 结束，线程束 1 从线程 32 开始，以线程 63 结束，以此类推。一般来说，线程束 $n$ 从第 $32\times n$ 个线程开始，到第 $32\times(n+1)+1$ 个线程结束。对于大小不是 32 倍的块，最后一个线程束将用非活动线程填充，以填充 32 个线程位置。例如，如果一个块有 48 个线程，它将被划分为两个线程束，第二个线程束将用 16 个非活动线程填充。

对于由多个维度的线程组成的块，维度将在划分成线程束之前被投影到线性化的以行为主的布局中。线性布局是通过将 y 和 z 坐标较大的行放在 y 和 z 坐标较小的行之后来确定的。也就是说，如果一个块由两个维度的线程组成，那么这个块将通过放置其 threadIdx.y=0 的所有线程来形成线性布局。随后是所有 threadIdx.y=1 的线程。threadIdx.y=2 的线程将被放置在那些 threadIdx.y=1 的线程后面，以此类推。具有相同 threadIdx.y 的线程，将按照 threadIdx.x 递增的顺序被依次放置。

图 4.7 给出了将二维块的线程放置到线性布局中的例子。上面为块的二维视图，读者应该注意到它与二维数组的以行为主的布局的相似性。每个线程显示为 $T_{y,x}$，$x$ 为 threadIdx.x，$y$ 为 threadIdx.y。下面为块的线性视图。前四个线程是 threadIdx.y=0 的线程，它们按照递增的 threadIdx.x 值排序。接下来的四个线程是 threadIdx.y=1 的线程，它们也按照递增的 threadIdx.x 值排序。在本例中，所有 16 个线程形成半个线程束。该线程束中将填充另外 16 个线程，以形成包含 32 个线程的线程束。想象一个有 8×8 个线程的二维块。这 64 个线程将形成两个线程束。第一个线程束从 $T_{0,0}$ 开始，到 $T_{3,7}$ 结束。第二个线程束从 $T_{4,0}$ 开始，到 $T_{7,7}$ 结束。对读者来说，把这幅图像画出来作为练习是非常有用的。

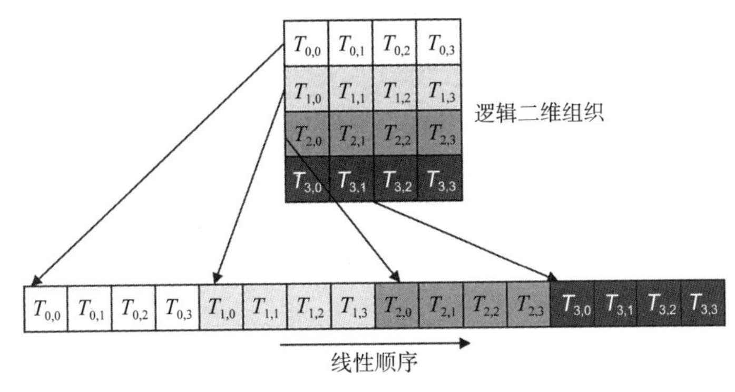


图 4.7　将二维线程放置到线性布局中

对于三维块，我们首先将 threadIdx.z 值为 0 的所有线程按线性顺序排列。这些线程被视为二维块，如图 4.7 所示。然后，所有 threadIdx.z 值为 1 的线程都将按线性顺序排列，依此类推。例如，对于一个三维的 2×8×4 块（4 个在 $x$ 维度，8 个在 $y$ 维度，2 个在 $z$ 维度），64 个线程将被划分为两个线程束，第一个线程束为 $T_{0,0,0}$ 到 $T_{0,7,3}$，第二个线程束为 $T_{1,0,0}$ 到 $T_{1,7,3}$。

SM 被设计成按照单指令多数据（SIMD）模型在一个线程束中执行所有线程。也就是说，在任意时刻，为线程束中的所有线程提取并执行一条指令。图 4.8 说明了如何将 SM 中的核心分组为处理块，其中每 8 个核心组成一个处理块并共享一个指令获取 / 调度单元。作为一个真实的例子，Ampere A100 SM 有 64 个核心，被组织成 4 个处理块，每块 16 个核心。同一个线程束中的线程被分配到同一个处理块，该处理块为线程束获取指令，并同时为线程束中的所有线程执行该指令。这些线程对数据的不同部分应用相同的指令。由于 SIMD 在硬件上有效地限制了线程束中的所有线程在任何时间点执行相同的指令，所以线程束的执行行为通常被称为单指令多线程。

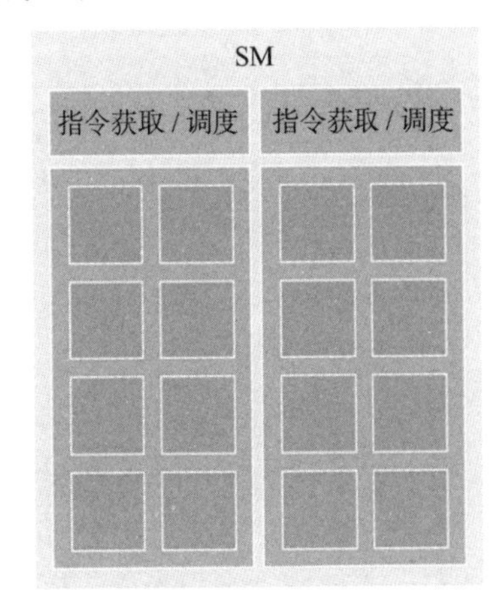


图 4.8　流多处理器被组织成用于 SIMD 执行的处理块

SIMD 的优点是控制硬件（如指令获取 / 调度单元）的开销由许多执行单元分担。这种设计允许小部分的硬件专用于控制，而大部分的硬件专用于提高算术吞吐量。我们预计在可预见的将来，线程束分区仍将是一种流行的实现技术。但是，线程束的大小可能因实现而异。到目前为止，所有 CUDA 设备都使用了类似的线程束配置，其中每个线程束由 32 个线程组成。

**线程束和 SIMD 硬件**

在 1945 年的开创性报告中，约翰·冯·诺依曼描述了一个用于建立电子计算机的模型，该模型基于开创性的 EDVAC 计算机的设计。这个模型现在通常被称为“冯·诺依曼模型”，几乎是所有现代计算机的基本蓝图。

冯·诺依曼模型如下图所示。计算机有一个 I/O 模块，允许将程序和数据提供给系统并从系统中产生输出。为了执行程序，计算机首先将程序及其数据输入存储器。

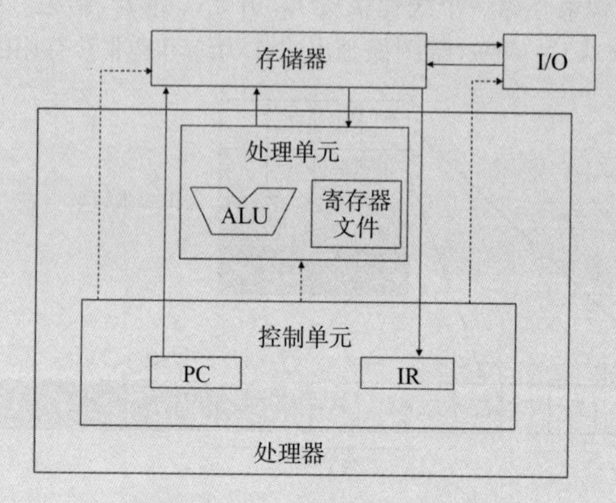


程序由一组指令组成。控制单元维护一个程序计数器（PC），它包含下一条要执行的指令的存储器地址。在每个“指令周期”中，控制单元使用 PC 将一条指令送入指令寄存器（IR）。然后检查指令位以确定计算机的所有部件将要采取的行动。这就是该模型也被称为“存储程序”模型的原因，这意味着用户可以通过将不同的程序存储到计算机的内存中来改变计算机的行为。

将执行线程作为线程束的目的在修改的冯·诺依曼模型中得到说明（见下图），该模型适合反映 GPU 设计。处理器对应于图 4.8 中的一个处理块，只有一个获取和分配指令的控制单元。相同的控制信号到达多个处理单元，每个处理单元对应于 SM 中的一个核心，每个核心执行线程束中的一个线程。

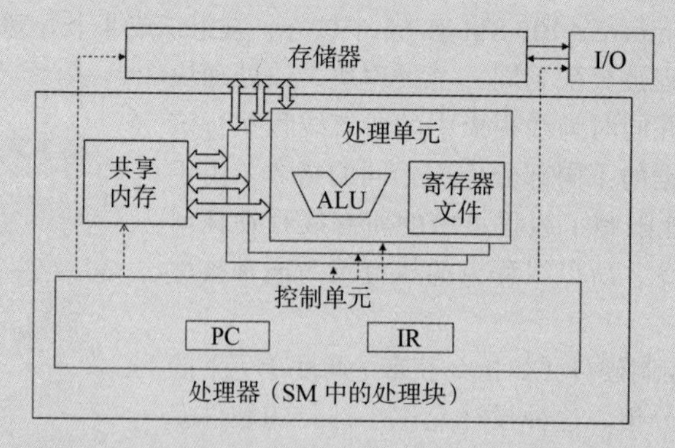


所有处理单元都由控制单元的指令寄存器中的相同指令控制，它们的执行差异是由于寄存器文件中的数据操作数值不同造成的。这在处理器设计中称为单指令多数据。例如，虽然所有处理单元（核）都由一条指令控制，例如添加 R1、R2、R3，但在不同的处理单元中，R2 和 R3 的内容是不同的。

现代处理器中的控制单元相当复杂，包括用于获取指令的复杂逻辑和到指令缓存的访问端口。通过多个处理单元共享一个控制单元，可以大幅降低硬件制造成本和功耗。

## 4.5 控制发散

当线程束中的所有线程在处理数据时都遵循相同的执行路径（更正式地称为控制流）时，SIMD 执行情况正常。例如，对于 if-else 结构，当线程束中的所有线程都执行 if 路径或所有线程都执行 else 路径时，执行情况正常。然而，当线程束中的线程采用不同的控制流路径时，SIMD 硬件将多次通过这些路径，每条路径一次。例如，对于 if-else 结构，如果线程束中的一些线程遵循 if 路径，而其他线程遵循 else 路径，则硬件将经过两次。一次执行遵循 if 路径的线程，另一次执行遵循 else 路径的线程。在每次传递期间，不允许采取其他路径的线程生效。

当同一线程束中的线程遵循不同的执行路径时，我们说这些线程表现出*控制发散*，即它们在执行中发散。发散线程束执行的多通道方法扩展了 SIMD 硬件实现 CUDA 线程的全部语义的能力。当硬件对线程束中的所有线程执行相同的指令时，它有选择地让这些线程只在与它们所采用的路径相对应的路径中生效，允许每个线程看起来都采用自己的控制流路径。这保留了线程的独立性，同时利用 SIMD 硬件降低了成本。然而，发散的代价是硬件需要的额外的传递——允许线程束中的不同线程做出自己的决定，以及在每个传递中由非活动线程消耗的执行资源。

图 4.9 展示了一个线程束执行发散的 if-else 语句的示例。在本例中，当线程 0 ～ 31 组成的线程束到达 if-else 语句时，线程 0 ～ 23 采用 then 路径，而线程 24 ～ 31 采用 else 路径。在这种情况下，线程束将通过执行线程 0 ～ 23 的代码，而线程 24 ～ 31 处于非活动状态。线程束还将执行另一个代码，其中线程 24 ～ 31 执行 B，而线程 0 ～ 23 处于非活动状态。然后，线程束中的线程重新收敛并执行 C。在 Pascal 架构和以前的架构中，这些路径是串行执行的，这意味着一个路径被执行完，才执行另一个路径。从 Volta 架构开始，这些路径可以同时执行，这意味着一个路径的执行可以与另一个路径的执行交织在一起。这个特性称为*独立线程调度*。感兴趣的读者可以参考关于 Volta V100 架构的白皮书（NVIDIA，2017）以了解详细信息。

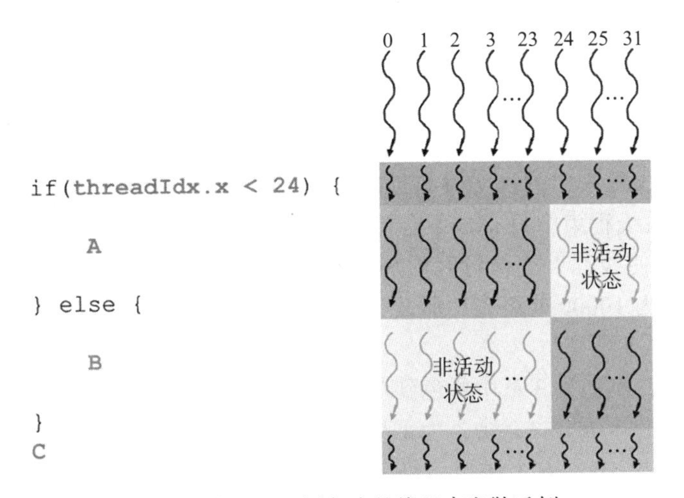


图 4.9　在 if-else 语句中的线程束发散示例

发散也可能出现在其他控制流结构中。图 4.10 展示了一个线程束执行发散的 for 循环的示例。在本例中，每个线程执行不同数量的循环迭代，从 4 个到 8 个不等。对于前四个迭代，所有线程都处于活动状态，并执行 A。对于其余的迭代，一些线程执行 A，而其他线程处于非活动状态，因为它们已经完成了迭代。

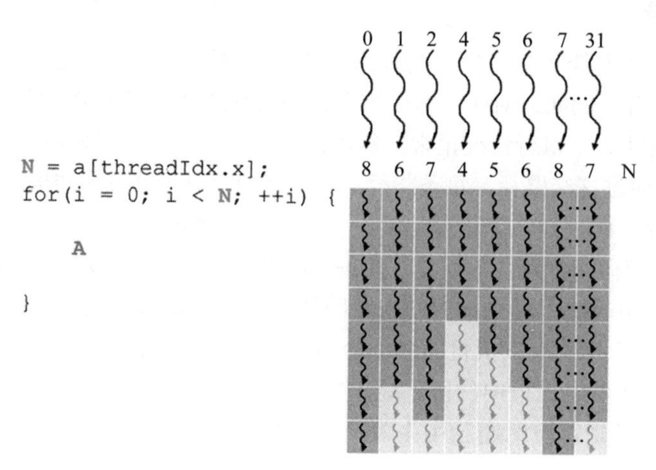


图 4.10　在 for 循环中的线程束发散示例

通过检查控制构造的判定条件，可以确定控制构造是否会导致线程发散。如果决策条件基于 threadIdx.x 的值，则控制语句可能会导致线程发散。例如，if(threadIdx.x>2){...} 语句使块的第一个束中的线程遵循两个不同的控制流路径。线程 0、1、2 与线程 3、4、5 的路径不同，以此类推。类似地，如果循环条件基于线程索引值，则循环可能导致线程发散。

使用具有线程控制发散的控制构造的常见原因是在将线程映射到数据时要处理边界条件。这通常是因为线程总数需要是线程块大小的倍数，而数据的大小可以是任意数字。从第 2 章中的向量加法内核开始，addVecKernel 中有一个 if(i<n) 语句，这是因为并不是所有的向量长度都可以表示为块大小的倍数。例如，我们假定向量长度是 1003，并选择 64 作为块大小。需要启动 16 个线程块来处理所有 1003 个向量元素。但是，16 个线程块将有 1024 个线程。我们需要禁用线程块 15 中的最后 21 个线程来执行原程序不希望或不允许的工作。请记住，这 16 个线程块被划分为 32 个线程束。只有最后一个线程束（即最后一个块中的第二个线程束）才有控制发散。

注意，控制发散对性能的影响随着被处理向量的大小的增加而减小。对于一个长度为 100 的向量，四个线程束中的一个将有控制发散，这会对性能产生重大影响。对于大小为 1000 的向量，32 条线程束中只有一条有控制发散。也就是说，控制发散只会影响约 3% 的执行时间。即使它使线程束的执行时间加倍，对总执行时间的净影响也将是 3% 左右。显然，如果向量长度为 10000 或更多，那么 313 条线程束中只有一条有控制发散。控制发散的影响将远远小于 1%！

对于二维数据，例如第 3 章中彩色到灰度转换的示例，if 语句还用于处理在数据边缘操作的线程的边界条件。在图 3.2 中，为了处理 62 × 76 个像素图像，我们使用了 20=4 × 5 个二维块，每个块包含 16 × 16 个线程。每个块将被分割成 8 个线程束，每个块由两行组成。共涉及 160 条线程束（每块 8 条线程束）。控制发散的影响分析见图 3.5。在区域 1 的 12 个块中，没有一个线程束有控制发散。在区域1中有12×8=96条线程束。对于区域2，所有的24条线程束都有控制发散。对于区域3，所有的底部线程束都被映射到图像外部的数据上。因此，它们都不会通过if条件。读者可以自行验证，如果图片在垂直方向上有奇数个像素，这些线程束将有控制发散。在区域4，前7个线程束将需要控制发散，但最后一个线程束则没有。总而言之，160条线程束中有31条需要控制发散。

同样，控制发散对性能的影响随着水平维度中像素数量的增加而减小。例如，如果我们用16×16的块处理一张200×150的图片，那么总共有130=13×10块线程或1040条线程束。区域1到4的线程束数量将是864（12×9×8）、72（9×8）、96（12×8）和8（1×8）。其中只有80条线程束需要具有控制发散。因此，控制发散对效率的影响将小于8%。显然，如果我们处理水平维度上超过1000像素的真实图像，控制发散对性能的影响将小于2%。

控制发散的一个重要含义是，不能假设线程束中的所有线程都有相同的执行时间。因此，如果线程束中的所有线程必须在其中任何一个可以继续执行之前完成执行的一个阶段，那么必须使用屏障同步机制（如 `__syncwarp()`）来确保正确性。

## 4.6 线程束调度和延迟容忍

当线程被分配给SM时，分配给SM的线程通常比SM中的核心还要多。也就是说，每个SM在任何时间点只有足够的执行单元来执行分配给它的所有线程的子集。在早期的GPU设计中，每个SM在任何给定的时间点都只能为单个线程束执行一条指令。在最近的设计中，每个SM可以在任何给定的时间点执行少量线程束的指令。在任何一种情况下，硬件只能针对SM中所有线程束的子集执行指令。一个合理的问题是，如果一个SM在任何时间点只能执行其中的一个子集，为什么我们需要给它分配这么多线程束？答案是，这就是GPU容忍长延迟操作的方式，如全局内存访问。

当由线程束执行的指令需要等待先前启动的长延迟操作的结果时，我们将不选择线程束执行。取而代之的是，我们选择不再等待先前指令结果的另一个驻留线程束执行。如果有多个线程束准备执行，则使用优先级机制来选择一个执行。这种用来自其他线程的工作来填充来自某些线程的操作的延迟时间的机制通常被称为“延迟容忍”或“延迟隐藏”。

**延迟容忍**

在许多日常情况下都需要延迟容忍。例如，在邮局，每个想要投递包裹的人都应该在去服务台之前填写好所有的表格和标签。然而，正如我们都经历过的那样，有些人等待服务台的工作人员告诉他们要填写哪个表格以及如何填写表格。

当服务台前面排着长队时，使店员的工作效率最大化就变得非常重要。让一个人在店员面前填写表格，而其他人都在等待，这显然不是一个好办法。在那个人填表格的时候，店员应该帮助下一个排队等候的客户。这些其他客户已经“准备就绪”，不应该被还需要更多时间才能填完表格的客户阻塞。

这就是为什么一个好的店员会礼貌地要求第一个客户站到一边填写表格，而继续为其他客户服务。在大多数情况下，第一个客户不需要重新排队，只要他填写完表格且店员完成了对当前客户的服务，就立即为他提供服务。

我们可以把这些邮局客户看作线程束，把店员看作一个硬件执行单元。需要填写表格的客户对应于线程束，它的持续执行依赖于长延迟操作。

请注意，线程束调度还用于容忍其他类型的操作延迟，如流水线浮点算术和分支指令。有了足够的线程束，硬件在任何时间点可能都能够找到一个线程束来执行，从而在一些线程束的指令等待这些长延迟操作的结果时充分利用执行硬件。选择准备执行的线程束不会在执行时间线中引入任何空闲或浪费的时间，这被称为*零开销线程调度*。利用线程束调度，可通过执行来自其他线程束的指令来“隐藏”线程束指令的长等待时间。这种容忍长操作延迟的能力是GPU没有像CPU那样为高速缓冲存储器和分支预测机制提供那么多的芯片面积的主要原因。因此，GPU可以将更多的芯片面积用于浮点执行和内存访问通道资源。

**线程、上下文切换和零开销调度**

基于冯·诺依曼模型，我们可以更深入地理解线程是如何实现的。线程在现代计算机中是一个程序，是冯·诺依曼处理器上执行该程序的状态。回想一下，线程由程序的代码、正在执行的代码中的指令及其变量和数据结构的值组成。

在基于冯·诺依曼模型的计算机中，程序代码存储在内存中。PC机跟踪正在执行的程序的指令地址。IR保存着正在执行的指令。寄存器和内存保存变量和数据结构的值。

现代处理器被设计为允许上下文切换，其中多个线程可以通过轮流执行进程来分时共享一个处理器。通过仔细保存和恢复PC值以及寄存器和内存的内容，我们可以暂停线程的执行，并在以后正确地恢复线程的执行。但是，在这些处理器的上下文切换期间保存和恢复寄存器内容可能会增加执行时间方面的重大开销。

零开销调度是指GPU能够让一个需要等待长延迟指令结果的线程束休眠，并激活一个准备就绪的线程束，而不会在处理单元中引入任何额外的空闲周期。传统CPU会产生这样的空闲周期，因为从一个线程切换到另一个线程的执行需要将执行状态（例如出线程的寄存器内容）保存到内存中，并从内存中加载入线程的执行状态。GPU SM通过在硬件寄存器中保存指定线程束的所有执行状态来实现零开销调度，因此在从一个线程束切换到另一个线程束时不需要保存和恢复状态。

为了使延迟容忍更有效，最好为SM分配比其执行资源同时支持的线程更多的线程，以最大限度地增加在任何时间点发现准备执行的线程束的概率。例如，在Ampere A100 GPU中，一个SM有64个核，但同时可以将多达2048个线程分配给它。因此，在任何给定的时钟周期中，分配给SM的线程数可能是其核心所能支持的线程数的32倍。这种对SM线程的超额订阅对于延迟容忍至关重要。当前正在执行的线程束遇到长延迟操作时，将增加寻找另一个线程束来执行该任务的概率。

## 4.7 资源划分和占用率

我们已经看到，可以为一个SM分配许多线程束，以便容忍长延迟操作。然而，可能并不总是能分配给SM其支持的最大线程束数。分配给一个SM的线程束数与其支持的最大数的比率称为*占用率*。要理解是什么阻止了SM达到最大占用率，首先需要了解SM资源是如何划分的。

SM中的执行资源包括寄存器、共享内存、线程块插槽和线程插槽。这些资源是跨线程动态分区的，以支持它们的执行。例如，在Ampere A100的GPU中，一个SM最多可以支持32块、64线程束（2048线程）、每块最多1024线程。如果网格的块大小为1024线程（允许的最大值），则每个SM中的2048个线程槽将被分区并分配给2个块。在这种情况下，每个 SM 最多可容纳 2 个块。类似地，如果以 512、256、128 或 64 线程的块大小启动网格，则将 2048 个线程槽划分并分别分配给 4、8、16 或 32 个块。

这种在块之间动态划分线程槽的能力使得 SM 的功能更加灵活。它们可以执行多个块，每个块都有很少的线程，也可以执行少量几个块，每个块都有很多的线程。这种动态分区方法与固定分区方法形成了对比，在固定分区方法中，每个块将接收固定数量的资源，而不管其实际需要如何。当块需要的线程少于固定分区所支持的线程，并且无法支持需要更多线程槽的块时，固定分区会导致线程槽的浪费。

资源的动态分区可能会导致资源限制之间的微妙交互，从而导致资源利用不足。这样的交互可以发生在块槽和线程槽之间。在 Ampere A100 的例子中，我们看到块大小从 1024 到 64 不等，结果是每个 SM 分别为 2 到 32 个块。在所有这些情况下，分配给 SM 的线程总数是 2048，这将最大化占用率。但是，考虑一下每个块有 32 个线程的情况。在这种情况下，需要对 2048 个线程槽进行分区，并将其分配给 64 个块。然而，Volta SM 一次只能支持 32 个块槽。这意味着只有 1024 个线程槽会被利用，也就是说，32 个块，每个块有 32 个线程。本例中的占用率为（1024 个分配的线程）/（2048 个最大线程）=50%。因此，要充分利用线程槽并实现最大占用率，每个块至少需要 64 个线程。

当每个块的最大线程数不能被块大小整除时，另一种情况可能会对占用率产生负面影响。在 Ampere A100 的例子中，我们看到每个 SM 最多可以支持 2048 个线程。但是，如果选择块大小为 768，SM 将只能容纳 2 个线程块（1536 个线程），剩下 512 个线程槽未使用。在这种情况下，既没有达到每个 SM 的最大线程，也没有达到每个 SM 的最大块。在本例中，占用率为（1536 个分配线程）/（2048 个最大线程）=75%。

前面的讨论没有考虑其他资源约束的影响，如寄存器和共享内存。我们将在第 5 章中看到，CUDA 内核中声明的自动变量被放置到寄存器中。一些内核可能会使用许多自动变量，而另一些内核可能会使用很少的自动变量。因此，我们应该预料到，有些内核每个线程需要很多寄存器，而有些内核只需要很少。通过跨线程对 SM 中的寄存器进行动态分区，如果每个线程需要很少的寄存器，那么 SM 可以容纳很多块；如果每个线程需要更多的寄存器，那么可以容纳更少的块。

然而，我们确实需要意识到寄存器资源限制对占用率的潜在影响。例如，Ampere A100 GPU 允许每个 SM 最多使用 65 536 个寄存器。要以全占用率的方式运行，每个 SM 需要足够 2048 个线程使用的寄存器，这意味着每个线程使用的寄存器不应该超过（65 536 个寄存器）/（2048 个线程）=32 个寄存器。例如，如果内核每个线程使用 64 个寄存器，那么使用 65 536 个寄存器可以支持的最大线程数是 1024 个线程。在这种情况下，无论块大小设置为多少，内核都不能在全占用率的情况下运行。相反，占用率最多为 50%。在某些情况下，编译器可以执行寄存器溢出，以减少每个线程的寄存器需求，从而提高占用率级别。但是，这通常以线程从内存访问溢出的寄存器值的执行时间增加为代价，并可能导致网格的总执行时间增加。第 5 章将对共享内存资源进行类似的分析。

假设程序员实现了一个内核，每个线程使用 31 个寄存器，每个块配置 512 个线程。在这种情况下，SM 将有（2048 线程）/（512 线程 / 块）=4 个块同时运行。这些线程将总共使用（2048 个线程）×（31 个寄存器 / 线程）=63 488 个寄存器，这小于 65 536 个寄存器的限制。现在假设程序员在内核中声明了另外两个自动变量，使每个线程使用的寄存器数量增加到 33。2048 个线程所需的寄存器数量现在是 67 584 个寄存器，这超过了寄存器的限制。

CUDA 运行时系统可以通过为每个 SM 分配 3 个而不是 4 个块来处理这种情况，从而将所需的寄存器数量减少到 50 688 个。然而，这将 SM 上运行的线程数从 2048 减少到 1536，也就是说，通过使用两个额外的自动变量，该程序将占用率从 100% 降低到 75%。这有时被称为“性能悬崖”，即资源使用的轻微增加会导致并行性和性能的显著降低（Ryoo et al.，2008）。

读者应该清楚，所有动态分区资源的约束以一种复杂的方式相互影响。精确地确定每个 SM 中运行的线程数可能是困难的。读者可以参考 CUDA 占用率计算器（CUDA Occupancy Calculator，Web），这是一个可下载的电子表格，给定内核的资源使用情况，它可以计算特定设备实现的每个 SM 上运行的实际线程数。

## 4.8　查询设备属性

我们对 SM 资源分区的讨论带来了一个重要的问题：如何求出特定设备的可用资源数量？当一个 CUDA 应用程序在系统上执行时，如何求出一个设备中的 SM 数量和可以分配给每个 SM 的块和线程的数量？同样的问题也适用于其他类型的资源，其中有一些我们到目前为止还没有讨论过。通常，许多现代应用程序被设计成在各种各样的硬件系统上执行。应用程序经常需要查询底层硬件的可用资源和能力，以便利用能力更强的系统，同时补偿能力较差的系统。

**资源和能力查询**

在日常生活中，我们经常需要查询环境中的资源和能力。例如，预订酒店时，我们可以查询酒店房间附带的便利设施。如果房间里有吹风机，我们就不需要带了。大多数美国酒店的房间都配有吹风机，而有些地区的酒店则没有。

一些亚洲和欧洲的酒店提供牙膏和牙刷，而大多数美国酒店则不提供。许多美国酒店提供洗发水和护发素，而有些地区的酒店通常只提供洗发水。

如果房间里有微波炉和冰箱，我们可以把晚餐的剩菜带走，第二天可以继续食用。如果酒店有游泳池，我们可以带上泳衣，在商务会议结束后去游泳。如果酒店没有游泳池，但有健身房，我们可以带上跑鞋和健身服。一些亚洲的高端酒店甚至提供运动服装。

这些酒店设施是酒店财力或资源的一部分。经验丰富的旅行者会在酒店网站上查看配套设施，选择最符合他们需求的酒店，然后更有效地打包行李。

每个 CUDA 设备 SM 中的资源数量被指定为该设备计算能力的一部分。一般来说，计算能力级别越高，每个 SM 中可用的资源就越多。图形处理器的计算能力在不断提高。Ampere A100 图形处理器的计算能力为 8.0。

在 CUDA C 中，主机代码通过一种内置的机制来查询系统中可用的设备的属性。CUDA 运行时系统（设备驱动程序）有一个 API 函数 `cudaGetDeviceCount`，它返回系统中可用 CUDA 设备的数量。主机代码可以通过以下语句求出可用 CUDA 设备的数量：

```
int devCount;
cudaGetDeviceCount(&devCount);
```

虽然这可能不明显，但现代 PC 系统通常有两个或更多的 CUDA 设备。这是因为许多 PC 系统带有一个或多个“集成”GPU。这些 GPU 是默认的图形单元，为现代基于窗口的用户界面提供基本的功能和硬件资源，以执行最小的图形功能。大多数 CUDA 应用程序在这些集成设备上不会有很好的表现。这将是主机代码遍历所有可用设备、查询它们的资源和能力并选择具有足够资源的设备，从而以令人满意的性能执行应用程序的原因。

CUDA 运行时将系统中的所有可用设备从 0 到 devCount-1 编号。它提供了一个 API 函数 cudaGetDeviceProperties，该函数返回设备的属性，其编号作为参数给出。例如，我们可以在主机代码中使用以下语句来遍历可用的设备并查询它们的属性：

```
cudaDeviceProp devProp;
for(unsigned int i = 0; i < devCount; i++) {
    cudaGetDeviceProperties(&devProp, i);
    //     Decide     if     device     has     sufficient
resources/capabilities
  }
```

内置类型 cudaDeviceProp 是一种 C 结构类型，其字段表示 CUDA 设备的属性。读者可以参考 CUDA C 编程指南中的所有字段。我们将讨论其中与将执行资源分配给线程高度相关的几个字段。我们假设属性在 devProp 变量中返回，该变量的字段由 cudaGetDeviceProperties 函数设置。如果读者选择以不同的方式命名变量，在下面的讨论中显然需要替换适当的变量名。

顾名思义，devProp.maxThreadsPerBlock 字段给出了被查询设备的块中允许的最大线程数。有些设备允许每个块中最多有 1024 个线程，而其他设备允许的线程可能更少。未来的设备甚至可能允许每个块超过 1024 个线程。因此，最好查询可用设备，并确定哪些设备在每个块中就应用程序而言允许足够数量的线程。

设备中 SM 的数量在 devProp.multiProcessorCount 中给出。如果应用程序需要很多 SM 来实现令人满意的性能，那么它应该检查预期设备的这个属性。此外，设备的时钟频率在 devProp.clockRate 中给出，将时钟速率和 SM 的数量相结合，可以有效反映设备的最大硬件执行吞吐量。

主机代码可以在字段 devProp.maxThreadsDim[0]（对于 $x$ 维度）、devProp.maxThreadsDim[1]（对于 $y$ 维度）和 devProp.maxThreadsDim[2]（对于 $z$ 维度）中找到块的每个维度允许的最大线程数。使用该信息的一个示例是自动调优系统在评估底层硬件的最佳性能块维度时设置块维度的范围。类似地，它可以在 devProp.maxGridSize[0]（对于 $x$ 维度）、devProp.maxGridSize[1]（对于 $y$ 维度）和 devProp.maxGridSize[2]（对于 $z$ 维度）中找到沿着网格的每个维度允许的最大块数。此信息的典型用法是确定网格是否有足够的线程来处理整个数据集，或者是否需要某种迭代方法。

字段 devProp.regsPerBlock 给出了每个 SM 中可用的寄存器数。这个字段可以用于确定内核是否可以在特定设备上实现最大占用率，或者是否会受到寄存器使用的限制。请注意，字段的名称有点误导。对于大多数计算能力级别，一个块可以使用的最大寄存器数实际上与 SM 中可用的寄存器总数相同。但是，对于某些计算能力级别，块可以使用的最大寄存器数小于 SM 上可用的总数。

我们还讨论了线程束的大小取决于硬件。可以从 devProp.warpSize 字段中获得线程束的大小。

cudaDeviceProp 类型中还有许多字段。我们将在整本书中讨论它们，同时介绍它们反映的概念和特性。

## 4.9 总结

GPU 被组织成由多个共享控制逻辑和存储资源的核心处理块组成的 SM。当网格启动时，它的块以任意顺序分配给 SM，从而实现 CUDA 应用程序的透明可扩展性。透明可扩展性有一个限制：不同块中的线程不能相互同步。

线程被分配给 SM 进行逐块执行。一旦一个块被分配给一个 SM，它就被进一步划分为线程束。线程束中的线程是按照 SIMD 模型执行的。如果同一个线程束中的不同线程发散为不同的执行路径，则处理块将执行这些路径，在这些路径中，每个线程仅在与其所采用的路径相对应的路径中处于活动状态。

一个 SM 可能被分配了多于其可以同时执行的线程数量的线程。在任何时候，SM 只执行其驻留线程束中的一小部分指令。这允许其他线程束等待长延迟操作，而不会降低大量处理单元的总体执行吞吐量。分配给 SM 的线程数与它能支持的最大线程数的比率称为占用率。SM 的占用率越高，它就越能隐藏长延迟操作。

每个 CUDA 设备对每个 SM 中可用的资源数量施加可能不同的限制。例如，每个 CUDA 设备都有限制块的数量、线程的数量、寄存器的数量以及每个 SM 可以容纳的其他资源的数量。对于每个内核，一个或多个资源限制可能成为占用率的限制因素。CUDA C 为程序员提供了在运行时查询 GPU 可用资源的能力。

## 练习

1. 考虑以下 CUDA 内核和调用它的相应主机函数：

```
01    __global__ void foo_kernel(int* a, int* b) {
02        unsigned int i = blockIdx.x*blockDim.x + threadIdx.x;
03        if(threadIdx.x < 40 || threadIdx.x >= 104) {
04            b[i] = a[i] + 1;
05        }
06        if(i%2 == 0) {
07            a[i] = b[i]*2;
08        }
09        for(unsigned int j = 0; j < 5 - (i%3); ++j) {
10            b[i] += j;
11        }
12    }
13    void foo(int* a_d, int* b_d) {
14        unsigned int N = 1024;
15        foo_kernel <<< (N + 128 - 1)/128, 128 >>>(a_d, b_d);
16    }
```

a. 每块的线程束数是多少？

b. 网格中的线程束数是多少？

c. 对于第 04 行的声明：

i. 网格中有多少线程束是活动的？

ii. 网格中有多少线程束是发散的？

iii. 块 0 的线程束 0 的 SIMD 效率（以 % 为单位）是多少？

iv. 块 0 的线程束 1 的 SIMD 效率（以 % 为单位）是多少？

v. 块 0 的线程束 3 的 SIMD 效率（以 % 为单位）是多少？

d. 对于第 07 行的语句：

i. 网格中有多少条线程束是活动的？

ii. 网格中有多少线程束是发散的？

iii. 块 0 的线程束 0 的 SIMD 效率（以 % 为单位）是多少？

e. 对于第 09 行的循环：

i. 有多少次迭代没有发散？

ii. 有多少次迭代有发散？

2. 对于向量加法，假设向量长度为 2000，每个线程计算一个输出元素，线程块大小为 512 个线程。网格中有多少线程？
3. 对于上一个问题，由于向量长度上的边界检查，你预计有多少线程束有发散？
4. 假设块中有 8 个线程在到达屏障之前执行一段代码。线程需要以下时间（以微秒为单位）来执行代码段：2.0、2.3、3.0、2.8、2.4、1.9、2.6 和 2.9。剩下的时间都花在等待屏障上。等待屏障的时间占线程总执行时间的百分比是多少？
5. 一个 CUDA 程序员说，如果他们启动一个每个块只有 32 个线程的内核，则可以在任何需要屏障同步的地方省略 `__syncthreads()` 指令。你觉得这是个好主意吗？解释一下。
6. 如果 CUDA 设备的 SM 可以占用多达 1536 个线程和 4 个线程块，下面哪种块配置会导致 SM 中最多的线程数？

a. 每个块 128 个线程

b. 每个块 256 个线程

c. 每个块 512 个线程

d. 每个块 1024 个线程

7. 假设一个设备允许每个 SM 最多 64 个块和每个 SM 最多 2048 个线程。对于下列每个 SM 的赋值，哪种是可能的？在可能的情况下，请指出占用率级别。

a. 8 个块有 128 个线程

b. 16 个块有 64 个线程

c. 32 个块有 32 个线程

d. 64 个块有 32 个线程

e. 32 个块有 64 个线程

8. 考虑具有以下硬件限制的 GPU：每个 SM 2048 个线程，每个 SM 32 个块，每个 SM 64K（65 536）个寄存器。对于下面的每种内核特征，内核是否可以实现全占用率？如果不可以，请说明限制因素。

a. 内核每个块使用 128 个线程，每个线程使用 30 个寄存器。

b. 内核每个块使用 32 个线程，每个线程使用 29 个寄存器。

c. 内核每个块使用 256 个线程，每个线程使用 34 个寄存器。

9. 有学生提到，他能够使用带有 32 × 32 线程块的矩阵乘法内核将两个 1024 × 1024 矩阵相乘。这名学生使用的是 CUDA 设备，每个块允许多达 512 个线程，每个 SM 允许多达 8 个块。该学生进一步提到，线程块中的每个线程计算结果矩阵的一个元素。对此你会有什么反应，为什么？

## 参考文献


CUDA Occupancy Calculator, 2021. https://docs.nvidia.com/cuda/cuda-occupancy-calculator/index.html.

NVIDIA (2017). NVIDIA Tesla V100 GPU Architecture. Version WP-08608-001_v1.1.

Ryoo, S., Rodrigues, C., Stone, S., Baghsorkhi, S., Ueng, S., Stratton, J., et al., Program optimization space pruning for a multithreaded GPU. In: Proceedings of the Sixth ACM/IEEE International Symposium on Code Generation and Optimization, April 6–9, 2008.

# 内存架构和数据局部性

到目前为止，我们已经学习了如何编写 CUDA 核函数，以及如何配置和协调它在大量线程中的执行。我们还研究了当前 GPU 硬件的计算架构，以及线程是如何在这个硬件上调度执行的。在本章中，我们将重点关注 GPU 的片上内存架构，并开始研究如何组织和定位数据，以便通过大量线程进行有效访问。到目前为止，我们已经研究过的 CUDA 内核只能实现底层硬件潜在速度的一小部分，这种糟糕的性能是因为全局内存（通常使用片外 DRAM 实现）往往有很长的访问延迟（数百个时钟周期）和有限的访问带宽。虽然从理论上讲，拥有多个可用的线程可以容忍长时间的内存访问延迟，但我们很容易遇到这样的情况：全局内存访问路径中的流量拥塞会阻止除极少数线程外的所有线程，从而导致流多处理器（SM）中的一些核心处于空闲状态。为了避免这样的拥塞，GPU 提供了大量额外的片上内存资源来访问数据，这些数据可以消除进出全局内存的大部分流量。在本章中，我们将学习使用不同的内存类型来提高 CUDA 内核的执行性能。

## 5.1 内存访问效率的重要性

我们可以通过计算图 3.11 中矩阵乘法内核代码最常执行部分的预期性能水平来说明内存访问效率的影响，图 5.1 部分复制了该代码。就执行时间而言，内核中最重要的部分是 `for` 循环，它执行 `M` 的一行与 `N` 的一列的点积。

```
07     for (int k = 0; k < Width; ++k) {
08         Pvalue += M[row*Width+k] * N[k*Width+col];
09     }
```

图 5.1 图 3.11 中矩阵乘法内核的最常执行部分

在循环的每次迭代中，对一个浮点乘法和一个浮点加法执行两个全局内存访问。全局内存从 `M` 和 `N` 中获取元素。浮点乘法运算将这两个元素相乘，而浮点加法运算将乘积累加为 `Pvalue`。因此，从全局内存中访问的浮点运算（FLOP）与字节（B）的比率是 2FLOP 对应 8B，即 0.25 FLOP/B。我们将这个比率称为*计算与全局内存访问比率*，定义为程序区域内的全局内存对每个字节的访问所执行的浮点数。在文献中，这个比率有时也被称为*算术强度*或*计算强度*。

计算与全局内存访问比率对 CUDA 内核的性能有重大影响。例如，Ampere A100 GPU 的全局内存带宽峰值为 1555GB/s。由于矩阵乘法内核执行的 OP/B 为 0.25，因此全局内存带宽限制了内核可以执行的单精度 FLOP 的吞吐量为 389GFLOP/s（GFLOPS），即 1555GB/s 乘以 0.25FLOP/B 得到的吞吐量。然而，389GFLOPS 仅为 A100 GPU 峰值单精度操作吞吐量（19 500GFLOPS）的 2%。A100 还提供了被称为*张量核*的特殊用途单元，用于加速矩阵乘法运算。如果考虑 A100 张量核峰值单精度浮点吞吐量 156 000GFLOPS，则 389GFLOPS 仅为峰值的 0.25%。因此，矩阵乘法内核的执行受到数据从内存传送到 GPU 内核的速率的严重限制。我们把执行速度受内存带宽限制的程序称为内存限制程序。

**屋顶线模型**

屋顶线模型是一个可视化的模型，用于评估应用程序在其运行的硬件限制下所实现的性能。下图展示了一个基本的屋顶线模型示例。

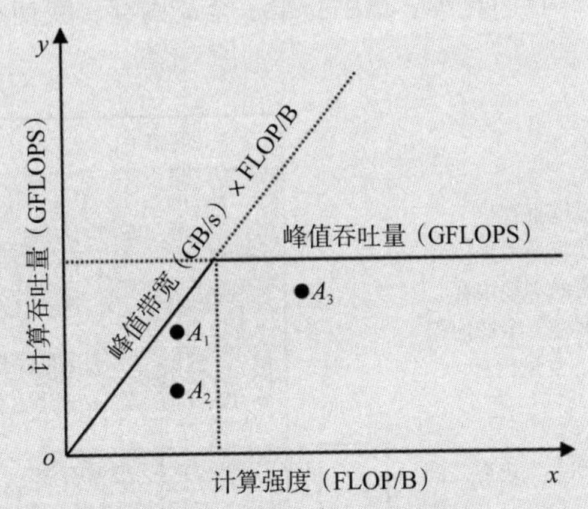


在 $x$ 轴上，我们用 FLOP/B 来测量算术或计算强度。它反映了应用程序为加载的每个字节数据所做的工作量。在 $y$ 轴上，我们用 GFLOPS 来测量计算吞吐量。图中的两条线反映了硬件的限制。水平线由硬件能够维持的峰值计算吞吐量（GFLOPS）决定。从原点开始的斜率为正的直线是由硬件能够维持的峰值内存带宽决定的，图中的一个点表示一个应用程序，其操作强度在 $x$ 轴上，计算吞吐量在 $y$ 轴上。当然，这些点将在这两条线以下，因为它们不能实现比硬件峰值更高的吞吐量。

一个点相对于这两条线的位置代表应用程序的效率。靠近这两条线的点表示应用程序正在有效地使用内存带宽或计算单元，而远低于这两条线的应用程序表示资源的低效使用。这两条线之间的交点表示应用程序从受内存限制过渡到受计算限制的计算强度值。计算强度较低的应用程序无法实现峰值吞吐量，因为它们受到内存带宽的限制。具有较高计算强度的应用程序是受计算限制的，不受内存带宽的限制。

例如，点 $A_1$ 和 $A_2$ 都表示内存限制的应用程序，而点 $A_3$ 表示计算限制的应用程序。$A_1$ 有效地使用资源，并接近峰值内存带宽，而 $A_2$ 则不然。对于 $A_2$，可能还有通过提高内存带宽利用率来提高吞吐量的其他优化空间。但是，对于 $A_1$ 来说，提高吞吐量的唯一方法是增加应用程序的计算强度。

为了实现更高的内核性能，我们需要通过减少内核执行的全局内存访问次数来增加计算与全局内存访问比率。例如，要充分利用 A100 GPU 提供的 19 500GFLOPS，至少需要（19 500GOP/s）/（1555GB/s）=12.5OP/B 的比率。这个比率意味着每访问一个 4 字节的浮点值，就必须执行大约 50 个浮点操作。这种比率的实现程度取决于手头计算中固有的数据重用。我们可以通过“屋顶线模型”来分析程序的潜在性能与计算强度的关系。

正如我们将看到的，矩阵乘法提供了减少全局内存访问的机会，这些访问可以用相对简单的技术捕获。矩阵乘法函数的执行速度可以根据全局内存访问的减少程度而变化几个数量级。因此，矩阵乘法为这种技术提供了一个很好的初始示例。本章介绍了一种用于减少全局内存访问数量的常用技术，并演示了矩阵乘法技术。

## 5.2 CUDA 内存类型

CUDA 设备包含几种类型的内存，可以帮助程序员提高计算与全局内存访问比率。图 5.2 显示了这些 CUDA 设备内存模型。图的底部为全局内存和常量内存，这两种类型的内存都可以被主机写入（W）和读取（R）。全局内存也可以被设备读写，而固定内存支持设备短延迟、高带宽的只读访问。我们在第 2 章中介绍了全局内存，我们将在第 7 章中详细介绍常量内存。

设备代码可以：
- 读 / 写每个线程寄存器
- 读 / 写每个线程的本地内存
- 读 / 写每个块的本地内存
- 读 / 写每个网格的全局内存
- 只读每个块的常量内存

主机代码可以：
- 在全局内存和常量内存之间传递数据

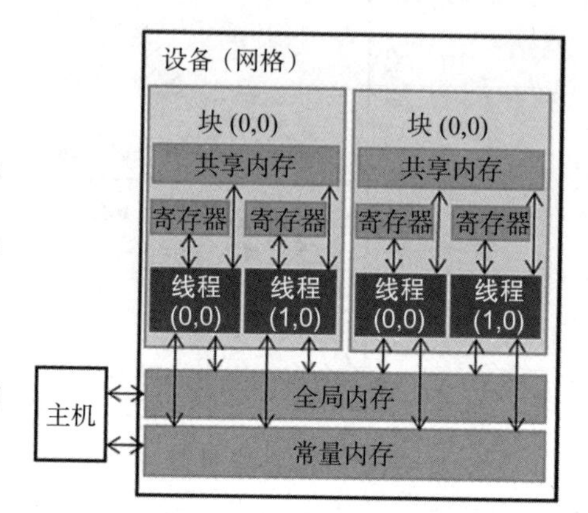


图 5.2 CUDA 设备内存模型（不完整）。图中没有显示的一种重要的 CUDA 内存类型是纹理内存，因为它在本书中没有涉及

另一种类型的内存是本地内存，它也可以被读取和写入。本地内存实际上被放在全局内存中，具有类似的访问延迟，但它不会在线程之间共享。每个线程都有自己的全局内存部分，它将其用作自己的私有本地内存，在本地内存中存放线程私有但不能在寄存器中分配的数据。这些数据包括静态分配的数组、溢出的寄存器和线程调用堆栈的其他元素。

图 5.2 中的寄存器和共享内存是片上内存。驻留在这些类型内存中的变量可以使用一种高度并行的方式以非常快的速度被访问。寄存器被分配给各个线程，每个线程只能访问自己的寄存器。核函数通常使用寄存器来保存每个线程私有的经常访问的变量。共享内存被分配给线程块，一个块中的所有线程都可以访问为该块声明的共享内存变量。共享内存是一种有效的方法，线程可以通过共享它们的输入数据和中间结果进行协作。通过在 CUDA 内存类型之一中声明 CUDA 变量，CUDA 程序员可以指示变量的可见性和访问速度。

**CPU 与 GPU 寄存器架构**

不同的 CPU 和 GPU 设计目标导致了不同的寄存器架构。当 CPU 在不同的线程之间切换时，它们将退出线程的寄存器保存到内存中，并从内存中恢复即将进入线程的寄存器。相反，GPU 通过将被调度到处理块上的所有线程的寄存器保存在处理块的寄存器文件中来实现零开销调度。通过这种方式，线程之间的切换是瞬时的，因为传入线程的寄存器已经在寄存器文件中。因此，GPU 寄存器文件需要比 CPU 寄存器文件大得多。

GPU 支持动态资源分区，其中，SM 可以为每个线程提供很少的寄存器并执行大量线程，或者为每个线程提供更多的寄存器并执行更少的线程。因此，需要设计 GPU 寄存器文件来支持这种寄存器的动态分区。相反，CPU 寄存器架构为每个线程提供固定的寄存器集，而不考虑线程对寄存器的实际需求。

为了充分理解寄存器、共享内存和全局内存之间的区别，我们需要更详细地了解这些不同的内存类型是如何在现代处理器中实现和使用的。几乎所有的现代处理器都能在 1945 年由冯·诺依曼提出的模型中找到起源，如图 5.3 所示。CUDA 设备也不例外。CUDA 设备中的全局内存映射到图 5.3 中的存储器模块。处理器模块对应于我们今天看到的处理器芯片边界。全局内存不在处理器芯片上，它使用 DRAM 技术实现，这意味着较长的访问延迟和相对较低的访问带宽。寄存器对应于冯·诺依曼模型的寄存器文件。寄存器文件在处理器芯片上，与全局内存相比，这意味着非常短的访问延迟和高得多的访问带宽。在典型的设备中，所有 SM 中所有寄存器文件的聚合访问带宽至少比全局内存高两个数量级。此外，只要一个变量被存储在寄存器中，它的访问就不再消耗芯片外的全局内存带宽。这将反映为计算与全局内存访问比率的增加。

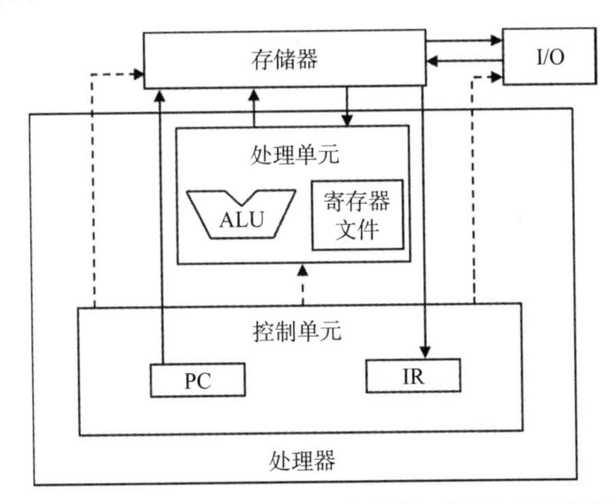


图 5.3　基于冯·诺依曼模型的现代计算机中的存储器与寄存器

更微妙的一点是，每次访问寄存器所涉及的指令比访问全局内存所涉及的指令少。大多数现代处理器中的算术指令都有“内置”的寄存器操作数。例如，一个浮点加法指令可能是以下形式：

```
fadd r1, r2, r3
```

其中 r2 和 r3 是寄存器号，它们指定在寄存器文件中可以找到输入操作数值的位置。存储浮点加法结果值的位置由 r1 指定。因此，当算术指令的一个操作数在寄存器中时，不需要额外的指令使该操作数的值可用于进行算术计算的算术逻辑单元（ALU）。

同时，如果一个操作数值在全局内存中，处理器需要执行一个内存加载操作，使该操作数值对 ALU 可用。例如，如果一个浮点加法指令的第一个操作数在全局内存中，那么所涉及的指令可能为：

```
load r2, r4, offset
fadd r1, r2, r3
```

其中，加载指令在 r4 的内容中添加一个偏移值，以形成操作数值的地址。然后，它访问全局内存并将值放入寄存器 r2 中。一旦操作数值在 r2 中，fadd 指令就会使用 r2 和 r3 中的值执行浮点加法运算，并将结果放入 r1 中。由于处理器在每个时钟周期中只能获取和执行有限数量的指令，因此具有额外负载的版本可能会比没有负载的版本花费更多的时间来处理。这是将操作数放在寄存器中可以提高执行速度的另一个原因。

最后，在寄存器中放置操作数值还有一个微妙的原因。在现代计算机中，从寄存器文件中访问一个值所消耗的能量至少比从全局内存中访问一个值要低一个数量级。与从全局内存中访问值相比，从寄存器中访问值具有极大的能量效率优势。我们很快就会看到在现代计算机中访问这两种硬件结构的速度和能量差异的更多细节。另一方面，在当今的 GPU 中，每个线程可用的寄存器数量是非常有限的。如果在全占用率的情况下，寄存器的使用超过了限制，那么应用程序所达到的占用率可以减少。因此，只要有可能，我们也需要避免过度占用这一有限的资源。

图 5.4 显示了 CUDA 设备中的共享内存和寄存器。虽然两者都是片上存储器，但它们在功能和访问成本上有很大的不同。共享内存被设计为驻留在处理器芯片上的内存空间的一部分。当处理器访问驻留在共享内存中的数据时，它需要执行内存加载操作，就像访问全局内存中的数据一样。但是，由于共享内存驻留在芯片上，因此与全局内存相比，可以以更低的延迟和更高的吞吐量访问共享内存。由于需要执行负载操作，共享内存比寄存器有更长的延迟和更低的带宽。在计算机架构术语中，共享内存是一种*暂存存储器*。

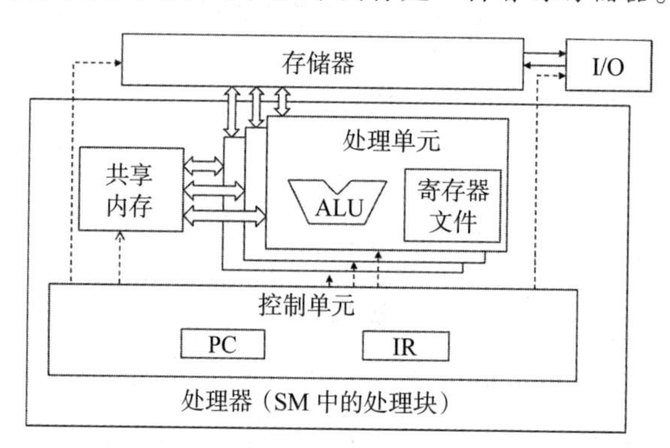


图 5.4　CUDA 设备 SM 中的共享内存与寄存器

CUDA 中的共享内存和寄存器之间的一个重要区别是，驻留在共享内存中的变量可以被块中的所有线程访问。这与寄存器数据不同，后者是线程的私有数据。也就是说，共享内存旨在支持块中线程之间高效、高带宽的数据共享。如图 5.4 所示，CUDA 设备 SM 通常使用多个处理单元来允许多个线程同时进行工作。一个块中的线程可以分散在这些处理单元中。因此，这些 CUDA 设备中共享内存的硬件实现通常被设计成允许多个处理单元同时访问其内容，以支持块中线程之间的高效数据共享。我们将学习几种重要的并行算法，它们可以极大地受益于线程之间这种高效的数据共享。

现在应该清楚了，寄存器、本地内存、共享内存和全局内存都有不同的功能、延迟和带宽。因此，重要的是要理解如何声明一个变量，使其驻留在预期的内存类型中。表 5.1 给出了在不同内存类型中声明程序变量的 CUDA 语法。每个这样的声明中也包含所声明 CUDA 变量的作用域和生命周期。作用域标识可以访问该变量的线程集：仅一个线程、一个块的所有线程或所有网格的所有线程。如果一个变量的作用域是一个线程，那么每个线程都会创建一个私有版本的变量，每个线程只能访问变量的私有版本。例如，如果内核声明了一个变量，它的作用域是一个线程，并且它与一百万个线程一起启动，那么这个变量的一百万个版本将被创建，这样每个线程都会初始化并使用自己版本的可以访问该变量的变量线程。

生命周期表示当变量可用时程序的执行时间：在网格中执行或在整个应用中执行。如果一个变量的生命周期是在网格中执行，那么必须在核函数体中声明该变量，并且只能由内核代码使用。如果内核被多次调用，则在这些调用中不会维护变量的值。每次调用都必须初始化变量，然后才能使用它。另一方面，如果一个变量的生命周期贯穿整个应用程序，那么必须在任何函数体之外声明该变量。这些变量的内容在整个应用程序的执行过程中都得到维护，并且对所有内核都可用。

我们将非数组的变量称为标量变量。如表 5.1 所示，所有在内核和设备函数中声明的自动标量变量都被放在寄存器中。这些自动变量的作用域在各个线程中。当核函数声明一个自动变量时，每个执行核函数的线程都会生成该变量的私有副本。当一个线程终止时，它的所有自动变量都将不复存在。注意，访问这些变量的速度非常快，而且是并行的，但是必须注意不要超过硬件实现中寄存器存储的有限容量。使用大量寄存器会对每个 SM 的占用率产生负面影响，正如我们在第 4 章中看到的那样。

表 5.1 CUDA 变量声明类型限定符及每种类型的属性

| 变量声明 | 内存 | 作用域 | 生命周期 |
|---|---|---|---|
| 除了数组以外的自动变量 | 寄存器 | 线程 | 网格 |
| 自动数组变量 | 本地 | 线程 | 网格 |
| `__device__ __shared__ int SharedVar;` | 共享 | 块 | 网格 |
| `__device__ int GlobalVar;` | 全局 | 网格 | 应用 |
| `__device__ __constant__ int ConstVar;` | 常量 | 网格 | 应用 |

自动数组变量不存储在寄存器中[⊖]。相反，它们被存储在线程的本地内存中，可能会导致长时间的访问延迟和潜在的访问拥塞。与自动标量变量一样，这些数组的作用域仅限于单个线程。也就是说，为每个线程创建和使用每个自动数组的私有版本。一旦线程终止了它的执行，它的自动数组变量的内容就不再存在了。根据我们的经验，很少需要在核函数和设备函数中使用自动数组变量。

如果变量声明之前有 `__shared__` 关键字，它会在 CUDA 中声明一个共享变量。你也可以在声明中的 `__shared__` 前面添加一个可选的 `__device__` 来达到同样的效果。这样的声明通常在核函数或设备函数中进行。共享变量驻留在共享内存中。共享变量的作用域在一个线程块中，也就是说，一个块中的所有线程都看到共享变量的相同版本。在内核执行期间，为每个块创建并使用共享变量的私有版本。共享变量的生命周期为内核执行期间。当内核终止它的网格执行时，它的共享变量的内容将不再存在。正如我们前面讨论的，共享变量是块中的线程相互协作的一种有效方法。从共享内存访问共享变量非常快，并且高度并行。CUDA 程序员经常使用共享变量来保存在内核执行阶段经常使用和重用的部分全局内存数据。我们可能需要调整用于创建执行阶段的算法，这些执行阶段主要关注全局内存数据的一小部分，正如我们将在 5.4 节中通过矩阵乘法来演示的那样。

如果变量声明之前有关键字 `__constant__`，它会在 CUDA 中声明一个常量变量。你也可以在 `__constant__` 前面添加一个可选的 `__device__` 来达到同样的效果。常量变量的声明必须在任何函数体之外。常量变量的作用域是所有网格，这意味着所有网格中的所有线程都将看到常量变量的相同版本。常量变量的生命周期是整个应用程序的执行。常量变

⊖ 这条规则也有一些例外。如果所有访问都是使用常量索引值，编译器可能会决定将一个自动数组存储到寄存器中。

量通常用于为核函数提供输入值的变量。常量的值不能被核函数代码改变。常量变量存储在全局内存中，但为了有效访问而被缓存。使用适当的访问模式，访问固定内存是非常快的，并且是并行的。目前，应用程序中常量变量的总大小被限制为 65 536 字节。可能需要分解输入数据量来适应这个限制。我们将在第 7 章中演示常数内存的用法。

仅在关键字 `__device__` 之前声明的变量是全局变量，它将被放置在全局内存中。访问全局变量是很慢的。访问全局变量的延迟和吞吐量在最近的设备中通过缓存得到了改善。全局变量的一个重要优点是，它们对所有内核的所有线程都是可见的。它们的内容也贯穿于整个执行过程。因此，全局变量可以作为线程跨块协作的一种方式。然而，我们必须意识到，除了使用原子操作或终止当前内核执行之外，目前还没有简单的方法来同步来自不同线程块的线程，或确保访问全局内存时跨线程的数据一致性㊀。因此，全局变量通常用于将信息从一个内核调用传递到另一个内核调用。

在 CUDA 中，指针可以用来指向全局内存中的数据对象。在内核和设备函数中，指针的使用有两种典型的方式。首先，如果一个对象是由主机函数分配的，那么这个对象的指针将由内存分配 API 函数（比如 `cudaMalloc`）初始化，并且可以作为参数传递给核函数。第二种用法是将在全局内存中声明的变量的地址赋给一个指针变量。例如，核函数中的 `{float*ptr=&GlobalVar;}` 语句将 `GlobalVar` 的地址赋给一个自动指针变量 `ptr`。关于在其他内存类型中使用指针，请读者参考 CUDA 编程指南。

## 5.3 利用平铺减少内存流量

在 CUDA 中使用设备内存时，有一个内在的权衡：全局内存大但慢，共享内存小但快。一种常见的策略是将数据划分为称为块（tile）的子集，以便每个块都能装入共享内存。术语“块”借用了这样一个类比：大的墙（即全局内存数据）可以被小的块（即每个块都可以放入共享内存的子集）覆盖。一个重要的标准是，这些块上的内核计算可以相互独立地完成。请注意，给定一个任意的核函数，并不是所有的数据结构都可以被划分为块。

平铺的概念可以用第 3 章中矩阵乘法的例子来说明。图 3.13 显示了一个矩阵乘法的小例子，对应图 3.11 中的核函数。为了便于参考，我们在图 5.5 中重复了图 3.13 中的例子。为了简单起见，我们将 `P[y*Width+x]`、`M[y*Width+x]` 和 `N[y*Width+x]` 分别缩写为 $P_{y,x}$、$M_{y,x}$ 和 $N_{y,x}$。这个例子假设我们使用 4 个 2×2 的块来计算 $P$ 矩阵。$P$ 矩阵中的粗线框定义了每个块所处理的 $P$ 元素。图 5.5 突出显示了 $block_{0,0}$ 的四个线程的计算。这四个线程计算 $P_{0,0}$、$P_{0,1}$、$P_{1,0}$ 和 $P_{1,1}$。$block_{0,0}$ 中 $thread_{0,0}$ 和 $thread_{0,1}$ 对 $M$ 和 $N$ 元素的访问用黑色箭头突出显示。例如，$thread_{0,0}$ 读取 $M_{0,0}$ 和 $N_{0,0}$，然后是 $M_{0,1}$ 和 $N_{1,0}$，然后是 $M_{0,2}$ 和 $N_{2,0}$，然后是 $M_{0,3}$ 和 $N_{3,0}$。

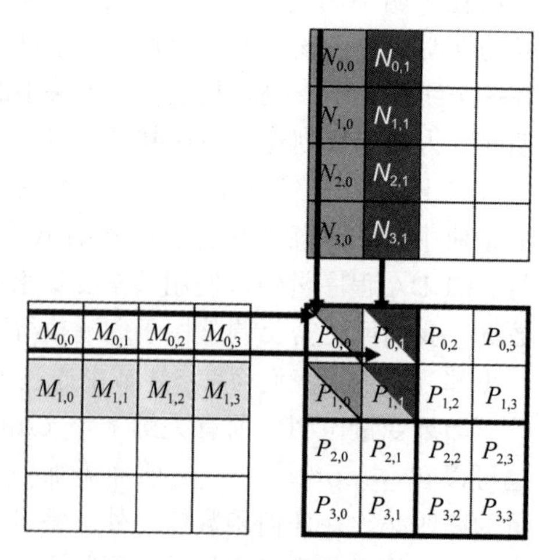

图 5.5 一个矩阵乘法的小例子

图 5.6 显示了 $block_{0,0}$ 中所有线程对全局内存的访问。线程在垂直方向上列出，在水平方向上，

㊀ 如果线程块的数量小于 CUDA 设备中的 SM 数量，可以使用 CUDA 内存栅栏来确保线程块之间的数据一致性。详情请参阅 CUDA 编程指南。

访问时间从左到右增加。注意，在执行过程中，每个线程访问 $M$ 的 4 个元素和 $N$ 的 4 个元素。在突出显示的四个线程中，它们访问的 $M$ 和 $N$ 元素有很大的重叠。例如，$\text{thread}_{0,0}$ 和 $\text{thread}_{0,1}$ 都访问 $M_{0,0}$ 以及 $M$ 的第 0 行的其余部分。类似地，$\text{thread}_{0,1}$ 和 $\text{thread}_{1,1}$ 都访问 $N_{0,1}$ 以及 $N$ 的第 1 列的其余部分。

访问顺序 →

| | | | | |
|---|---|---|---|---|
| $\text{thread}_{0,0}$ | $M_{0,0} * N_{0,0}$ | $M_{0,1} * N_{1,0}$ | $M_{0,2} * N_{2,0}$ | $M_{0,3} * N_{3,0}$ |
| $\text{thread}_{0,1}$ | $M_{0,0} * N_{0,1}$ | $M_{0,1} * N_{1,1}$ | $M_{0,2} * N_{2,1}$ | $M_{0,3} * N_{3,1}$ |
| $\text{thread}_{1,0}$ | $M_{1,0} * N_{0,0}$ | $M_{1,1} * N_{1,0}$ | $M_{1,2} * N_{2,0}$ | $M_{1,3} * N_{3,0}$ |
| $\text{thread}_{1,1}$ | $M_{1,0} * N_{0,1}$ | $M_{1,1} * N_{1,1}$ | $M_{1,2} * N_{2,1}$ | $M_{1,3} * N_{3,1}$ |

图 5.6　$\text{block}_{0,0}$ 中的线程执行全局内存访问

图 3.11 中的内核被写入，以便 $\text{thread}_{0,0}$ 和 $\text{thread}_{0,1}$ 都访问全局内存中 $M$ 的第 0 行元素。如果我们能够设法让 $\text{thread}_{0,0}$ 和 $\text{thread}_{0,1}$ 协作，这样 $M$ 元素就只能从全局内存中加载一次，我们可以将全局内存的总访问次数减少一半。事实上，我们可以看到，在 $\text{block}_{0,0}$ 的执行过程中，每个 $M$ 和 $N$ 元素都被访问了两次。因此，如果我们可以让所有四个线程在访问全局内存时协作，就可以将访问全局内存的流量减少一半。

读者可以验证矩阵乘法例子中全局内存流量的潜在减少与所使用的块的维数成正比。使用 `Width`×`Width` 块，可能减少的全局内存流量将是 `Width`。也就是说，如果我们使用 16×16 块，那么可以通过线程间的协作将全局内存流量降低到原来的 1/16。

我们现在提出一种平铺矩阵乘法算法。其基本思想是，在线程单独使用 $M$ 和 $N$ 元素的子集进行点积计算之前，让它们协作地将这些元素的子集加载到共享内存中。请记住，共享内存的大小非常小，在将这些 $M$ 和 $N$ 元素加载到共享内存时，必须注意不要超过共享内存的容量。这可以通过将 $M$ 和 $N$ 矩阵分割成更小的块来实现。选择这些块的大小是为了使它们能够装入共享内存。在最简单的形式中，块（tile）的尺寸与块（block）的尺寸相等，如图 5.7 所示。

在图 5.7 中，我们将 $M$ 和 $N$ 划分为 2×2 的块，并用粗线框勾画出来。每个线程执行的点积计算现在被划分为几个阶段。在每个阶段，一个块中的所有线程协作将 $M$ 和 $N$ 的块加载到共享内存中。这可以通过让一个块中的每个线程加载一个 $M$ 元素和一个 $N$ 元素到共享内存中来实现，如图 5.8 所示。图 5.8 的每一行显示了一个线程的执行活动。注意时间是从左到右的。我们只需要在 $\text{block}_{0,0}$ 中显示线程的活动，其他块都有相同的行为。$M$ 元素的共享内存数组称为 Mds，$N$ 元素的共享内存数组称为 Nds。在第一阶段的开始，$\text{block}_{0,0}$ 的四个线程共同将 $M$ 块加载到共享内存中：$\text{thread}_{0,0}$ 将 $M_{0,0}$ 加载到 $\text{Mds}_{0,0}$，$\text{thread}_{0,1}$ 将 $M_{0,1}$ 加载到 $\text{Mds}_{0,1}$，$\text{thread}_{1,0}$ 将 $M_{1,0}$ 加载到 $\text{Mds}_{1,0}$，$\text{thread}_{1,1}$ 将 $M_{1,1}$ 加载到 $\text{Mds}_{1,1}$。这些加载过程如图 5.8 的第二列所示。一个大小为 $N$ 的块也以类似的方式加载，如图 5.8 的第三列所示。

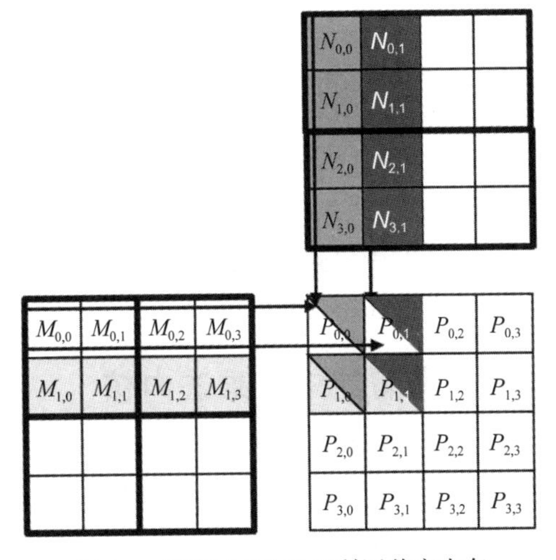


图 5.7　平铺 $M$ 和 $N$ 以利用共享内存

|  | 阶段 0 |  |  | 阶段 1 |  |  |
|---|---|---|---|---|---|---|
| $thread_{0,0}$ | $M_{0,0}$ ↓ $Mds_{0,0}$ | $N_{0,0}$ ↓ $Nds_{0,0}$ | $PValue_{0,0}$ += $Mds_{0,0}$ * $Nds_{0,0}$ + $Mds_{0,1}$ * $Nds_{1,0}$ | $M_{0,2}$ ↓ $Mds_{0,0}$ | $N_{2,0}$ ↓ $Nds_{0,0}$ | $PValue_{0,0}$ += $Mds_{0,0}$ * $Nds_{0,0}$ + $Mds_{0,1}$ * $Nds_{1,0}$ |
| $thread_{0,1}$ | $M_{0,1}$ ↓ $Mds_{0,1}$ | $N_{0,1}$ ↓ $Nds_{0,1}$ | $PValue_{0,1}$ += $Mds_{0,0}$ * $Nds_{0,1}$ + $Mds_{0,1}$ * $Nds_{1,1}$ | $M_{0,3}$ ↓ $Mds_{0,1}$ | $N_{2,1}$ ↓ $Nds_{0,1}$ | $PValue_{0,1}$ += $Mds_{0,0}$ * $Nds_{0,1}$ + $Mds_{0,1}$ * $Nds_{1,1}$ |
| $thread_{1,0}$ | $M_{1,0}$ ↓ $Mds_{1,0}$ | $N_{1,0}$ ↓ $Nds_{1,0}$ | $PValue_{1,0}$ += $Mds_{1,0}$ * $Nds_{0,0}$ + $Mds_{1,1}$ * $Nds_{1,0}$ | $M_{1,2}$ ↓ $Mds_{1,0}$ | $N_{3,0}$ ↓ $Nds_{1,0}$ | $PValue_{1,0}$ += $Mds_{1,0}$ * $Nds_{0,0}$ + $Mds_{1,1}$ * $Nds_{1,0}$ |
| $thread_{1,1}$ | $M_{1,1}$ ↓ $Mds_{1,1}$ | $N_{1,1}$ ↓ $Nds_{1,1}$ | $PValue_{1,1}$ += $Mds_{1,0}$ * $Nds_{0,1}$ + $Mds_{1,1}$ * $Nds_{1,1}$ | $M_{1,3}$ ↓ $Mds_{1,1}$ | $N_{3,1}$ ↓ $Nds_{1,1}$ | $PValue_{1,1}$ += $Mds_{1,0}$ * $Nds_{0,1}$ + $Mds_{1,1}$ * $Nds_{1,1}$ |

时间 →

图 5.8　平铺矩阵乘法的执行阶段

在将 $M$ 和 $N$ 两个块加载到共享内存后，这些元素将被用于计算点积。请注意，共享内存中的每个值将被使用两次。例如，由 $thread_{1,1}$ 加载到 $Mds_{1,1}$ 中的 $M_{1,1}$ 值将被使用两次，一次由 $thread_{1,0}$ 使用，一次由 $thread_{1,1}$ 使用。通过将每个全局内存值加载到共享内存中，以便可以多次使用它，我们减少了对全局内存的访问次数。在本例中，我们将全局内存的访问次数减少为原来的一半。如果块有 $N \times N$ 个元素，读者应该可以验证访问次数将减少为原来的 $1/N$。

请注意，每个点积的计算现在分两个阶段进行，如图 5.8 所示的阶段 0 和阶段 1。在每个阶段，每个线程将两对输入矩阵元素的乘积累加到 `Pvalue` 变量中。注意，`Pvalue` 是一个自动变量，因此为每个线程生成一个私有版本。我们添加下标只是为了说明这些是为每个线程创建的 `Pvalue` 变量的不同实例。第一阶段的计算如图 5.8 第 4 列所示，第二阶段的计算如第 7 列所示。通常，如果一个输入矩阵的尺寸是 `Width`，而块的尺寸是 `TILE_WIDTH`，那么点积将在 `Width/TILE_WIDTH` 阶段执行。

这些阶段的创建是减少全局内存访问的关键。由于每个阶段关注输入矩阵值的一个小子集，线程可以协作地将子集加载到共享内存中，并使用共享内存中的值来满足它们在阶段中重叠的输入需求。

还要注意 Mds 和 Nds 是跨阶段重用的。在每个阶段中，重复使用相同的 Mds 和 Nds 来保存阶段中使用的 $M$ 和 $N$ 元素的子集。这允许一个小得多的共享内存来服务于对全局内存的大多数访问。这是因为每个阶段都关注输入矩阵元素的一个小子集。这种有重点的访问行为称为*局部性*。当算法显示局域性时，就有机会使用小而高速的内存来服务大多数访问，并从全局内存中删除这些访问。在多核 CPU 和多线程 GPU 中，局部性对于实现高性能同样重要。我们将在第 6 章中继续讨论局部性的概念。

## 5.4　平铺的矩阵乘法内核

现在我们准备介绍平铺式矩阵乘法内核，它使用共享内存来减少对全局内存的流量。图 5.9 所示的内核实现了图 5.8 所示的阶段。在图 5.9 中，第 04 行和第 05 行分别声明 `Mds` 和 `Nds` 为共享内存数组。回想一下，共享内存变量的作用域是一个块。因此，每个块将创建一个版本的 `Mds` 和 `Nds` 数组，一个块的所有线程都可以访问相同的 `Mds` 和 `Nds` 版本。这一点很重要，因为一个块中的所有线程都必须能够访问其他线程加载到 Mds 和 Nds 中的 M 和 N 元素，这样它们才能使用这些值来满足输入需求。

```
01    #define TILE_WIDTH 16
02    __global__ void matrixMulKernel(float* M, float* N, float* P, int Width) {
03
04        __shared__ float Mds[TILE_WIDTH][TILE_WIDTH];
05        __shared__ float Nds[TILE_WIDTH][TILE_WIDTH];
06
07        int bx = blockIdx.x;  int by = blockIdx.y;
08        int tx = threadIdx.x; int ty = threadIdx.y;
09
10        // Identify the row and column of the P element to work on
11        int Row = by * TILE_WIDTH + ty;
12        int Col = bx * TILE_WIDTH + tx;
13
14        // Loop over the M and N tiles required to compute P element
15        float Pvalue = 0;
16        for (int ph = 0; ph < Width/TILE_WIDTH; ++ph) {
17
18            // Collaborative loading of M and N tiles into shared memory
19            Mds[ty][tx] = M[Row*Width + ph*TILE_WIDTH + tx];
20            Nds[ty][tx] = N[(ph*TILE_WIDTH + ty)*Width + Col];
21            __syncthreads();
22
23            for (int k = 0; k < TILE_WIDTH; ++k) {
24                Pvalue += Mds[ty][k] * Nds[k][tx];
25            }
26            __syncthreads();
27
28        }
29        P[Row*Width + Col] = Pvalue;
30
31    }
```

图 5.9　使用共享内存的平铺矩阵乘法内核

第 07 和 08 行将 threadIdx 和 blockIdx 值保存到名称更短的自动变量中，以使代码更简洁。回想一下，自动标量变量是放置在寄存器中的。它们的作用域在每个单独的线程中。也就是说，运行时系统为每个线程创建了 tx、ty、bx 和 by 的一个私有版本，并将驻留在线程可访问的寄存器中。它们用 threadIdx 和 blockIdx 值初始化，并在线程的生命周期中多次使用。一旦线程结束，这些变量的值就不存在了。

第 11 行和第 12 行分别确定线程将要生成的 P 元素的行索引和列索引。代码假设每个线程负责计算一个 P 元素。如第 12 行所示，水平（x）位置，或线程生成的 P 元素的列索引，可以计算为 bx*TILE_WIDTH+tx。这是因为每个块都覆盖了水平维度 P 的 TILE_WIDTH 元素。块 bx 中的线程在它之前有 bx 个线程块，或者（bx*TILE_WIDTH）个线程，它们覆盖 P 的 bx*TILE_WIDTH 个元素。同一块中的另一个 tx 线程将覆盖另一个 tx 元素。因此，带有 bx 和 tx 的线程应该负责计算 x 索引为 bx*TILE_WIDTH+tx 的 P 元素。以图 5.7 为例，$block_{1,0}$ 的 $thread_{0,1}$ 计算的 P 元素的水平（x）索引为 0×2+1=1。这个水平索引被保存在线程的变量 Col 中，如图 5.10 所示。

类似地，线程要处理的 P 元素的垂直（y）位置或行索引由 by*TILE_WIDTH+ty 计算。回到图 5.7 中的例子，$block_{1,0}$ 的 $thread_{0,1}$ 计算的 P 元素的 y 索引是 1×2+0=2。这个垂直索引保存在线程的变量 Row 中。如图 5.10 所示，每个线程在第 Col 列和第 Row 行计算 P 元素。因此，$block_{1,0}$ 的 $thread_{0,1}$ 要计算的 P 元素是 $P_{2,1}$。

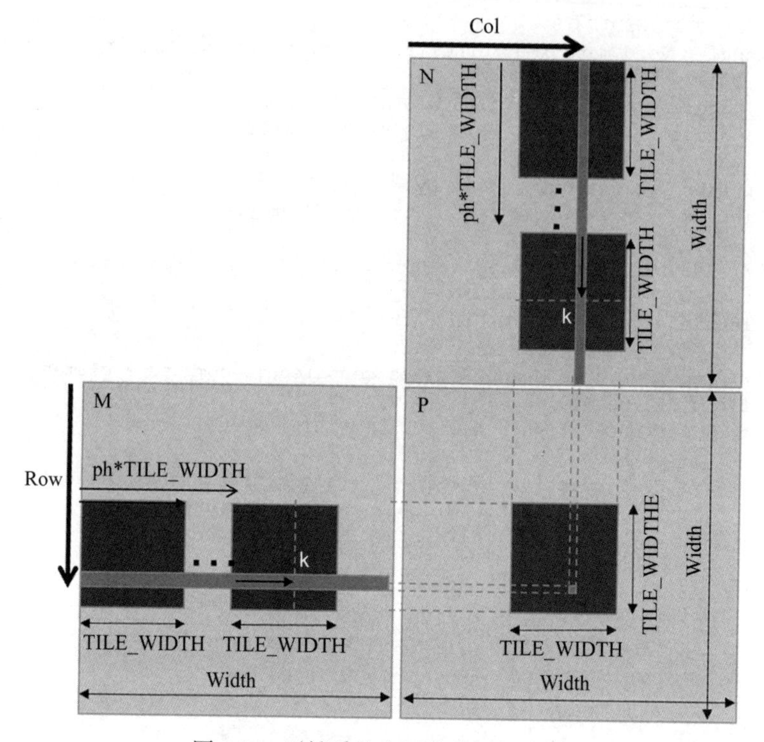


图 5.10　平铺乘法中矩阵索引的计算

图 5.9 的第 16 行标记了循环的开始，该循环遍历计算 P 元素的所有阶段。回路的每次迭代对应图 5.8 所示计算的一个阶段。ph 变量表示已经为点积做过的阶段数。回想一下，每个阶段使用一个 M 元素的块和一个 N 元素的块。因此在每一阶段开始时，M 和 N 元素的一个 ph*TILE_WIDTH 对已经被前一阶段处理过。

在每个阶段，图 5.9 中的第 19 行和第 20 行分别将相应的 M 和 N 元素加载到共享内存中。既然已经知道线程要处理的是 M 的行和 N 的列，现在我们把焦点转到 M 的列索引和 N 的行索引上。如图 5.10 所示，每个块都有 $TILE\_WIDTH^2$ 个线程，这些线程协作将 $TILE\_WIDTH^2$ 个 M 元素和 $TILE\_WIDTH^2$ 个 N 元素加载到共享内存中。因此，我们需要做的就是为每个线程分配一个 M 元素和一个 N 元素。这可以通过使用 blockIdx 和 threadIdx 轻松完成。注意，要加载的 M 元素部分的开始列索引是 ph*TILE_WIDTH。因此，一种简单的方法是让每个线程加载 tx 元素（threadIdx.x 值）距离起始点的位置。类似地，要加载的 N 元素部分的开始行索引也是 ph*TILE_WIDTH。因此，每个线程加载 ty 元素（threadIdx.y 值）距离起始点的位置。

这就是我们在第 19 行和第 20 行所写的。在第 19 行中，每个线程加载 M[Row*Width+ph*TILE_WIDTH+tx]，其中线性化的索引由行索引 Row 和列索引 ph*TILE_WIDTH+tx 组成。每 $TILE\_WIDTH^2$ 个线程将加载唯一的 M 元素到共享内存中，因为每个线程都有唯一的 tx 和 ty 的组合。以类似的方式，在第 20 行中，每个线程使用线性化索引（ph*TILE_WIDTH+ty)*Width+Col 将适当的 N 元素加载到共享内存中。读者应该使用图 5.7 和

图 5.8 中的小示例来验证地址计算对于单个线程是否正确。

第 21 行中的屏障 __syncthreads() 确保所有线程都已完成将 M 和 N 的块加载到 Mds 和 Nds 中，然后它们中的任何一个才可以继续执行。回想第 4 章，调用 __syncthreads() 可以让一个块中的所有线程在任何一个线程可以继续之前等待对方到达屏障。这一点很重要，因为一个线程使用的 M 和 N 元素可以由其他线程加载。在任何线程开始使用这些元素之前，需要确保所有元素都被正确地加载到共享内存中。然后，第 23 行中的循环根据块元素执行点积的一个阶段。$thread_{ty,tx}$ 的循环进程如图 5.10 所示，M 和 N 元素的访问方向沿着第 23 行循环变量 k 标记的箭头。注意，这些元素将被 Mds 和 Nds 访问，它们是包含 M 和 N 元素的共享内存数组。第 26 行中的屏障 __syncthreads() 确保所有线程都已经完成了共享内存中的 M 和 N 元素的使用，然后它们中的任何一个才会移动到下一次迭代，并从下一个块中加载元素。因此，没有一个线程会过早地加载元素并破坏其他线程的输入值。

第 21 行和第 26 行中的两个 __syncthreads() 调用演示了两种不同类型的数据依赖，并行程序员在进行线程间协调时常常需要考虑这两种类型的数据依赖。第一种被称为*写后读依赖*，因为线程在尝试读取数据之前，必须等待其他线程将数据写入适当的位置。第二种依赖关系称为*读后写依赖*，因为线程必须等待所有需要数据的线程读取数据后才能重写数据。写后读依赖和读后写依赖也称为真依赖和假依赖。写后读依赖是一种*真依赖*，因为读线程确实需要写线程提供的数据，所以它别无选择，只能等待。读后写依赖是一种*假依赖*，因为写线程不需要读线程的任何数据。依赖关系是由于它们重用相同的内存位置，如果它们使用不同的位置，则不存在这种依赖关系。

从第 16 行到第 28 行的循环嵌套说明了一种称为*循环分块*的技术，该技术需要一个长时间运行的循环，并将其分解为多个阶段。每个阶段都包含一个内部循环，它执行原始循环的几个连续迭代。原来的循环变成一个外部循环，它的角色是迭代地调用内部循环，以便原始循环的所有迭代都按照它们原来的顺序执行。通过在内部循环前后添加屏障同步，我们强制同一块中的所有线程在每个阶段都将工作集中在输入数据的同一部分上。循环分块是创建数据并行程序平铺所需要的阶段的一种重要手段[⊖]。

在点积的所有阶段完成后，执行退出外部循环。在第 29 行中，所有线程都使用从 Row 和 Col 计算出的线性化索引写入 P 元素。

平铺算法优势明显。对于矩阵乘法，全局内存访问减少为原来的 1/TILE_WIDTH。使用 16×16 的块，我们可以将全局内存访问减少为原来的 1/16。这将计算与全局内存访问比率从 0.25OP/B 提高到 4OP/B。这一改进使得 CUDA 设备的内存带宽能够支持更高的计算速率。例如，在全局内存带宽为 1555GB/s 的 A100 GPU 中，这一改进能够帮助设备实现（1555GB/s）×（4OP/B）=6220GFLOPS，这大大高于内核不使用平铺时达到的 389GFLOPS。

虽然平铺大大提高了吞吐量，6220GFLOPS 仍然只是设备峰值吞吐量 19 500GFLOPS 的 32%。可以进一步优化代码以减少全局内存访问的数量并提高吞吐量。我们将在本书后面看到其中的一些优化，而其他高级优化将不涉及。由于矩阵乘法在许多领域中的重要性，有一些高度优化的库（如 cuBLAS 和 CUTASS）已经包含了许多高级优化。程序员可以直接使用这些库在他们的线性代数应用程序中实现接近峰值的性能。

---

⊖ 读者应该注意到，长时间以来，循环分块一直被用于 CPU 编程中。在串行程序中，循环分块和循环交换通常用于为改进的局域性实现平铺。循环分块也是向量化编译器为 CPU 程序生成向量或 SIMD 指令的主要工具。

平铺在提高矩阵乘法吞吐量方面的有效性，特别是在一般的应用程序中，并不是GPU独有的。通过确保CPU线程在特定时间窗口内重用的数据能够在缓存中找到，应用平铺（或阻塞）技术来提高CPU的性能已经有很长的历史了。一个关键的区别是CPU上的平铺技术依赖于CPU缓存来隐式地保留重用的片上数据，而GPU上的平铺技术则显式地使用共享内存来保留片上数据。原因是CPU核心通常一次运行一个或两个线程，因此线程可以依赖缓存来保存最近使用的数据。相反，GPU SM同时运行多个线程来隐藏延迟。这些线程可能会竞争缓存插槽，这使得GPU缓存的可靠性降低，需要使用共享内存来重用重要的数据。

虽然平铺矩阵乘法内核的性能改进令人印象深刻，但它确实做了一些简化的假设。首先，假设矩阵的宽度是线程块宽度的倍数。这使得核不能正确地处理任意宽度的矩阵。第二个假设是矩阵是方阵。这在实践中并不总是成立的。在下一节中，我们将介绍一个带有边界检查的内核，该内核消除了这些假设的影响。

## 5.5　边界检查

现在我们扩展平铺矩阵乘法内核函数来处理任意宽度的矩阵。扩展必须允许内核正确地处理宽度不是块宽度的倍数的矩阵。我们改变图5.7中的小例子，使用3×3的$M$、$N$和$P$矩阵。修正后的实例如图5.11所示。注意，矩阵的宽度是3，它不是块宽度的倍数（该例中为2）。图5.11显示了$block_{0,0}$第二阶段的内存访问模式。我们看到$thread_{0,1}$和$thread_{1,1}$将尝试加载不存在的$M$元素。类似地，我们看到$thread_{1,0}$和$thread_{1,1}$将尝试访问不存在的$N$元素。

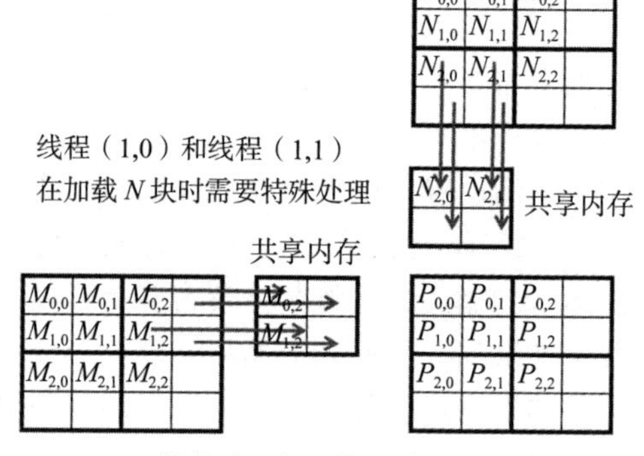


图5.11　加载靠近边缘的输入矩阵元素：$block_{0,0}$的阶段1

访问不存在的元素有两个问题。在访问行尾以外的不存在元素的情况下（图5.11中$thread_{0,1}$和$thread_{1,1}$分别访问了$M$元素），这些访问将对不正确的元素进行。在我们的示例中，线程将尝试访问不存在的$M_{0,3}$和$M_{1,3}$。那么这些内存加载会发生什么变化呢？要回答这个问题，我们需要回到二维矩阵的线性化布局。线性化布局中$M_{0,2}$之后的元素为$M_{1,0}$。虽然$thread_{0,1}$试图访问$M_{0,3}$，但它将最终得到$M_{1,0}$。在随后的内积计算中使用此值将明显破坏输出值。

在访问超过一列末尾的元素时也会出现类似的问题（图5.11中，$thread_{1,0}$和$thread_{1,1}$分别访问了$N$）。这些访问是对数组的分配区域之外的内存位置的访问。在有些系统中，它们将从其他数据结构中返回随机值。在另一些系统中，这些访问将被拒绝，导致程序中止。无论哪种方式，这种访问的结果都是不可取的。

从我们目前的讨论来看，似乎只有在线程执行的最后阶段才会出现有问题的访问。这意味着我们可以通过在平铺内核执行的最后阶段采取特殊的操作来处理它。不幸的是，事实并非如此。所有阶段都可能出现有问题的访问。图5.12为阶段0时$block_{1,1}$的内存访问模式。我们看到$thread_{1,0}$和$thread_{1,1}$尝试访问不存在的$M$元素$M_{3,0}$和$M_{3,1}$，而$thread_{0,1}$和$thread_{1,1}$尝试访问不存在的$N_{0,3}$和$N_{1,3}$。

请注意，不能通过简单地排除不计算有效 $P$ 元素的线程来阻止这些有问题的访问。例如，$block_{1,1}$ 中的 $thread_{1,0}$ 不计算任何有效的 $P$ 元素。然而，它需要在阶段 0 加载 $M_{2,1}$，以便 $block_{1,1}$ 中的其他线程使用。此外，请注意，一些计算有效 $P$ 元素的线程将尝试访问不存在的 $M$ 或 $N$ 元素。例如，如图 5.11 所示，$block_{0,0}$ 的 $thread_{0,1}$ 计算出了一个有效的 $P$ 元素 $P_{0,1}$。但是，它试图在阶段 1 访问不存在的 $M_{0,3}$。这两个事实表明，我们需要使用不同的边界条件测试来加载 $M$ 块、加载 $N$ 块以及计算 / 存储 $P$ 元素。根据经验，每次内存访问都需要进行相应的检查，以确保访问中使用的索引在被访问数组的范围内。

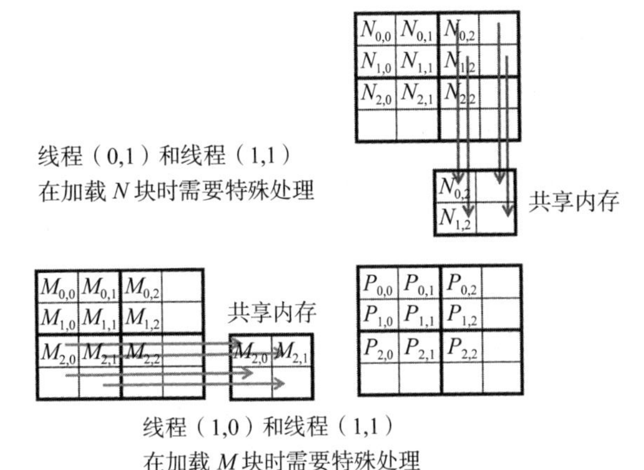


图 5.12 $block_{1,1}$ 在阶段 0 加载输入元素

让我们从加载输入块的边界测试条件开始。当线程加载一个输入的块元素时，它应该测试试图加载的输入元素是否是有效的元素。这通过检查 y 和 x 索引很容易实现。例如，在图 5.9 的第 19 行中，线性化的索引是由 `Row` 的 y 索引和 `ph*TILE_WIDTH+tx` 的 x 索引派生而来的。边界条件测试将是两个索引都小于 `Width`，即 `Row<Width&&(ph*TILE_WIDTH+tx)<Width`。如果条件为真，线程应该继续加载 M 元素。读者应该验证加载 N 元素的条件测试是 `(ph*TILE_WIDTH+ty)<Width&&Col<Width`。

如果条件为假，则线程不应加载该元素。问题是应该在共享内存位置中放置什么。答案是 0.0，如果在内积计算中使用这个值，它不会造成任何错误。如果任何线程在计算其内部乘积时使用这个 0.0 值，则内部乘积值不会有任何变化。

最后，只有当线程负责计算有效的 P 元素时，线程才应该存储其最终的内部乘积值。这个条件的测试是 `(Row<Width)&&(Col<Width)`。带有附加边界条件检查的内核代码如图 5.13 所示。

```
14     // Loop over the M and N tiles required to compute P element
15     float Pvalue = 0;
16     for (int ph = 0; ph < ceil(Width/(float)TILE_WIDTH); ++ph) {
17
18         // Collaborative loading of M and N tiles into shared memory
..         if ((Row < Width) && (ph*TILE_WIDTH+tx) < Width)
19             Mds[ty][tx] = M[Row*Width + ph*TILE_WIDTH + tx];
..         else Mds[ty][tx] = 0.0f;
..         if ((ph*TILE_WIDTH+ty) < Width && Col < Width)
20             Nds[ty][tx] = N[(ph*TILE_WIDTH + ty)*Width + Col];
..         else Nds[ty][tx] = 0.0f;
21         __syncthreads();
22
23         for (int k = 0; k < TILE_WIDTH; ++k) {
24             Pvalue += Mds[ty][k] * Nds[k][tx];
25         }
26         __syncthreads();
27
28     }
..     if (Row < Width) && (Col < Width)
29         P[Row*Width + Col] = Pvalue;
```

图 5.13 带边界条件检查的平铺矩阵乘法内核

通过边界条件的检查，平铺矩阵乘法内核与一般的矩阵乘法内核只有一步之遥。一般来说，矩阵乘法是为矩形矩阵定义的：一个 j×k 的矩阵 M 乘以一个 k×l 的矩阵 N 得到一个 j×l 的矩阵 P。到目前为止，我们的核函数只能处理方阵。

幸运的是，将这个内核进一步扩展为一般的矩阵乘法内核是很容易的。我们需要做一些简单的调整。首先，Width 参数被三个无符号整数参数 j、k、l 替换，其中：若 Width 表示 M 的高度或 P 的高度，则用 j 来代替；若 Width 表示 M 的宽度或 N 的高度，则用 k 来代替；若 Width 表示 N 的宽度或 P 的宽度，则用 l 来代替。采用这些更改的内核修订版将留作练习。

## 5.6　内存使用对占用率的影响

回想一下，在第 4 章中，我们讨论了最大化 SM 上的线程占用率以容忍长延迟操作的重要性。内核的内存使用在占用率调优中起着重要的作用。尽管 CUDA 寄存器和共享内存可以非常有效地减少全局内存的访问数量，但必须谨慎地保持在 SM 的内存容量范围内。每个 CUDA 设备提供有限的资源，这限制了一个给定应用程序同时驻留在 SM 中的线程数量。通常，每个线程需要的资源越多，每个 SM 中可以驻留的线程数量就越少。

我们在第 4 章中讨论了寄存器的使用如何成为占用率的限制因素。共享内存的使用也可以限制分配给每个 SM 的线程数。例如，A100 GPU 可以配置为每个 SM 最多 164KB 的共享内存，并支持每个 SM 最多 2048 个线程。因此，对于要使用的所有 2048 个线程槽，一个线程块使用的平均值不应该超过（164KB）/（2048 线程）=82B/ 线程。在平铺矩阵乘法的例子中，每个块都有 $TILE\_WIDTH^2$ 个线程，并且为 Mds 使用共享内存的 $TILE\_WIDTH^2 \times 4B$，为 Nds 使用共享内存的 $TILE\_WIDTH^2 \times 4B$。因此线程块平均使用（$TILE\_WIDTH^2 \times 4B + TILE\_WIDTH^2 \times 4B$）/（$TILE\_WIDTH^2$ 线程）=8B/ 线程的共享内存。因此，平铺矩阵乘法内核的占用率不受共享内存的限制。

但是，考虑一个内核，它的线程块使用 32KB 的共享内存，每个线程块有 256 个线程。在这种情况下，内核平均使用（32KB）/（256 线程）=132B/ 线程的共享内存。使用这种共享内存，内核无法实现全占用率。每个 SM 最多只能承载（164KB）/（132B/thread）=1272 线程。因此，该内核的最大占用率为（1272 分配的线程）/（2048 最大线程）=62%。

请注意，每个 SM 中的共享内存大小也可能因设备而异。设备的每一代或每一种型号都可以在每个 SM 中拥有不同数量的共享内存。根据硬件中可用的内存数量，通常希望内核能够使用不同数量的共享内存。也就是说，我们可能需要一个主机代码来动态地确定共享内存的大小，并调整内核使用的共享内存的数量。这可以通过调用 cudaGetDeviceProperties 函数来实现。假设变量 &devProp 被传递给函数。在本例中，字段 devProp.sharedMemPerBlock 给出了每个 SM 中可用的共享内存的数量。然后程序员可以确定每个块应该使用的共享内存的数量。

不幸的是，图 5.9 和图 5.13 中的内核不支持主机代码对共享内存使用的任何动态调整。图 5.9 中使用的声明将其共享内存使用的大小硬连接到一个编译时常量：

```
__shared__ float Mds[TILE_WIDTH][TILE_WIDTH];
__shared__ float Nds[TILE_WIDTH][TILE_WIDTH];
```

也就是说，Mds 和 Nds 的大小被设置为 $TILE\_WIDTH^2$ 元素，无论在编译时将 TILE_

WIDTH 的值设置为什么。因为代码包含

```
#define TILE_WIDTH 16
```

所以 Mds 和 Nds 都有 256 个元素。如果我们想改变 Mds 和 Nds 的大小，就需要改变 TILE_WIDTH 的值并重新编译代码。如果不重新编译，内核无法轻松地在运行时调整其共享内存的使用。

我们可以在 CUDA 中使用不同风格的声明来实现这种调整，方法是在共享内存声明前添加一个 C extern 关键字，并在声明中省略数组的大小。基于这种风格，Mds 和 Nds 的声明需要合并到一个动态分配的数组中：

```
extern __shared__ Mds_Nds[];
```

因为只有一个合并的数组，所以我们还需要手动定义数组中的 Mds 部分从哪里开始，Nds 部分从哪里开始。注意，合并的数组是一维的。我们需要使用基于垂直和水平索引的线性化索引来访问它。

在运行时，当我们调用内核时，可以根据设备查询结果动态地配置每个块使用的共享内存数量，并将其作为第三个配置参数提供给内核调用。例如，修改后的内核可以用以下语句启动：

```
  size_t size =
calculate_appropriate_SM_usage(devProp.sharedMemPerBlock,
...);

  matrixMulKernel<<<dimGrid,dimBlock,size>>>(Md, Nd, Pd,
Width, size/2, size/2);
```

其中 size_t 是一个内置类型，用于声明一个变量来保存动态分配的数据结构的大小信息。大小以字节数表示。在矩阵乘法示例中，对于一个 16×16 的块，其大小为 2×16×16×4=2048 字节，以同时容纳 Mds 和 Nds。我们省略了在运行时设置 size 值的计算细节，将其留给读者作为练习。

在图 5.14 中，我们展示了如何修改图 5.9 和图 5.11 中的内核代码来为 Mds 和 Nds 数组使用动态大小的共享内存。将数组每个部分的大小作为参数传递给核函数也可能是有用的。在这个例子中，我们添加了两个参数：第一个参数是 Mds 区段的大小，第二个参数是 Nds 区段的大小，都是以字节为单位的。注意，在上面的主机代码中，我们传递了 size/2 作为这些参数的值，也就是 1024 字节。通过第 06 行和第 07 行中的赋值，内核编码的其余部分使用 Mds 和 Nds 作为数组的基础，并使用线性化的索引来访问 Mds 和 Nds 元素。例如，使用 Mds[ty][tx] 而不是 Mds[ty*TILE_WIDTH+tx]。

```
01    #define TILE_WIDTH 16
02    __global__ void matrixMulKernel(float* M, float* N, float* P, int Width,
                                      unsigned Mdz_sz, unsigned Nds_sz) {
03
04        extern __shared__ char float Mds_Nds[];
05
06        float *Mds = (float *) Mds_Nds;
07        float *Nds = (float *) Mds_Nds + Mds_sz;
```

图 5.14 使用动态大小的共享内存的平铺矩阵乘法内核

## 5.7 总结

总之，在现代处理器中，程序的执行速度会受到内存速度的严重限制。为了充分利用CUDA设备的执行吞吐量，需要在内核代码中争取较高的计算与全局内存的访问比率。如果比率较低，则内核受到内存限制。也就是说，它的执行速度受到从内存中访问其操作数的速度的限制。

CUDA提供了对寄存器、共享内存和固定内存的访问。这些内存比全局内存小得多，但访问速度要快得多。有效地使用这些内存需要重新设计算法。我们以矩阵乘法为例来说明平铺，这是一种增强数据访问局域性和有效使用共享内存的流行策略。在并行编程中，平铺使用屏障同步强制多个线程在执行的每个阶段共同关注输入数据的一个子集，这样子集数据就可以被放置到这些特殊的内存类型中，以实现更高的访问速度。

然而，对于CUDA程序员来说，重要的是要意识到这些特殊类型的内存的有限大小。它们的能力取决于执行情况。一旦超过了它们的能力，它们就会限制每个SM中可以同时执行的线程数，并会对GPU的计算吞吐量和容忍延迟的能力产生负面影响。在开发应用程序时对硬件限制进行推理的能力是并行编程的一个关键方面。

虽然我们在CUDA C编程中引入了平铺算法，但它是在所有类型的并行计算系统中实现高性能的有效策略。原因是应用程序必须在数据访问中显示局部性，才能有效地利用这些系统中的高速内存。例如，在多核CPU系统中，数据局部性允许应用程序有效地使用片上数据缓存来减少内存访问延迟并实现高性能。这些片上数据缓存的大小也是有限的，并且需要计算来显示局部性。因此，在使用其他编程模型为其他类型的并行计算系统开发并行应用程序时，读者也会发现平铺算法很有用。

本章的目标是介绍局域性、平铺和不同CUDA内存类型的概念。我们引入了一个使用共享内存的平铺矩阵乘法内核。我们进一步研究了在应用平铺技术时允许任意数据维度的边界测试条件的需求。我们还简要地讨论了如何使用动态大小的共享内存分配，以便内核可以根据硬件能力调整每个块使用的共享内存的大小。我们没有讨论寄存器在平铺中的使用。当我们讨论并行算法模式时，将解释寄存器在平铺算法中的使用。

## 练习

1. 考虑矩阵加法。是否可以使用共享内存来减少全局内存带宽的消耗？提示：分析每个线程访问的元素，看看线程之间是否有任何共性。
2. 仿照图5.7，绘制具有 $2 \times 2$ 和 $4 \times 4$ 平铺操作的 $8 \times 8$ 矩阵乘法的图示。验证全局内存带宽的减少确实与块的尺寸成正比。
3. 如果忘记在图5.9的内核中使用一个或两个`__syncthreads()`，会发生什么类型的错误执行行为？
4. 假设容量不是寄存器或共享内存的限制，为什么使用共享内存而不是寄存器保存从全局内存获取的值是有价值的？给出一个重要的原因并解释你的答案。
5. 对于平铺矩阵–矩阵乘法内核，如果我们使用 $32 \times 32$ 平铺，输入矩阵M和N的内存带宽使用减少了多少？
6. 假设CUDA内核启动1000个线程块，每个线程块有512个线程。如果一个变量在内核中被声明为局部变量，那么在内核执行的整个生命周期中，该变量将创建多少个版本？
7. 在上一个问题中，如果一个变量被声明为共享内存变量，那么在内核执行的整个生命周期中将创建多少个版本的变量？

8. 考虑执行维数为 N×N 的两个输入矩阵的矩阵乘法。在以下情况下，输入矩阵中的每个元素请求全局内存多少次？
   a. 没有块
   b. 使用尺寸为 T×T 的块
9. 一个内核对每个线程执行 36 个浮点操作和 7 个 32 位全局内存访问。对于以下每个设备属性，此内核是计算绑定的还是内存绑定的？
   a. 峰值 FLOPS=200GFLOPS，内存峰值带宽 =100GB/s。
   b. 峰值 FLOPS=300GFLOPS，内存峰值带宽 =250GB/s。
10. 为了操作块，一名 CUDA 程序员新手编写了一个设备内核，该内核将变换矩阵中的每个块。块的大小为 BLOCK_WIDTH*BLOCK_WIDTH，矩阵 A 的每个维度都是 BLOCK_WIDTH 的倍数。内核调用和代码如下所示。BLOCK_WIDTH 在编译时是已知的，可以设置为 1 到 20 之间的任何值。

```
01  dim3 blockDim(BLOCK_WIDTH,BLOCK_WIDTH);
02  dim3 gridDim(A_width/blockDim.x,A_height/blockDim.y);
03  BlockTranspose<<<gridDim, blockDim>>>(A, A_width, A_height);

04  __global__ void
05  BlockTranspose(float* A_elements, int A_width, int A_height)
06  {
07     __shared__ float blockA[BLOCK_WIDTH][BLOCK_WIDTH];

08     int baseIdx = blockIdx.x * BLOCK_SIZE + threadIdx.x;
09     baseIdx += (blockIdx.y * BLOCK_SIZE + threadIdx.y) * A_width;

10     blockA[threadIdx.y][threadIdx.x] = A_elements[baseIdx];

11     A_elements[baseIdx] = blockA[threadIdx.x][threadIdx.y];
12  }
```

   a. 在 BLOCK_SIZE 的可能值范围之外，对于 BLOCK_SIZE 的什么值，核函数将在设备上正确执行？
   b. 如果代码不能正确执行所有的 BLOCK_SIZE 值，什么是导致这个错误的根本原因？建议修复代码，使其对于所有 BLOCK_SIZE 值都能正确工作。
11. 考虑以下 CUDA 内核和调用它的相应主机函数：

```
01  __global__ void foo_kernel(float* a, float* b) {
02     unsigned int i = blockIdx.x*blockDim.x + threadIdx.x;
03     float x[4];
04     __shared__ float y_s;
05     __shared__ float b_s[128];
06     for(unsigned int j = 0; j < 4; ++j) {
07        x[j] = a[j*blockDim.x*gridDim.x + i];
08     }
09     if(threadIdx.x == 0) {
10        y_s = 7.4f;
11     }
12     b_s[threadIdx.x] = b[i];
13     __syncthreads();
14     b[i] = 2.5f*x[0] + 3.7f*x[1] + 6.3f*x[2] + 8.5f*x[3]
15            + y_s*b_s[threadIdx.x] + b_s[(threadIdx.x + 3)%128];
16  }
17  void foo(int* a_d, int* b_d) {
18     unsigned int N = 1024;
```

```
19      foo_kernel <<< (N + 128 - 1)/128, 128 >>>(a_d, b_d);
20  }
```

a. 变量 i 有多少个版本?

b. 数组 x[] 有多少个版本?

c. 变量 y_s 有多少个版本?

d. 数组 b_s[] 有多少个版本?

e. 每个块使用的共享内存总量是多少（单位为字节）?

f. 浮点与全局内存的访问比率是多少（单位为 OP/B）?

12. 考虑具有以下硬件限制的 GPU：2048 线程 /SM，32 块 /SM，64K（65 536）寄存器 /SM，96KB 共享内存 /SM。对于下面的每个内核特征，指定内核是否可以实现全占用率。如果不是，请指定限制因素。

a. 内核使用 64 线程 / 块、27 寄存器 / 线程、4KB 共享内存 /SM。

b. 内核使用 256 线程 / 块、31 寄存器 / 线程、8KB 共享内存 /SM。

# 性能方面的考虑

并行程序的执行速度会因程序的资源需求和硬件的资源约束之间的相互作用而发生很大的变化。管理并行代码和硬件资源约束之间的交互对于在几乎所有并行编程模型中实现高性能都非常重要。这是一项实践技能，需要深入理解硬件架构，最好通过在设计为高性能的并行编程模型中进行实践来学习。

到目前为止，我们已经了解了 GPU 架构的各个方面以及它们对性能的影响。在第 4 章，我们了解了 GPU 的计算架构和相关的性能考虑，如控制发散和占用率。在第 5 章，我们学习了 GPU 的片上内存架构，以及如何使用共享内存来实现更多的数据重用。在本章中，我们将简要介绍片外内存（DRAM）架构，并讨论相关的性能考虑，如内存合并和内存延迟隐藏。然后，我们将讨论一种重要的优化类型——线程粒度粗化，它可能针对架构的任何不同方面，具体取决于应用程序。最后，我们用一份常见的性能优化清单来结束本章，这些清单将作为本书第二部分和第三部分讨论的并行模式性能优化的指南。

在不同的应用程序中，不同的架构约束可能占主导地位，成为性能的限制因素，通常称为*瓶颈*。通过权衡资源的使用，通常可以显著提高应用程序在特定 CUDA 设备上的性能。如果通过这种策略减轻的资源约束是策略应用前的主要约束，并且因此而加重的约束不会对并行执行产生负面影响，那么该策略就能很好地发挥作用。如果没有这样的认识，性能调优将只是猜测；看似合理的策略可能会导致性能的提高，也可能不会。

## 6.1 内存合并

影响 CUDA 内核性能的最重要的因素是访问全局内存中的数据，有限的带宽可能成为瓶颈。CUDA 应用程序广泛利用数据并行性。自然，CUDA 应用程序倾向于在短时间内处理来自全局内存的大量数据，在第 5 章，我们研究了平铺技术，这种技术利用共享内存来减少每个线程块中的线程集合必须从全局内存中访问的总数据量。在本章中，我们将进一步讨论内存合并技术，以有效的方式在全局内存和共享内存或寄存器之间移动数据。内存合并技术经常与平铺技术结合使用，以使 CUDA 设备通过有效利用全局内存带宽而充分发挥性能潜力[⊖]。

CUDA 设备的全局内存是用 DRAM 实现的。数据位存储在 DRAM 单元中，这些单元是小电容，其中存在少量电荷则代表 1，不存在电荷则代表 0。从 DRAM 单元读取数据需要小电容使用其微小的电荷驱动一个连接着传感器的高电容线，并启动传感器的检测机制，以确定电容器中是否有足够的电荷，以符合“1”。在现代 DRAM 芯片中，这个过程需要几十纳秒。这与现代计算设备的亚纳秒时钟周期形成了鲜明对比。由于这个过程相对于所需的数据访问速度（每字节的亚纳秒访问）来说非常慢，现代 DRAM 设计使用并行来提高数据访问

⊖ 最近的 CUDA 设备使用片上缓存来处理全局内存数据。这样的缓存会自动合并更多的内核访问模式，并在一定程度上减少程序员手工重新安排访问模式的需要。然而，即使有了缓存，在可预见的未来，合并技术仍将对内核执行性能产生重大影响。

速度，通常称为内存访问吞吐量。

**为什么 DRAM 这么慢？**

下图所示为一个 DRAM 单元及其内容访问路径。解码器是一个电子电路，它使用一个晶体管驱动连接到成千上万个单元的输出门的线路。这可能需要很长时间，以使线路完全充电或放电到所需的水平。

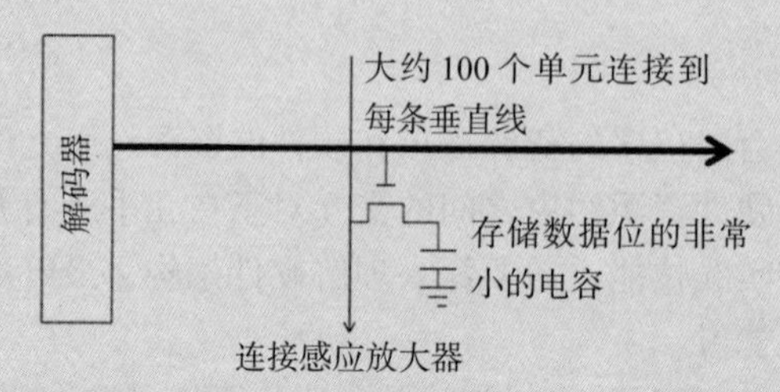


一个更艰巨的挑战是单元如何驱动垂直线到感应放大器，并允许感应放大器检测其内容。这是基于电荷共享的。栅极释放出储存在单元内的少量电荷。如果单元是“1”，微小的电荷量必须提高长位线的大电容的电势到一个足够高的水平，它可以触发检测放大器的机制。一个很好的类比是，有人拿着一小杯咖啡在走廊的一端，另一个人在走廊的另一端，用沿着走廊传播的香味来判断咖啡的味道。

人们可以通过在每个单元中使用更大、更强的电容器来加快这个过程。然而，DRAM 一直在朝着相反的方向发展。每个单元中的电容器的尺寸一直在稳步减小，随着时间的推移，它们的强度也在减小，因此每个芯片可以存储更多的位。这就是为什么 DRAM 的访问延迟没有随着时间的推移而减少。

每次访问 DRAM 位置，一系列连续的位置（包括所请求的位置）将被访问。每个 DRAM 芯片上都有许多传感器，它们都是并行工作的。每个传感器感知这些连续位置中一个比特的内容。一旦被传感器检测到，来自所有这些连续位置的数据就可以高速传输到处理器。这些被访问和传送的连续位置被称为 DRAM 突发。如果应用程序集中使用来自这些突发事件的数据，那么与访问真正随机的位置序列相比，DRAM 能够以更高的速率提供数据。

认识到现代 DRAM 的突发结构，当前 CUDA 设备采用了一种技术，允许程序员通过将线程的内存访问组织成有利的模式来实现高全局内存访问效率。这种技术利用了一个事实，即线程束中的线程在任何给定的时间点执行相同的指令。当线程束中的所有线程执行一个加载指令时，硬件检测它们是否访问了连续的全局内存位置。换句话说，最有利的访问模式是在所有线程连续访问全局内存位置时实现的。在这种情况下，硬件将所有这些访问合并为对连续 DRAM 位置的统一访问。例如，对于给定的线程束加载指令，如果线程 0 访问全局内存位置 $X$，线程 1 访问位置 $X+1$，线程 2 访问位置 $X+2$，以此类推，所有这些访问将被合并，或在访问 DRAM 时合并成一个连续位置的单个请求[⊖]。这种合并的访问允许 DRAM 以突发的方式传送数据[⊜]。

---

⊖ 不同的 CUDA 设备也可能会对全局内存地址 $X$ 施加对齐要求。例如，在一些 CUDA 设备中，$X$ 需要对齐到 16 字（即 64 字节）边界。也就是说，$X$ 的下 6 位应该都是 0 位。由于二级缓存的存在，这种对齐要求在最近的 CUDA 设备中已经不再严格。

⊜ 请注意，现代 CPU 在其高速缓存设计中也认识到 DRAM 的突发结构。一个 CPU 高速缓存线通常映射到一个或多个 DRAM 突发。与随机访问内存位置的应用程序相比，充分利用每条缓存线中的字节的应用程序往往能获得更高的性能。我们在本章中介绍的技术可以用来帮助 CPU 程序实现高性能。

为了理解如何有效地使用合并硬件，我们需要回顾一下在访问 C 多维数组元素时内存地址是如何形成的。回想一下第 3 章，C 和 CUDA 中的多维数组元素根据以行为主的约定被放置到线性寻址的内存空间中。回想一下，术语以行为主指的是数据的放置保持了行结构：行中所有相邻的元素都被放置到地址空间中连续的位置。在图 6.1 中，第 0 行中的四个元素首先按照它们在行中出现的顺序排列。然后放置第 1 行中的元素，然后是第 2 行中的元素，最后是第 3 行中的元素。应该清楚的是，$M_{0,0}$ 和 $M_{1,0}$ 尽管在二维矩阵中看起来是连续的，但它们在线性寻址存储器中却相差四个地址。

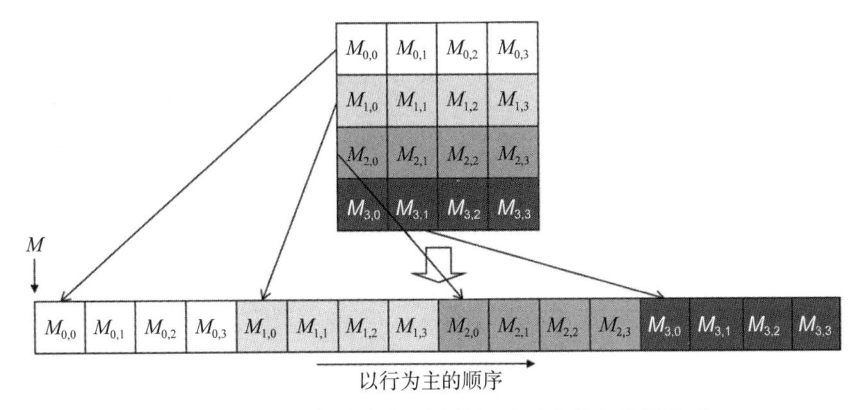


图 6.1　按照以行为主的顺序将矩阵元素放入线性阵列

假设图 6.1 中的多维数组是一个矩阵，在矩阵乘法中用作第二个输入矩阵。在这种情况下，被分配给连续输出元素的连续线程将迭代该输入矩阵的连续列。图 6.2 的左上方显示了此计算的代码，右上方显示了访问模式的逻辑视图：连续线程在连续列中迭代。我们可以通过检查代码得知对 M 的访问可以合并。数组 M 的索引是 k*Width+col。变量 k 和 Width 在线程束的所有线程中具有相同的值。变量 col 被定义为 blockIdx.x*blockDim.x+threadIdx.x，这意味着连续的线程（使用连续的 threadIdx.x 值）将具有连续的 col 值，因此将访问 M 的连续元素。

图 6.2 的底部显示了访问模式的物理视图。在迭代 0 中，连续的线程将访问在内存中相邻的第 0 行中连续的元素，如图 6.2 中的“加载迭代 0”所示。在迭代 1 中，连续的线程将访问第 1 行中相邻的连续元素，如图 6.2 中的“加载迭代 1”所示。这个过程在所有行中继续。正如我们所看到的，在这个过程中由线程形成的内存访问模式是一个可以合并的有利模式。实际上，在迄今为止我们实现的所有内核中，内存访问已经自然地合并在一起了。

现在假设矩阵采用以列为主的顺序而不是以行为主的顺序存储。造成这种情况的原因可能有很多。例如，我们可以乘以一个以行为主存储的矩阵的转置。在线性代数中，我们经常需要同时使用矩阵的原始形式和转置形式。最好避免创建和存储这两种形式。通常的做法是以一种形式（比如原始形式）创建矩阵。当需要转置后的形式时，可以通过互换行和列索引来访问原始形式，从而访问其元素。在 C 语言中，这相当于将转置矩阵视为原始矩阵的以列为主的布局。不管原因是什么，让我们观察一下当矩阵乘法例子的第二个输入矩阵按以列为主的顺序存储时所实现的内存访问模式。

图 6.3 说明了当矩阵按以列为主的顺序存储时，连续的线程如何遍历连续的列。图 6.3 的左上方显示代码，右上方显示内存访问的逻辑视图。程序仍然试图让每个线程访问矩阵 M 的一列。通过检查代码，可以知道访问 M 对合并是不利的。数组 M 的索引是 col*Width+k。和前面一

样，col 被定义为 blockIdx.x*blockDim.x+ threadIdx.x，这意味着连续的线程（使用连续的 threadIdx.x 值）具有连续的 col 值。但是，在 M 的索引中，col 乘以 Width，这意味着连续的线程将访问间隔为 Width 的 M 的元素。因此，这样的访问不利于合并。

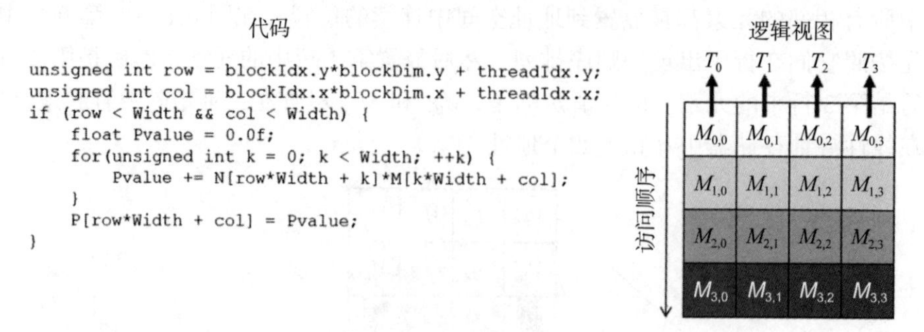


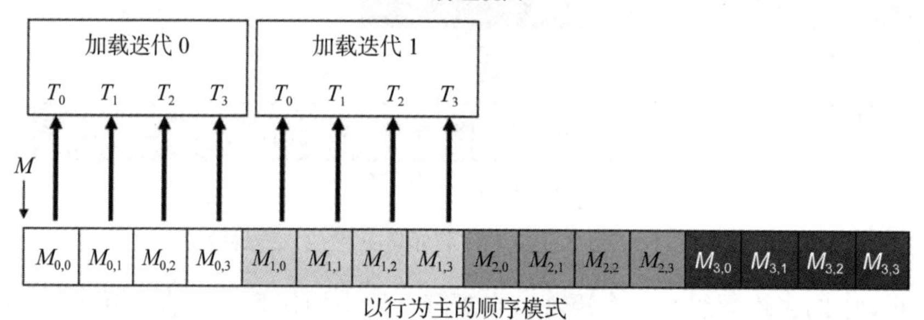


图 6.2　合并访问模式

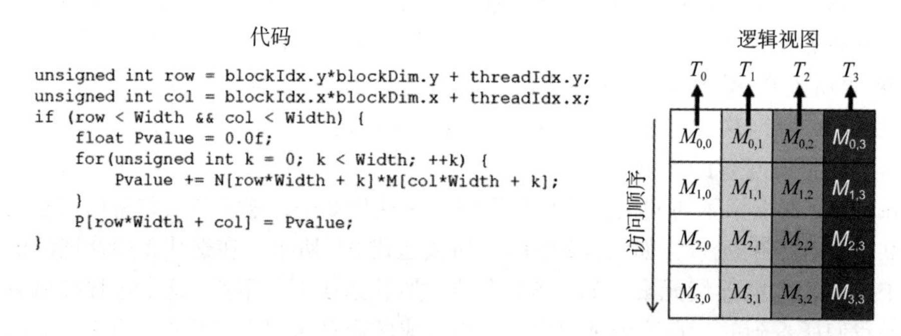


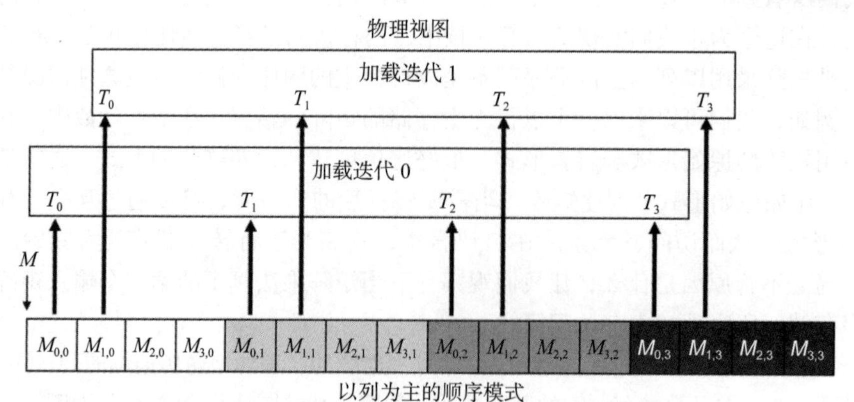


图 6.3　非合并访问模式

在图 6.3 的底部，我们可以看到内存访问的物理视图与图 6.2 有很大的不同。在迭代 0 中，连续的线程将在逻辑上访问第 0 行中的连续元素，但是由于采用以列为主的布局，这一次它们在内存中不是相邻的。这些加载如图 6.3 中的“加载迭代 0”所示。类似地，在迭代 1 中，连续的线程将访问第 1 行中在内存中也不相邻的连续元素。对于一个真实的矩阵来说，在每个维度中通常有数百甚至数千个元素。邻居线程在每次迭代中访问的 M 元素可以是数百个甚至数千个元素。硬件将认为对这些元素的访问距离彼此很远，不能合并。

当计算本身不适合内存合并时，有多种优化代码的策略可实现内存合并。一种策略是重新安排线程映射到数据的方式，另一种策略是重新安排数据本身的布局。我们将在 6.4 节讨论这些策略，并在后文中介绍应用这些策略的例子。另一种策略是以合并的方式在全局内存和共享内存之间传输数据，并在共享内存中执行不利的访问模式，这提供了更短的访问延迟。在本书中，我们还将看到使用这种策略的优化示例，包括我们现在将应用于矩阵 – 矩阵乘法的一种优化，其中第二个输入矩阵采用以列为主的布局。这种优化称为转角法。

图 6.4 举例说明了如何应用转角法。在这个例子中，***A*** 是一个存储在全局内存中的以行为主的输入矩阵，***B*** 是一个存储在全局内存中的以列为主的输入矩阵。它们相乘产生一个输出矩阵 ***C***，该矩阵存储在以行为主的全局内存中。该示例演示了负责输出块顶部边缘的四个连续元素的四个线程如何加载输入块元素。

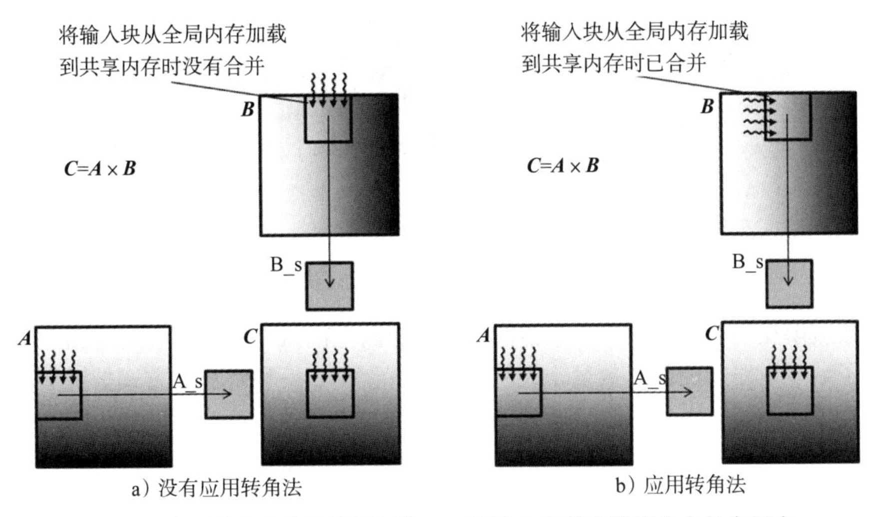


a）没有应用转角法　　b）应用转角法

图 6.4　应用转角法合并访问矩阵 ***B***，矩阵 ***B*** 存储在以列为主的布局中

对矩阵 ***A*** 中的输入块的访问类似于第 5 章。四个线程加载输入块顶部边缘的四个元素。每个线程加载一个输入元素，该元素在输入块中的本地行和列索引与线程在输出块中的输出元素的索引相同。这些访问是合并的，因为根据以行为主的布局，连续的线程访问 ***A*** 中同一行中相邻的连续元素。

另一方面，访问矩阵 ***B*** 中的输入块不同于第 5 章。图 6.4a 显示了如果我们使用与第 5 章相同的安排，访问模式将会是什么样的。尽管这四个线程在逻辑上加载输入块顶部边缘的四个连续元素，但由于 ***B*** 元素采用以列为主的布局，由连续线程加载的元素在内存中彼此相距很远。换句话说，负责输出块同一行中连续元素的连续线程将加载内存中的非连续位置，这将导致非合并内存访问。

这个问题可以通过分配四个连续的线程来加载输入块左边缘（同列）的四个连续的元素

来解决，如图 6.4b 所示。直观地说，我们正在交换 threadIdx.x 和 threadIdx.y 的角色。当每个线程计算加载 ***B*** 输入块的线性化索引时，由于 ***B*** 采用以列为主的布局，同一列中连续的元素在内存中是相邻的。因此，连续的线程加载内存中相邻的输入元素，这确保了内存访问是合并的。可以编写代码按以列主或以行为主的方式将 ***B*** 元素的块放入共享内存中。无论采用哪种方式，在加载输入块之后，每个线程都可以以很少的性能损失访问其输入。这是因为共享内存是用 SRAM 技术实现的，不需要合并。

内存合并的主要优点是通过将多个内存访问合并为单个访问来减少全局内存流量。当访问在同一时间进行并访问相邻的内存位置时，可以合并访问。交通拥堵不仅仅出现在计算领域。我们大多数人都经历过高速公路系统的交通拥堵，如图 6.5 所示。高速公路交通拥堵的根本原因是，太多的汽车都试图在一条为数量少得多的车辆设计的道路上行驶。当拥堵发生时，每辆车的行驶时间将大大增加，通勤时间可能变为原来的两到三倍。

图 6.5　减轻公路系统的交通拥堵情况

大多数缓解交通拥堵的解决方案都涉及减少道路上的汽车数量。假设通勤者的数量是恒定的，为了减少道路上的汽车数量，人们需要共享汽车。一种常见的方式是拼车，即一群通勤者轮流驾驶一辆车去上班。政府通常需要制定鼓励拼车的政策。在一些国家，政府根本不允许某些类别的汽车每天上路。例如，奇数车牌号码的汽车可能不允许在周一、周三或周五上路。这鼓励人们组成一个拼车小组以在不同的日期出行。在一些国家，政府可能会为减少道路上汽车数量的行为提供激励。例如，在一些国家，拥堵的高速公路的一些车道被指定为拼车车道，只有 2 或 3 人以上的车辆才能使用这些车道。还有一些国家的政府提高了汽油价格，以至于人们为了省钱而拼车。所有这些鼓励拼车的措施都是为了克服拼车需要额外消耗精力的困难，如图 6.6 所示。

拼车需要愿意拼车的人相互妥协，在共同的上下班时间上达成一致。图 6.6 的上半部分显示了一种好的情况，拼车时刻表中的时间从左到右。工人 A 和工人 B 的睡觉、工作和晚餐时间表相似。这使得这两名工人可以轻松地用一辆车上班和回家。相似的日程安排使他们更容易就共同的出发时间和返回时间达成一致。但图 6.6 下半部分所示的时间表却并非如此。工人 A 和工人 B 在这种情况下有非常不同的时间表。工人 A 聚会到日出，白天睡觉，晚上上班。工人 B 晚上睡觉，早上去上班，晚上 6 点回家吃晚饭。这两位员工的工作时间相差如此之大，以至于他们不可能协调出一个共同的上下班时间。

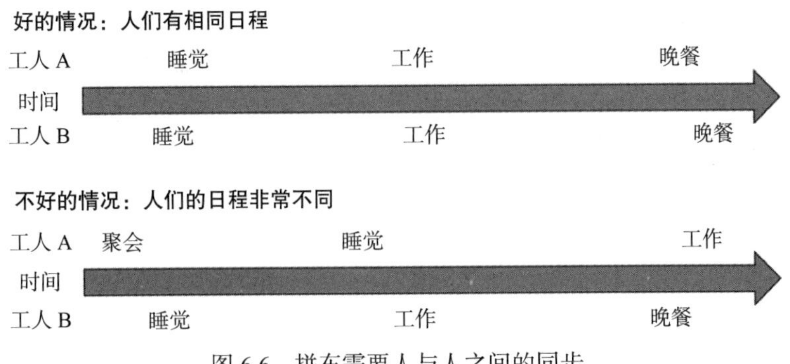


图 6.6　拼车需要人与人之间的同步

内存合并与拼车安排非常相似。我们可以把数据想象成通勤者，把 DRAM 访问请求想象成车辆。当 DRAM 请求速率超过系统提供的访问带宽时，就会出现拥塞，算术单元空闲。如果多个线程从相同的 DRAM 位置访问数据，它们可能形成“拼车”，并将它们的访问合并到一个 DRAM 请求。然而，这要求线程具有类似的执行时间表，以便它们的数据访问可以合并为一个。具有相同执行时间线程是完美的候选线程，因为它们都通过 SIMD 执行同时执行加载指令。

## 6.2　隐藏内存延迟

正如我们在 6.1 节中解释的那样，DRAM 突发是一种并行组织形式：在 DRAM 内核阵列中多个位置被并行访问。然而，仅靠突发还不足以实现现代处理器所需的 DRAM 访问带宽水平。DRAM 系统通常采用另外两种并行组织形式：内存库和通道。在最高级别上，处理器包含一个或多个通道。每个通道都是一个带有总线的内存控制器，总线将一组 DRAM 内存库与处理器连接起来。图 6.7 所示的处理器包含四个通道，每个通道都有一个总线将四个 DRAM 内存库连接到处理器上。在实际系统中，处理器通常有 1 到 8 个通道，每个通道都连接着大量的内存库。

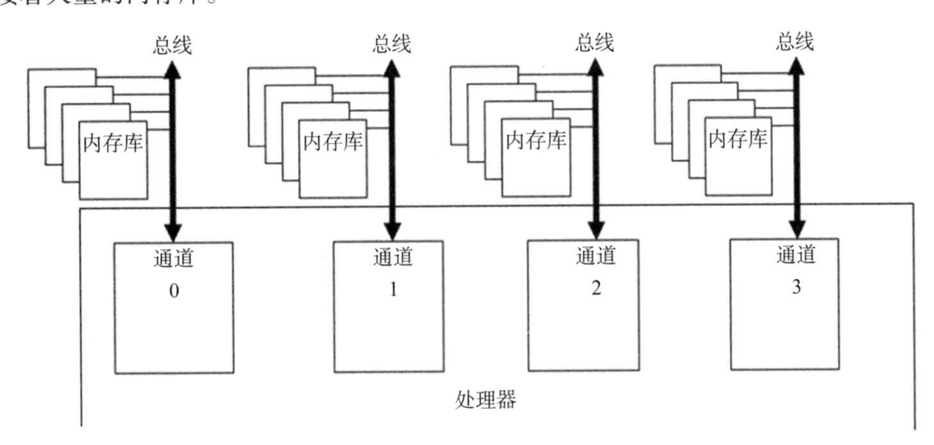


图 6.7　DRAM 系统中的通道和内存库

总线的数据传输带宽由总线的宽度和时钟频率来定义。现代双数据速率（DDR）总线每个时钟周期执行两个数据传输：一个在每个时钟周期的上升边缘，一个在下降边缘。例如，时钟频率为 1GHz 的 64 位 DDR 总线的带宽为 $8B \times 2 \times 1GHz=16GB/s$。这似乎是一个很大的数字，但对于现代的 CPU 和 GPU 来说往往太小了。现代 CPU 可能需要至少 32GB/s 的内存带宽，而现代 GPU 可能需要 256GB/s。在这个例子中，CPU 需要 2 个通道，而 GPU 需要 16 个通道。

对于每个通道，连接到它的内存库数量是由充分利用总线的数据传输带宽所需的内存库数量决定的。如图 6.8 所示，每个内存库包含一个 DRAM 单元阵列，用于访问这些单元的感应放大器，以及用于将突发数据传送到总线的接口。

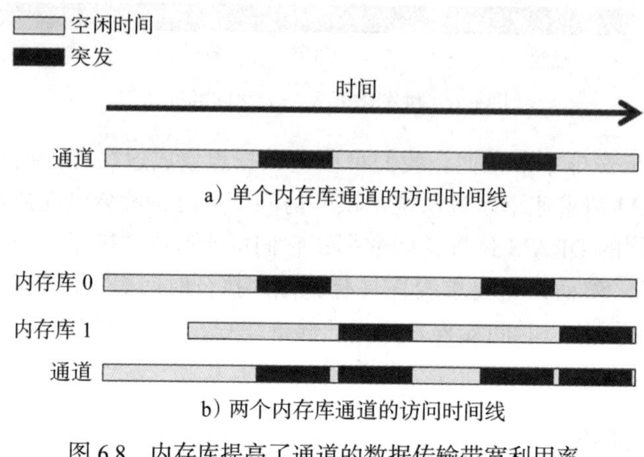


图 6.8　内存库提高了通道的数据传输带宽利用率

图 6.8a 显示了单个内存库连接到一个通道时的数据传输时序。它显示了对内存库中的 DRAM 单元的两次连续内存读访问的时间。回想 6.1 节中提到的，每一次访问都涉及较长的延迟，以便解码器能够支持 DRAM 单元并且单元能够与其他单元和感应放大器共享其存储的电荷。这个延迟对应时间帧最左边的灰色部分。当感应放大器完成工作后，突发数据通过总线传送。突发数据通过总线传输的时间如图 6.8 时间帧左侧黑色部分所示。第二次内存读访问将导致类似的长访问延迟（时间帧中黑色部分之间的灰色部分），在它的突发数据（右边的黑色部分）可以被传输之前。

实际上，访问延迟（灰色部分）比数据传输时间（黑色部分）长得多。很明显，单个内存库组织的访问传输时间与通道总线的数据传输带宽相比将显得非常长。例如，如果 DRAM 单元阵列访问延迟与数据传输时间之比为 20 : 1，则通道总线的最大利用率为 1/21=4.8%；也就是说，一个 16GB/s 的通道将以不超过 0.76GB/s 的速度向处理器传输数据。这是完全不能接受的。这个问题可以通过将多个内存库连接到一个通道总线来解决。

当两个内存库连接到一个通道总线时，在第一个内存库服务于另一个访问时，可以在第二个内存库中发起访问。因此，可以重叠访问 DRAM 单元阵列的延迟。图 6.8b 显示了两个内存库组织的时序。假设内存库 0 开始的时间早于图 6.8 所示的窗口。在第一个内存库开始访问它的单元阵列后不久，第二个内存库也开始访问它的单元阵列。当第 0 行访问完成后，传输突发数据（时间帧最左边的黑色部分）。内存库 0 完成数据传输后，内存库 1 就可以传输突发数据（第二个黑色部分）。此模式在下次访问中重复。

从图 6.8b 中可以看到，因为有两个内存库，我们可以将潜在的通道总线的数据传输带宽利用率提高一倍。一般情况下，如果单元阵列访问延迟与数据传输时间的比值为 $R$，则要充分利用通道总线的数据传输带宽，至少需要有 $R+1$ 个内存库。例如，如果比值是 20，我们将需要至少 21 个内存库以连接到每个通道总线。通常，连接到每个通道总线的内存库数

量需要大于 $R$，原因有二。第一个原因是，更多的内存库降低了多个同时访问针对同一个内存库的可能性，这种现象被称为*内存库冲突*。由于每个内存库一次只能服务一个访问，因此对于这些冲突的访问，单元阵列访问延迟不能再重叠。拥有更多的内存库将增加这些访问被分散在多个内存库的可能性。第二个原因是每个单元阵列的大小被设置为达到合理的延迟并确保可制造性。这就限制了每个内存库可以提供的单元数量。为了能够支持所需的内存大小，可能需要很多内存库。

线程的并行执行和 DRAM 系统的并行组织之间有一个重要的联系。要达到为设备指定的内存访问带宽，必须有足够数量的线程同时进行内存访问。这反映了最大化占用率的另一个好处。回想一下，在第 4 章，我们看到最大化占用率可以确保有足够的线程驻留在流多处理器（SM）上，以最小化内核流水线延迟，从而有效地利用指令吞吐量。正如我们现在所看到的，最大化占用率也有额外的好处，即确保足够的内存访问请求，以最小化 DRAM 访问延迟，从而有效地利用内存带宽。当然，为了实现最佳的带宽利用率，这些内存访问必须均匀地分布在通道和内存库之间，而且对内存库的每次访问也必须是合并访问。

图 6.9 展示了一个将数组 M 的元素分布到通道和内存库的简单示例。我们假设存在一个两元素（8 字节）的小突发。通过硬件设计完成分布。通道和内存库的寻址方式是：数组的前 8 个字节（M[0] 和 M[1]）存储在通道 0 的内存库 0 中，之后 8 个字节（M[2] 和 M[3]）存储在通道 1 的内存库 0 中，之后 8 个字节（M[4] 和 M[5]）存储在通道 2 的内存库 0 中，之后 8 个字节（M[6] 和 M[7]）存储在通道 3 的内存库 0 中。

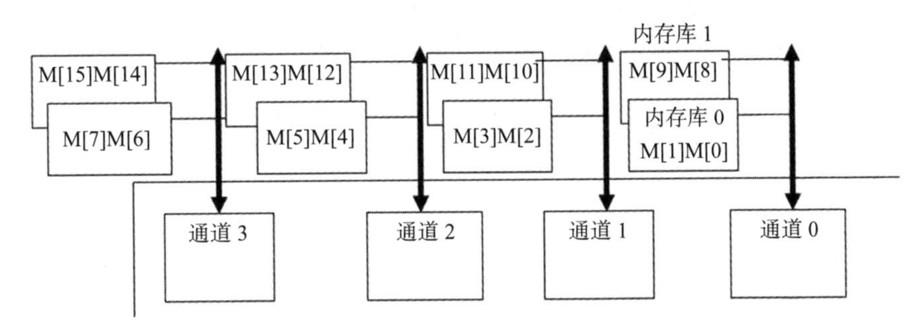


图 6.9　将数组元素分布到通道和内存库中

此时，分发包将返回通道 0，但将使用内存库 1 来处理接下来的 8 个字节（M[8] 和 M[9]）。因此元素 M[10] 和 M[11] 将在通道 1 的内存库 1 中，M[12] 和 M[13] 将在通道 2 的内存库 1 中，M[14] 和 M[15] 将在通道 3 的内存库 1 中。尽管没有在图中显示，但任何其他元素都将被涵盖在内，并从通道 0 的第 0 行开始。例如，如果有更多的元素，M[16] 和 M[17] 将存储在通道 0 的内存库 0 中，M[18] 和 M[19] 将存储在通道 1 的内存库 0 中，以此类推。

图 6.9 所示的分布方案通常被称为*交错数据分布*，将元素分散到系统中的各个内存库和通道上。这种方案确保即使相对较小的数组也能很好地展开。因此，我们只分布足够的元素来充分利用通道 0 的内存库 0 的 DRAM 突发，然后再移动到通道 1 的内存库 0。在我们的示例中，只要拥有至少 16 个元素，转发就会涉及存储元素的所有通道和内存库。

我们现在说明并行线程执行和并行内存组织之间的交互。我们将使用图 6.10 中的例子（同图 5.5）。我们假设乘法将通过 2×2 的线程块和 2×2 的块来执行。

在内核执行的阶段 0，所有四个线程块都将加载它们的第一个块。每个块所涉及的 M 元素如图 6.11 所示。第 2 行显示了在阶段 0 中访问的 M 元素，以及它们的 2D 索引。第 3 行显示了相同的 M 元素及其线性化索引。假设所有线程块都是并行执行的。我们看到每个块将进行两次合并访问。

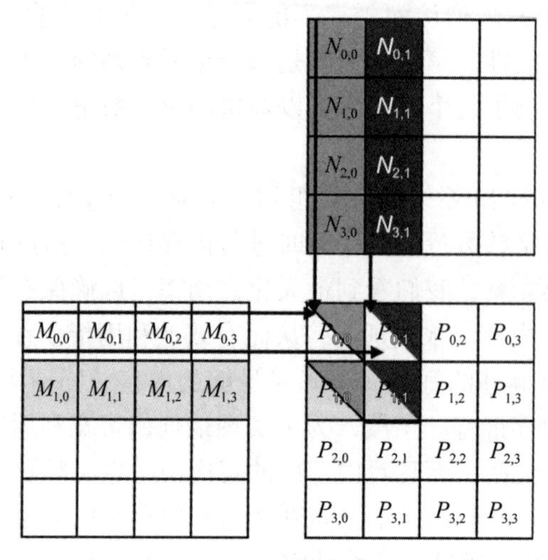


图 6.10　一个矩阵乘法的小例子

| 块加载 | 块 0,0 | 块 0,1 | 块 1,0 | 块 1,1 |
|---|---|---|---|---|
| 阶段 0（2D 索引） | M[0][0], M[0][1], M[1][0], M[1][1] | M[0][0], M[0][1], M[1][0], M[1][1] | M[2][0], M[2][1], M[3][0], M[3][1] | M[2][0], M[2][1], M[3][0], M[3][1] |
| 阶段 0（线性化索引） | M[0], M[1], M[4], M[5] | M[0], M[1], M[4], M[5] | M[8], M[9], M[12], M[13] | M[8], M[9], M[12], M[13] |
| | | | | |
| 阶段 1（2D 索引） | M[0][2], M[0][3], M[1][2], M[1][3] | M[0][2], M[0][3], M[1][2], M[1][3] | M[2][2], M[2][3], M[3][2], M[3][3] | M[2][2], M[2][3], M[3][2], M[3][3] |
| 阶段 1（线性化索引） | M[2], M[3], M[6], M[7] | M[2], M[3], M[6], M[7] | M[10], M[11], M[14], M[15] | M[10], M[11], M[14], M[15] |

图 6.11　线程块在每个阶段加载的 M 元素

根据图 6.9 的分布，这些合并后的访问将分别对通道 0 和通道 2 的两个内存库进行访问。这四个访问将并行完成，以利用两个通道，并提高每个通道的数据传输带宽的利用率。

我们还看到块 0,0 和块 0,1 将加载相同的 M 元素。大多数现代设备都配备了缓存，只要这些块的执行时间足够接近，缓存就会将这些访问合并为一个。事实上，GPU 设备中的缓存存储器主要是为了结合这些访问，从而减少访问 DRAM 系统的次数而设计的。

第 4 行和第 5 行显示了在内核执行的阶段 1 加载的 M 元素。我们看到现在已经对通道 1 和通道 3 中的内存库进行了访问。同样，这些访问将并行完成。读者应该清楚，线程的并行执行和 DRAM 系统的并行结构之间存在一种共生关系。一方面，要充分利用 DRAM 系统的潜在访问带宽，需要多个线程同时访问 DRAM 中的数据。另一方面，设备的执行吞吐量依赖于充分利用 DRAM 系统的并行结构，即内存库和通道。例如，如果同时执行的线程在同一通道中访问所有数据，那么内存访问吞吐量和整体设备执行速度都会大大降低。

请读者验证两个较大的矩阵，如 8×8 矩阵与相同的 2×2 线程块配置，将使用图 6.9 中的所有四个通道。另一方面，增加的 DRAM 突发大小将需要更大的矩阵相乘，以充分利用所有通道的数据传输带宽。

## 6.3　线程粗化

到目前为止，在我们所看到的所有内核中，工作都以最细粒度跨线程并行化。也就是说，为每个线程分配了尽可能小的工作单元。例如，在向量加法核中，每个线程都被分配了输出元素。在彩色到灰度转换和图像模糊核中，每个线程在输出图像中分配一个像素。在矩阵乘法核中，每个线程在输出矩阵中分配一个元素。

在最细粒度上跨线程并行化工作的优点是增强了透明可扩展性，如第 4 章所讨论的那样。如果硬件有足够的资源并行执行所有的工作，那么应用程序就有足够的并行性来充分利用硬件。否则，如果硬件没有足够的资源来并行执行所有的工作，硬件可以简单地通过一个接一个地执行线程块来序列化这些工作。

当需要为并行化工作付出“代价”时，在最细粒度上并行化工作的缺点就体现出来了。并行性的代价有多种形式，例如由不同线程块冗余加载数据、冗余工作、同步开销等。当线程由硬件并行执行时，这种并行性的代价通常是值得的。但是，如果由于资源不足而导致硬件将工作序列化，那么就会付出不必要的代价。在这种情况下，程序员最好将工作部分序列化，从而降低并行性所付出的代价。这可以通过为每个线程分配多个工作单元来实现，这通常被称为线程粒度粗化。

我们使用第 5 章中平铺矩阵乘法的例子来演示线程粒度粗化优化。图 6.12 描述了计算输出矩阵 P 的两个水平相邻输出块的内存访问模式。对于每一个输出块，我们观察到需要加载矩阵 N 的不同输入块。然而，对于两个输出块，加载了矩阵 M 的相同输入块。

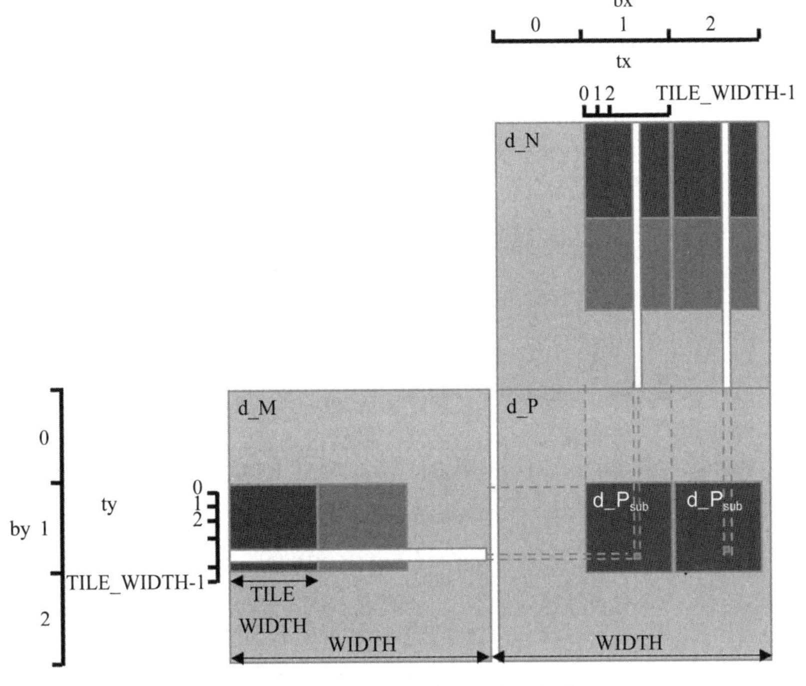


图 6.12　平铺矩阵乘法的线程粗化

在第 5 章介绍的基于块的实现中，每个输出块都由不同的线程块处理。因为共享内存内容不能跨块共享，所以每个块必须加载自己的矩阵 M 的输入块副本。尽管让不同的线程块加载相同的输入块是多余的，但我们要付出代价，才能使用不同的块并行处理两个输出块。如果这些线程块并行运行，那么这个代价可能是值得的。另一方面，如果这些线程块被硬件串行化，代价将是徒劳的。在后一种情况下，程序员最好使用一个线程块来处理两个输出块，这样块中的每个线程处理两个输出元素。这样，粗化的线程块将加载 M 的输入块一次，并对多个输出块重用它们。

图 6.13 展示了线程粗化是如何应用于第 5 章的平铺矩阵乘法代码的。在第 02 行，添加了一个常量 COARSE_FACTOR 来表示*粗化因子*，这是每个粗化线程要负责的原始工作单元的数量。在第 13 行，列索引的初始化被替换为 colStart 的初始化，它是线程负责的第一个列的索引，因为线程现在负责具有不同列索引的多个元素。在计算 colStart 时，块的索引 bx 乘以 TILE_WIDTH*COARSE_FACTOR 而不是仅仅乘以 TILE_WIDTH，因为每个线程块现在负责 TILE_WIDTH*COARSE_FACTOR 列。在第 16 ～ 19 行声明和初始化多个 Pvalue 实例，粗化线程负责的每个元素对应一个实例。第 17 行中迭代粗化线程负责的不同工作单元的循环有时被称为*粗化循环*。在循环遍历输入块的第 22 行中，与原始代码一样，每次循环迭代中只加载 M 的一个块。但是，对于加载的每个 M 块，在第 27 行上的粗化循环会加载多个 N 块并使用它们。这个循环首先找出粗化线程负责当前块的哪一列（第 29 行），然后加载 N 的块（第 32 行），并在每次迭代中使用这个块计算和更新一个不同的 Pvalue（第 35 ～ 37 行）。最后，第 44 ～ 47 行对每个粗化线程使用另一个粗化循环来更新它负责的输出元素。

```
01    #define TILE_WIDTH     32
02    #define COARSE_FACTOR 4
03    __global__ void matrixMulKernel(float* M, float* N, float* P, int width)
{
04
05        __shared__ float Mds[TILE_WIDTH][TILE_WIDTH];
06        __shared__ float Nds[TILE_WIDTH][TILE_WIDTH];
07
08        int bx = blockIdx.x;  int by = blockIdx.y;
09        int tx = threadIdx.x; int ty = threadIdx.y;
10
11        // Identify the row and column of the P element to work on
12        int row = by*TILE_WIDTH + ty;
13        int colStart = bx*TILE_WIDTH*COARSE_FACTOR + tx;
14
15        // Initialize Pvalue for all output elements
16        float Pvalue[COARSE_FACTOR];
17        for(int c = 0; c < COARSE_FACTOR; ++c) {
18            Pvalue[c] = 0.0f;
19        }
20
21        // Loop over the M and N tiles required to compute P element
22        for(int ph = 0; ph < width/TILE_WIDTH; ++ph) {
23
24            // Collaborative loading of M tile into shared memory
25            Mds[ty][tx] = M[row*width + ph*TILE_WIDTH + tx];
26
27            for(int c = 0; c < COARSE_FACTOR; ++c) {
28
29                int col = colStart + c*TILE_WIDTH;
30
31                // Collaborative loading of N tile into shared memory
32                Nds[ty][tx] = N[(ph*TILE_WIDTH + ty)*width + col];
```

图 6.13　平铺矩阵乘法的线程粗化代码

```
33                __syncthreads();
34
35                for(int k = 0; k < TILE_WIDTH; ++k) {
36                    Pvalue[c] += Mds[ty][k]*Nds[k][tx];
37                }
38                __syncthreads();
39
40            }
41
42        }
43
44        for(int c = 0; c < COARSE_FACTOR; ++c) {
45            int col = colStart + c*TILE_WIDTH;
46            P[row*width + col] = Pvalue[c];
47        }
48
49    }
```

图 6.13　平铺矩阵乘法的线程粗化代码（续）

线程粗化是一种强大的优化，可以为许多应用程序带来显著的性能改进。这是一种常用的优化方法。然而，在应用线程粗化时，有几个缺陷需要避免。首先，必须小心不要在不必要的时候应用优化。回想一下，当并行化的代价可以通过粗化来降低时，线程粗化是有益的，例如数据的冗余加载、冗余工作、同步开销等。但并不是所有的计算都有这样的代价。例如，在第 2 章的向量加法内核中，不需要对不同的向量元素进行并行处理。因此，将线程粗化应用到向量加法内核不会产生实质性的性能差异。这同样适用于第 3 章中的彩色到灰度转换内核。

要避免的第二个陷阱是，不要应用太多的粗化，以免硬件资源无法被充分利用。回想一下，对硬件应用尽可能多的并行性可以实现透明可扩展性。它为硬件提供了并行化或序列化工作的灵活性，这取决于它所拥有的执行资源的数量。当程序员粗化线程时，他们会减少暴露给硬件的并行度。如果粗化因子过高，将不会向硬件暴露足够的并行性，从而导致一些并行执行资源未被利用。在实践中，不同的设备有不同数量的执行资源，所以最好的粗化因子通常是特定于设备和特定于数据集的，并且需要针对不同的设备和数据集返回不同的结果。因此，当应用线程粗化时，可扩展性将变得不那么明显。

应用线程粗化的第三个缺陷是避免将资源消耗增加到影响占用率的程度。根据内核的不同，线程粗化可能需要每个线程使用更多寄存器或每个线程块使用更多共享内存。如果是这种情况，程序员必须小心不要使用太多寄存器或太多共享内存，因为这样会减少占用率。减少占用率带来的性能损失可能比线程粗化带来的性能提升影响更大。

## 6.4　优化清单

在本书的第一部分中，我们介绍了 CUDA 程序员用于提高代码性能的各种常见优化。我们将这些优化整合到一份清单中，如表 6.1 所示。这份清单并不完整，但它包含许多跨不同应用程序的通用优化，程序员应该首先考虑这些优化。在本书的第二部分和第三部分中，我们将把这份清单中的优化应用到各种并行模式和应用程序中，以理解它们在不同的上下文中是如何运行的。在本节中，我们将简要回顾每种优化及其应用策略。

表 6.1　优化清单

| 优化 | 对计算内核的优化 | 内存优化 | 策略 |
|---|---|---|---|
| 最大化占用率 | 需要更多工作以隐藏流水线延迟 | 需要更多的并行内存访问来隐藏 DRAM 延迟 | 调整 SM 资源的使用，比如每个块的线程、每个块的共享内存和每个线程的寄存器 |

（续）

| 优化 | 对计算内核的优化 | 内存优化 | 策略 |
|---|---|---|---|
| 使用合并全局内存访问 | 更少的流水线阻塞，以减少全局内存访问等待 | 更少的全局内存流量，更好地利用突发 / 高速缓存线 | 以合并的方式在全局内存和共享内存之间传输，并在共享内存中执行非合并访问（例如，转角）；<br>重新排列线程到数据的映射；<br>重新排列数据的布局 |
| 最小化控制发散 | 高 SIMD 效率（SIMD 执行期间空闲核更少） | — | 重新排列工作和 / 或数据的线程映射；<br>重新排列数据的布局 |
| 将重复使用的数据平铺 | 更少的流水线阻塞，以减少全局内存访问等待 | 更少的全局内存流量 | 将重用的数据放在共享内存或寄存器的块中，以便在全局内存和 SM 之间只传输一次 |
| 私有化 | 更少的流水线阻塞，以减少原子更新等待 | 减少原子更新的争用和序列化 | 将部分更新应用于数据的私有副本，然后在完成时更新通用副本 |
| 线程粒度粗化 | 减少冗余工作、发散或同步 | 减少冗余的全局内存流量 | 为每个线程分配多个并行单元，以减少不必要的并行代价 |

表 6.1 中的第一个优化是最大化 SM 上的线程占用率。这种优化在第 4 章中介绍过，其中强调了拥有比内核更多的线程的重要性，这是一种有足够的可用工作来将长延迟操作隐藏在内核流水线中的方法。为了使占用率最大化，程序员可以优化内核的资源使用，以确保每个 SM 允许的最大块或寄存器数量不会限制可以同时分配给 SM 的线程数量。在第 5 章中，共享内存被作为另一种资源引入，对它的使用应该谨慎，以免限制占用率。在本章中，最大化占用率的重要性被作为一种隐藏内存延迟的方法，而不仅仅是内核流水线延迟。让多个线程同时执行可以确保产生足够的内存访问以充分利用内存带宽。

表 6.1 中的第二个优化是使用合并全局内存访问，确保相同的线程对相邻的内存位置进行访问。本章介绍了这种优化，其中强调了硬件将对相邻内存位置的访问合并为单个内存请求的能力，这是一种减少全局内存流量和提高 DRAM 突发利用率的方法。到目前为止，我们在本书的这一部分中看到的内核已经很自然地展示了合并访问。然而，在本书的第二部分和第三部分中，我们将看到许多例子，其中的内存访问模式更加不规则，因此需要更多的努力来实现合并。

可以使用多种策略来实现具有不规则访问模式的应用程序的合并。一种策略是将数据以合并的方式从全局内存加载到共享内存，然后对共享内存执行不规则访问。在本章中，我们已经看到了这种策略的一个例子，即转角法。我们将在第 12 章中看到这个策略的另一个例子，其中涵盖合并模式。在这种模式中，同一块中的线程需要在同一数组中执行二进制搜索，因此它们协作以合并的方式将该数组从全局内存加载到共享内存，然后各自在共享内存中执行二进制搜索。我们还将在第 13 章中看到这个策略的一个例子，其中涵盖排序模式。在这种模式中，线程以分散的方式将结果写入数组，这样它们就可以协作在共享内存中执行分散访问，然后将共享内存中的结果写入全局内存，并为附近目标的元素提供更多的合并功能。

在具有不规则访问模式的应用程序中实现合并的另一种策略是重新安排线程映射到数据元素的方式。我们将在第 10 章中看到这个策略的一个例子，其中涵盖归约模式。在具有不规则访问模式的应用程序中实现合并的另一个策略是重新安排数据本身的布局方式。我们将在第 14 章中看到这个策略的一个例子，该章涵盖稀疏矩阵计算和存储格式，特别是在讨论 ELL 和 JDS 格式时。

表 6.1 中的第三个优化是最小化控制发散。控制发散在第 4 章中介绍过，其中强调了在相同的线程束中采用相同的控制路径的重要性，这是一种确保在 SIMD 执行期间所有内核都被有效利用的方法。到目前为止，除了边界条件下不可避免的发散外，我们在本书的这一部分中看到的核还没有表现出控制发散。然而，在本书的第二部分和第三部分，我们将看到许多例子，在这些例子中，控制发散可能对性能造成严重损害。

有多种策略可以用来最小化控制发散。一种策略是重新安排工作和 / 或数据在线程之间的分布方式，以确保在使用其他线程之前，在一个线程束中的所有线程都被使用。我们将在第 10 章和第 11 章中看到这个策略的一个例子。还可以重新安排工作和 / 或数据的跨线程分布方式，以确保相同线程束的线程具有类似的工作负载。我们将在第 15 章中看到一个例子，这一章涵盖图遍历，在其中我们将讨论以顶点为中心和以边为中心的并行化方案之间的权衡。另一种最小化控制发散的策略是重新安排数据的布局，以确保处理相邻数据的相同线程束的线程具有类似的工作负载。我们将在第 14 章中看到这个策略的一个例子，该章涵盖稀疏矩阵计算和存储格式，特别是在讨论 JDS 格式时。

表 6.1 中的第四个优化是平铺在块中重用的数据，方法是将其放在共享内存或寄存器中，并从那里重复访问它，这样它只需要在全局内存和 SM 之间传输一次。平铺在第 5 章中介绍过，在矩阵乘法的上下文中，处理相同输出块的线程协作将相应的输入块加载到共享内存中，然后从共享内存中重复访问这些输入块。在本书的第二部分和第三部分中，我们将看到这种优化在大多数并行模式中被再次应用。当输入和输出块具有不同的维度时，我们将观察应用平铺的挑战。这个挑战出现在第 7 章（涵盖卷积模式）和第 8 章（涵盖模板模式）。我们还将观察到数据块可以存储在寄存器中，而不仅仅是共享内存，这个观点在第 8 章中最为明显。我们还将注意到平铺可应用于重复访问的输出数据，而不仅仅是输入数据。

表 6.1 中的第五个优化是私有化。这个优化目前还没有介绍，但是为了完整性，我们在这里提到它。私有化涉及多个线程或块需要更新通用输出的情况。为了避免并发更新相同数据的开销，可以创建数据的私有副本并对其进行部分更新，然后在完成更新时从私有副本对通用副本进行最终更新。我们将在第 9 章中看到这个优化的例子，其中涵盖直方图模式，即多个线程需要更新相同的直方图计数器。我们还将在第 15 章中看到这种优化的一个例子，其中涵盖图遍历，即多个线程需要向同一个队列添加条目。

表 6.1 中的第六个优化是线程粒度粗化，在这个优化中，多个并行单元被分配给一个线程以减少并行的代价——如果硬件无论如何都要序列化这些线程。线程粗化是在平铺矩阵乘法的上下文中介绍的，并行性的代价是通过处理相邻输出平铺的多个线程块冗余地加载相同的输入平铺。在这种情况下，分配一个线程块来处理多个相邻的输出块可以为所有的输出块加载一个输入块。在本书的第二部分和第三部分中，我们将看到粗化被应用于不同的上下文，每次的并行性代价都不同。在第 8 章中，线程粗化被应用于减少输入数据的冗余加载，就像本章中一样。在第 9 章中，线程粗化有助于减少私有化优化背景下需要提交给通用副本的私有副本的数量。在第 10 章和第 11 章中，线程粗化被用来减少同步和控制发散的开销。同样在第 11 章中，线程粗化也有助于减少并行算法与串行算法相比执行的冗余工作。在第 12 章中，线程粗化减少了需要执行的二分搜索操作的数量，以识别每个线程的输入段。在第 13 章中，线程粗化有助于改善内存合并。

表 6.1 并不是详尽无遗的，但它包含了不同计算模式中常见的主要优化类型。这些优化出现在本书第二部分和第三部分的多个章节中。我们还将在特定章节中看到其他的优化，例如，第 7 章将介绍常数内存的使用，第 10 章将介绍双缓冲优化。

## 6.5 了解计算瓶颈

在决定将什么优化应用于特定的计算时，首先要了解是什么资源限制了该计算的性能。限制计算性能的资源通常被称为性能*瓶颈*。优化通常使用多个资源来减少另一个资源的负担。如果所应用的优化不是针对瓶颈资源，则可能不会从优化中获益。更糟糕的是，优化尝试甚至可能损害性能。

例如，共享内存平铺增加了共享内存的使用，以减少全局内存带宽的压力。当瓶颈资源是全局内存带宽且加载的数据被重用时，这种优化效果非常好。但是，如果性能受到占用率的限制，而占用率又受到已经使用了太多共享内存的限制，那么应用共享内存平铺可能会使情况变得更糟。

为了了解是什么资源限制了计算的性能，GPU 计算平台通常提供各种性能分析工具。我们建议读者参考 CUDA 文档以获得更多关于如何使用剖析工具来识别其计算的性能瓶颈的信息（NVIDIA, Profiler）。性能瓶颈可能是特定于硬件的，这意味着相同的计算可能在不同的设备上遇到不同的瓶颈。因此，识别性能瓶颈和应用性能优化时需要很好地理解 GPU 架构和不同 GPU 设备的架构差异。

## 6.6 总结

在本章中，我们介绍了 GPU 的芯片外内存（DRAM）架构，并讨论了相关的性能考虑，如全局内存访问合并和隐藏内存并行性的内存延迟。然后，我们提出了一个重要的优化：线程粒度粗化。有了本章和前几章中给出的方法，读者应该能够推断出他们遇到的任何内核代码的性能。在本书的这一部分中，我们给出了一份常见的性能优化清单，这些性能优化被广泛用于优化多种计算。在本书接下来的两个部分中，我们将继续研究这些优化在并行计算模式和应用案例研究中的实际应用。

## 练习

1. 编写一个对应于图 6.4 的矩阵乘法核函数。
2. 在平铺矩阵乘法中，对于 BLOCK_SIZE 的可能取值范围，对于什么值，内核将完全避免对全局内存的非合并访问？（你只需要考虑方形块）
3. 考虑以下 CUDA 内核：

```
01    __global__ void foo_kernel(float* a, float* b, float* c, float* d, float* e) {
02        unsigned int i = blockIdx.x*blockDim.x + threadIdx.x;
03        __shared__ float a_s[256];
04        __shared__ float bc_s[4*256];
05        a_s[threadIdx.x] = a[i];
06        for(unsigned int j = 0; j < 4; ++j) {
07            bc_s[j*256 + threadIdx.x] = b[j*blockDim.x*gridDim.x + i] + c[i*4 + j];
08        }
09        __syncthreads();
```

```
10          d[i + 8] = a_s[threadIdx.x];
11          e[i*8] = bc_s[threadIdx.x*4];
12      }
```

对于下面的每一个内存访问，说明它们是合并还是非合并，或者合并不适用。

a. 访问数组 a（第 05 行）

b. 访问数组 a_s（第 05 行）

c. 访问数组 b（第 07 行）

d. 访问数组 c（第 07 行）

e. 访问数组 bc_s（第 07 行）

f. 访问数组 a_s（第 10 行）

g. 访问数组 d（第 10 行）

h. 访问数组 bc_s（第 11 行）

i. 访问数组 e（第 11 行）

4. 下面每个矩阵 – 矩阵乘法核的浮点与全局内存访问比率（以 OP/B 为单位）是多少？

a. 在第 3 章中描述的简单内核，没有应用任何优化。

b. 在第 5 章中描述的内核，使用 32 × 32 的块大小，应用共享内存平铺。

c. 本章描述的内核，共享内存平铺，使用 32 × 32 的平铺，线程粗化使用粗化因子 4。

## 参考文献

NVIDIA Profiler User's Guide. https://docs.nvidia.com/cuda/profiler-users-guide.

# 第二部分

Programming Massively Parallel Processors: A Hands-on Approach, Fourth Edition

# 并行模式


- 第 7 章　卷积：常量内存和缓存
- 第 8 章　模板
- 第 9 章　并行直方图：原子操作和私有化
- 第 10 章　归约和最小化发散
- 第 11 章　前缀和（扫描）：并行算法的工作效率
- 第 12 章　归并：动态输入数据识别

# 卷积：常量内存和缓存

在接下来的几章中，我们将讨论一组重要的并行计算模式。这些模式是出现在许多并行应用程序中的大量并行算法的基础。我们将从卷积开始，卷积是一种流行的数组运算，在信号处理、数字记录、图像处理、视频处理和计算机视觉中以各种形式被使用。在这些应用领域，卷积通常作为一个滤波器，将信号和像素转换成更理想的值。我们的图像模糊内核就是这样一个滤波器，它平滑了信号值，这样人们就可以看到大的趋势。另一个例子是高斯滤波器，这种卷积滤波器可以用来锐化图像中物体的边界和边缘。

卷积通常执行大量的算术运算来生成每个输出元素。对于大型数据集，如高清图像和视频，其中有许多输出元素（像素），计算量可能是巨大的。一方面，卷积的每个输出数据元素可以相互独立地计算，这是并行计算的一个理想特性。另一方面，在处理具有挑战性边界条件的不同输出数据元素时，有大量的输入数据共享。这使得卷积成为复杂的平铺方法和输入数据分段方法的重要用例，这是本章的重点。

## 7.1 背景

卷积是一种数组操作，其中每个输出数据元素是相应输入元素的加权和，以及以其为中心的输入元素的集合。加权和计算中使用的权值由滤波器数组定义，通常称为*卷积核*。由于 CUDA 核函数和卷积核之间存在名称冲突，我们将这些滤波器数组称为*卷积滤波器*，以避免混淆。

可以对不同维度的输入数据进行卷积：一维（1D）(如音频)、二维（2D）(如照片)、三维（3D）(如视频）等。在音频数字信号处理中，输入的一维数组元素是随着时间的推移采样的信号量。也就是说，输入数据元素 $x_i$ 是音频信号量的第 $i$ 个样本。一维数据上的卷积称为一维卷积，在数学上定义为一个函数，它接受 $n$ 个元素的输入数据数组 $[x_0, x_1, \cdots, x_{n-1}]$ 和 $2r + 1$ 个元素的滤波器数组 $[f_0, f_1, \cdots, f_{2r}]$ 并返回一个输出数据数组 $y$：

$$y_i = \sum_{j=-r}^{r} f_{i+j} \times x_i$$

由于滤波器的尺寸是奇数（$2r + 1$），加权和计算是围绕被计算的元素对称的。也就是说，加权和包含了被计算位置两边的 $r$ 个输入元素，这就是为什么 $r$ 被称为滤波器的半径。

图 7.1 显示了一个一维卷积的例子，在这个例子中，将一个五元（$r = 2$）卷积滤波器 `f` 应用于一个七元输入数组 `x`。我们将遵循 C 语言的约定，`x` 和 `y` 元素的索引值为 0 到 6，`f` 元素的索引值为 0 到 4。由于滤波器半径为 2，每个输出元素计算为相应输入元素的加权和，左边两个元素，右边两个元素。

例如，`y[2]` 的值是 `x[0]`（即 `x[2-2]`）到 `x[4]`（即 `x[2+2]`）的加权和。在这个例子中，我们任意假设 `x` 元素的值为 `[8,2,5,4,1,7,3]`。`f` 元素定义了权值，在这个例子中，权值为 1、3、5、3、1。每个 f 元素乘以对应的 x 元素的值，然后再把它们相加。如图 7.1 所示，y[2] 的计算如下：

y[2]=f[0]×x[0]+f[1]×x[1]+f[2]×x[2]+f[3]×x[3]+f[4]×x[4]
    =1×8+3×2+5×5+3×4+1×1
    =52

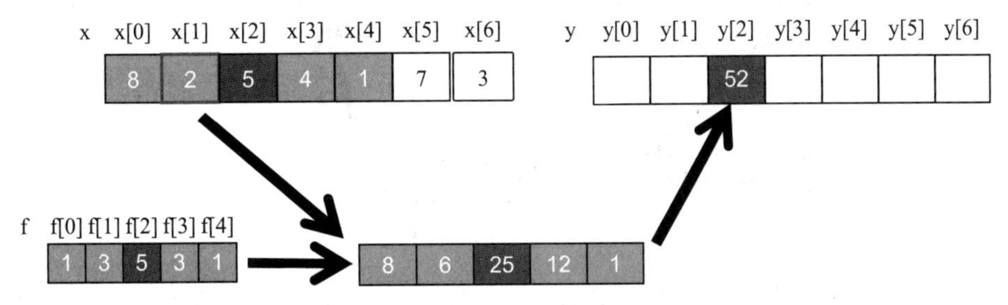


图 7.1　一维卷积的例子，在元素内部

在图 7.1 中，y[i] 的计算可以被看作 x[i-2] 起始点的子数组与 f 数组的内积。y[3] 的计算如图 7.2 所示。计算结果从图 7.1 中平移了一个 x 元素。即 y[3] 的值是 x[1]（即 x[3-2]）到 x[5]（即 x[3+2]）的加权和。我们可以认为 x[3] 内积的计算如下：

y[3]=f[0]×x[1]+f[1]×x[2]+f[2]×x[3]+f[3]×x[4]+f[4]×x[5]y[3]
    =f[0]×x[1]+f[1]×x[2]+f[2]×x[3]+f[3]×x[4]+f[4]×x[5]
    =1×2+3×5+5×4+3×1+1×7
    =47

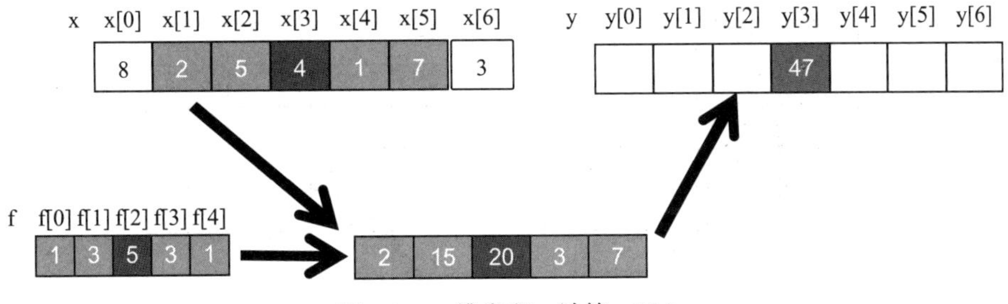


图 7.2　一维卷积，计算 y[3]

因为卷积是根据邻近的元素定义的，所以在计算接近数组末端的输出元素时，自然会出现边界条件。如图 7.3 所示，当我们计算 y[1] 时，在 x[1] 的左边只有一个 x 元素。也就是说，根据卷积的定义，没有足够的 x 元素来计算 y[1]。处理此类边界条件的一种典型方法是为这些缺失的 x 元素赋一个默认值。对于大多数应用程序，默认值是 0，这就是我们在图 7.3 中使用的。例如，在音频信号处理中，我们可以假设在录音开始之前和结束之后，信号量为 0。此时 y[1] 的计算如下：

y[1]=f[0]×0+f[1]×x[0]+f[2]×x[1]+f[3]×x[2]+f[4]×x[3]
    =1×0+3×8+5×2+3×5+1×4
    =53

在此计算中不存在的 x 元素如图 7.3 中的虚线框所示。显然，y[0] 的计算将涉及两个缺失的 x 元素，在本例中，这两个元素都假定为 0。我们把 y[0] 的计算留作练习。这些缺失的元素在文献中通常被称为影子单元。由于在并行计算中使用了平铺，还存在其他类型的影子单元。这些影子单元会对平铺的有效性和 / 或效率产生重大影响。我们很快就会再次讨论这一点。

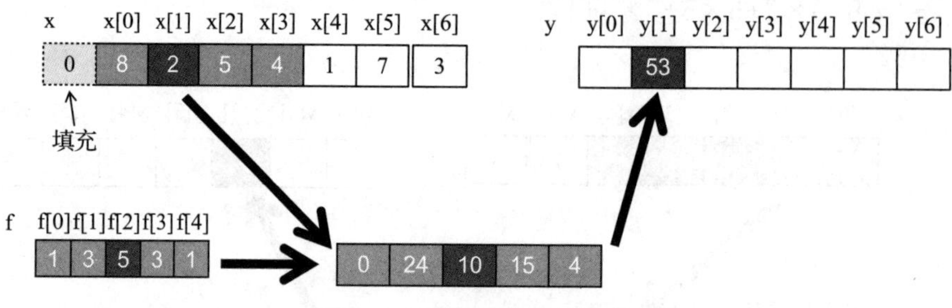


图 7.3　一维卷积的边界条件

而且，并不是所有应用程序都假定影子单元包含 0。例如，一些应用程序可能假设影子单元包含与边缘上最近的有效数据元素相同的值。

对于图像处理和计算机视觉，输入数据通常表示为二维数组，像素表示为 $x$−$y$ 空间。因此，图像卷积是二维卷积，如图 7.4 所示。在二维卷积中，滤波器 $f$ 也是一个二维数组。它的 $x$ 维和 $y$ 维决定了要包括在加权和计算中的邻居的范围。假设滤波器的 $x$ 维为（$2r_x + 1$），$y$ 维为（$2r_y + 1$），则每个 $P$ 元素的计算可以表示为：

$$P_{y,x} = \sum_{j=-r_y}^{r_y} \sum_{k=-r_x}^{r_x} f_{y+j,x+k} \times N_{y,x}$$

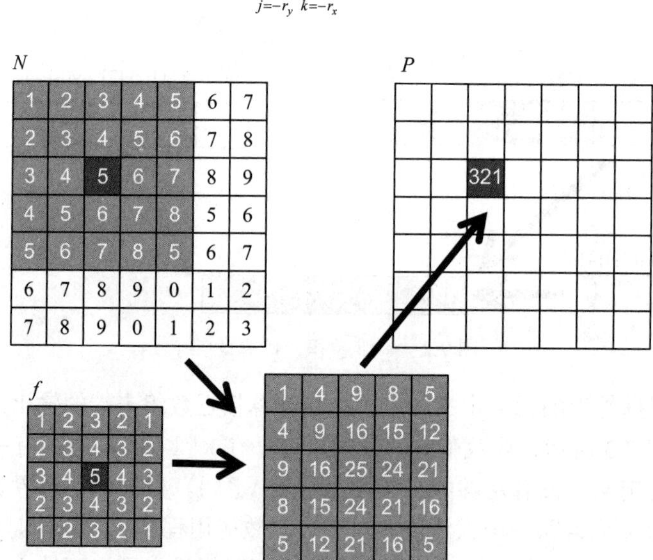


图 7.4　二维卷积的例子

在图 7.4 中，为了简单起见，我们使用了一个 5×5 滤波器，即 $r_y = 2$，$r_x = 2$。通常，滤波器不必但通常是一个方形数组。为了生成输出元素，我们取其中心在输入数组 $N$ 中相应位置的子数组，然后在滤波数组的元素和图像数组的元素之间进行两两乘法。在我们的例子中，结果如图 7.4 中 $N$ 和 $P$ 下面的 5×5 乘积数组所示。输出元素的值是生成数组中所有元素的和。

图 7.4 中的算例为 $P_{2,2}$ 的计算。为了简单起见，我们将使用 $N_{y,x}$ 来表示 C 语言寻址表达

式 N[y][x]。因为 $N$ 和 $P$ 最有可能是动态分配的数组，所以我们将在实际的代码示例中使用线性化的索引。计算如下：

$$
\begin{aligned}
P_{2,2} = {} & N_{0,0}\times M_{0,0} + N_{0,1}\times M_{0,1} + N_{0,2}\times M_{0,2} + N_{0,3}\times M_{0,3} + N_{0,4}\times M_{0,4} \\
& + N_{1,0}\times M_{1,0} + N_{1,1}\times M_{1,1} + N_{1,2}\times M_{1,2} + N_{1,3}\times M_{1,3} + N_{1,4}\times M_{1,4} \\
& + N_{2,0}\times M_{2,0} + N_{2,1}\times M_{1,1} + N_{2,2}\times M_{2,2} + N_{2,3}\times M_{2,3} + N_{2,4}\times M_{2,4} \\
& + N_{3,0}\times M_{3,0} + N_{3,1}\times M_{3,1} + N_{3,2}\times M_{3,2} + N_{3,3}\times M_{3,3} + N_{3,4}\times M_{3,4} \\
& + N_{4,0}\times M_{4,0} + N_{4,1}\times M_{4,1} + N_{4,2}\times M_{4,2} + N_{4,3}\times M_{4,3} + N_{4,4}\times M_{4,4} \\
= {} & 1\times1 + 2\times2 + 3\times3 + 4\times2 + 5\times1 \\
& + 2\times2 + 3\times3 + 4\times4 + 5\times3 + 6\times2 \\
& + 3\times3 + 4\times4 + 5\times5 + 6\times4 + 7\times3 \\
& + 4\times2 + 5\times3 + 6\times4 + 7\times3 + 8\times2 \\
& + 5\times1 + 6\times2 + 7\times3 + 8\times2 + 5\times1 \\
= {} & 1 + 4 + 9 + 8 + 5 \\
& + 4 + 9 + 16 + 15 + 12 \\
& + 9 + 16 + 25 + 24 + 21 \\
& + 8 + 15 + 24 + 21 + 16 \\
& + 5 + 12 + 21 + 16 + 5 \\
= {} & 321
\end{aligned}
$$

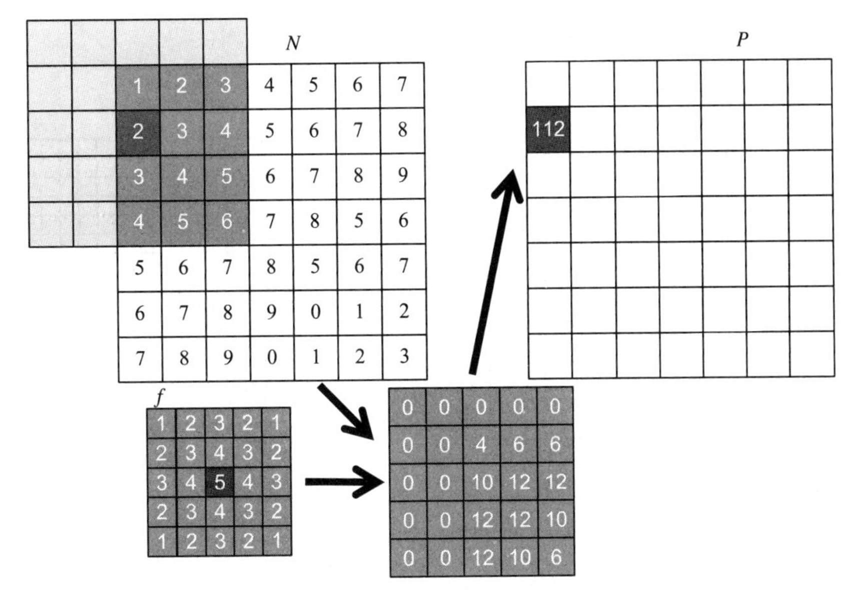


图 7.5　二维卷积的边界条件

与一维卷积一样，二维卷积也必须处理边界条件。对于 $x$ 和 $y$ 两个维度的边界，有更复杂的边界条件：输出元素的计算可能涉及沿水平边界、垂直边界或两者的边界条件。图 7.5 说明了包含两个边界的 $P$ 元素的计算。$P_{1,0}$ 的计算涉及 $N$ 的子数组中缺失的两列和一行。正如一维卷积，不同的应用对这 $N$ 个缺失的元素采用不同的默认值。在我们的示例中，假设默认值为 0。这些边界条件也会影响平铺的效率。我们很快就会再次讨论这一点。

## 7.2　并行卷积：一种基本算法

所有输出元素的计算可以在一个卷积中并行完成，这一事实使卷积成为并行计算的理想用例。根据我们在矩阵乘法方面的经验，可以快速编写一个简单的并行卷积核。我们将展示二维卷积的代码示例，并鼓励读者将这些代码示例用于一维和三维的练习。同样，为了简单起见，我们将假设滤波器为正方形。

第一步是定义内核的主要输入参数。我们假设二维卷积核接收五个参数：一个指向输入数组 N 的指针，一个指向滤波器 F 的指针，一个指向输出数组 P 的指针，方形滤波器的半径 r，输入和输出数组的宽度 width，输入和输出数组的高度 height。因此，我们有以下设置：

```
__global__ void
convolution_2D_basic_kernel(float *N, float *F, float *P, int r,
                            int width, int height) {
  // kernel body
}
```

第二步是确定并实现线程到输出元素的映射。由于输出数组是二维的，一个简单而有效的方法是将线程组织到一个二维网格中，并让网格中的每个线程计算一个输出元素。每个块中最多有 1024 个线程，可以计算最多 1024 个输出元素。图 7.6 显示了一个简化示例，其中输入和输出是 16 × 16 的图像。在这个简单的示例中，我们假设每个线程块被组织成一个线程数组：x 维上有四个线程，y 维上有四个线程。这个例子中的网格被组织成 4 × 4 的数组。将线程分配给输出元素（本例中的输出像素）很简单：每个线程都被分配来计算其 x 和 y 索引与线程的 x 和 y 索引相同的输出像素。

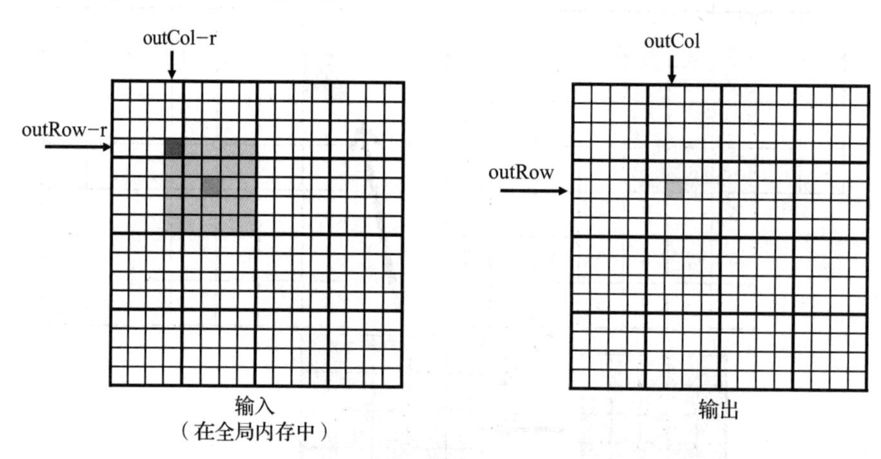


图 7.6　二维卷积的并行化和线程组织

读者应该意识到图 7.6 中的并行化安排与第 3 章中彩色到灰度转换的示例是一样的。因此，我们可以使用图 7.7 中内核的第 02 和 03 行语句来计算每个线程的块索引、块尺寸和线程索引的输出元素索引。例如，将 $\text{block}_{1,1}$ 的 $\text{thread}_{1,1}$ 映射到输出元素 P[1*4+1][1*4+1]=P[5][5]，在图 7.6 中标记为绿色方块。

一旦确定了每个线程的输出元素索引，就可以确定计算输出元素所需的输入 N 元素。如图 7.6 所示，$\text{block}_{1,1}$ 的 $\text{thread}_{1,1}$ 计算 P[5][5]（绿色方块）时，将使用 x 下标范围为 outCol-r=3 到 outCol+r=7，y 下标范围为 outRow-r=3 到 outRow + r=7 的输入元素。对于所有线程，outCol-r 和 outRow-r 定义了 P[outRow] [outCol] 所需的输入元素（浅色阴影区域）的左上角（深色阴影正方形）。因此，我们可以使用双重嵌套循环来遍历所有这些索引值并执行此计算（图 7.7 中的第 05 ～ 13 行）。

寄存器变量 Pvalue 将累积所有中间结果以节省 DRAM 带宽。内部 for 循环中的 if 语句测试所使用的输入 N 元素中是否有一个是 N 数组左、右、上或下侧的影子单元。因为我们假设影子单元将使用 0 值，所以可以简单地跳过影子单元元素及其对应的滤波元素的乘法和积累。循环结束后，将 Pvalue 释放到输出 P 元素中（第 14 行）。

```
01 __global__ void convolution_2D_basic_kernel(float *N, float *F, float *P,
     int r, int width, int height) {
02     int outCol = blockIdx.x*blockDim.x + threadIdx.x;
03     int outRow = blockIdx.y*blockDim.y + threadIdx.y;
04     float Pvalue = 0.0f;
05     for (int fRow = 0; fRow < 2*r+1; fRow++) {
06       for (int fCol = 0; fCol < 2*r+1; fCol++) {
07           inRow = outRow - r + fRow;
08           inCol = outCol - r + fCol;
09           if (inRow >= 0 && inRow < height && inCol >= 0 && inCol < width) {
10              Pvalue += F[fRow][fCol]*N[inRow*width + inCol];
11           }
12       }
13     }
14     P[outRow][outCol] = Pvalue;
15 }
```

图 7.7　处理边界条件的二维卷积核

我们对图 7.7 中的核做了两项观察。首先，会有控制流量发散。计算 P 数组四边附近的输出元素的线程将需要处理影子单元。正如我们在 7.1 节中所展示的，每个线程都将遇到不同数量的影子单元。因此，在 if 语句（第 09 行）中，它们对应着不同的分支决策。计算 P[0][0] 的线程在大多数情况下会跳过乘法聚合语句，而计算 P[0][1] 的线程跳过的次数更少，以此类推。控制发散的代价取决于输入数组的宽度和高度的值以及滤波器的半径。对于大的输入数组和小的滤波器，控制发散只发生在计算输出元素的一小部分，这将使控制发散的效果较弱。由于卷积经常应用于大图像，我们预计控制发散的影响范围从适中到不显著。

更严重的问题是内存带宽。浮点算术计算与全局内存访问比率大约只有 0.25OP/B（在第 10 行中，每加载 8 个字节就有 2 个操作）。正如我们在矩阵乘法示例中所看到的，这个简单的内核只能以峰值性能的一小部分运行。接下来，我们将讨论减少全局内存访问数量的两种关键技术。

## 7.3　常量内存和缓存：概念与实例

对于在卷积中使用滤波器数组 F 的方式，有三个有趣的性质。第一，F 的大小通常很小，大多数卷积滤波器的半径为 7 或更小。即使在三维卷积中，滤波器通常也只包含小于或等于 $7^3 = 343$ 个元素。第二，F 的内容在整个卷积核的执行过程中都没有改变。第三，所有线程都访问滤波器元素。更棒的是，所有线程都以相同的顺序访问 F 元素，从 F[0][0] 开始，在图 7.7 的双重嵌套 for 循环迭代中每次移动一个元素。这三个属性使滤波器成为常量内存和缓存的绝佳候选（见图 7.8）。

CUDA C 允许程序员声明变量驻留在常量内存中。与全局内存变量一样，常量内存变量对所有线程块都是可见的。主要的区别是，在内核执行期间，线程不能修改常量内存变量的值。此外，常量内存的大小相当小，目前为 64KB。

要使用常量内存，主机代码需要以不同于全局内存变量的方式分配和复制常量内存变量。我们假设滤波器的半径是在编译时常量 FILTER_RADIUS 中指定的。要在常量内存中声明一个 F 数组，主机代码将它声明为一个全局变量，如下所示：

```
#define FILTER_RADIUS 2
__constant__ float F[2*FILTER_RADIUS+1][2*FILTER_RADIUS+1];
```

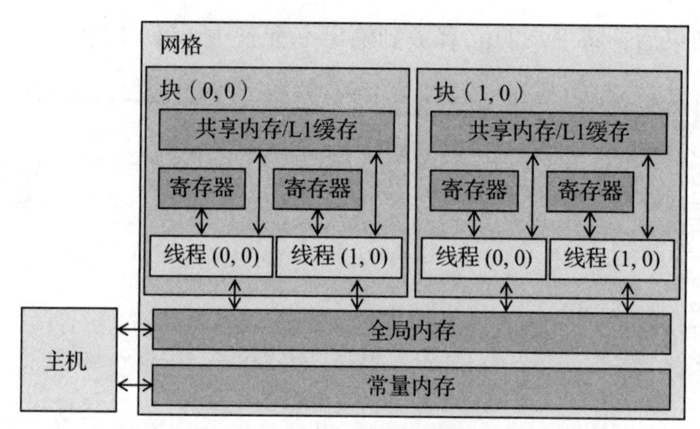


图 7.8　CUDA 内存模型概览

注意，这是一个全局变量声明，应该在源文件中的任何函数之外。关键字 `__constant__` 告诉编译器数组 F 应该被放入设备常量内存中。

假设主机代码已经用（2*FILTER_RADIUS+1）2 个元素在主机内存中的滤波器 F_h 数组中分配并初始化掩模。F_h 的内容可以从主机内存传输到设备常量内存中的 F，如下所示：

```
cudaMemcpyToSymbol(F,F_h,(2*FILTER_RADIUS+1)*(2*FILTER_RADIUS+1)*sizeof(float))
```

注意，这是一个特殊的内存复制函数，它通知 CUDA 运行时，复制到常量内存中的数据在内核执行期间不会被更改。一般来说，cudaMemcpyToSymbol（）函数的使用如下：

```
cudaMemcpyToSymbol(dest, src, size)
```

其中 dest 是指向常量内存中的目标位置的指针，src 是指向主机内存中的源数据的指针，size 是要复制的字节数[⊖]。

核函数将常量内存变量作为全局变量来访问。因此，它们的指针不需要作为参数传递给内核。我们可以修改内核来使用如图 7.9 所示的常量内存。请注意，内核看起来与图 7.7 中的几乎相同。唯一的区别是，F 不再通过作为参数传入的指针来访问——它现在被作为全局变量访问。请记住，所有 C 语言的全局变量作用域规则都适用于此。如果主机代码和内核代码在不同的文件中，内核代码文件必须包含相关的外部声明信息，以确保 F 的声明对内核是可见的。

```
01 __global__ void convolution_2D_const_mem_kernel(float *N, float *P, int r,
     int width, int height) {
02    int outCol = blockIdx.x*blockDim.x + threadIdx.x;
03    int outRow = blockIdx.y*blockDim.y + threadIdx.y;
04    float Pvalue = 0.0f;
05    for (int fRow = 0; fRow < 2*r+1; fRow++) {
06      for (int fCol = 0; fCol < 2*r+1; fCol++) {
07         inRow = outRow - r + fRow;
08         inCol = outCol - r + fCol;
09         if (inRow >= 0 && inRow < height && inCol >= 0 && inCol < width) {
10            Pvalue += F[fRow][fCol]*N[inRow*width + inCol];
11         }
12      }
13    }
14    P[outRow*width+outCol] = Pvalue;
15 }
```

图 7.9　对 F 使用常量内存的二维卷积核

⊖ 函数还可以接收另外两个参数，即 offset 和 kind，但这两个参数很少使用，经常被省略。关于这些参数的详细信息，读者可以参考 CUDA C 编程指南。

像全局内存变量一样，常量内存变量也位于 DRAM 中。但是，因为 CUDA 运行时知道在内核执行期间不会修改常量内存变量，所以它指示硬件在内核执行期间主动缓存常量内存变量。为了理解常量内存使用的好处，我们需要首先了解更多关于现代处理器内存和缓存层次结构的信息。

正如我们在第 6 章中所讨论的那样，DRAM 的长延迟和有限的带宽构成了几乎所有现代处理器的瓶颈。为了缓解内存瓶颈的影响，现代处理器通常使用片上缓存存储器（简称缓存）来减少需要从主存（DRAM）中访问的变量的数量，如图 7.10 所示。

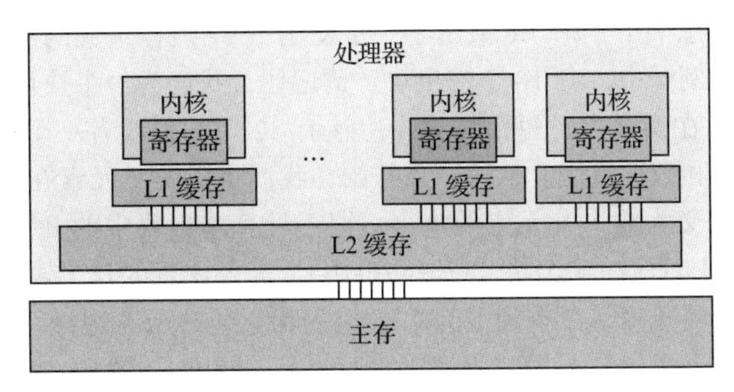


图 7.10　现代处理器缓存层次结构的简化视图

与 CUDA 共享内存或一般的暂存存储器不同，缓存对程序是“透明的”。也就是说，要使用 CUDA 共享内存来保存全局变量的值，程序需要将变量声明为 `__shared__`，并显式地将全局内存变量的值复制到共享内存变量中。另一方面，在使用缓存时，程序只是访问原始的全局内存变量。处理器硬件将最近或经常使用的变量自动保留在缓存中，并记住它们原始的全局内存地址。当其中一个被保留的变量稍后被使用时，硬件将从它们的地址中检测到该变量的副本在缓存中可用。变量的值将从缓存中提供，从而消除了访问 DRAM 的需要。

在内存的大小和内存的速度之间存在着一种权衡。因此，现代处理器经常使用多级缓存。这些缓存级别的编号约定反映了到处理器的距离。最低的一级（L1）是直接连接到处理器内核的缓存，如图 7.10 所示。它的运行速度在延迟和带宽方面都接近处理器。然而，L1 缓存很小，通常在 16KB 到 64KB 之间。L2 缓存更大，范围从几百 KB 到几 MB，但访问可能需要几十个周期。它们通常在 CUDA 设备的多个处理器内核或流多处理器（SM）之间共享，因此访问带宽在 SM 之间共享。在当今的一些高端处理器中甚至存在 L3 缓存，其大小可达数百兆字节。

在大规模并行处理器中，常量内存变量在设计和使用内存方面扮演了一个有趣的角色。由于这些常量内存变量在内核执行期间不会被修改，所以在 SM 中缓存它们时不需要支持线程写操作。支持对通用缓存的高吞吐量写操作需要复杂的硬件逻辑，而且在芯片面积和功耗方面成本很高。在不需要支持写操作的情况下，就芯片面积和功耗而言，可以以一种高效的方式设计用于常量内存变量的专用缓存。此外，由于常量内存非常小（64KB），一个小型的专用缓存可以非常有效地捕获每个内核大量使用的常量内存变量。这种专门化的缓存在现代 GPU 中称为常量缓存。因此，当线程束中的所有线程访问相同的常量内存变量时，就像图 7.9 中的 `F` 一样，访问 `F` 的索引是独立于线程索引的，常量缓存可以提供大量的带宽来满足这些线程的数据需求。此外，由于 `F` 的大小通常很小，我们可以假设所有的 `F` 元素总是有效地从常量缓存中访问。因此，我们可以简单地假设没有 DRAM 带宽被花费在访问 `F` 元素上。通过使用常量内存和缓存，我们有效地将浮点运算与内存访问比率提高了一倍，达到大约 0.5OP/B（在第 10 行中，每加载 4 个字节就有 2 个操作）。

事实证明，对输入 N 数组元素的访问也可以从缓存中受益。我们将在 7.5 节讨论这一点。

## 7.4 边缘单元平铺卷积

我们可以用平铺卷积算法来解决卷积的内存带宽瓶颈。回想一下，在平铺算法中，线程协作将输入元素加载到片上内存中，以便后续使用这些元素。我们将首先建立输入和输出块的定义，因为这些定义对于理解算法的设计非常重要。我们将把每个块处理的输出元素集合称为一个输出块。回想一下，图 7.6 显示了一个使用 16 个线程组成的 16 个块进行二维卷积的简单示例。在这个例子中，有 16 个输出块。请记住，我们为每个块使用 16 个线程，以保持示例的简单易懂。在实践中，每个块至少应该有 32 个线程或者一个线程束（通常更多），以实现良好的占用率和数据重用。从这一点开始，我们将假设 F 元素在常量内存中。

我们将输入块定义为输入 N 元素的集合，用于计算输出块中的 P 元素。图 7.11 显示了输入块（左侧阴影块）对应的输出块（右侧阴影块）。需要注意的是，输入的尺寸需要向每个方向扩展滤波器的半径长度（在本例中为 2），以确保它包含所有边缘（halo）输入元素，这些元素是计算输出块边缘的 P 元素时所需要的。这个扩展可以使输入块明显大于输出块。

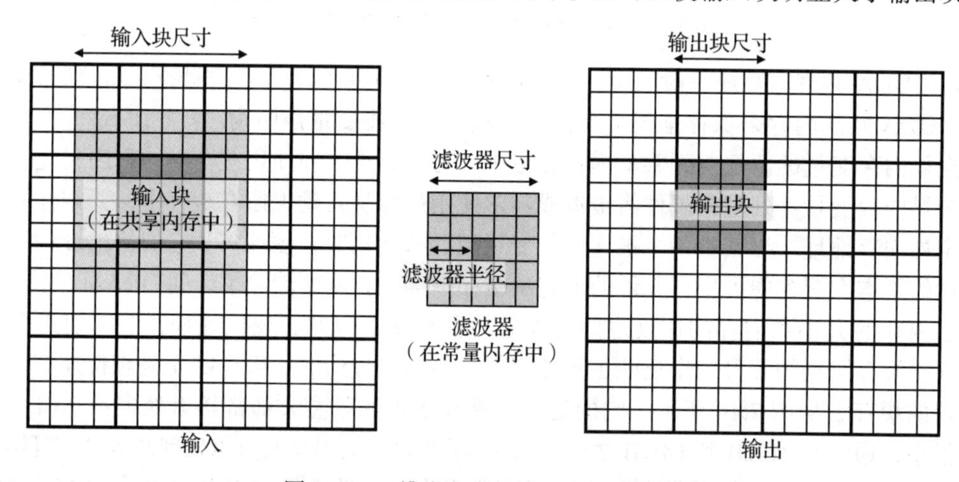


图 7.11　二维卷积中的输入块与输出块

在这个样例中，每个输出块由 $4^2=16$ 个 P 元素组成，而每个输入块由 $(4+4)^2=8^2=64$ 个元素组成。在本例中，输入块是输出块的 4 倍。然而，这个倍数是因为我们假设输出块尺寸很小，以便于在示例中进行可视化。在实践中，输出尺寸要大得多，输入尺寸和输出尺寸之间的比率接近 1.0。例如，如果输出大小是 $16\times16=256$，使用相同的 $5\times5$ 滤波器，那么输入块的大小将是 $(16+4)^2=400$。输入块大小和输出块大小之间的比率大约是 1.6。尽管这个比率远远小于 4，但它表明输入尺寸仍然可以显著大于输出尺寸，即使是实际输出尺寸。

在本节中，我们介绍了一类平铺卷积算法，在这种算法中，一个块中的所有线程首先协作地将输入块加载到共享内存中，然后通过访问共享内存中的输入元素来计算输出块的元素。这对读者来说应该很熟悉，该策略类似于在第 5 章中讨论的平铺矩阵乘法算法。主要的区别是，第 5 章的平铺矩阵乘法算法假设输入块和输出块的维数相同，而卷积输入块比输出块大。输入块大小和输出块大小之间的差异使平铺卷积核的设计变得复杂。

有两种简单的线程组织用于处理输入块大小和输出块大小之间的差异。第一个线程启动维度与输入块匹配的线程块。这简化了输入块的加载，因为每个线程只需要加载一个输入元素。但是，由于输入块的尺寸比输出块的尺寸大，在计算输出元素时需要禁用一些线程，这会降低执行资源的利用率。第二种方法启动维度与输出块匹配的块。一方面，第二种策略使输入块加载更加复杂，因为线程需要迭代以确保所有输入块元素都被加载。另一方面，它简化了输出元素的计算，因为块的尺寸与输出块相同，并且在计算输出元素时不需要禁用任何线程。我们将介绍基于第一个线程组织的内核设计，而将第二个组织留作练习。

图 7.12 显示了一个基于第一个线程组织的内核。每个线程首先计算它负责加载或计算的输入或输出元素的列索引（col）和行索引（row）（第 06 ～ 07 行）。内核分配一个共享内存数组 N_s，它的大小与输入块相同（第 09 行），并将输入块加载到共享内存数组（第 10 ～ 15 行）。第 10 行中的条件被每个线程用来检查它试图加载的输入块元素是否是一个影子单元。如果是，则线程不执行内存加载。相反，它将一个 0 放入共享内存中。所有线程执行屏障同步（第 15 行），以确保在允许任何线程继续计算输出元素之前，整个输入块都在共享内存中。

```
01 #define IN_TILE_DIM 32
02 #define OUT_TILE_DIM ((IN_TILE_DIM) - 2*(FILTER_RADIUS))
03 __constant__ float F_c[2*FILTER_RADIUS+1][2*FILTER_RADIUS+1];
04 __global__ void convolution_tiled_2D_const_mem_kernel(float *N, float *P,
05                                                       int width, int height) {
06   int col = blockIdx.x*OUT_TILE_DIM + threadIdx.x - FILTER_RADIUS;
07   int row = blockIdx.y*OUT_TILE_DIM + threadIdx.y - FILTER_RADIUS;
08   //loading input tile
09   __shared__ N_s[IN_TILE_DIM][IN_TILE_DIM];
10   if(row>=0 && row<height && col>=0 && col<width) {
11     N_s[threadIdx.y][threadIdx.x] = N[row*width + col];
12   } else {
13     N_s[threadIdx.y][threadIdx.x] = 0.0;
14   }
15   __syncthreads();
16   // Calculating output elements
17   int tileCol = threadIdx.x - FILTER_RADIUS;
18   int tileRow = threadIdx.y - FILTER_RADIUS;
19   // turning off the threads at the edges of the block
20   if (col >= 0 && col < width && row >=0 && row < height) {
21     if (tileCol>=0 && tileCol<OUT_TILE_DIM && tileRow>=0
22                 && tileRow<OUT_TILE_DIM){
23       float Pvalue = 0.0f;
24       for (int fRow = 0; fRow < 2*FILTER_RADIUS+1; fRow++) {
25         for (int fCol = 0; fCol < 2*FILTER_RADIUS+1; fCol++) {
26           Pvalue += F[fRow][fCol]*N_s[tileRow+fRow][tileCol+fCol];
27         }
28       }
29       P[row*width+col] = Pvalue;
30     }
31   }
32 }
```

图 7.12　平铺二维卷积核，F 使用常量内存

现在所有的输入块元素都在 N_ds 数组中，每个线程都可以使用 N_ds 元素计算它们的输出 P 元素值。请记住，输出块比输入块小，并且块的大小与输入块相同，因此每个块中只有线程的一个子集将用于计算输出块元素。我们可以通过多种方式为这个计算选择线程。我们使用一种禁用线程 FILTER_RADIUS 外部层的设计，如图 7.13 所示。

图 7.13 展示了一个使用 3×3 滤波器（FILTER_RADIUS=1）、8×8 输入块、8×8 块和 6×6 输出块进行卷积的小例子。图 7.13 的左边是输入块和线程块。因为它们大小相

同，所以相互叠加在一起。在我们的设计中，禁用线程的外部层 FILTER_RADIUS=1。图 7.13 左侧中心的粗线框包含计算输出块元素的活动线程。在这个例子中，活动线程的 threadIdx.x 和 threadIdx.y 值都在 1 到 6 之间。

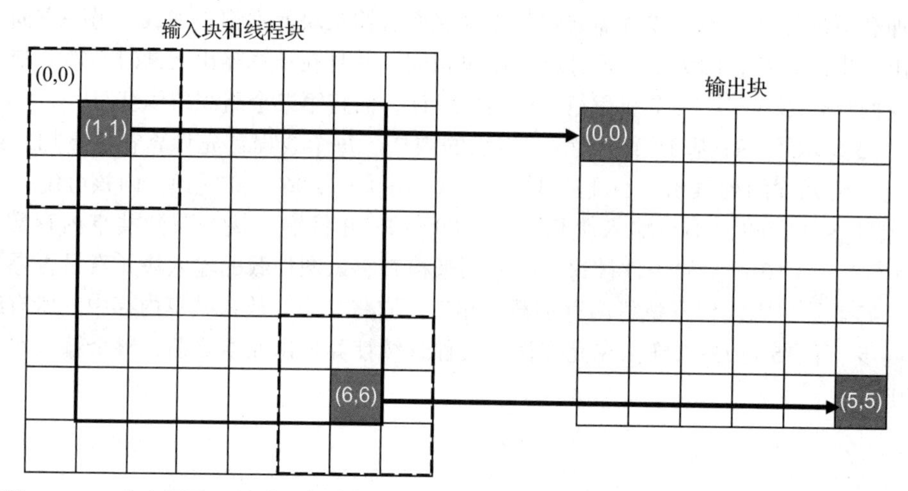


图 7.13　一个小例子，展示了在共享内存中使用输入块元素来计算输出块元素的线程组织

图 7.13 也显示了活动线程到输出块元素的映射：活动线程（tx，ty）将使用一个输入块元素的补丁计算输出元素（tx – FILTER_RADIUS，ty – FILTER_RADIUS)，其左上角是输入块的元素（tx–FILTER_RADIUS，ty–FILTER_RADIUS)。这反映在图 7.12 中的第 17 ～ 18 行，其中列索引（tileCol）和行索引（tileRow）被分配为 threadIdx.x–FILTER_RADIUS 和 threadIdy.y–FILTER_RADIUS。

在图 7.13 的小例子中，线程（1, 1）的 tileCol 和 tileRow 分别接收到 0 和 0。因此线程（1, 1）使用输入块元素的 3 × 3 补丁计算输出块的元素（0, 0)，输入块的左上角用虚线框突出显示。fRow–fCol 循环嵌套在图 7.12 中的第 24 ～ 28 行遍历补丁并生成输出元素。线程（1, 1）将遍历左上角为 N_s[0][0] 的补丁，而线程（5，5）将遍历左上角为 N_s[5][5] 的补丁。

在第 06 ～ 07 行，blockIdx.x * OUT_TILE_DIM 和 blockIdx.y*OUT_TILE_DIM 分别是分配给块的输出块开始的水平和垂直的 P 数组索引。正如我们前面讨论的，threadIdx.x–r 和 threadIdx.y–r 给出块的偏移量。因此，row 和 col 变量提供了分配给每个活动线程的输出元素的索引。每个线程都使用这两个索引来写入第 29 行输出元素的最终值。

图 7.12 中的平铺二维卷积核明显比图 7.9 中的基本核更长、更复杂。我们引入了额外的复杂性，以减少 N 元素的 DRAM 访问数量。其目标是提高算法与全局内存访问比率，从而使实现的性能不受 DRAM 带宽的限制或限制更少。图 7.9 中内核的算法与全局内存访问比率是 0.5OP/B，现在让我们为图 7.12 中的核推导出这个比值。

对于处理数据边缘块（tile）的块（block)，处理影子单元的线程不会对这些影子单元执行任何内存访问。这减少了对这些块的内存访问数量。我们可以通过枚举使用每个影子单元的线程数来计算减少的内存访问数。然而，应该清楚的是，对于大的输入数组，影子单元对于小掩模尺寸的影响是不显著的。因此，我们在计算平铺卷积核的算法与全局内存访问比率时，将忽略影子单元的影响，只考虑那些边缘单元不是影子单元的内部线程块。

现在我们计算图 7.12 中平铺内核的算法与全局内存访问比率。被赋值给输出块元素的每个线程对滤波器的每个元素执行一次乘法和一次加法。因此，内部块中的线程共同执行 OUT_TILE_DIM$^2$*(2*FILTER_RADIUS+1)$^2$*2 次算术操作。至于全局内存访问，所有的全局内存访问都被转移到将 N 元素加载到共享内存中的代码。分配给输入块元素的每个线程加载一个 4 字节的输入值。因此 IN_TILE_DIM$^2$*4=(OUT_TILE_DIM+2*FILTER_RADIUS)$^2$*4 字节被每个内部块加载。因此，平铺内核的算法与全局内存访问比率是

$$\frac{\text{OUT\_TILE\_DIM}^2 * (2 * \text{FILTER\_RADIUS}+1)^2 * 2}{(\text{OUT\_TILE\_DIM}+2 * \text{FILTER\_RADIUS})^2 * 4}$$

对于我们的使用 5×5 滤波器和 32×32 输入块（28×28 输出块）的示例，比率为 $\frac{28^2 + 5^2 \times 2}{32^2 \times 4} = 9.57\text{OP}/\text{B}$。输入块的大小为 32×32 是当前 GPU 可以实现的最大的输入块。但是，我们可以对块的大小进行渐近分析，以获得此计算可实现的算法与全局内存访问比率的上限。如果 OUT_TILE_DIM 比 FILTER_RADIUS 大得多，我们可以认为 OUT_TILE_DIM+2*FILTER_RADIUS 近似于 OUT_TILE_DIM。这将表达式简化为 (2*FILTER_RADIUS+1)$^2$*2/4。这应该是一个很直观的结果。在原始算法中，每个 N 元素由大约 (2*FILTER_RADIUS+1)$^2$ 个线程冗余加载，每个线程对它执行两个算术操作。因此，如果块的大小是无限的，并且每个 4 字节的元素只加载到共享内存中一次，那么比例应该是 (2*FILTER_RADIUS+1)$^2$*2/4。

图 7.14 显示了不同滤波器尺寸的平铺卷积核的算法与全局内存访问比率随平铺尺寸的变化情况，包括一个渐近界。使用 5×5 滤波器的比率上限是 12.5OP/B。然而，在线程块大小为 32×32 的限制下，实际可以实现的比率是 9.57OP/B。对于较大的滤波器，如图 7.14 最下面一行的 9×9，比率的上限为 40.5OP/B。然而，在线程块大小为 32×32 的限制下，实际可以实现的比率是 22.78OP/B。因此，我们观察到，滤波器大小越大，比率就越大，因为每个输入元素被更多的线程使用。然而，更大的滤波器尺寸也会在上界和实际达到的比率之间产生更大的差距，因为更大数量的边缘单元会得到更小的输出块。

| IN_TILE_DIM | | 8 | 16 | 32 | 上界 |
|---|---|---|---|---|---|
| 5×5 滤波器 (FILTER_RADIUS= 2) | OUT_TILE_DIM | 4 | 12 | 28 | — |
| | 比率 | 3.13 | 7.03 | 9.57 | 12.5 |
| 9×9 滤波器 (FILTER_RADIUS= 4) | OUT_TILE_DIM | — | 8 | 24 | — |
| | 比率 | — | 10.13 | 22.78 | 40.5 |

图 7.14　二维平铺卷积中，作为平铺大小和滤波器大小的函数的算法与全局内存访问比率

读者在使用小块和平铺尺寸时应该始终小心。它们可能会导致比预期更少的内存访问减少。例如，在图 7.14 中，8×8 块（输入块）导致 5×5 滤波器的 OP/B 比率仅为 3.13。在实践中，由于片上内存不足，通常使用较小的片上内存大小，特别是在三维卷积中，需要的片上内存数量随着片的尺寸变大而迅速增长。

## 7.5　使用边缘单元缓存的平铺卷积

在图 7.12 中，由于边缘单元的加载，输入块（tile）和块（block）比输出块大，这是导致代码复杂性的主要原因。回想一下，一个块的输入块的边缘单元也是相邻块的内部元素。例如，在图 7.11 中，输入块的浅色阴影边缘单元也是相邻块的输入块的内部元素。当一个

块需要它的边缘单元时，由于邻近块的访问，它们已经在 L2 缓存中了，这是很有可能的。因此，对这些边缘单元的内存访问可以自然地从 L2 缓存服务，而不会引起额外的 DRAM 流量。也就是说，我们可以将对这些边缘单元的访问保留在原始的 N 元素中，而不是将它们加载到 N_ds 中。现在我们介绍一个平铺卷积算法，它对输入和输出平铺使用相同的尺寸，并且只将每个平铺的内部元素加载到共享内存中。

图 7.15 显示了使用边缘单元缓存的二维卷积核。在这个平铺的内核中，共享内存 N_ds 数组只需要保存平铺的内部元素。因此，输入块和输出块具有相同的尺寸，这被定义为常量 TILE_DIM（第 01 行）。通过这种简化，N_s 被声明为在 x 和 y 维度上都有 TILE_DIM 元素（第 06 行）。

```
01  #define TILE_DIM 32
02  __constant__ float F_c[2*FILTER_RADIUS+1][2*FILTER_RADIUS+1];
03  __global__ void convolution_cached_tiled_2D_const_mem_kernel(float *N,
                                              float *P, int width, int height) {
04    int col = blockIdx.x*TILE_DIM + threadIdx.x;
05    int row = blockIdx.y*TILE_DIM + threadIdx.y;
      //loading input tile
06    __shared__ N_s[TILE_DIM][TILE_DIM];
07    if(row<height && col<width) {
08      N_s[threadIdx.y][threadIdx.x] = N[row*width + col];
09    } else {
10      N_s[threadIdx.y][threadIdx.x] = 0.0;
11    }
12    __syncthreads();
      // Calculating output elements
      // turning off the threads at the edges of the block
13    if (col < width && row < height) {
14      float Pvalue = 0.0f;
15      for (int fRow = 0; fRow < 2*FILTER_RADIUS+1; fRow++) {
16        for (int fCol = 0; fCol < 2*FILTER_RADIUS+1; fCol++) {
17          if (threadIdx.x-FILTER_RADIUS+fCol >= 0 &&
18              threadIdx.x-FILTER_RADIUS+fCol < TILE_DIM &&
19              threadIdx.y-FILTER_RADIUS+fRow >= 0 &&
20              threadIdx.y-FILTER_RADIUS+fRow < TILE_DIM){
21            Pvalue += F[fRow][fCol]*N_s[threadIdx.y+fRow][threadIdx.x+fCol];
22          }
23          else {
24            if (row-FILTER_RADIUS+fRow >= 0 &&
25                row-FILTER_RADIUS+fRow < height &&
26                col-FILTER_RADIUS+fCol >=0 &&
27                col-FILTER_RADIUS+fCol < width) {
28              Pvalue += F[fRow][fCol]*
29                                  N[(row-FILTER_RADIUS+fRow)*width+col-
FILTER_RADIUS+fCol];
30            }
31          }
32        }
33      P[row*width+col] = Pvalue;
34    }
35  }
36  }
```

图 7.15　平铺的二维卷积核，使用边缘单元缓存和 F 的常量内存

因为输入块和输出块的大小相同，所以线程块可以用相同大小的输入 / 输出块启动。加载 N_s 元素变得更简单了，因为每个线程都可以简单地加载与其指定的输出元素具有相同 x 和 y 坐标的输入元素（第 04 ～ 05 行和第 07 ～ 11 行）。加载输入元素的条件在第 07 行中也得到了简化：因为内核不再将边缘单元加载到共享内存中，所以不存在加载影子单元的危险。因此，该条件只需要检查通常的边界条件，即块可能超出输入数据的有效范围。

然而，计算 P 元素的循环体变得更加复杂。它需要添加条件来检查边缘单元和影子单

元的使用。边缘单元的处理是在第 17 ～ 20 行中完成的，它测试输入元素是否位于输入块的内部。如果是，则从共享内存中访问该元素。如果不是，那么第 24 ～ 27 行中的条件检查边缘单元是否为影子单元。如果是，则不会对元素采取任何操作，因为我们假设影子值为 0。否则，从全局内存中访问该元素。读者应验证处理影子单元的条件与图 7.7 中所使用的条件相似。

图 7.15 中的内核与图 7.12 中的内核相比有一个微妙的优势，那就是它的块大小、输入块大小和输出块大小可以是相同的，并且可以是 2 的幂。因为在图 7.12 中，内核的输入块大小和输出块大小是不同的，所以在内核执行过程中可能会有更多的内存发散和控制发散。

## 7.6　总结

在本章中，我们研究了卷积这种重要的并行计算模式。虽然卷积被用于许多应用，如计算机视觉和视频处理，但它也代表了构成许多并行算法基础的一般模式。例如，我们可以将偏微分方程求解器中的模板算法看作卷积的特殊情况，这将是第 8 章的主题。也可以将网格点力或势值的计算看作卷积的一种特殊情况，这将在第 17 章中介绍。我们还将在第 16 章中应用本章所学的卷积神经网络知识。

我们提出了一个基本的并行卷积算法，其实现将受到 DRAM 带宽的限制，以访问输入和滤波器元素。然后，我们引入了常量内存，并对内核和主机代码进行了简单的修改，以利用常量缓存的优势——实际上消除了对滤波元素的所有 DRAM 访问。我们进一步介绍了一种平铺并行卷积算法，该算法通过利用共享内存减少了 DRAM 带宽消耗，同时引入了更多的控制流发散和编程复杂性。最后，我们提出了一种平铺并行卷积算法，它利用 L1 和 L2 缓存来处理边缘单元。

我们从提高算法与全局内存访问比率的角度分析了平铺操作的好处。分析是一项重要的技能，将有助于我们理解对其他模式进行平铺的好处。通过分析，我们可以了解小块大小的限制，这对于大型滤波器和三维卷积来说尤其明显。

虽然我们只展示了一维和二维卷积的核示例，但这些技术也可以直接应用于三维卷积。一般情况下，由于高维性，输入和输出数组的索引计算比较复杂。此外，每个线程将有更多的循环嵌套，因为在加载块和 / 或计算输出值时需要遍历多个维度。我们鼓励读者把这些高维内核作为作业来完成。

## 练习

1. 计算图 7.3 中的 `P[0]` 值。
2. 考虑用滤波器 $F=\{2,1,4\}$ 对数组 $N=\{4,1,3,2,3\}$ 进行一维卷积。输出数组的结果是什么？
3. 你认为下面的一维卷积滤波器在做什么？
   a. [0 1 0]
   b. [0 0 1]
   c. [1 0 0]
   d. [−1/2 0 1/2]
   e. [1/3 1/3 1/3]
4. 考虑使用大小为 $M$ 的滤波器对大小为 $N$ 的数组进行一维卷积：
   a. 总共有多少个影子单元？
   b. 如果视影子单元为 0 倍的乘法，则执行多少次乘法？

c. 如果影子单元不被用于乘法，则将进行多少次乘法？

5. 考虑对大小为$N \times N$的方阵进行二维卷积，使用大小为$M \times M$的方阵滤波器：
   a. 总共有多少个影子单元？
   b. 如果视影子单元为 0 倍的乘法，则执行多少次乘法？
   c. 如果影子单元不被用于乘法，则将进行多少次乘法？
6. 考虑对大小为$N_1 \times N_2$的矩形矩阵进行二维卷积，并使用大小为$M_1 \times M_2$的矩形掩模：
   a. 总共有多少个影子单元？
   b. 如果视影子单元为 0 倍的乘法，则执行多少次乘法？
   c. 如果影子单元不被用于乘法，则将进行多少次乘法？
7. 考虑在大小为$N \times N$的数组和大小为$M \times M$的滤波器上使用大小为$T \times T$的输出块与核进行二维平铺卷积，如图 7.12 所示。
   a. 需要多少线程块？
   b. 每个块需要多少线程？
   c. 每个块需要多少共享内存？
   d. 如果你正在使用图 7.15 中的内核，请重复同样的问题。
8. 对图 7.7 中的二维核进行修改，进行三维卷积。
9. 对图 7.9 中的二维核进行修改，进行三维卷积。
10. 对图 7.12 中平铺的二维核进行修改，进行三维卷积。

# 模板

模板是求解偏微分方程的数值方法的基础，应用领域包括流体动力学、热传导、燃烧、天气预报、气候模拟和电磁学。基于模板的算法处理的数据由物理意义的离散量组成，如质量、速度、力、加速度、温度、电场和能量，它们之间的关系由微分方程控制。模板的一个常见用途是根据一个输入变量值范围内的函数值来近似函数的导数值。模板模式与卷积有很多相似之处，因为模板和卷积都是根据一个多维数组中同一位置元素的当前值和另一个多维数组中相邻元素的当前值计算多维数组中元素的新值。因此，模板还需要处理边缘单元和影子单元。与卷积不同，模板计算用于迭代地求解感兴趣域内连续可微函数的值。用于模板邻域中元素的数据元素和权重系数由正在求解的微分方程控制。一些模板模式适用于不适合卷积的优化。在初始条件通过域迭代传播的求解器中，输出值的计算可能有依赖关系，需要根据一些排序约束执行。此外，由于求解微分问题时对数值精度的要求，由模板处理的数据往往是高精度的浮动数据，对于平铺技术来说，这些数据会消耗更多的片上内存。由于这些差异，与卷积相比，模板倾向于支持不同的优化。

## 8.1 背景

用计算机计算和求解函数、模型、变量及方程的第一步是将它们转换成离散表示。例如，图 8.1a 显示了 $0 \leqslant x \leqslant \pi$ 的正弦函数 $y=\sin x$。图 8.1b 显示了一维（1D）规则（结构化）网格的设计，其中 7 个网格点对应于间隔不变（π/6）的 $x$ 值。一般来说，结构化网格用相同的平行六边形覆盖 $n$ 维欧几里得空间（例如，一维的线段，二维的矩形，三维的立方体）。正如我们稍后将看到的，在结构化网格中，变量的导数可以方便地表示为有限差分。因此，有限差分法主要采用结构化网格。非结构化网格较为复杂，常用于有限元和有限演化方法中。为了简单起见，本书中我们将只使用规则网格和有限差分方法。

| | | | | | | |
|---|---|---|---|---|---|---|
| 0.00 | 0.50 | 0.87 | 1.00 | 0.87 | 0.50 | 0.00 |

c）

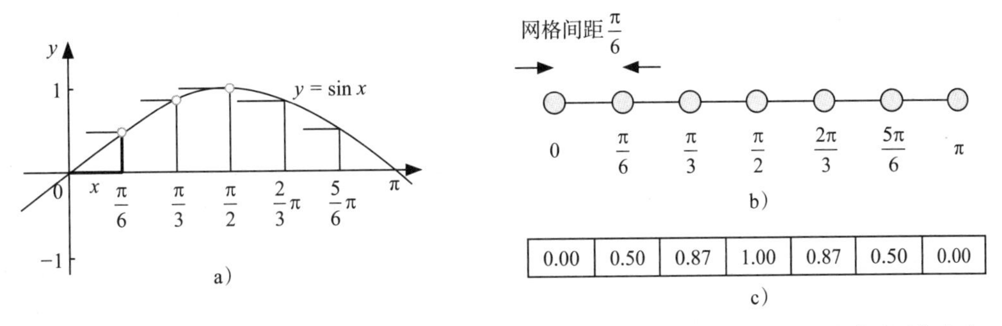

图 8.1　a）对于 $0 \leqslant x \leqslant \pi$，正弦是一个连续可微函数。b）常间距规则网格的设计（网格点之间的距离（π/6）用于离散化）。c）$0 \leqslant x \leqslant \pi$ 的正弦函数的离散表示

图 8.1c 显示了得到的离散表示，其中正弦函数用它在七个网格点上的值表示。在这种

情况下，表示存储在一维数组 $F$ 中。注意，$x$ 值隐式地假定为 $i\frac{\pi}{6}$，其中 $i$ 是数组元素的下标。例如，元素 $F[2]$ 对应的 $x$ 值是 0.87，也就是 $2\frac{\pi}{6}$ 的正弦值。

在离散表示中，我们需要使用插值技术（如线性插值或样条插值）来为不对应于任何网格点的 $x$ 值求得函数的近似值。表示的保真度或这些近似插值技术的函数值的准确性取决于网格点之间的间距：间距越小，近似越精确。通过减少间距，我们可以提高表示的准确性，但需要更多的存储空间，我们将看到，在求解偏微分方程时需要更多的计算。

离散表示的保真度还取决于所使用数字的精确度。由于我们正在逼近连续函数，所以网格数值通常用浮点数存储。目前主流的 CPU 和 GPU 支持双精度（64 位）、单精度（32 位）和半精度（16 位）表示。其中，在离散表示中，双精度数提供了最好的精度和保真度。然而，对于单精度和半精度算法，现代 CPU 和 GPU 通常具有更高的计算吞吐量。此外，由于双精度数字包含更多的位，读写双精度数字会消耗更多的内存带宽。存储这些双精度数字也需要内存容量。这对于需要在片上存储器和寄存器中存储大量网格点值的平铺技术来说是一个重大的挑战。

让我们用更形式化的方式来讨论模板的定义。在数学中，模板是指应用于结构化网格的每个点的几何权重模式。该模式指定了我们感兴趣的网格点的值如何使用数值近似程序从邻近点的值导出。例如，一个模板可以通过使用该函数在该点及其邻点的值之间的有限差来指定在感兴趣点上的函数的导数值是如何近似的。由于偏微分方程表达了函数、变量及其导数之间的关系，模板提供了一个方便的基础来指定有限差分方法如何数值计算偏微分方程的解。

例如，假设我们将 $f(x)$ 离散成一维网格数组 $F$，我们想计算 $f(x)$，$f'(x)$ 的离散导数。我们可以使用经典的一阶导数的有限差分近似：

$$f'(x)=\frac{f(x+h)-f(x-h)}{2h}+O(h^2)$$

也就是说，一个函数在 $x$ 点的导数可以近似为两个相邻点的函数值的差除以这些相邻点的 $x$ 值的差。值 $h$ 是网格中相邻点之间的间距。这个误差用 $O(h^2)$ 来表示。这意味着误差与 $h$ 的平方成正比。显然，$h$ 值越小，近似越好。在图 8.1 的例子中，$h$ 的值是 $\pi/6$ 或 0.52。该值没有小到可以忽略近似误差，但应该能够产生一个合理的接近的近似。

由于网格间距为 $h$，当前估计的 $f(x-h)$、$f(x)$、$f(x+h)$ 值分别在 $F[i-1]$、$F[i]$、$F[i+1]$ 中，其中 $x=i\times h$。因此，我们可以计算 $f(x)$ 在每个网格点的导数值到输出数组 FD 中：

$$\mathrm{FD}[i]=\frac{F[i+1]-F[i-1]}{2h}$$

对于所有的网格点。这个表达式可以改写为

$$\mathrm{FD}[i]=\frac{-1}{2h}F[i-1]+\frac{1}{2h}F[i+1]$$

即计算网格点处估计的函数导数值，涉及系数为 1/2 的网格点 $[i-1, i, i+1]$ 处当前估计的函数值 $\left[\frac{-1}{2h}, 0, \frac{1}{2h}\right]$，定义了一维三点模板，如图 8.2a 所示。如果我们在网格点上逼近高阶导数值，将需要使用高阶有限差分。例如，如果微分方程包含到 $f(x)$ 的二阶导数，我们将使用包含 $[i-2, i-1, i, i+1, i+2]$ 的模板，这是一个一维五点模板，如图 8.2b 所示。一般来说，如果方程涉及 $n$ 阶导数，那么模板将涉及中心网格点每边的 $n$ 个网格点。图 8.2c 为一维七点模板。中心点两边的网格点的数量称为模板的阶，因为它反映了被近似的导数的阶。根据这个定义，图 8.2 中的模板分别为一阶、二阶、三阶。

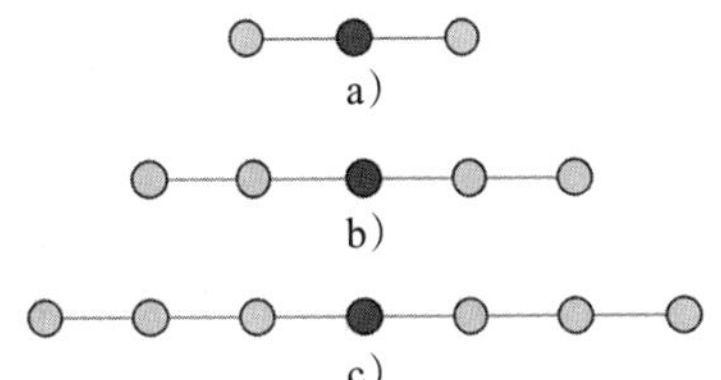


图 8.2　一维模板示例。a）三点模板（一阶）。b）五点模板（二阶）。c）七点模板（三阶）

显然，求解两个变量的偏微分方程需要将函数值离散到二维（2D）网格中，我们将使用一个二维模板来计算近似的偏导数。如果偏微分方程只包含一个变量的偏导数，例如，$\frac{\partial f(x,y)}{\partial x}$，$\frac{\partial f(x,y)}{\partial y}$，但不是$\frac{\partial f(x,y)}{\partial xy}$，我们可以使用二维模板，其选定的网格点都沿着 $x$ 轴和 $y$ 轴。例如，对于只涉及 $x$ 和 $y$ 的一阶导数的偏微分方程，我们可以使用二维模板，它包括沿 $x$ 轴和 $y$ 轴中心点两侧的两个网格点，这就产生了图 8.3a 中的二维五点模板。如果方程只涉及二阶导数 $x$ 或 $y$，我们将使用二维九点模板，如图 8.3b 所示。

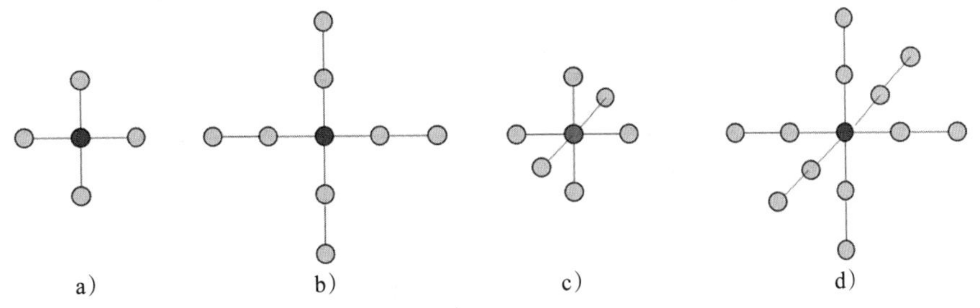


图 8.3　a）二维五点模板（一阶）。b）二维九点模板（二阶）。c）三维七点模板（一阶）。d）三维十三点模板（二阶）

图 8.4 总结了离散化、数值网格和网格点上的模板应用的概念。函数离散成网格点值，这些网格点值存储在多维数组中。在图 8.4 中，将两个变量的函数离散为二维网格，并以二维数组的形式存储。图 8.4 中使用的模板是二维的，用于从相邻网格点和网格点本身的函数值计算每个网格点的近似导数值（输出）。在本章中，我们将重点关注计算模式，在该模式中，模板应用于所有相关的输入网格点，以在所有网格点生成输出值，这将被称为模板扫描。

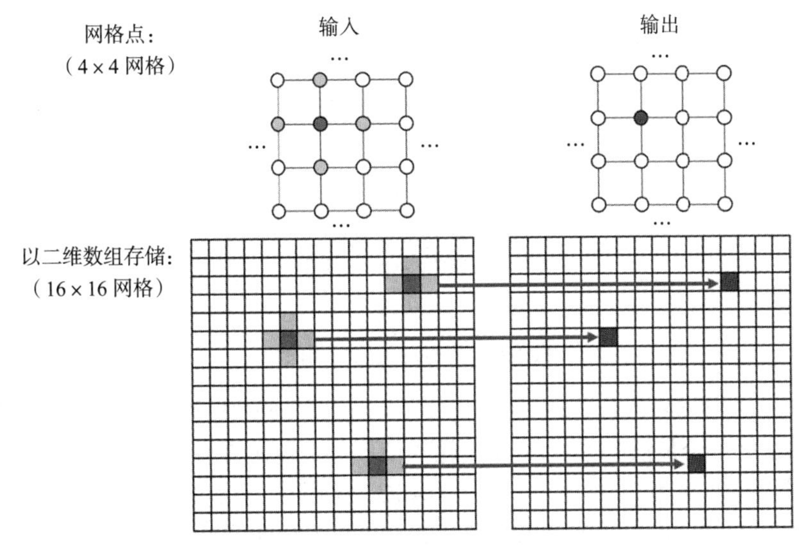


图 8.4　二维网格示例和用于计算网格点处近似导数值的五点模板（一阶）

## 8.2 并行模板：基本算法

我们首先介绍模板扫描的基本内核。为了简单起见，我们假设在模板扫描中生成输出网格点值时，输出网格点之间没有依赖关系。我们进一步假设边界上的网格点值存储了边界条件，且不会从输入到输出发生变化，如图 8.5 所示。也就是说，输出网格中带阴影的内部区域将被计算，而无阴影的边界单元将保持与输入值相同。这是一个合理的假设，因为模板主要用于解决带有边界条件的微分方程。

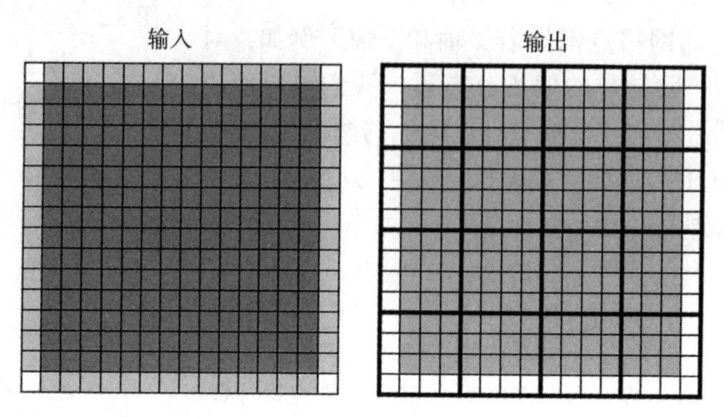


图 8.5 简化边界条件。边界单元包含不会从一个迭代更新到下一个迭代的边界条件。因此，在每次模板扫描期间，只需要计算内部输出网格点

图 8.6 显示了执行模板扫描的基本内核。这个内核假设每个线程块负责计算输出网格值的块，并且每个线程被分配到一个输出网格点。输出网格的二维平铺示例如图 8.5 所示，其中每个线程块负责一个 4×4 输出块。然而，由于大多数真实世界的应用程序用于解决三维（3D）微分方程，图 8.6 中的内核假设一个三维网格和一个类似于图 8.3c 中的三维七点模板。将线程分配给网格点是使用熟悉的线性表达式来完成的，其中包括 `blockIdx`、`blockDim` 和 `threadIdx` 的 x、y 和 z 字段（第 02 ～ 04 行）。一旦每个线程被分配到一个三维网格点，该网格点和所有邻近网格点的输入值将乘以不同的系数（第 06 ～ 12 行中的 c0 ～ c6）并被添加。这些系数的值取决于正在求解的微分方程，正如我们在 7.1 节解释的那样。

```
01  __global__ void stencil_kernel(float* in, float* out, unsigned int N) {
02    unsigned int i = blockIdx.z*blockDim.z + threadIdx.z;
03    unsigned int j = blockIdx.y*blockDim.y + threadIdx.y;
04    unsigned int k = blockIdx.x*blockDim.x + threadIdx.x;
05    if(i >= 1 && i < N - 1 && j >= 1 && j < N - 1&& k >= 1 && k < N - 1) {
06        out[i*N*N + j*N + k] = c0*in[i*N*N + j*N + k]
07                             + c1*in[i*N*N + j*N + (k - 1)]
08                             + c2*in[i*N*N + j*N + (k + 1)]
09                             + c3*in[i*N*N + (j - 1)*N + k]
10                             + c4*in[i*N*N + (j + 1)*N + k]
11                             + c5*in[(i - 1)*N*N + j*N + k]
12                             + c6*in[(i + 1)*N*N + j*N + k];
13    }
14  }
```

图 8.6 基本的模板扫描内核

现在让我们在图 8.6 中计算内核的浮点与全局内存访问比率。每个线程执行 13 个浮点运算（7 个乘法和 6 个加法），并加载 7 个输入值，每个输入值为 4 字节。因此，这个内核的浮点与全局内存访问比率是 13/（7×4）= 0.46OP/B（每个字节的操作数）。正如我们在第 5 章中讨论的那样，这个比率需要更大一些，这样内核的性能才能合理地接近计算资源所支持

的级别。我们需要使用类似于第 7 章中讨论的平铺技术来提高浮点与全局内存访问比率。

## 8.3 用于模板扫描的共享内存平铺

正如我们在第 5 章中所看到的，使用共享内存平铺可以显著提高浮点操作与全局内存访问操作的比率。正如读者可能怀疑的那样，用于模板的共享内存平铺的设计几乎与卷积的设计相同。然而，有一些微妙但重要的区别。

图 8.7 显示了应用于一个小网格例子的二维五点模板的输入和输出块。通过与图 7.11 的快速比较可以发现卷积和模板扫描之间的一个小区别：五点模板的输入块不包括角网格点。当我们在本章后面讨论寄存器平铺时，这个属性将变得很重要。对于共享内存平铺的目的，我们可以预期二维五点模板中的输入数据重用要明显低于 3 × 3 卷积中的输入数据重用。正如我们在第 7 章中所讨论的，二维 3 × 3 卷积的算法与全局内存访问比率的上限是 4.5OP/B。然而，对于二维五点模板，比率的上限只有 2.5OP/B。这是因为每一个输出网格点值只使用了 5 个输入网格值，而 3 × 3 卷积中有 9 个输入像素值。

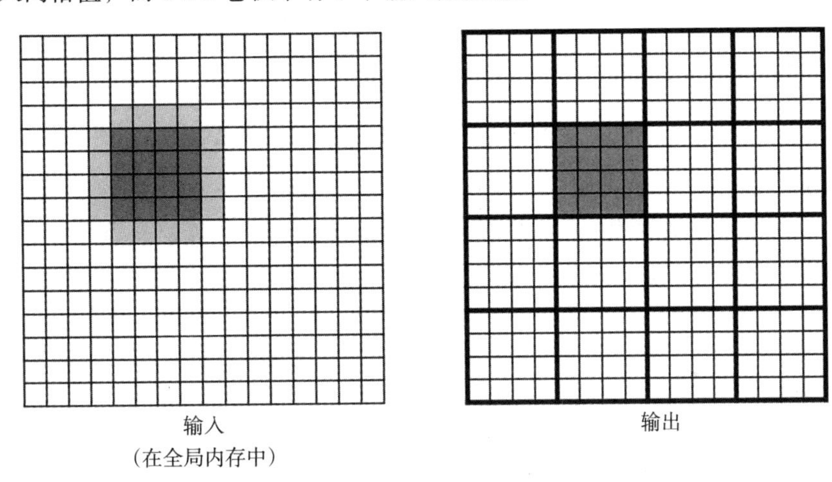


图 8.7 二维五点模板的输入和输出块

当维数和模板的阶数增加时，这种差异变得更加明显。例如，如果我们将二维模板的阶数从 1（每边一个网格点，五点模板）增加到 2（每边两个网格点，九点模板），比率的上限是 4.5OP/B，而对应的二维 5 × 5 卷积的上限是 12.5OP/B。当二维模板的阶数增加到 3（每边三个网格点，十三点模板）时，这种差异进一步明显。这个比率的上限是 6.5OP/B，而对应的二维 7 × 7 卷积则是 24.5OP/B。

推广到三维时，模板扫描和卷积的算法与全局内存访问比率的上限之间的差异更加明显。例如，三维三阶模板（每边三个点，十九点模板）的上限为 9.5OP/B，而对应的三维 7 × 7 × 7 卷积的上限为 171.5OP/B。也就是说，将输入网格点值加载到共享内存中用于模板扫描的好处要比用于卷积的好处小得多，特别是对于三维，这是模板的主要用例。正如我们将在本章后面看到的，这个细微但显著的差异推动了线程粗化和寄存器平铺在三维空间中的使用。

由于所有用于卷积的加载输入块的策略都直接应用于模板扫描，我们在图 8.8 中给出了一个类似于图 7.12 中的卷积核的内核，其中块的大小与输入块相同，并且在计算输出网格点值时关闭了一些线程。该内核是由图 8.6 中的基本模板扫描内核改编而来的，因此我们将只关注在改编过程中所做的更改。与平铺卷积内核一样，平铺模板扫描内核首先计算用于每个线程的输入补丁的起始 x、y 和 z 坐标。在每个表达式中减去的值 1 是因为内核采用了一个三维七点模板，每边有一个网格点（第 02 ～ 04 行）。一般来说，被减去的值应该是模板的阶数。

```
01 __global__ void stencil_kernel(float* in, float* out, unsigned int N) {
02    int i = blockIdx.z*OUT_TILE_DIM + threadIdx.z - 1;
03    int j = blockIdx.y*OUT_TILE_DIM + threadIdx.y - 1;
04    int k = blockIdx.x*OUT_TILE_DIM + threadIdx.x - 1;
05    __shared__ float in_s[IN_TILE_DIM][IN_TILE_DIM][IN_TILE_DIM];
06    if(i >= 0 && i < N && j >= 0 && j < N && k >= 0 && k < N) {
07       in_s[threadIdx.z][threadIdx.y][threadIdx.x] = in[i*N*N + j*N + k];
08    }
09    __syncthreads();
10    if(i >= 1 && i < N-1 && j >= 1 && j < N-1 && k >= 1 && k < N-1) {
11      if(threadIdx.z >= 1 && threadIdx.z < IN_TILE_DIM-1 && threadIdx.y >= 1
12         && threadIdx.y<IN_TILE_DIM-1 && threadIdx.x>=1 && threadIdx.x<IN_TILE_DIM-1){
13            out[i*N*N + j*N + k] = c0*in_s[threadIdx.z][threadIdx.y][threadIdx.x]
14                                 + c1*in_s[threadIdx.z][threadIdx.y][threadIdx.x-1]
15                                 + c2*in_s[threadIdx.z][threadIdx.y][threadIdx.x+1]
16                                 + c3*in_s[threadIdx.z][threadIdx.y-1][threadIdx.x]
17                                 + c4*in_s[threadIdx.z][threadIdx.y+1][threadIdx.x]
18                                 + c5*in_s[threadIdx.z-1][threadIdx.y][threadIdx.x]
19                                 + c6*in_s[threadIdx.z+1][threadIdx.y][threadIdx.x];
20      }
21    }
22 }
```

图 8.8　使用共享内存平铺的三维七点模板扫描内核

内核在共享内存中分配一个 in_s 数组来保存每个块的输入块（第 05 行）。每个线程加载一个输入元素。像平铺卷积内核一样，每个线程加载包含模板网格点模式的立方体输入补丁的开始元素。因为第 02 ～ 04 行有减法，所以可能有一些线程试图加载网格的影子单元。条件 i > =0、j > =0 和 k > =0（第 06 行）用于防止这些越界访问。因为块（block）比输出块（tile）大，所以在块的 x、y 和 z 维度末端的一些线程也可能尝试访问网格数组每个维度的上限之外的影子单元。条件 i < N、j < N 和 k < N（第 06 行）用于防止这些越界访问。线程块中的所有线程都协作地将输入块加载到共享内存中（第 07 行），并使用屏障同步等待，直到所有的输入块网格点都在共享内存中（第 09 行）。

每个块在第 10 ～ 21 行中计算它的输出块。第 10 行中的条件反映了简化的假设，即输入网格和输出网格的边界点都保持初始条件值，不需要由内核从迭代到迭代计算边界点。因此，输出网格点落在这些边界位置上的线程将被关闭。注意边界网格点在网格表面形成一层。

第 12 ～ 13 行中的条件关闭加载输入块网格点的额外线程。这些条件允许 i、j 和 k 索引值位于输出块内的线程计算由这些索引选择的输出网格点。最后，每个活动线程使用由七点模板指定的输入网格点计算其输出网格点值。

我们可以通过计算这个内核实现的算法与全局内存访问比率来评估共享内存平铺的有效性。回想一下，原始的模板扫描内核实现了 0.46OP/B 的比率。对于共享内存平铺内核，我们假设每个输入平铺是一个立方体，每个维度上有 $T$ 个网格点，每个输出平铺在每个维度上有 $T$−2 个网格点。因此，每个块有 $(T-2)^3$ 个活动线程来计算输出网格点值，每个活动线程执行 13 个浮点乘法或加法操作，共计 $13\times(T+2)^3$ 个浮点运算。此外，每个块通过执行每个 4 字节的 $T^3$ 加载来加载一个输入块。因此，平铺后的内核的浮点与全局内存访问比率可以计算如下：

$$\frac{13(T-2)^3}{4T^3}=\frac{13}{4}\left(1-\frac{2}{T}\right)^2\ \mathrm{OP/B}$$

即 $T$ 值越大，输入的格点值被重用的次数越多。随着 $T$ 的渐近增加，其比率上限为

13/4=3.25OP/B。

不幸的是，当前硬件上块大小的 1024 限制使得我们很难获得较大的 $T$ 值。$T$ 的实际限制是 8，因为一个 8×8×8 线程块总共有 512 个线程。此外，用于输入块的共享内存数量与 $T^3$ 成正比。因此，较大的 $T$ 会显著增加共享内存的消耗。这些硬件限制迫使我们使用较小的块大小来平铺模板内核。相反，卷积通常用于处理二维图像，可以使用更大的块的维度（$T$ 值），如 32×32。

硬件将 $T$ 限制为较小的值有两个主要缺点。第一个缺点是限制了重用率，从而限制了计算与内存访问比率。对于 $T$=8，一个七点模板的比率只有 1.37OP/B，远远低于 3.25OP/B 的上限。再利用率随着 $T$ 值的降低而降低，因为存在边缘开销。正如我们在第 7 章中所讨论的，边缘单元的重用比非边缘单元少。随着边缘元素在输入块中的比例的增加，数据重用率和浮点与全局内存访问比率都会降低。例如，对于半径为 1 的卷积滤波器，一个 32×32 二维输入块有 1024 个输入元素。对应的输出块有 30×30=900 个元素，即输入元素中有 1024−900=124 个是边缘单元。边缘单元在输入块中的比例约为 12%。相比之下，对于一阶三维模板，一个 8×8×8 的三维输入块有 512 个元素。对应的输出块有 6×6×6=216 个元素，即 512−216=296 个输入元素为边缘单元。边缘单元在输入块中的比例约为 58%。

小块的第二个缺点是对内存合并有不利影响。对于一个 8×8×8 的块，每个由 32 个线程组成的线程束将负责加载 4 行不同的块，每行有 8 个输入值。因此，在相同的加载指令下，线程束中的线程将访问全局内存中至少 4 个遥远的位置。这些访问不能合并以充分利用 DRAM 带宽。因此，为了使复用级别接近 3.25OP/B，并充分利用 DRAM 带宽，$T$ 需要更大的值。对于更大的 $T$ 的需求促使研究人员提出了我们将在下一节中讨论的方法。

## 8.4　线程粗化

正如我们在前一节中提到的，事实上，模板通常应用于三维网格，由于模板模式的稀疏性，对于共享内存平铺而言，模板扫描的效果不及卷积。本节介绍线程粗化的用法，通过粗化每个线程所做的从计算一个网格点值到一列网格点值的工作，来克服块大小的限制，如图 8.9 所示。回想一下 6.3 节中提到的线程粗化，程序员将并行工作单元部分地串行化到每个线程中，从而降低了并行性的代价。在这种情况下，并行性的代价是由于每个块加载边缘元素而导致的低数据重用。

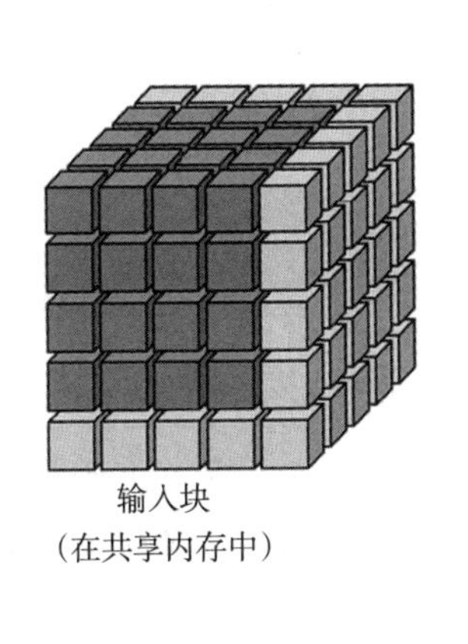


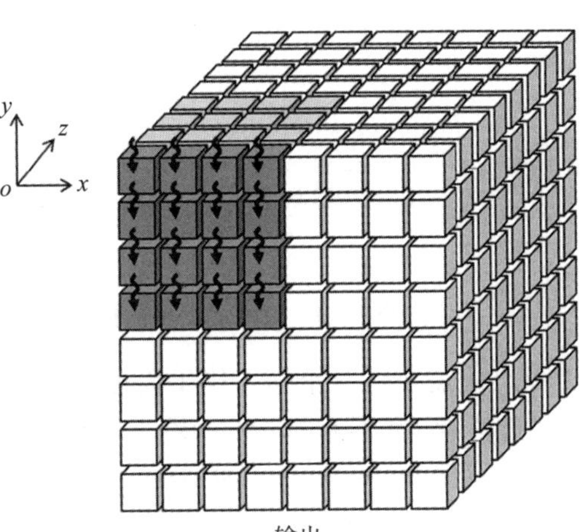

输出

图 8.9　三维七点模板扫描的 $z$ 方向的线程粗化

在图 8.9 中，我们假设每个输入块由 $T^3 = 6^3 = 216$ 个网格点组成。注意，为了让输入块的内部可见，我们剥离了块的前面、左面和最上面的图层。我们还假设每个输出块由 $(T-2)^3 = 4^3 = 64$ 个网格点组成。图中的 $x$、$y$ 和 $z$ 方向是用输入和输出的坐标系表示的。输入块的每个 $x-y$ 平面由 $6^2 = 36$ 个网格点组成，输出块的每个 $x-y$ 平面由 $4^2 = 16$ 个网格点组成。被分配来处理这个块的线程块由与输入块的一个 $x-y$ 平面（即 $6 \times 6$）相同数量的线程组成。在图中，我们只展示了线程块的内部线程，它们在计算输出块值（即 $4 \times 4$）时处于活动状态。

图 8.10 显示了在 $z$ 方向上进行三维七点模板扫描的线程粗化的内核。其思路是让线程块在 $z$ 方向上进行迭代，在每次迭代期间计算输出块的一个 $x-y$ 平面上的网格点的值。内核首先将每个线程分配给输出的 $x-y$ 平面上的一个网格点（第 03 ～ 04 行）。注意，$i$ 是每个线程计算的输出块网格点的 $z$ 索引。在每次迭代中，一个块中的所有线程都将处理一个输出块的 $x-y$ 平面，因此，它们都将计算 $z$ 索引相同的输出网格点。

```
01 __global__ void stencil_kernel(float* in, float* out, unsigned int N) {
02     int iStart = blockIdx.z*OUT_TILE_DIM;
03     int j = blockIdx.y*OUT_TILE_DIM + threadIdx.y - 1;
04     int k = blockIdx.x*OUT_TILE_DIM + threadIdx.x - 1;
05     __shared__ float inPrev_s[IN_TILE_DIM][IN_TILE_DIM];
06     __shared__ float inCurr_s[IN_TILE_DIM][IN_TILE_DIM];
07     __shared__ float inNext_s[IN_TILE_DIM][IN_TILE_DIM];
08     if(iStart-1 >= 0 && iStart-1 < N && j >= 0 && j < N && k >= 0 && k < N) {
09         inPrev_s[threadIdx.y][threadIdx.x] = in[(iStart - 1)*N*N + j*N + k];
10     }
11     if(iStart >= 0 && iStart < N && j >= 0 && j < N && k >= 0 && k < N) {
12         inCurr_s[threadIdx.y][threadIdx.x] = in[iStart*N*N + j*N + k];
13     }
14     for(int i = iStart; i < iStart + OUT_TILE_DIM; ++i) {
15       if(i + 1 >= 0 && i + 1 < N && j >= 0 && j < N && k >= 0 && k < N) {
16             inNext_s[threadIdx.y][threadIdx.x] = in[(i + 1)*N*N + j*N + k];
17       }
18       __syncthreads();
19       if(i >= 1 && i < N - 1 && j >= 1 && j < N - 1 && k >= 1 && k < N - 1) {
20         if(threadIdx.y >= 1 && threadIdx.y < IN_TILE_DIM - 1
21            && threadIdx.x >= 1 && threadIdx.x < IN_TILE_DIM - 1) {
22             out[i*N*N + j*N + k] = c0*inCurr_s[threadIdx.y][threadIdx.x]
23                                  + c1*inCurr_s[threadIdx.y][threadIdx.x-1]
24                                  + c2*inCurr_s[threadIdx.y][threadIdx.x+1]
25                                  + c3*inCurr_s[threadIdx.y+1][threadIdx.x]
26                                  + c4*inCurr_s[threadIdx.y-1][threadIdx.x]
27                                  + c5*inPrev_s[threadIdx.y][threadIdx.x]
28                                  + c6*inNext_s[threadIdx.y][threadIdx.x];
29         }
30       }
31       __syncthreads();
32       inPrev_s[threadIdx.y][threadIdx.x] = inCurr_s[threadIdx.y][threadIdx.x];
33       inCurr_s[threadIdx.y][threadIdx.x] = inNext_s[threadIdx.y][threadIdx.x];
34     }
35 }
```

图 8.10 三维七点模板扫描的 $z$ 方向线程粗化的内核

最初，每个块需要将三个输入块平面加载到共享内存中，这三个输入块平面包含计算图 8.9 中最靠近读者（用线程标记）的输出块平面的值所需的所有点。这是通过让块中的所有线程将第一层（第 08 ～ 10 行）加载到共享内存数组 inPrev_s 中，将第二层（第 11 ～ 13 行）加载到共享内存数组 inCurr_s 中来实现的。对于第一层，inPrev_s 从输入块的前一层加载，而前一层已经被剥离出来，以便看到内层。

在第一次迭代期间，一个块中的所有线程协作将当前输出块层所需的第三层加载到共享内存数组 inNext_s 中（第 15 ～ 17 行）。然后，所有线程都在屏障上等待（第 18 行），直到所有线程都完成了输入块层的加载。第 19 ～ 21 行中的条件与图 8.8 中共享内存内核中的对等代码具有相同的目的。

然后，每个线程使用存储在 inCurr_s 中的四个 $x$–$y$ 邻居、存储在 inPrev_s 中的 $z$ 邻居和存储在 inNext_s 中的 $z$ 邻居计算当前输出块平面中的输出网格点值。然后，块中的所有线程在屏障处等待，以确保每个线程在进入下一个输出块平面之前都完成了自己的计算。一旦离开这个屏障，所有的线程就会协作，将 inCurr_s 的内容移动到 inPrev_s，将 inNext_s 的内容移动到 inCurr_s。这是因为当线程在 $z$ 方向上移动一个输出平面时，输入块平面所扮演的角色就会改变。因此，在每次迭代结束时，块（block）有三个输入块（tile）平面中的两个，用于计算下一次迭代的输出块平面。然后，所有线程进入下一个迭代，并加载迭代的输出平面所需的输入块的第三个平面。为了计算第二个输出块平面，inPrev_s、inCurr_s 和 inNext_s 的更新映射如图 8.11 所示。

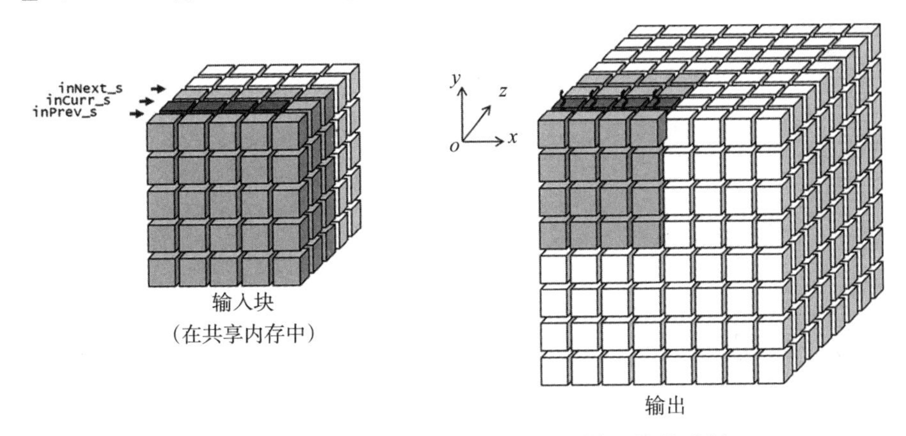


图 8.11　第一次迭代后共享内存数组到输入块的映射

线程粗化内核的优点是增加了块的大小而不增加线程的数量，而且不需要输入块的所有平面都出现在共享内存中。线程块大小现在只有 $T^2$ 而不是 $T^3$，因此我们可以使用更大的 $T$ 值，例如 32，这会导致块大小为 1024 个线程。有了这个 $T$ 值，我们可以预期浮点运算与全局内存访问比率将是 $\frac{13}{4}\times\left(1-\frac{3}{32}\right)^2=2.68\text{OP/B}$，这比原始共享内存平铺内核的 1.37OP/B 有了显著的改进，并且更接近于 3.25OP/B 的上限。此外，在任何时候，只有三层输入块需要放在共享内存中。共享内存容量需求现在是 $3T^2$ 个元素而不是 $T^3$ 个元素。对于 $T$=32，共享内存消耗现在处于一个合理的水平：$3\times32^2\times4$B=12KB / 块。

## 8.5　寄存器平铺

一些模板模式的特殊特性可以带来新的优化机会。在这里，我们提出了一种优化，对于只涉及中心点的 $x$、$y$ 和 $z$ 方向上的邻居的模板模式特别有效。图 8.3 中的所有模板都属于这种情况。图 8.10 中的三维七点模板扫描内核反映了这个属性。在计算具有相同 $x$–$y$ 索引的输出块网格点时，每个 inPrev_s 和 inNext_s 元素只被一个线程使用。只有 inCurr_s

元素被多个线程访问，并且真正需要在共享内存中。inPrev_s 和 inNext_s 中的 z 邻居可以保留在单用户线程的寄存器中。

我们在图 8.12 中的寄存器平铺内核中利用了这一特性。内核是在图 8.10 中的线程粗化内核上构建的，并进行了一些简单但重要的修改。我们将集中讨论这些修改。首先，我们创建三个寄存器变量 inPrev、inCurr 和 inNext（第 05、07、08 行）。寄存器变量 inPrev 和 inNext 分别替换共享内存数组 inPrev_s 和 inNext。相比之下，我们保留了 inCurr_s，以允许 x-y 邻居网格点值在线程之间共享。因此，这个内核使用的共享内存减少到图 8.12 中内核使用的共享内存的三分之一。

```
01 __global__ void stencil_kernel(float* in, float* out, unsigned int N) {
02   int iStart = blockIdx.z*OUT_TILE_DIM;
03   int j = blockIdx.y*OUT_TILE_DIM + threadIdx.y - 1;
04   int k = blockIdx.x*OUT_TILE_DIM + threadIdx.x - 1;
05   float inPrev;
06   __shared__ float inCurr_s[IN_TILE_DIM][IN_TILE_DIM];
07   float inCurr;
08   float inNext;
09   if(iStart-1 >= 0 && iStart-1 < N && j >= 0 && j < N && k >= 0 && k < N) {
10       inPrev = in[(iStart - 1)*N*N + j*N + k];
11   }
12   if(iStart >= 0 && iStart < N && j >= 0 && j < N && k >= 0 && k < N) {
13       inCurr = in[iStart*N*N + j*N + k];
14       inCurr_s[threadIdx.y][threadIdx.x] = inCurr;
15   }
16   for(int i = iStart; i < iStart + OUT_TILE_DIM; ++i) {
17     if(i + 1 >= 0 && i + 1 < N && j >= 0 && j < N && k >= 0 && k < N) {
18           inNext = in[(i + 1)*N*N + j*N + k];
19     }
20     __syncthreads();
21     if(i >= 1 && i < N - 1 && j >= 1 && j < N - 1 && k >= 1 && k < N - 1) {
22       if(threadIdx.y >= 1 && threadIdx.y < IN_TILE_DIM - 1
23          && threadIdx.x >= 1 && threadIdx.x < IN_TILE_DIM - 1) {
24         out[i*N*N + j*N + k] = c0*inCurr
25                              + c1*inCurr_s[threadIdx.y][threadIdx.x-1]
26                              + c2*inCurr_s[threadIdx.y][threadIdx.x+1]
27                              + c3*inCurr_s[threadIdx.y+1][threadIdx.x]
28                              + c4*inCurr_s[threadIdx.y-1][threadIdx.x]
29                              + c5*inPrev
30                              + c6*inNext;
31       }
32     }
33     __syncthreads();
34     inPrev = inCurr;
35     inCurr = inNext;
36     inCurr_s[threadIdx.y][threadIdx.x] = inNext_s;
37   }
38 }
```

图 8.12　用于三维七点模板扫描的内核与线程粗化，在 z 方向进行寄存器平铺

之前和当前输入块平面的初始加载（第 09 ～ 15 行）以及每次新的迭代之前输入块的下一个平面的加载（第 17 ～ 19 行）都是以寄存器变量作为目标来执行的。因此，输入块的“活动部分”的三个平面被保存在同一块的线程寄存器中。此外，内核总是在共享内存中维护输入块的当前平面的副本（第 14 行和第 34 行）。也就是说，活动输入块平面的 x-y 邻居对于需要访问这些邻居的所有线程总是可用的。

图 8.10 和图 8.12 中的内核都只在片上内存中保留输入块的活动部分。活动部分中的平

面数量取决于模板的阶数，对于三维七点模板来说是三个。图 8.12 中的粗化和寄存器平铺核与图 8.10 中的粗化核相比有两个优点。首先，对共享内存的许多读写现在都转移到寄存器中。由于寄存器具有比共享内存更低的延迟和更高的带宽，我们期望代码运行得更快。其次，每个块只消耗共享内存的三分之一。当然，这是以每个线程多使用三个寄存器为代价实现的，或者假设每个块是 $32 \times 32$ 的，则是以每个块多使用 3072 个寄存器为代价。读者应该记住，对于高阶的模板，寄存器的使用将变得更多。如果寄存器的使用出现问题，我们可以改回将一些平面存储在共享内存中。这个场景代表了通常需要在共享内存和寄存器使用之间进行的一种折中。

总的来说，数据重用现在分布在寄存器和共享内存中。全局内存访问的次数没有改变。如果我们同时考虑寄存器和共享内存，那么整体的数据重用与只使用输入块共享内存的线程粗化内核是一样的。因此，当我们将寄存器平铺添加到线程粗化时，对全局内存带宽的消耗没有影响。

注意，在块线程寄存器中存储数据块的想法是我们以前见过的。在第 3 章和第 5 章的矩阵乘法内核中，以及在第 7 章的卷积内核中，我们将每个线程计算的输出值存储在该线程的寄存器中。因此，由一个块计算的输出块被集体存储在该块线程的寄存器中。因此，寄存器平铺并不是一种新的优化，而是我们以前应用过的一种优化。这在本章中变得更加明显，因为我们现在使用寄存器来存储部分输入块：在整个计算过程中，相同的块有时存储在寄存器中，有时存储在共享内存中。

## 8.6　总结

在本章中，我们深入到模板扫描计算，它似乎只是与特殊的滤波模式的卷积。然而，由于模板来自解微分方程的离散化和导数的数值逼近，它们有两个特性，可以实现新的优化。首先，模板扫描通常是在三维网格上进行的，而卷积通常是在二维图像或二维图像的少量时间切片上进行的。这使得两者之间的平铺考虑不同，并引入了三维模板的线程粗化，以支持更大的输入平铺和更多的数据重用。其次，模板模式有时可以对输入数据进行寄存器平铺，以进一步提高数据访问吞吐量并减轻共享内存的压力。

## 练习

1. 考虑尺寸为 $120 \times 120 \times 120$ 的网格（包括边界单元）上的三维模板计算。
   a. 在每次模板扫描期间计算的输出网格点的数量是多少？
   b 对于图 8.6 中的基本内核，假设块大小为 $8 \times 8 \times 8$，需要多少个线程块？
   c. 对于图 8.8 中共享内存平铺的内核，假设块大小为 $8 \times 8 \times 8$，需要多少线程块？
   d. 对于图 8.10 中共享内存平铺和线程粗化的内核，假设块大小为 $32 \times 32$，需要多少线程块？
2. 考虑一个应用共享内存平铺和线程粗化的七点（三维）模板的实现。它的实现类似于图 8.10 和 8.12 中的实现，除了块不是完美的立方体。我们使用 $32 \times 32$ 的线程块以及粗化因子 16（即每个线程块处理 $z$ 维度的 16 个连续输出平面）。
   a. 线程块在其生命周期中加载的输入块的大小（元素的数量）是多少？
   b. 线程块在其生命周期中处理的输出块的大小（元素的数量）是多少？
   c. 什么是内核的浮点与全局内存访问比率（单位为 OP/B）？
   d. 如图 8.10 所示，如果不使用寄存器平铺，每个线程块需要多少共享内存（字节）？
   e. 如图 8.12 所示，如果使用寄存器平铺，每个线程块需要多少共享内存（字节）？

# 并行直方图：原子操作和私有化

到目前为止，本书所介绍的并行计算模式允许每个计算输出元素的任务专属于一个线程。所以这些模式适用于所有者 – 写者规则，即每个线程都被明确分配给指定的输出元素，而不必考虑其他线程的干扰。本章介绍并行直方图计算模式，其中每个输出元素都可能被任一线程所更新。因此，当线程更新输出元素时，需要注意线程之间的协调性，且避免任何破坏最终结果的干扰。实际上，一些主要的并行计算模式中的输出干扰难以避免，而并行直方图算法展示了在并行计算中如何处理可能出现的输出干扰。首先，本章将研究利用原子操作以序列化每个元素更新的基准方法。此方法简单但效率低下，往往导致令人失望的运行速度。然后，本章将介绍一些广泛应用的优化技术，主要是私有化，以在保持正确性的同时显著提高执行速度。这些技术的成本和效益取决于底层硬件以及输入数据的特性。因此，对于开发者来说，理解这些技术的关键思想以及推理它们在不同情况下的适用程度是十分重要的。

## 9.1 背景

直方图呈现了数据集中数据值的出现次数或百分比。在最常见的直方图中，值区间沿横轴绘制，每个区间的数据值计数表示为起始于水平轴的矩形或条状的高度。例如，直方图可被用来显示“programming massively parallel processors”这句话中字母的出现频率。为了简单起见，我们假设输入的单词都是小写。通过检查，我们发现字母 a 出现了 4 次，字母 b 出现了 0 次，字母 c 出现了 1 次，以此类推。我们将字母表中连续的四个字母定义为一个值区间。例如，第一个值区间为 a 到 d，第二个值区间为 e 到 h，等等。基于上述对值区间的定义，图 9.1 显示了“programming massively parallel processors”这句话中的字母出现频率的直方图。

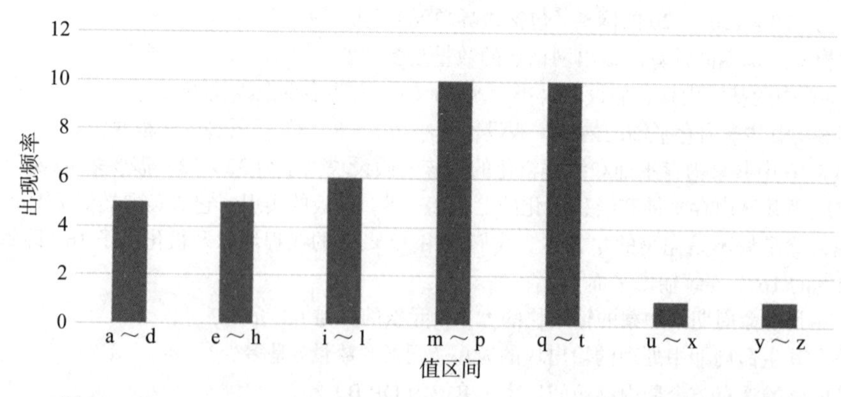


图 9.1 “programming massively parallel processors”这句话的直方图表示

直方图为数据集提供了有效的汇总。在上述例子中，我们看到这个句子由大量集中在字母表中间区间的字母组成，后面区间的字母明显减少。直方图的形态常被视作数据集的特征，它能够迅速揭示数据集中潜在的重要现象。比如，某信用卡账户的购买类别和购买位置的直方图形态可用于检测欺诈行为。当直方图的形态明显偏离标准时，系统会发出警告信号。

许多应用领域依靠直方图来汇总数据集并进行数据分析。其中一个领域是计算机视觉，不同类型的物体图像（如人脸与汽车）的直方图往往展现出不同的形状，例如，可以绘制图像或图像区域的像素亮度值的直方图，如晴天的天空直方图可能只在发光光谱的高值区间具有少数非常高的条形。通过将图像划分为子区域并分析这些子区域的直方图，可以快速识别图像中可能包含我们感兴趣的对象的子区域。计算图像子区域直方图的过程是计算机视觉中用于特征提取的一种重要方法，其中的特征是指图像中我们感兴趣的模式。实际上，每当需要分析大量数据以提炼重要事件时，直方图可能被用作基础计算。显而易见，信用卡欺诈检测和计算机视觉符合这一描述。其他具有这种需求的应用领域包括语音识别、网站购买推荐，以及像计算天体物理学中的天体运动关联性这样的科学数据分析。

依照顺序很容易进行直方图的计算。图 9.2 显示了一个计算图 9.1 中定义的直方图的顺序函数。为了简单起见，直方图函数只需要识别小写字母。该 C 语言代码假设输入的数据集是一个 `char` 类型的数组 `data`，并且直方图被生成到 `int` 类型的数组 `histo` 中（第 01 行）。输入的数据量在函数参数 `length` 中指定。`for` 循环（第 02 ～ 07 行）依次遍历数组，确定被访问位置 `data[i]` 中的字符的字母索引。将该字母索引保存到 `alphabet_position` 变量中，并增加与该区间相关的 `histo[alphabet_position/4]` 元素。字母表索引的计算依赖于这样一个事实，即输入字符串是基于标准的 ASCII 码表示，其中字母 a 到 z 根据其在字母表中的顺序被编码成连续的数值。

```
01  void histogram_sequential(char *data, unsigned int length,
                                  unsigned int *histo) {
02      for(unsigned int i = 0; i < length; ++i) {
03          int alphabet_position = data[i] - 'a';
04          if(alphabet_position >= 0 && alphabet_position < 26)
05               histo[alphabet_position/4]++;
06          }
07      }
08  }
```

图 9.2　计算输入文本字符串直方图的简单 C 函数

尽管人们可能不知道每个字母的确切编码值，但可以发现某字母的编码值是 a 的编码值加上该字母与 a 的位置差。在输入中，每个字符都是以其编码值存储的。因此，表达式 `data[i]-'a'`（第 03 行）根据 a 的字母表位置为 0，得出了该字母的字母表位置。如果 `alphabet_position` 大于或等于 0 且小于 26，则该字符确实为一个小写字母（第 04 行）。请注意，上述定义的区间是每个区间包含四个字母。因此，字母的区间索引是字母位置值除以 4。我们使用区间索引以增加对应的 `histo` 数组元素（第 05 行）。

图 9.2 中的 C 语言代码十分简单高效。该算法的计算复杂度为 $O(N)$，其中 $N$ 是输入数据元素的数量。数组元素在 `for` 循环中被顺序访问，因此每当从系统 DRAM 中获取数据时，CPU 的缓存行都会被很好地利用。`histo` 数组非常小，可置于 CPU 的 L1 缓存中，以确保 `histo` 元素的快速更新。对于大多数现代 CPU 来说，这段代码的执行速度是受内存限制的，换句话说，受数据元素从 DRAM 进入 CPU 缓存的速度限制。

## 9.2 原子操作与基本直方图内核

将直方图计算并行化的最直接方法是启动与数据元素数量相同的线程，并让每个线程处理一个输入元素。每个线程读取其分配的输入元素，并增加相应字符区间的数值。图 9.3 演示了此并行化策略的一个示例。然而，多个线程可能会同时尝试更新相同的计数器（m ~ p），这种情况称为输出干扰。程序员需要了解竞争条件和原子操作的概念，以便处理并行代码中的输出干扰。

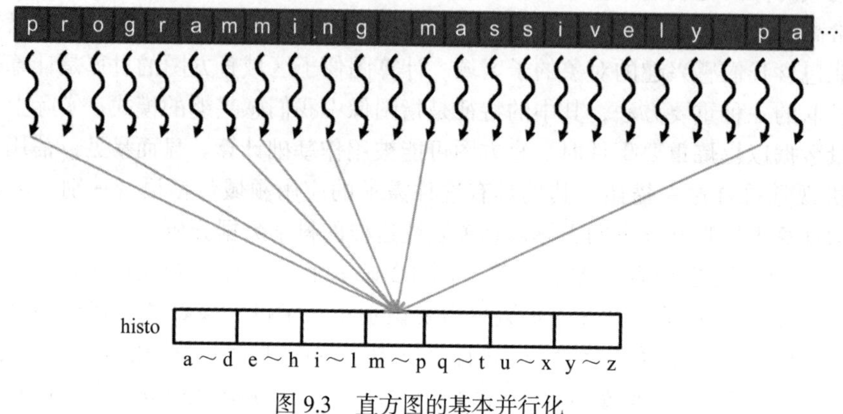


图 9.3 直方图的基本并行化

在 histo 数组中对区间计数器进行递增操作是对内存位置的更新或读取 – 修改 – 写入（read-modify-write）操作。该操作涉及读取内存位置（read）、在原始值上加一（modify）并将新值写回内存位置（write）。读取 – 修改 – 写入是协调协作中常用的操作。

例如，向航空公司预订航班时，我们一般会打开座位图并查找可选座位（读取），接着选择一个座位进行预订（修改），将该座位的状态更改为不可用（写入）。以下为可能发生的错误场景：

- 两位乘客同时打开了同一趟航班的座位图。
- 两位乘客都选择了同一个座位，比如 9C。
- 两位乘客都将 9C 座位的状态更改为不可用。

在这个过程中，两位乘客都认为自己已经预订了 9C 座位。可以想象，当其登机后会发生其中一人不能坐在预订座位这样的不愉快情况。由于航空公司预订软件的缺陷，类似的情况很可能发生于现实生活中。

另一个例子是，一些商店允许顾客等待服务，无须排队。他们让每个顾客从自助服务台上取一个号码，商店的大屏幕显示下一个将要服务的号码。当服务员为顾客服务时，会要求顾客出示与该号码匹配的票证，然后验证票证并将显示的号码更新为下一个号码。理想情况下，所有顾客将按进入商店的顺序得到服务。糟糕的结果是，两个顾客同时在两个自助服务台签到并取到相同号码的票。当一个服务员呼叫该号码时，两个顾客都认为自己是应该接受服务的那个人。

在这两个例子中，糟糕的结果都是由一种称为读取 – 修改 – 写入竞争条件的现象引起的。在这种现象中，两个或多个同时更新操作的结果取决于所涉及操作的相对时间[⊖]。有些结

⊖ 请注意，这与第 10 章中的写后读竞争条件类似但不相同。在该章中，我们将讨论在 Kogge-Stone 扫描内核的每次迭代中，XY 数组的读取和写入之间对屏障同步的需求。

果是正确的，有些结果是错误的。图 9.4 给出了当两个线程尝试在文本直方图示例中更新相同 histo 元素时的竞争条件。图 9.4 中的每一行显示了一段时间内的活动情况，时间从上到下推移。

| 时间 | 线程 1 | 线程 2 |
|---|---|---|
| 1 | (0) Old ← histo[x] | |
| 2 | (1) New ← Old+1 | |
| 3 | (1) histo ← New | |
| 4 | | (1) Old ← histo[x] |
| 5 | | (2) New ← Old+1 |
| 6 | | (2) histo ← New |

a)

| 时间 | 线程 1 | 线程 2 |
|---|---|---|
| 1 | (0) Old ← histo[x] | |
| 2 | (1) New ← Old+1 | |
| 3 | | (0) Old ← histo[x] |
| 4 | (1) histo[x] ← New | |
| 5 | | (1) New ← Old+1 |
| 6 | | (1) histo[x] ← New |

b)

图 9.4 更新 histo 数组元素中的竞争条件：图 a 为一种可能的指令交错方式，图 b 为另一种可能的指令交错方式

图 9.4a 描述了这样一种情况：线程 1 在时间段 1 到 3 期间完成读取 – 修改 – 写入操作，然后线程 2 在时间段 4 开始针对相同资源 histo[x] 的读取 – 修改 – 写入。每个操作前面的括号中显示写入目标的值，假设 histo[x] 的值最初为 0。在这种情况下，histo[x] 的最终值为 2，正如所期望的一样。也就是说，两个线程成功地将 histo[x] 增加了一次。该元素值从 0 开始，在操作完成后变为 2。

在图 9.4b 中，两个线程的读取 – 修改 – 写入序列重叠。请注意，在时间段 4，线程 1 将新值写入 histo[x] 中。当线程 2 在时间段 3 读取 histo[x] 时，它的值仍然是 0。因此，它计算并最终写入 histo[x] 的新值为 1 而不是 2。问题在于线程 1 完成更新之前，线程 2 过早读取了 histo[x] 的值。最终产生 histo[x] 的值为 1 的错误结果，缺失了线程 1 的更新结果。

在并行执行期间，线程间可以按任意顺序运行。在我们的例子中，线程 2 很容易在线程 1 之前启动其更新序列。图 9.5 显示了两种这样的情况。在图 9.5a 中，线程 2 在线程 1 开始之前完成了更新。在图 9.5b 中，线程 1 在线程 2 完成更新之前开始了更新。很明显，图 9.5a 中的序列会产生 histo[x] 的正确结果，但是图 9.5b 中的序列会产生错误的结果。

| 时间 | 线程 1 | 线程 2 |
|---|---|---|
| 1 | | (0) Old ← histo[x] |
| 2 | | (1) New ← Old+1 |
| 3 | | (1) histo[x] ← New |
| 4 | (1) Old ← histo[x] | |
| 5 | (2) New ← Old+1 | |
| 6 | (2) histo[x] ← New | |

a)

| 时间 | 线程 1 | 线程 2 |
|---|---|---|
| 1 | | (0) Old ← histo[x] |
| 2 | | (1) New ← Old+1 |
| 3 | (0) Old ← histo[x] | |
| 4 | | (1) histo[x] ← New |
| 5 | (1) New ← Old+1 | |
| 6 | (1) histo[x] ← New | |

b)

图 9.5 线程 2 在线程 1 之前运行的竞争条件情况：图 a 为一种可能的指令交错方式，图 b 为另一种可能的指令交错方式

histo[x] 的最终值取决于所涉及操作的相对时间，这表明存在竞争条件。我们可以通过消除线程 1 和线程 2 的操作序列的交错来消除这种变化。也就是说，我们希望通过使用原

子操作来实现图 9.4a 和图 9.5a 中所示的情况，同时消除图 9.4b 和图 9.5b 中所示的错误结果。

存储位置上的原子操作，即在对内存位置执行读取 – 修改 – 写入序列时，需要使其他对该位置的读取 – 修改 – 写入序列不会与之重叠。也就是说，操作的读取、修改和写入部分构成不可分割的单元，因此称为原子操作。在实践中，可以使用硬件支持来锁定对同一位置的其他操作，直到当前操作完成。在我们的例子中，使用原子操作可以避免图 9.4b 和图 9.5b 所示的错误结果，因为后一个线程需要等待前一个线程完成其操作序列后才能开始更新。

需要注意的是，原子操作不强制线程间采取任何特殊的执行顺序。在我们的例子中，图 9.4a 和图 9.5a 所示的两种顺序都是原子操作允许的。线程 1 可以在线程 2 之前或之后运行。而需要强制执行的是，如果两个线程在同一内存位置上执行原子操作，则后一个线程执行的原子操作必须等到前一个线程完成原子操作才能开始，以有效地序列化内存位置上的原子操作。

原子操作通常根据内存位置的修改操作来命名。在文本直方图示例中，我们正在将一个值添加到内存位置，因此称为 atomicAdd。其他类型的原子操作包括减法、递增、递减、最小值、最大值、逻辑与和逻辑或。CUDA 核函数可以通过函数调用在内存位置上执行原子加操作：

```
int atomicAdd(int* address, int val);
```

atomicAdd 是一个内置函数，它被编译成硬件原子操作指令。该指令读取全局或共享内存中由 address 参数指向的 32 位单元，将 val 加到存储的旧值中，并将结果存回内存的同一地址。该函数返回地址上的旧值。

**内置函数**

现代处理器通常提供特殊指令，用于执行关键功能（如原子操作）或重大性能增强（如向量指令）。这些指令通常作为内置函数或简单内置函数提供给程序员。从程序员的角度来看，这些函数是库函数。然而，编译器以特殊的方式处理它们：每个这样的调用都被翻译成相应的特殊指令。通常在最终代码中没有函数调用，只有用户代码中的特殊指令。主要的现代编译器（如 GCC、英特尔 C 编译器和 Clang/LLVM C 编译器）都支持内置函数。

图 9.6 展示了一个执行并行直方图计算的 CUDA 内核。该代码类似于图 9.2 中的串行代码，但有两个关键区别。第一个区别是，输入元素的循环被线程索引计算（第 02 行）和边界检查（第 03 行）所取代，以便为每个输入元素分配一个线程。第二个区别是，图 9.2 中的增量表达式

```
histo[alphabet_position/4]++
```

成为图 9.6（第 06 行）中的 atomicAdd 函数调用。第一个参数 &(histo[alphabet_position/4]) 是更新位置的地址，第二个参数 1 是要添加到该位置的值。这可以确保不同线程对任何 histo 数组元素的同步更新都被正确地序列化。

```
01   __global__ void histo_kernel(char *data, unsigned int length,
                                  unsigned int *histo)  {
02       unsigned int i = blockIdx.x*blockDim.x + threadIdx.x;
```

图 9.6　直方图计算的 CUDA 核函数

```
03      if (i < length) {
04          int alphabet_position = data[i] - 'a';
05          if (alphabet_position >= 0 && alpha_position < 26) {
06              atomicAdd(&(histo[alphabet_position/4]), 1);
07          }
08      }
09  }
```

图 9.6　直方图计算的 CUDA 核函数（续）

## 9.3　原子操作的延迟和吞吐量

图 9.6 所示内核中使用的原子操作通过序列化同步更新来确保更新的正确性。众所周知，序列化大规模并行程序的任何部分都会大大增加执行时间，降低程序的执行速度。因此，重要的是减少序列化操作所占的执行时间。

正如我们在第 5 章中所了解的，DRAM 中数据的访问延迟可能需要数百个时钟周期。GPU 使用零周期上下文切换来容忍这种延迟。只要有许多内存访问延迟相互重叠的线程，执行速度就会受到内存系统吞吐量的限制。因此，重要的是，GPU 要充分利用 DRAM 突发、内存库和通道来实现高内存访问吞吐量。

在这一点上，读者应该清楚，虽然高内存访问吞吐量通常依赖于多个并行的 DRAM 访问，但当许多原子操作更新同一个内存位置时，这种策略就会失效。在这种情况下，在前导线程的读取 – 修改 – 写入序列完成之前，后续线程的读取 – 修改 – 写入序列不能开始。如图 9.7 所示，同一内存位置只能有一个正在执行的原子操作。每个原子操作的持续时间大约是一个内存加载（原子操作时间的左段）加上一个内存存储的延迟（原子操作时间的右段）。每个读取 – 修改 – 写入操作时间段的长度（通常是数百个时钟周期）定义了必须用于服务每个原子操作的最小时间量，并限制了吞吐量或原子操作的执行速度。

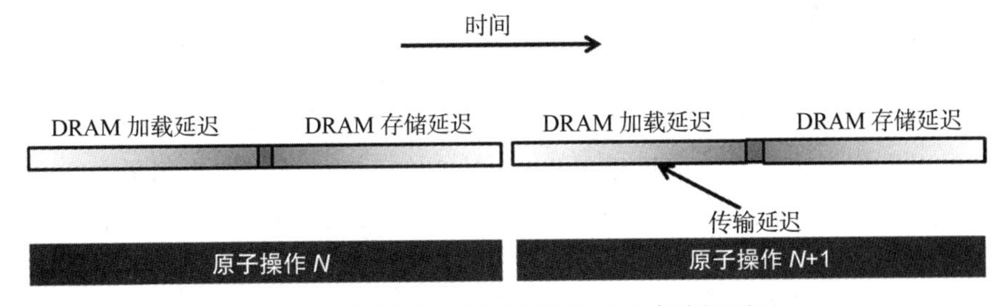


图 9.7　原子操作的吞吐量取决于内存访问延迟

例如，假设一个内存系统有一个 64 位（8 字节）每通道双数据率的 DRAM 接口，8 个通道，时钟频率为 1GHz，典型的访问延迟为 200 个周期。存储器系统的峰值访问吞吐量是 8（字节 / 传输）× 2（每通道每时钟的传输）× 1G（时钟 / 秒）× 8（通道）=128GB/s。假设每个访问的数据是 4 字节，系统的峰值访问吞吐量为每秒 32G 数据元素。

然而，在对一个特定的内存位置进行原子操作时，可达的最高吞吐量是每 400 个周期进行一次原子操作（200 个周期的读和 200 个周期的写），转化为基于时间的吞吐量为 1/400（原子 / 时钟）× 1G（时钟 / 秒）=2.5M 原子 / 秒。这大大低于大多数用户对 GPU 存储系统的期望。此外，原子操作序列的长延迟将可能主导内核的执行时间，并降低内核的执行速度。

在实践中，并不是所有的原子操作都会在一个内存位置上执行。在文本直方图的例子中，直方图有七个区间。如果输入的字符均匀地分布在字母表中，那么原子操作将均匀地分布在直方图的各个元素中。这将使吞吐量提高到每秒 7 × 2.5M=17.5M 原子操作。在现实中，提升系数往往比直方图中的区间数低得多，因为字符在字母表中的分布往往是有偏差的。例如，在图 9.1 中，我们看到示例中的字符严重偏向 m ～ p 和 q ～ t 区间。这些区间的大量竞争可能会使可实现的吞吐量减少到大约（28/10）× 2.5M=7M。

提高原子操作的吞吐量的方法之一是减少对竞争激烈的位置的访问延迟。缓存是减少存储器访问延迟的主要工具。出于这个原因，现代 GPU 允许在最后一级缓存中进行原子操作，该缓存在所有流多处理器（SM）中共享。在原子操作过程中，如果在最后一级高速缓存中找到更新的变量，它就会在高速缓存中更新。如果在上一级缓存中找不到，就会触发缓存未命中，该变量被拉入缓存，在那里进行更新。由于被原子操作更新的变量往往被许多线程大量访问，这些变量一旦被从 DRAM 拉入，就会留在缓存中。由于对最后一级缓存的访问时间是几十个周期而不是几百个周期，因此与早期的 GPU 相比，原子操作的吞吐量至少提高了一个数量级。这是大多数现代 GPU 支持最后一级缓存的原子操作的一个重要原因。

## 9.4　私有化

另一种提高原子操作吞吐量的方法是通过将流量从竞争激烈的位置引开以缓解竞争。这可以通过一种被称为*私有化*的技术来实现，这种技术通常被用来解决并行计算中的严重输出干扰问题。这个想法是将高度竞争的输出数据结构复制到私有副本中，使得每个线程子集都可以更新其私有副本。这样做的好处是在访问私有副本时减少大量竞争，而且也会降低延迟。这些私有副本可以极大地提高更新数据结构的吞吐量。缺点是在计算完成后，需要将私有副本合并到原始数据结构中。我们必须仔细地平衡竞争程度和合并成本。因此，在大规模的并行系统中，私有化通常是针对线程的子集而非单个线程进行的。

在直方图的例子中，我们可以创建多个私有直方图，并指定线程子集来更新其中的每一个私有副本。例如，可以创建两个私有副本，让偶数索引块来更新其中一个，奇数索引块来更新另一个。再比如，可以创建四个私有副本，让索引为 $4n+i$ 的块来更新 $i$=0, …, 3 的第 $i$ 个私有版本。每个线程块创建一个私有副本。我们将在后面看到这种方法的多种优点。

图 9.8 显示了如何将私有化应用于图 9.3 中的文本直方图。在这个例子中，线程被组织成线程块，每个线程块由 8 个线程组成（在实践中，线程块要大得多）。每个线程块都收到一份它所更新的直方图私有副本。如图 9.8 所示，与其说更新同一直方图的所有线程之间有竞争，不如说只有同一块的线程之间以及在最后合并私有副本时才会有竞争。

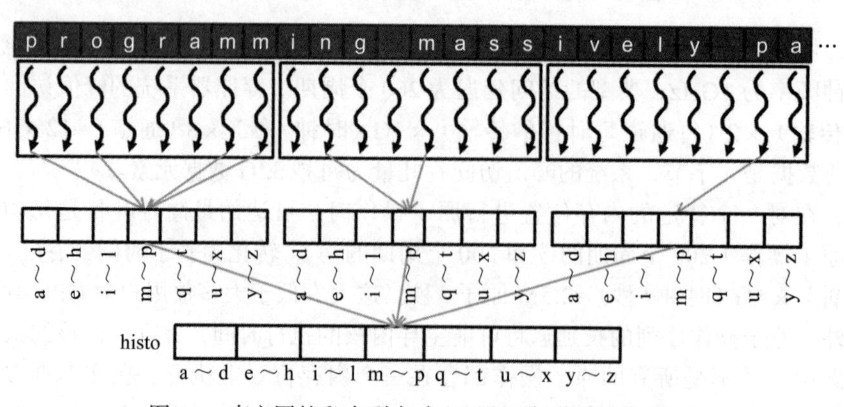


图 9.8　直方图的私有副本减少了原子操作的竞争程度

图 9.9 展示了一个简单的内核，它为每个块创建并关联了一个直方图的私有副本。在这个方案中，多达 1024 个线程将在一个直方图副本上工作。在这个内核中，私有直方图位于全局内存中。这些私有副本将可能被缓存在 L2 缓存中，以减少延迟和提高吞吐量。

```
01  __global__ void histo_private_kernel(char *data, unsigned int length,
                                          unsigned int *histo) {
02    unsigned int i = blockIdx.x*blockDim.x + threadIdx.x;
03    if(i < length) {
04      int alphabet_position = data[i] - 'a';
05      if (alphabet_position >= 0 && alphabet_position < 26) {
06         atomicAdd(&(histo[blockIdx.x*NUM_BINS + alphabet_position/4]), 1);
07      }
08    }
09    if(blockIdx.x > 0) {
10      __syncthreads();
11      for(unsigned int bin=threadIdx.x; bin<NUM_BINS; bin += blockDim.x){
12         unsigned int binValue = histo[blockIdx.x*NUM_BINS + bin];
13         if(binValue > 0) {
14            atomicAdd(&(histo[bin]), binValue);
15         }
16      }
17    }
18  }
```

图 9.9　在全局内存中面向线程块的私有直方图内核

图 9.9 中内核的第一部分（第 02 ～ 08 行）与图 9.6 中的内核类似，但有一个关键区别。图 9.9 中的内核假定主机代码将为 histo 数组分配足够的设备内存来容纳直方图的所有私有副本，这相当于 gridDim.x*NUM BINS*4 字节。这一点体现在第 06 行中，当对 histo 元素（直方图中的 bin）进行 atomicAdd 操作时，每个线程都会向索引添加一个 x*NUM_BINS 的偏移量。这个偏移量将位置转移到线程所属块的私有副本上。在这种情况下，竞争程度的减少因子大约是所有 SM 的活动块的数量。减少竞争的结果是将内核的更新吞吐量提高几个数量级。

在执行结束时，每个线程块将把私有副本中的值提交到由块 0 产生的版本中（第 09 ～ 17 行）。也就是说，我们将块 0 的私有副本转变为公共副本，该副本将保存所有块的总结果。块中的线程首先等待对方完成对私有副本的更新（第 10 行）。接下来，这些线程在私有直方图块上进行迭代（第 11 行），每个线程负责提交一个或多个私有块。一个循环被用来容纳任意数量的块。每个线程读取它所负责的私有块的值，并检查该块是否为非零（第 13 行）。如果是，线程通过原子地将该值添加到块 0 的副本中来提交（第 14 行）。请注意，加法需要以原子方式进行，因为来自多个块的线程可能同时在同一个位置上进行加法。因此在内核执行结束时，最终的直方图将在 histo 数组的前 NUM_BINS 个元素中。由于在内核执行的这个阶段，每个块只有一个线程在更新给定的 histo 数组元素，所以每个位置的竞争程度是非常弱的。

在每个线程块的基础上创建直方图的私有副本的一个好处是，线程可以使用 __syncthreads() 等待对方，然后再提交。如果这个私有副本被多个块访问，则需要调用另一个内核来合并这些私有副本，或者使用其他复杂的技术。在每个线程块的基础上创建直方图的私有副本的另一个好处是，如果直方图中 bin 的数量足够小，直方图的私有副本可以在共享内存中声明。如果私有副本被多个块访问，使用共享内存是不可能的，因为块对彼此的共享内存没有可见性。

回顾一下，任何延迟的减少都会直接转化为同一内存位置上原子操作吞吐量的提高。通过将数据放在共享内存中，可以极大地减少访问内存的延迟。共享内存对每个 SM 都是私有的，并且有非常短的访问延迟（几个周期）。这种延迟的减少直接转化为原子操作的吞吐量增加。

图 9.10 显示了一个私有化的直方图内核，它将私有副本存储在共享内存而不是全局内存中。与图 9.9 中的内核代码的关键区别在于，直方图的私有副本被分配在共享内存中的 histo_s 数组中，并被块中的线程并行初始化为 0（第 02 ～ 06 行）。屏障同步（第 07 行）确保在任何线程开始更新直方图之前，私有直方图的所有 bin 已经被正确初始化。除了对共享内存数组 histo_s 的元素进行第一次原子操作（第 13 行），其余的代码与图 9.9 中的代码相同，随后从那里读取私有 bin 值（第 19 行）。

```
01 __global__ void histo_private_kernel(char* data, unsigned int length,
                                        unsigned int* histo) {
02      // Initialize privatized bins
03   __shared__ unsigned int histo_s[NUM_BINS];
04   for(unsigned int bin = threadIdx.x; bin< NUM_BINS; bin += blockDim.x) {
05      histo_s[bin] = 0u;
06   }
07   __syncthreads();
08      // Histogram
09   unsigned int i = blockIdx.x*blockDim.x + threadIdx.x;
10    if(i < length) {
11      int alphabet_position = data[i] - 'a';
12      if(alphabet_position >= 0 && alphabet_position < 26) {
13         atomicAdd(&(histo_s[alphabet_position/4]), 1);
14      }
15    }
16    __syncthreads();
17      // Commit to global memory
18    for(unsigned int bin=threadIdx.x; bin<NUM_BINS; bin += blockDim.x) {
19          unsigned int binValue = histo_s[bin];
20          if(binValue > 0) {
21            atomicAdd(&(histo[bin]), binValue);
22          }
23      }
24 }
```

图 9.10 使用共享内存的私有文本直方图内核

## 9.5 粗化

我们已经看到私有化可以有效地减少原子操作的竞争，并且将私有化的直方图存储在共享内存中可以减少每个原子操作的延迟。然而，私有化的开销是需要将私有副本提交给公共副本。这个提交操作在每个线程块中进行一次，因此，我们使用的线程块越多，这种开销就越大。当线程块被并行执行时，这种开销通常是值得的。然而，如果启动的线程块的数量超过了硬件可以同时执行的数量，那么硬件会将这些线程块序列化，同时产生不必要的私有化开销。

我们可以通过线程粗化来减少私有化开销。换句话说，我们可以通过减少块的数量和让每个线程处理多个输入元素来减少提交给公共副本的私有副本的数量。在本节中，我们介绍将多个输入元素分配给一个线程的两种策略：连续分区和交错分区。

图 9.11 显示了一个连续分区策略的例子。输入被分割成连续的片段，每个片段被分配给一个线程。图 9.12 显示了使用连续分区策略进行粗化的直方图内核。图 9.12 与图 9.10 的区别在于第 09 ～ 10 行。在图 9.10 中，输入元素索引 i 对应于全局线程索引，因此每

个线程收到一个输入元素。在图 9.11 中，输入元素索引 i 是一个循环的索引，该循环从 tid*CFACTOR 到 (tid+1)*CFACTOR 迭代，其中 CFACTOR 是粗化因子。因此，每个线程取一个 CFACTOR 元素的连续片段。循环边界中的 min 操作确保末端的线程不会读出界。

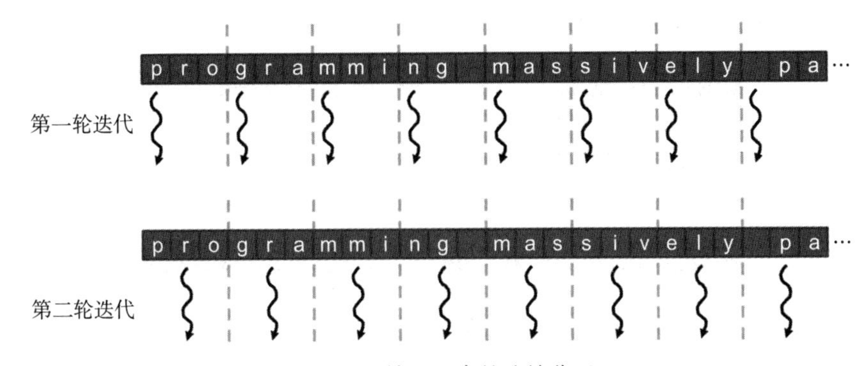


图 9.11　输入元素的连续分区

```
01  __global__ void histo_private_kernel(char* data, unsigned int length,
                                         unsigned int* histo) {
02      // Initialize privatized bins
03     __shared__ unsigned int histo_s[NUM_BINS];
04     for(unsigned int bin = threadIdx.x; bin<NUM_BINS; bin += blockDim.x) {
05         histo_s[binIdx] = 0u;
06     }
07      __syncthreads();
08      // Histogram
09     unsigned int tid = blockIdx.x*blockDim.x + threadIdx.x;
10     for(unsigned int i=tid*CFACTOR; i<min((tid+1)*CFACTOR, length); ++i) {
11         int alphabet_position = data[i] - 'a';
12         if(alphabet_position >= 0 && alphabet_position < 26) {
13               atomicAdd(&(histo_s[alphabet_position/4]), 1);
14         }
15     }
16     __syncthreads();
17      // Commit to global memory
18     for(unsigned int bin = threadIdx.x; bin<NUM_BINS; bin += blockDim.x) {
19         unsigned int binValue = histo_s[binIdx];
20         if(binValue > 0) {
21           atomicAdd(&(histo[binIdx]), binValue);
22         }
23     }
24  }
```

图 9.12　使用连续分区进行粗化的直方图内核

将数据分割成连续的片段在概念上是简单和直观的。在 CPU 上，并行执行通常涉及少量的线程，连续分区通常是性能最好的策略，因为每个线程的顺序访问模式可以很好地利用高速缓存线。由于每个 CPU 的缓存通常只支持少量的线程，所以不同线程对缓存的使用几乎没有干扰。缓存线中的数据一旦被带入线程中，可预期在随后的访问中保持不变。

相比之下，GPU 上的连续分区会导致次优的内存访问模式。正如我们在第 5 章中所了解的，SM 中大量同时活动的线程通常会对缓存造成很大的干扰，我们无法认为单个线程的所有顺序访问数据都留在缓存中。相反，我们需要确保线程访问连续的位置，以实现内存聚合。这个观察结果促使了交错分区的出现。

图 9.13 显示了交错分区策略的一个例子。在第一次迭代中，8 个线程访问字符 0 到 7 (programm)。通过内存聚合，只需要一次 DRAM 访问便可取走所有数据。在第二次迭代中，

4 个线程在一次聚合内存访问中访问字符 ing mass。由于不同线程处理的分区是相互交错的，因此被定义为交错分区。很明显，这只是一个例子，在现实中将会有更多的线程。并且还有一些更微妙的性能考虑因素。例如，每个线程应该在每个迭代中处理 4 个字符（一个 32 位字），以充分利用缓存和 SM 之间的互连带宽。

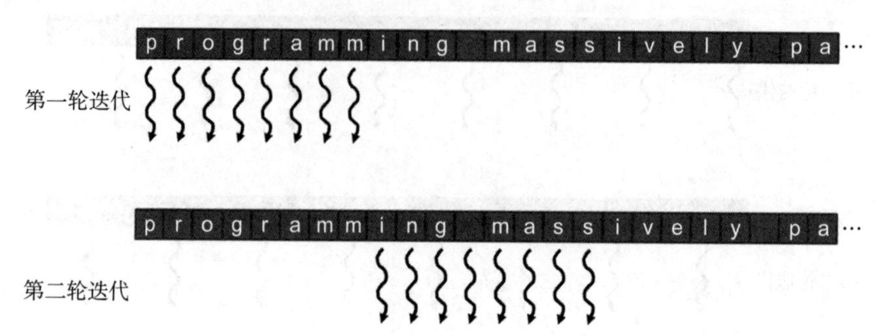


图 9.13　输入元素的交错分区

图 9.14 显示了通过使用交错分区策略进行粗化的直方图内核。图 9.14 和图 9.10 的区别还是在第 09 ～ 10 行。在循环的第一次迭代中，每个线程使用其全局线程索引访问数据数组。线程 0 访问元素 0，线程 1 访问元素 1，线程 2 访问元素 2，以此类推。因此，所有线程共同处理输入的第一个 blockDim.x*gridDim.x 元素。在第二次迭代中，所有线程将 blockDim.x*gridDim.x 添加到它们的索引中，并联合处理下一段 blockDim.x*gridDim.x 元素。

```
01  __global__ void histo_private_kernel(char* data, unsigned int length,
                                         unsigned int* histo){
02      // Initialize privatized bins
03     __shared__ unsigned int histo_s[NUM_BINS];
04     for(unsigned int bin=threadIdx.x; bin<NUM_BINS; bin += blockDim.x) {
05          histo_s[binIdx] = 0u;
06     }
07     __syncthreads();
08       // Histogram
09     unsigned int tid = blockIdx.x*blockDim.x + threadIdx.x;
10     for(unsigned int i = tid; i < length; i += blockDim.x*gridDim.x) {
11        int alphabet_position = data[i] - 'a';
12        if(alphabet_position >= 0 && alphabet_position < 26) {
13            atomicAdd(&(histo_s[alphabet_position/4]), 1);
14        }
15     }
16     __syncthreads();
17       // Commit to global memory
18     for(unsigned int bin = threadIdx.x; bin<NUM_BINS; bin += blockDim.x) {
19        unsigned int binValue = histo_s[binIdx];
20        if(binValue > 0) {
21           atomicAdd(&(histo[binIdx]), binValue);
22        }
23     }
24  }
```

图 9.14　使用交错分区进行粗化的直方图内核

当一个线程的索引超过了输入缓冲区的有效范围时（其私有的 i 变量值大于或等于 length），该线程已经完成了对其分区的处理，将退出循环。由于缓冲区的大小可能不是线程总数的倍数，一些线程可能不参与最后一个部分的处理。因此，一些线程将比其他线程少执行一次循环迭代。

## 9.6 聚合

有些数据集在局部区域集中了大量相同的数据值。例如，在天空的图片中，可能有大块的像素值相同。这种高度集中的相同值会引起严重的竞争，降低并行直方图计算的吞吐量。

对于这样的数据集，一种简单有效的优化是，如果每个线程都在更新直方图的同一个元素，那么它们就会将连续的更新汇总成单次更新（Merrill，2015）。这种聚合减少了对高度竞争的直方图元素的原子操作数量，从而提高了计算的有效吞吐量。

图 9.15 显示了一个聚合的文本直方图内核。与图 9.14 中的内核相比，关键变化如下：每个线程都声明了一个额外的 accumulator 变量（第 09 行），用于跟踪迄今为止聚合的更新数量；以及一个 prevBinIdx 变量（第 10 行），用于跟踪最后遇到的、正在聚合的直方图 bin 的索引。每个线程都将 accumulator 变量初始化为零，表示没有更新已被初步聚合，并将 prevBinIdx 初始化为 -1，使得没有字母输入与其匹配。

```
01  __global__ void histo_private_kernel(char* data, unsigned int length,
                                        unsigned int* histo){
02      // Initialize privatized bins
03     __shared__ unsigned int histo_s[NUM_BINS];
04     for(unsigned int bin = threadIdx.x; bin < NUM_BINS; bin += blockDim.x){
05         histo_s[bin] = 0u;
06     }
07     __syncthreads();
08      // Histogram
09     unsigned int accumulator = 0;
10     int prevBinIdx = -1;
11     unsigned int tid = blockIdx.x*blockDim.x + threadIdx.x;
12     for(unsigned int i = tid; i < length; i += blockDim.x*gridDim.x) {
13        int alphabet_position = data[i] - 'a';
14        if(alphabet_position >= 0 && alphabet_position < 26) {
15           int bin = alphabet_position/4;
16           if(bin == prevBinIdx) {
17                ++accumulator;
18           } else {
19                if(accumulator > 0) {
20                   atomicAdd(&(histo_s[prevBinIdx]), accumulator);
21                }
22                accumulator = 1;
23                prevBinIdx = bin;
24           }
25        }
26     }
27     if(accumulator > 0) {
28        atomicAdd(&(histo_s[prevBinIdx]), accumulator);
29     }
30     __syncthreads();
31      // Commit to global memory
32     for(unsigned int bin = threadIdx.x; bin<NUM_BINS; bin += blockDim.x) {
33          unsigned int binValue = histo_s[bin];
34          if(binValue > 0) {
35            atomicAdd(&(histo[bin]), binValue);
36          }
37     }
38  }
```

图 9.15　聚合的文本直方图内核

当找到一个字母数据时，线程将待更新的直方图元素的索引与正在聚合的直方图元素进行比较（第 16 行）。如果索引相同，线程就简单地增加 accumulator（第 17 行），将聚合更新的连续串加一。如果索引不同，那么对直方图元素的聚合更新的连贯串就会结束。线程使用原子操作将 accumulator 的值添加到直方图元素中，其索引由 prevBinIdx 跟踪

（第 19 ～ 21 行）。这就有效地刷新了前一连串聚合更新的总贡献。

通过这个方案，更新总是至少落后一个元素。在没有连续串的极端情况下，所有的更新将总是落后一个元素。这就是一个线程完成对所有输入元素的扫描并退出循环后，线程需要检查是否有必要刷新 accumulator 的值（第 27 行）的原因。如果是，accumulator 的值就会被刷新到右边的 histo_s 元素中（第 28 行）。

一个重要的观察结果是聚合的内核需要更多的语句和变量。因此，如果竞争率很弱，聚合内核的执行速度可能比简单内核的执行速度慢。然而，如果不均匀的数据分布导致了原子操作执行中的激烈竞争，聚合可能会明显提高速度。增加的 if 语句有可能表现出控制发散。然而，如果没有竞争或竞争激烈，就不存在控制发散，因为线程或者都在更新 accumulator 的值，或者都在连续串中。在一些线程处于连续串的情况下，一些线程将刷新其 accumulator 值，控制发散的负面影响可能会被减少的竞争所补偿。

## 9.7　总结

计算直方图对于分析大型数据集很重要。它还代表了一类重要的并行计算模式，其中每个线程的输出位置都与数据有关，这使得应用所有者 – 写者规则不可行。因此，它是引入读取 – 修改 – 写入竞争条件概念和实际使用原子操作的自然载体，这些原子操作确保了对同一内存位置的并发读取 – 修改 – 写入操作的完整性。

不幸的是，正如我们在本章中解释的那样，原子操作的吞吐量比简单的内存读或写操作低得多，因为它们的吞吐量大约是内存延迟的 2 倍的倒数。因此，在存在严重竞争的情况下，直方图计算的计算吞吐量非常不理想。私有化是一种重要的优化技术，它可以系统地减少竞争，并可以进一步实现共享内存的使用，降低延迟，从而支持高吞吐量。事实上，支持块中线程间的快速原子操作是共享内存的一个重要用例。粗化也被用于减少需要合并的私有副本数量，包括连续分区和交错分区两种不同的粗化策略。最后，对于引起严重竞争的数据集，聚合也可以带来显著的执行速度提高。

## 练习

1. 假设 DRAM 系统中每个原子操作的总延迟为 100ns。对于同一全局内存变量上的原子操作，我们能得到的最大吞吐量是多少？
2. 对于一个支持二级缓存中的原子操作的处理器，假设每个原子操作在二级缓存中完成需要 4ns，在 DRAM 中完成需要 100ns。假设 90% 的原子操作在 L2 高速缓存中命中。对同一全局内存变量的原子操作的吞吐量大约是多少？
3. 在练习 1 中，假设内核在每个原子操作中执行五个浮点操作。在原子操作的吞吐量的限制下，内核执行的最大浮点吞吐量是多少？
4. 在练习 1 中，假设我们将全局内存变量私有化为内核中的共享内存变量，共享内存的访问延迟为 1ns。所有原来的全局内存原子操作都被转换为共享内存原子操作。为了简单起见，假设将私有化变量累积到全局变量中的额外全局内存原子操作会使总执行时间增加 10%。假设内核在每个原子操作中执行五个浮点操作。在原子操作的吞吐量的限制下，内核执行的最大浮点吞吐量是多少？
5. 为了执行原子加法操作，把整数变量 Partial 的值加到全局内存的整数变量 Total 中，应该使用下面哪条语句？

   a. atomicAdd(Total,1);

   b. atomicAdd(&Total,&Partial);

c. `atomicAdd(Total,&Partial);`

d. `atomicAdd(&Total,Partial);`

6. 考虑一个直方图内核，处理一个有 524 288 个元素的输入，产生一个有 128 个 `bin` 的直方图。该内核被配置为每块有 1024 个线程。
   a. 在没有使用私有化、共享内存和线程粗化的情况下，图 9.6 中的内核对全局内存进行的原子操作总数是多少？
   b. 在图 9.10 中，如果使用私有化和共享内存但不使用线程粗化，那么内核在全局内存上可能执行的最大原子操作数是多少？
   c. 在图 9.14 中，如果使用私有化、共享内存和线程粗化，粗化系数为 4，那么内核可以在全局内存上执行的最大原子操作数是多少？

## 参考文献

Merrill, D., 2015. Using compression to improve the performance response of parallel histogram computation, NVIDIA Research Technical Report.

第 10 章

Programming Massively Parallel Processors: A Hands-on Approach, Fourth Edition

# 归约和最小化发散

归约是指从一个值数组中派生单一值的过程。这个单一值可以是所有元素中的总和、最大值、最小值等。这个值也可以是各种类型：整数、单精度浮点数、双精度浮点数、半精度浮点数、字符等。所有这些类型的归约都具有相同的计算结构。像直方图一样，归约是一种重要的计算模式，它从大量的数据中生成一个摘要。并行归约是一种重要的并行模式，需要并行线程相互协调以获得正确的结果。这种协调必须谨慎进行，以避免出现并行计算系统中常见的性能瓶颈。并行归约是一个很好的载体，可以说明这些性能瓶颈并介绍缓解这些问题的技术。

## 10.1 背景

数学上，如果二元运算符具有明确定义的恒等值，则可以为一组项定义归约。例如，浮点加法运算符具有 0.0 的恒等值，即任何浮点值 v 与值 0.0 的加法结果为 v 本身。因此，可以基于加法运算符定义一组浮点数的归约，从而产生该组浮点数的总和。例如，对于集合 {7.0，2.1，5.3，9.0，11.2}，求和归约将产生 7.0+2.1+5.3+9.0+11.2=34.6。

归约可以通过逐个遍历数组中的每个元素来执行。图 10.1 展示了一段在 C 语言中进行串行求和归约的代码。该代码将结果变量 sum 初始化为恒等值 0.0。然后，使用 for 循环迭代输入数组，该数组保存一组值。在迭代过程中，代码对 sum 的当前值和输入数组的元素执行加法运算。在示例中，在迭代 0 之后，sum 变量包含 0.0+7.0=7.0。在迭代 1 之后，sum 变量包含 7.0+2.1=9.1。因此，在每次迭代后，另一个输入数组的值会被添加（累加）到 sum 变量中。在迭代 5 之后，sum 变量包含 34.6，这是归约的结果。

```
sum = 0.0f;
for(i = 0; i < N; ++i) {
    sum += input[i];
}
```

图 10.1　简单的串行求和归约代码

归约可以针对许多其他运算符进行定义。可以针对浮点乘法运算符定义乘积归约，其恒等值为 1.0。一组浮点数的乘积归约是所有这些数的乘积。最小值归约可以定义为返回两个输入中较小值的最小比较运算符。对于实数，最小运算符的恒等值为 + ∞。最大值归约可以定义为返回两个输入中较大值的最大比较运算符。对于实数，最大运算符的恒等值为 − ∞。

图 10.2 显示了运算符归约的一般形式，该形式定义为接收两个输入并返回值的函数。在 for 循环的迭代期间访问元素时，要执行的操作取决于正在执行的归约类型。例如，对于最大值归约，运算符函数对两个输入进行比较并返回两个中较大的值。对于最小值归约，运算符函数比较两个输入的值，并返回较小的值。for 循环访问所有元素后，串行算法结束。对于一组 N 个元素，for 循环迭代 N 次，并在循环退出时产生归约结果。

```
01    acc = IDENTITY;
02    for(i = 0; i < N; ++i) {
03        acc = Operator(acc, input[i]);
04    }
```

图 10.2　串行归约代码的通用形式

## 10.2　归约树

并行归约算法在文献中得到了广泛的研究。并行归约的基本概念如图 10.3 所示，其中时间沿垂直方向向下流动，线程在每个时间步骤中并行执行的活动显示在水平方向上。

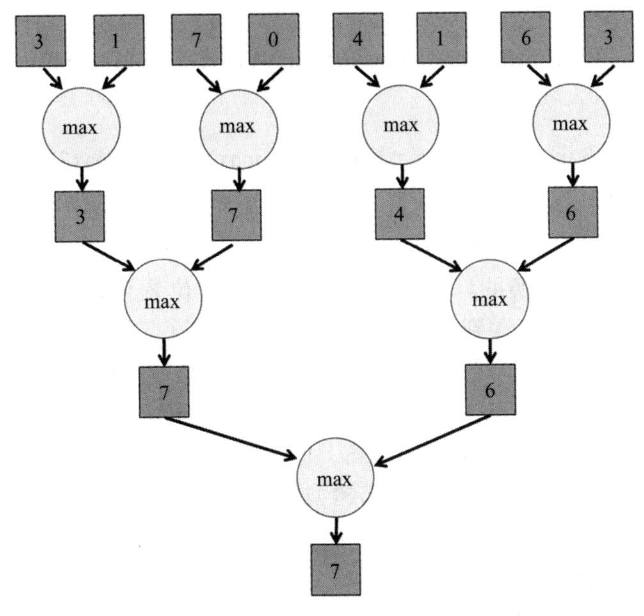


图 10.3　并行最大归约树

在第一轮（时间步骤）中，四个 max 操作在原始元素的四对中并行执行。这四个操作产生部分归约结果：来自四对原始元素的四个较大值。在第二个时间步骤中，两个 max 操作并行执行在两个部分归约结果的两对上，并产生两个更接近最终归约结果的部分结果。这两个部分结果是原始输入的前四个元素中的最大值和后四个元素中的最大值。在第三个和最后一个时间步骤中，执行一个 max 操作生成最终结果，即原始输入中的最大值 7。

值得注意的是，执行操作的顺序将从串行归约算法变为并行归约算法。例如，对于图 10.3 顶部的输入，首先将恒等值（$-\infty$）与输入值（3）进行比较，并用获胜者的值（3）更新 acc，从而开始类似于图 10.2 中的串行 max 归约。然后将 acc 的值（3）与输入值 1 进行比较，并用获胜者的值更新 acc，即 3。然后，将 acc 的值（3）与输入值 7 进行比较，并将 acc 更新为赢家，其值为 7。然而，在图 10.3 的并行归约中，输入值 7 首先与输入值 0 进行比较，然后将其与 3 和 1 中的最大值进行比较。

正如我们所见，并行归约假设算子对输入值的应用顺序无关紧要。在最大归约中，无论对输入值施加算子的顺序是什么，结果都是一样的。如果算子是符合结合律的，这个性质在数学上是有保证的。如果 $(a\Theta b)\Theta c = a\Theta(b\Theta c)$，则算子 $\Theta$ 是符合结合律的。例如，整数加法是结合的 $((1+2)+3=1+(2+3)=6)$，而整数减法不是结合的 $((1-2)-3 \neq 1-(2-3))$。也就是说，如果一个算子是结合的，则可以在一个包含该算子的表达式的任意位置插入括号，并且结果都是一样的。利用这种等价关系，可以在保持结果等价性的同时，将算子应用的任意阶转化为其他任意阶。严格来说，浮点加法是没有关联性的，因为不同的括号引入方式可能导致舍入结果。然而，大多数应用程序都接受浮点运算结果是相同的，如果它们在可容忍的范围内。这样的定义使得开发人员和编译器编写者可以将浮点加法作为一个关联运算符来处理。感兴趣的读者可参考书末附录。

将图 10.2 中的串行归约转换为图 10.3 中的归约树，需要算子具有关联性。我们可以把归约看作一个操作的列表。图 10.2 和图 10.3 在排序上的差别仅在于在同一列表的不同位置插入括号。对于图 10.2，括号为：

$$((((((3 \max 1) \max 7) \max 0) \max 4) \max 1) \max 6) \max 3$$

而图 10.3 的括号为：

$$((3 \max 1) \max (7 \max 0)) \max ((4 \max 1) \max (6 \max 3))$$

我们将在 10.4 节中应用一个优化，不仅重新排列运算符的应用顺序，而且重新排列操作数的顺序。为了重新排列操作数的顺序，这种优化进一步要求算子是可交换的。若 $a\Theta b = b\Theta a$，则算子是可交换的。也就是说，操作数的位置可以在一个表达式中重新排列，并且结果是相同的。注意到 max 算子也是可交换的，其他许多算子如 min、sum、product 等也是可交换的。显然，并不是所有的算子都是可交换的。例如，加法是可交换的（1+2=2+1），而整数减法不是（$1-2 \neq 2-1$）。

图 10.3 中的并行归约模式被称为归约树，因为它看起来像一棵树，其叶子是原始输入元素，其根是最终结果。术语*归约树*不应与树型数据结构相混淆，其中的节点或显式地与指针相连，或隐式地与指定位置相连。在归约树中，边是概念性的，反映了从一个时间步执行的操作到下一个时间步执行的操作的信息流。

并行操作在产生最终结果所需的时间步数上比串行编码有显著的改善。在图 10.3 的例子中，串行代码中的 for 循环迭代 8 次，或需要 8 个时间步来访问所有的输入元素并产生最终的结果。另一方面，利用图 10.3 中的并行操作，并行归约树方法只需要三个时间步：第一个时间步包含四个 max 操作，第二个时间步包含两个 max 操作，第三个时间步包含一个 max 操作。这在时间步数上减少了 5/8=62.5%，或者加速了 8/3=2.67。当然，并行方法有一个代价：必须有足够的硬件比较器，才能在同一时间步内执行多达四个 max 操作。对于 $N$ 个输入值，归约树在第一轮执行 $N/2$ 次运算，在第二轮执行 $N/4$ 次运算，以此类推。因此执行的操作总数由几何级数 $N/2+N/4+N/8+\cdots+N/N=N-1$ 个操作所定义，类似于串行算法。

在时间步长方面，对于 $N$ 个输入值，一棵归约树需要 $\log_2 N$ 步完成归约过程。这样，在假设有足够的执行资源的情况下，只需十步就可以减少 $N$=1024 个输入值。在第一步中，我们需要 $N/2$=512 个执行资源。需要注意的是，随着时间的推移，所需要的资源数量迅速减少。在最后的时间步中，我们只需要拥有一个执行资源。每个时间步的并行度与所需执行单元的数量相同。计算所有时间步的平均并行度是很有意思的。平均并行度是执行的操作总数除以时间步数，为 $(N-1)/\log_2 N$。对于 $N$=1024，十个时间步的平均并行度为 102.3，而峰值并行度为 512（在第一个时间步内）。这种并行程度和资源消耗随时间步的变化，使得归约树成为并行计算系统的一种具有挑战性的并行模式。

图 10.5 给出了一个 8 个输入值的归约树实例。到目前为止，我们给出的关于最大归约树的时间步数和资源消耗的所有信息也适用于求和归约树。使用最多 4 个加法器完成归约需要 $\log_2 8=3$ 个时间步。我们将用这个例子来说明求和归约核的设计。

**体育项目和竞赛项目的并行归约**

并行归约早在计算的曙光到来之前就已经在体育和竞赛中得到了应用。图 10.4 展示了 2010 年南非世界杯四分之一决赛、半决赛和决赛的赛程安排。很明显，这只是一棵重新排列的归约树。世界杯的淘汰赛过程是一个最大归约，其中最大归约算子返回“战胜”另一支球队的球队。赛事“归约”是在多轮次中完成的。将团队进行两两划分，在第一轮比赛中，所有队伍与其对手并行比赛。第一轮的获胜者晋级第二轮，第二轮的获胜者晋级第三轮，以此类推。有 8 支球队参加比赛，第一轮（图 10.4 中的四分之一决赛）将产生四名获胜者，第二轮（图 10.4 中的半决赛）将产生两名获胜者，第三轮（图 10.4 中的决赛）将产生一名获胜者（冠军）。每一轮都是归约过程的一个时间步长。

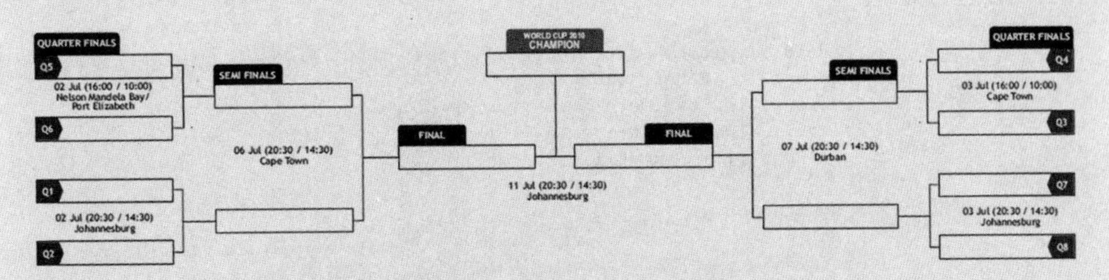


图 10.4　2010 年世界杯决赛作为归约树

容易看出，即使有 1024 支球队，也只需要 10 轮就可以确定最后的赢家。诀窍在于有足够的资源在第一轮比赛中并行举行 512 场比赛，在第二轮比赛中并行举行 256 场比赛，在第三轮比赛中并行举行 128 场比赛，以此类推。在资源充足的情况下，即使拥有 6 万支球队，我们也可以在短短的 16 轮中确定最终的胜者。有趣的是，虽然归约树可以大大加快归约过程，但也消耗了相当多的资源。在世界杯的例子中，一场比赛需要一个大型足球场、多名官员和工作人员以及酒店和餐馆来容纳大量球迷。图 10.4 中的四场四分之一决赛在三个城市进行，这三个城市共同提供了足够的资源来举办比赛。请注意，约翰内斯堡的两场比赛是在两个不同的日子进行的。因此，在两场比赛之间共享资源使得归约过程需要更多时间。我们将在计算归约树中看到类似的权衡。

## 10.3　一个简单的归约内核

我们现在准备开发一个简单的内核来执行如图 10.5 所示的并行求和归约树。由于归约树需要跨所有线程协作，这在整个网格中是不可能的，我们将通过在单个块内执行求和归约树的内核来启动。也就是说，对于一个由 $N$ 个元素组成的输入数组，我们将调用这个简单的内核，并启动一个由 $N/2$ 个线程组成的网格。由于一个块可以有多达 1024 个线程，我们可以处理多达 2048 个输入元素。我们将在 10.8 节中消除这一限制。在第一个时间步中，所有 $N/2$ 个线程都会参与，每个线程增加 2 个元素，产生 $N/2$ 个部分和。在下一时间步中，一半的线程将退出，只有 $N/4$ 的线程将继续参与并生产 $N/4$ 个部分和。这个过程将持续到最后一个时间步，在这个时间步中只剩下一个线程，并产生总和。

图 10.6 展示了简单求和内核函数的代码，图 10.7 展示了由该代码实现的归约树的执行。注意，在图 10.7 中，时间是自上而下进行的。我们假设 input 数组在全局内存中，并且在调用内核函数时，数组的指针作为参数被传递。每个线程被分配到一个数据位置，即 2*threadIdx.x（第 02 行）。也就是说，线程被分配到输入数组中的偶数位置：线程 0 到 input[0]，线程 1 到 input[2]，线程 2 到 input[4]，等等，如图 10.7 上方所示。每个线程将是它被分配到的位置的“所有者”，并且将是唯一写入该位置的线程。内核的设计遵循“所有者计算”的方法，其中每个数据位置都由唯一的线程拥有，并且只能由该所有者线程进行更新。

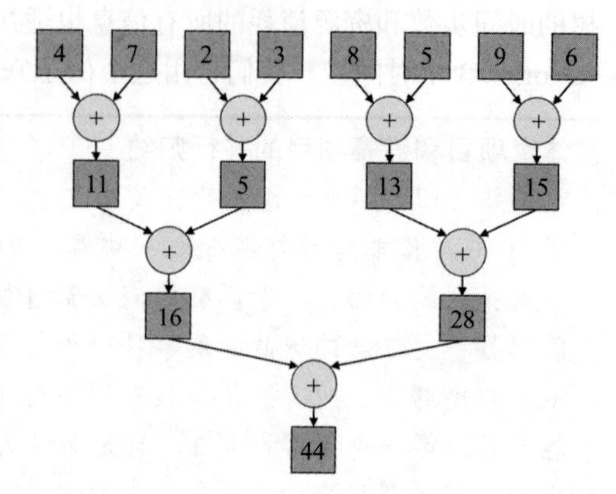


图 10.5　并行求和归约树

```
01    __global__ void SimpleSumReductionKernel(float* input, float* output) {
02        unsigned int i = 2*threadIdx.x;
03        for (unsigned int stride = 1; stride <= blockDim.x; stride *= 2) {
04            if (threadIdx.x % stride == 0) {
05                input[i] += input[i + stride];
06            }
07            __syncthreads();
08        }
09        if(threadIdx.x == 0) {
10            *output = input[0];
11        }
12    }
```

图 10.6　一个简单的求和归约内核

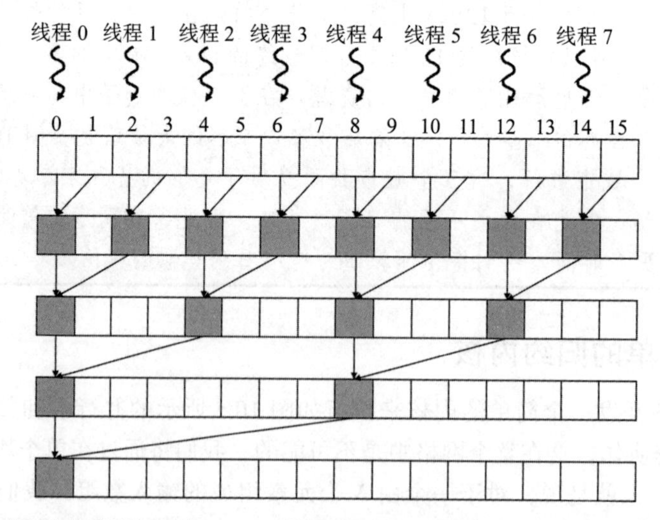


图 10.7　线程（“所有者”）对应 input 数组位置的分配，以及图 10.6 中的 SimpleSumReductionKernel 随时间推移的执行进度。时间从上到下，每个级别都对应于 for 循环的一次迭代

图 10.7 的上方显示了线程对应输入数组位置的分配，后面的每一行显示了每个时间步

对输入数组位置的写入，即图 10.6 中 for 循环的迭代（第 03 行）。在图 10.7 中，核在 for 循环的每一次迭代中覆盖的位置被标记为输入数组的填充位置。例如，在第一次迭代结束时，具有偶数索引的位置被输入数组中原始元素对（0-1、2-3、4-5 等）的部分和覆盖。在第二次迭代结束时，将索引为 4 的倍数的位置用输入数组中相邻的 4 个原始元素（0-3、4-7 等）的部分和覆盖。

在图 10.6 中，线程使用步长变量来实现适当的部分和，以便积累到它们的所有者位置。步长变量初始化为 1（第 03 行）。每次迭代时，步长变量值加倍，即值为 1、2、4、8 等，直到大于 blockIdx.x，即块内线程总数。如图 10.7 所示，迭代中的每个活动线程使用步长变量在其拥有的位置中添加距离步长较远的输入数组元素。例如，在第一次迭代中，线程 0 使用步长值 1 将 input[1] 添加到其拥有的位置 input[0] 中。这将 input[0] 更新为 input[0] 和 input[1] 的第一对原始值的部分和。在第二次迭代中，线程 0 使用步长值 2 将 input[2] 添加到 input[0] 中。此时，input[2] 包含 input[2] 和 input[3] 的原始值之和，input[0] 包含 input[0] 和 input[1] 的原始值之和。因此，在第二次迭代后，input[0] 包含输入数组前四个元素的原始值之和。在最后一次迭代后，input[0] 包含输入数组的所有原始元素的和，从而得到了和归约的结果。该值由线程 0 写入作为最终输出（第 10 行）。

现在来看图 10.6 中的 if 语句（第 04 行）。设置 if 语句的条件来选择每次迭代中的活动线程。如图 10.7 所示，在第 $n$ 次迭代时，线程索引（threadIdx.x）值为 $2^n$ 的倍数的线程进行加法运算。条件为 threadIdx.x%stride==0，检验线程索引值是否为步长变量值的倍数。回想一下，迭代步长的取值为 1,2,4,8,…，第 $n$ 次迭代的步长的取值为 $2^n$。因此，该条件确实检验了线程指标值是否为 $2^n$ 的倍数。回想一下，所有线程执行相同的内核代码。线程索引值满足 if 条件的线程即为执行加法语句（第 05 行）的活动线程。线程索引值不满足条件的线程为跳过加法语句的非活动线程。随着迭代的进行，保持活动状态的线程越来越少。在最后一次迭代中，只有线程 0 保持活动状态，并产生和归约结果。

for 循环中的 __syncthreads() 语句（图 10.6 的第 07 行）保证了在任何一个线程开始下一次迭代之前，迭代计算的所有部分和都被写入了输入数组中的目标位置。这样，所有进入下一次迭代的线程将能够正确使用上一次迭代中产生的部分和。例如，在第一次迭代之后，偶数元素将被成对部分和代替。__syncthreads() 语句保证了第一次迭代的所有部分和确实已经写到输入数组的偶数位置，准备在第二次迭代中被活动线程使用。

## 10.4　最小化控制发散

图 10.6 中的内核代码实现了图 10.7 中的并行归约树，并产生了预期的和归约结果。不幸的是，它在每次迭代中对活动和非活动线程的管理导致了高度的控制发散。例如，如图 10.7 所示，只有那些 threadIdx.x 值为偶数的线程才会在第二次迭代中执行加法语句。正如我们在第 4 章中所解释的那样，控制发散可以显著降低执行资源的利用效率，或者用于生成有用结果的资源的百分比。在这个例子中，一个线程束中的 32 个线程全部消耗了执行资源，但只有一半线程是活动的，浪费了一半的执行资源。由于发散导致的执行资源浪费随着时间的推移而增加。在第三次迭代过程中，每个线程束中只有四分之一的线程是活动的，浪费了四分之三的执行资源。在第五次迭代中，一个线程束中的 32 个线程中只有一个线程是活动的，浪费了 31/32 的执行资源。

如果输入数组的大小大于32，则在第五次迭代后，所有的线程束都将失效。例如，假如输入大小为256，需要启动128个线程或4个线程束。从第一次迭代到第五次迭代，所有4个线程束都具有相同的发散模式，正如我们在前文中解释的那样。在第六次迭代过程中，线程束1和线程束3完全不活动，因此不会出现控制发散。另一方面，线程束0和线程束2只有一个活动线程，表现出控制发散，浪费了31/32的执行资源。在第七次迭代过程中，只有线程束0处于活动状态，表现出控制发散，浪费了31/32的执行资源。

一般来说，对于一个大小为$N$的输入数组，执行资源的利用效率可以通过活动线程总数与消耗的执行资源总数之间的比值来计算。消耗的执行资源总数与所有迭代的活动线程束总数成正比，因为对于每个活动线程束，不管它的线程有多少处于活动状态，都会消耗全部执行资源。该数值可按下式计算：

$$(N/64\times5+N/64\times1/2+N/64\times1/4+\cdots+1)\times32$$

这里，$N/64$是启动的总线程束数，因为将启动$N/2$个线程，每32个线程形成一个线程束。$N/64$项被乘以5，因为所有启动的线程束在五次迭代中都是活动的。在第五次迭代后，每次连续迭代中的线程束数减少一半。括号中的表达式给出了在所有迭代过程中活动线程束的总数。第二项反映了每个活动线程束都消耗所有32个线程的完整执行资源，而不管这些线程束中的活动线程数是多少。对于输入数组大小256，消耗的执行资源为$(4\times5+2+1)\times32=736$。

活动线程的执行结果数量是所有迭代中活动线程的总数：

$$N/64\times(32+16+8+4+2+1)+N/64\times1/2+N/64\times1/4+\cdots+1$$

括号中的项给出了所有$N/64$个线程束在前五次迭代中的活动线程。从第六次迭代开始，每次迭代中活动线程束的数量减少一半，并且每个活动线程束中只有一个活动线程。当输入数组大小为256时，提交结果的总数为$4\times(32+16+8+4+2+1)+2+1=255$。这个结果显而易见，因为减少256个值所需要的操作总数是255个。

综合前两个结果，我们发现输入数组大小为256时的执行资源利用效率为255/736=0.35。这个比率表明并行执行资源在加速内该计算方面没有充分发挥潜力。平均而言，仅有35%的消耗资源对归约结果有贡献。也就是说，我们只使用了大约35%的硬件潜力来加速计算。

基于这一分析，我们看到，在跨线程束和跨时间方向上存在着广泛的控制发散。正如读者可能想到的那样，可能有更好的方法将线程分配到输入数组位置，以减少控制发散并提高资源利用效率。图10.7中的分配存在的问题是，随着时间的推移，部分和位置之间的距离越来越远，因此拥有这些位置的活动线程之间的距离也越来越远。这种活动线程之间距离的增加有助于控制发散程度的增加。

的确存在一种更好的分配策略，可以显著降低控制发散。我们的想法是，应该安排线程及其所拥有的位置，以便它们能够随着时间的推移而保持彼此接近。也就是说，我们希望随着时间的推移，步长值减小而不是增加。对于16个元素的输入数组，修正后的分配策略如图10.8所示。在这里，我们将线程分配到位置的前半部分。在第一次迭代过程中，每个线程到达输入数组的一半，并在其所有者位置上添加一个输入元素。在我们的例子中，线程0在其拥有的位置`input[0]`中添加`input[8]`，线程1在其拥有的位置`input[1]`中添加`input[9]`，等等。在随后的每次迭代过程中，一半的活动线程退出，剩余的所有活动线程添加一个输入元素，其位置为远离其所有者位置的活动线程数。在我们的例子中，在第三次迭代过程中剩余两个活动线程：线程 0 在其拥有的位置 input[0] 中添加 input[2]，线程 1 在其拥有的位置 input[1] 中添加 input[3]。值得注意的是，如果我们比较图 10.8 和图 10.7 的操作和操作数顺序，就可以有效地对列表中的操作数进行重新排序，而不是仅仅以不同的方式插入括号。为了使结果与重排序始终保持相同，运算必须是交换的，也必须是结合的。

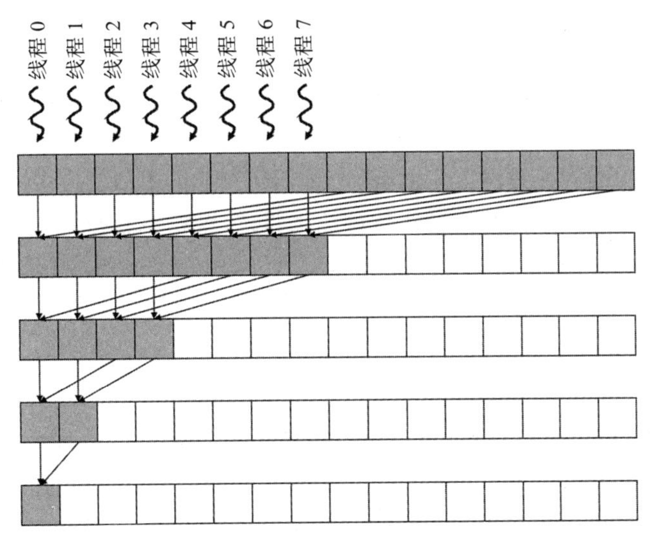


图 10.8　更合理地分配线程到输入数组位置，以减少控制发散

图 10.9 展示了对图 10.6 中的简单内核做了一些细微但关键改变的内核。所有者位置变量 i 设置为 threadIdx.x，而不是 2*threadIdx.x（第 02 行）。因此，所有线程的所有者位置现在是相邻的，如图 10.8 所示。步长值初始化为 blockDim.x 并减少一半，直到达到 1（第 03 行）。在每次迭代中，只有那些索引值小于步长值的线程保持活动状态（第 04 行）。因此，所有活动线程都是连续的线程索引，如图 10.8 所示。它不是在第一轮中添加邻居元素，而是添加彼此相隔半个区段的元素，区段大小始终是剩余活动线程数的两倍。在第一轮中添加的所有对的彼此距离都是 blockDim.x。第一次迭代后，所有的成对和都存储在输入数组的前半部分，如图 10.8 所示。循环在进入下一次迭代之前将步长除以 2。因此在第二次迭代中步长变量值是 blockDim.x 值的一半。也就是说，在第二次迭代中，剩余的活动线程将添加相隔四分之一区段的元素。

```
01    __global__ void ConvergentSumReductionKernel(float* input, float* output) {
02        unsigned int i = threadIdx.x;
03        for (unsigned int stride = blockDim.x; stride >= 1; stride /= 2) {
04            if (threadIdx.x < stride) {
05                input[i] += input[i + stride];
06            }
07            __syncthreads();
08        }
09        if(threadIdx.x == 0) {
10            *output = input[0];
11        }
12    }
```

图 10.9　具有较小的控制发散并且能提高执行资源利用效率的内核

图 10.9 中的内核在循环中仍然有一个 if 语句（第 04 行）。每次迭代执行一次加法运算（第 06 行）的线程数与图 10.6 相同。那么为什么两个内核的控制发散存在差异呢？答案在于执行加法操作的线程相对于不执行加法操作的线程的位置。我们考虑 256 个元素的输入数组的例子。在第一次迭代过程中，所有线程都处于活动状态，因此不存在控制发散。在第二次迭代中，线程 0 到线程 63 执行加法语句（活动），线程 64 到线程 127 不执行加法语句（不活动）。在第二次迭代过程中，成对和存储在元素 0 ～ 63 中。由于线程束由 32 个线程组成，每个线程都有连续的 threadIdx.x 值，因此线程束 0 到线程束 1 中的所有线程都执行加法语句，而线程束 2 到线程束 3 中的所有线程都处于空闲状态。由于每个线程束中的所有线程采取相同的执行路径，因此不存在控制发散。

然而，图 10.9 中的内核并没有完全消除 if 语句引起的发散。读者应该验证，对于 256 个元素的例子，从第四次迭代开始，执行加法运算的线程数将下降到 32 以下。也就是说，最后的五次迭代将只有 16、8、4、2 和 1 个线程执行加法。这意味着在这些迭代中，内核的执行仍然会出现发散。然而，有发散的循环的迭代次数从十次减少到五次。我们可以计算如下所消耗的执行资源总数：

$$(N/64\times1+N/64\times1/2+\cdots+1+5\times1)\times32$$

括号中的部分反映了这样一个事实，即在随后的每一次迭代中，有一半的线程束变得完全不活动，不再消耗执行资源。这个过程一直持续到只有一个完整的活动线程。最后一项（$5\times1$）反映了在最后的五次迭代中，只有一个活动的线程束，它的 32 个线程都消耗了执行资源，即使只有一小部分线程是活动的。因此，括号中的和给出了所有迭代中的线程束执行的总数，乘 32 以后则给出了消耗的执行资源的总量。

对于 256 个元素的例子，所消耗的执行资源为 $(4+2+1+5\times1)\times32=384$，几乎是图 10.6 中内核所消耗资源 736 的一半。由于每次迭代的活动线程数从图 10.7 到图 10.8 没有变化，因此图 10.9 中新内核的效率为 255/384=66%，几乎是图 10.6 中内核效率的两倍。另外需要注意的是，由于线程束被调度在执行资源有限的流多处理器中轮流执行，因此总的执行时间也会随着资源消耗的减少而增加。

图 10.6 和图 10.9 中的内核之间的差异很小，但可以产生显著的性能影响。这就需要一个对单指令多数据硬件设备上线程的执行有清晰认识的程序员，才能够自信地做出这样的调整。

## 10.5　最小化内存发散

图 10.6 中的简单内核还有另一个性能问题：内存发散。正如我们在第 5 章中所解释的，在每个线程束中实现内存合并是很重要的。也就是说，一个线程束中的相邻线程在访问全局内存时应该访问相邻的位置。遗憾的是，在图 10.7 中，相邻的线程不访问相邻的位置。在每次迭代中，每个线程执行两次全局内存读取和一次全局内存写入。第一次读取是从其拥有的位置开始的，第二次读取是从与其拥有的位置相距较远的位置开始的，而写入则是从其拥有的位置开始的。由于相邻线程拥有的位置不是相邻位置，因此相邻线程的访问不会完全合并。在每次迭代过程中，由线程束共同访问的内存位置相距较远。

例如，如图 10.7 所示，当一个线程束中的所有线程在第一次迭代中执行它们的第一次读取时，位置是彼此远离的两个元素。结果触发了两次全局内存请求，返回的一半数据不会被线程使用。同样的行为也发生在第二次读取和写入的时候。在第二次迭代过程中，每隔一个的线程都会退出，而线程束共同访问的位置是彼此相距较远的四个元素。再次执行两次全局内存请求，返回的数据只有四分之一会被线程使用。这将一直持续到每个线程束只有一个活动线程保持活动。只有当线程束中有一个活动线程时，线程束才会执行一次全局内存请求。因此，全局内存请求的总数如下：

$$(N/64\times5\times2+N/64\times1+N/64\times1/2+N/64\times1/4+\cdots+1)\times3$$

第一项（$N/64\times5\times2$）对应前五次迭代，其中所有 $N/64$ 个线程束都有两个或多个活动线程，因此每个线程束执行两次全局内存请求。其余项为最终迭代，其中每个线程束只有一个活动线程，执行一次全局内存请求，并且在随后的每次迭代中有一半线程束退出。在每次迭代过程中，每个活动线程的两次读取和一次写入都由与 3 的乘法完成。在 256 个元素的例子中，内核执行的全局内存请求总数为 $(4\times5\times2+4+2+1)\times3=141$。

对于图 10.9 中的内核，每个线程束中相邻的线程总是访问全局内存中相邻的位置，因此访问总是合并的。因此，每个线程束在任何读或写操作上只触发一个全局内存请求。随着迭代的进行，整个线程束会退出，因此这些不活动的线程束中的任何线程都不会执行全局内存访问。在每次迭代中，有一半的线程束退出，直到最后五次迭代中只有一个线程束。因此，内核执行的全局内存请求总数如下：

$$((N/64+N/64\times1/2+N/64\times1/4+\cdots+1)+5)\times3$$

对于 256 元素的例子，执行的全局内存请求总数为 $((4+2+1)+5)\times3=36$。改进后的内核减少了 141/36=3.92 的全局内存请求。由于 DRAM 带宽是一个有限的资源，对于图 10.6 中的简单内核，其执行时间可能会显著延长。

对于 2048 个元素的例子，图 10.6 中内核执行的全局内存请求总数为 $(32\times5\times2+32+16+8+4+2+1)\times3=1149$，而图 10.9 中内核执行的全局内存请求总数为 $(32+16+8+4+2+1+5)\times3=204$。该比值为 5.6，甚至超过了 256 个元素的例子。这是因为图 10.6 中的内核执行模式比较低效，在执行的最初五次迭代过程中有更多的活动线程束，并且每个活动线程束触发的全局内存请求次数是图 10.9 中合并内核的两倍。

总之，合并内核在使用执行资源和 DRAM 带宽方面提供了更高的效率。这种优势主要源于控制发散的减少和内存合并的改进。

## 10.6 最小化全局内存访问

图 10.9 中的合并内核可以通过使用共享内存来进一步改进。值得注意的是，在每次迭代中，线程将它们的部分和结果值写入全局内存，这些值在下一次迭代中被相同的线程和其他线程重新读取。由于共享内存比全局内存具有更短的延迟和更高的带宽，我们可以通过在共享内存中保留部分和结果来进一步提高执行速度。图 10.10 说明了这一想法。

在图 10.11 所示的内核中实现了共享内存的使用策略。其思路是在将部分和写入共享内存之前（第 04 行），使用每个线程加载并添加两个原始元素。由于在访问循环外部的全局内存位置时，第一次迭代已经完成，所以 `for` 循环的开始是 `blockDim.x/2`（第 04 行），而不是 `blockDim.x`。将 `__syncthreads()` 移到循环的开头，以确保我们在共享内存访问和循环的第一次迭代之间同步。线程通过读写共享内存进行剩余的迭代（第 08 行）。最后，在内核结束时，线程 0 将 `sum` 写入输出，保持与之前内核（第 11 ～ 13 行）中相同的行为。

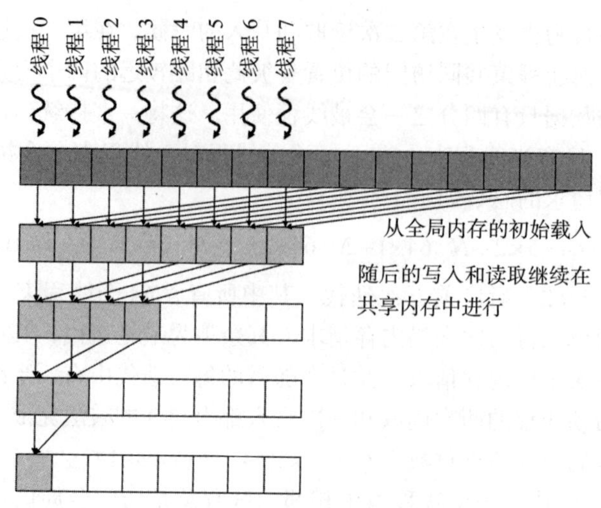


图 10.10　使用共享内存来减少对全局内存的访问

```
01    __global__ void SharedMemorySumReductionKernel(float* input) {
02        __shared__ float input_s[BLOCK_DIM];
03        unsigned int t = threadIdx.x;
04        input_s[t] = input[t] + input[t + BLOCK_DIM];
05        for (unsigned int stride = blockDim.x/2; stride >= 1; stride /= 2) {
06            __syncthreads();
07            if (threadIdx.x < stride) {
08                input_s[t] += input_s[t + stride];
09            }
10        }
11        if (threadIdx.x == 0) {
12            *output = input_s[0];
13        }
14    }
```

图 10.11　使用共享内存来减少全局内存访问的内核

使用图 10.11 中的内核，全局内存访问次数减少到输入数组的原始内容的初始加载和最终写入 input[0]。因此，对于 $N$ 元素归约，全局内存访问次数仅为 $N$+1。同时注意到，图 10.11（第 04 行）中的两个全局内存读数是合并的。因此，合并后只需要 ($N$/32)+1 个全局内存请求。对于 256 个元素的例子，触发的全局内存请求总数将从图 10.9 中内核的 36 个减少到图 10.10 中共享内存内核的 8+1=9 个，这是 4 倍的改进。除了减少全局内存访问次数外，使用共享内存的另一个好处还在于不修改输入数组。如果在程序的另一部分进行其他计算时需要数组的原始值，这个性质是有用的。

## 10.7　对任意输入长度进行分层归约

我们迄今为止研究的所有内核，都假定它们将由一个线程块启动。该假设的主要原因是 __syncthreads() 被用作所有活动线程之间的屏障同步。回想一下，__syncthreads() 只能在同一块中的线程之间使用。这将并行度限制为当前硬件上的 1024 个线程。对于包含数百万甚至数十亿元素的大型输入数组，我们可以通过启动更多的线程来进一步加速归约过程。由于我们没有很好的方法在不同块中的线程之间执行屏障同步，因此需要允许不同块中的线程独立执行。

图 10.12 说明了使用原子操作的分层、分段多块归约的概念，图 10.13 给出了相应的内核实现。其基本思想是将输入数组划分成段，使得每个段的大小与线程块相适应。然后所有块独立地执行归约操作，并通过原子加操作将每个块的结果累加到最终的输出。

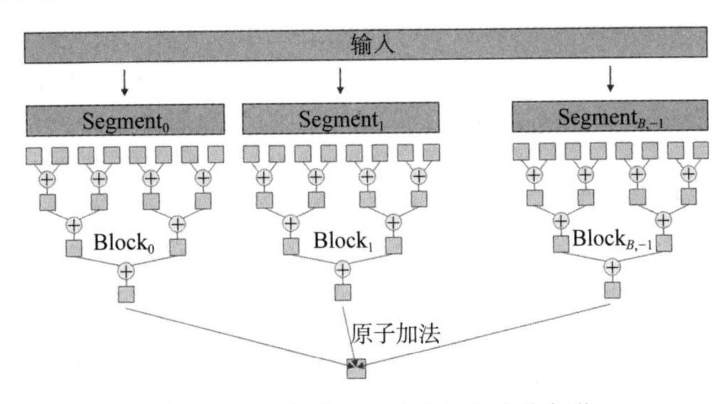


图 10.12 使用原子操作的分段多块归约

```
01    __global__ SegmentedSumReductionKernel(float* input, float* output) {
02        __shared__ float input_s[BLOCK_DIM];
03        unsigned int segment = 2*blockDim.x*blockIdx.x;
04        unsigned int i = segment + threadIdx.x;
05        unsigned int t = threadIdx.x;
06        input_s[t] = input[i] + input[i + BLOCK_DIM];
07        for (unsigned int stride = blockDim.x/2; stride >= 1; stride /= 2){
08            __syncthreads();
09            if (t < stride) {
10                input_s[t] += input_s[t + stride];
11            }
12        }
13        if (t == 0) {
14            atomicAdd(output, input_s[0]);
15        }
16    }
```

图 10.13 使用原子操作的分段多块和归约内核

分区是通过根据线程块的索引（第 03 行）为段变量分配不同的值来完成的。每个分段的大小为 `2*blockDim.x`，即每个块处理 `2*blockDim.x` 个元素。因此，当我们将每个段的大小乘以一个块的 `blockIdx.x` 时，就有了该块要处理的段的起始位置。例如，如果一个块有 1024 个线程，则段的大小为 2 × 1024=2048。分块 0 的起始位置为 0，分块 2 的起始位置为 2048（2048 × 1），分块 1 的起始位置为 4096（2048 × 2），以此类推。

一旦我们知道每个块的起始位置，一个块中的所有线程就可以简单地工作在指定的段上，就像它是整个输入数据一样。在一个线程块内，通过将 `threadIdx.x` 添加到线程所属线程块的段起始位置（第 04 行），为每个线程分配自己的位置。局部变量 `i` 表示线程在全局输入数组中的所属位置，`t` 表示线程在共享 `input_s` 数组中的所属位置。第 06 行用于在访问全局输入数组时使用 `i` 而不是 `t`。图 10.11 中的 `for` 循环保持不变。这是因为在共享内存中，每个块都有自己的私有 `input_s`，因此可以用 `t=threadIdx.x` 访问，就好像该段是整个输入一样。

一旦归约树 `for` 循环完成，则段的部分和为 `input_s[0]`。图 10.13 第 16 行的 `if` 语句选择线程 0 将 `input_s[0]` 中的值贡献到 `output` 中，如图 10.12 的下半部分所示。这是用原子加法完成的，如图 10.13 的第 14 行所示。一旦网格的所有块都执行完毕，内核就会返回，总和就在 output 所指向的内存位置。

## 10.8 利用线程粗化减少开销

迄今为止，我们所使用的归约内核都试图通过使用尽可能多的线程来最大化并行性。也就是说，对于 N 元素的归约，启动了 N/2 个线程。在线程块大小为 1024 线程的情况下，产生的线程块数量为 N/2048。然而，在执行资源有限的处理器中，硬件可能只有足够的资源来并行执行一部分线程块。在这种情况下，硬件会串行化多余的线程块，每完成一个旧线程块就执行一个新的线程块。

为了并行化归约，我们实际上付出了沉重的代价，将工作分散到多个线程块上。正如我们在前面章节中所看到的那样，由于更多的线程束处于空闲状态，以及最后的线程束经历了更多的控制发散，硬件利用率不足的情况随着归约树的每一个连续阶段而增加。硬件未被充分利用的阶段发生在我们启动的每个线程块上。如果线程块要并行运行，付出的代价是不可避免的。但是，如果硬件要对这些线程块进行串行化，我们最好以更高效的方式自己完成串行化。正如我们在第 6 章中讨论的那样，*线程粗化*是将一些工作串行到更少的线程以减少并行化开销的一类优化。我们首先通过给每个线程块分配更多的元素来实现线程粗化的并行归约。然后，我们进一步阐述了这种实现是如何改善较低的硬件利用效率的。

图 10.14 说明了如何将线程粗化应用到图 10.10 的例子中。在图 10.10 中，每个线程块接收 16 个元素，即每个线程接收 2 个元素。每个线程独立地添加它所负责的两个元素，然后线程协作执行归约树。在图 10.14 中，我们将线程块粗化了 2 倍。因此每个线程块接收两倍的元素个数，即 32 个元素，每个线程接收 4 个元素。在这种情况下，每个线程在协作执行归约树之前独立地添加 4 个元素。图 10.14 的前三行箭头说明了添加 4 个元素的 3 个步骤。注意，在这 3 个步骤中，所有线程都是活动的。此外，由于线程独立地添加它们负责的 4 个元素，因此它们不需要同步，并且不需要将它们的部分和存储到共享内存中，直到所有 4 个元素都添加完毕。执行还原树的其余步骤与图 10.10 相同。

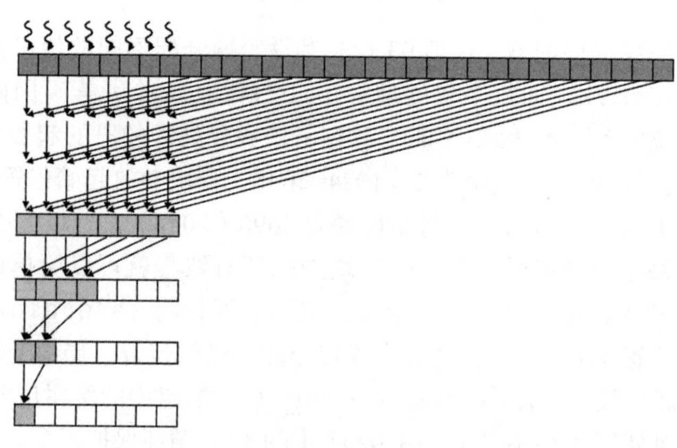

图 10.14　归约中的线程粗化

图 10.15 给出了实现多块分割内核的线程粗化归约的内核代码。与图 10.13 相比，该内核主要有两个不同之处。第一个不同之处是，当识别出块的起始段时，我们乘以 COARSE_FACTOR 来反映块的起始段的大小变化了 COARSE_FACTOR 倍（第 03 行）。第二个不同之处是，在添加线程负责的元素而不是仅仅添加两个元素时（图 10.13 中第 06 行），我们使用

粗化循环对元素进行迭代，并基于 COARSE_FACTOR 进行添加（图 10.15 中第 06 ～ 09 行）。值得注意的是，所有线程在整个粗化循环中都处于活动状态，部分和被累加到局部变量和中，由于线程动作独立，循环中没有对 __syncthreads() 进行调用。

```
01    __global__ CoarsenedSumReductionKernel(float* input, float* output) {
02        __shared__ float input_s[BLOCK_DIM];
03        unsigned int segment = COARSE_FACTOR*2*blockDim.x*blockIdx.x;
04        unsigned int i = segment + threadIdx.x;
05        unsigned int t = threadIdx.x;
06        float sum = input[i];
07        for(unsigned int tile = 1; tile < COARSE_FACTOR*2; ++tile) {
08            sum += input[i + tile*BLOCK_DIM];
09        }
10        input_s[t] = sum;
11        for (unsigned int stride = blockDim.x/2; stride >= 1; stride /= 2){
12            __syncthreads();
13            if (t < stride) {
14                input_s[t] += input_s[t + stride];
15            }
16        }
17        if (t == 0) {
18            atomicAdd(output, input_s[0]);
19          }
20    }
```

图 10.15　线程粗化的和归约内核

图 10.16 对比了两个未经硬件串行化粗化的原始线程块的执行情况，以及一个粗化的线程块执行两个线程块的工作的情况。在图 10.16a 中，第一个线程块执行一个步骤，其中每个线程添加它负责的两个元素。在这一步中所有线程都处于活动状态，因此硬件得到了充分的利用。剩下的三个步骤执行归约树，其中每个步骤有一半的线程退出，没有充分利用硬件。此外，每个步骤都需要屏障同步以及对共享内存的访问。当第一个线程块完成时，硬件调度第二个线程块，该线程块遵循相同的步骤，但在不同的数据段上执行。总的来说，两个块总共走了 8 个步骤，其中 2 个步骤充分利用硬件，6 个步骤硬件利用不足，并要求屏障同步和共享内存访问。

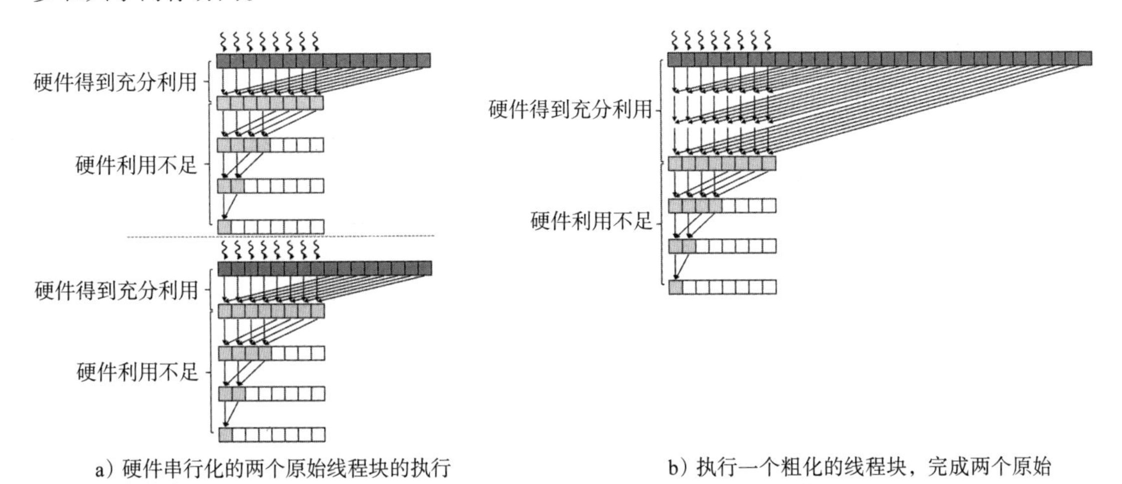


a）硬件串行化的两个原始线程块的执行

b）执行一个粗化的线程块，完成两个原始线程块的工作

图 10.16　对比有、无线程粗化的并行归约

相比之下，在图 10.16b 中，只用一个粗化因子为 2 的单线程块处理相同数量的数据。这个线程块最初采取 3 个步骤，每个线程增加负责的 4 个元素。所有线程在所有 3 个步骤中都处于活动状态，因此硬件得到了充分利用，并且没有屏障同步或对共享内存的访问。剩下的 3 个步骤执行归约树，其中每个步骤有一半的线程退出，在充分利用硬件的情况下，需要屏障同步和共享内存访问。总体而言，只需要 6 个步骤（而不是 8 个），其中 3 个步骤（而不是 2 个）充分利用了硬件，3 个步骤（而不是 6 个）硬件利用不足，需要进行屏障同步和共享内存访问。因此，线程粗化有效地减少了硬件未充分利用、同步和共享内存访问带来的开销。

理论上，我们可以将粗化因子提高到 2 以上。但是，我们必须记住，在粗化线程时，并行完成的工作会更少。因此，增大粗化因子会降低硬件正在利用的数据并行度。如果粗化因子过高，使得启动的线程块少于硬件能够执行的线程块，那么我们将无法充分利用并行硬件的执行资源。最佳的粗化因子确保有足够的线程块来充分利用硬件，这通常取决于输入的总大小以及特定设备的特性。

## 10.9　总结

并行归约模式非常重要，因为它在许多数据处理应用中起着关键的作用。虽然串行编码简单，但读者应该清楚的是，为了实现大型输入的高性能，需要使用多种技术，如使用线程索引分配减少发散、使用共享内存减少全局内存访问、使用原子操作进行分段归约以及线程粗化等。归约计算也是前缀和模式的重要基础，前缀和模式是许多应用程序并行化的重要算法组件，将是第 11 章的主题。

## 练习

1. 对于图 10.6 中的归约内核，若元素个数为 1024，线程束大小为 32，则在第五次迭代过程中，块内有多少线程束会发散？
2. 对于图 10.9 中改进的归约内核，如果元素个数为 1024，线程束大小为 32，则在第五次迭代过程中有多少线程束会发散？
3. 修改图 10.9 中的内核以使用下图所示的访问模式。

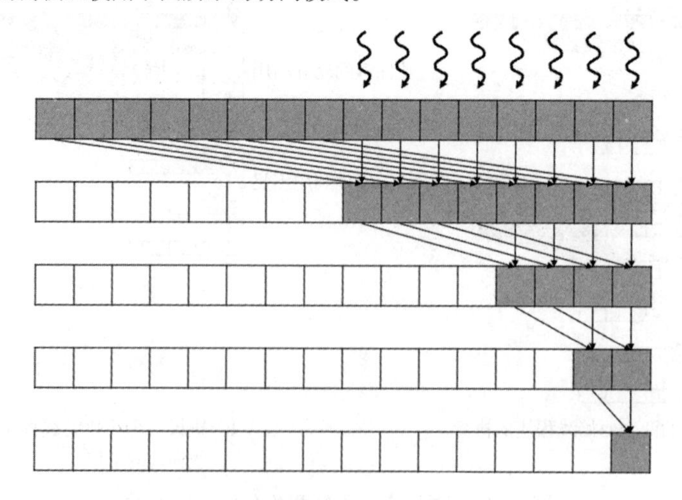

4. 修改图 10.15 中的内核以执行最大归约而不是求和归约。

5. 修改图 10.15 中的内核，使其适用于任意长度的输入，不一定是 COARSE_FACTOR*2*.blockDim.x 的倍数。在表示输入长度的内核中加入一个额外的参数 N。
6. 假设并行归约将应用在如下输入数组上：

| 6 | 2 | 7 | 4 | 5 | 8 | 3 | 1 |
|---|---|---|---|---|---|---|---|

a. 使用图 10.6 中未优化的内核：

初始数组：

| 6 | 2 | 7 | 4 | 5 | 8 | 3 | 1 |
|---|---|---|---|---|---|---|---|

b. 使用图 10.9 中用于合并和发散优化的内核：

初始数组：

| 6 | 2 | 7 | 4 | 5 | 8 | 3 | 1 |
|---|---|---|---|---|---|---|---|

第 11 章

Programming Massively Parallel Processors: A Hands-on Approach, Fourth Edition

# 前缀和（扫描）：并行算法的工作效率

由 Li-Wen Chang、Juan Gómez-Luna 和 John Owens 特别贡献

本章介绍的并行模式是前缀和，通常也称为扫描。并行扫描经常用于并行化看似串行的操作，例如资源分配、工作分配和多项式求值。一般来说，如果计算可以通过数学递归描述，且其中串行的每个项目都是根据前一个项目来定义的，那么它很可能被并行化为并行扫描操作。并行扫描在大规模并行计算中发挥着关键作用，原因很简单：应用程序的任何串行部分都会极大地限制应用程序的整体性能。许多串行部分可以通过并行扫描转换为并行计算。因此，并行扫描通常用作并行算法中的基本操作，执行基数排序、快速排序、字符串比较、多项式求值、求解递归、树操作和流压缩。基数排序示例将在第 13 章中介绍。

并行扫描是一种重要的并行模式的另一个原因是，它是一些并行算法执行的工作可能比串行算法执行的工作具有更高复杂度的典型示例，从而导致需要在算法复杂度和并行化之间谨慎地进行选择。正如我们将要阐释的，算法复杂度的轻微增加可能会使并行扫描比大型数据集的串行扫描运行得更慢。在大数据时代，这种考虑变得更加重要，其中海量数据集对具有高计算复杂度的传统算法构成了严峻挑战。

## 11.1 背景

从数学上讲，包含性扫描操作采用二元关联运算符⊕和一个包含 $n$ 个元素的输入数组 $[x_0, x_1, \cdots, x_{n-1}]$，并返回以下输出数组：

$$[x_0, (x_0 \oplus x_1), \cdots, (x_0 \oplus x_1 \oplus \cdots \oplus x_{n-1})]$$

例如，如果⊕是加法，则对输入数组 [3 1 7 0 4 1 6 3] 进行包含性扫描操作将返回 [2,3+1,3+1+7,3+1+7+0,⋯,3+1+7+0+4+1+6+3]=[3 4 11 11 15 16 22 25]。包含性扫描这个名称来源于这样一个事实：每个输出都包含相应输入元素的总和。

我们使用为一个切香肠的示例来说明包含性扫描操作的应用。假设有一根 40 英寸的香肠可供 8 人享用。每个人都订购了不同的长度（以英寸为单位）：3、1、7、0、4、1、6 和 3。也就是说，第 0 个人想要 3 英寸的香肠，第 1 个人想要 1 英寸的香肠，依此类推。我们可以串行或并行地切香肠。串行方式非常简单。首先为第 0 个人切下 3 英寸的部分，香肠现在长 37 英寸。然后，为第 1 个人切下 1 英寸的部分，香肠变为 36 英寸长。我们可以继续切更多的部分，直到将 3 英寸的部分提供给第 7 个人。此时，总共提供了 25 英寸的香肠，还剩下 15 英寸。

通过包含性扫描操作，我们可以根据每个人订购的数量计算出所有切割点的位置。也就是说，给定加法运算和串行输入数组 [3 1 7 0 4 1 6 3]，包含性扫描运算返回 [3 4 11 11 15 16 22 25]。返回数组中的数字是切割位置。有了这些信息，人们就可以同时进行 8 次切割，从

而生成每个人订购的部分。第一个切割点位于 3 英寸位置，因此第一个部分将为 3 英寸，为第 0 个人所订购。第二个切割点位于 4 英寸位置，因此第二部分将是 1 英寸长，为第 1 个人所订购。最终切割点将位于 25 英寸位置，这将产生 3 英寸部分，因为前一个切割点位于 22 英寸位置，这是第 7 个人所订购的。请注意，由于从扫描中已知所有切割点，因此所有切割可以并行或以任意顺序完成。

总之，理解包含性扫描的一种直观方式是，该操作接受一群人的请求，并识别能同时满足所有请求的所有切割点。该请求可以是香肠、面包、露营地空间或计算机中的连续内存块。只要我们能够快速计算出所有的切割点，所有请求都可以并行处理。

独占性扫描操作与包含性扫描操作类似，但输出数组的排列略有不同：

$$[i, x_0, (x_0 \oplus x_1), \cdots, (x_0 \oplus x_1 \oplus \cdots \oplus x_{n-2})]$$

也就是说，每个输出元素排除相应输入元素的影响。第一个输出元素是 $i$，即运算符⊕的恒等值，而最后一个输出元素仅反映最多 $x_{n-2}$ 的贡献。二元运算符的恒等值的定义是，当用作输入操作数时，该值会导致该操作生成与其他输入操作数的值相同的输出值。在加法运算符情况下，恒等值为 0，因为任何与零相加的数字都会得到其本身。

独占性扫描操作的应用与包含性扫描的应用几乎相同。包含性扫描提供的信息略有不同。在香肠示例中，独占性扫描将返回 [0 3 4 11 11 15 16 22]，这是切割部分的起点。例如，第 0 个人的部分从 0 英寸位置开始。再例如，第 7 个人的部分从 22 英寸位置开始。起始点信息在内存分配等应用中非常重要，其中分配的内存通过指向其起始点的指针返回给请求者。

请注意，包含性扫描的输出和独占性扫描的输出之间很容易转换。只需移动所有元素并填充一个元素即可。当从包含性转换为独占性时，只需将所有元素向右移动并填写第 0 个元素的恒等值即可。当从独占性转换为包含性时，需要将所有元素向左移动，并用“最后一个元素的前一个元素⊕最后一个输入元素”填充最后一个元素。这很简单，我们可以直接生成包含性或排他性扫描，具体取决于切片的切割点或起始点。因此，我们将仅针对包含性扫描提出并行算法和实现。

在介绍并行扫描算法及其实现方法之前，我们先介绍一种串行包含性扫描算法及其实现方法。我们假设涉及的运算符是加法。图 11.1 中的代码假定输入元素在 x 数组中，输出元素写入 y 数组。

```
01    void sequential_scan(float *x, float *y, unsigned int N) {
02        y[0] = x[0];
03        for(unsigned int i = 1; i < N; ++i) {
04            y[i] = y[i - 1] + x[i];
05        }
06    }
```

图 11.1　一种基于加法的包含性扫描的简单串行实现

代码用输入元素 x[0] 的值初始化输出元素 y[0]（第 02 行）。在循环的每一次迭代中（第 03 ～ 05 行），循环体都会将一个输入元素添加到上一个输出元素中（该元素存储了之前所有输入元素的累加值），从而生成一个输出元素。

应该清楚的是，图 11.1 中包含性扫描的串行执行与输入元素的数量呈线性比例关系，也就是说，串行算法的计算复杂度为 $O(N)$。

在 11.2 ～ 11.5 节中，我们将介绍执行并行分段扫描的其他算法，其中每个线程块将对输入数组中的一个元素段（即一个部分）执行并行扫描。然后，我们将在 11.6 节和 11.7 节中介绍将分段扫描结果合并为整个输入数组的扫描输出的方法。

## 11.2 基于 Kogge-Stone 算法的并行扫描

我们从简单的并行包含性扫描算法开始，对每个输出元素执行归约操作。人们可能会想使用每个线程对一个输出元素执行串行归约，如图 10.2 所示。毕竟，这允许并行执行所有输出元素的计算。不幸的是，与图 11.1 中的串行扫描代码相比，这种方法不太可能改善执行时间。这是因为 $y_{n-1}$ 的计算将采取 $n$ 步，与串行扫描代码采取的步数相同，并且归约中的每个步骤（迭代）涉及与串行扫描的每次迭代相同的工作量。由于并行程序的完成时间受到耗时最长的线程的限制，因此这种方法不太可能比串行扫描更快。事实上，在计算资源有限的情况下，这种简单的并行扫描算法的执行时间可能比串行算法的执行时间长得多。不幸的是，对于所提出的方法来说，计算成本或执行的操作总数要高得多。由于输出元素 $i$ 的归约步骤数为 $i$，因此所有线程执行的步骤总数为

$$\sum_{i=0}^{n-1} i = \frac{n\cdot(n-1)}{2}$$

也就是说，所提出的方法的计算复杂度为 $O(N^2)$，高于串行扫描的复杂度（$O(N)$），同时没有提供加速。计算复杂度越高意味着需要配置越多的执行资源，这显然是一个坏主意。

更好的方法是采用第 10 章中的并行归约树，以使用相关输入元素的归约树来计算每个输出元素。有多种方法可以为每个输出元素设计归约树。由于元素 i 的归约树涉及 i 个加法操作，因此这种方法仍然会将计算复杂度增加到 $O(N^2)$，除非我们找到一种方法来在不同输出元素的归约树之间共享部分和。我们提出了一种基于 Kogge-Stone 算法的共享方法，该算法最初是在 20 世纪 70 年代为设计快速加法器电路而发明的（Kogge & Stone, 1973）。该算法至今仍在高速计算机运算硬件的设计中使用。

该算法如图 11.2 所示，是一种就地扫描算法，对最初包含输入元素的数组 XY 进行操作。迭代地将数组的内容演化为输出元素。在算法开始之前，我们假设 XY[i] 包含输入元素 $x_i$。经过 $k$ 次迭代后，XY[i] 将包含该位置前后最多 $2^k$ 个输入元素的总和。例如，迭代一次后，XY[i] 将包含 $x_{i-1}+x_i$；第二次迭代结束时，XY[i] 将包含 $x_{i-3}+x_{i-2}+x_{i-1}+x_i$，以此类推。

图 11.2 以 16 个元素的输入为例解释该算法。每条垂直线代表 XY 数组的一个元素，XY[0] 位于最左边。垂直方向表示从图中顶部开始的迭代进度。对于包容性扫描，根据定义，$y_0$ 就是 $x_0$，因此 XY[0] 包含其最终结果。在第一次迭代中，XY[0] 以外的每个位置都会更新其当前内容与左右邻居内容之和。图 11.2 中的第一行加法运算符说明了这一点。因此，XY[i] 等于 $x_{i-1}+x_i$，这反映在图 11.2 中第一行加法运算符下的标注框中。例如，经过第一次迭代后，XY[3] 包含 $x_2+x_3$，标注为 $\sum x_2 \cdots x_3$。请注意，第一次迭代后，XY[1] 的最终答案等于 $x_0+x_i$。因此，在随后的迭代中，XY[1] 不应再有任何变化。

在第二次迭代中，除 XY[0] 和 XY[1] 之外的每个位置的更新方式是将该位置的当前内容与其他位置的内容相加。这在第二行加法运算符下方的标注框中进行了说明，其中，XY[i] 变为 $x_{i-3}+x_{i-2}+x_{i-1}+x_i$。例如，第二次迭代后，XY[3] 变为 $x_0+x_1+x_2+x_3$，标注为 $\sum x_0 \cdots x_3$。请注意，在第二次迭代之后，XY[2] 和 XY[3] 已达到最终结果，并且在后续迭代中不需要更改。我们鼓励读者完成其余的迭代。

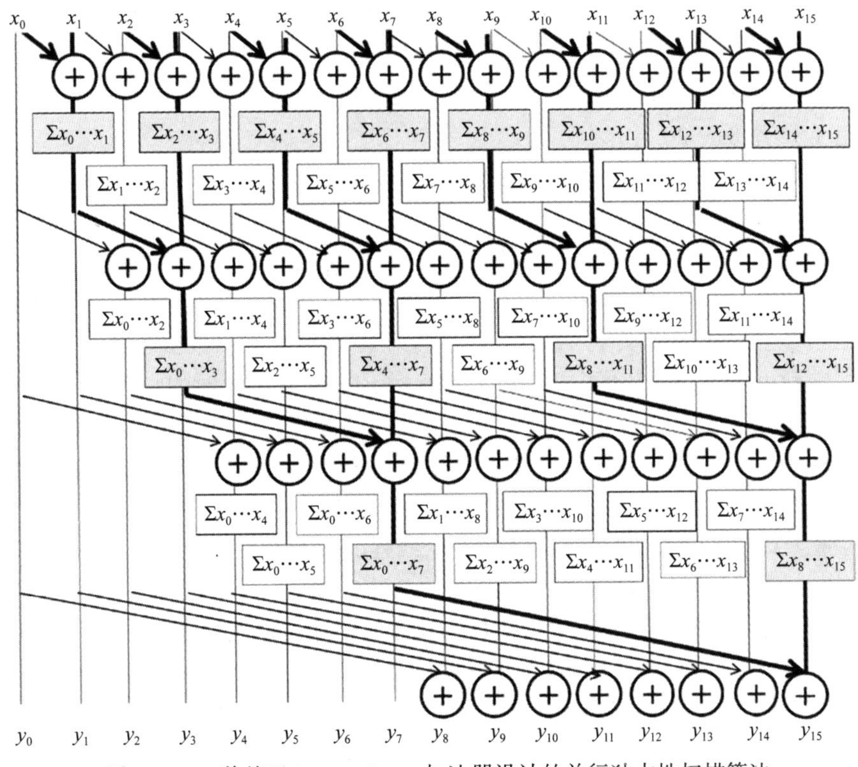


图 11.2　一种基于 Kogge-Stone 加法器设计的并行独占性扫描算法

图 11.3 显示了图 11.2 所示算法的并行实现。内核对输入的不同段（部分）执行本地扫描，每个段都足够小，可供单个块处理。稍后我们将进行最终调整，以合并大型输入数组的这些分段扫描结果。段的大小定义为编译时常量 SECTION_SIZE。假设将使用 SECTION_SIZE 作为块大小来调用核函数，因此将有相同数量的线程和段元素。我们分配每个线程来处理一个 XY 元素的内容。

```
01    __global__ void Kogge_Stone_scan_kernel(float *X, float *Y, unsigned int N){
02        __shared__ float XY[SECTION_SIZE];
03        unsigned int i = blockIdx.x*blockDim.x + threadIdx.x;
04        if(i < N) {
05            XY[threadIdx.x] = X[i];
06        } else {
07            XY[threadIdx.x] = 0.0f;
08        }
09        for(unsigned int stride = 1; stride < blockDim.x; stride *= 2) {
10            __syncthreads();
11            float temp;
12            if(threadIdx.x >= stride)
13                temp = XY[threadIdx.x] + XY[threadIdx.x-stride];
14            __syncthreads();
15            if(threadIdx.x >= stride)
16                XY[threadIdx.x] = temp;
17        }
18        if(i < N) {
19            Y[i] = XY[threadIdx.x];
20        }
21    }
```

图 11.3　独占性（分段）扫描的 Kogge-Stone 内核

图 11.3 所示的实现假设输入值最初位于全局内存数组 X 中，其地址作为参数传递到内核（第 01 行）。我们令块中的所有线程协作将 X 数组元素加载到共享内存数组 XY 中（第 02

行）。这是通过让每个线程为其负责的输出向量元素位置计算全局数据索引 i=blockIdx.x*blockDim.x+threadIdx.x（第 03 行）来完成的。每个线程将该位置的输入元素加载到内核开头的共享内存中（第 04 ～ 08 行）。在内核结束时，每个线程会将其结果写入指定的输出数组 Y（第 18 ～ 20 行）。

现在重点关注图 11.3 中每个 XY 元素的迭代计算作为 for 循环的实现（第 09 ～ 17 行）。该循环迭代归约树以获取分配给线程的 XY 数组位置。当步长值变得大于线程的 threadIdx.x 值时，意味着该线程分配的 XY 位置已经累积了所有所需的输入值，并且该线程不再需要处于活动状态（第 12 行和第 15 行）。请注意，我们使用屏障同步（第 10 行）来确保所有线程在任何线程开始下一次迭代之前都已完成其上一次迭代。这与第 10 章中 __syncthreads() 的使用相同。

然而，与 for 循环每次迭代中 XY 元素更新（第 12 ～ 16 行）时的归约相比，这存在非常重要的差异。请注意，每个活动线程首先将其位置的部分和存储到临时变量（寄存器）中。所有线程完成第二次屏障同步（第 14 行）后，都将部分和值存储到其 XY 位置（第 16 行）。对额外 temp 和 __syncthreads() 的需求与这些更新中的读后写数据依赖有关。每个活动线程在自己的位置（XY[threadIdx.x]）和另一个线程的位置（XY[threadIdx.x-stride]）处添加 XY 值。如果线程 i 在另一个线程 i+stride 有机会读取该位置的旧值之前写入其输出位置，则新值可能会破坏另一个线程执行的加法。损坏可能发生也可能不发生，具体取决于所涉及线程的执行时间，因此形成了竞争条件。请注意，这种竞争条件与我们在第 9 章中看到的具有直方图模式的竞争条件不同。第 9 章中的竞争条件是读取 – 修改 – 写入竞争条件，可以通过原子操作来解决。对于在这里看到的读后写竞争条件，需要不同的解决方案。

在图 11.2 中，很容易发现竞争条件。检查第二次迭代期间线程 4（$x_4$）和线程 6（$x_6$）的活动，这被标注为从顶部到第二行的加法运算。请注意，线程 6 需要将 XY[4]（$x_3+x_4$）的旧值与旧值 XY[6]（$x_5+x_6$）相加，以生成 XY[6]（$x_3+x_4+x_5+x_6$）的新值。但若线程 4 过早地将迭代的加法结果（$x_1+x_2+x_3+x_4$）存储到 XY[4] 中，则线程 6 最终可能会使用新值作为其输入并将（$x_1+x_2+x_3+x_4+x_5+x_6$）存储到 XY[6]。由于 $x_1+x_2$ 将在第三次迭代中由线程 6 再次添加到 XY[6]，因此 XY[6] 中的最终答案将变为（$2x_1+2x_2+x_3+x_4+x_5+x_6$），这显然是不正确的。另一方面，如果第二次迭代期间，线程 6 在线程 4 重写 XY[4] 中的旧值之前恰好读取了旧值，则结果将是正确的。也就是说，代码的执行结果可能正确也可能不正确，具体取决于线程执行的时间，并且每次运行的执行结果可能会有所不同。这种可重复性的缺乏会使调试成为一场噩梦。

第 13 行中使用的临时变量和第 14 行中的 __syncthreads() 屏障克服了竞争条件。在第 13 行中，所有活动线程首先执行加法并写入其私有临时变量。因此，XY 位置中的任何旧值都不会被覆盖。第 14 行中的 __syncthread() 确保所有活动线程都已完成对旧 XY 值的读取，然后才继续前进并执行写入。因此，第 16 行中的语句重写 XY 位置是安全的。

可由另一个活动线程更新 XY 的原因是 Kogge-Stone 方法在归约树中重用部分和，以降低计算复杂性。我们将在 11.3 节中进一步研究这一点。读者可能想知道为什么第 10 章中的归约树内核不需要使用临时变量和额外的 __syncthreads()。答案是，这些归约内核中不存在由读后写危险引起的竞争条件。这是因为迭代中活动线程写入的元素在同一迭代期间不会被任何其他活动线程读取。通过图 10.7 和图 10.8 应该可以看出这一点。例如，在图 10.8 中，每个活动线程从其自己的位置（input[threadIdx.x]）和向右跨越一个步长的位置（input[threadIdx.x+stride]）以获取输入。在任何给定迭代期间，任何活动线程都不会更新任何步长距离位置。因此，所有活动线程始终能够读取其各自输入

[threadIdx.x] 的旧值。由于线程内的执行始终是串行的，因此每个线程始终能够在将新值写入该位置之前读取 input[threadIdx.x] 中的旧值。读者应该可以验证图 10.7 中是否存在相同的属性。

如果我们想避免在每次迭代时出现第二次屏障同步，克服竞争条件的另一种方法是使用单独的数组进行输入和输出。如果使用单独的数组，则写入的位置与读取的位置不同，因此不再存在任何潜在的读后写竞争条件。这种方法需要有两个共享内存缓冲区。首先，我们从全局内存加载到第一个缓冲区。在第一次迭代中，我们从第一个缓冲区读取并写入第二个缓冲区。迭代结束后，第二个缓冲区中有最新的结果，第一个缓冲区中的结果不再需要。因此，在第二次迭代中，我们从第二个缓冲区读取并写入第一个缓冲区。遵循相同的推理，在第三次迭代中，我们从第一个缓冲区读取并写入第二个缓冲区。我们继续交替输入 / 输出缓冲区，直到迭代完成。这种优化称为*双缓冲*。双缓冲通常用于并行编程中，作为克服读后写竞争条件的一种方法。我们将这种实现留给读者作为练习。

此外，如图 11.2 所示，XY 较小位置上的动作比较大位置上的动作更早结束（参见 if 语句条件）。当步长值较小时，这将导致第一个线程束中出现一定程度的控制发散。请注意，相邻线程往往会执行相同数量的迭代。对于较大的块，发散的影响应当适度，因为发散只会在第一个线程束中出现。详细分析留给读者作为练习。

虽然我们只展示了包含性扫描内核，但我们可以轻松地将包含性扫描内核转换为独占性扫描内核。回想一下，独占性扫描等价于包含性扫描，其中所有元素向右移动一个位置，并且元素 0 填充标识值，如图 11.4 所示。请注意，唯一真正的区别是图片顶部元素的对齐方式。所有标注框均已更新以反映新的对齐方式。所有迭代操作保持不变。

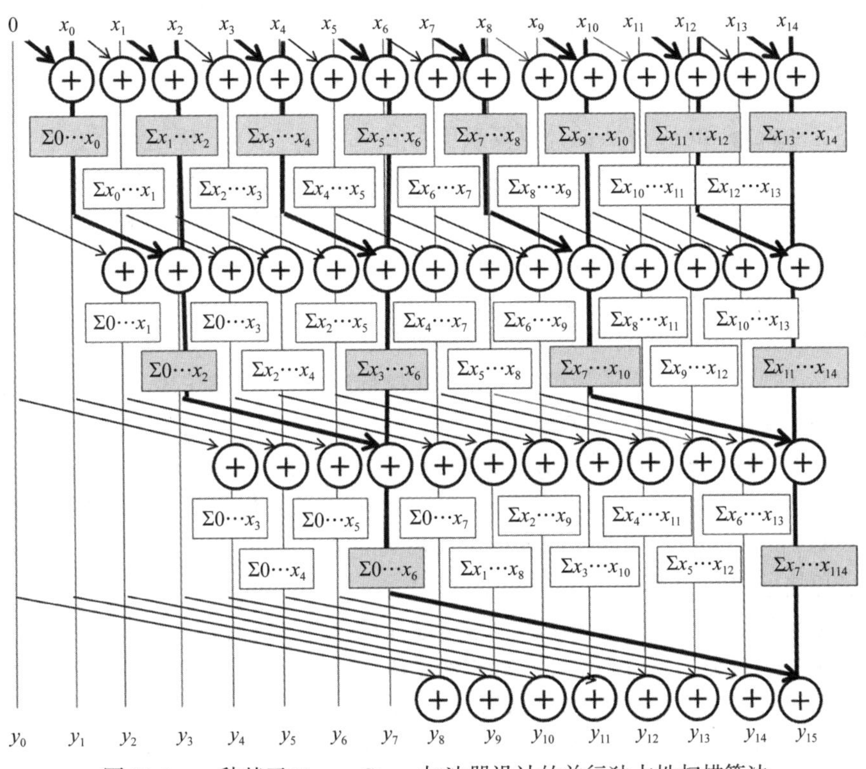


图 11.4　一种基于 Kogge-Stone 加法器设计的并行独占性扫描算法

现在我们可以轻松地将图 11.3 中的内核转换为独占性扫描内核。我们需要做的唯一修改是将 0 加载到 XY[0] 中，将 x[i-1] 加载到 XY[threadIdx.x] 中，如以下代码所示：

```
if (i < N && threadIdx.x != 0) {
    XY[threadIdx.x] = X[i-1];
} else {
    XY[threadIdx.x] = 0.0f;
}
```

通过用这四行代码替换图 11.3 中的第 04 ～ 08 行，我们将包含性扫描内核转换为独占性扫描内核。我们把完成独占性扫描内核的工作留给读者作为练习。

## 11.3　关于速度与工作效率的考虑

分析并行算法时的一个重要考虑因素是*工作效率*。算法的工作效率是指算法执行的工作量接近计算所需的最小工作量的程度。例如，扫描操作所需的最小加法次数是 $N-1$ 次，或 $O(N)$，即串行算法执行的加法次数。然而，正如在 11.2 节开头所看到的，朴素并行算法执行 $N(N-1)/2$ 次加法，或 $O(N^2)$，这比串行算法要大得多。因此，朴素并行算法工作效率不高。

我们现在分析图 11.3 中 Kogge-Stone 内核的工作效率，重点关注单个线程块的工作。所有线程最多迭代 $\log_2 N$ 步，其中 $N$ 是 SECTION_SIZE。在每次迭代中，非活动线程数等于步长大小。因此，我们可以计算算法完成的工作量（for 循环的一次迭代，由加法操作表示）：

$$\sum_{\text{stride}}(N-\text{stride}),\ \text{stride}=1,2,4,\cdots,N/2(\log_2 N\text{项})$$

每一项的第一部分与步长无关，其总和为 $N\log_2(N)$。第二部分是一个熟悉的几何级数，总和为 $(N-1)$。所以，完成的总工作量是

$$N\log_2(N)-(N-1)$$

好消息是 Kogge-Stone 方法的计算复杂度为 $O(N\log_2(N))$，优于对所有输出元素执行完整归约树的简单方法的复杂度 $O(N^2)$。坏消息是 Kogge-Stone 算法的工作效率仍然不如串行算法。即使对于中等大小的部分，图 11.3 中的内核也比串行算法做的工作更多。在 512 个元素的情况下，内核大约完成比串行代码多 8 倍的工作量。随着 $N$ 变大，该比率会增加。

虽然 Kogge-Stone 算法比串行算法执行的计算更多，但由于能并行执行，它的步骤更少。串行代码的 for 循环执行 $N$ 次迭代。对于内核代码，每个线程的 for 循环最多执行 $\log_2 N$ 次迭代，这定义了执行内核所需的最少步骤数。在执行资源不受限制的情况下，内核代码相对于串行代码的步骤数大约会减少 $N/\log_2(N)$。对于 $N=512$，步数减少约为 512/9=56.9。

在真实的 CUDA GPU 设备中，Kogge-Stone 内核完成的工作量比理论上的 $N\log_2(N)-(N-1)$ 还要多。原因是我们使用了 $N$ 个线程。虽然许多线程停止参与 for 循环的执行，但其中一些线程仍然消耗执行资源，直到整个线程束完成执行。实际上，Kogge-Stone 消耗的执行资源量更接近 $N\log_2(N)$。

我们将使用计算步骤作为比较扫描算法的近似指标。串行扫描大约需要 $N$ 个步骤来处理 $N$ 个输入元素。例如，串行扫描应采取大约 1024 个步骤来处理 1024 个输入元素。CUDA 设备中有 $P$ 个执行单元，我们可以期望 Kogge-Stone 内核执行 $(N\log2(N))/P$ 步。如果 $P$ 等于 $N$，也就是说，如果我们有足够的执行单元来并行地处理所有输入元素，那么需要 $\log_2(N)$ 个步骤，正如我们之前看到的。但是，$P$ 可能小于 $N$。例如，如果我们使用 1024 个线程和

32 个执行单元来处理 1024 个输入元素，则内核可能需要（1024 × 10）/32=320 步，在这种情况下，我们期望步数减少为 1024/320=3.2。

Kogge-Stone 内核在串行代码的两个方面存在问题。首先，使用硬件来执行并行内核的效率要低得多。如果硬件没有足够的资源（如果 *P* 很小），并行算法最终可能比串行算法需要更多的步骤。因此并行算法会更慢。其次，所有额外的工作都会消耗额外的能量。这使得内核不太适合功耗受限的环境，例如移动应用程序。

Kogge-Stone 内核的优势在于，当有足够的硬件资源时，可以达到非常好的执行速度。它通常用于计算具有适度数量元素（例如 512 或 1024）的部分的扫描结果。当然，这是假设 GPU 可以提供足够的硬件资源并使用额外的并行性来容忍延迟。正如我们所看到的，其执行的控制发散量非常有限。在较新的 GPU 架构中，可以通过线程束内的洗牌指令有效地执行计算。我们将在本章后面看到它是现代高速并行扫描算法的重要组成部分。

## 11.4 基于 Brent-Kung 算法的并行扫描

虽然图 11.3 中的 Kogge-Stone 内核在概念上很简单，但对于某些实际应用来说，其工作效率相当低。仅通过图 11.2 和图 11.4，我们就可以看到进一步共享一些中间结果的潜在机会。然而，为了允许跨多个线程更多地共享，我们需要策略性地计算中间结果并将它们分发到不同的线程，这可能需要额外的计算步骤。

众所周知，为一组值生成总和的最快并行方法是归约树。如果有足够的执行单元，归约树可以在 log2（*N*）时间内生成 *N* 个值的总和。该树还可以生成多个子和，这些子和可用于计算某些扫描输出值。这一观察结果被用作 Kogge-Stone 加法器设计的基础，也构成了 Brent-Kung 加法器设计的基础（Brent & Kung，1979）。Brent-Kung 加法器设计还可用于实现更高效的并行扫描算法。

图 11.5 说明了基于 Brent-Kung 加法器设计的并行包含性扫描算法的步骤。在图 11.5 的上半部分，我们分四步计算所有 16 个元素的总和。我们使用生成总和所需的最少操作数。在第一步中，只有奇数索引的 `XY[i]` 元素被更新为 `XY[i-1]+XY[i]`。在第二步中，仅更新索引为 $4n-1$ 形式的 `XY` 元素，即图 11.5 中的 3、7、11 和 15。在第三步中，仅更新索引为 $8n-1$ 形式（即 7 和 15）的 `XY` 元素。最后，在第四步中，仅更新 `XY[15]`。执行的操作总数为 8+4+2+1=15。一般来说，对于 *N* 个元素的扫描部分，我们会在这个归约阶段执行（*N*/2）+（*N*/4）+ ⋯ +2+1=*N*−1 次操作。

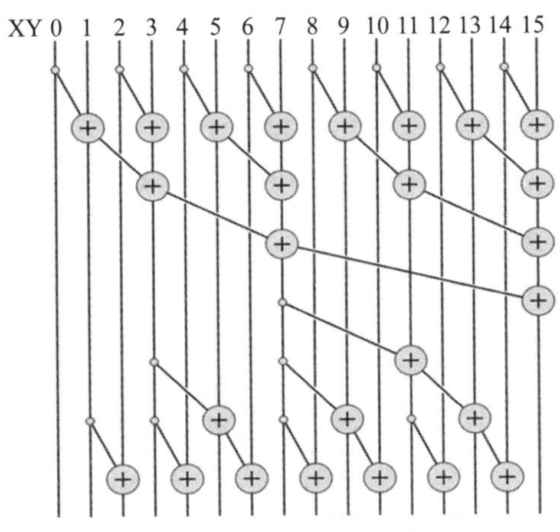


图 11.5 一种基于 Brent-Kung 加法器设计的并行包含性扫描算法

该算法的第二部分是使用反向树将部分和分配到可以使用它们来完成这些位置的结果的位置。部分和的分布如图 11.5 下半部分所示。为了理解反向树的设计，我们首先应该分析需要额外的值来完成 XY 每个位置的扫描输出。从图 11.5 中可以明显看出，归约树中的加法总是在连续范围内累积输入元素。因此我们知道，已经累加到 XY 每个位置的值总是可以表示为输入元素 $x_i \cdots x_j$ 的范围，其中 $x_i$ 是起始位置，$x_j$ 是结束位置（包含性）。

图 11.6 显示了每个位置（列）的状态，包括已经累积到该位置的值以及反向树每个级别（行）需要额外输入的元素值。反向树中最初和每级添加之后的每个位置的状态表示为输入元素，其形式为 $x_i \cdots x_j$，这些元素已在该位置中考虑。例如，第 11 行、第 11 列中的 $x_8 \cdots x_{11}$ 表示在反向树开始之前，$x_8$、$x_9$、$x_{10}$ 和 $x_{11}$ 的值已累积到 XY[11] 中（就在图 11.5 底部所示的归约阶段之后）。在归约树阶段结束时，有相当多的位置完成了最终的扫描。在我们的示例中，XY[0]、XY[1]、XY[3]、XY[7] 和 XY[15] 均已完成最终计算。

| | 0 | 1 | 2 | 3 | 4 | 5 | 6 | 7 | 8 | 9 | 10 | 11 | 12 | 13 | 14 | 15 |
|---|---|---|---|---|---|---|---|---|---|---|---|---|---|---|---|---|
| 初始化 | $x_0$ | $x_0 \cdots x_1$ | $x_2$ | $x_0 \cdots x_3$ | $x_4$ | $x_4 \cdots x_5$ | $x_6$ | $x_0 \cdots x_7$ | $x_8$ | $x_8 \cdots x_9$ | $x_{10}$ | $x_8 \cdots x_{11}$ | $x_{12}$ | $x_{12} \cdots x_{13}$ | $x_{14}$ | $x_0 \cdots x_{15}$ |
| 第一级 | | | | | | | | | | | | $x_0 \cdots x_{11}$ | | | | |
| 第二级 | | | | | | $x_0 \cdots x_5$ | | | | $x_0 \cdots x_9$ | | | | $x_0 \cdots x_{13}$ | | |
| 第三级 | | | $x_0 \cdots x_2$ | | $x_0 \cdots x_4$ | | $x_0 \cdots x_6$ | | $x_0 \cdots x_8$ | | $x_0 \cdots x_{10}$ | | $x_0 \cdots x_{12}$ | | $x_0 \cdots x_{14}$ | |

图 11.6　反向树中每一级加法后 XY 中值的级数

所需要的额外的输入元素值由图 11.6 中每个单元格的阴影表示：白色表示该位置需要从其他三个位置累加部分和，浅灰色表示 2，深灰色表示 1，黑色表示 0。例如，最初，XY[14] 被标记为白色，因为它在归约树阶段结束时只有 $x_{14}$ 的值，并且需要累加 XY[7]（$x_0 \cdots x_7$）、XY[11]（$x_8 \cdots x_{11}$）和 XY[13]（$x_{12} \cdots x_{13}$）来完成其最终扫描值（$x_0 \cdots x_{14}$）。读者应该验证，由于归约树的结构，大小为 $N$ 个元素的输入的 XY 位置将永远不需要来自其他 XY 位置的超过 $\log_2(N)-1$ 部分和的累加。此外，这些部分和位置将始终彼此相距 1, 2, 4, …（2 的幂）。在示例中，XY[14] 需要 $\log_2(16)-1=3$ 个位置的部分和，即 1(XY[14] 和 XY[13] 之间)、2（XY[13] 和 XY[11] 之间)、4（在 XY[11] 和 XY[7] 之间)。

为了组织加法运算的后半部分，我们将首先展示所有需要从四个位置之外进行部分求和的运算，然后是两个位置之外，最后是一个位置之外。在反向树的第一层中，我们将 XY[7] 添加到 XY[11]，这将使 XY[11] 得到最终答案。在图 11.6 中，位置 11 是唯一进入最终答案的位置。在第二级中，我们完成 XY[5]、XY[9] 和 XY[13]，这可以分别用两个位置之外的部分和来完成：XY[3]、XY[7] 和 XY[11]。最后，在第三级中，我们通过累加一个位置之外的部分和来完成所有偶数位置 XY[2]、XY[4]、XY[6]、XY[8]、XY[10] 和 XY[12]（每个位置的左邻居)。

我们现在准备实现 Brent-Kung 扫描方法，可使用以下循环实现并行扫描的归约树阶段：

```
for(unsigned int stride = 1; stride <= blockDim.x; stride *= 2) {
    __synchthreads();
    if ((threadIdx.x + 1)%(2*stride) == 0) {
        XY[threadIdx.x] += XY[threadIdx.x - stride];
    }
}
```

请注意，该循环与图 10.6 中的归约类似，只有两点不同。第一个区别是我们将和值向最高位置累积，即 XY[blockDim.x-1]，而不是 XY[0]。这是因为源于最高位的最终结果即为总和。因此，每个活动线程通过从其索引中减去步长值来获得其左侧的部分和。第二个区别是我们希望活动线程具有 $2^n-1$ 形式的线程索引，而不是 $2^n$。这就是为什么在每次迭代中选择执行加法的线程时，我们在 modulo（%）运算之前将 threadIdx.x 加 1。

这种归约方式的缺点是具有严重的控制发散问题。正如我们在第 10 章中看到的，更好的方法是随着循环进行，使用数量不断减少的连续线程来执行加法。但是，我们在图 10.8 中用来减少发散的技术不能在扫描归约树阶段使用，因为它不会在中间 XY 位置生成所需的部分和。因此，我们采用更复杂的线程索引到数据索引映射，将线程的连续部分映射到一系列相距一定距离的数据位置。以下代码通过将线程的连续部分映射到索引格式为 $k2^n-1$ 的 XY 位置来实现此目的：

```
for(unsigned int stride = 1; stride <= blockDim.x; stride *= 2) {
    __syncthreads();
    int index = (threadIdx.x + 1)*2*stride - 1;
    if(index < SECTION_SIZE) {
        XY[index] += XY[index - stride];
    }
}
```

通过在 for 循环的每次迭代中使用如此复杂的索引计算，每次迭代中将使用从线程 0 开始的一组连续线程，以避免线程束内的控制发散。在图 11.5 的小示例中，块中有 16 个线程。在第一次迭代中，步长为 1。块中的前 8 个连续线程将满足 if 条件。为这些线程计算的 XY 索引值将为 1、3、5、7、9、11、13 和 15。这些线程将执行图 11.5 中的第一行加法。在第二次迭代中，步长为 2。只有块中的前 4 个线程将满足 if 条件。为这些线程计算的索引值将为 3、7、11 和 15。这些线程将执行图 11.5 中的第二行加法。请注意，由于每次迭代始终使用连续的线程，因此在活动线程数降至线程束大小以下之前，不会出现控制发散问题。

反向树的实现稍微复杂一些。我们看到步长值从 SECTION_SIZE/4 减小到 1。在每次迭代中，我们需要将 XY 元素的值从步长值的两倍减 1 的倍数位置按步长位置“推”到右侧。例如，在图 11.5 中，步长值从 4（$2^2$）减小到 1。在第一次迭代中，我们希望将 XY[7] 的值推入（加到）XY[11]，其中 7 是 $2 \times 2^2-1$，距离（步长）为 22。请注意，本次迭代将仅使用线程 0，因为为其他线程计算的索引因太大而无法满足 if 条件。在第二次迭代中，我们将 XY[3]、XY[7] 和 XY[11] 的值分别推入 XY[5]、XY[9] 和 XY[13]。下标 3、7 和 11 分别为 $1 \times 2 \times 2^1-1$、$2 \times 2 \times 2^1-1$ 和 $3 \times 2 \times 2^1-1$。目标位置距源位置 $2^1$ 个位置。最后在第三次迭代中，我们将所有奇数位置的值推到其偶数位置的右侧（步长 =$2^0$）。

基于上述讨论，反向树可以通过以下循环来实现：

```
for (int stride = SECTION_SIZE/4; stride > 0; stride /= 2) {
    __syncthreads();
    int index = (threadIdx.x + 1)*stride*2 - 1;
    if(index + stride < SECTION_SIZE) {
        XY[index + stride] += XY[index];
    }
}
```

索引的计算与归约树阶段类似。XY[index+stride]+=XY[index]语句反映了从线程的映射位置推入距离一个步长的更高位置。

Brent-Kung 并行扫描的最终内核代码如图 11.7 所示。读者应注意，对于归约阶段或发散阶段，都不需超过 SECTION_SIZE/2 的线程。因此，简单地启动一个块中包含 SECTION_SIZE/2 个线程的内核。由于块中最多可以有 1024 个线程，因此每个扫描部分最多可以有 2048 个元素。但是我们需要让每个线程在开头加载两个 X 元素，并在末尾存储两个 Y 元素。

```
01    __global__ void Brent_Kung_scan_kernel(float *X, float *Y, unsigned int N) {
02        __shared__ float XY[SECTION_SIZE];
03        unsigned int i = 2*blockIdx.x*blockDim.x + threadIdx.x;
04        if(i < N) XY[threadIdx.x] = X[i];
05        if(i + blockDim.x < N) XY[threadIdx.x + blockDim.x] = X[i + blockDim.x];
06        for(unsigned int stride = 1; stride <= blockDim.x; stride *= 2) {
07            __syncthreads();
08            unsigned int index = (threadIdx.x + 1)*2*stride - 1;
09            if(index < SECTION_SIZE) {
10                XY[index] += XY[index - stride];
11            }
12        }
13        for (int stride = SECTION_SIZE/4; stride > 0; stride /= 2) {
14            __syncthreads();
15            unsigned int index = (threadIdx.x + 1)*stride*2 - 1;
16            if(index + stride < SECTION_SIZE) {
17                XY[index + stride] += XY[index];
18            }
19        }
20        __syncthreads();
21        if (i < N) Y[i] = XY[threadIdx.x];
22        if (i + blockDim.x < N) Y[i + blockDim.x] = XY[threadIdx.x + blockDim.x];
23    }
```

图 11.7　包含性（分段）扫描的 Brent-Kung 内核

与 Kogge-Stone 扫描内核的情况一样，只需对将 X 元素加载到 XY 中的语句进行细微调整，即可轻松地将 Brent-Kung 包含性并行扫描内核改编为独占性扫描内核。有兴趣的读者还应该阅读文献（Harris et al., 2007），了解一个有趣的独占性扫描内核，该内核基于设计扫描内核的反向树阶段的不同方式。

现将注意力转向反向树阶段操作数的分析。操作次数为 (16/8)−1+(16/4)−1+(16/2)−1。一般来说，对于 $N$ 个输入元素，操作总数将为 $(2-1)+(4-1)+\cdots+(N/4-1)+(N/2-1)$，即 $N-1-\log_2(N)$。因此，并行扫描中的操作总数为 $2N-2-\log_2 N$，包括归约树（$N-1$ 个操作）和反向树（$N-1-\log_2 N$ 个操作）阶段。请注意，操作总数现在为 $O(N)$，而不是 Kogge-Stone 算法的 $O(N\log_2 N)$。

Brent-Kung 算法相对于 Kogge-Stone 算法的优势非常明显。随着输入部分的变大，Brent-Kung 算法执行的操作数永远不会超过串行算法执行的操作数的 2 倍。在能量受限的执行环境中，Brent-Kung 算法在并行性和效率之间取得了良好的平衡。

虽然 Brent-Kung 算法比 Kogge-Stone 算法具有更高水平的理论工作效率，但其在 CUDA 内核实现中的优势更为有限。回想一下，Brent-Kung 算法使用 $N/2$ 个线程。主要区别在于，通过归约树，活动线程数量下降的速度比 Kogge-Stone 算法快得多。但是，某些不活动线程可能仍会消耗 CUDA 设备中的执行资源。因其通过 SIMD 绑定到其他活动线程，使得在 CUDA 设备中 Brent-Kung 相对于 Kogge-Stone 的工作效率优势不那么明显。

与 Kogge-Stone 相比，Brent-Kung 的主要缺点是尽管工作效率更高，但执行时间可能更长。理论上，在无限的执行资源的条件下，Brent-Kung 的时间大约是 Kogge-Stone 的两倍，因为需要额外的步骤来执行反向树阶段。然而，当执行资源有限时，速度比较可能会有较大的不同。使用 11.3 节中的示例，如果用 32 个执行单元处理 1024 个输入元素，则 Brent-Kung 内核预计需要大约（2 × 1024−2−10）/32=63.6 步。读者需验证在控制发散的情况下，当每个阶段的活动线程总数降至 32 以下时，仍多 5 步左右。与串行执行相比，这会带来 1024/73.6=14 的加速比。考虑 Kogge-Stone 的 320 个时间单位和 3.2 的加速比。当然，当有更多的执行资源与 / 或更长的延迟时，这种比较将体现 Kogge-Stone 的优势。

## 11.5　利用粗化提高工作效率

跨多个线程并行扫描的开销就像归约一样，因为它包括硬件未充分利用和树执行模式的同步开销。然而，扫描有额外的并行化开销，这会降低工作效率。正如我们所看到的，并行扫描的工作效率低于串行扫描。如果线程实际上是并行运行的，那么较低的工作效率是可以接受的并行化的代价。但是，如果硬件要将线程串行，我们最好自己通过线程粗化来完成，以提高工作效率。

我们可以设计一种并行分段扫描算法，通过在输入的各个分段上添加一个完全独立的串行扫描阶段来实现更高的工作效率。每个线程块接收比原始部分粗化因子更大的输入段。在算法开始时，我们将输入的块的段划分为多个连续的子段：每个线程一个子段。分段的数量与线程块中线程的数量相同。

粗化扫描分为三个阶段，如图 11.8 所示。在第一阶段，我们让每个线程对其连续的子段执行串行扫描。例如，在图 11.8 中，我们假设一个块中有四个线程。我们将 16 个元素的输入段分为四个子段，每个子段有四个元素。线程 0 将对段（2，1，3，1）执行扫描并生成（2，3，6，7）。线程 1 将对段（0，4，1，2）执行扫描并生成（0，4，5，7），依此类推。

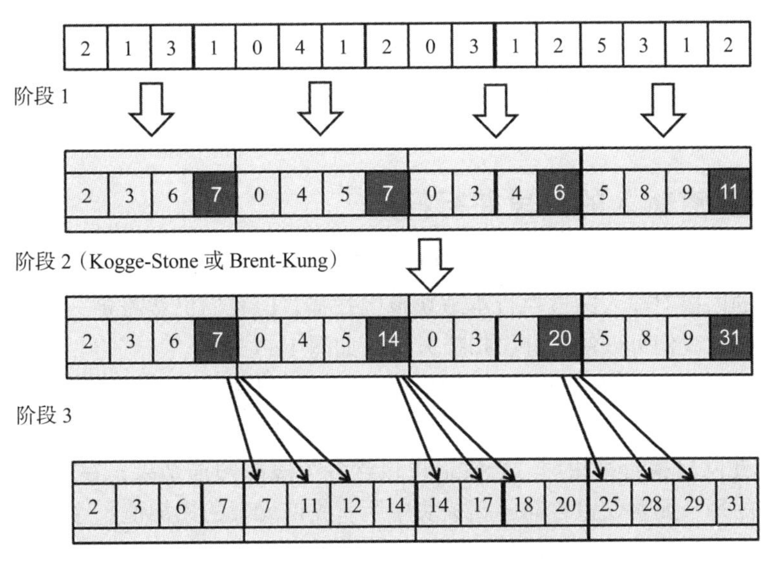


图 11.8　三阶段并行扫描，提高工作效率

请注意，如果每个线程直接通过访问全局内存中的输入来执行扫描，则它们的访问将不会合并。例如，在第一次迭代期间，线程 0 将访问输入元素 0，线程 1 将访问输入元素 4，

依此类推。因此，我们通过使用共享内存来吸收无法合并的内存访问，从而改进内存合并。也就是说，我们以合并的方式在共享内存和全局内存之间传输数据，并在共享内存中以不利的访问模式执行内存访问。在阶段 1 开始时，所有线程协作以迭代方式将输入加载到共享内存中。在每次迭代中，相邻线程加载相邻元素以启用内存合并。例如，在图 11.8 中，我们让所有线程协作并以合并的方式加载四个元素：线程 0 加载元素 0，线程 1 加载元素 1，依此类推。然后，所有线程都会移动以加载接下来的四个元素：线程 0 加载元素 4，线程 1 加载元素 5，依此类推。

一旦所有输入元素都位于共享内存中，线程就会从共享内存中访问自己的子段并对其执行串行扫描，如图 11.8 中的阶段 1 所示。请注意，在阶段 1 结束时，每个段的最后一个元素（在第二行中突出显示为黑色）包含该段中所有输入元素的总和。例如，段 0 的最后一个元素包含值 7，即该部分中输入元素（2，1，3，1）的总和。

在阶段 2，每个块中的所有线程协作并对由每个段的最后一个元素组成的逻辑数组执行扫描操作。因为只有适量的元素（块中的线程数），这可以通过 Kogge-Stone 或 Brent-Kung 算法来完成。请注意，线程到元素的映射需要对图 11.3 和图 11.7 中的映射稍作修改，因为需扫描的元素之间的距离为步长（图 11.8 中的四个元素）。

在阶段 3，每个线程将其前驱段的最后一个元素的新值添加到其元素中。在此阶段不需要更新每个子段的最后一个元素。例如，在图 11.8 中，线程 1 将值 7 添加到段中的元素（0，4，5）以生成（7，11，12）。该段的最后一个元素已经是正确的值 14，无须更新。

通过这种三个阶段的方法，我们可以使用比一个段中的元素数量少得多的线程数量。该段的最大大小不再受块中可拥有线程数量的限制，而是受共享内存大小的限制，该段的所有元素都需要适合共享内存。

扫描线程粗化的主要优点是能有效利用执行资源。假设我们在阶段 2 使用 Kogge-Stone。对于 $N$ 个元素的输入列表，如果我们使用 $T$ 个线程，则每个阶段完成的工作量为：阶段 1 为 $N-T$，阶段 2 为 $T\log_2 T$，阶段 3 为 $N-T$。如果我们使用 $P$ 个执行单元，可以预期执行将需要（$N-T+T\log_2 T+N-T$）$/P$ 步。例如，如果我们使用 64 个线程和 32 个执行单元来处理 1024 个元素，则算法大约需要（$1024-64+64\times 6+1024-64$）$/32=72$ 步。我们将粗化扫描内核的实现作为练习留给读者。

## 11.6　任意长度输入的分段并行扫描

对于许多应用来说，扫描操作要处理的元素数量可能是数百万甚至数十亿。到目前为止，我们提出的内核对输入的段执行本地块范围扫描，但我们仍然需要一种方法来合并不同段的结果。为此，我们可以使用分层扫描方法，如图 11.9 所示。

针对大型数据集，我们首先将输入划分为多个段，以便每个段都可以放入流式多处理器的共享内存中，并由单个块进行处理。假设我们在大型输入数据集上调用图 11.3 和 11.7 中的内核之一。在网格执行结束时，Y 数组将包含各个段的扫描结果，在图 11.9 中称为*扫描块*。扫描块中的每个元素仅包含同一扫描块中所有先前元素的累加值。这些扫描块需要组合成最终结果，也就是说，需要调用另一个内核，将前面扫描块中所有元素的总和添加到扫描块的每个元素上。

图 11.10 显示了图 11.9 的分层扫描方法的一个示例。在此示例中，有 16 个输入元素被分为四个扫描块。我们可以使用 Kogge-Stone 内核、Brent-Kung 内核或粗化内核来处理

各个扫描块。内核将四个扫描块视为独立的输入数据集。扫描内核终止后，每个 Y 元素在其扫描块内包含扫描结果。例如，扫描块 1 具有输入 0，4，1，2。扫描内核生成此段的扫描结果，即 0，4，5，7。请注意，这些结果不包含扫描块 0 中任何元素的贡献。要生成此扫描块的最终结果，扫描块 0 中所有元素的总和（即 2+1+3+1=7）应被添加到扫描块 1 的每个结果元素。再例如，扫描块 2 中的输入为 0，3，1，2。内核产生该扫描块的扫描结果 0，3，4，6。要产生该扫描块的最终结果，扫描块 0 和扫描块 1 中所有元素的总和（即 2+1+3+1+0+4+1+2=14）应被添加到扫描块 2 的每个结果元素。

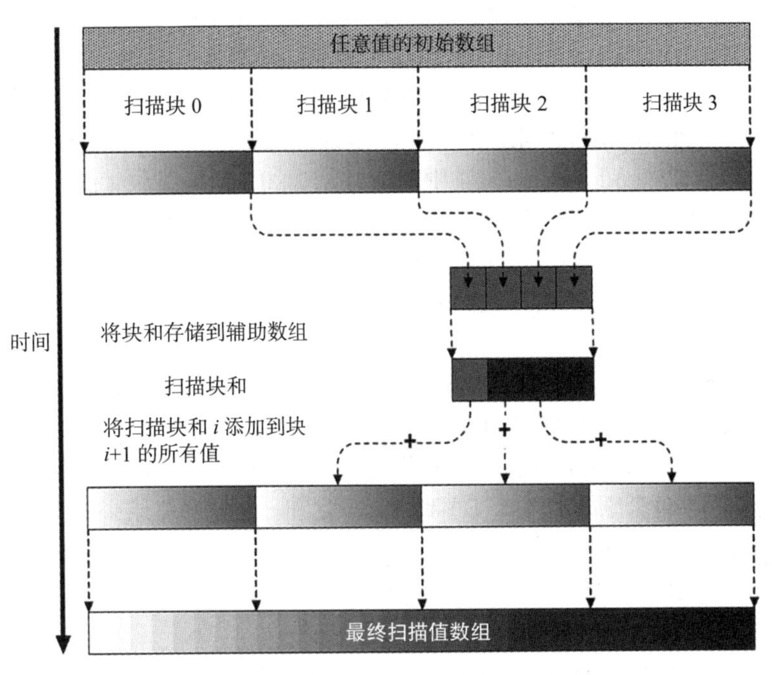


图 11.9　任意长度输入的分层扫描

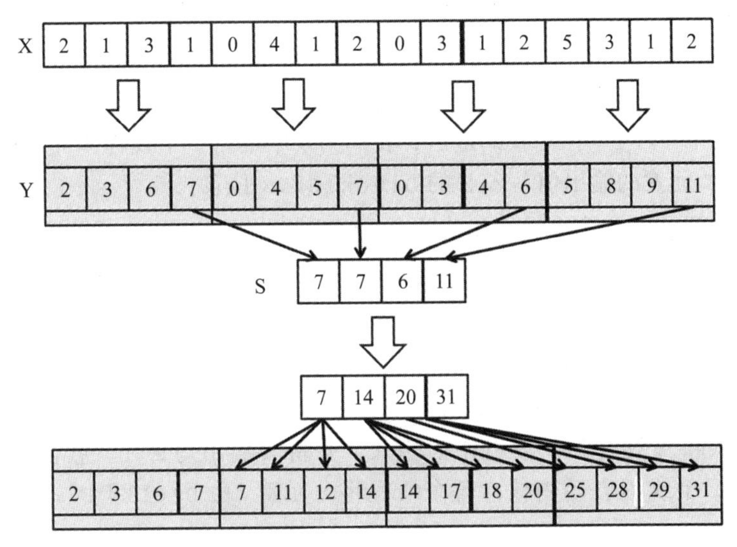


图 11.10　分层扫描示例

值得注意的是，每个扫描块的最后一个输出元素给出了扫描块的所有输入元素的总和。这些值是图 11.10 中的 7、7、6 和 11。这将我们带到图 11.9 中分段扫描算法的第二步，它将每个扫描块的最后结果元素收集到一个数组中并在这些输出元素上执行扫描。该步骤也在图 11.10 中示出，其中所有扫描块的最后扫描输出元素被收集到新的数组中。虽然图 11.10 的第二步在逻辑上与图 11.8 的第二步相同，但是主要区别在于图 11.10 涉及来自不同线程块的线程。因此，每个部分的最后一个元素需要收集（写入）到全局内存数组中，以便它们可以跨线程块可见。

收集每个扫描块的最后结果可以通过更改扫描内核末尾的代码来完成，以便每个块的最后一个线程使用其 blockIdx.x 作为数组索引将其结果写入 S 数组。然后对 S 进行扫描操作，产生输出值 7、14、20、31。注意，这些第二级扫描输出值中的每一个都是从每次扫描的起始位置 X[0] 到结束位置的累加和。也就是说，S[0]=7 中的值是从 X[0] 到扫描块 0 的末尾的累加和，即 X[3]。S[1]=14 中的值是从 X[0] 到扫描块 1 的末尾（即 X[7]）的累加和。因此，S 数组中的输出值给出了原始扫描问题的“战略”位置处的扫描结果。换句话说，在图 11.10 中，S[0]、S[1]、S[2] 和 S[3] 中的输出值分别给出了位置 X[3]、X[7]、X[11] 和 X[15] 处原始问题的最终扫描结果。这些结果可用于使每个扫描块中的段结果达到其最终值。

这将我们带到图 11.10 中分段扫描算法的最后一步。第二级扫描输出值被添加到其对应扫描块的值上。例如，在图 11.10 中，S[0] 的值（7）将被添加到线程块 1 的 Y[0]、Y[1]、Y[2]、Y[3] 上，从而计算出这些位置的结果。这些位置的最终结果是 7、11、12、14。这是因为 S[0] 包含原始输入 X[0] 到 X[3] 之和。这些最终结果是 14、17、18 和 20。S[1]（14）的值将添加到 Y[8]、Y[9]、Y[10]、Y[11]，从而计算出这些位置的结果。S[2]（20）的值将被添加到 Y[12]、Y[13]、Y[14]、Y[15] 上。最后，S[3] 的值是原始输入所有元素的总和，这也是 Y[15] 中的最终结果。

熟悉计算机算法的读者应该认识到，分段扫描算法背后的原理与现代处理器的硬件加法器中的先行进位原理非常相似。考虑到我们迄今为止研究的两种并行扫描算法也基于创新的硬件加法器设计，这不足为奇。

我们可以用三个内核来实现分段扫描。第一个内核与三个阶段的内核基本相同。（我们可以轻松地使用 Kogge-Stone 内核或 Brent-Kung 内核。）我们需要再添加一个参数 S，其维度为 N/SECTION_SIZE。在内核的最后，我们为块中最后一个线程添加条件语句，将扫描块中最后一个 XY 元素的输出值写入 S 的 blockIdx.x 位置：

```
__syncthreads();
if (threadIdx.x == blockDim.x - 1) {
    S[blockIdx.x] = XY[SECTION_SIZE - 1];
}
```

第二个内核只是配置有单个线程块的三个并行扫描内核之一，它将 S 作为输入并将 S 写入作为输出，而不产生任何部分和。

第三个内核将 S 数组和 Y 数组作为输入，并将其输出写回 Y。假设在每个块中使用 SECTION_SIZE 个线程启动内核，每个线程将 S 元素（由 blockIdx.x-1 选择）之一添加到一个 Y 元素：

```
unsigned int i = blockIdx.x*blockDim.x + threadIdx.x;
Y[i] += S[blockIdx.x - 1];
```

换句话说，块中的线程将所有先前扫描块的总和添加到其扫描块的元素中。我们将其作为练习，让读者完成每个内核的详细信息并完成主机代码。

## 11.7　利用单次扫描提高内存访问效率

在 11.6 节提到的分段扫描中，段扫描的结果（扫描块）在启动全局扫描内核之前被存储到全局内存中，然后由第三个内核从全局内存中重新加载回来。执行这些额外内存存储和加载的时间不会与后续内核中的计算重叠，并且会显著影响分段扫描算法的速度。为了避免这种负面影响，人们提出了多种技术（Dotsenko et al., 2008；Merrill & Garland, 2016；Yan et al., 2013）。本章讨论基于流的扫描算法。鼓励读者阅读参考资料以了解其他技术。

在 CUDA C 编程的上下文中，基于流的扫描算法（不要与第 20 章中介绍的 CUDA 流混淆）或多米诺骨牌式扫描算法是指分段扫描算法，部分和数据通过同一网格中相邻线程块之间的全局内存沿一个方向传递。基于流的扫描建立在一个关键结果的基础上，即全局扫描步骤（图 11.9 的中间部分）可以以多米诺骨牌方式执行，并且并不真正需要网格范围的同步。例如，在图 11.10 中，扫描块 0 可以将其部分和值 7 传递给扫描块 1 并完成其工作。扫描块 1 从扫描块 0 接收部分和值 7，与其本地部分和值 7 相加得到 14，将其部分和值 14 传递到扫描块 2，然后通过将 7 加到其扫描块中的所有部分和值来完成最后一步。对于所有线程块，此过程都会继续。

为了实现多米诺骨牌式扫描算法，可以编写一个内核来执行图 11.9 中分段扫描算法的所有三个步骤。线程块 *i* 首先使用我们在 11.2 节到 11.5 节中介绍的三种并行算法之一对其扫描块执行扫描。然后，它等待其左邻居块 *i*−1 传递总和值。一旦收到来自块 *i*−1 的和，就将该值添加到其本地和中，并将累积和值传递到其右邻居块 *i*+1。然后继续将从块 *i*−1 接收到的总和值添加到所有部分扫描值，以产生扫描块的所有输出值。

在内核的第一阶段，所有块都可以并行执行。它们将在数据传递阶段被串行化。然而，一旦每个块从其前驱接收到总和值，它就可以与已从其前驱接收到总和值的所有其他块并行执行其最终阶段。只要总和值可以快速地通过块，在第三阶段期间块之间就可以有足够的并行性。

为了使这种多米诺骨牌式扫描发挥作用，需要相邻（块）同步（Yan et al., 2013）。相邻同步是一种定制的同步，允许相邻线程块同步和 / 或交换数据。特别地，在扫描中，数据从扫描块 *i*−1 传递到扫描块 *i*，就像在生产者 – 消费者链中一样。在生产者端（扫描块 *i*−1），在部分和已存储到内存后，标志被设置为特定值，而在消费者端（扫描块 *i*），检查标志以查看它是否是加载传递的部分和之前的特定值。如前所述，加载的值进一步与本地和相加，然后传递到下一个块（扫描块 *i*+1）。相邻同步可以通过原子操作来实现。下面的代码段说明了如何使用原子操作来实现相邻同步：

```
__shared__ float previous_sum;
if (threadIdx.x == 0){
    // Wait for previous flag
    while(atomicAdd(&flags[bid], 0) == 0) { }
    // Read previous partial sum
    previous_sum = scan_value[bid];
    // Propagate partial sum
    scan_value[bid + 1] = previous_sum + local_sum;
    // Memory fence
    __threadfence();
```

```
        // Set flag
        atomicAdd(&flags[bid + 1], 1);
    }
    __syncthreads();
```

此代码段仅由每个块中的一个领导者线程（例如索引为 0 的线程）执行。其余线程将在最后一行的 __syncthreads() 处等待。在块 bid 中，领导者线程会重复检查全局内存数组 flags[bid]，直到其被设置。然后，它通过访问全局内存数组 scan_value[bid] 加载其前一个的部分和，并将该值存储到其本地共享内存变量 previous_sum 中。它将 previous_sum 与其局部部分和 local_sum 相加，并将结果存储到全局内存数组 scan_value[bid+1] 中。需要内存函数 _threadfence() 以确保在使用 atomicAdd() 设置标志之前 scan_value[bid+1] 值到达全局内存。

虽然对 flags 数组的原子操作和对 scan_value 数组的访问可能会产生全局内存流量，但这些操作大多在最新 GPU 架构的二级缓存中执行（见第 9 章）。任何此类对全局存储器的存储和加载都可能与其他块的第一阶段和第三阶段的计算活动重叠。另一方面，当执行 11.5 节中的三内核分段扫描算法时，全局内存中 S 数组的存储和加载位于单独的内核中，并且不能与阶段 1 或阶段 3 重叠。

多米诺骨牌式算法有一个微妙的问题。在 GPU 中，线程块可能不总是根据其 blockIdx 值线性调度，这意味着扫描块 $i$ 可能在扫描块 $i$+1 之后被调度和执行。在这种情况下，调度器安排的执行顺序可能与由相邻同步代码假设的执行顺序相矛盾，并导致性能下降甚至死锁。例如，调度器可以在调度扫描块 $i$−1 之前调度扫描块 $i$ 到扫描块 $i+N$。如果扫描块 $i$ 到扫描块 $i+N$ 占用了所有流多处理器，则扫描块 $i$−1 将无法开始执行，直到至少其中一个完成执行。然而，它们都在等待来自扫描块 $i$−1 的总和值，这会导致系统死锁。

有多种技术可以解决此问题（Gupta et al.，2012；Yan et al.，2013）。这里，我们只讨论一种特定的方法，即动态块索引分配，其余的留给读者参考。动态块索引分配将线程块索引的分配与内置 blockIdx.x 解耦。在单次扫描中，每个块的 bid 变量的值不再与 blockIdx.x 的值绑定。相反，它是通过在内核开头使用以下代码来确定的：

```
__shared__ unsigned int bid_s;
if (threadIdx.x == 0) {
    bid_s = atomicAdd(blockCounter, 1);
}
__syncthreads();
unsigned int bid = bid_s;
```

领导者线程以原子方式递增 blockCounter 指向的全局计数器变量。全局计数器存储被调度的下一个块的动态块索引。然后，领导者线程将获取的动态块索引值存储到共享内存变量 bid_s 中，以便在 __syncthreads() 之后该块的所有线程都可以访问它。这保证了所有扫描块都是线性调度的并可防止潜在的死锁。换句话说，如果一个块获得了 $i$ 的 bid 值，那么就可以保证值为 $i$−1 的块已经被调度，因为其已经执行了原子操作。

## 11.8　总结

在本章中，我们研究了并行扫描，也称为前缀和，这是一种重要的并行计算模式。扫描用于将资源并行分配给需求不一致的各方。它将看似基于数学递归的串行计算转换为并行计算，这有助于减少许多应用程序中的串行瓶颈。我们证明，简单的串行扫描算法对于 $N$ 个

元素的输入仅执行 $N-1$ 或 $O(N)$ 次加法。

我们首先引入了一种并行 Kogge-Stone 分段扫描算法，该算法速度快、概念简单，但工作效率不高。该算法执行 $O(N\log_2 N)$ 次运算，这比串行运算要多。随着数据集大小的增加，并行算法与简单串行算法保持平衡所需的执行单元数量也会增加。因此，Kogge-Stone 扫描算法通常用于在具有丰富执行资源的处理器中处理中等大小的扫描块。

然后，我们提出了一种概念上更复杂的并行 Brent-Kung 分段扫描算法。使用归约树阶段和反向树阶段，无论输入数据集有多大，该算法都仅执行 $2N-3$ 或 $O(N)$ 的加法。这种操作数量随输入集大小线性增长的高效算法通常也称为数据可扩展算法。虽然 Brent-Kung 算法比 Kogge-Stone 算法具有更高的工作效率，但需要更多步骤才能完成。因此，在具有足够执行资源的系统中，尽管工作效率较低，但 Kogge-Stone 算法仍具有更好的性能。

我们还应用线程粗化来减轻并行扫描的硬件利用率不足和同步开销，并提高其工作效率。通过让块中的每个线程在自己的输入元素子段上执行工作高效的串行扫描来应用线程粗化，然后线程协作执行工作效率较低的块范围并行扫描以生成整个块的部分。

我们提出了一种分层扫描方法来扩展并行扫描算法以处理任意大小的输入集。不幸的是，分段扫描算法的简单的三内核实现会产生冗余的全局内存访问，其延迟与计算不重叠。为此，我们还提出了一种多米诺骨牌式的分层扫描算法，以实现单次、单内核，并提高分层扫描算法的全局内存访问效率。然而，这种方法需要仔细设计使用原子操作、线程内存屏障和屏障同步的相邻块同步机制。还必须特别注意通过使用动态块索引分配来防止死锁。

使用线程束级洗牌等操作可实现更高的性能。一般来说，在 GPU 上实现和优化并行扫描算法是一个复杂的过程，普通用户更有可能使用 Thrust 等 GPU 并行扫描库（Bell and Hoberock，2012），而不是从头开始实现自己的扫描内核。尽管如此，并行扫描是一种重要的并行模式，它为优化并行模式的权衡提供了有趣的案例。

## 练习

1. 考虑数组 [4 6 7 1 2 8 5 2]。使用 Kogge-Stone 算法对数组执行并行包含性前缀扫描。每个步骤后报告数组的中间状态。
2. 修改图 11.3 中的 Kogge-Stone 并行扫描内核，使用双缓冲而不是第二次调用 `__syncthreads()`，以克服读后写竞争条件。
3. 分析图 11.3 中的 Kogge-Stone 并行扫描内核。说明控制发散仅发生在每个块的第一个线程束中，步长值高达线程束大小的一半。也就是说，对于线程束大小 32，步长值 1、2、4、8 和 16 的迭代将出现控制发散。
4. 考虑数组 [4 6 7 12 8 5 2]。使用 Brent-Kung 算法对数组执行并行包含性前缀扫描。每个步骤后报告数组的中间状态。
5. 对于 Brent-Kung 扫描内核，假设我们有 2048 个元素。在归约树阶段和反向树阶段分别会执行多少个加法操作？
6. 利用图 11.4 的算法完成独占性扫描内核。
7. 完成图 11.9 中分段并行扫描算法的主机代码和所有三个内核。

## 参考文献

Bell, N., Hoberock, J., 2012. “Thrust: A productivity-oriented library for CUDA.” GPU computing gems Jade edition. Morgan Kaufmann, 359–371.

Brent, R. P., & Kung, H. T., 1979. A regular layout for parallel adders, Technical Report, Computer Science Department, Carnegie-Mellon University.

Dotsenko, Y., Govindaraju, N.K., Sloan, P.P., Boyd, C., Manferdelli, J., 2008. Fast scan algorithms on graphics processors. Proc. 22nd Annu. Int. Conf. Supercomputing, 205–213.

Gupta, K., Stuart, J.A., Owens, J.D., 2012. A study of persistent threads style GPU programming for GPGPU workloads. Innovative Parallel Comput. (InPar) 1–14. IEEE.

Harris, M., Sengupta, S., & Owens, J. D. (2007). Parallel prefix sum with CUDA. GPU Gems 3. http://developer.download.nvidia.com/compute/cuda/1_1/Website/projects/scan/doc/scan.pdf.

Kogge, P., Stone, H., 1973. A parallel algorithm for the efficient solution of a general class of recurrence equations. IEEE Trans. Computers C-22, 783–791.

Merrill, D., & Garland, M. (2016, March). Single-pass parallel prefix scan with decoupled look-back. Technical Report NVR2016-001, NVIDIA Research.

Yan, S., Long, G., Zhang, Y., 2013. StreamScan: Fast scan algorithms for GPUs without global barrier synchronization, PPoPP. ACM SIGPLAN Not. 48 (8), 229–238.

# 归并：动态输入数据识别

由 Li-Wen Chang 和 Jie Lv 特别贡献

我们将介绍的下一个并行模式是有序归并操作，它接收两个排序列表并生成一个归并的排序列表。有序归并操作可以作为排序算法的一个组成部分，我们将在第 13 章中看到这一点。有序归并操作也是现代 map-reduce 框架的基础。本章将介绍一种并行有序归并算法，其中每个线程的输入数据都是动态确定的。数据访问的动态性质使得利用局部性和平铺技术来提高内存访问效率和性能具有挑战性。动态输入数据识别背后的原理也与许多其他重要计算相关，如集合求交和集合求并。我们提出了日益复杂的缓冲区管理方案，用于提高串行归并和其他动态确定输入数据的操作的内存访问效率。

## 12.1 背景

有序归并函数将两个排序列表 A 和 B 归并为一个排序列表 C。在本章中，我们假设排序列表存储在数组中，还假设数组中的每个元素都有一个键。在键上定义了一个用≤表示的顺序关系。例如，键可以是简单的整数值，≤可以定义为这些整数值之间的常规小于等于关系。在最简单的情况下，元素只包括键。

假设有两个元素 e1 和 e2，它们的键分别是 k1 和 k2。在基于关系≤的排序列表中，如果 e1 出现在 e2 之前，那么 k1 ≤ k2。基于排序关系 R 的归并函数接收两个分别有 m 和 n 个元素的排序输入数组 A 和 B，其中 m 和 n 不必相等。数组 A 和数组 B 都根据排序关系 R 排序。数组 C 由数组 A 和数组 B 的所有输入元素组成，并根据排序关系 R 排序。

图 12.1 显示了基于常规数值排序关系的简单归并函数的操作。数组 A 有 5 个元素（m=5），数组 B 有 4 个元素（n=4）。归并函数从 A 和 B 中生成包含全部 9 个元素（m+n）的数组 C。图 12.1 中的箭头表示如何将 A 和 B 中的元素放入 C 以完成归并操作。每当 A 和 B 的元素数值相等时，A 的元素应首先出现在输出列表 C 中。

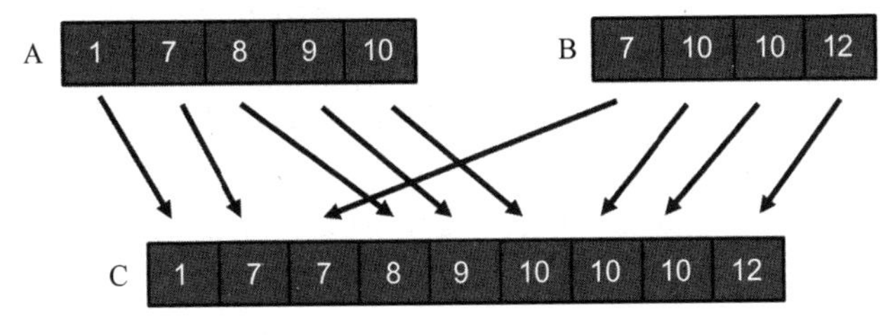


图 12.1 归并操作示例

一般来说，如果键值相等的元素在输出结果中的排列顺序与它们在输入结果中的排列顺序相同，那么排序操作就是稳定的。图 12.1 中的示例展示了归并操作在输入列表中和跨输入列表时的稳定性。例如，值为 10 的两个元素被从 B 复制到 C，同时保持了它们原来的顺序，这说明归并操作在输入列表中具有稳定性。再比如，值为 7 的 A 元素先于相同值的 B 元素进入 C，这说明归并操作在不同输入列表中具有稳定性。稳定性属性允许排序操作保留当前排序操作中使用的键未排序的以前的顺序。例如，列表 A 和 B 在按当前用于归并的键排序之前，可能已根据不同的键进行过排序。保持归并操作的稳定性，使得归并操作可预先完成前几步的工作。

归并操作是归并排序的核心，而归并排序是一种重要的并行排序算法。我们将在第 13 章中看到，并行归并排序函数将输入列表分为多个部分，并将它们分配给并行线程。线程对各个部分进行排序，然后协作地归并已排序的部分。这种分治方法可以实现高效的并行排序。

在 Hadoop 等现代 map-reduce 分布式计算框架中，计算被分布到大量的计算节点上。reduce 过程将这些计算节点的结果组合成最终结果。许多应用要求根据排序关系对结果进行排序。这些结果通常是通过在归并树模式中使用归并操作来组装的。因此，高效的归并操作对这些框架的效率至关重要。

## 12.2　串行归并算法

归并操作可以通过简单的串行算法实现。图 12.2 展示了一个串行归并函数。

```
01    void merge_sequential(int *A, int m, int *B, int n, int *C) {
02        int i = 0; // Index into A
03        int j = 0; // Index into B
04        int k = 0; // Index into C
05        while ((i < m) && (j < n)) { // Handle start of A[] and B[]
06            if (A[i] <= B[j]) {
07                C[k++] = A[i++];
08            } else {
09                C[k++] = B[j++];
10            }
11        }
12        if (i == m) { // Done with A[], handle remaining B[]
13            while(j < n) {
14                C[k++] = B[j++];
15            }
16        } else { // Done with B[], handle remaining A[]
17            while(i < m) {
18                C[k++] = A[i++];
19            }
20        }
21    }
```

图 12.2　串行归并函数

图 12.2 中的串行函数由两个主要部分组成。第一部分包括一个 while 循环（第 05 行），它按顺序访问 A 和 B 的列表元素。循环从第一个元素开始：A[0] 和 B[0]。每次迭代都会在输出数组 C 中填入一个位置，该位置将选择 A 的一个元素或 B 的一个元素（第 06 ～ 10 行）。循环使用 i 和 j 来识别当前正在考虑的 A 和 B 元素；当执行首次进入循环时，i 和 j 均为 0。在每次迭代中，如果元素 A[i] 小于等于 B[j]，则将 A[i] 的值分配给 C[k]。在这种情况下，执行程序会同时递增 i 和 k，然后进入下一次迭代。否则，B[j] 的值将分配给 C[k]。在这种情况下，执行程序在进入下一次迭代之前会同时递增 j 和 k。

当执行到数组 A 的末尾或数组 B 的末尾时，执行退出 while 循环。如果数组 A 已被完全访问（如 i 等于 m 所示），则代码会将数组 B 的剩余元素复制到数组 C 的剩余位置（第 13 ～ 15 行）。否则，数组 B 是被完全访问过的数组，因此代码会将数组 A 的剩余元素复制到数组 C 的剩余位置（第 17 ～ 19 行）。请注意，为了保证正确性，这里原本不需要使用 if-else 结构。我们可以简单地让两个 while 循环（第 13 ～ 15 行和第 17 ～ 19 行）跟随第一个 while 循环。两个 while 循环中只有一个会进入，这取决于第一个 while 循环是否穷尽了 A 或 B。不过，为了让读者更直观地理解代码，我们加入了 if-else 结构。

我们可以用图 12.1 中的简单示例来说明串行归并函数的运行。在 while 循环的前三次（0 ～ 2）迭代中，A[0]、A[1] 和 B[0] 分别赋值给 C[0]、C[1] 和 C[2]。执行一直持续到迭代 5 结束。此时，列表 A 已访问完毕，执行退出 while 循环。A[0] 至 A[4] 和 B[0] 共填充了六个 C 位置。if 结构的真分支循环用于将剩余的 B 元素即 B[1] 到 B[3] 复制到剩余的 C 位置。

串行归并函数会访问一次 A 和 B 中的每个输入元素，并向每个 C 位置写入一次。其算法复杂度为 $O(m+n)$，执行时间与需要归并的元素总数成线性比例。

## 12.3　并行化方法

Siebert 和 Traff（2012）提出了一种并行化归并操作的方法。在他们的方法中，每个线程首先确定要生成的输出位置范围（输出范围），然后将该输出范围作为共秩函数的输入，以确定要归并以生成输出范围的相应输入范围。一旦确定了输入和输出范围，每个线程就可以独立访问两个输入子数组和一个输出子数组。这种独立性允许每个线程对子数组执行串行归并函数，从而并行地完成归并。显而易见，并行方法的关键在于共秩函数。现在我们将对共秩函数进行介绍。

假设 A 和 B 是两个输入数组，分别有 m 和 n 个元素。我们假设两个输入数组都根据排序关系进行了排序。每个数组的索引从 0 开始。令 C 为归并 A 和 B 后生成的排序输出数组。我们可以得出以下结论。

**观察结果 1**：对于满足 0 ≤ k<m+n 的任何 k，要么存在 i，0 ≤ i<m，且 C[k] 从 A[i] 接收其值（情况 1）；要么存在 j，0 ≤ j<n，且 C[k] 在归并过程中从 B[j] 接收其值（情况 2）。

图 12.3 显示了观察结果 1 的两种情况。例如，在图 12.3a 中，C[4]（值 9）的值来自 A[3]。在这种情况下，k=4，i=3。我们可以看到，C[4] 的前缀子数组 C[0] ～ C[3]（C[4] 前面的 4 个元素的子数组）是 A[3] 的前缀子数组 A[0] ～ A[2]（A[3] 前面的 3 个元素的子数组）和 B[1] 的前缀子数组 B[0]（B[1] 前面的 4−3=1 个元素的子数组）归并的结果。因此，子数组 C[0] ～ C[k-1]（k 个元素）是归并 A[0] ～ A[i-1]（i 个元素）和 B[0] ～ B[k-i-1]（k-i 个元素）的结果。

在第二种情况下，问题中的 C 元素来自数组 B。例如，在图 12.3b 中，C[6] 的值来自 B[1]。在这种情况下，k=6，j=1。C[6] 的前缀子数组 C[0] ～ C[5]（C[6] 前面的 6 个元素的子数组）是归并前缀子数组 A[0] ～ A[4]（A[5] 前面的 5 个元素的子数组）和 B[0]（B[1] 前面的 1 个元素的子数组）的结果。因此，子数组 C[0] ～ C[k-1]（k 个元素）是归并 A[0] ～ A[k-j-1]（k-j 个元素）和 B[0] ～ B[j-1]（j 个元素）的结果。

在第一种情况下，我们找到 i，并将 i 推导为 k-i；在第二种情况下，我们找到 j，并将 i 推导为 k-j。我们可以利用对称性将这两种情况归纳为一个观察结果。

**观察结果 2**：对于满足 0 ≤ k<m+n 的任意 k，我们可以找到 i 和 j，使得 k=i+j，0 ≤ i<m，0 ≤ j<n，并且子数组 C[0] ～ C[k-1] 是归并子数组 A[0] ～ A[i-1] 和子数组 B[0] ～ B[j-1] 的结果。

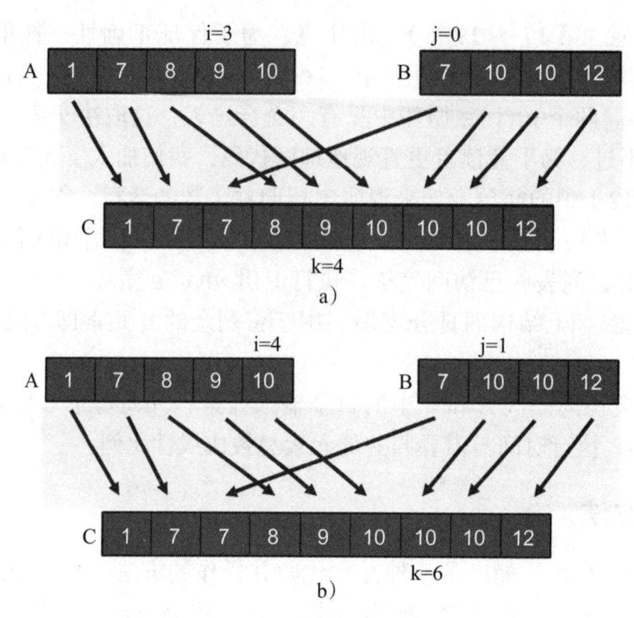


图 12.3　观察结果 1 的实例

Siebert 和 Traff（2012）还证明，i 和 j 定义了 A 和 B 的前缀子数组，它们是生成长度为 k 的 C 的前缀子数组所必需的，它们是唯一的。对于元素 C[k]，索引 k 被称为秩。唯一索引 i 和 j 称为其共秩。例如，在图 12.3a 中，C[4] 的秩和共秩分别为 4、3 和 1，而 C[6] 的秩和共秩分别为 6、5 和 1。

共秩的概念为我们提供了并行化归并函数的思路。我们可以将输出数组划分为若干子数组，并将一个子数组的生成任务分配给不同的线程，从而在线程之间进行分工。分配完成后，就可以知道每个线程要生成的输出元素的秩。然后，每个线程使用共秩函数来确定它需要归并到输出子数组中的两个输入子数组。

请注意，归并函数的并行化与之前所有模式的并行化的主要区别在于，每个线程使用的输入数据范围无法通过简单的索引计算来确定。每个线程使用的输入元素范围取决于实际输入值。这使得并行化归并操作成为一种既有趣又棘手的并行计算模式。

## 12.4　共秩函数的实现

我们将共秩函数定义为：接收输出数组 C 中元素的秩（k）以及两个输入数组 A 和 B 的信息，并返回输入数组 A 中相应元素的共秩值（i）：

```
int co_rank(int k, int * A, int m, int * B, int n)
```

其中，k 是 C 元素的秩，A 是指向输入 A 数组的指针，m 是 A 数组的大小，B 是指向输入 B 数组的指针，n 是输入 B 数组的大小，返回值是 i，即 k 在 A 中的共秩值。这样，调用者就可以推导出 j——k 在 B 中的共秩值，即 k-i。

研究共秩函数的实现细节之前，首先有必要了解并行归并函数使用共秩函数的方式。图 12.4 举例说明了如何使用共秩函数，我们使用两个线程来执行归并操作。我们假设线程 0 生成 C[0] ~ C[3]，线程 1 生成 C[4] ~ C[8]。

直观地说，每个线程都会调用共秩函数来推导 A 和 B 子数组的起始位置，这些子数组将被归并到分配给该线程的 C 子数组中。例如，线程 1 调用参数为（4，A，5，B，4）的共秩函数。线程 1 的共秩函数的目标是为其秩值 k1=4 确定共秩值 i1=3 和 j1=1。也就是说，从 C[4] 开始的子数组将由从 A[3] 和 B[1] 开始的子数组归并生成。直观地说，我们正在从 A 和 B 中寻找总共 4 个元素，以填充线程 1 归并其元素之前的输出数组的前 4 个元素。通过目测，我们发现选择 i1=3 和 j1=1 可以满足需求。线程 0 将获取 A[0] ~ A[2] 和 B[0]，而忽略 A[3]（值 9）和 B[1]（值 10），线程 1 将从这里开始归并。

如果我们将 i1 的值改为 2，就需要将 j1 的值设置为 2，这样在线程 1 之前仍然可以有总共 4 个元素。这个值比线程 1 的元素中的 A[2]（值 8）要大。这种变化会导致 C 数组无法正确排序。另一方面，如果我们将 i1 的值改为 4，就需要将 j1 的值设置为 0，以保持元素总数为 4。然而，这意味着我们将 A[3]（值 9）包含在线程 0 的元素中，这比 B[0]（值 7）大，而后者将被错误地包含在线程 1 的元素中。这两个例子说明，搜索算法可以快速识别值。

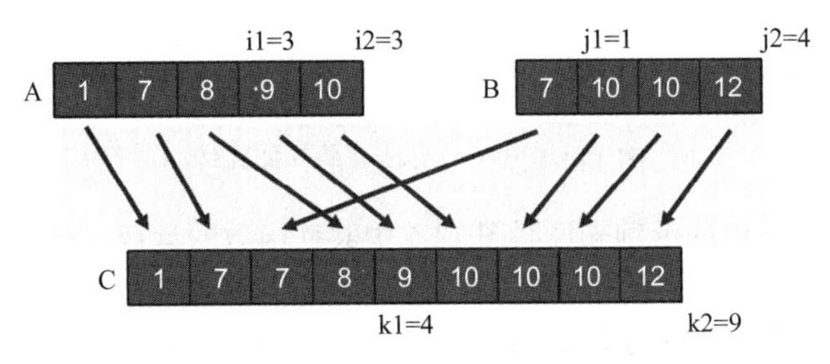


图 12.4　共秩函数执行示例

除了确定输入段的起始位置外，线程 1 还需要确定输入段的结束位置。因此，线程 1 还调用了参数为（9，A，5，B，4）的共秩函数。从图 12.4 中可以看到，共秩函数应该产生共秩值 i2=5 和 j2=4。也就是说，由于 C[9] 超过了 C 数组的最后一个元素，如果试图从 C[9] 开始生成一个 C 子数组，那么 A 和 B 数组的所有元素都应该已经耗尽。一般来说，线程 t 使用的输入子数组由线程 t 和线程 t+1 的共秩值定义：A[$i_t$] ~ A[$i_{t+1}$] 和 B[$j_t$] ~ B[$j_{t+1}$]。

共秩函数本质上是一种搜索操作。由于两个输入数组都已排序，我们可以使用二分搜索甚至更高的基数搜索来实现 $O(\log N)$ 的计算复杂度。图 12.5 展示了一个基于二分搜索的共秩函数。该共秩函数使用两对标记变量来划分共秩值所考虑的 A 数组索引范围和 B 数组索引范围。变量 i 和 j 是当前二分搜索迭代中考虑的候选共秩返回值。变量 i_low 和 j_low 是函数可能生成的最小共秩值。第 02 行将 i 初始化为可能的最大值。如果 k 值大于 m，i 会被初始化为 m，因为共秩 i 值不能大于 A 数组的大小。否则，第 02 行将 i 初始化为 k，因为 i 不能大于 k。在整个执行过程中，共秩函数都会保持这一重要的不变关系。i 和 j 变量之和始终等于输入变量 k 的值（秩值）。

关于 i_low 变量和 j_low 变量的初始化（第 04 行和第 05 行），我们需要再解释一下。通过这些变量，我们可以限制搜索的范围，并加快搜索速度。从功能上讲，我们可以将这两个值设为零，然后让执行的其他部分将它们提升到更精确的值。当 k 值小于 m 和 n 时，这样做是合理的。然而，当 k 大于 n 时，我们知道 i 值不可能小于 k-n。原因是来自 B 数组的 C[k] 前缀子数组元素的最大数量是 n。因此，k-n 个元素的最小值一定来自 A。因此，i 值永远不会小于 k-n，我们不妨将 i_low 设为 k-n。根据同样的论证，j_low 值也不会小于 k-m，这是归并过程中必须使用的 B 元素的最少数量，因此也是最终共秩 j 值的下限。

```
01    int co_rank(int k, int* A, int m, int* B, int n) {
02        int i = k < m ? k : m; // i = min(k,m)
03        int j = k - i;
04        int i_low = 0 > (k-n) ? 0 : k-n; // i_low = max(0,k-n)
05        int j_low = 0 > (k-m) ? 0 : k-m; // i_low = max(0,k-m)
06        int delta;
07        bool active = true;
08        while(active) {
09            if (i > 0 && j < n && A[i-1] > B[j]) {
10                delta = ((i - i_low +1) >> 1) ; // ceil(i-i_low)/2)
11                j_low = j;
12                j = j + delta;
13                i = i - delta;
14            } else if (j > 0 && i < m && B[j-1] >= A[i]) {
15                delta = ((j - j_low +1) >> 1) ;
16                i_low = i;
17                i = i + delta;
18                j = j - delta;
19            } else {
20                active = false;
21            }
22        }
23        return i;
24    }
```

图 12.5　基于二分搜索的共秩函数

我们将使用图 12.6 中的示例来说明图 12.5 中共秩函数的运行。该示例假定使用三个线程将数组 A 和 B 归并为 C，每个线程负责生成一个包含三个元素的输出子数组。我们将首先跟踪线程 1 的共秩函数的二分搜索步骤，线程 1 负责生成 C[3] ～ C[5]。读者应该能够确定，线程 1 调用了参数为（3，A，5，B，4）的共秩函数。

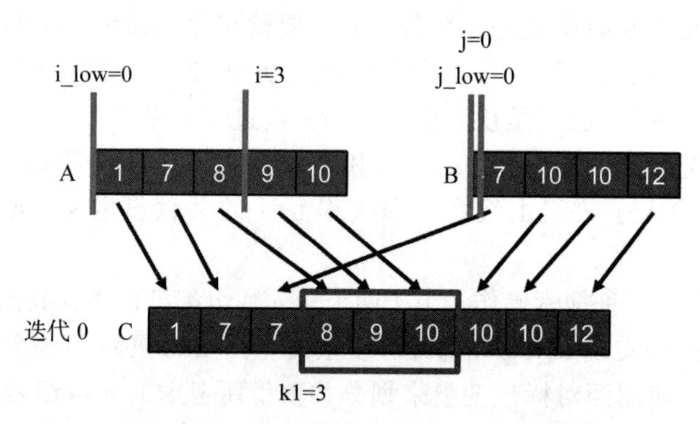


图 12.6　线程 1 的共秩函数操作示例的迭代 0

如图 12.5 所示，共秩函数（第 02 行）将 i 初始化为 3，即 k 值，因为在本例中 k 小于 m（值 5）。此外，i_low 设置为 0。i 和 i_low 值定义了当前正在搜索的 A 数组部分，以确定最终的共秩函数 i 值。因此，只有 0、1、2 和 3 才会被视为共秩 i 值。同样，j 和 j_low 也都设置为 0。

共秩函数的主体是一个 while 循环（第 08 行），迭代放大最终的共秩 i 值和 j 值。我们的目标是找到一对 i 值和 j 值，使 A[i-1]≤B[j] 且 B[j-1]<A[i]。直觉上，我们选择 i 和 j 值的目的是，用于生成上一个输出子数组的 A 子数组（称为上一个 A 子数组）中的任何值都不能大于用于生成当前输出子数组的 B 子数组（称为当前 B 子数组）中的任何元素。需要注意的是，前一个子数组中最大的 A 元素可能等于当前 B 子数组中最小的元素，因为出于稳定性要求，当 A 元素和 B 元素之间出现“平局”时，A 元素优先放入输出数组。

在图 12.5 中，while 循环中的第一个 if 结构（第 09 行）测试当前 i 值是否过高。如果是，就会调整标记值，从而将 i 的搜索范围缩小一半左右，使其趋向于较小的一端。具体方法是将 i 值减小 i 和 i_low 之差的一半左右。在图 12.7 中，对于 while 循环的第 1 次迭代，if 结构发现 i 值（3）过高，因为值为 8 的 A[i-1] 大于值为 7 的 B[j]。接下来的几条语句继续通过将 i 的值减小 delta=(3-0+1)»1=2（第 10 行和第 13 行）来减小 i 的搜索范围，同时保持 i_low 值不变。因此，下一次迭代的 i_low 值和 i 值将分别为 0 和 1。

代码还通过将 j 的搜索范围移至当前 j 位置的上方，使其与 i 的搜索范围相当。这一调整保持了 i 和 j 之和等于 k 的特性。调整的方法是将当前的 j 值赋值给 j_low 值（第 11 行），并将 delta 值添加到 j 中（第 12 行）。在我们的例子中，下一次迭代的 j_low 和 j 值将分别为 0 和 2。

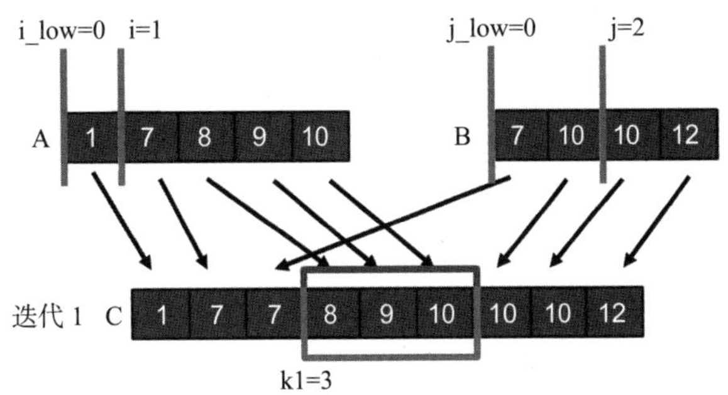


图 12.7　线程 1 的共秩函数操作示例的迭代 1

在图 12.7 所示的 while 循环的第 1 次迭代中，i 和 j 值分别为 1 和 2。if 结构（第 09 行）认为 i 值是可接受的，因为 A[i-1] 是 A[0]，其值是 1，而 B[j] 是 B[2]，其值是 10，所以 A[i-1] 小于 B[j]。因此第一个 if 结构的条件失败，跳过 if 结构的主体。然而，在这次迭代中发现 i 值过高，因为 B[j-1] 是 B[1]（第 14 行），其值是 10，而 A[i] 是 A[1]，其值是 7。具体方法是从 i 中减去 delta=(j-j_low+1)»1=1（第 15 行和第 18 行）。这样，下一次迭代的 j_low 和 j 值将分别为 0 和 1。这也使得 i 的下一个搜索范围与 j 的搜索范围大小相同，但向上移动了 delta 位置。具体做法是将当前的 i 值赋值给 i_low（第 16 行），并将 delta 值添加到 i（第 17 行）。因此，下一次迭代的 i_low 和 i 值将分别为 1 和 2。

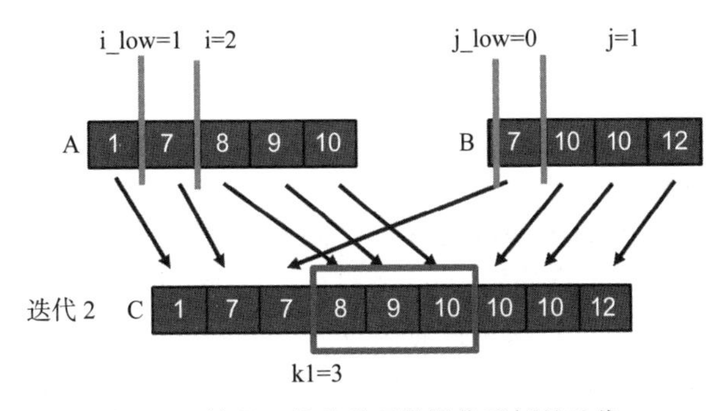


图 12.8　线程 0 的共秩函数操作示例的迭代 2

在图 12.8 所示的迭代 2 中，i 和 j 的值分别为 2 和 1。两个 if 结构（第 09 行和第 14 行）都认为 i 和 j 的值是可接受的。对于第一个 if 结构，A[i-1] 是 A[1]（值 7），B[j] 是 B[1]（值 10），因此满足条件 A[i-1]≤B[j]。对于第二个 if 结构，B[j-1] 是 B[0]（值 7），A[i] 是 A[2]（值 8），因此也满足 B[j-1]<A[i] 的条件。共秩函数设置一个标志以退出 while 循环（第 20 行和第 08 行），并返回最终的 i 值 2 作为共秩 i 值（第 23 行）。调用线程可以根据 k-i=3-2=1 得出最终的共秩 i 值。对图 12.8 的检查证实，共秩值 2 和 1 确实为线程 1 确定了正确的 A 和 B 输入子数组。

作为练习，读者应该对线程 2 重复同样的过程。此外，请注意，如果输入流更长，每一步的 delta 值将减少一半，因此算法的复杂度为 $\log_2(N)$，其中 $N$ 是两个输入数组大小的最大值。

## 12.5 基本并行归并内核

在本章的其余部分，我们假设输入数组 A 和 B 位于全局内存中。我们还假设启动一个内核来归并两个输入数组，以产生一个也在全局内存中的输出数组 C。图 12.9 显示了一个基本内核，它是 12.3 节中描述的部分归并函数的直接实现。

```
01  __global__ void merge_basic_kernel(int* A, int m, int* B, int n, int* C) {
02    int tid = blockIdx.x*blockDim.x + threadIdx.x;
03    int elementsPerThread = ceil((m+n)/(blockDim.x*gridDim.x));
04    int k_curr = tid*elementsPerThread; // start output index
05    int k_next = min((tid+1)*elementsPerThread, m+n); // end output index
06    int i_curr = co_rank(k_curr, A, m, B, n);
07    int i_next = co_rank(k_next, A, m, B, n);
08    int j_curr = k_curr - i_curr;
09    int j_next = k_next - i_next;
10    merge_sequential(&A[i_curr], i_next-i_curr, &B[j_curr], j_next-j_curr, &C[k_curr]);
11  }
```

图 12.9 基本归并内核

我们可以看到，内核非常简单。它首先通过计算当前线程要生成的输出子数组的起点（k_curr）和下一个线程的起点（k_next）在线程间进行分工。请注意，输出元素的总数可能不是线程数的倍数。然后，每个线程都会对共秩函数进行两次调用。第一次调用将 k_curr 作为秩参数，即当前线程要生成的输出子数组的第一个（索引最小的）元素。返回的共秩值 i_curr 给出了属于线程要使用的输入子数组的最小索引的输入 A 数组元素。这个共秩值还可以用来获取 B 输入子数组的 i_curr。i_curr 和 j_curr 值标志着线程输入子数组的开始。因此，&A[i_curr] 和 &B[j_curr] 是指向当前线程使用的输入子数组开头的指针。

第二次调用使用 k_next 作为秩参数，以获取下一个线程的共秩值。这些共秩值标志着下一个线程要使用的最小索引输入数组元素的位置。因此，i_next-i_curr 和 j_next-j_curr 给出了当前线程要使用的 A 和 B 子数组的大小。指向当前线程要生成的输出子数组开头的指针是 &C[k_curr]。内核的最后一步是使用这些参数调用 merge_sequential 函数（如图 12.2 所示）。

图 12.8 举例说明了基本归并内核的执行过程。三个线程（线程 0、线程 1 和线程 2）的 k_curr 值分别为 0、3 和 6。我们将重点关注线程 1 的执行情况，其 k_curr 值为 3。第一次调用共秩函数时确定的 i_curr 和 j_curr 值分别为 2 和 1。线程 1 的 k_next 值将是 6。对共秩函数的第二次调用可确定 i_next 和 j_next 的值分别为 5 和 1。然后线程 1 调用归并函数，参数为（&A[2], 3, &B[1], 0, &C[3]）。请注意，参数 n 的 0 值表示线程 1 输出子数组的三个元素都不应该来自数组 B。图 12.8 中即为这种情况：输出元素 C[3] ～ C[5] 都来自 A[2] ～ A[4]。

虽然基本归并内核简单且优雅，但在内存访问效率方面却存在不足。首先，在执行 merge_sequential 函数时，线程束中的相邻线程在读写输入和输出子数组元素时，显然不会访问相邻的内存位置。以图 12.8 中的示例为例，在 merge_sequential 函数执行的第一次迭代时，相邻的三个线程将读取 A[0]、A[2] 和 B[0]。然后，它们将写入 C[0]、C[3] 和 C[6]。因此，它们的内存访问并未合并，导致内存带宽利用率低下。

其次，线程在执行共秩函数时，还需要访问全局内存中的 A 和 B 元素。由于共秩函数执行的是二分搜索，因此访问模式有些不规则，不太可能合并在一起。因此，这些访问会进一步降低内存带宽的使用效率。如果我们能避免共秩函数对全局内存进行这些不一致的访问，将会显著提高性能。

## 12.6　用于改进内存合并的平铺归并内核

在第 6 章中，我们提到了改进内核内存合并的三种主要策略：重新安排线程到数据的映射；重新安排数据本身；以合并方式在全局内存和共享内存之间传输数据，并在共享内存中执行不规则访问。对于归并模式，我们将采用第三种策略，即利用共享内存来改进内存合并。使用共享内存还有一个好处，就是可以捕捉到共秩函数和串行归并阶段的少量数据重用。

关键的一点是，相邻线程使用的输入 A 和 B 子数组在内存中彼此相邻。从本质上讲，块中的所有线程将共同使用更大的、块级的 A 和 B 子数组来生成更大的、块级的 C 子数组。我们可以调用整个块的共秩函数来获取块级 A 和 B 子数组的起始和终止位置。利用这些块级共秩值，块中的所有线程都能以协同模式将块级 A 和 B 子数组的元素加载到共享内存中。

图 12.10 显示了平铺归并内核的块级设计。在本示例中，我们假设归并操作将使用三个块。在图的底部，我们将 C 分割为三个块级子数组，用灰色竖条划分这些分区。在分区的基础上，每个块调用共秩函数将输入数组划分为子数组，供每个块使用。我们也用灰色竖条划分输入分区。请注意，输入分区的大小可能因输入数组中实际数据元素值的不同而有很大差异。例如，在图 12.8 中，线程 0 的输入 A 子数组明显大于输入 B 子数组，而线程 1 的输入 A 子数组明显小于输入 B 子数组。显然，两个输入子数组的总大小必须始终等于每个线程的输出子数组的大小。

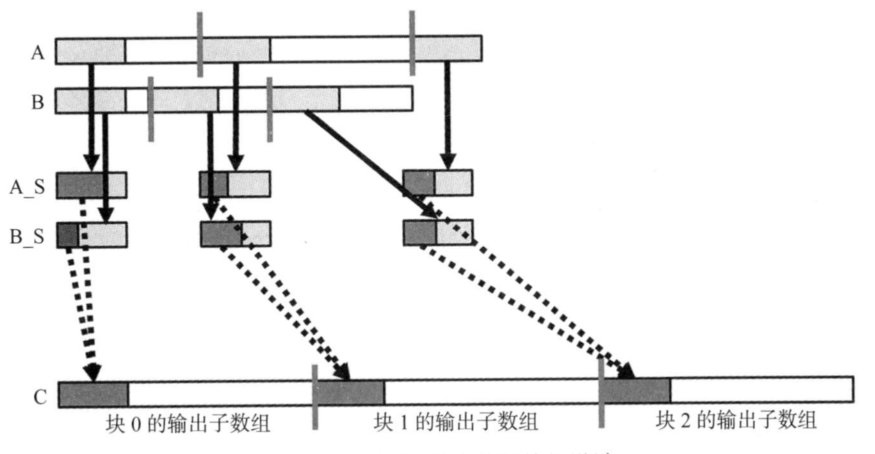


图 12.10　平铺归并内核的块级设计

我们将为每个数据块声明两个共享内存数组 A_S 和 B_S。由于共享内存大小有限，A_S 和 B_S 可能无法覆盖整个数据块的输入子数组。因此，我们将采用迭代法。假设 A_S 和 B_S 数组各可容纳 x 个元素，而每个输出子数组包含 y 个元素。每个线程块将在 y/x 次迭代中执行操作。在每次迭代过程中，线程块中的所有线程将共同从线程块的输入 A 子数组中加载 x 个元素，从输入 B 子数组中加载 x 个元素。

每个线程的第一次迭代如图 12.10 所示。我们可以看到，对于每个线程块，输入 A 子数组的浅灰色部分被加载到 A_S 中，输入 B 子数组的浅灰色部分被加载到 B_S 中。在共享内存中有 x 个 A 元素和 x 个 B 元素的情况下，线程块有足够的输入元素来生成至少 x 个输出数组元素。所有线程都能保证拥有迭代所需的全部输入子数组元素。也许有人会问，为什么加载总共 2x 个输入元素就能保证只生成 x 个输出元素呢？原因是在最坏的情况下，当前输出部分的所有元素可能都来自其中一个输入部分。输入使用的这种不确定性使得归并内核的平铺设计比之前的模式更具挑战性。我们可以通过首先调用当前和下一个输出部分的共秩函数来更精确地加载输入块（tile）。在这种情况下，我们需要完成额外的二分搜索操作，以节省冗余的数据加载。我们将这一替代实施方案留作练习。在 12.7 节中，我们还将通过循环缓冲区设计提高内存带宽的利用效率。

图 12.10 还显示，每个块中的线程将在每次迭代中使用 A_S 的一部分和 B_S 的一部分（显示为深灰色部分），在其输出 C 子数组中生成 x 个元素的部分。这个过程用从 A_S 和 B_S 深灰色部分到 C 深灰色部分的虚线箭头表示。请注意，每个线程块使用的 A_S 和 B_S 部分可能不同。每个线程块实际使用的部分取决于输入数据元素的值。

图 12.11 显示了平铺归并内核的第一部分。与图 12.9 进行比较后，可以发现两者非常相似。这部分实质上是线程级基本归并内核设置代码的块级版本。块中只有一个线程需要计算当前块开始输出索引的秩值和下一个块开始输出索引的秩值的共秩值。这些值被放入共享内存，以便块中的所有线程都能访问。只有一个线程调用共秩函数，可以减少共秩函数访问全局内存的次数，从而提高全局内存访问的效率。我们使用了屏障同步，以确保所有线程在使用共享内存 A_S[0] 和 A_S[1] 位置的值之前，都要等待块级的共秩值。

```
01 __global__ void merge_tiled_kernel(int* A,int m, int* B, int n, int* C, int tile_size) {
   /* shared memory allocation */
02     extern __shared__ int shareAB[];
03    int * A_S = &shareAB[0];                          // shareA is first half of shareAB
04    int * B_S = &shareAB[tile_size];                  // shareB is second half of shareAB
05    int C_curr = blockIdx.x * ceil((m+n)/gridDim.x); // start point of block's C subarray
06    int C_next = min((blockIdx.x+1) * ceil((m+n)/gridDim.x), (m+n)); // ending point

07    if (threadIdx.x ==0){
08      A_S[0] = co_rank(C_curr, A, m, B, n); // Make block-level co-rank values visible
09      A_S[1] = co_rank(C_next, A, m, B, n); // to other threads in the block
10    }
11    __syncthreads();
12    int A_curr  = A_S[0];
13    int A_next  = A_S[1];
14    int B_curr = C_curr - A_curr;
15    int B_next   = C_next - A_next;
16    __syncthreads();
```

图 12.11 第一部分：识别块级输出和输入子数组

回想一下，由于输入的子数组可能太大，无法放入共享内存，因此内核采用了迭代的方法。内核接收的 tile_size 参数指定了共享内存中要容纳的 A 元素和 B 元素的数量。例如，tile_size 值为 1024 意味着共享内存中将容纳 1024 个 A 数组元素和 1024 个 B 数组元素。这意味着每个块将分配 (1024+1024) × 4=8192 字节的共享内存来容纳 A 和 B 数组元素。

举个简单的例子，假设我们要归并一个有 33 000 个元素的 A 数组（m=33000）和一个有 31 000 个元素的 B 数组（n=31000）。输出的 C 元素总数为 64 000 个。再假设我们将使用 16 个块（gridDim.x=16），每个块中有 128 个线程（blockDim.x=128）。每个块将生成 64 000/16=4000 个输出 C 数组元素。

如果我们假设 tile_size 值为 1024，那么图 12.12 中的 while 循环需要迭代 4 次才能完成每个块 4000 个输出元素的生成。在 while 循环的第 0 次迭代中，每个块中的线程将合作将 A 的 1024 个元素和 B 的 1024 个元素加载到共享内存中。由于一个程序块中有 128 个线程，它们可以在 for 循环的每次迭代中共同加载 128 个元素（第 26 行）。因此，图 12.12 中的第一个 for 循环将为一个程序块中的所有线程迭代 8 次，以完成 1024 个 A 元素的加载。第二个 for 循环也将遍历 8 次，以完成 1024 个 B 元素的加载。请注意，线程使用其 threadIdx.x 值来选择要加载的元素，因此连续的线程会加载连续的元素。内存访问是合并的。稍后我们将解释 if 条件，以及加载 A 和 B 元素的索引表达式是如何编写的。

```
17    int counter = 0;                                          //iteration counter
18    int C_length = C_next - C_curr;
19    int A_length = A_next - A_curr;
20    int B_length = B_next - B_curr;
21    int total_iteration = ceil((C_length)/tile_size);         //total iteration
22    int C_completed = 0;
23    int A_consumed = 0;
24    int B_consumed = 0;
25    while(counter < total_iteration){
        /* loading tile-size A and B elements into shared memory */
26        for(int i=0; i<tile_size; i+=blockDim.x){
27            if( i + threadIdx.x < A_length - A_consumed) {
28                A_S[i + threadIdx.x] = A[A_curr + A_consumed + i + threadIdx.x ];
29            }
30        }
31        for(int i=0; i<tile_size; i+=blockDim.x) {
32            if(i + threadIdx.x  < B_length - B_consumed) {
33                B_S[i + threadIdx.x] = B[B_curr + B_consumed + i + threadIdx.x];
34            }
35        }
36        __syncthreads();
```

图 12.12　第二部分：将 A 和 B 元素载入共享内存

输入块进入共享内存后，各个线程可以分割输入块，并行归并各自的部分。具体做法是为每个线程分配一个输出部分，并运行共秩函数来确定应使用哪些共享内存数据部分来生成该输出部分。图 12.13 中的代码完成了这一步。请记住，这是图 12.12 中开始的 while 循环的继续。在 while 循环的每次迭代过程中，程序块中的线程将使用我们载入共享内存的数据，总共生成 tile-size 个 C 元素。（最后一次迭代是个例外，这一点将在后面讨论。）对于每个线程，共秩函数在共享内存中的数据上运行。每个线程首先计算其输出范围和下一个线程输出范围的起始位置，然后将这些起始位置作为共秩函数的输入，以确定其输入范围。然后，每个线程将调用串行归并函数，将共享内存中的 A 和 B 元素（由共秩值确定）归并到指定的 C 元素范围中。

让我们继续运行示例。在 while 循环的每次迭代中，一个程序块中的所有线程都将使用共享内存中的 A 和 B 两个输入块，共同生成 1 024 个输出元素（我们稍后将再次处理 while 循环的最后一次迭代）。这一工作将在 128 个线程中划分，因此每个线程将生成 8 个输出元素。虽然我们知道每个线程将在共享内存中总共消耗 8 个输入元素，但我们需要调用共秩函数来找出每个线程将消耗的 A 元素和 B 元素的确切数量，以及它们的起始和结束位置。例如，一个线程可能使用 3 个 A 元素和 5 个 B 元素，而另一个线程可能使用 6 个 A 元素和 2 个 B 元素，以此类推。

在我们的例子中，一个块中所有线程在迭代过程中使用的 A 元素和 B 元素总数加起来将达到 1 024 个。例如，如果一个块中的所有线程都使用了 476 个 A 元素，我们就知道它们也使用了 1024-476=548 个 B 元素。甚至有可能所有线程最终都使用了 1 024 个 A 元素和 0 个 B 元素。请记住，共享内存中总共加载了 2 048 个元素。因此，在 while 循环的每次迭代中，块中的所有线程将只使用加载到共享内存中的一半 A 和 B 元素。

```
37          int c_curr  = threadIdx.x    *  (tile_size/blockDim.x);
38          int c_next = (threadIdx.x+1) * (tile_size/blockDim.x);
39          c_curr  = (c_curr <= C_length - C_completed) ? c_curr : C_length - C_completed;
40          c_next = (c_next <= C_length - C_completed) ? c_next : C_length - C_completed;
            /* find co-rank for c_curr and c_next */
41          int a_curr = co_rank(c_curr, A_S, min(tile_size, A_length-A_consumed),
                                 B_S, min(tile_size, B_length-B_consumed));
42          int b_curr = c_curr - a_curr;
43          int a_next = co_rank(c_next, A_S, min(tile_size, A_length-A_consumed),
                                 B_S, min(tile_size, B_length-B_consumed));
44          int b_next = c_next - a_next;

            /* All threads call the sequential merge function */
45          merge_sequential (A_S+a_curr, a_next-a_curr, B_S+b_curr, b_next-b_curr,
                C+C_curr+C_completed+c_curr);
            /* Update the number of A and B elements that have been consumed thus far */
46          counter ++;
47          C_completed += tile_size;
48          A_consumed += co_rank(tile_size,  A_S, tile_size, B_S, tile_size);
49          B_consumed = C_completed - A_consumed;
50          __syncthreads();
51      }
52  }
```

图 12.13 第三部分：所有线程并行归并各自的子数组

现在我们可以研究内核函数的更多细节了。回想一下，我们跳过了将 A 和 B 元素从全局内存加载到共享内存的索引表达式的解释。对于 while 循环的每次迭代，在 A 和 B 数组中加载当前块的起点取决于在 while 循环的前几次迭代中，块中所有线程消耗的 A 和 B 元素的总数。假设我们在变量 A_consumed 中记录了之前所有 while 循环迭代消耗的 A 元素总数。在进入 while 循环之前，我们将 A_consumed 初始化为 0。在 while 循环的第 0 次迭代中，由于第 0 次迭代开始时 A_consumed 为 0，因此所有数据块都从 A[A_curr] 开始其数据块。在随后的每次 while 循环迭代中，A 元素的数据块将从 A[A_curr+A_consumed] 开始。

图 12.14 展示了 while 循环迭代 1 的索引计算。在图 12.10 的运行示例中，我们将线程块在迭代 0 中消耗的 A_S 元素显示为 A_S 中块的深灰色部分。在迭代 1 中，应从包含迭代 0 中消耗的 A 元素部分后紧接着的位置，开始从全局内存中加载块（block）0 要处理的块（tile）。在图 12.14 中，对于每个程序块，在迭代 0 中消耗的 A 元素部分显示为分配给该程序块的 A 子数组（用竖条标记）起始处的白色部分。由于这一小段的长度由 A_consumed 的值决定，因此 while 循环迭代 1 中要加载的块从 A[A_curr+A_consumed] 开始。同理，while 循环迭代 1 要加载的块从 B[B_curr+B_consumed] 开始。

请注意，在图 12.13 中，A_consumed（第 48 行）和 C_completed 是通过 while 循环迭代累积的。此外，B_consumed 是由 A_consumed 和 C_completed 的累积值得出的，因此也是通过 while 循环迭代累积的。因此，它们总是反映迄今为止所有迭代消耗的 A 和 B 元素的数量。在每次迭代开始时，为迭代加载的块总是以 A[A_curr+A_consumed] 和 B[B_curr+B_consumed] 开始。

在 while 循环的最后一次迭代中，可能没有足够的 A 或 B 输入元素来填充共享内存中某些线程块的输入块。例如，在图 12.14 中，对于线程块 2，迭代 1 的剩余 A 元素数量小于 tile_size。应该使用 if 语句来防止线程尝试加载超出线程块输入子数组的元素。图 12.12

中的第一个 if 语句（第 27 行）通过检查线程试图加载的 A_S 元素的索引是否超过表达式 A_length-A_consumed 的值所给出的剩余 A 元素的数量来检测这种尝试。if 语句确保线程只加载 A 子数组剩余部分中的元素。对 B 元素也是如此（第 32 行）。

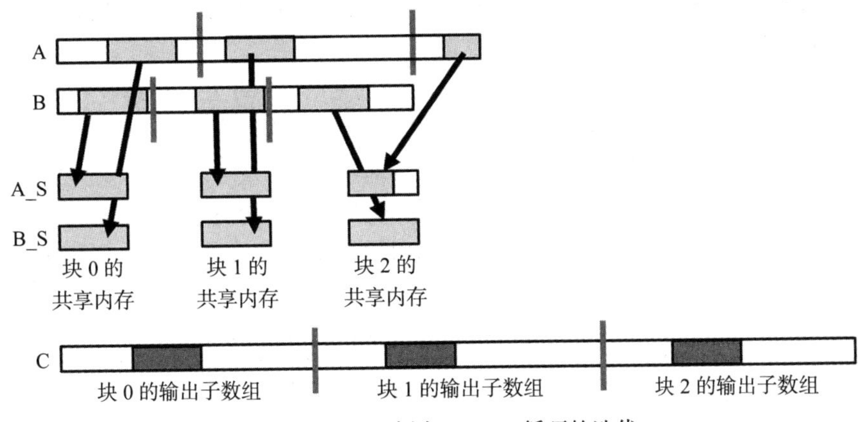


图 12.14　运行示例中 while 循环的迭代 1

有了 if 语句和索引表达式，只要 A_consumed 和 B_consumed 等于线程块在之前的 while 循环迭代中消耗的 A 和 B 元素总数，块加载过程就能顺利进行。这就引出了图 12.13 中 while 循环末尾的代码。这些语句更新了到目前为止，while 循环迭代产生的 C 元素总数。除最后一次迭代外，每次迭代都会生成新的 tile_size 大小的 C 元素。

接下来的两条语句会更新线程块中各线程汇总的 A 和 B 元素总数。除最后一次迭代外，线程块消耗的额外 A 元素的数量是

```
co_rank(tile_size, A_S, tile_size, B_S, tile_size)
```

如前所述，在 while 循环的最后一次迭代结束时，关于所消耗元素数量的计算可能并不正确。在最后一次迭代中，可能不会剩下完整的元素块。不过，由于 while 循环不会继续迭代，因此不会使用 A_consumed、B_consumed 和 C_completed 的值，因此不正确的结果不会造成任何损害。不过，我们应该记住，如果在退出 while 循环后出于任何原因需要这些值，那么这三个变量的值将是不正确的。应该使用 A_length、B_length 和 C_length 的值作为替代，因为线程块指定子数组中的所有元素都会在 while 循环退出时消耗掉。

平铺内核通过共秩函数大大减少了全局内存访问，并使全局内存访问能够合并起来。不过，该内核也有明显的不足。它只能利用每次迭代中加载到共享内存中的一半数据。共享内存中未使用的数据只会在下一次迭代中重新加载。这就浪费了一半的内存带宽。在下一节中，我们将介绍一种循环缓冲区方案，用于管理共享内存中的数据元素块，它允许内核充分利用已加载到共享内存中的所有 A 和 B 元素。我们将看到，在效率提高的同时，代码复杂度也会大幅增加。

## 12.7　循环缓冲区归并内核

循环缓冲区归并内核的设计（在代码中将称为 merge_circular_buffer_kernel）与上一节中的 merge_tiled_kernel 的设计基本相同。主要区别在于如何管理共享内存

中的 A 和 B 元素，以便充分利用从全局内存加载的所有元素。merge_tiled_kernel 的整体结构如图 12.12 至图 12.14 所示，假设 A 和 B 元素的平铺总是分别从 A_S[0] 和 B_S[0] 开始。每个 while 循环迭代后，内核从 A_S[0] 和 B_S[0] 开始加载下一个块。merge_tiled_kernel 的低效率来自下一个元素块的部分元素在共享内存中，但我们从全局内存中重新加载整个块，并写入前一次迭代的剩余元素。

图 12.15 显示了 merge_circular_buffer_kernel 的主要思路。我们将继续使用图 12.10 和图 12.14 中的示例。图 12.12 中的 while 循环的每次迭代都会在 A_S[0] 和 B_S[0] 内动态确定的位置分别开始 A 和 B 的块，因此增加了两个变量 A_S_start 和 B_S_start。这种新增的跟踪功能使 while 循环的每次迭代都能用前一次迭代中剩余的 A 和 B 元素来启动块。由于第一次进入 while 循环时没有前一次迭代，因此这两个变量在进入 while 循环前被初始化为 0。

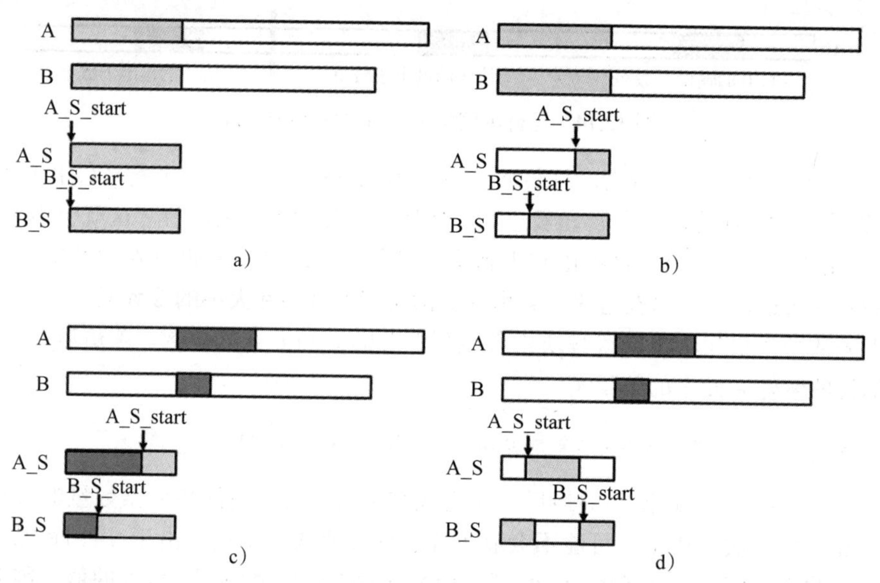


图 12.15　用于管理共享内存块的循环缓冲区方案

在迭代 0 期间，由于 A_S_start 和 B_S_start 的值均为 0，块将以 A_S[0] 和 B_S[0] 开始。图 12.15a 中的浅灰色部分显示了将从全局内存（A 和 B）加载到共享内存（A_S 和 B_S）的块。这些块加载到共享内存后，merge_circular_buffer_kernel 将以与 merge_tile_kernel 相同的方式进行归并操作。

我们还需要更新 A_S_start 变量和 B_S_start 变量，以便在下一次迭代中使用，方法是根据当前迭代从共享内存中消耗的 A 和 B 元素的数量，将这些变量的值提前。请注意，每个缓冲区的大小受限于 tile_size。在某些时候，我们需要重复使用 A_S 和 B_S 数组开始部分的缓冲区位置。这需要检查新的 A_S_start 和 B_S_start 值是否超过 tile_size。如果是，我们将从其中减去 tile_size，如下面的 if 语句所示：

```
A_S_start = (A_S_start + A_S_consumed)%tile_size;
B_S_start = (B_S_start + B_S_consumed)%tile_size;
```

图 12.15b 展示了 A_S_start 和 B_S_start 变量的更新。在迭代 0 结束时，部分 A 块和部分 B 块被消耗。消耗的部分如图中 A_S 和 B_S 中的白色部分所示。我们将 A_S_ start 和 B_S_start 值更新为紧随共享内存中已消耗部分之后的位置。

图 12.15c 展示了在 while 循环迭代 1 开始时填充 A 和 B 块的操作。A_S_consumed 是一个变量，用于跟踪当前迭代中使用的 A 元素的数量。该变量有助于在下一次迭代中填充块。在每次迭代开始时，我们需要加载一个包含最多 A_S_consumed 个元素的部分，以填充共享内存中的 A 块。同样，我们需要加载一个最多包含 B_S_consumed 个元素的部分，以填充共享内存中的 B 块。加载的两个部分在图 12.15c 中显示为深灰色部分。请注意，这些块实际上是在 A_S 和 B_S 数组中“环绕”的，因为我们正在重复使用迭代 0 期间消耗的 A 和 B 元素的空间。

图 12.15d 展示了迭代 1 结束时对 A_S_start 和 B_S_start 的更新。迭代 1 期间消耗的元素显示为白色部分。需要注意的是，在 A_S 中，消耗的部分环绕回 A_S 的起始部分。A_S_start 变量的值也通过模运算不断环绕。显然，我们需要调整加载和使用平铺元素的代码，以支持 A_S 和 B_S 数组的循环使用。

merge_circular_buffer_kernel 的第一部分与图 12.11 中的 merge_tiled_kernel 相同，因此我们不再介绍。图 12.16 显示循环缓冲区内核的第二部分。变量声明保持不变，请参考图 12.12。新变量 A_S_start、B_S_start、A_S_consumed 和 B_S_consumed 在进入 while 循环前初始化为 0。

```
25  int A_S_start = 0;
26  int B_S_start = 0;
27  int A_S_consumed = tile_size;  //in the first iteration, fill the tile_size
28  int B_S_consumed = tile_size;  //in the first iteration, fill the tile_size
29  while(counter < total_iteration) {
      /* loading A_S_consumed elements into A_S */
30      for(int i=0; i<A_S_consumed; i+=blockDim.x) {
31        if(i+threadIdx.x < A_length-A_consumed && (i+threadIdx.x) < A_S_consumed) {
32              A_S[(A_S_start + (tile_size - A_S_consumed)+ i + threadIdx.x)%tile_size] =
                  A[A_curr + A_consumed + i + threadIdx.x ];
33        }
34      }
      /* loading B_S_consumed elements into B_S */
35      for(int i=0; i<B_S_consumed; i+=blockDim.x) {
36        if(i+threadIdx.x < B_length-B_consumed && (i+threadIdx.x) < B_S_consumed) {
37             B_S[(B_S_start + (tile_size - A_S_consumed) +i + threadIdx.x)%tile_size] =
                 B[B_curr + B_consumed + i + threadIdx.x];
38        }
39      }
```

图 12.16　循环缓冲区归并内核的第二部分

请注意，两个 for 循环的退出条件已经调整。图 12.16 中的每个 for 循环不再像图 12.12 中的归并内核那样总是加载一个完整的块，而是只加载重新填充块所需的元素数，即 A_S_consumed。线程块在第 i 次 for 循环迭代中加载的 A 元素部分从全局内存位置 A[A_curr+A_consumed+i] 开始。请注意，每次迭代后，i 会按 blockDim.x 递增。因此，线程在第 i 次 for 循环迭代中要加载的 A 元素是 A[A_curr+A_consumed+i+threadIdx.x]。每个线程将其 A 元素放入 A_S 数组的索引是 A_S_start+(tile size-A_S_consumed)+I+threadIdx，因为块从 A_S[A_S_start] 开始，而缓冲区中还有 tile_size-A_S_consumed 个前一次 while 循环迭代的剩余元素。modulo(%) 操作会检查索引值是否大于等于 tile_size。如果是，则通过从索引值减去 tile_size，将其环绕回数组的起始部分。同样的分析也适用于加载 B 块的 for 循环，留给读者作为练习。

使用 A_S 和 B_S 数组作为循环缓冲区，也会给共秩和归并函数的实现带来额外的复杂性。部分额外的复杂性可以反映在调用这些函数的线程级代码中。不过，一般来说，如果能有效处理库函数内部的复杂性，将用户代码中增加的复杂性降至最低，效果会更好。图 12.17 展示了这种方法。图 12.17a 显示了循环缓冲区的实现。A_S_start 和 B_S_start 标志着循环缓冲区中块的开始。块在 A_S 和 B_S 数组中环绕，显示为 A_S_start 和 B_S_start 左侧的浅灰色部分。

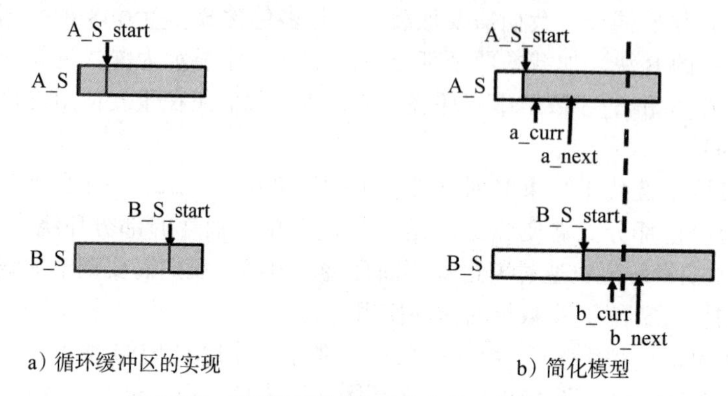


图 12.17　使用循环缓冲区时的共秩值简化模型

请记住，共秩值用于线程识别输入子数组的起始位置、结束位置和长度。在使用循环缓冲区时，我们可以将共秩值作为循环缓冲区中的实际索引提供。不过，这会给 merge_circular_buffer_kernel 代码带来相当大的复杂性。例如，a_next 值可能小于 a_curr 值，因为块在 A_S 数组中被环绕。因此，我们需要对这种情况进行测试，并计算出 a_next-a_curr+tile_size 的部分长度。但是，在其他情况下，当 a_next 大于 a_curr 时，该部分的长度就是 a_next-a_curr。

图 12.17b 展示了使用循环缓冲区定义、推导和使用共秩值的简化模型。在该模型中，每个块似乎都处于从 A_S_start 和 B_S_start 开始的连续部分中。在图 12.17a 中的 B_S 块中，b_next 被环绕，在循环缓冲区中将小于 b_curr。但是，如图 12.17b 所示，简化模型提供了一种错觉，即所有元素都在一个连续的部分中，最多为 tile_size 个元素；因此 a_next 总是大于等于 a_curr，而 b_next 总是大于等于 b_curr。co_rank_circular 函数和 merge_sequential_circular 函数的实现需要将共秩值的简化视图映射到实际的循环缓冲区索引中，以便正确地执行相关功能。

co_rank_circular 函数和 merge_sequential_circular 函数的参数集与原始的共秩和归并函数相同，外加三个附加参数 A_S_start、B_S_start 和 tile_size。这三个附加参数可告知函数缓冲区的当前起点以及缓冲区的位置。图 12.18 显示了根据使用循环缓冲区的共秩值简化模型修改后的线程级代码。代码的唯一变化是调用了 co_rank_circularr 函数和 merge_sequential_circular 函数，而不是共秩和归并函数。这表明，在使用复杂数据结构时，精心设计的库接口可以减少对用户代码的影响。

```
40        int c_curr  = threadIdx.x    *  (tile_size/blockDim.x);
41        int c_next = (threadIdx.x+1) * (tile_size/blockDim.x);

42        c_curr  = (c_curr <= C_length-C_completed) ? c_curr : C_length-C_completed;
43        c_next = (c_next <= C_length-C_completed) ? c_next : C_length-C_completed;
       /* find co-rank for c_curr and c_next */
44        int a_curr = co_rank_circular(c_curr,
                      A_S, min(tile_size, A_length-A_consumed),
                      B_S, min(tile_size, B_length-B_consumed),
```

图 12.18　循环缓冲区归并内核的第三部分

```
                    A_S_start, B_S_start, tile_size);
45          int b_curr = c_curr - a_curr;
46          int a_next = co_rank_circular(c_next,
                    A_S, min(tile_size, A_length-A_consumed),
                    B_S, min(tile_size, B_length-B_consumed),
                    A_S_start, B_S_start, tile_size);

47          int b_next = c_next - a_next;
        /* All threads call the circular-buffer version of the sequential merge function */
48          merge_sequetial_circular( A_S, a_next-a_curr,
                    B_S, b_next-b_curr,  C+C_curr+C_completed+c_curr,
                    A_S_start+a_curr, B_S_start+b_curr, tile_size);

        /* Figure out the work has been done */
49          counter ++;
50          A_S_consumed = co_rank_circular(min(tile_size,C_length-C_completed),
                    A_S, min(tile_size, A_length-A_consumed),
                    B_S, min(tile_size, B_length-B_consumed),
                    A_S_start, B_S_start, tile_size);

51          B_S_consumed = min(tile_size, C_length-C_completed) - A_S_consumed;
52          A_consumed += A_S_consumed;
53          C_completed += min(tile_size, C_length-C_completed);
54          B_consumed = C_completed - A_consumed;

55          A_S_start = (A_S_start + A_S_consumed) % tile_size;
56          B_S_start = (B_S_start + B_S_consumed) % tile_size;
57          __syncthreads();
58      }
59  }
```

图 12.18　循环缓冲区归并内核的第三部分（续）

图 12.19 显示了共秩函数的实现，它提供了共秩值的简化模型，同时正确地完成了循环缓冲区的操作。它处理 i、j、i_low 和 j_low 值的方式与图 12.5 中的共秩函数完全相同。唯一的变化是，在访问 A_S 和 B_S 数组时，i、i-1、j 和 j-1 不再直接用作索引。它们将被用作偏移量，与 A_S_start 和 B_S_start 的值相加，形成索引值 i_cir、i_m_1_cir、j_cir 和 j_m_1_cir。在每种情况下，我们都需要测试实际索引值是否需要环绕到缓冲区的起始部分。请注意，我们不能简单地用 i_cir-1 代替 i-1。我们需要形成最终的索引值，并检查是否需要将其环绕。显然，简化的模型也有助于保持共秩函数代码的简洁：对 i、j、i_low 和 j_low 值的所有操作都保持不变，它们不需要处理缓冲区的循环性质。

```
int co_rank_circular(int k, int* A, int m, int* B, int n, int A_S_start, int
B_S_start, int tile_size) {
    int i= k < m ? k : m;  // i = min(k,m)
    int j = k- i;
    int i_low = 0 > (k-n) ? 0 : k-n; // i_low = max(0, k-n)
    int j_low = 0 > (k-m) ? 0 : k-m; // i_low = max(0,k-m)
    int delta;
    bool active = true;
    while(active) {
        int i_cir = (A_S_start+i) % tile_size;
        int i_m_1_cir = (A_S_start+i-1) % tile_size);
        int j_cir = (B_S_start+j) % tile_size);
        int j_m_1_cir = (B_S_start+i-1) % tile_size);
        if (i > 0 && j < n && A[i_m_1_cir] > B[j_cir]) {
            delta = ((i - i_low +1) >> 1) ; // ceil(i-i_low)/2)
            j_low = j;
            i = i - delta;
            j = j + delta;
        } else if (j > 0 && i < m && B[j_m_1_cir] >= A[i_cir]) {
            delta = ((j - j_low +1) >> 1) ;
            i_low = i;
            i = i + delta;
            j = j - delta;
        } else {
            active = false;
        }
    }
    return i;
}
```

图 12.19　对循环缓冲区进行操作的 co_rank_circular 函数

图 12.20 显示了 merge_sequential_circular 函数的实现。与 co_rank_circular 函数类似，代码逻辑与原始归并函数基本保持不变。唯一的变化是使用 i 和 j 访问 A 和 B 元素的方式。由于 merge_sequential_circular 函数只会被 merge_circular_buffer_kernel 的线程级代码调用，因此访问的 A 和 B 元素将位于 A_S 和 B_S 数组中。在使用 i 或 j 访问 A 或 B 元素的所有四个地方，我们都需要形成 i_cir 或 j_cir，并测试索引值是否需要绕到数组的起始部分。其他代码与图 12.2 中的归并函数相同。

```
void merge_sequential_circular(int *A, int m, int *B, int n, int *C, int
A_S_start, int B_S_start, int tile_size) {
    int i = 0;  //virtual index into A
    int j = 0;  //virtual index into B
    int k = 0; //virtual index into C
    while ((i < m) && (j < n)) {
        int i_cir = (A_S_start + i) % tile_size;
        int j_cir = (B_S_start + j) % tile_size;
        if (A[i_cir] <= B[j_cir]) {
            C[k++] = A[i_cir]; i++;
        } else {
            C[k++] = B[j_cir]; j++;
        }
    }
    if (i == m) { //done with A[] handle remaining B[]
        for (; j < n; j++) {
            int j_cir = (B_S_start + j) % tile_size;
            C[k++] = B[j_cir];
        }
    } else { //done with B[], handle remaining A[]
        for (; i <m; i++) {
            int i_cir = (A_S_start + i) % tile_size);
            C[k++] = A[i_cir];
        }
    }
}
```

图 12.20 merge_sequential_circular 函数的实现

虽然我们没有列出 merge_circular_buffer_kernel 的所有部分，但读者应该能够根据我们讨论过的部分将其整合起来。平铺和循环缓冲区的使用增加了相当大的复杂性。特别是每个线程都要使用更多寄存器来跟踪起点和缓冲区中剩余元素的数量。所有这些额外的使用都有可能降低占用率，或内核执行时分配给每个流多核处理器的线程块数量。然而，由于归并操作受内存带宽限制，计算资源和寄存器资源很可能未被充分利用。因此，增加寄存器和地址计算以节省内存带宽是一种合理的权衡方式。

## 12.8 用于归并的线程粗化

多线程并行归并的代价主要是每个线程都必须执行自己的二分搜索操作，以确定其输出索引的共秩。可以通过减少启动线程的数量来减少二分搜索操作的次数，具体做法是为每个线程分配更多的输出元素。本章介绍的所有内核都已经应用了线程粗化，因为它们都是为每个线程处理多个元素而编写的。在完全未粗化的内核中，每个线程只负责一个输出元素。然而，这就需要对每个元素执行二分搜索操作，而这种操作的成本将高得令人望而却步。因此，粗化对于在大量元素中分摊二分搜索操作的成本至关重要。

## 12.9 总结

在本章中，我们介绍了有序归并模式，该模式的并行化要求每个线程动态确定其输入位置范围。由于输入范围与数据相关，因此我们采用快速搜索的方式来实现共秩函数，以确定每个线程的输入范围。当我们使用平铺技术来节省内存带宽并实现内存合并时，输入范围与数据相关这一事实也带来了额外的挑战。因此，我们引入了循环缓冲区，以便充分利用从全局内存加载的数据。我们的研究表明，引入循环缓冲区等更复杂的数据结构，会大大增加使用该数据结构的代码的复杂性。因此，我们引入了一个简化的缓冲区访问模型，使操作和使用索引的代码基本保持不变。只有在使用这些索引访问缓冲区中的元素时，缓冲区的实际循环性质才会呈现出来。

## 练习

1. 假设我们需要归并两个列表 `A=(1,7,8,9,10)` 和 `B=(7,10,10,12)`。`C[8]` 的共秩值是多少？
2. 完成图 12.6 中线程 1 的共秩函数的计算。
3. 对于图 12.12 中加载 `A` 和 `B` 块的 `for` 循环，添加对共秩函数的调用，以便我们可以仅加载将在当前 `while` 循环中消耗的 `A` 和 `B` 元素。
4. 考虑大小为 1 030 400 和 608 000 的两个数组的并行归并。假设每个线程归并 8 个元素，并且使用的线程块大小为 1 024。
   a. 在图 12.9 的基本归并内核中，有多少个线程对全局内存中的数据执行二分搜索？
   b. 在图 12.11 ～图 12.13 的平铺归并内核中，有多少个线程对全局内存中的数据进行二分搜索？
   c. 在图 12.11 ～图 12.13 的平铺归并内核中，有多少个线程对共享内存中的数据进行二分搜索？

## 参考文献

Siebert, C., Traff, J.L., 2012. Efficient MPI implementation of a parallel, stable merge algorithm. Proceedings of the 19th European conference on recent advances in the message passing interface (EuroMPI'12). Springer-Verlag Berlin, Heidelberg, pp. 204–213.

第三部分

Programming Massively Parallel Processors: A Hands-on Approach, Fourth Edition

# 高级模式及应用


- 第 13 章　排序
- 第 14 章　稀疏矩阵计算
- 第 15 章　图遍历
- 第 16 章　深度学习
- 第 17 章　迭代式磁共振成像重建
- 第 18 章　静电势能图
- 第 19 章　并行编程与计算思维

# 第13章

Programming Massively Parallel Processors: A Hands-on Approach, Fourth Edition

# 排　　序

由 Michael Garland 特别贡献

排序算法将列表中的数据元素按一定的顺序排列。排序是现代数据和信息服务的基础，因为如果数据集顺序正确，则可以显著降低从数据集中检索信息的计算复杂性。例如，排序通常用于规范化数据，以便在数据列表之间进行快速比较和协调。此外，如果数据按特定顺序排列，则许多数据处理算法的效率也会提高。由于其重要性，高效排序算法一直是许多计算机科学研究的主题。即使使用这些高效的算法，对大型数据列表进行排序仍然很耗时，并且可以从并行执行中受益。并行化高效排序算法具有挑战性，需要精心设计。本章介绍两种重要的高效排序算法的并行设计：基数排序和归并排序。本章的大部分内容专门讨论基数排序；基于第 12 章中介绍的并行归并模式，本章也简要讨论了归并排序。本章还简要讨论了其他流行的并行排序算法，例如转置排序和样本排序。

## 13.1　背景

排序是计算机最早的应用之一。排序算法将列表中的元素按一定顺序排列。排序算法执行的顺序取决于这些元素的性质。常用的顺序有数字的数字顺序和文本字符串的词典顺序。更正式地说，任何排序算法都必须满足以下两个条件：

- 输出是非递减顺序或非递增顺序。对于非递减排序，根据所需的顺序，每个元素都不比前一个元素小。对于非递增顺序，根据所需的顺序，每个元素都不大于前一个元素。
- 输出是输入的排列组合。也就是说，算法必须保留所有原始输入元素，同时将它们重新排序到输出中。

在最简单的情况下，列表中的元素可以根据每个元素的值进行排序。例如，列表 [5，2，7，1，3，2，8] 可以排序为非递减顺序输出 [1，2，2，3，5，7，8]。

更复杂也更常见的用例是，每个元素都包含一个键字段和一个值字段，列表应根据键字段排序。例如，假设每个元素都是一个元组（年龄、以千美元为单位的收入）。列表 [（30，150），（32，80），（22，45），（29，80）] 可以用收入作为键字段，按非递增顺序排序为 [（30，150），（32，80），（29，80），（22，45）]。

排序算法可分为稳定算法和不稳定算法。当两个元素的键值相等时，稳定排序算法会保持原来的出现顺序。例如，当使用收入作为键字段将列表 [（30，150），（32，80），（22，45），（29，80）] 排序为非递增顺序时，稳定排序算法必须保证（32，80）出现在（29，80）之前，因为在原始输入中前者出现在后者之前。不稳定排序算法不能提供这样的保证。如果希望使用多个键以级联方式对列表进行排序，就需要稳定算法。例如，如果每个元素都有一个主键和一个次键，那么使用稳定排序算法，可以先根据次键对列表进行排序，然后再使用主键进行排序。第二次排序将保留第一次排序产生的顺序。

排序算法还可分为基于比较的算法和非基于比较的算法。基于比较的排序算法在对包含 $N$ 个元素的列表进行排序时，复杂度不能优于 $O$（$N\log N$），因为必须在元素间进行最少次数的比较。相比之下，一些非基于比较的算法可以达到优于 $O$（$N\log N$）的复杂度，但可能无法适用于任意类型的键。基于比较和非基于比较的排序算法都可以并行化。在本章中，我们将介绍一种并行的非基于比较的排序算法（基数排序）和一种并行的基于比较的排序算法（归并排序）。

由于排序的重要性，计算机科学研究人员在丰富的数据结构和算法策略的基础上提出了大量的排序算法。因此，计算机科学入门课程经常使用排序算法来说明各种核心算法概念，如大 $O$ 符号，分而治之算法，堆和二叉树等数据结构，随机算法，最佳、最差和平均情况分析，时空权衡，以及上界和下界。在本章中，我们将延续这一传统，使用两种排序算法来说明几种重要的并行化和性能优化技术（Satish et al.，2009）。

## 13.2　基数排序

基数排序是非常适合并行化的排序算法之一。基数排序是一种非基于比较的排序算法，其工作原理是根据基值（或位置数字系统中的基数）将要排序的键分配到存储桶中。如果键由多个数字组成，则对每个数字重复键的分配，直到覆盖所有数字。每次迭代都是稳定的，保留上一次迭代中每个存储桶内键的顺序。在处理以二进制数表示的键时，选择 2 的幂作为基值很方便，因为它可以轻松地迭代数字并进行提取。每次迭代本质上处理键中固定大小的位片。我们将从使用基数 2（即 1 位基数）开始，然后在本章后面扩展到更大的基值。

图 13.1 说明了如何使用 1 位基数通过基数排序对 4 位整数列表进行排序。由于键为 4 位长，每次迭代处理 1 位，因此总共需要四次迭代。在第一次迭代中，考虑最低有效位（LSB）。迭代输入列表中 LSB 为 0 的所有键都放置在迭代输出列表的左侧，形成 0 位的存储桶。类似地，迭代输入列表中 LSB 为 1 的所有键都放置在迭代输出列表的右侧，形成 1 位的存储桶。请注意，在输出列表中的每个存储桶中，键的顺序均与输入列表中的顺序保持一致。换句话说，放置在同一存储桶中的键（即具有相同的 LSB）必须以与输入列表中相同的顺序出现在输出列表中。当我们讨论下一次迭代时，将看到这种稳定性要求的重要性。

在图 13.1 的第二次迭代中，第一次迭代的输出列表成为新的输入列表，并且考虑每个键的第二个 LSB。与第一次迭代一样，键被分为两个存储桶：一个存储桶用于存储第二个 LSB 为 0 的键，另一个存储桶用于存储第二个 LSB 为 1 的键。由于保留了先前迭代的顺序，因此第二次迭代的输出列表中的键按低两位排序。也就是说，所有低两位为 00 的键在前，其次是低两位为 01 的键，然后是低两位为 10 的键，最后是低两位为 11 的键。

在图 13.1 的第三次迭代中，在考虑键中的第三位的同时重复相同的过程。同样，由于保留了先前迭代的顺序，因此第三次迭代的输出列表中的键按低三位排序。最后，在第四次也是最后一次迭代中，在考虑第四位或最高有效位的同时重复相同的过程。在此迭代结束时，最终输出列表中的键按所有四位排序。

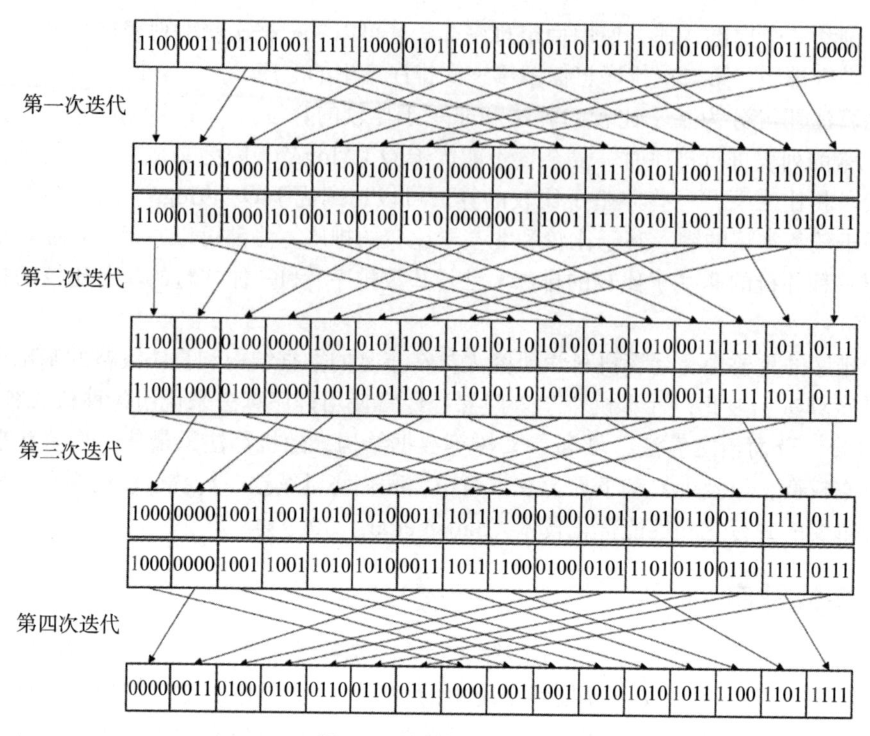


图 13.1　基数排序示例

## 13.3　并行基数排序

基数排序中的每次迭代都依赖于前一次迭代的整体结果。因此，这些迭代是相互依赖且串行执行的。每次迭代中都会出现并行化基数排序的机会。在本章的其余部分中，我们将重点关注单个基数排序迭代的并行化，并理解迭代将一个接一个地执行。换句话说，我们将重点关注执行单个基数排序迭代的内核的实现，并假设主机代码为每次迭代调用该内核一次。

在 GPU 上并行化基数排序迭代的一种直接方法是让每个线程负责输入列表中的一个键。线程必须识别输出列表中键的位置，然后将键存储到该位置。图 13.2 说明了应用于图 13.1 中第一次迭代的并行化方法。在图 13.2 中，线程用弯曲的箭头表示，线程块用箭头周围的框表示。每个线程负责输入列表中位于其下方的键。在此示例中，16 个键由具有 4 个线程块（每个线程块有 4 个线程）的网格处理。实际上，每个线程块可能最多有 1024 个线程，并且输入要大得多，从而导致更多的线程块。然而，我们在每个块中只使用少量线程，从而简化说明。

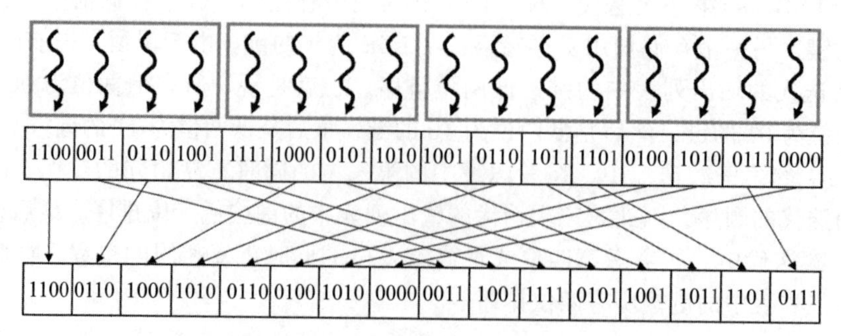


图 13.2　通过将一个输入键分配给每个线程来并行基数排序迭代

当线程被分配给输入列表中的一个键时，每个线程仍然面临着识别其键在输出列表中的目标索引的挑战。识别该键的目标索引取决于该键映射到 0 存储桶还是 1 存储桶。对于映射到 0 存储桶的键，可以通过以下方式找到目标索引：

destination of a zero = # zeros before

= # keys before - # ones before

= key index - # ones before

映射到 0 存储桶的键的目标索引（即 0 的目标）等于该键之前也映射到 0 存储桶的键的数量。由于所有键都映射到 0 存储桶或 1 存储桶，因此映射到 0 存储桶的键之前的键的数量等于该键之前的键总数减去映射到 1 存储桶的键之前的键的数量。该键之前的键总数就是该键在输入列表中的索引（即键索引），这是很容易获得的。因此，查找映射到 0 存储桶的键的目标索引的关键是计算其之前映射到 1 存储桶的键的数量。这个操作可以通过使用独占性扫描来完成，我们稍后将详细讨论。

对于映射到 0 存储桶的键，可以通过以下方式找到目标索引：

destination of a one = # zeros in total +# ones before

= ( # key in total - # ones in total ) +# ones before

= input size - # ones in total +# ones before

在输出数组中，映射到 0 存储桶的所有键必须位于映射到 1 存储桶的键之前。因此，映射到 1 存储桶的键的目标索引（即 1 的目标）等于映射到 0 存储桶的键总数加上映射到 1 存储桶的键之前的键的数量。由于所有键都映射到 0 或 1 存储桶，所以映射到 0 存储桶的键的总数等于输入列表中键的总数减去映射到 1 存储桶的键的总数。输入列表中的键总数就是输入大小，这是易获得的。因此，查找映射到 1 存储桶的键的目标索引的关键是计算其之前映射到 1 存储桶的键的数量，这与 0 存储桶情况所需的信息相同。同样，此操作可以通过使用独占性扫描来完成，我们稍后将看到。作为独占性扫描的副产品，可以找到映射到 1 存储桶的键总数。

图 13.3 显示了图 13.2 示例中每个线程为查找其键的目标索引而执行的操作。执行这些操作的相应内核代码如图 13.4 所示。首先，每个线程识别其负责的键的索引（第 03 行），执行边界检查（第 04 行），并从输入列表加载键（第 06 行）。接下来，每个线程从键中提取当前迭代的位，以确定是 0 还是 1（第 07 行）。

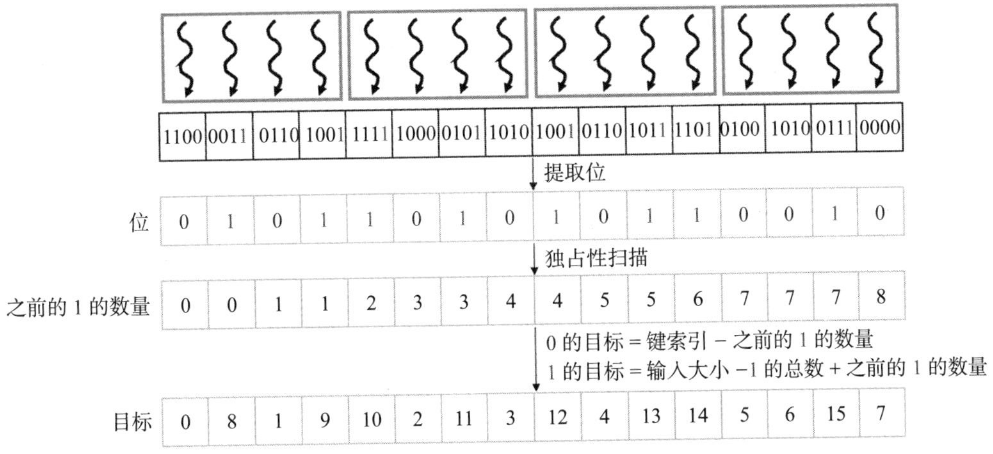


图 13.3 查找每个输入键的目标

```
01  __global__ void radix_sort_iter(unsigned int* input, unsigned int* output,
02                   unsigned int* bits, unsigned int N, unsigned int iter) {
03      unsigned int i = blockIdx.x*blockDim.x + threadIdx.x;
04      unsigned int key, bit;
05      if(i < N) {
06          key = input[i];
07          bit = (key >> iter) & 1;
08          bits[i] = bit;
09      }
10      exclusiveScan(bits, N);
11      if(i < N) {
12          unsigned int numOnesBefore = bits[i];
13          unsigned int numOnesTotal = bits[N];
14          unsigned int dst = (bit == 0)?(i - numOnesBefore)
15                             :(N - numOnesTotal - numOnesBefore);
16          output[dst] = key;
17      }
18  }
```

图 13.4　基数排序迭代的内核代码

这里，迭代次数 iter 告诉我们感兴趣位的位置。通过将键向右移动这个量，我们将位移动到最右边的位置。通过在移位键和 1 之间应用按位与运算（&），我们将移位键中除最右边位之外的所有位清零。因此，bit 的值将是我们感兴趣的位的值。在图 13.3 的示例中，由于该示例针对迭代 0，因此提取了 LSB，如标记位的行所示。

一旦每个线程从键中提取了感兴趣的位，则将该位存储到内存中（第 08 行），并且线程协作对这些位执行独占性扫描（第 10 行）。我们在第 11 章中讨论了如何执行独占性扫描。对独占性扫描的调用是在边界检查之外执行的，因为线程可能需要在进程中执行屏障同步，因此我们需要确保所有线程都处于活动状态。为了在网格中的所有线程之间进行同步，我们假设可以使用类似于单次扫描的复杂技术。或者，我们可以终止内核，从主机调用另一个内核来执行扫描，然后调用第三个内核来执行扫描后的操作。在这种情况下，每次迭代将需要启动三次而不是一次。

独占性扫描操作产生的数组在每个位置都包含该位置之前的位的总和。由于这些位要么是 0，要么是 1，因此该位置之前的位之和等于该位置之前的 1 的数量（即映射到 1 存储桶的键的数量）。在图 13.3 的示例中，独占性扫描的结果显示在“之前的 1 的数量”这一行中。每个线程访问该数组以获取其位置之前 1 的数量（第 12 行）以及输入列表中 1 的总数（第 13 行）。然后，每个线程可以使用我们之前导出的表达式（第 14 ～ 15 行）来识别其键的目标。识别出其目标索引后，线程可以继续将其负责的键存储在输出列表中的相应位置（第 16 行）。在图 13.3 的示例中，目标索引显示在“目标”这一行中。读者可以参考图 13.2 来验证所获得的值确实是每个元素的正确目标索引。

## 13.4　内存合并优化

我们刚刚描述的方法对于并行基数排序迭代非常有效。然而，这种方法效率低下的一个主要根源是对输出列表的写入表现出无法充分合并的访问模式。考虑图 13.2 中的每个线程如何将其键写入输出列表。在第一个线程块中，第一个线程写入 0 存储桶，第二个线程写入 1 存储桶，第三个线程写入 0 存储桶，第四个线程写入 1 存储桶。因此，具有连续索引值的线程不一定会写入连续的内存位置，从而导致合并效果不佳并需要为每个线程束发出多个内存请求。

回想一下第 6 章，有多种方法可以在内核中实现更好的内存合并：重新排列线程；重新排列线程访问的数据；在共享内存上执行不可合并的访问，并以合并的方式在共享内存和全局内存之间传输数据。为了优化合并，我们将使用第三种方法。让每个线程块在共享内存中维护自己的本地存储桶，而不是让所有线程以未合并的方式将其键写入全局内存存储桶。也就是说，将不再执行如图 13.4 所示的全局排序。相反，每个块中的线程将首先执行块级本地排序，以分离共享内存中映射到 0 存储桶的键和映射到 1 存储桶的键。之后，存储桶将以合并的方式从共享内存写入全局内存。

图 13.5 说明了如何针对图 13.2 中的示例来增强内存合并。在此示例中，每个线程块首先对其拥有的键执行本地基数排序，并将输出列表存储到共享内存中。本地排序可以按照与之前进行全局排序相同的方式来完成，并且要求每个线程块仅执行本地独占性扫描，无需全局扫描。在本地排序之后，每个线程块以合并的方式将本地存储写入全局存储。例如，在图 13.5 中，考虑第一个线程块如何将其存储桶写入全局内存。前两个线程在写入 0 存储桶时都写入全局内存中的相邻位置，而后两个线程在写入 1 存储桶时也写入全局内存中的相邻位置。因此，对全局内存的大部分写入将被合并。

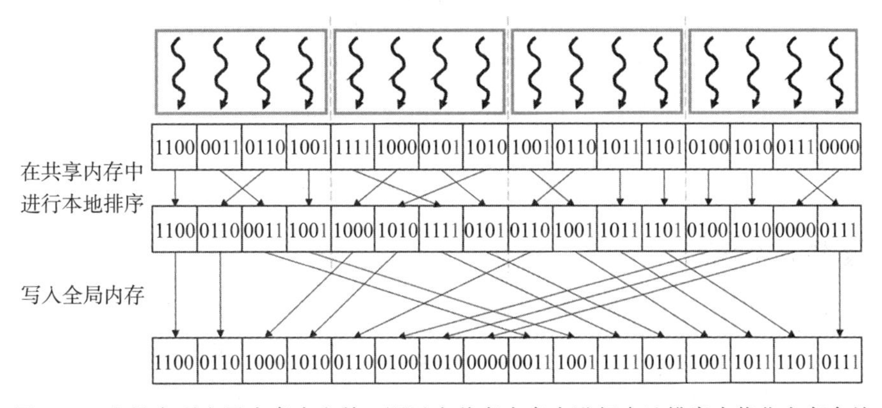


图 13.5　在排序到全局内存中之前，通过在共享内存中进行本地排序来优化内存合并

此优化的主要挑战是每个线程块识别其每个本地存储桶在相应全局存储桶中的开始位置。线程块本地存储桶的开始位置取决于其他线程块中本地存储桶的大小。具体而言，一个线程块的本地 0 存储桶的位置位于前面线程块的所有本地 0 存储桶之后，线程块的本地 1 存储桶的位置位于所有线程块的所有本地 0 存储桶以及之前线程块的所有本地 1 存储桶之后。这些位置可以通过对线程块的本地存储桶大小执行独占性扫描来获得。

图 13.6 说明了如何使用独占性扫描来查找每个线程块的本地存储桶的位置。完成本地基数排序后，每个线程块识别其每个本地存储桶中的键的数量。接下来，每个线程块将这些值存储在如图 13.6 所示的表中。该表按行优先顺序存储，这意味着它连续放置所有线程块的本地 0 存储桶的大小，然后是本地 1 存储桶的大小。构造表后，对线性化表执行独占性扫描。结果表由每个线程块的本地存储桶的起始位置组成，即为我们要查找的值。

一旦线程块识别出其本地存储桶在全局内存中的开始位置，该块中的线程就可以继续将其键从本地存储桶存储到全局存储桶。为此，每个线程需要跟踪 0 存储桶与 1 存储桶中键的数量。在写入阶段，每个块中的线程将根据其线程索引值在任一存储桶中写入键。例如，对于图 13.6 中的块 2，线程 0 将一个键写入 0 存储桶中，线程 1 ～ 3 将三个键写入 1 存储桶中。相比之下，对于图 13.6 中的块 3，线程 0 ～ 2 将三个键写入 0 存储桶中，线程 3 将一个键写入 1 存储桶中。因此每个线程需要测试它是否负责在本地 0 存储桶或 1 存储桶中写入键。每个块都会跟踪其两个本地存储桶中的键的数量，以便线程可以确定其 threadIdx 值落在何处并参与 0 存储桶键或 1 存储桶键的写入。我们将这种优化的实现留给读者作为练习。

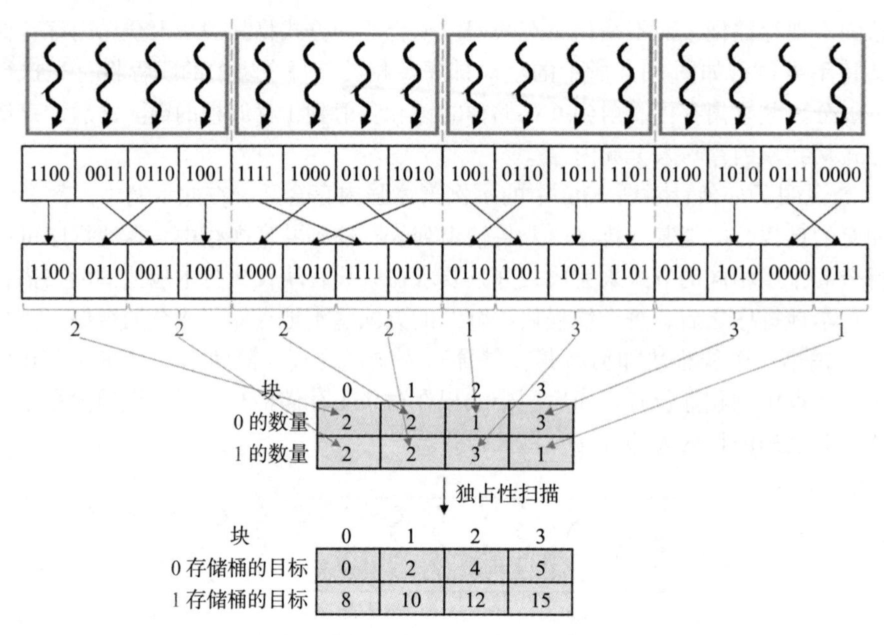


图 13.6　查找每个线程块的本地存储桶的目标

## 13.5　基值的选择

到目前为止，我们已经以 1 位基数为例了解了如何并行化基数排序。对于示例中的 4 位键，需要四次迭代（每位迭代一次）才能对键进行完全排序。一般来说，对于 $N$ 位键，需要 $N$ 次迭代才能对键进行完全排序。为了减少所需的迭代次数，可采用更大的基值。

图 13.7 是使用 2 位基数进行基数排序的示例。每次迭代使用 2 位将键分配到存储桶中。因此，仅使用两次迭代即可对 4 位键进行完全排序。在第一次迭代中，考虑较低的两位。键分布在与键相对应的四个存储桶中，其中低两位是 00、01、10 和 11。在第二次迭代中，考虑高两位。然后根据高两位将键分配到四个存储桶中。与 1 位的示例类似，每个存储桶中键的顺序均从上一次迭代中保留。保留每个存储桶中键的顺序可确保在第二次迭代后键按全四位进行排序。

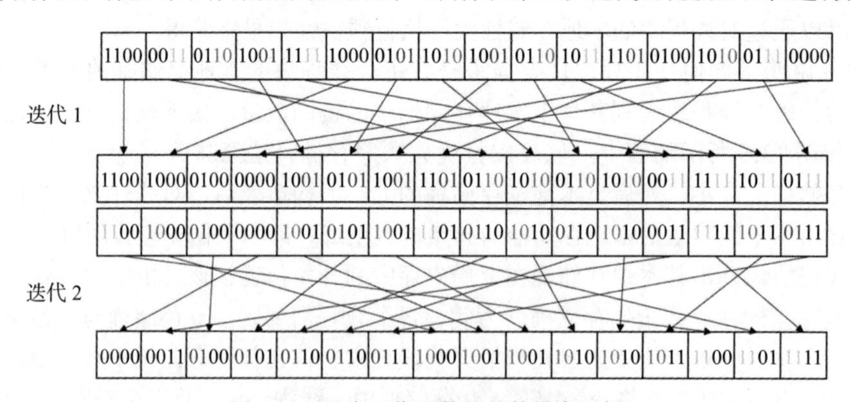


图 13.7　具有 2 位基数的基数排序示例

与 1 位示例类似，可以通过为输入列表中的每个键分配一个线程以查找键的目标索引并将其存储在输出列表中来并行化每次迭代。为了优化内存合并，每个线程块可以在共享内存中本地对其键进行排序，然后以合并的方式将本地存储桶写入全局内存。图 13.8 说明了如何并行化基数排序迭代并使用共享内存优化内存合并。

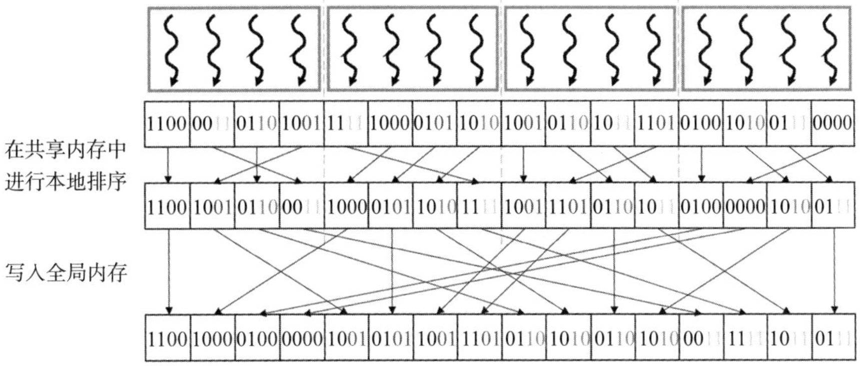

图 13.8 并行化基数排序迭代并使用 2 位基数的共享内存对其进行优化以实现内存合并

1 位示例和 2 位示例之间的主要区别在于如何将键分成四个存储桶而不是两个存储桶。对于每个线程块内的本地排序，通过应用两个连续的 1 位基数排序迭代来执行 2 位基数排序。这些 1 位迭代中的每一个都需要其自己的独占性扫描操作。然而，这些操作是线程块本地的，因此在两个 1 位迭代之间不存在线程块之间的协调。一般来说，对于 $r$ 位基数，需要 $r$ 次本地 1 位迭代来将键排序到 $2^r$ 个本地存储桶中。

本地排序完成后，每个线程块必须在全局输出列表中找到其每个本地存储桶的位置。图 13.9 说明了如何针对 2 位基数示例找到每个本地存储桶目标。该过程类似于图 13.6 中的 1 位示例。每个线程块将每个本地存储桶中键的数量存储到一个表中，然后扫描该表以获得每个本地桶的全局位置。与 1 位基数示例的主要区别在于，每个线程块有四个本地存储桶，而不是两个，因此独占性扫描操作是在具有四行而不是两行的表上执行的。一般来说，对于 $r$ 位基数，独占性扫描操作是在具有 $2^r$ 行的表上执行的。

我们已经看到，使用较大基数的优点是减少了对键进行完全排序所需的迭代次数。更少的迭代意味着更少的网格启动、全局内存访问和全局独占性扫描操作。然而，使用较大的基数也有缺点。第一个缺点是每个线程块有更多的本地存储桶，而每个存储桶的键更少。因此，每个线程块需要写入更多不同的全局内存桶部分，并且每个部分需要更少的写入数据。随着基数的增大，内存合并的机会随之减少。第二个缺点是，应用全局独占性扫描的表会随着基数的增大而变大。全局独占性扫描的开销随着基数的增加而增加。因此，基数不能设为任意大。基值的选择必须在迭代次数和内存合并行为以及全局独占性扫描的开销之间取得平衡。我们将使用多位基数实现基数排序作为读者的练习。

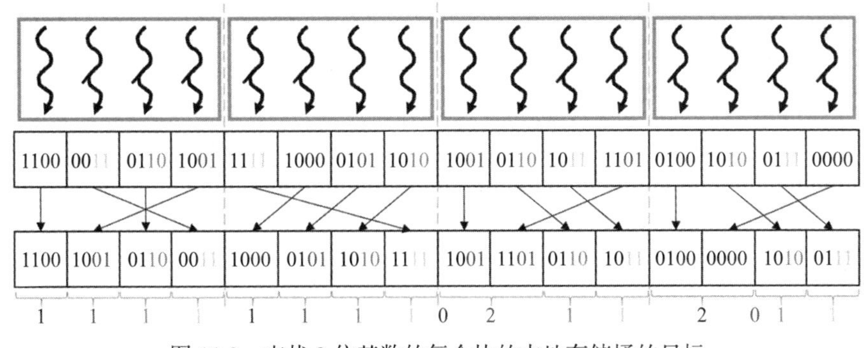

图 13.9 查找 2 位基数的每个块的本地存储桶的目标

| 块 | 0 | 1 | 2 | 3 |
|---|---|---|---|---|
| 00 的数量 | 1 | 1 | 0 | 2 |
| 01 的数量 | 1 | 1 | 2 | 0 |
| 10 的数量 | 1 | 1 | 1 | 1 |
| 11 的数量 | 1 | 1 | 1 | 1 |

↓ 独占性扫描

| 块 | 0 | 1 | 2 | 3 |
|---|---|---|---|---|
| 00 存储桶的目标 | 0 | 1 | 2 | 2 |
| 01 存储桶的目标 | 4 | 5 | 6 | 8 |
| 10 存储桶的目标 | 8 | 9 | 10 | 11 |
| 11 存储桶的目标 | 12 | 13 | 14 | 15 |

图 13.9 查找 2 位基数的每个块的本地存储桶的目标（续）

## 13.6 利用线程粗化改善合并

跨多个线程块并行基数排序的代价是对全局内存的写入合并不理想。每个线程块都有自己的本地存储桶，并将其写入全局内存。拥有更多的线程块意味着每个线程块拥有更少的键，这意味着本地存储桶会更小，当它们写入全局内存时暴露的合并机会更少。如果这些线程块要并行执行，那么不良合并的代价可能是值得的。然而，如果这些线程块要被硬件串行化，就会付出不必要的代价。

为了解决这个问题，可以应用线程粗化策略，将每个线程分配给输入列表中的多个键，而不是仅一个。图 13.10 说明了如何将线程粗化应用于 2 位基数示例的基数排序迭代。在这种情况下，每个线程块比图 13.8 中的示例负责更多的键。因此，每个线程块的本地存储桶更大，从而提供更多合并机会。当我们比较图 13.8 和图 13.10 时，很明显，在图 13.10 中，更可能是连续线程写入连续内存位置的情况。

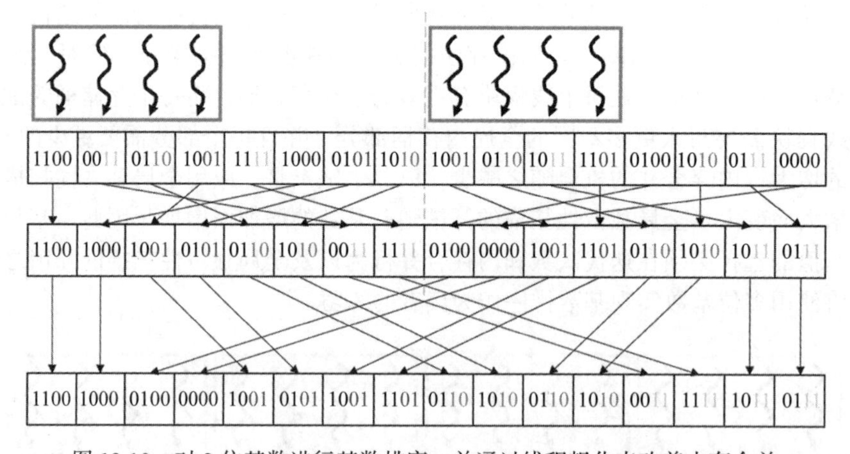


图 13.10 对 2 位基数进行基数排序，并通过线程粗化来改善内存合并

跨多个线程块并行化基数排序的另一个代价是执行全局独占性扫描以识别每个线程块的本地存储桶的目标的开销。回想一下图 13.9，执行独占性扫描的表的大小与存储桶的数量以及块的数量成正比。通过应用线程粗化，减少了块的数量，从而减少了表的大小和独占性扫描操作的开销。我们将在基数排序中应用线程粗化作为读者的练习。

## 13.7　并行归并排序

基数排序适用于要按字典顺序对键进行排序的情况。然而，如果要根据复杂比较运算符定义的复杂顺序对键进行排序，那么基数排序就不适合，而是需要基于比较的排序算法。此外，通过简单地改变比较运算符，基于比较的排序算法的实现更容易适应不同类型的键。相反，使基于非比较的排序算法（例如基数排序）的实现适应不同类型的键可能涉及创建不同版本的实现。尽管复杂性更高，但这些考虑因素可能会使基于比较的排序在某些情况下更有利。

一种适合并行化的比较排序是归并排序。归并排序的工作原理是将输入列表划分为段，对每个段进行排序（使用归并排序或其他排序算法），然后对已排序的段执行有序合并。

图 13.11 是并行归并排序的示例。最初，输入列表被分为许多段，每个段都使用某种有效的排序算法独立排序。之后，每对段都归并为一个段。重复此过程，直到所有键都成为同一段的一部分。

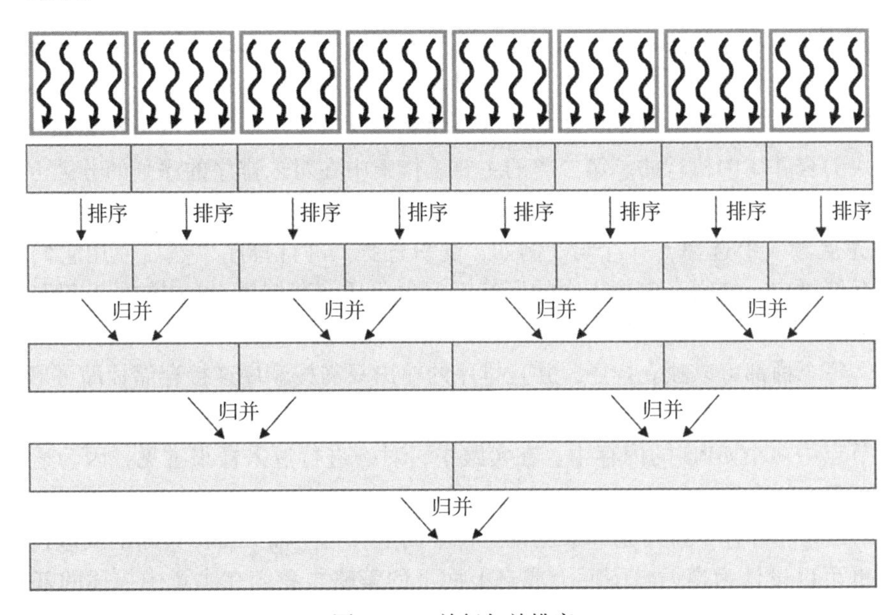


图 13.11　并行归并排序

在每个阶段，可以通过并行执行不同的归并操作以及归并操作内的并行化来并行化计算。在早期阶段，有更多可以并行执行的独立归并操作。在后期阶段，独立的归并操作较少，但每个归并操作将归并更多的键，从而在归并操作中暴露更多的并行性。例如，在图 13.11 中，第一个归并阶段包含 4 个独立的归并操作。因此，图中的 8 个线程块网格可以分配 2 个线程块来并行处理每个归并操作。在下一阶段，只有 2 个归并操作，但每次操作归并两倍的键。因此，8 个线程块网格可以分配 4 个线程块来并行处理每个归并操作。我们在第 12 章中了解了如何并行化归并操作。我们将基于并行的归并排序的实现留给读者作为练习。

## 13.8　其他并行排序方法

上面概述的算法只是并行排序数据的多种可能方法中的两种。在本节中，我们简要概述了读者可能感兴趣的一些其他方法。

最简单的并行排序方法之一是奇偶转置排序。这种方法首先并行比较每个偶数 / 奇数对键，即从第一个偶数开始具有索引 $k$ 及 $k+1$ 的键。如果位置 $k+1$ 处的键小于位置 $k$ 处的键，则交换键的位置。然后对每个奇数 / 偶数对键（即从第一个奇数开始具有索引 $k$ 和 $k+1$ 的键）重复此步骤。重复这些交换阶段，直到两个阶段都完成且无需交换。奇偶转置排序与顺序冒泡排序非常相似，并且与冒泡排序一样在大型序列上效率较低，因为这种方法可能对 $N$ 个元素的序列进行 $O(N^2)$ 次操作。

转置排序使用固定的比较模式，并在不符合所需顺序时交换元素。由于每个步骤都会比较不重叠的键，因此容易并行化。有一整类排序方法使用固定的比较模式对序列进行排序，通常是并行排序。这些常称为*排序网络*，最著名的并行排序网络是 Batcher 提出的双调排序和奇偶归并排序（Batcher，1968）。Batcher 的算法对固定长度的序列进行操作，比奇偶转置排序更有效，只需要对 $N$ 个元素的序列进行 $O(N\log^2 N)$ 次比较。相对于归并排序等方法的 $O(N\log N)$ 成本，尽管这些算法的成本渐近变差，但在实际应用中，由于其简单性，它们往往是处理小序列的最有效的方法。

大多数不使用排序网络典型的固定比较集的基于比较的并行排序可以分为两大类。第一类将未排序的输入划分为块，对每个块进行排序，然后组合这些块以形成输出——这一步是算法的主要工作。我们在本章中描述的归并排序就是这种算法的一个例子；大部分工作是在组合排序块的合并树中执行的。第二类的主要工作集中在对未排序的序列的分区上，这样的组合分区相对简单。样本排序算法（Frazer and McKellar，1970）是这一类的典型例子。样本排序首先从输入中选择 $p-1$ 个键（例如，随机选择）进行排序，然后使用它们将输入划分到 $p$ 个存储桶中，使得存储桶 $k$ 中的所有键都大于任何存储桶 $j<k$ 中的所有键且小于任何 $j>k$ 存储桶中的所有键。此步骤类似于快速排序双向划分的 $p$ 路推广。以这种方式对数据进行分区后，每个桶都可以独立排序，并且排序的输出只需按顺序连接存储桶即可形成。对于非常大的序列，样本排序算法通常是最有效的选择，其中数据必须分布在多个物理内存中，包括单个节点中多个 GPU 的内存中。在实践中，对键进行过采样很常见，因为适度的过采样将导致高概率的平衡分区（Blelloch et al.，1991）。

正如归并排序和样本排序是基于比较的自下而上和自上而下排序策略的典型代表，基数排序算法也可以设计为遵循自下而上或自上而下的策略。我们在本章中描述的基数排序的更完整的描述为 LSB 基数排序，或者更一般地说，最低有效数字（LSD）基数排序。该算法的后续步骤从键的 LSD 开始，直至最高有效数字（MSD）。MSD 基数排序采用相反的策略。首先使用 MSD 将输入划分到与该数字的可能值相对应的存储桶中。然后使用下一个 MSD 在每个存储桶中独立应用相同的分区。到达 LSD 后，整个序列将被排序。与样本排序类似，MSD 基数排序对于非常大的序列通常是更好的选择。LSD 基数排序需要在每个步骤中对数据进行全局洗牌，而 MSD 基数排序的每个步骤都是逐渐对数据的局部区域进行操作。

## 13.9　总结

在本章中，我们了解了如何在 GPU 上并行排序键（及其相关值）。在本章的大部分内容中，我们重点关注基数排序，它通过将键分布在存储桶中来对键进行排序。对键中的每个数字重复分配过程，同时保留前一个数字迭代的顺序，以确保键根据末尾的所有数字进行排序。每次迭代都是通过为输入列表中的每个键分配一个线程并让该线程查找输出列表中键的目标来并行化的，这涉及与其他线程协作来执行独占性扫描操作。

优化基数排序的关键挑战之一是在将键写入输出列表时实现合并内存访问。改善合并的一个重要优化是让每个线程块对共享内存中的本地存储桶执行本地排序，然后以合并的方式将每个本地存储桶写入全局内存。另一种优化是增加基数的大小以减少所需的迭代次数，从而减少启动的网格数量。但是，基数大小不应增加太多，因为这会导致较差的合并以及全局独占性扫描操作的更多开销。最后，应用线程粗化可以有效地改善内存合并以及减少全局独占性扫描的开销。

基数排序的优点是计算复杂度低于 $O(N\log(N))$。但是，基数排序仅适用于有限类型的键，例如整数。因此，我们还研究了适用于通用类型键的基于比较的排序的并行化。归并排序是一类适合并行化的基于比较的排序算法。归并排序可以通过并行执行不同输入段的独立归并操作以及在每个归并操作内并行化来实现并行化。

在 GPU 上实现和优化并行排序算法的过程很复杂，一般用户更可能使用 GPU 并行排序库，例如 Thrust（Bell and Hoberock，2012），而不是从头开始实现自己的排序内核。尽管如此，并行排序仍然是优化并行模式的权衡的一个有趣的案例。

## 练习

1. 通过使用共享内存来改进内存合并，扩展图 13.4 中的内核。
2. 扩展图 13.4 中的内核以适用于多位基数。
3. 通过应用线程粗化来扩展图 13.4 中的内核以改进内存合并。
4. 使用第 12 章中的并行归并方法来实现并行归并排序。

## 参考文献

Batcher, K.E., 1968. Sorting networks and their applications. In: Proceedings of the AFIPS Spring Joint Computer Conference.

Bell, N., Hoberock, J., 2012. Thrust: a productivity-oriented library for CUDA. GPU Computing Gems Jade Edition. Morgan Kaufmann, pp. 359–371.

Blelloch, G.E., Leiserson, C.E., Maggs, B.M., Plaxton, C.G., Smith, S.J., Zagha, M., 1991, A comparison of sorting algorithms for the Connection Machine CM-2. In: Proceedings of the Third ACM Symposium on Parallel Algorithms and Architectures.

Frazer, W.D., McKellar, A.C., 1970. Samplesort: a sampling approach to minimal storage tree sorting. Journal of ACM 17 (3).

Satish, N., Harris M., Garland, M., 2009. Designing efficient sorting algorithms for many-core GPUs. In: Proceedings of the IEEE International Symposium on Parallel and Distributed Processing.

# 稀疏矩阵计算

我们将介绍的下一个并行模式是稀疏矩阵计算。在稀疏矩阵中，大多数元素为零。存储和处理这些零元素在内存容量、内存带宽、时间和能量方面都存在浪费。许多重要的实际问题都涉及稀疏矩阵计算。由于这些问题的重要性，几种稀疏矩阵存储格式及其相应的处理方法被提出并在该领域得到广泛应用。这些方法都采用某种类型的压缩技术来避免存储或处理零元素，但代价是在数据表示中引入某种程度的不规则性。然而，这种不规则性可能导致并行计算中内存带宽的利用不足、控制流发散和负载不平衡。因此，在压缩和正则化之间取得良好的平衡非常重要。一些存储格式在高度不规则的情况下实现了更高程度的压缩。而其他的格式采用更适度的压缩，同时保持更高的规则性。众所周知，使用不同存储格式的并行计算的相对性能在很大程度上取决于稀疏矩阵中非零元素的分布。了解稀疏矩阵存储格式及其相应并行算法的知识，为并行程序员在解决相关问题时应对压缩和正则化挑战提供了重要的背景。

## 14.1 背景

稀疏矩阵是指大多数元素为零的矩阵。稀疏矩阵出现在许多科学、工程和金融建模问题中。例如，矩阵可用于表示线性方程组中的系数，矩阵的每一行代表线性系统的一个方程。在许多科学和工程问题中，所涉及的大量变量和方程都是稀疏耦合的。也就是说，每个方程仅涉及少量变量。如图 14.1 所示，其中矩阵的每一列对应于变量的系数：第 0 列对应于 $x_0$，第 1 列对应于 $x_1$，依此类推。例如，第 0 行在第 0 列和第 1 列中具有非零元素，这表明方程 0 中仅涉及变量 $x_0$ 和 $x_1$。需要清楚的是，变量 $x_0$、$x_2$ 和 $x_3$ 出现在等式 1 中，变量 $x_1$ 和 $x_2$ 出现在等式 2 中，只有变量 $x_3$ 出现在等式 3 中。稀疏矩阵通常以避免存储零元素的格式或表示形式存储。

矩阵通常用于求解 $N$ 个变量的 $N$ 个方程的线性系统，其形式为 $\boldsymbol{AX}+\boldsymbol{Y}=0$，其中 $\boldsymbol{A}$ 是 $N\times N$ 矩阵，$\boldsymbol{X}$ 是 $N$ 个变量的向量，$\boldsymbol{Y}$ 是 $N$ 个常数的向量。目标是求解满足所有方程的 $\boldsymbol{X}$ 变量值。一种直观的方法是对矩阵求逆，使得 $\boldsymbol{X}=\boldsymbol{A}^{-1}(-\boldsymbol{Y})$。对于中等大小的矩阵，可以通过高斯消除等方法来完成此操作。虽然理论上可以使用这些方法来求解稀疏矩阵表示的方程，但稀疏矩阵的庞大体积会让这种直观的方法力不从心。此外，逆稀疏矩阵通常比原始矩阵大得多，因为逆过程往往会生成许多额外的非零元素，这些元素称为“填充”。因此，在解决现实问题时计算和存储逆矩阵通常是不切实际的。

以稀疏矩阵表示的线性方程组可通过迭代方法更好地求解。当稀疏矩阵 $\boldsymbol{A}$ 为正定时（即对于 $\mathbb{R}^n$ 中的所有非零向量 $\boldsymbol{x}$，$\boldsymbol{x}^{\mathrm{T}}\boldsymbol{A}\boldsymbol{x}>0$），可以使用共轭梯度方法迭代求解相应的线性系统，并保证收敛到解（Hestenes and Stiefel，1952）。共轭梯度法猜测 $\boldsymbol{X}$ 的解，并执行 $\boldsymbol{AX}+\boldsymbol{Y}$，看结果是否接近 0 向量。如果不是，我们可以使用梯度向量公式来细化猜测的 $\boldsymbol{X}$ 并进行 $\boldsymbol{AX}+\boldsymbol{Y}$ 的另一次迭代。线性系统的迭代求解方法与我们在第 8 章中介绍的微分方程的迭代求解方法密切相关。

求解线性方程组的迭代方法中最耗时的部分是计算 $\boldsymbol{AX}+\boldsymbol{Y}$，这涉及稀疏矩阵向量乘法和累加。图 14.2 是矩阵向量乘法和累加的一个小例子，其中 $\boldsymbol{A}$ 是稀疏矩阵。$\boldsymbol{A}$ 中的黑色方块代表非零元素。相反，$\boldsymbol{X}$ 和 $\boldsymbol{Y}$ 都是典型的稠密向量。也就是说，$\boldsymbol{X}$ 和 $\boldsymbol{Y}$ 的大部分元素都是非零值。由于其重要性，已经创建了标准化库函数接口来执行该操作，名称为 SpMV（稀疏矩阵向量乘法和累加）。我们将使用 SpMV 来说明并行稀疏矩阵计算中不同存储格式之间的重要权衡。

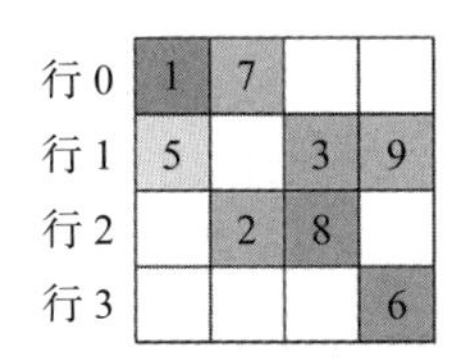


图 14.1 一个简单的稀疏矩阵示例

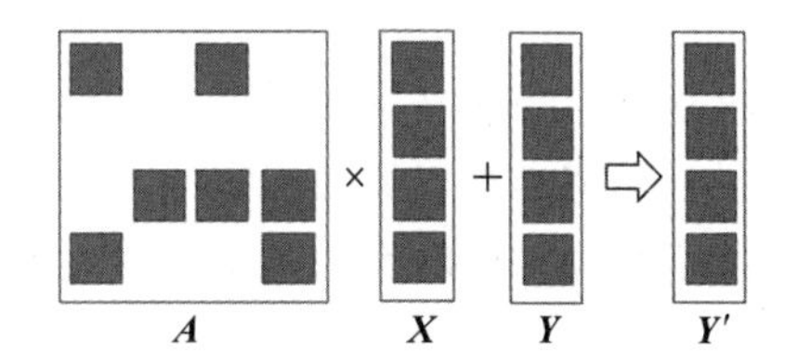


图 14.2 矩阵向量乘法和累加的示例

不同稀疏矩阵存储格式的主要目标是从矩阵表示中删除所有零元素。删除所有零元素不仅可以节省存储空间，且无须从内存中获取这些零元素并对其执行无用的乘法或加法运算。这可以显著减少内存带宽和计算资源的消耗。

稀疏矩阵存储格式的结构有多种设计考虑因素。以下是一些关键考虑因素：

- 空间效率（或压缩）：使用存储格式表示矩阵所需的内存容量。
- 灵活性：存储格式使得通过添加或删除非零值来修改矩阵变得容易的程度。
- 可访问性：存储格式使其易于访问的数据类型。
- 内存访问效率：存储格式为特定计算启用高效内存访问模式的程度（正则化的一个方面）。
- 负载平衡：存储格式针对特定计算平衡不同线程之间的负载的程度（正则化的另一个方面）。

在本章中，我们将介绍不同的存储格式，并针对每个设计考虑因素对不同的存储格式进行比较。

## 14.2 具有 COO 格式的简单 SpMV 内核

我们要讨论的第一种稀疏矩阵存储格式是坐标表（COO）格式。COO 格式如图 14.3 所示。COO 将非零值存储在一维数组中，该数组显示为 `value` 数组。每个非零元素都以列索引和行索引存储。我们有与 `value` 数组配套的 `colIdx` 和 `rowIdx` 两个数组。例如，示例中的 $A[0, 0]$ 保存在 `value` 数组中索引为 0 的条目处（`value[0]` 中为 1），其列索引（`colIdx[0]` 中为 0）和行索引（`rowIdx[0]` 中为 0）保存在其他数组中的相应位置。

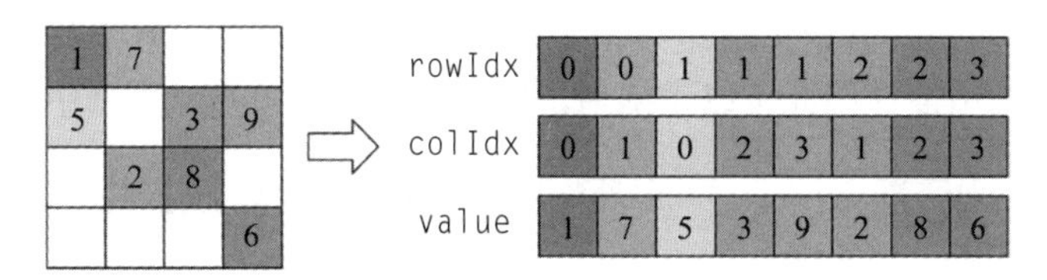


图 14.3 COO 格式的示例

COO 从存储中删除所有零元素。由于引入 `colIdx` 和 `rowIdx` 数组，COO 会产生存储开销。在我们的简单示例中，零元素的数量并不比非零元素的数量大很多，存储开销实际上比不存储零元素节省的空间要大。然而应该清楚的是，对于绝大多数元素为零的稀疏矩阵，所引入的开销远小于不存储零元素所节省的空间。例如，在只有1%的元素为非零值的稀疏矩阵中，COO表示的总存储（包括所有开销）将约为存储零和非零元素所需空间的3%。

使用COO格式表示的稀疏矩阵并行执行SpMV的方法是将线程分配给矩阵中的每个非零元素。这种并行化方法的示例如图14.4所示，相应的代码如图14.5所示。在此方法中，每个线程标识其负责的非零元素的索引（第02行）并确保其在边界内（第03行）。接着，线程分别从rowIdx、colIdx和value数组中识别其负责的非零元素的行索引（第04行）、列索引（第05行）和值（第06行）。然后，在与列索引对应的位置查找输入向量值，将其乘以非零值，然后将结果累加到相应行索引处的输出值（第07行）。原子操作用于累加，因为多个线程可能更新相同的输出元素，如图14.4中映射到矩阵的第0行的前两个线程的情况。显然，任何SpMV计算代码都会反映所假设的存储格式。因此，我们将存储格式添加到内核的名称中，以明确所使用的组合。我们将图14.5中的SpMV代码称为SpMV/COO。

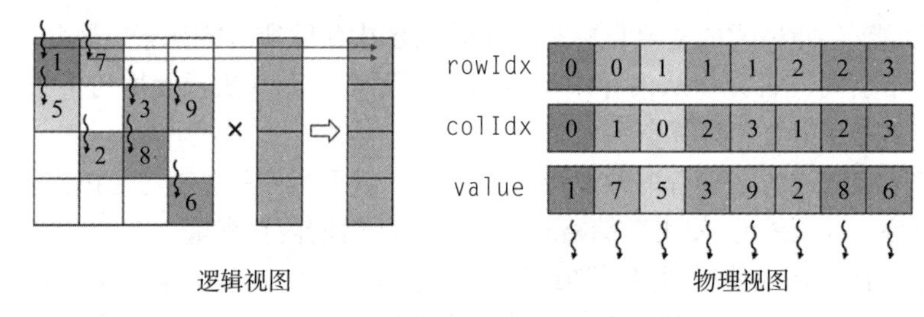


图14.4　使用COO格式的SpMV并行化示例

```
01    __global__ void spmv_coo_kernel(COOMatrix cooMatrix, float* x, float* y) {
02        unsigned int i = blockIdx.x*blockDim.x + threadIdx.x;
03        if(i < cooMatrix.numNonzeros) {
04            unsigned int row = cooMatrix.rowIdx[i];
05            unsigned int col = cooMatrix.colIdx[i];
06            float value = cooMatrix.value[i];
07            atomicAdd(&y[row], x[col]*value);
08        }
09    }
```

图14.5　并行SpMV/COO内核

现根据14.1节列出的设计考虑因素来检查COO格式：空间效率、灵活性、可访问性、内存访问效率和负载平衡。对于空间效率，我们将讨论推迟到稍后引入其他格式时。对于灵活性，我们观察到只要以相同的方式对rowIdx、colIdx和value数组进行重新排序，就可以任意对COO格式的元素进行重新排序，而不会丢失任何信息。这可以通过图14.6中的小示例进行说明，其中我们对rowIdx、colIdx和value的元素进行了重新排序。现在value[0]实际上包含原始稀疏矩阵第1行和第3列的元素。由于我们还随数据值一起移动了行索引和列索引值，因此可以正确地识别该元素在原始稀疏矩阵中的位置。

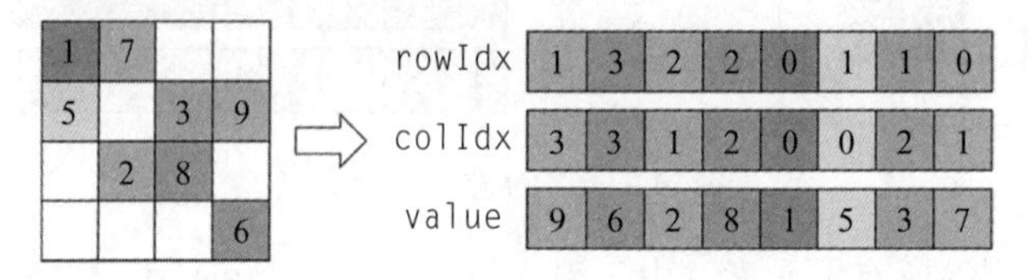


图14.6　重新排序COO格式

在 COO 格式中，我们可以按照任意顺序处理元素。由 rowIdx[i] 标识的正确 y 元素将从 value[i] 和 x[colIdx[i]] 的乘积中获得正确的贡献值。如果我们确保以某种方式对所有值元素执行此操作，那么无论处理这些元素的顺序如何，都将计算出正确的最终答案。

读者可能会问为什么我们要重新排序这些元素。一个原因是数据可能是从不按特定顺序提供非零值的文件中读取的，并且我们仍然需要一种一致的方式来表示数据。因此，在最初构建矩阵时，COO 是一种流行的存储格式。另一个原因是，不必提供任何排序，只需在三个数组的末尾添加条目即可将非零值添加到矩阵中。因此，当在整个计算过程中修改矩阵时，COO 是一种流行的存储格式。我们将在 14.5 节中看到关于 COO 格式灵活性的另一个好处。

我们关注的下一个考虑因素是可访问性。对于给定的非零值，COO 可以轻松访问其相应的行索引和列索引。COO 的这一功能使得 SpMV/COO 中的非零元素能够并行化。另一方面，对于给定的行或列，COO 并不能让访问该行或列中的所有非零值变得容易。因此，如果计算需要按行或按列遍历矩阵，则 COO 不是一个好的选择。

对于内存访问效率，我们参考图 14.4 中的物理视图来了解线程如何从内存访问矩阵数据。访问模式使得连续线程访问形成 COO 格式的三个数组中每一个中的连续元素。因此 SpMV/COO 对矩阵的访问是合并的。

对于负载平衡，每个线程负责一个非零值。因此，所有线程都负责相同的工作量，这意味着除了边界处的线程之外，我们不希望 SpMV/COO 中发生任何控制发散。

SpMV/COO 的主要缺点是需要使用原子操作。使用原子操作的原因是多个线程被分配给同一行中的非零值，因此需要更新相同的输出值。如果同一行中的所有非零值都分配给同一线程，使得该线程将是唯一更新相应输出值的线程，则可以避免原子操作。但是，请记住，COO 格式不提供这种可访问性。在 COO 格式中，对于给定行来说，访问该行中的所有非零值并不容易。在下一节中，我们将看到另一种提供这种访问能力的存储格式。

## 14.3 利用 CSR 格式分组非零行

在上一节中，我们看到使用 COO 格式并行化 SpMV 会受到原子操作的影响，因为相同的输出值被多个线程同时更新。如果同一线程负责一行的所有非零值，则可以避免这些原子操作，这需要存储格式支持访问给定行中的所有非零值。这种可访问性由压缩稀疏行（CSR）存储格式提供。

图 14.7 说明了如何使用 CSR 格式存储图 14.1 中的矩阵。与 COO 格式一样，CSR 将非零值存储在一维数组中，如图 14.3 中的 value 数组所示。但是，这些非零值按行分组。例如，我们首先存储第 0 行的非零元素（1 和 7），然后存储第 1 行的非零元素（5、3 和 9），接着存储第 2 行的非零元素（2 和 8），最后存储第 3 行的非零元素（6）。

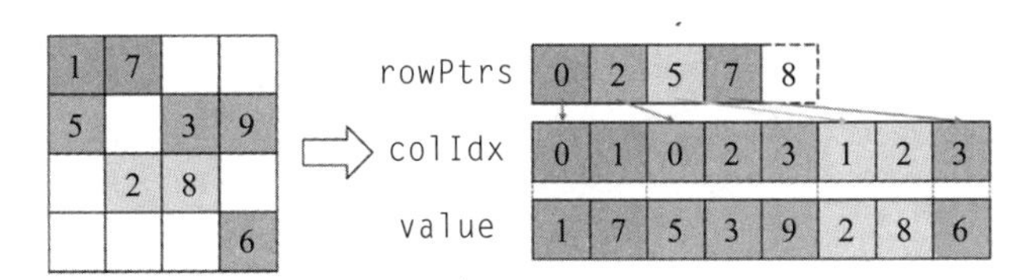


图 14.7 CSR 格式示例

与 COO 格式类似，CSR 将 value 数组中的每个非零元素的列索引存储在 ColIdx 数组中的相同位置。当然，这些列索引根据值按行分组。在图 14.7 中，每行的非零值根据列索引按升序排序。以这种方式对非零值进行排序会产生有利的内存访问模式，但这不是必需的。每行中的非零值不一定按列索引排序，并且本节中介绍的内核仍然可以正常工作。当每行中的非零值按列索引排序时，CSR 的 value 数组（和 colIdx 数组）的布局可以被视为消除所有零元素后矩阵的以行为主的布局。

COO 格式和 CSR 格式之间的主要区别在于，CSR 格式将 rowIdx 数组替换为 rowPtrs 数组，该数组存储 colIdx 和 value 数组中每行非零值的起始偏移量。在图 14.7 中，我们展示了一个 rowPtrs 数组，其元素是每行起始位置的索引。即 rowPtrs[0] 指示行 0 从 value 数组的位置 0 开始，rowPtrs[1] 指示行 1 从位置 2 开始，依此类推。请注意，rowPtrs[4] 存储不存在的“第 4 行”的起始位置。这是为了方便起见，因为有些算法需要使用下一行的起始位置来划定当前行的结束位置。额外的标记提供了便捷的方法以定位第 3 行的结束位置。

要使用以 CSR 格式表示的稀疏矩阵并行执行 SpMV，可以为矩阵的每一行分配一个线程。这种并行化方法的示例如图 14.8 所示，相应的代码如图 14.9 所示。在这种方法中，每个线程都会识别其负责的行（第 02 行）并确保它在范围内（第 03 行）。接下来，线程循环遍历其行的非零元素以执行点积（第 05 ～ 06 行）。为了查找该行的非零元素，线程在 rowPtrs 数组（rowPtrs[row]）中查找起始索引。它还通过下一行非零值的起始索引（rowPtrs[row+1]）来查找其结束位置。对于每个非零元素，线程标识其列索引（第 07 行）和值（第 08 行）。然后，它在与列索引对应的位置查找输入值，将其乘以非零值，并将结果累加到局部变量 sum（第 09 行）。在点积循环开始之前（第 04 行），sum 变量被初始化为 0，并在循环结束后累加到输出向量（第 11 行）。请注意，将和累加到输出向量不需要原子操作。原因是每一行都由单个线程遍历，因此每个线程将写入不同的输出值，如图 14.8 所示。

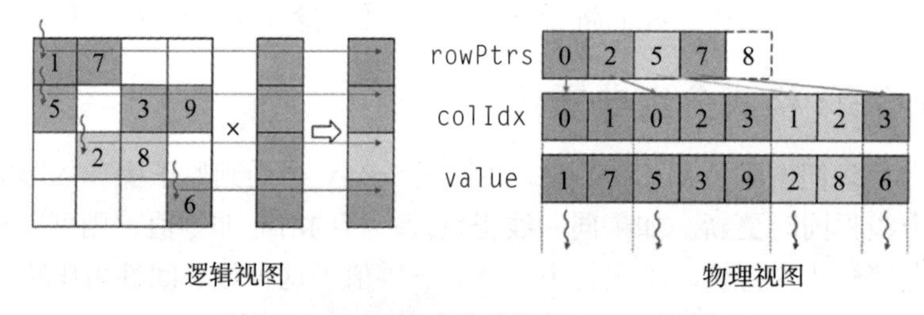


图 14.8　CSR 格式的并行化 SpMV 示例

```
01  __global__ void spmv_csr_kernel(CSRMatrix csrMatrix, float* x, float* y) {
02      unsigned int row = blockIdx.x*blockDim.x + threadIdx.x;
03      if(row < csrMatrix.numRows) {
04        float sum = 0.0f;
05        for(unsigned int i=csrMatrix.rowPtrs[row]; i<csrMatrix.rowPtrs[row+1];
06                                                                          ++i) {
07           unsigned int col = csrMatrix.colIdx[i];
08           float value = csrMatrix.value[i];
09           sum += x[col]*value;
10        }
11        y[row] += sum;
12      }
13  }
```

图 14.9　并行 SpMV/CSR 内核

现在我们根据 14.1 节中列出的设计考虑因素来检查 CSR 格式：空间效率、灵活性、可访问性、内存访问效率和负载平衡。就空间效率而言，我们观察到 CSR 比 COO 更节省空间。COO 需要三个数组 rowIdx、colIdx 和 value，每个数组的元素数量与非零元素的数量相同。相比之下，CSR 仅需要两个数组 colIdx 和 value，其元素数量与非零元素的数量相同。第三个数组 rowPtrs 只需要行数加 1 的元素数，因此比 COO 中的 rowIdx 数组小得多。这种差异使得 CSR 比 COO 更节省空间。

就灵活性而言，我们观察到在向矩阵添加非零值时，CSR 的灵活性不如 COO。在 COO 中，可以简单地将非零元素附加到数组的末尾。在 CSR 中，要添加的非零元素必须被添加到其所属的特定行。这意味着后面行中的非零元素都需要移位，并且行指针都需要相应地递增。因此，将非零值添加到 CSR 矩阵所花费的成本远高于将其添加到 COO 矩阵的成本。

对于可访问性，CSR 可以轻松访问给定行中的非零值。CSR 的这一功能支持 SpMV/CSR 中的跨行并行化，这使得其与 SpMV/COO 相比避免了原子操作。在现实世界的稀疏矩阵应用中，通常有数千到数百万行，每行包含数十到数百个非零元素。这使得跨行并行化似乎非常合适：有许多线程，每个线程都有大量的工作。另一方面，对于某些应用程序，稀疏矩阵可能没有足够的行来充分利用所有 GPU 线程。在此类应用程序中，COO 格式可以提取更多并行性，因为非零元素数多于行数。此外，CSR 格式不便于访问给定列中的所有非零元素。因此，如果需要轻松访问某一列的所有元素，应用程序可能需要维护一个额外的、更面向列的矩阵布局。

对于内存访问效率，我们参考图 14.8 中的物理视图，了解线程在点积循环的第一次迭代期间如何从内存访问矩阵数据。访问模式使得连续的线程访问相距较远的数据元素。特别是，线程 0、1、2 和 3 将在点积循环的第一次迭代中分别访问 value[0]、value[2]、value[5] 和 value[7]。然后，在第二次迭代中分别访问 value[1]、value[3]、value[6] 和无数据，依此类推。结果，图 14.9 中并行 SpMV/CSR 内核对矩阵的访问没有合并。内核未有效利用内存带宽。

对于负载平衡，我们观察到 SpMV/CSR 内核在所有线程束中可能存在显著的控制发散。点积循环中线程执行的迭代次数取决于分配给该线程的行中非零元素的数量。由于行间非零元素的分布是随机的，因此相邻行可具有不同数量的非零元素。因此，在大多数甚至所有线程束中可能存在广泛的控制发散。

综上所述，CSR 相对于 COO 的优势在于具有更好的空间效率，并且支持访问行的所有非零值，这使我们能够通过在 SpMV/CSR 中跨行并行计算来避免原子操作。另一方面，CSR 相对于 COO 的缺点是在稀疏矩阵中添加非零元素的灵活性较差，其内存访问模式不适合合并，并且会导致较高的控制发散。在以下部分中，我们将讨论其他存储格式，与 CSR 相比，这些格式牺牲了一些空间效率，以改善内存合并并减少控制发散。请注意，在 GPU 上将 COO 转换为 CSR 对于读者来说是一个很好的练习，这涉及使用多个基本并行计算原语，包括直方图和前缀和。

## 14.4　利用 ELL 格式改善内存合并

非合并内存访问的问题可以通过对稀疏矩阵数据应用数据填充和转置来解决。这些思路体现在 ELL 存储格式中，其名称来自 ELLPACK 中的稀疏矩阵包，ELLPACK 是一个用于解决椭圆边值问题的包（Rice and Boisvert，1984）。

理解 ELL 格式的一个简单方法是从 CSR 格式开始，如图 14.10 所示。根据按行对非零元素进行分组的 CSR 表示，我们确定具有最大非零元素数量的行。然后，我们将填充元素添加到非零元素之后的所有其他行，以使它们与最大行的长度相同。这使得矩阵成为矩形矩阵。对于我们的小型稀疏矩阵示例，我们确定第 1 行具有最大元素数。然后，我们向第 0 行添加 1 个填充元素，向第 2 行添加 1 个填充元素，向第 3 行添加 2 个填充元素，以使它们的长度相同。这些附加的填充元素在图中显示为带有“*”的正方形。现在矩阵变成了矩形矩阵。请注意，colIdx 数组也需要以相同的方式进行填充，以保留其与 value 数组的对应关系。

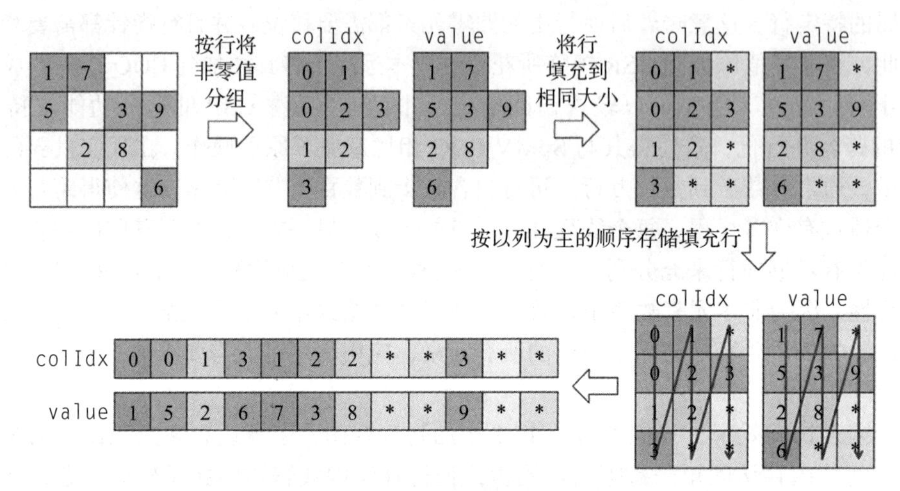


图 14.10　ELL 存储格式示例

现在，我们可以按以列为主的顺序排列填充矩阵。也就是说，我们将把第 0 列的所有元素放在连续的内存位置中，然后是第 1 列的所有元素，依此类推。这相当于按 C 语言使用的以行为主的顺序转置矩形矩阵。就我们的小示例而言，转置后，value[0] 到 value[3] 现在包含 1，5，2，6，它们是所有行的第 0 个元素。图 14.10 的左下部分对此进行了说明。类似地，colIdx[0] 到 ColIdx[3] 包含所有行的第 0 个元素的列位置。请注意，我们不再需要 rowPtrs，因为行 r 的开头现在只是 value[r]。使用填充元素，只需将原始矩阵中的行数添加到索引中，就可以很容易地从第 r 行的当前元素移动到下一个元素。例如，第 2 行的第 0 个元素在 value[2] 中，下一个元素在 value[2+4] 中，相当于 value[6]，其中 4 是原始矩阵的行数。

下面说明如何使用图 14.11 中的 ELL 格式并行化 SpMV，以及图 14.12 中的并行 SpMV/ELL 内核。与 CSR 一样，每个线程都分配给矩阵的不同行（第 02 行），并且边界检查确保该行在边界内（第 03 行）。接下来，点积循环遍历每行的非零元素（第 05 行）。请注意，SpMV/ELL 内核假定输入矩阵具有一个向量 ellMatrix.nnzPerRow，该向量记录每行中的非零元素数，并允许每个线程仅迭代其指定行中的非零元素数。如果输入矩阵没有该向量，则内核可以简单地迭代所有元素（包括填充元素），并且仍然可以正确执行，因为填充元素的值为零并不会影响输出值。接下来，由于压缩矩阵按以列为主的顺序存储，因此可通过将迭代次数 t 乘以行数并加上行索引来找到一维数组中非零元素的索引 i（第 06 行）。接下来，线程从 ELL 矩阵数组加载列索引（第 07 行）和非零值（第 08 行）。请注意，对这些数组的访问是合并的，因为索引 i 以 row 表示，而行本身以 threadIdx.x 表示，这意味着连续的线程具有连续的数组索引。接下来，线程查找输入值，将其乘以非零值，并将结果累加到局部变量 sum（第 09 行）。sum 变量在点积循环开始之前初始化为 0（第 04 行），并在循环结束后累加到输出向量（第 11 行）。

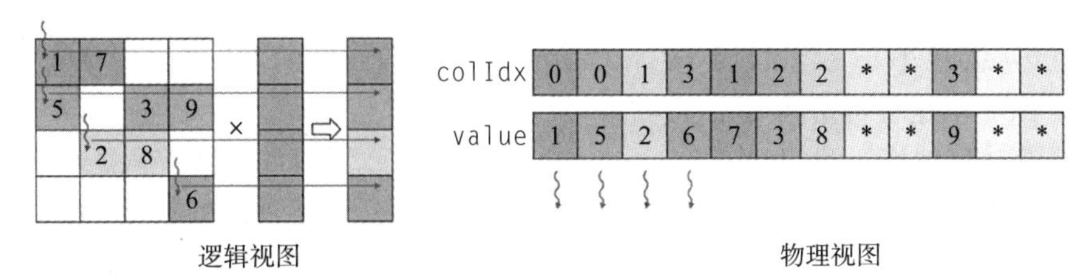


图 14.11 使用 ELL 格式的 SpMV 并行化示例

```
01    __global__ void spmv_ell_kernel(ELLMatrix ellMatrix, float* x, float* y) {
02        unsigned int row = blockIdx.x*blockDim.x + threadIdx.x;
03        if(row < ellMatrix.numRows) {
04            float sum = 0.0f;
05            for(unsigned int t = 0; t < ellMatrix.nnzPerRow[row]; ++t) {
06                unsigned int i = t*ellMatrix.numRows + row;
07                unsigned int col = ellMatrix.colIdx[i];
08                float value = ellMatrix.value[i];
09                sum += x[col]*value;
10            }
11            y[row] = sum;
12        }
13    }
```

图 14.12 并行 SpMV/ELL 内核

现在我们根据 14.1 节中列出的设计考虑因素来检查 ELL 格式：空间效率、灵活性、可访问性、内存访问效率和负载平衡。对于空间效率，我们观察到由于填充元素的空间开销，ELL 格式的空间效率低于 CSR 格式。填充元素的开销很大程度上取决于矩阵中非零值的分布。在一行或少数行具有大量非零元素的情况下，ELL 格式将导致过多的填充元素。考虑我们的示例矩阵，在 ELL 格式中，我们用 $4\times3$ 矩阵替换了 $4\times4$ 矩阵，并且由于列索引的开销，我们存储的数据比原始 $4\times4$ 矩阵中包含的数据更多。举一个更实际的例子，如果 $1000\times1000$ 稀疏矩阵有 1% 的元素为非零值，则平均每行有 10 个非零元素。加上开销，CSR 表示的大小将约为未压缩总大小的 2%。假设其中一行有 200 个非零值，而所有其他行的非零值均少于 10 个。使用 ELL 格式，我们将所有其他行填充到 200 个元素。这使得 ELL 表示约为未压缩总大小的 40%，是 CSR 表示的 20 倍。当我们从 CSR 格式转换为 ELL 格式时，就需要一种方法来控制填充元素的数量，我们将在下一节中介绍。

就灵活性而言，我们观察到在向矩阵添加非零值时，ELL 比 CSR 更灵活。在 CSR 中，向行添加非零值需要移位后续行的所有非零值并递增其行指针。然而，在 ELL 中，只要一行在矩阵中不具有最大数量的非零值，就可以通过简单地用实际值替换填充元素来向该行添加非零值。

就可访问性而言，ELL 为我们提供了 CSR 和 COO 的可访问性。在图 14.12 中可看到，ELL 如何在给定行索引的情况下，支持访问该行的非零值。然而，给定非零元素的索引，ELL 也支持访问该元素的行索引和列索引。因可从同一位置 i 的 colidx 数组访问，所以列索引很容易找到。然而，由于填充矩阵的规则性质，行索引也可以被访问。回想一下，图 14.12 中非零元素的索引 i 的计算如下：

```
i = t*ellMatrix.numRows + row
```

因此，如果给出 i 并且我们想查找行，则可以按如下方式找到它：

```
row = i%ellMatrix.numRows
```

因为 row 总是小于 ellMatrix.numRows，所以 row%ellMatrix.numRows 只是 row 本身。ELL 的这种可访问性允许跨行以及非零元素并行化。

对于内存访问效率，我们参考图 14.11 中的物理视图，了解线程在点积循环的第一次迭代期间如何从内存访问矩阵数据。访问模式使得连续的线程访问连续的数据元素。通过按以列为主的顺序排列元素，所有相邻线程现在都可以访问相邻内存位置，从而实现内存合并，更有效地利用内存带宽。一些 GPU 架构，尤其是老一代的 GPU 架构，对于内存合并有更严格的地址对齐规则。通过在转置之前向矩阵末尾添加几行，可以强制 SpMV/ELL 内核的每次迭代完全对齐到架构上指定的对齐单元（例如 64 字节）。

对于负载平衡，我们观察到 SpMV/ELL 仍然表现出与 SpMV/CSR 相同的负载不平衡，因为每个线程仍然循环遍历其负责的行中的非零值。因此，ELL 没有解决控制发散的问题。

总之，ELL 格式在 CSR 格式的基础上进行了改进，支持更灵活地通过替换填充元素来添加非零值、更好的可访问性，以及最重要的——在 SpMV/ELL 中提供更多内存合并机会。然而，ELL 的空间效率比 CSR 差，并且 SpMV/ELL 的控制发散与 SpMV/CSR 一样差。在下一节中，我们将看到如何改进 ELL 格式以解决空间效率和控制发散的问题。

## 14.5　利用混合 ELL-COO 格式调节填充

当一行或少量行具有大量非零元素时，ELL 格式的空间效率低和控制发散问题最为明显。如果我们能够从这些行中“拿走”一些元素，就可以减少 ELL 中填充元素的数量，同时降低控制发散的程度。下面通过 COO 格式的一个重要用例来说明这种方法。

COO 格式可用于限制 ELL 格式中行的长度。在将稀疏矩阵转换为 ELL 之前，我们可以从包含大量非零元素的行中取出一些元素，将这些元素放入单独的 COO 存储中，并对剩下的元素使用 SpMV/ELL。通过从超长行中删除多余的元素，可以显著减少其他行的填充元素的数量。然后使用 SpMV/COO 来完成工作。这种采用两种格式协同完成计算的方法通常被称为混合方法。

图 14.13 说明了如何使用混合 ELL-COO 格式表示示例矩阵。我们看到，仅在 ELL 格式中，第 1 行和第 6 行的非零元素数量最多，导致其他行填充过多。为了解决这个问题，我们从 ELL 表示中删除第 2 行的最后三个非零元素和第 6 行的最后两个非零元素，并将其移动到单独的 COO 表示中。通过删除这些元素，将小稀疏矩阵中所有行中非零元素的最大数量从 5 减少到 2。如图 14.13 所示，填充元素的数量从 22 减少到 3。更重要的是，所有线程现在仅需要两次迭代。

读者可能想知道，将 COO 元素与 ELL 格式分离的额外工作是否会产生过多的开销。答案是视情况而定。在稀疏矩阵仅用于一次 SpMV 计算的情况下，这项额外工作确实会产生大量开销。然而，在许多实际应用中，SpMV 在迭代求解器中重复地在同一稀疏核上执行。在求解器的每次迭代中，x 和 y 向量都会变化，但稀疏矩阵保持不变。因为其元素对应于正在求解的线性方程组的系数，并且这些系数在迭代之间不会改变。因此，为生成混合 ELL 和 COO 表示所做的工作可以在多次迭代中分摊。我们将在下一节中回顾这一点。

我们根据 14.1 节中列出的设计考虑因素检查混合 ELL-COO 格式：空间效率、灵活性、可访问性、内存访问效率和负载平衡。对于空间效率，我们观察到混合 ELL-COO 格式比单独的 ELL 格式具有更好的空间效率，因为它减少了所使用的填充量。

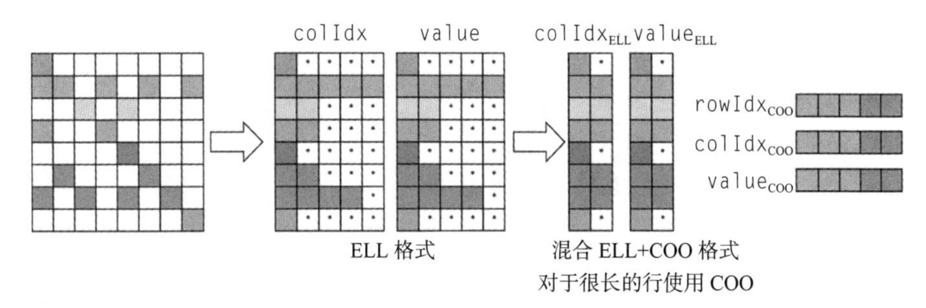


图 14.13　混合 ELL-COO 示例

对于灵活性，我们观察到在向矩阵添加非零值时，混合 ELL-COO 格式比仅 ELL 更灵活。使用 ELL 时，我们可以通过替换包含非零元素的行的填充元素来添加非零元素。使用混合 COO-ELL 时，我们还可以通过替换填充元素来添加非零值。但是，如果该行没有任何可以在 ELL 部分中替换的填充元素，我们也可以将非零元素附加到格式的 COO 部分。

对于可访问性，我们观察到与单独的 ELL 格式相比，混合 ELL-COO 格式牺牲了可访问性。特别是，在给定行索引的情况下，并不总是可以访问该行中的所有非零值。只能对符合格式的 ELL 部分的行进行此类访问。如果该行溢出到 COO 部分，则查找该行的所有非零值将需要搜索 COO 部分，这个代价是昂贵的。

对于内存访问效率，SpMV/ELL 和 SpMV/COO 都表现出对稀疏矩阵的合并内存访问。因此，它们的组合也将导致合并访问模式。

对于负载平衡，从格式的 ELL 部分中的长行中删除非零元素可以减少 SpMV/ELL 内核的控制发散。这些非零值被放置在格式的 COO 部分，这不会影响控制发散。正如所见，SpMV/COO 未表现出控制发散。

总之，与单独的 ELL 格式相比，混合 ELL-COO 格式通过减少填充提高了空间效率，为向矩阵添加非零元素提供了更大的灵活性，保留了合并的内存访问模式，并减少了控制发散。付出的代价是对可访问性的限制，如果给定行溢出到 COO 部分，则访问该行的所有非零值将变得更加困难。

## 14.6　利用 JDS 格式减少控制发散

我们已经看到，在访问 SpMV 中的稀疏矩阵时，可以使用 ELL 格式来实现合并内存访问模式，并且混合 ELL-COO 格式可以通过减少填充进一步提高空间效率，还可以减少控制发散。在本节中，我们将研究另一种格式，它可以在 SpMV 中实现合并内存访问模式，并且无须执行任何填充即可减少控制发散。其想法是根据行的长度对行进行排序，例如从最长到最短。由于排序后的矩阵看起来很像三角矩阵，因此该格式通常称为锯齿状对角存储（JDS）格式。

图 14.14 展示了如何使用 JDS 格式存储矩阵。首先，非零值按行分组，如 CSR 和 ELL 格式所示。接下来，根据每行中非零值的数量按升序对行进行排序。当我们对行进行排序时，通常会维护一个附加的行数组来保留原始行的索引。每当我们在排序过程中交换两行时，也会交换行数组的相应元素。因此我们可以始终跟踪所有行的原始位置。对行进行排序

后，value 数组中的非零值及其在 colIdx 数组中相应的列索引将按以列为主的顺序存储。添加一个 iterPtr 数组来跟踪每次迭代的非零元素的开头。

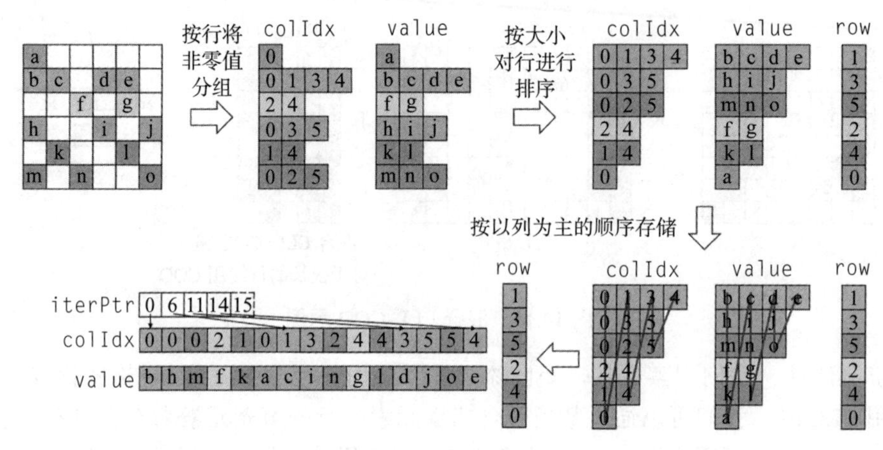


图 14.14　JDS 存储格式示例

图 14.15 说明了如何使用 JDS 格式并行化 SpMV。每个线程被分配给矩阵的一行，并迭代该行的非零值，一路执行点积。线程使用 iterPtr 数组来标识每次迭代的非零值开始的位置。从图 14.15 右侧的物理视图（描述每个线程的第一次迭代）中应该可以清楚地看出，线程以合并的方式访问 JDS 数组中的非零值和列索引。实现 SpMV/JDS 的代码留作练习。

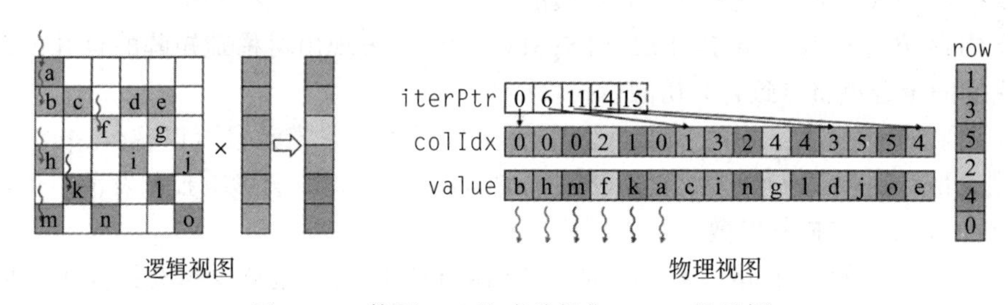


图 14.15　使用 JDS 格式并行化 SpMV 的示例

在 JDS 格式的另一种变体中，行在排序后可以分区为行的各个部分。由于行已排序，因此分区中的所有行可能具有或多或少统一数量的非零元素。然后可为每个部分生成 ELL 表示。在每个部分中，我们只需要填充行以使该行与该部分中的最大元素数相匹配。与整个矩阵的一个 ELL 表示相比，这将大大减少填充元素的数量。在此 JDS 变体中，不需要 iterptr 数组。相反，我们需要一个仅指向每个 ELL 开头（而不是每次迭代）的部分指针数组。

读者可能会问，对行进行排序是否会导致线性方程组的解错误。回想一下，我们可以在不改变解的情况下自由地重新排序线性系统的方程。只要对 y 元素和行进行重新排序，我们就有效地对方程进行了重新排序。最终，将得到正确的解。唯一的额外步骤是使用行数组将最终解重新排序回原始顺序。另一个问题是排序是否会产生大量开销。答案类似于我们在混合 ELL-COO 方法中看到的结果。只要在迭代求解器中使用 SpMV/JDS 内核，就可以在求解器的多次迭代中分摊排序以及最终解 x 元素的重新排序的成本。

现在我们根据 14.1 节中列出的设计考虑因素来检查 ELL 格式：空间效率、灵活性、可访问性、内存访问效率和负载平衡。对于空间效率，JDS 格式比 ELL 格式更节省空间，因为 JDS 格式避免了填充。尽管在每个分区中使用 ELL 的 JDS 变体时仍有填充，但填充量比

ELL 格式少。

对于灵活性，JDS 格式并不容易将非零值添加到矩阵的行中。它甚至不如 CSR 格式灵活，因为添加非零值会更改行的大小，这可能需要对行进行重新排列。

对于可访问性，JDS 格式与 CSR 格式类似，支持在给定行索引的情况下访问该行的非零元素。另一方面，它并不像 COO 和 ELL 格式那样，在给定非零值的情况下能轻松访问该非零值的行索引和列索引。就内存访问效率而言，JDS 格式与 ELL 格式类似，它按以列为主的顺序存储非零值。因此，JDS 格式允许以合并的方式对稀疏矩阵进行访问。由于 JDS 不需要填充，因此每次迭代中内存访问的起始位置（如图 14.15 的物理视图所示）可以以任意方式变化。因此，没有简单、廉价的方法来强制 SpMV/JDS 内核的所有迭代从架构上指定的对齐边界开始。由于缺乏强制对齐，JDS 的内存访问效率低于 ELL 中的内存访问效率。

对于负载平衡，JDS 的独特功能是对矩阵的行进行排序，以便同一线程束中的线程可能会迭代长度相似的行。因此 JDS 可以有效地减少控制发散。

## 14.7　总结

在本章中，我们将稀疏矩阵计算作为一种重要的并行模式提出。稀疏矩阵在许多涉及复杂现象建模的现实应用中非常重要。此外，稀疏矩阵计算是许多大型现实应用程序依赖于数据的性能行为的一个简单示例。由于零元素数量庞大，因此使用压缩技术来减少对这些零元素执行的存储量、内存访问量和计算量。使用这种模式，我们引入了使用混合方法和排序 / 分区的正则化概念。这些正则化方法用于许多实际应用中。有趣的是，一些正则化技术将零元素重新引入压缩表示中。我们使用混合方法来避免可能引入过多零元素的糟糕情况。读者可以参考（Bell and Garland，2009），并鼓励读者尝试不同的稀疏数据集，以更深入地了解本章介绍的各种 SpMV 内核的依赖于数据的性能行为。

应该清楚的是，并行 SpMV 内核的执行效率和内存带宽效率都取决于输入数据矩阵的分布。这与我们迄今为止研究的大多数内核有很大不同。然而，这种依赖于数据的性能行为在实际应用中非常常见。这就是并行 SpMV 是一种重要的并行模式的原因之一。它很简单，但却说明了许多复杂的并行应用程序中的重要行为。

与稠密矩阵计算相比，我们需要对稀疏矩阵计算的性能进行补充说明。一般来说，稀疏矩阵计算通过 CPU 或 GPU 实现的 FLOPS 比稠密矩阵计算低得多。对于 SpMV 来说尤其如此，其中稀疏矩阵中不存在数据重用。OP/B 基本上为 0.25，将可实现的 FLOPS 限制为峰值性能的一小部分。各种格式对于 CPU 和 GPU 都很重要，因为两者在执行 SpMV 时都受到内存带宽的限制。过去，人们常常对 CPU 和 GPU 上此类计算的低 FLOPS 感到惊讶。读完本章后，你应该不再感到惊讶。

## 练习

1. 考虑以下稀疏矩阵：

$$\begin{bmatrix} 1 & 0 & 7 & 0 \\ 0 & 0 & 8 & 0 \\ 0 & 4 & 3 & 0 \\ 2 & 0 & 0 & 1 \end{bmatrix}$$

用以下格式表示该矩阵：COO，CSR，ELL，JDS。

2. 给定一个由 $m$ 行、$n$ 列和 $z$ 个非零值组成的稀疏整数矩阵，需要多少个整数来表示 COO、CSR、ELL 和 JDS 中的矩阵？如果所提供的信息不足，请指出缺少哪些信息。
3. 使用基本并行计算原语（包括直方图和前缀和）实现从 COO 转换为 CSR 的代码。
4. 实现主机代码以生成混合 ELL-COO 格式并使用其执行 SpMV。启动 ELL 内核以在设备上执行，并计算主机上 COO 元素的贡献。
5. 实现一个内核，该内核使用存储在 JDS 格式中的矩阵并行化 SpMV。

## 参考文献

Bell, N., Garland, M., 2009. Implementing sparse matrix-vector multiplication on throughput-oriented processors. In: Proceedings of the ACM Conference on High-Performance Computing Networking Storage and Analysis (SC'09).

Hestenes, M.R., Stiefel, E., 1952. Methods of Conjugate Gradients for Solving Linear Systems (PDF). J. Res. Nat. Bureau Stand. 49 (6).

Rice, J.R., Boisvert, R.F., 1984. Solving Elliptic Problems Using ELLPACK. Springer, Verlag, p. 497.

# 图 遍 历

由 John Owens 和 Juan Gómez-Luna 特别贡献

图是一种表示实体之间关系的数据结构，其中涉及的实体表示为顶点，关系表示为边。许多重要的现实问题自然地被表述为大规模图问题，并且可以受益于大规模并行计算。典型的例子包括社交网络和行车路线图服务。并行化图计算有多种策略，其中一些以并行处理顶点为中心，而另一些则以并行处理边为中心。图与稀疏矩阵本质上相关，因此，图计算也可以用稀疏矩阵运算来表示。然而，我们通常可以通过利用特定于所执行的图计算类型的属性来提高图计算的效率。在本章中，我们将重点关注图搜索，这种图计算是许多现实应用程序的基础。

## 15.1 背景

图数据结构用于表示实体之间的关系。例如，在社交媒体中，实体是用户，关系是用户之间的联系。又如，在行车路线图服务中，实体是位置，关系是位置之间的道路。有些关系是双向的，例如社交网络中的朋友关系。其他关系是定向的，例如道路网络中的单向街道。在本章中，我们将重点关注定向关系。双向关系可以通过两个单向关系来表示，每个方向一个。

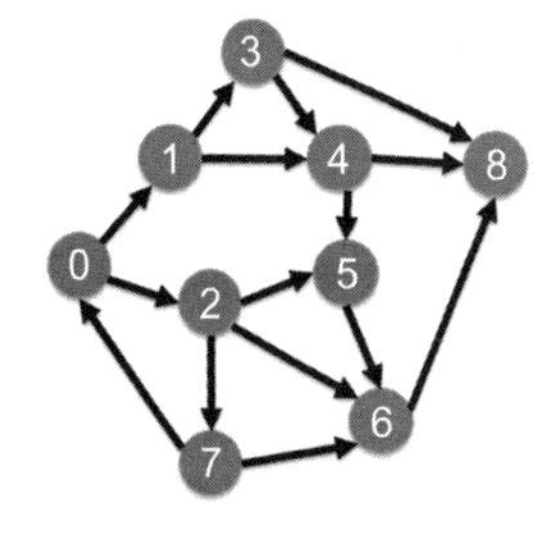

图 15.1　具有 9 个顶点和 15 条有向边的简单图示例

图 15.1 是带有定向边的简单图的示例。定向关系表示为从源顶点指向目标顶点的带箭头的边。我们为每个顶点分配唯一的编号，也称为顶点 ID。图中有一条边从顶点 0 指向顶点 1，一条边从顶点 0 指向顶点 2，依此类推。

图的直观表示是邻接矩阵。如果有一条从源顶点 $i$ 到目标顶点 $j$ 的边，则邻接矩阵的元素 $A[i][j]$ 的值为 1，否则为 0。图 15.2 显示了图 15.1 中简单图示例的邻接矩阵。我们看到 $A[1][3]$ 和 $A[4][5]$ 为 1，因为存在从顶点 1 到顶点 3 的边。为了清楚起见，我们将 0 值保留在邻接矩阵之外。也就是说，如果一个元素为空，则其值被理解为 0。

如果一个有 $N$ 个顶点的图是全连接的，即每个顶点都与所有其他顶点相连，则每个顶点应该有（$N$−1）条出边。总共应该有 $N$（$N$−1）条边，因为没有从顶点到自身的边。例如，如果我们的九顶点图是全连接的，则每个顶点应该有 8 条边。总共应该有 72 条边。显然，我们的图的连通性要低得多，每个顶点有 3 条或更少的出边。这种图称为稀疏连接图。也就是说，每个顶点的出边平均数量远小于 $N$−1。

此时，读者很可能已经做出了正确的猜测，稀疏连接图可能会从稀疏矩阵表示中受益。正如我们在第 14 章中所看到的，使用矩阵的压缩表示可以大大减少所需的存储量和在零元素上浪费的操作数量。事实上，许多现实世界的图都是稀疏连接的。例如，在 Facebook、Twitter 或 LinkedIn 等社交网络中，每个用户的平均连接数远小于用户总数。这使得邻接矩阵中非零元素的数量远小于元素总数。

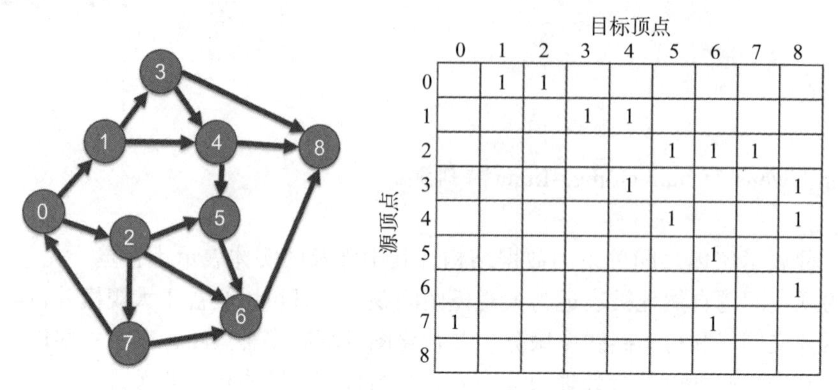


图 15.2　简单图示例的邻接矩阵表示

图 15.3 显示了我们的简单图形示例的三种表示形式，使用三种不同的存储格式：压缩稀疏行（CSR）、压缩稀疏列（CSC）和坐标（COO）。我们将行索引和指针数组分别称为 src 和 srcPtrs 数组，将列索引和指针数组分别称为 dst 和 dstPtrs 数组。如果以 CSR 为例，回想一下，在稀疏矩阵的 CSR 表示中，每个行指针给出了行中非零元素的起始位置。类似地，在图的 CSR 表示中，每个源顶点指针（srcPtrs）给出顶点出边的起始位置。例如，srcPtrs[3]=7 给出原始邻接矩阵第 3 行中非零元素的起始位置，srcPtrs[4]=9 给出原始矩阵第 4 行中非零元素的起始位置。因此，我们期望在 data[7] 和 data[8] 中找到第 3 行的非零数据，并在 dst[7] 和 dst[8] 中找到这些元素的列索引（目标顶点）。这些是离开顶点 3 的两条边的数据和列索引。我们将列索引数组称为 dst 的原因是邻接矩阵中元素的列索引给出了所表示边的目标顶点。在我们的示例中，可以看到源顶点 3 的两条边的目标顶点是 dst[7]=4 和 dst[8]=8。我们将其作为练习留给读者，以对 CSC 和 COO 进行类比。

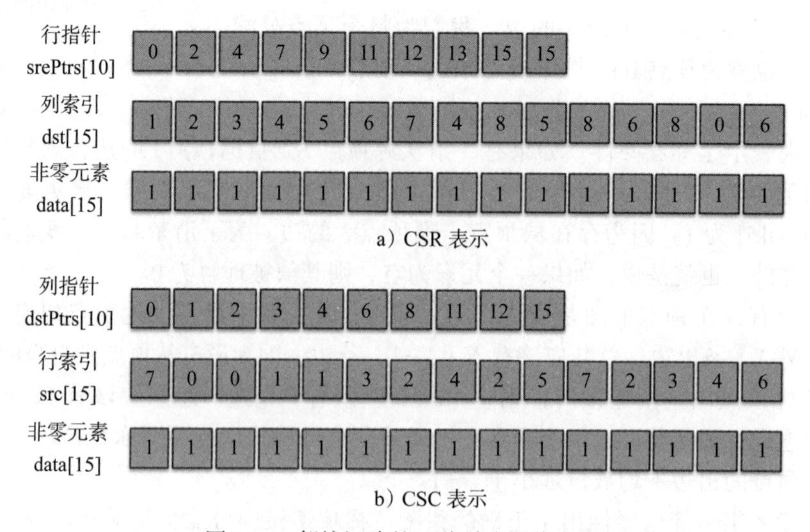


图 15.3　邻接矩阵的三种稀疏矩阵表示

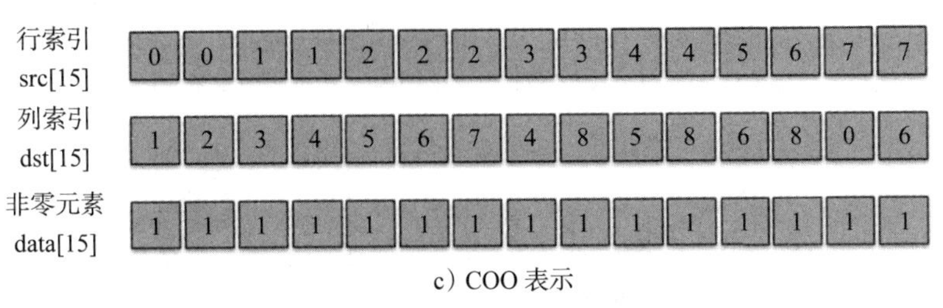


c）COO 表示

图 15.3 邻接矩阵的三种稀疏矩阵表示（续）

注意，此示例中的 data 数组是不必要的。由于它的所有元素均为 1，所以我们不需要存储它。我们可以使数据隐式化，也就是说，只要存在非零元素，即可假设为 1。例如，CSR 表示的目标数组中每个列索引意味着存在一条边。然而，在一些应用中，邻接矩阵可以存储有关关系的附加信息，例如两个位置之间的距离或两个社交网络用户建立联系的日期。在这些应用程序中，数据数组需要显式存储。

稀疏表示可以显著节省邻接矩阵的存储成本。例如，假设可以消除 data 数组，则 CSR 表示需要存储 25 个位置，而如果我们存储整个邻接矩阵，则需要 $9^2=81$ 个位置。对于现实生活中的问题（其中一小部分邻接矩阵元素非零），这种方法可节省的成本可能是巨大的。

不同的图可能具有截然不同的结构。表征这些结构的一种方法是查看连接到每个顶点的边数的分布（顶点度）。以图形表示的道路网络将具有相对均匀的度数分布，每个顶点的平均度数较低，因为每个道路交叉口（顶点）通常只有少量的道路与其连接。另一方面，Twitter 关注者图（其中每个传入边代表一个“关注”）将具有更广泛的顶点度数分布，其中度数较大的顶点代表更受欢迎的 Twitter 用户。图的结构可能会影响实现特定图应用程序的算法的选择。

每种稀疏矩阵表示法实现的数据的可访问性都不同，因此，所选择的图表示法会影响图遍历算法可以轻松获取的图信息。CSR 表示法可以轻松访问给定顶点的出边。CSC 表示法可以轻松获取给定顶点的传入边。COO 表示法可以轻松访问给定边的源顶点和目标顶点。因此，图表示法的选择与图遍历算法的选择息息相关。在本章中，我们将通过研究广度优先搜索的不同并行实现来说明这一概念。

## 15.2 广度优先搜索

一种重要的图计算是广度优先搜索（BFS）。BFS 通常用于发现从图的一个顶点到另一个顶点所需遍历的最短边数。在图 15.1 的示例中，我们可能需要找到从顶点 0 到顶点 5 的所有备选路线。通过目测，我们可以看到有三条可能的路径，分别为 0 → 1 → 3 → 4 → 5，0 → 1 → 4 → 5，0 → 2 → 5，其中 0 → 2 → 5 最短。汇总 BFS 遍历结果的方法有多种。一种方法是，给定一个称为根的顶点，用从根到该顶点所需遍历的最少边数来标记每个顶点。

图 15.4a 显示了以顶点 0 为根的 BFS 结果。通过一条边，我们可以到达顶点 1 和 2。因此，我们将这些顶点标记为属于级别 1。通过遍历另一条边，我们可以到达顶点 3（通过顶点 1）、4（通过顶点 1）、5（通过顶点 2）、6（通过顶点 2）和 7（通过顶点 2）。因此，我们将这些顶点标记为属于级别 2。最后，通过再遍历一条边，我们可以到达顶点 8(通过顶点 3、4 或 6 中的任何一个）。

如果以另一个顶点为根，BFS 结果会完全不同。图 15.4b 显示了以顶点 2 为根的 BFS 的期望结果。1 级顶点为 5、6 和 7。2 级顶点为 8（到顶点 6）和 0（到顶点 7）。只有顶点 1 位于级别 3（通过顶点 0）。最后，4 级顶点为 3 和 4（均通过顶点 1）。有趣的是，即使我们将根移动到距原始根仅一条边的顶点，每个顶点的结果也有很大的不同。

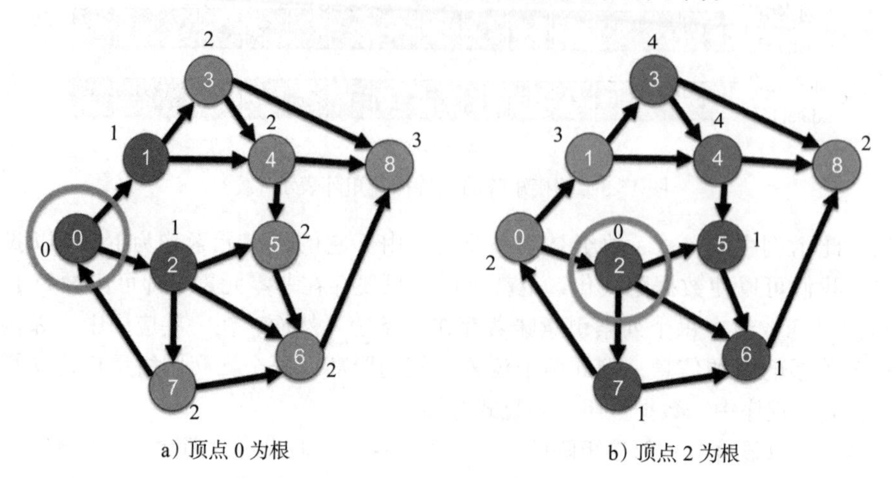

a）顶点 0 为根　　b）顶点 2 为根

图 15.4　两个不同根顶点的 BFS 结果示例。顶点旁边的数字表示从根顶点到该顶点的跳数（深度）

我们可以将 BFS 的标注操作视为构建一棵以搜索根节点为根的 BFS 树。这棵树由所有已标注的顶点和搜索过程中从一级顶点到下一级顶点所遍历的边组成。

一旦将所有顶点都标上等级，就很容易找到一条从根顶点到任意顶点的路径，在这条路径上所经过的边的数量与等级相等。例如，在图 15.4b 中，顶点 1 被标记为级别 3，因此知道根顶点（顶点 2）和顶点 1 之间的最小边数是 3。在每一步中，我们都会选择级别比当前顶点低一级的前置顶点。如果有多个等级相同的前置顶点，可随机选择一个。这样选出的任何一个顶点都能给出合理的解决方案。有多个前置顶点可供选择这一事实意味着有多个同样好的解决方案。在例子中，从顶点 1 开始，选择顶点 0，然后选择顶点 7，最后选择顶点 2，从而找到一条从顶点 2 到顶点 1 的最短路径。因此，一条解路径是 2 → 7 → 0 → 1。当然，这要假定每个顶点都有一个所有输入边的源顶点列表，即可找到给定顶点的前置顶点。

图 15.5 显示了 BFS 在计算机辅助设计（CAD）中的一个重要应用。在设计集成电路芯片时，需要连接许多电子元件才能完成设计。这些元件的连接器称为网络终端。图 15.5a 中的圆点即为两个这样的网络终端，一个属于芯片左上部分的元件，另一个属于芯片右下部分的另一个元件。假设要求这两个网络终端相连，这需要通过将给定宽度的电线从第一网络终端延伸或路由到第二网络终端来完成。

路由软件将芯片表示为由路由块组成的网格，其中每个路由块都有可能成为一条导线。导线既可以沿水平方向延伸，也可以沿垂直方向延伸。例如，芯片下半部的黑色 J 形由 21 个路由块组成，连接三个网络终端。接线块一旦用作导线的一部分，就不能再用作其他导线的一部分。此外，它还会对周围的接线块形成阻挡。任何导线都不能从已使用的接线块的下相邻接线块延伸到上相邻接线块，或从左相邻接线块延伸到右相邻接线块，以此类推。一旦形成一条导线，所有其他导线都必须绕着它路由。路由块也可以被电路元件占据，这与它

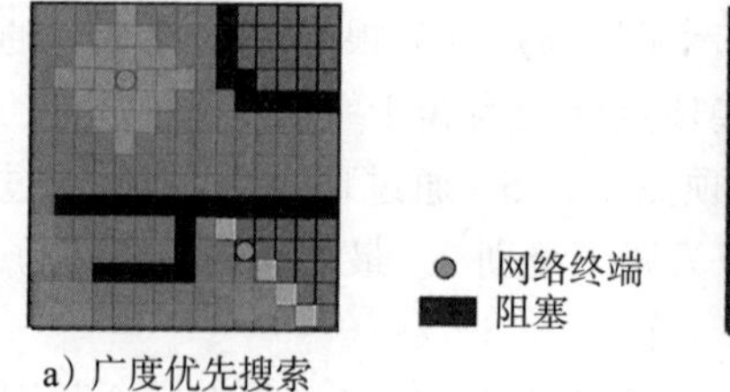


a）广度优先搜索　　b）确定路由路径

图 15.5　集成电路中的迷宫路由

们作为导线的一部分使用时所施加的阻塞约束相同。因此，这个问题被称为迷宫路由问题。先前形成的电路元件和导线为尚未形成的导线设置了一个迷宫。迷宫路由软件会根据先前形成的元件和导线的所有约束条件，为每条新增导线找到一条路由路径。

迷宫路由应用程序将芯片表示为图形，其中路由块被视为顶点。从顶点 $i$ 到顶点 $j$ 的边表示可以将导线从块 $i$ 延伸到块 $j$。一旦一个接线块被导线或元件占用，就会被标记为阻塞顶点或从图中删除，具体取决于应用的设计。如图 15.5 所示，应用程序通过从根网络终端到目标网络终端的 BFS 来解决迷宫路由问题。具体做法是从根顶点开始为顶点标注级别。没有阻塞的垂直或水平近邻（共 4 个）被标记为级别 1。可以看到，根顶点的所有 4 个邻点都是可到达的，将其标记为级别 1。1 级顶点的邻点中，既不是阻塞顶点也不是当前搜索所访问的顶点将被标记为级别 2。读者应该确认图 15.5a 中有 4 个 1 级点、8 个 2 级顶点、12 个 3 级顶点，以此类推。可以看到，BFS 基本上为每一级顶点形成了一个波阵面。这些波阵面在级别 1 较小，但在之后的级别中会迅速扩展。

图 15.5b 显示一旦 BFS 完成，我们就可以通过寻找从根顶点到目标顶点的最短路径来形成导线。如前所述，我们可以从目标顶点开始，回溯到级别比当前顶点低一级的前置顶点。只要有多个级别相等的前置顶点，就会有多条长度相同的路径。我们可以设计启发式方法来选择前置顶点，从而最大限度地减少尚未形成导线的约束难度。

## 15.3 以顶点为中心的广度优先搜索并行化

并行化图算法的一种自然方法是在不同的顶点或边上并行执行操作。事实上，图算法的许多并行实现可以分为以顶点为中心或以边为中心。以顶点为中心的并行实现将线程分配给顶点，并让每个线程在其顶点上执行操作，这通常涉及迭代该顶点的邻点。根据算法的不同，感兴趣的邻点可能通过传出边、传入边或两者均可到达。相反，以边为中心的并行实现将线程分配给边，并让每个线程在其边上执行操作，这通常涉及查找该边的源顶点和目标顶点。在本节中，我们将研究 BFS 的两种不同的以顶点为中心的并行实现：一种在传出边上迭代，一种在传入边上迭代。下一节中将研究 BFS 的以边为中心的并行实现并进行比较。

我们将介绍的并行实现在迭代级别时遵循相同的策略。在所有实现中，首先将根顶点标记为级别 0。然后，我们调用内核将根顶点的所有邻点标记为级别 1。之后，我们调用内核将 1 级顶点的所有未访问邻点标记为级别 2。然后，我们调用内核将 2 级顶点的所有未访问邻点标记为级别 3。此过程一直持续到没有新顶点被访问和标记为止。

为每个级别调用单独的内核的原因是，我们需要等到上一个级别中的所有顶点都已被标记，然后才能继续标记下一个级别中的顶点。否则，我们可能会错误地标记顶点。在本节的其余部分中，我们重点关注实现每个级别调用的内核。也就是说，我们将实现一个 BFS 内核，在给定级别的情况下，根据先前级别的顶点标签来标记属于该级别的所有顶点。

第一个以顶点为中心的并行实现将每个线程分配给一个顶点，以迭代该顶点的传出边（Harish and Narayanan，2007）。每个线程首先检查它的顶点是否属于前一级别。如果是，线程将遍历传出边，将所有未访问的邻点标记为属于当前级别。这种以顶点为中心的实现通常被称为*自顶向下*或*推式*实现[⊖]。由于此实现需要可访问给定源顶点的出边（即邻接矩阵给定

⊖ 如果正在构造 BFS 树，此实现可被视为将线程分配给 BFS 树中的父顶点以搜索其子节点，因此称为自顶向下。该术语假设树的根位于顶部，叶子位于底部。推式是指每个活动顶点通过传出边将其深度推到其所有邻点的操作。

行的非零元素)，因此需要 CSR 表示。

图 15.6 显示了以顶点为中心的推式实现的内核代码，图 15.7 显示了该内核如何从级别 1（前一级别）遍历到级别 2（当前级别）。内核首先为每个顶点分配一个线程（第 03 行），并且每个线程确保其顶点 ID 在边界内（第 04 行）。接下来，每个线程检查其顶点是否属于前一级别（第 05 行）。在图 15.7 中，只有分配给顶点 1 和 2 的线程才能满足此条件。然后，满足的线程将使用 CSR `srcPtrs` 数组来定位顶点的传出边并对其进行迭代（第 06 ～ 07 行）。对于每个传出边，线程使用 CSR `dst` 数组（第 08 行）查找该边的目标顶点的邻点。然后，该线程通过检查邻点是否已被分配到某个级别来确认邻点是否未被访问（第 09 行）。

```
01  __global__ void bfs_kernel(CSRGraph csrGraph, unsigned int* level,
02                   unsigned int* newVertexVisited, unsigned int currLevel) {
03      unsigned int vertex = blockIdx.x*blockDim.x + threadIdx.x;
04      if(vertex < csrGraph.numVertices) {
05          if(level[vertex] == currLevel - 1) {
06              for(unsigned int edge = csrGraph.srcPtrs[vertex];
07                      edge < csrGraph.srcPtrs[vertex + 1]; ++edge) {
08                  unsigned int neighbor = csrGraph.dst[edge];
09                  if(level[neighbor] == UINT_MAX) { // Neighbor not visited
10                      level[neighbor] = currLevel;
11                      *newVertexVisited = 1;
12                  }
13              }
14          }
15      }
16  }
```

图 15.6　以顶点为中心的推式（自顶向下）BFS 内核

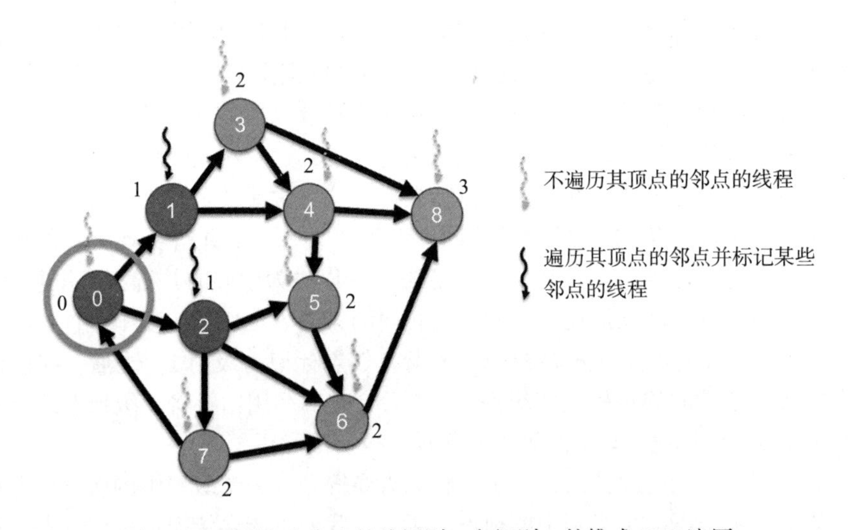


图 15.7　以顶点为中心的从级别 1 向级别 2 的推式 BFS 遍历

最初，所有顶点级别都设置为 `UINT_MAX`，这意味着该顶点无法到达。因此，如果邻点的级别仍为 `UINT_MAX`，则该邻点尚未被访问过。如果邻点还没有被访问过，线程将把邻点标记为属于当前级别（第 10 行）。最后，该线程将设置一个标志，指示已访问新顶点（第 11 行）。启动代码使用此标志来决定是否需要启动新网格来处理新级别，或者已到达终点。请注意，多个线程可将 1 分配给该标志，并且代码仍将正确执行。这个性质被称为*幂等性*。在诸如此类的幂等操作中，我们不需要原子操作，线程不执行读取 – 修改 – 写入操作。所有线程都写入相同的值，因此无论有多少个线程执行写入操作，结果都是相同的。

第二个以顶点为中心的并行实现将每个线程分配给一个顶点，以迭代该顶点的传入边。

每个线程首先检查其顶点是否已被访问。如果不是，线程将迭代传入边以查找是否有邻点属于前一级别。如果线程找到属于前一级别的邻点，则线程会将其顶点标记为属于当前级别。这种以顶点为中心的实现通常称为自底向上或拉式实现[⊖]。由于此实现需要可访问给定目标顶点的传入边（即邻接矩阵给定列的非零元素），因此需要 CSC 表示。

图 15.8 显示了以顶点为中心的拉式实现的内核代码，图 15.9 显示了内核如何从级别 1 遍历到级别 2。内核首先为每个顶点分配一个线程（第 03 行），并且每个线程确保其顶点 ID 在边界内（第 04 行）。接下来，每个线程检查其顶点是否尚未被访问（第 05 行）。在图 15.9 中，分配给顶点 3 ～ 8 的线程才能满足此条件。满足的线程随后将使用 CSC `dstPtrs` 数组来定位顶点的传入边并对其进行迭代（第 06 ～ 07 行）。对于每个传入边，线程使用 CSC `src` 数组（第 08 行）查找边的源处的邻点，并检查邻点是否属于上一级（第 09 行）。这样，线程会将其顶点标记为属于当前级别（第 10 行），并设置一个标志来指示已访问新顶点（第 11 行）。同时线程也将跳出循环（第 12 行）。

```
01  __global__ void bfs_kernel(CSCGraph cscGraph, unsigned int* level,
02                     unsigned int* newVertexVisited, unsigned int currLevel) {
03      unsigned int vertex = blockIdx.x*blockDim.x + threadIdx.x;
04      if(vertex < cscGraph.numVertices) {
05          if(level[vertex] == UINT_MAX) { // Vertex not yet visited
06              for(unsigned int edge = cscGraph.dstPtrs[vertex];
07                      edge < cscGraph.dstPtrs[vertex + 1]; ++edge) {
08                  unsigned int neighbor = cscGraph.src[edge];
09                  if(level[neighbor] == currLevel - 1) {
10                      level[vertex] = currLevel;
11                      *newVertexVisited = 1;
12                      break;
13                  }
14              }
15          }
16      }
17  }
```

图 15.8　以顶点为中心的拉式（自底向上）BFS 内核

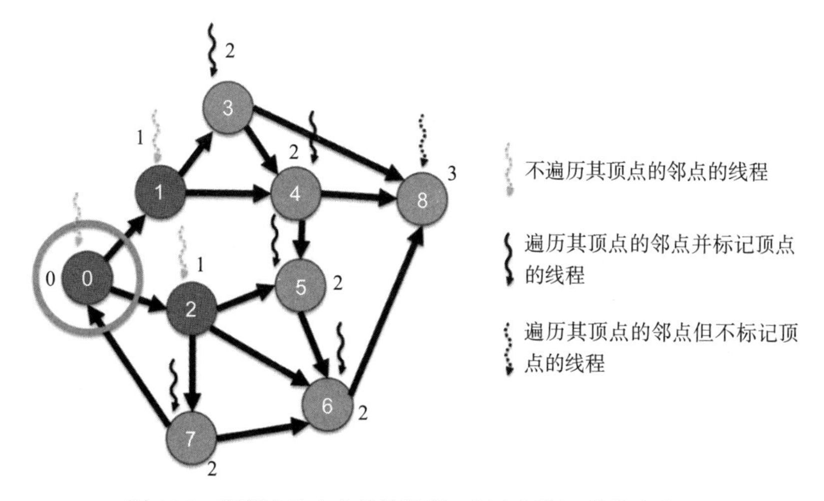


图 15.9　以顶点为中心的从级别 1 级向级别 2 的拉式遍历

跳出循环的原因如下。对于要确定其顶点位于当前级别的线程，该线程的顶点在前一级别中有一个邻点就足够了。因此，线程不需要检查其余的邻点。只有其顶点在前一级别中没

⊖ 如果正在构造 BFS 树，此实现可被视为将线程分配给 BFS 树中的潜在子节点以搜索其父节点，因此称为自底向上。拉式是指每个顶点返回其前置顶点并从中提取活动状态的操作。

有任何邻点的线程才会最终循环整个邻点列表。在图 15.9 中，只有分配给顶点 8 的线程才会在整个邻点列表上循环而不会中断。

在比较以顶点为中心的推式和拉式并行实现时，需要考虑两个对性能有重要影响的区别。第一个区别是，在推式实现中，线程在其顶点的整个邻点列表上循环，而在拉式实现中，线程可能会提前脱离循环。对于低度数和低方差的图（例如道路网络或 CAD 电路模型），由于邻点列表很小且大小相似，这种差异可能并不显著。然而，对于高度数和高方差的图（例如社交网络），邻点列表很长并且大小可能变化很大，导致线程间的负载不平衡和控制发散。因此，尽早打破循环可以减少负载不平衡和控制发散，从而大幅提高性能增益。

两种实现之间的第二个重要区别是在推式实现中，只有分配给前一级顶点的线程在其邻点列表上循环；而在拉式实现中，分配给任何未访问顶点的所有线程都在其邻点列表上循环。对于更低的级别，我们期望每个级别有相对较少的顶点，并且图中有大量的未访问顶点。由于迭代的邻点列表更少，推式实现通常对于更低级别表现更好。相反，对于更高级别，我们期望每个级别有相对较多的顶点，并且图中有更少的未访问顶点。此外，在拉式方法中找到已访问邻点并提前退出循环的可能性更高。因此，拉式实现通常在更高级别上有更佳的表现。

基于此观察，常见的优化是对更低级别使用推式实现，然后在更高级别切换到拉式实现。这种方法通常被称为*方向优化实现*。选择何时切换实现通常取决于图的类型。低度数的图通常有很多层，需要一段时间才能达到各层都有很多顶点且有相当数量的顶点已经被访问过的程度。另一方面，高度数的图通常只有很少的级别，而且级别增长非常快。从任意顶点到任意其他顶点只需几个级别的高阶图通常被称为*小世界图*。由于这些属性，对于高度数的图来说，从推式实现切换到拉式实现通常比低度数的图更早发生。

回想一下，推式实现使用图的 CSR 表示，而拉式实现使用图的 CSC 表示。因此，如果要使用方向优化实现，则需要存储图的 CSR 和 CSC 表示。在许多应用中，例如社交网络或迷宫路由，图是无向的，这意味着邻接矩阵是对称的。在这种情况下，CSR 和 CSC 表示形式是等效的，因此只需存储其中之一即可由两种实现使用。

## 15.4 以边为中心的广度优先搜索并行化

在本节中，我们将研究 BFS 的以边为中心的并行实现。在此实现中，每个线程都被分配到一条边。它检查边的源顶点是否属于前一级别以及边的目标顶点是否未访问过。如果是，则将未访问的目标顶点标记为当前级别。由于此实现需要可访问给定边的源顶点和目标顶点（即给定非零的行和列索引），所以需要 COO 数据结构。

图 15.10 显示了以边为中心的并行实现的内核代码，图 15.11 显示了该内核如何执行从级别 1 到级别 2 的遍历。内核首先为每条边分配一个线程（第 03 行），并且每个线程确保其边缘 ID 在边界内（第 04 行）。接下来，每个线程使用 COO `src` 数组查找其边的源顶点（第 05 行），并检查该顶点是否属于前一级别（第 06 行）。在图 15.11 中，只有分配给顶点 1 和 2 的出边的线程才满足此条件。满足的线程将使用 COO `dst` 数组（第 07 行）将邻点定位在边的目标，并检查邻点是否尚未被访问（第 08 行）。如果不是，线程将把邻点标记为属于当前级别（第 09 行）。最后，该线程将设置一个标志，指示已访问新顶点（第 10 行）。

与以顶点为中心的并行实现相比，以边为中心的并行实现有两个主要优点。第一个优点是，以边为中心的实现展现了更多的并行性。在以顶点为中心的实现中，如果顶点数量较少，我们可能无法启动足够的线程来完全占用设备。由于图的边通常比顶点多得多，因此以边为中心的实现可以启动更多线程。因此，以边为中心的实现通常更适合小图。

```
01  __global__ void bfs_kernel(COOGraph cooGraph, unsigned int* level,
02                  unsigned int* newVertexVisited, unsigned int currLevel) {
03      unsigned int edge = blockIdx.x*blockDim.x + threadIdx.x;
04      if(edge < cooGraph.numEdges) {
05          unsigned int vertex = cooGraph.src[edge];
06          if(level[vertex] == currLevel - 1) {
07              unsigned int neighbor = cooGraph.dst[edge];
08              if(level[neighbor] == UINT_MAX) { // Neighbor not visited
09                  level[neighbor] = currLevel;
10                  *newVertexVisited = 1;
11              }
12          }
13      }
14  }
```

图 15.10 以边为中心的 BFS 内核

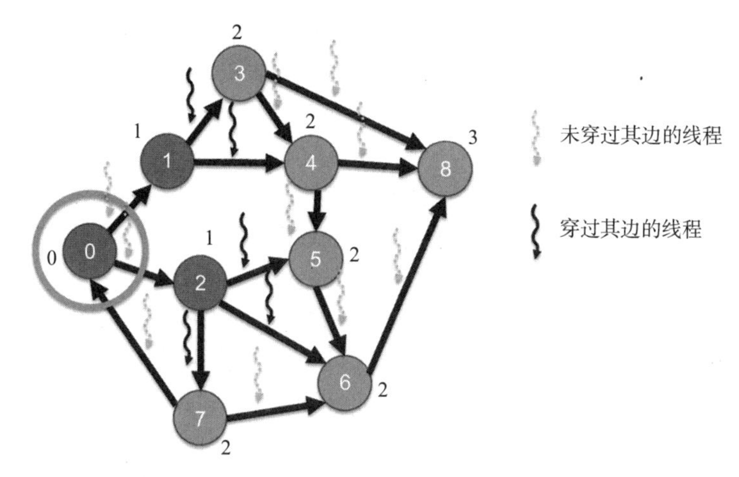


图 15.11 以边为中心的从级别 1 向级别 2 的遍历

以边为中心的实现的第二个优点是表现出较少的负载不平衡和控制发散。在以顶点为中心的实现中，每个线程迭代不同数量的边，具体取决于分配给它的顶点的度数。相反，在以边为中心的实现中，每个线程仅遍历一条边。对于以顶点为中心的实现，以边为中心的实现是重新安排线程到工作或数据的映射以减少控制发散的示例。以边为中心的实现方式通常更适合顶点度数变化较大的高度数的图。

以边为中心的实现方法的缺点是要检查图中的每一条边。相比之下，如果以顶点为中心的实现确定某个顶点与该级别无关，则可跳过整个边列表。例如，考虑某个顶点 $v$ 有 $n$ 条边并且与特定级别不相关的情况。在以边为中心的实现中，我们的启动包括 $n$ 个线程，每条边一个线程，每个线程独立检查 $v$ 并发现与边不相关。相比之下，在以顶点为中心的实现中，我们的启动只包括一个针对 $v$ 的线程，该线程在检查 $v$ 一次并确定其不相关后，会跳过所有 $n$ 条边。以边为中心的实现方法的另一个缺点是使用 COO，与以顶点为中心的实现方法所使用的 CSR 和 CSC 相比，COO 需要更多的存储空间来存储边信息。

读者可能已经注意到，上一节和本节中的代码示例类似于第 14 章中稀疏矩阵向量乘法和累加（SpMV）的实现。事实上，通过稍微不同的公式，我们可以完全用 SpMV 和一些其他向量运算来表达 BFS 级别迭代，其中 SpMV 运算是主要运算。除了 BFS 之外，许多其他图计算也可以使用邻接矩阵以稀疏矩阵计算的形式表示（Jeremy and Gilbert，2011）。这种表述通常称为图问题的线性代数公式，并且是称为 GraphBLAS 的 API 规范的焦点。线性代数公式的优势在于，利用成熟且高度优化的稀疏线性代数并行库来执行图计算。线性代数公式的缺点是可能会错过利用所讨论的图算法的特定属性优化。

## 15.5 利用边界提高效率

在前两节讨论的方法中，我们检查每次迭代中的每个顶点或边与所讨论级别的相关性。这种策略的优点是内核高度并行，不需要任何线程间同步。缺点是启动了许多不必要的线程并执行了大量无用的工作。例如，在以顶点为中心的实现中，我们为图中的每个顶点启动一个线程，其中许多只是发现该顶点不相关并且不执行任何工作。同样，在以边为中心的实现中，我们为图中的每条边启动一个线程，许多线程仅仅发现边不相关并且不执行任何有用的工作。

在本节中，我们的目标是避免启动不必要的线程，并避免其在每次迭代中执行冗余检查。我们将重点讨论 15.3 节中介绍的以顶点为中心的推式方法。回想一下，在以顶点为中心的推式方法中，对于每个级别，都会为图中的每个顶点启动一个线程。该线程检查其顶点是否位于上一级别，如果是，则将该顶点的所有未访问邻点标记为当前级别。另一方面，顶点不在当前级别的线程不执行任何操作。理想情况下，甚至不应启动这些线程。为了避免启动这些线程，我们可以让处理前一级别中的顶点的线程协作构建访问顶点边界。因此，对于当前级别，仅需要为该边界中的顶点启动线程（Luo et al.，2010）。

图 15.12 显示了使用边界的以顶点为中心的推式实现的内核代码，图 15.13 显示了该内核如何执行从级别 1 到级别 2 的遍历。与之前方法的一个关键区别是，内核采用附加参数来表示边界。附加参数包括数组 `prevFrontier` 和 `currFrontier`，分别用于存储先前边界和当前边界中的顶点。它们还包括指向计数器 `numPrevFrontier` 和 `numCurrFrontier` 的指针，这些计数器存储每个边界中的顶点数。注意，不再需要用于指示已访问新顶点的标志。相反，当当前边界中的顶点数为 0 时，主机可以判断已到达终点。

```
01  __global__ void bfs_kernel(CSRGraph csrGraph, unsigned int* level,
02              unsigned int* prevFrontier, unsigned int* currFrontier,
03              unsigned int numPrevFrontier, unsigned int* numCurrFrontier,
04              unsigned int currLevel) {
05      unsigned int i = blockIdx.x*blockDim.x + threadIdx.x;
06      if(i < numPrevFrontier) {
07          unsigned int vertex = prevFrontier[i];
08          for(unsigned int edge = csrGraph.srcPtrs[vertex];
09                  edge < csrGraph.srcPtrs[vertex + 1]; ++edge) {
10              unsigned int neighbor = csrGraph.dst[edge];
11              if(atomicCAS(&level[neighbor],UINT_MAX,currLevel) == UINT_MAX) {
12                  unsigned int currFrontierIdx = atomicAdd(numCurrFrontier, 1);
13                  currFrontier[currFrontierIdx] = neighbor;
14              }
15          }
16      }
17  }
```

图 15.12　具有边界的以顶点为中心的推式（自上而下）BFS 内核

现在我们转向图 15.12 中的内核主体。内核首先为前一个边界的每个元素分配一个线程（第 05 行），并且每个线程确保其元素 ID 在边界内（第 06 行）。在图 15.13 中，只有顶点 1 和 2 位于前一个边界中，因此仅启动了两个线程。每个线程从前一个边界加载其元素，该边界包含正在处理顶点的索引（第 07 行）。该线程使用 CSR `srcPtrs` 数组来定位顶点的出边并对其进行迭代（第 08 ～ 09 行）。对于每个传出边，线程使用 CSR `dst` 数组（第 10 行）查找该边的目标顶点的邻点。然后该线程检查邻点是否未被访问过，如果不是，则将邻点标记为属于当前级别（第 11 行）。与之前的实现的一个重要区别是，使用原子操作来执行检查和标记操作。稍后将解释原因。如果线程成功标记邻点，它必须将邻点添加到当前边界。为此，线程增加当前边界的大小（第 12 行）并将邻点添加到相应的位置（第 13 行）。当前边界的大小需要以原子方式递增（第 12 行）。因为多个线程可能会同时递增，因此要确保不会发生竞争条件。

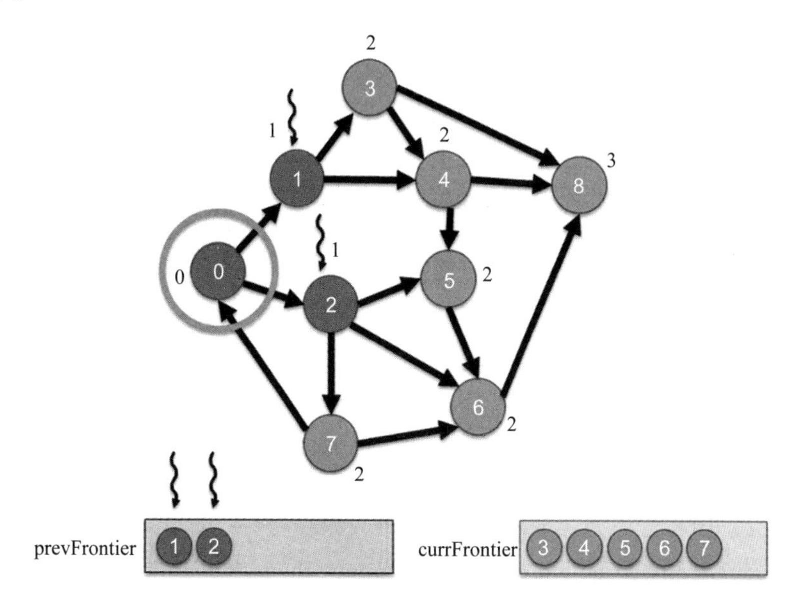


图 15.13 具有边界的以顶点为中心的推式（自顶向下）BFS 从级别 1 向级别 2 的遍历

现在我们来看看第 11 行的原子操作。当线程遍历其顶点的邻点时，它会检查邻点是否已被访问过；如果没有，它会将邻点标记为属于当前层。在图 15.12 中以顶点为中心的无边界推式内核中，这种检查和标记操作是在没有原子操作（第 09 ～ 10 行）的情况下进行的。在该实现中，如果多个线程在对同一未访问邻点进行标注之前检查其旧标签，那么多个线程最终都可能对该邻点进行标注。由于所有线程都会给邻点贴上相同的标签（该操作是幂等的），因此允许线程给邻点贴上冗余标签是没有问题的。相反，在图 15.12 中基于边界的实现中，每个线程不仅会给未访问的邻点贴标签，还会将其添加到边界中。因此，如果多个线程将邻点视为未访问过的，那么它们都会将邻点添加到边界，导致邻点被多次添加。如果邻点被多次添加到边界，那么将在下一级别中被处理多次，多余且浪费。

为了避免多个线程将邻点视为未访问，应以原子方式执行邻点标签的检查和更新。换句话说，我们必须检查邻点是否还没有被访问过，如果没有，则将其标记为当前级别的一部分，所有这些都在一个原子操作中完成。可以执行所有这些步骤的原子操作是比较和交换，它由 atomicCAS 内部函数提供。该函数接受三个参数：内存中数据的地址、我们要与数据进行比较的值以及如果比较成功我们要将数据设置为的值。在我们的例子中（第 11 行），我们希望将 level[neighbor] 与 UINT-MAX 进行比较，以检查邻点是否未被访问，如果比较成功，则将 level[neighbor] 设置为 currLevel。与其他原子操作一样，atomicCAS 返回所存储数据的旧值。因此，我们可以通过将 atomicCAS 的返回值与 atomicCAS 所比较的值（在本例中为 UINT-MAX）进行比较来检查比较和交换操作是否成功。

如前所述，这种基于边界的方法相对于上一节中描述的方法的优点在于，它仅通过启动线程来处理相关顶点，从而减少冗余工作。这种基于边界的方法的缺点是长延迟原子操作的开销，尤其是当这些操作争用相同数据时。对于 atomicCAS 操作（第 11 行），我们期望争用是适度的，因为只有一些线程（而不是所有线程）会访问同一个未访问的邻点。然而，对于 atomicAdd 操作（第 12 行），我们预计争用会很高，因为所有线程都会递增相同的计数器以将顶点添加到相同的边界。在下一节中，我们将讨论如何减少这种争用。

## 15.6 利用私有化减少争用

回顾第 6 章，可以通过私有化来减少对相同数据进行原子操作时的争用。私有化通过对数据的私有副本进行部分更新，然后在完成后更新公共副本，从而减少原子操作的争用。我们在第 9 章中看到了直方图模式中私有化的一个例子，在该例子中，同一代码块中的线程更新了该代码块私有的本地直方图，并在最后更新了公共直方图。

私有化还可以应用于并发边界更新（增加 numCurrFrontier）的上下文中，以减少边界化的争用。我们可让每个线程块在整个计算过程中维护自己的本地边界，并在完成后更新公共边界。因此，线程只会与同一块中的其他线程竞争相同的数据。此外，本地边界及其计数器存储在共享内存中，这使得可对计数器进行低延迟的原子操作并将其存储到本地边界。此外，当共享内存中的本地边界被存储到全局内存中的公共边界时，可合并访问。

图 15.14 显示了使用私有化边界的以顶点为中心的推式实现的内核代码，图 15.15 说明了边界的私有化。内核首先为共享内存中的每个线程块声明一个私有边界（第 07 ～ 08 行）。块中的一个线程将边界计数器初始化为 0（第 09 ～ 11 行），块中的所有线程在开始使用计数器之前在同步线程阻塞处等待初始化完成（第 12 行）。代码的下一部分与之前的版本类似：每个线程从边界加载顶点（第 17 行），迭代传出边（第 18 ～ 19 行），在边的目标顶点查找邻点（第 20 行），并以原子方式检查邻点是否未被访问，如果未被访问则进行访问（第 21 行）。

```
01  __global__ void bfs_kernel(CSRGraph csrGraph, unsigned int* level,
02              unsigned int* prevFrontier, unsigned int* currFrontier,
03              unsigned int numPrevFrontier, unsigned int* numCurrFrontier,
04              unsigned int currLevel) {
05
06      // Initialize privatized frontier
07      __shared__ unsigned int currFrontier_s[LOCAL_FRONTIER_CAPACITY];
08      __shared__ unsigned int numCurrFrontier_s;
09      if(threadIdx.x == 0) {
10          numCurrFrontier_s = 0;
11      }
12      __syncthreads();
13
14      // Perform BFS
15      unsigned int i = blockIdx.x*blockDim.x + threadIdx.x;
16      if(i < numPrevFrontier) {
17          unsigned int vertex = prevFrontier[i];
18          for(unsigned int edge = csrGraph.srcPtrs[vertex];
19                  edge < csrGraph.srcPtrs[vertex + 1]; ++edge) {
20              unsigned int neighbor = csrGraph.dst[edge];
21              if(atomicCAS(&level[neighbor], UINT_MAX, currLevel) == UINT_MAX) {
22                  unsigned int currFrontierIdx_s = atomicAdd(&numCurrFrontier_s, 1);
23                  if(currFrontierIdx_s < LOCAL_FRONTIER_CAPACITY) {
24                      currFrontier_s[currFrontierIdx_s] = neighbor;
25                  } else {
26                      numCurrFrontier_s = LOCAL_FRONTIER_CAPACITY;
27                      unsigned int currFrontierIdx = atomicAdd(numCurrFrontier, 1);
28                      currFrontier[currFrontierIdx] = neighbor;
29                  }
30              }
31          }
```

图 15.14　具有边界私有化的以顶点为中心的推式（自顶向下）BFS 内核

```
32        }
33        __syncthreads();
34
35        // Allocate in global frontier
36        __shared__ unsigned int currFrontierStartIdx;
37        if(threadIdx.x == 0) {
38            currFrontierStartIdx = atomicAdd(numCurrFrontier, numCurrFrontier_s);
39        }
40        __syncthreads();
41
42        // Commit to global frontier
43        for(unsigned int currFrontierIdx_s = threadIdx.x;
44                currFrontierIdx_s < numCurrFrontier_s; currFrontierIdx_s += blockDim.x) {
45            unsigned int currFrontierIdx = currFrontierStartIdx + currFrontierIdx_s;
46            currFrontier[currFrontierIdx] = currFrontier_s[currFrontierIdx_s];
47        }
48
49    }
```

图 15.14 具有边界私有化的以顶点为中心的推式（自顶向下）BFS 内核（续）

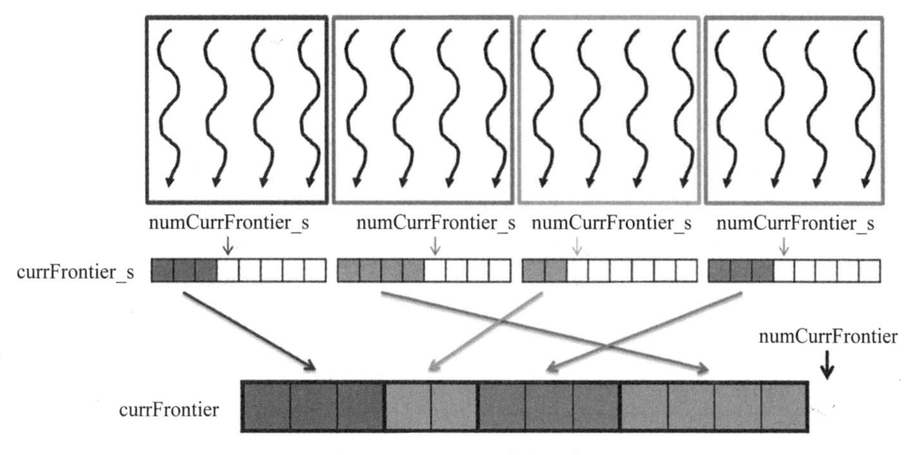


图 15.15 边界私有化示例

如果线程成功访问邻点，即邻点未被访问，则将邻点添加到本地边界。线程首先以原子方式递增本地边界计数器（第 22 行）。如果本地边界未满（第 23 行），则线程将邻点添加到本地边界（第 24 行）。否则，如果本地边界已溢出，则线程恢复本地计数器的值（第 26 行），通过自动递增全局计数器（第 27 行）并将邻点存储在相应位置来将邻点添加到全局边界中（第 28 行）。

在块中的所有线程都迭代其顶点的邻点之后，它们需要将私有化的局部边界存储到全局边界。首先，线程等待彼此完成以确保不会有更多的邻点被添加到本地边界（第 33 行）。接下来，块中的一个线程代表其他线程在全局边界中为本地边界的所有元素分配空间（第 36 ～ 39 行），同时所有线程都在等待它（第 40 行）。最后，线程遍历局部边界中的顶点（第 43 ～ 44 行）并将其存储在公共边界中（第 45 ～ 46 行）。注意，公共边界 `currFrontierIdx` 的索引以 `currFrontierIdx_s` 表示，而 `currFrontierIdx_s` 以 `threadIdx.x` 表示。因此，具有连续线程索引值的线程被存储到连续的全局内存位置，这意味着存储是合并的。

## 15.7 其他优化

### 15.7.1 减少启动开销

在大多数图中，BFS 初始迭代的边界可能非常小。第一次迭代的边界只有源的邻居。下一次迭代的边界具有当前边界顶点的所有未访问的邻居。在某些情况下，最后几次迭代的边界也可能很小。对于这些迭代，终止网格并启动新网格的开销可能会超过并行性的好处。处理这些小边界迭代的一种方法是准备另一个内核，该内核仅使用一个线程块，但可以执行多个连续迭代。内核仅使用本地块级边界，并使用 `__syncthreads()` 在级别之间的所有线程间进行同步。

这种优化如图 15.16 所示。在此示例中，级别 0 和级别 1 均可由单个线程块处理。我们没有为级别 0 和级别 1 启动单独的网格，而是启动单块网格并使用 `__syncthreads()` 在级别之间进行同步。一旦边界达到溢出块级边界的大小，块中的线程就会将内容复制到全局边界并返回主机代码。然后，主机代码将在后续级别迭代中调用常规内核，直到边界再次变小。因此，单块内核消除了小边界迭代的启动开销。我们将此实现留给读者作为练习。

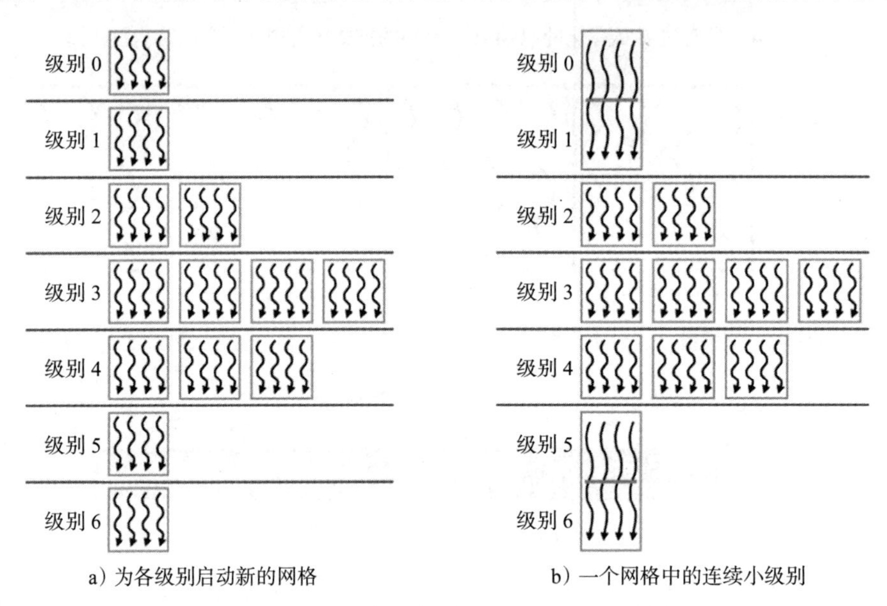


a）为各级别启动新的网格　　b）一个网格中的连续小级别

图 15.16　对于具有小边界的级别，在一个网格中执行多个级别

### 15.7.2　优化负载均衡

回想一下，在以顶点为中心的实现中，每个线程要完成的工作量取决于分配给它的顶点的连接性。在一些图中，例如在社交网络图中，一些顶点（名人）的度数可能比其他顶点的度数高几个数量级。发生这种情况时，一个或几个线程可能会花费过长的时间，从而减慢整个网格的执行速度。我们已经找到了解决此问题的一种方法，即使用以边为中心的并行实现。我们可以解决此问题的另一种方法是根据边界的度数将边界顶点分类到桶中，并使用适当大小的处理器组在单独的内核中处理每个桶。一种值得注意的实现对具有小、中和大度数的顶点使用三种不同的桶（Merrill and Garland，2012）。处理小桶的内核将每个顶点分配给单个线程，处理中等桶的内核将每个顶点分配给单个线程束，处理大桶的内核将每个顶点分配给整个线程块。此技术对于顶点度数变化较大的图特别有用。

### 15.7.3　进一步的挑战

虽然 BFS 是最简单的图应用之一，但它也面临着更复杂应用所特有的挑战：提取并行性的问题分解、利用私有化的优势、实现细粒度负载平衡以及确保适当的同步。图计算适用于各种有趣的问题，尤其是在提出建议、检测社区、在图中寻找模式以及识别异常等领域。一个重大挑战是如何处理大小超过 GPU 内存容量的图。另一个有趣的机会是在开始计算前将图预处理成其他格式，以显示更多并行性或局部性，或促进负载平衡。

## 15.8 总结

在本章中，我们以广度优先搜索为例，了解了与并行图计算相关的挑战。首先简要介绍了图的表示。同时讨论了以顶点为中心和以边为中心的并行实现之间的差异，并观察了它们之间的权衡。此外，我们了解了如何利用边界消除冗余工作，以及通过私有化优化边界的使用。最后，简要讨论了其他高级优化，以减少同步开销并改善负载平衡。

## 练习

1. 考虑以下无权有向图：

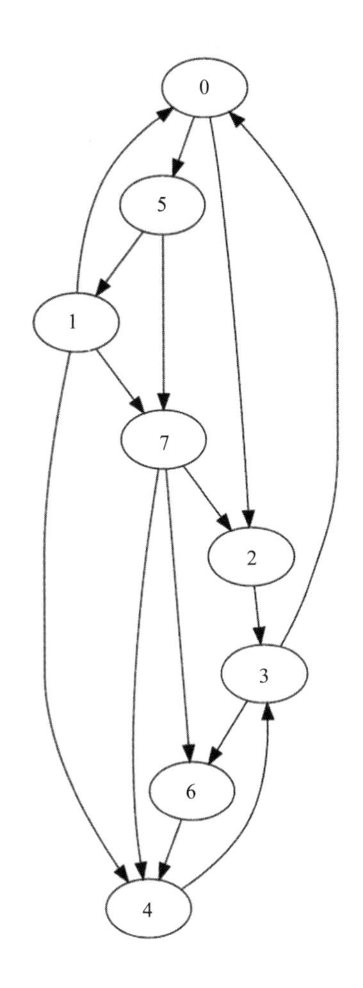


a. 使用邻接矩阵表示该图。

b. 以 CSR 格式表示该图。每个顶点的邻点列表必须有序。

c. 并行 BFS 在此图上从顶点 0 开始执行（即顶点 0 处于级别 0）。对于 BFS 遍历的每次迭代：

i. 如果使用以顶点为中心的推式实现：

（1）启动了多少个线程？

（2）有多少个线程迭代其顶点的邻点？

ii. 如果使用以顶点为中心的拉式实现：
（1）启动了多少个线程？
（2）有多少个线程迭代其顶点的邻点？
（3）有多少线程标记它们的顶点？
iii. 如果使用以边为中心的实现：
（1）启动了多少个线程？
（2）有多少个线程标记一个顶点？
iv. 如果使用以顶点为中心的推式边界实现：
（1）启动了多少个线程？
（2）有多少个线程迭代其顶点的邻点？

2. 实现 15.3 节中描述的方向优化 BFS 实现的主机代码。
3. 实现 15.7 节中描述的单块 BFS 内核。

# 参考文献


Harish, P., Narayanan, P.J., 2007. Accelerating large graph algorithms on the GPU using CUDA. In: International Conference on High-Performance Computing (HiPC), India.

Jeremy, K., Gilbert, J. (Eds.), 2011. Graph Algorithms in the Language of Linear Algebra. Society for Industrial and Applied Mathematics.

Luo, L., Wong, M., Hwu, W., 2010. An effective GPU implementation of breadth-first search. In: ACM/IEEE Design Automation Conference (DAC).

Merrill, D., Garland, M., 2012. Scalable GPU graph traversal. In: Proceedings of the 17th ACM SIGPLAN Symposium on Principles and Practice of Parallel Programming (PPoPP).

# 深度学习

由 Carl Pearson 和 Boris Ginsburg 特别贡献

本章介绍了一个关于深度学习的应用案例研究，深度学习是机器学习中使用人工神经网络的一个分支。机器学习已被用于许多应用领域，根据从数据集中获得的经验来训练或调整应用逻辑。为了取得成效，通常需要使用海量数据进行训练。虽然机器学习作为计算机科学的一个学科已经存在很长时间了，但由于两个原因，它最近在实践中获得了广泛的认可。第一个原因是互联网的普遍使用提供了大量数据。第二个原因是廉价的大规模并行 GPU 计算系统的出现，可以利用这些海量数据集有效地训练应用程序逻辑。我们将从机器学习和深度学习的简要介绍开始，然后详细讲解最流行的深度学习算法之一：卷积神经网络（CNN）。CNN 具有较高的计算与内存访问比率和很高的并行性，这使其成为 GPU 加速的完美候选者。我们将首先介绍卷积神经网络的基本实现。接下来，我们将展示如何使用共享内存改进这个基本实现。然后，我们将讨论如何将卷积层表示为矩阵乘法，这可以通过在现代 GPU 中使用高度优化的硬件和软件来加速。

## 16.1 背景

机器学习是由 IBM 的 Arthur Samuel 于 1959 年创造的术语（Samuel，1959），是计算机科学的一个领域，研究从数据中学习应用逻辑的方法，而不是设计显式算法。在设计显式算法不可行的计算任务中，机器学习最为成功，这主要是因为在设计此类显式算法时没有足够的知识。也就是说，人们可以举例说明在各种情况下应该发生什么，但却无法给出针对所有可能输入做出此类决策的通用规则。例如，机器学习为自动语音识别、计算机视觉、自然语言处理和推荐系统等应用领域的最新进展做出了贡献。在这些应用领域，人们可以提供许多输入示例，以及每种输入应产生的结果，但没有一种算法能正确处理所有可能的输入。

对于利用机器学习创建的应用逻辑，可根据其执行的任务类型进行分类。机器学习任务种类繁多。在此，我们将展示众多任务中的几种：

- 分类：确定输入属于 $k$ 个类别中的哪个。一个例子是对象识别，例如确定照片中显示的食物类型。
- 回归：根据一些输入来预测数值。一个例子是预测下一个交易日结束时股票的价格。
- 转录：将非结构化数据转换为文本形式。一个例子是光学字符识别。
- 翻译：将一种语言的符号序列转换为另一种语言的符号序列。一个例子是从英语翻译成中文。
- 嵌入：将输入转换为向量，同时保留实体之间的关系。一个例子是将自然语言的句子转换为多维向量。

读者可以参考大量有关机器学习的各种任务的数学背景和实用解决方案的文献。本章的目的是介绍分类任务的神经网络方法中涉及的计算内核。掌握关于这些内核的知识将帮助读者理解和开发用于其他机器学习任务的深度学习方法的内核。因此，在本节中，我们将详细介绍分类任务，以建立理解神经网络所需的背景知识。从数学上讲，分类器是一个将输入映射到 $k$ 个类别或标签的函数 $f$：

$$f:\mathbb{R}^n \to \{1,2,\cdots,k\}$$

函数 $f$ 由 $\boldsymbol{\theta}$ 参数化，将输入向量 $\boldsymbol{x}$ 映射到数字代码 $y$，即

$$y=f(\boldsymbol{x},\boldsymbol{\theta})$$

参数 $\boldsymbol{\theta}$ 通常称为模型，封装了从数据中学习到的权重。$\boldsymbol{\theta}$ 的定义可用一个具体的例子来说明。让我们考虑一个称为感知机的线性分类器（Rosenblatt，1957）：$y$=sign（$\boldsymbol{W}\cdot\boldsymbol{x}+b$），其中 $\boldsymbol{W}$ 是与 $\boldsymbol{x}$ 长度相同的权重向量，$b$ 是偏置常数。如果输入为正，则 sign 函数返回值 1；如果输入为 0，则返回 0；如果输入为负，则返回 –1。也就是说，作为分类器的符号函数激活（即最终确定）输入值到三个类别 {–1，0，1} 的映射，因此通常称为激活函数。激活函数将非线性引入感知机的线性函数中。在这种情况下，模型 $\boldsymbol{\theta}$ 是向量 $\boldsymbol{W}$ 和常数 $b$ 的组合。该模型的结构是一个符号函数，其输入是输入 $\boldsymbol{x}$ 元素的线性表达式，其中系数是 $\boldsymbol{W}$ 的元素，常数是 $b$。

图 16.1 显示了一个感知机示例，其中每个输入都是二维（2D）向量（$x_1$，$x_2$）。线性感知机的模型 $\boldsymbol{\theta}$ 由权重向量（$w_1$，$w_2$）和偏置常数 $b$ 组成。如图 16.1 所示，线性表达式 $w_1\cdot x_1+w_2\cdot x_2+b$ 在 $x_1$-$x_2$ 空间中定义了一条线，将空间分为两部分：使表达式大于 0 的部分和使表达式小于 0 的部分。直线上的所有点都使表达式等于 0。

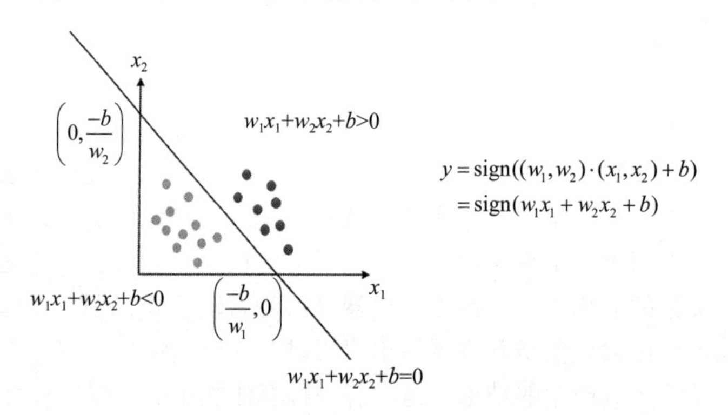


图 16.1 线性分类器示例，其中的输入是二维向量

从视觉上看，给定（$w_1$，$w_2$）和 $b$ 值的组合，我们可以在（$x_1$，$x_2$）空间中画一条线，如图 16.1 所示。例如，对于模型为（$w_1$，$w_2$）=（2，3）且 $b$=–6 的感知机，可将两个交点与 $x_1$ 轴 $\left(\left(\frac{-b}{w_1},0\right)=(3,0)\right)$ 和 $x_2$ 轴 $\left(\left(0,\frac{-b}{w_2}\right)=(0,2)\right)$ 连接起来画一条线。由此绘制的线，对应于方程 $2x_1+3x_2-6=0$。通过此图，我们能够可视化输入点的结果：线上方的点被归为类别 1，线上的点被归为类别 0，线下方的点被归为类别 –1。

计算输入类别的过程通常称为分类器的推理。对于感知机，只需将输入坐标值插入 $y$ = sign（$\boldsymbol{W}\cdot\boldsymbol{x}+b$）即可。在示例中，如果输入点是（5，–1），可通过将其坐标插入感知机函数来进行推理：

$$y = \text{sign}(2\times5+3\times(-1)+6)=\text{sign}(13)=1$$

因此，（5，–1）被分类为类别1。

### 16.1.1 多层分类器

当有办法绘制超平面（即2D空间中的线和3D空间中的平面）并将空间划分为区域从而定义每类数据点时，线性分类器非常有用。理想情况下，每一类数据点应该恰好占据一个这样的区域。例如，在2D二类分类器中，我们需要绘制一条线，将一类点与另一类点分开。遗憾的是，这并不总是可行。

考虑图16.2中的分类器。假设所有输入的坐标都落在[0，1]范围内。分类器应将所有$x_1$和$x_2$值均大于0.5的点（落在域右上象限的点）分为类别1，其余分为类别–1。该分类器可以近似地用图16.2a所示的线来实现。例如，线$2x_1+2x_2-3=0$可以正确分类大多数点。然而，一些$x_1$和$x_2$都大于0.5但总和小于1.5的浅灰色点，例如（0.55，0.65），将被错误分类为类别–1（深灰色）。这是因为，任何一条线都必然要么切掉右上象限的一部分，要么包含域的其余部分。没有任何一条线能对所有可能的输入进行正确分类。

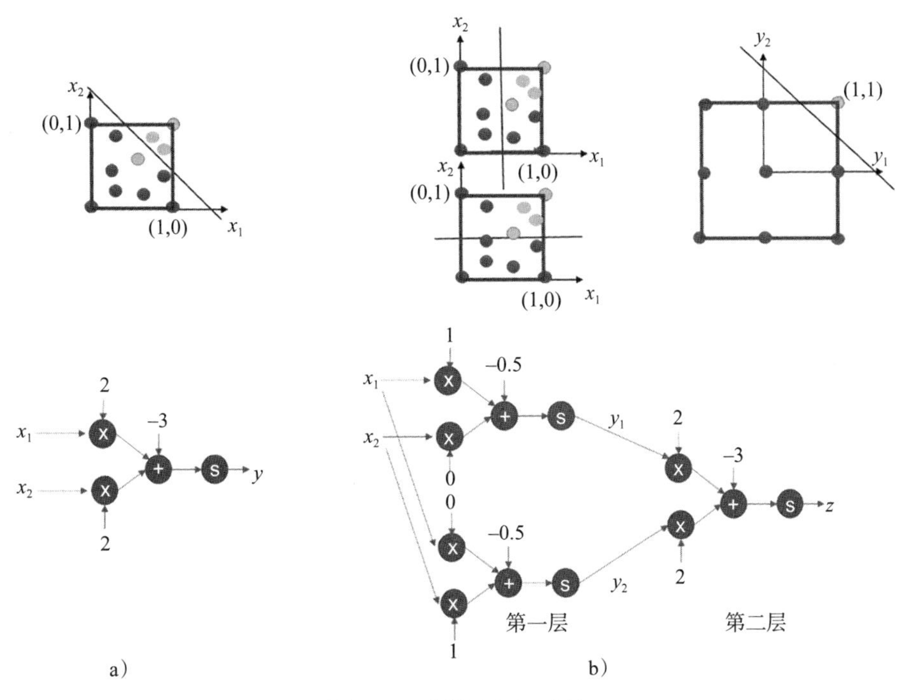


图16.2 多层感知机示例

*多层感知机*（MLP）允许使用多条线来实现更复杂的分类模式。在多层感知机中，每一层都由一个或多个感知机组成。一层感知机的输出是下一层感知机的输入。一个有趣且有用的属性是，虽然第一层的输入具有无限数量的可能值，但第一层的输出以及第二层的输入只能具有适量的可能值。例如，如果将图16.1中的感知机作为第一层，则其输出将被限制为{-1，0，1}。

图16.2b显示了一个两层感知机，可以精确地实现所需的分类模式。第一层由两个感知机组成。第一个分类器$y_1$=sign（$x_1$–0.5）将所有$x_1$坐标大于0.5的点分类为类别1，即输出

值为 1。其余点被分类为类别 –1 或类别 0。第一层中的第二个分类器 $y_2$=sign（$x_2$–0.5）将所有 $x_2$ 坐标大于 0.5 的点分为类别 1，其余点分为类别 –1。

因此第一层的输出（$y_1$，$y_2$）只能是以下 9 种可能性之一：(–1，–1)，(–1，0)，(–1，1)，(0，–1)，(0，0)，(0，1)，(1，–1)，(1，0)，(1，1)。也就是说，第二层只有 9 个可能的输入对。在这些可能性中，(1，1) 是特殊的。浅灰色类别中的所有原始输入点都被第一层映射到（1，1）。因此，我们可以在第二层使用一个简单的感知机在（1，1）和 $y_1$-$y_2$ 空间中的其他 8 个可能点之间画一条线，如图 16.2b 所示。这可通过线 $2y_1+2y_2-3=0$ 或许多其他线（其变体）来完成。

使用图 16.2a 中单层感知机错误分类的输入（0.55，0.65），当由双层感知机处理时，图 16.2b 中第一层的上感知机生成 $y_1$=1，下感知机生成 $y_2$=1。根据这些输入值，第二层中的感知机生成 $z$=1，即（0.55，0.65）的正确分类。

请注意，双层感知机仍有很大的局限性。例如，假设建立一个感知机对图 16.3a 中的输入点进行分类。浅灰色输入点的值可能会向第二层输入（–1，–1）或（1，1）。可以看到，在第二层中无法画出一条对点进行正确分类的直线。图 16.2b 显示，可在第二层添加另一个感知机来添加另一条线。函数为 $z_2$=sign（$-2y_1-2y_2-3$）或其微小变体。读者应注意，图 16.3b 中的所有深灰色点都将映射到 $z_1$-$z_2$ 空间中的（–1，–1）。而 $y_1$-$y_2$ 空间中的（1，1）和（–1，–1）则映射到 $z_1$-$z_2$ 空间中的（1，–1）和（–1，1）。现在，我们可以画一条 $z_1+z_2+1=0$ 的线或其微小变体来对这些点进行适当的分类，如图 16.3c 所示。显然，如果要将输入域划分为更多区域，可能需要更多层来进行正确分类。

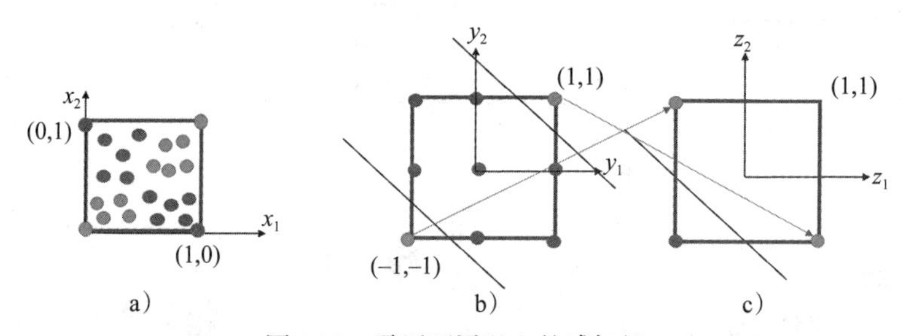


图 16.3　需要两层以上的感知机

图 16.2b 中的第一层是全连接层的一个小例子，其中每个输出（$y_1$，$y_2$）都是每个输入（$x_1$，$x_2$）的函数。一般来说，在全连接层中，$m$ 个输出中的每一个都是所有 $n$ 个输入的函数。全连接层的所有权重构成一个 $m \times n$ 的权重矩阵 $\boldsymbol{W}$，其中 $m$ 行中的每一行都是权重向量（大小为 $n$ 个元素），应用于输入向量（大小为 $n$ 个元素）以产生 $m$ 个输出之一。因此，从全连接层的输入计算所有输出的过程就是矩阵与向量相乘的过程。全连接层是多种类型神经网络的核心组成部分，我们将进一步研究 GPU 的实现。

当 $m$ 与 $n$ 变大时，全连接层变得极其“昂贵”，主要原因是全连接层需要 $m \times n$ 的权重矩阵。例如，在图像识别应用中，$n$ 是输入图像中的像素数量，$m$ 是需要对输入像素执行分类的数量。在这种情况下，对于高分辨率图像，$n$ 为数百万，并且根据需要识别的对象的种类，$m$ 可以为数百或更多。此外，图像中的对象可以具有不同的尺度和方向，可能需要使用许多分类器来处理这些变化。向所有这些分类器提供所有输入既代价昂贵又可能造成浪费。

卷积层通过减少每个分类器的输入数量并在分类器之间共享权重以降低全连接层的成本。在卷积层中，每个分类器仅获取输入图像的一个块，并根据权重对块中的像素执行卷积。输出称为输出的特征图，因为输出中的每个像素都是分类器的激活结果。跨分类器共享权重允许卷积层拥有大量分类器，即大的 $m$ 值，而无需过多的权重。在计算上，这可以实现为二维卷积。但是，这种方法可以有效地将相同的分类器应用于图像的不同部分。正如在本章后面看到的那样，我们可将不同的权重集应用于同一输入并生成多个输出特征图。

### 16.1.2 训练模型

到目前为止，我们假设分类器使用的模型参数以某种方式可用。现在转向训练，或者使用数据来确定模型参数 $\boldsymbol{\theta}$ 值的过程，包括权重（$w_1$，$w_2$）和偏差 $b$。为简单起见，我们假设采用有监督训练，其中标有所需输出值的输入数据用于确定权重和偏差值。其他训练方式，例如半监督学习和强化学习，也被开发出来以减少对标记数据的依赖。读者可以参考相关文献来了解如何在这些情况下完成训练。

**误差函数**

一般来说，训练过程将模型参数视为未知变量，并在给定标记输入数据的情况下解决逆问题。在图16.1的感知机示例中，用于训练的每个数据点都将标有期望的分类结果：–1，0，1。训练过程通常从（$w_1$，$w_2$）和 $b$ 值的初始猜测开始并对输入数据进行推理以生成分类结果。将这些分类结果与标签进行比较。误差函数（有时称为成本函数）用于量化每个数据点的分类结果与相应标签之间的差异。例如，假定 $y$ 是分类输出类别，$t$ 是标签。以下是误差函数示例：

$$E=\frac{(y-t)^2}{2}$$

该误差函数具有一个很好的特性，即只要 $y$ 和 $t$ 的值之间存在任何差异，无论是正值还是负值，误差值都始终为正值。如果我们需要对许多输入数据点的误差求和，则正差和负差都会对总和产生影响，而不是相互抵消。在许多其他选项中，我们还可以将误差定义为差值的绝对值。正如我们将看到的，该系数1/2简化了求解模型参数时涉及的计算。

**随机梯度下降**

训练过程将尝试找到使所有训练数据点的误差函数值之和最小化的模型参数值。这可以通过随机梯度下降方法来完成，该方法通过分类器重复运行输入数据集的不同排列，演化参数并检查参数值是否已经收敛，即在最后一次迭代中其值已经稳定并且变化小于阈值。当参数值收敛时，训练过程结束。

**迭代**

在训练过程的每次迭代中，训练数据集在输入分类器之前会被随机打乱（即排列）。输入数据排序的随机化有助于避免次优解。对于每个输入数据元素，将其分类器输出的 $y$ 值与标签数据进行比较以生成误差函数值。在感知机示例中，如果数据标签为类别1并且分类器输出为类别–1，则使用 $E=\frac{(y-t)^2}{2}$ 的误差函数值为2。如果误差函数值大于阈值，则激活反向传播操作来改变参数，从而减少推理误差。

**反向传播**

反向传播的思想是从误差函数开始，回顾分类器并确定每个参数对误差函数值的贡献方式（LeCun et al.，1990）。如果当数据元素的参数值增加时误差函数值增加，我们应该减小参数值，以便该数据点的误差函数值可以减小。否则，我们应该增加参数值来减小数据点的误差函数值。从数学上讲，函数值随着其输入变量之一变化而变化的速率和方向是函数对该变量的偏导数。对于感知机，为了计算误差函数的偏导数，模型参数和输入数据点被视为输入变量。因此，反向传播操作需要针对触发反向传播操作的每个输入数据元素导出模型参数上的误差函数的偏导数值。

让我们用感知机 $y$=sign（$w_1x_1+w_2x_2+b$）来说明反向传播操作。假设误差函数 $E=\frac{(y-t)^2}{2}$ 并且反向传播由训练输入数据元素（5，2）触发。目标是修改 $w_1$、$w_2$ 和 $b$ 值，以便感知机更有可能正确分类（5，2）。也就是说，我们需要导出偏导数 $\frac{\partial E}{\partial w_1}$、$\frac{\partial E}{\partial w_2}$ 和 $\frac{\partial E}{\partial b}$ 的值，以便更改 $w_1$、$w_2$ 和 $b$ 值。

**链式法则**

我们看到 $E$ 是 $y$ 的函数，$y$ 是 $w_1$、$w_2$ 和 $b$ 的函数。因此可以使用链式法则来推导这些偏导数。对于 $w_1$，

$$\frac{\partial E}{\partial w_1}=\frac{\partial E}{\partial y}\frac{\partial y}{\partial w_1}$$

$\frac{\partial E}{\partial y}$ 非常简单：

$$\frac{\partial E}{\partial y}=\frac{\partial\frac{(y-t)^2}{2}}{\partial y}=y-t$$

然而，我们的难题在于 $\frac{\partial y}{\partial w_1}$。请注意，sign 函数不是可微函数，因为其在 0 处不连续。为了解决这个问题，机器学习社区通常使用 sign 函数的更平滑的版本，该版本在 0 附近是可微的，并且对于远离 0 的 $x$ 值，其值接近 sign 函数的值。这种更平滑版本的一个简单示例是 sigmoid 函数 $s=\frac{1-\mathrm{e}^{-x}}{1+\mathrm{e}^{-x}}$。对于绝对值较大的负数 $x$ 值，sigmoid 表达式以 $\mathrm{e}^{-x}$ 项为主，sigmoid 函数值近似为 –1。对于绝对值较大的正数 $x$ 值，$\mathrm{e}^{-x}$ 项减小，并且 sigmoid 函数值将近似为 1。对于接近 0 的 $x$ 值，函数值从接近 –1 快速增长到接近 1。因此 sigmoid 函数非常接近 sign 函数的行为，但对于所有 $x$ 值都是连续可导的。随着从 sign 到 sigmoid 的变化，感知机是 $y$=sigmoid（$w_1x_1+w_2x_2+b$）。我们可以使用带有中间变量 $k=w_1x_1+w_2x_2+b$ 的链式法则将 $\frac{\partial y}{\partial w_1}$ 表示为 $\frac{\partial \mathrm{sigmoid}(k)}{\partial k}\frac{\partial k}{\partial w_1}$。基于微积分操作，$\frac{\partial k}{\partial w_1}$ 就是 $x_1$ 并且

$$\begin{aligned}\frac{\partial \mathrm{sigmoid}(k)}{\partial k}&=\left(\frac{1-\mathrm{e}^{-k}}{1+\mathrm{e}^{-k}}\right)'=(1-\mathrm{e}^{-k})'\left(\frac{1}{1+\mathrm{e}^{-k}}\right)+(1-\mathrm{e}^{-k})\left(\frac{1}{1+\mathrm{e}^{-k}}\right)'\\&=\mathrm{e}^{-k}\left(\frac{1}{1+\mathrm{e}^{-k}}\right)+(1-\mathrm{e}^{-k})\left(-1\times\left(\frac{1}{1+\mathrm{e}^{-k}}\right)^2(-\mathrm{e}^{-k})\right)=\frac{2\mathrm{e}^{-k}}{\left(1+\mathrm{e}^{-k}\right)^2}\end{aligned}$$

将所有这些放在一起，我们有

$$\frac{\partial E}{\partial w_1}=(y-t)\frac{2\mathrm{e}^{-k}}{(1+\mathrm{e}^{-k})^2}x_1$$

类似地，

$$\frac{\partial E}{\partial w_2}=(y-t)\frac{2\mathrm{e}^{-k}}{(1+\mathrm{e}^{-k})^2}x_2$$

$$\frac{\partial E}{\partial b}=(y-t)\frac{2\mathrm{e}^{-k}}{(1+\mathrm{e}^{-k})^2}$$

此处

$$k=w_1x_1+w_2x_2+b$$

应该清楚的是，所有三个偏导数值都可以通过输入数据（$x_1$、$x_2$ 和 $t$）与模型参数当前值（$w_1$、$w_2$ 和 $b$）的组合来确定。反向传播的最终步骤是修改参数值。回想一下，函数对变量的偏导数给出了当变量改变其值时函数值的变化方向和速率。如果给定输入数据和当前参数值的组合，误差函数对参数的偏导数为正值，则希望减小参数值，以便误差函数值减小。另一方面，如果变量的误差函数的偏导数为负值，则希望增加参数值，从而减小误差函数。

**学习率**

在数值计算中，我们希望大幅调整对误差函数变化较为敏感的参数，也就是说，当误差函数对该参数的偏导数的绝对值较大时。考虑到这些因素，我们需要从每个参数中减去一个与误差函数在该参数上的偏导数成正比的值。在从参数值中减去 $\varepsilon$ 之前，先将偏导数与一个常数 $\varepsilon$ 相乘，这个常数在机器学习中称为学习率常数。$\varepsilon$ 越大，参数值的变化速度就越快，这样就有可能以较少的迭代次数求得解。然而，$\varepsilon$ 也会增加不稳定的概率，并阻止参数值收敛。在我们的感知机示例中，参数的修改如下：

$$w_1\leftarrow w_1-\varepsilon\frac{\partial E}{\partial w_1}$$

$$w_2\leftarrow w_2-\varepsilon\frac{\partial E}{\partial w_2}$$

$$b\leftarrow b-\varepsilon\frac{\partial E}{\partial b}$$

在本章的剩余部分，我们将使用通用符号 $\theta$ 来表示公式和表达式中的模型参数。也就是说，我们将用一个通用表达式来表示以上三个表达式：

$$\theta\leftarrow\theta-\varepsilon\frac{\partial E}{\partial}$$

读者应该理解，对于这些通用表达式中的每一个，都可以用任何参数替换 $\theta$，以将表达式应用于相应参数。

**小批量**

在实际中，由于回溯过程的代价相当昂贵，因此其不是由推理结果与其标签不同的单个数据点触发的。相反，在一个迭代内对输入进行随机排序后，它们被分为称为小批量的片段。训练过程通过推理运行整个小批量并累积其误差函数值。如果小批量中的总误差太大，则会触发小批量的反向传播。在反向传播过程中，检查小批量中每个数据点的推理结果，如果不正确，则使用该数据导出偏导数值，该偏导数值用于修改如上所述的模型参数值。

**训练多层分类器**

对于多层分类器，反向传播从最后一层开始，并修改该层中的参数值。问题是应该如何修改前面各层的参数。请记住，我们可以基于$\frac{\partial E}{\partial y}$推出$\frac{\partial E}{\partial \theta}$，正如最后一层所演示的那样。一旦有了前一层的$\frac{\partial E}{\partial y}$，就拥有了计算该层参数修改所需的信息。

一个简单但重要的观察是，前一层的输出也是最终层的输入。因此前一层的$\frac{\partial E}{\partial y}$实际上是最后一层的$\frac{\partial E}{\partial x}$。因此，关键是修改最后一层的参数值后，对最后一层$\frac{\partial E}{\partial x}$值的推导。在下文中将看到，$\frac{\partial E}{\partial x}$与$\frac{\partial E}{\partial \theta}$并无不同，即$\frac{\partial E}{\partial x}=\frac{\partial E}{\partial y}\frac{\partial y}{\partial x}$。

$\frac{\partial E}{\partial y}$可在参数的推导中重复使用。$\frac{\partial y}{\partial x}$也非常简单，因为就$y$而言，输入起着与参数相同的作用。我们只需对中间函数$k$对于输入求偏导数即可。对于感知机示例，我们有

$$\frac{\partial E}{\partial x_1}=(y-t)\frac{2e^{-k}}{(1+e^{-k})^2}w_1$$

$$\frac{\partial E}{\partial x_2}=(y-t)\frac{2e^{-k}}{(1+e^{-k})^2}w_2$$

其中$k=w_1x_1+w_2x_2+b$。在图16.2b的感知机示例中，第二层的$x_1$为$y_1$，第一层顶部感知机的输出$x_2$为$y_2$，即第一层底部感知机的输出。现在我们准备继续计算前一层中的两个感知机的$\frac{\partial E}{\partial \theta}$。显然，如果层数更多，则可以重复此过程。

**前馈网络**

通过连接各层分类器并将每层的输出馈送到下一层，形成了一个前馈网络。图16.2b显示了两层前馈网络的示例。我们所有关于多层感知机推理和训练的讨论都假设存在这个属性。在前馈网络中，前一层的所有输出都进入一个或多个后面的层。而从后面层的输出到前面层的输入没有连接。因此，反向传播可以简单地从最后的阶段向后迭代，不会出现反馈循环这种复杂情况。

## 16.2　卷积神经网络

深度学习程序（LeCun et al.，2015）使用分层的特征提取器来学习复杂的特征，如果有足够的训练数据，让系统能够正确地训练所有特征提取器层的参数，自动发现足够数量的相关模式，就能获得更准确的模式识别结果。有一类深度学习程序更容易训练，其通用性也比其他程序好得多。这些深度学习程序基于一种特殊类型的前馈网络，即卷积神经网络（CNN）。

CNN发明于20世纪80年代末（LeCun et al.，1998）。到20世纪90年代初，CNN已应用于自动语音识别、光学字符识别（OCR）、手写识别和人脸识别（LeCun et al.，1990）。然而，直到20世纪90年代末，计算机视觉和自动语音识别的主流还是基于精心设计的函数。标记数据量不足以让深度学习系统与人类专家设计的识别或分类函数竞争。人们普遍认为，自动构建具有足够层数以比人类定义的特定于应用程序的特征提取器表现更好的分层特征提取器在计算上是不可行的。

2006年左右，一群研究人员重新燃起了对深度前馈网络的兴趣，他们引入了无监督学

习方法，可以创建多层、分层特征检测器，而不需要标记数据（Hinton et al.，2006；Raina et al.，2009）。这种方法的第一个主要应用是语音识别。GPU 使这一突破成为可能，它使研究人员训练网络的速度比传统 CPU 快十倍。这一进步，加上大量的在线媒体数据，极大地提升了深度学习方法的地位。尽管在语音领域取得了成功，但在 2012 年之前，CNN 在计算机视觉领域一直被忽视。

2012 年，多伦多大学的一组研究人员训练了一个大型深度卷积神经网络，用于在 ILSVRC 竞赛中对 1 000 个不同类别进行分类（Krizhevsky et al.，2012）。按照当时的标准，该网络非常庞大：拥有大约 6 000 万个参数和 65 万个神经元。它使用 ImageNet 数据库中的 120 万张高分辨率图像进行训练。利用 Alex Krizhevsky 编写的基于 CUDA 的卷积神经网络库（Krizhevsky），该网络仅用一周时间便在两个 GPU 上完成了训练。该网络测试错误率为 15.3%，取得突破性成果。相比之下，使用传统计算机视觉算法的第二名团队的错误率为 26.2%。这一成功引发了计算机视觉的革命，CNN 成为计算机视觉、自然语言处理、强化学习等许多传统机器学习领域的主流工具。

本节介绍 CNN 推理和训练的串行实现。我们将使用 LeNet-5，该网络是 20 世纪 80 年代末设计的用于数字识别的网络（LeCun et al.，1990）。如图 16.4 所示，LeNet-5 由三种类型的层组成：卷积层、下采样层和全连接层。这三种类型的层仍然是当今神经网络的关键组成部分。我们将考虑每种类型层的逻辑设计和串行实现。网络的输入显示为灰色图像，其中手写数字表示为 2D 的 32 × 32 像素矩阵。最后一层计算输出，即原始图像属于网络设置要识别的十个类别（数字）中每个类别的概率。

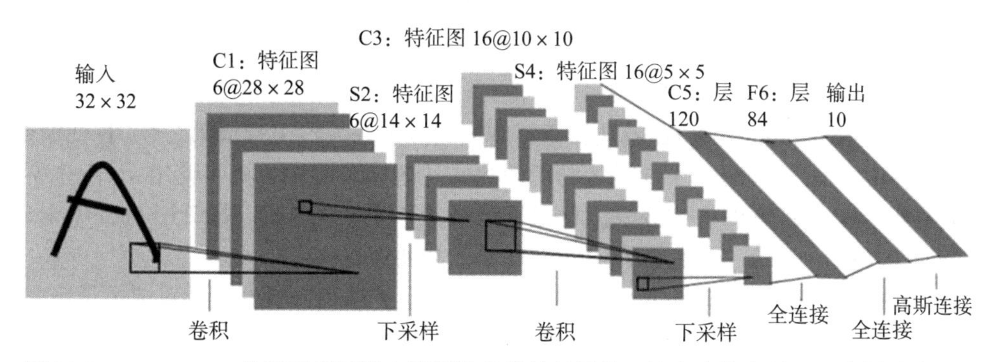


图 16.4 LeNet-5，一种用于手写数字识别的卷积神经网络。输入中的字母 A 不应被分类为十个类别（数字）中的任何一个

## 16.2.1 卷积神经网络推理

卷积网络中的计算被组织为层的序列。我们将层的输入和输出称为特征图或特征。例如，在图 16.4 中，网络输入端的 C1 卷积层的计算被组织为从输入像素矩阵生成六个输出特征图。输入特征图生成的输出由像素组成，每个像素都是通过在前一层（在 C1 的情况下为输入）生成的特征图像素的一个小局部块与一组权重之间执行卷积而生成的，称为滤波器组。然后将卷积结果输入诸如 sigmoid 之类的激活函数中，以在输出特征图中产生输出像素。我们可以将输出特征图中每个像素的卷积层视为感知机，其输入是输入特征图中的像素块。也就是说，每个输出像素的值是所有输入特征图中相应块的卷积结果之和。

图 16.5 显示了一个小型卷积层示例。有 3 个输入特征图、2 个输出特征图和 6 个滤波器

组。层中不同的输入和输出特征图对使用不同的滤波器组。由于图 16.5 中有 3 个输入特征图和 2 个输出特征图，因此我们需要 3×2=6 个滤波器组。对于图 16.4 中 LeNet 的 C3 层，有 6 个输入特征图和 16 个输出特征图。因此，C3 中总共使用了 6×16= 96 个滤波器组。

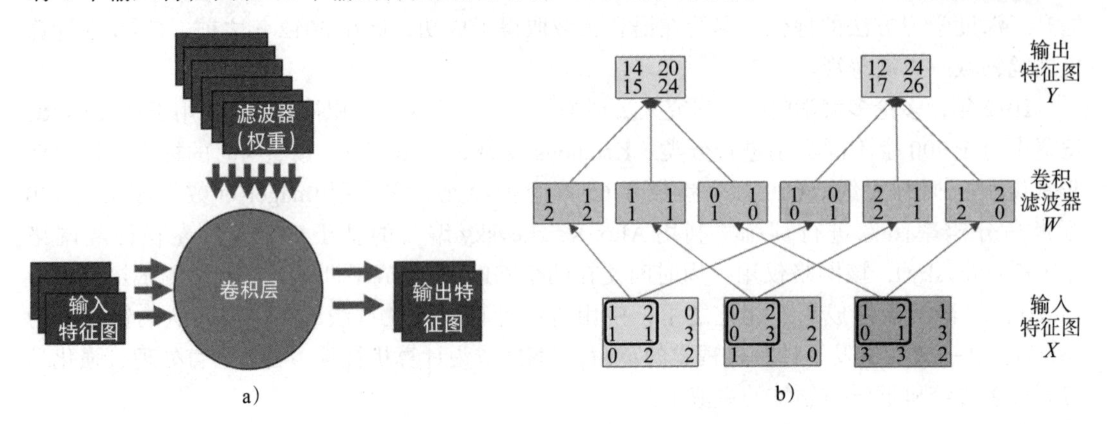


图 16.5 卷积层的前向传播路径

图 16.5b 说明了卷积层完成的计算的更多细节。为了简单起见，我们省略了输出像素的激活函数。我们表明，每个输出特征图是所有输入特征图的卷积之和。例如，输出特征图 0（值 14）的左上角元素计算为输入特征图的圈出块与相应滤波器组之间的卷积：

$$(1,2,1,1)\cdot(1,1,2,2)+(0,2,0,3)\cdot(1,1,1,1)+(1,2,0,1)\cdot(0,1,1,0)$$
$$=1+2+2+2+0+2+0+3+0+2+0+0=14$$

我们还可以将三个输入图视为 3D 输入特征图，将三个滤波器组视为 3D 滤波器组。每个输出特征图只是 3D 输入特征图和 3D 滤波器组的 3D 卷积结果。在图 16.5b 中，左侧的三个 2D 滤波器组形成第一个 3D 滤波器组，右侧的三个滤波器组形成第二个 3D 滤波器组。一般来说，如果一个卷积层有 $n$ 个输入特征图和 $m$ 个输出特征图，则将使用 $n\times m$ 个不同的 2D 滤波器组。我们还可以将这些滤波器组视为 $m$ 个 3D 滤波器组。尽管图 16.4 中未显示，但 LeNet-5 中使用的所有 2D 滤波器组都是 5×5 卷积滤波器。

回想一下第 7 章，从输入图像和卷积滤波器生成卷积输出图像时需要对“影子单元”做出假设。LeNet-5 的设计只是将每个维度的边缘作为影子单元。这会将每个维度的大小减少 4：两个在顶部，两个在底部，两个在左侧，两个在右侧。结果，我们看到对于层 C1，32×32 的输入图像会产生 28×28 的输出特征图。图 16.4 通过显示 C1 层中的像素是从输入像素的正方形块生成（5×5，尽管未明确显示）来说明此计算过程。

我们假设输入的特征图存储在一个三维数组 $X[C, H, W]$ 中，其中 $C$ 是输入特征图的数量，$H$ 是每个输入图的高度，$W$ 是每个输入图的宽度。也就是说，最高维度的索引选择其中一个特征图（通常称为通道），而较低两个维度的索引选择输入特征图中的一个像素。例如，C1 层的输入特征图存储在 $X[1, 32, 32]$ 中，只有一个输入特征图（图 16.4 中的输入图像）在 $x$ 维和 $y$ 维中各由 32 个像素组成。这也反映了一个事实，即我们可以把输入某一层的 2D 输入特征图看作组成了一个 3D 输入特征图。

卷积层的输出特征图也存储在 3D 数组 $Y[M, H-K+1, W-K+1]$ 中，其中 $M$ 是输出特征图的数量，$K$ 是每个 2D 滤波器的高度（及宽度）。例如，C1 层的输出特征图存储在 $Y[6, 28, 28]$ 中，因为 C1 使用 5×5 滤波器生成 6 个输出特征图。滤波器组存储在四维数组 $W[M, C, K,$

$K$] 中[⊖]。有 $M \times C$ 个滤波器组。当使用输入特征图 $X[C, \_, \_]$ 计算输出特征图 $Y[M, \_, \_]$ 时，使用滤波器组 $W[M, C, \_, \_]$。回想一下，每个输出特征图是所有输入特征图的卷积之和。因此，我们可以将卷积层的前向传播路径视为 $M$ 个 3D 卷积的集合，其中每个 3D 卷积由一个 3D 滤波器组指定，该滤波器组是 $W$ 的 $C \times K \times K$ 子矩阵。

图 16.6 显示了卷积层前向传播路径的串行 C 语言实现。最外层（m）for 循环（第 04 ～ 12 行）的每次迭代都会生成输出特征图。接下来两级（h 和 w）for 循环（第 05 ～ 12 行）的每次迭代都会生成当前输出特征图的一个像素。最里面的三个循环级别（第 08 ～ 11 行）执行输入特征图和 3D 滤波器组之间的 3D 卷积。

```
01  void convLayer_forward(int M, int C, int H, int W, int K, float* X, float* W,
                           float* Y) {
02      int H_out = H - K + 1;
03      int W_out = W - K + 1;

04      for(int m = 0;  m < M;  m++)                // for each output feature map
05         for(int h = 0; h < H_out; h++)           // for each output element
06            for(int w = 0; w < W_out; w++) {
07               Y[m, h, w] = 0;
08               for(int c = 0;  c < C; c++)      // sum over all input feature maps
09                  for(int p = 0; p < K; p++) // KxK  filter
10                     for(int q = 0; q < K; q++)
11                        Y[m, h, w] +=  X[c, h + p, w + q] * W[m, c, p, q];
12            }
13  }
```

图 16.6 卷积层的前向传播路径的串行 C 语言实现

卷积层的输出特征图通常会经过下采样层（也称为池化层）。下采样层通过合并像素来缩小特征图的尺寸。例如，在图 16.4 中，下采样层 S2 接收 6 个大小为 28 × 28 的输入特征图，并生成 6 个大小为 14 × 14 的特征图。下采样输出特征图中的每个像素都是由相应输入特征图中的 2 × 2 邻域生成的。这 4 个像素的值取平均值，形成输出特征图中的一个像素。下采样层的输出与前一层的输出特征图数量相同，但每个特征图的行数和列数都是前一层的一半。例如，下采样层 S2 的输出特征图数量（6 个）与其输入特征图或卷积层 C1 的输出特征图数量相同。

图 16.7 显示了下采样层前向传播路径的串行 C 语言实现。最外层（m）for 循环（第 02 ～ 11 行）的每次迭代都会生成输出特征图。接下来的两级（h 和 w）for 循环（第 03 ～ 11 行）生成当前输出图的各个像素。最里层的两个 for 循环（第 06 ～ 09 行）对邻域的像素进行求和。在图 16.4 的 LeNet-5 下采样的示例中，K 等于 2。然后将特定于每个输出特征图的偏置值 b[m] 添加到每个输出特征图，并且总和经过 sigmoid 激活函数。读者应该认识到，每个输出像素都是由感知机生成的，该感知机将每个特征图中的 4 个输入像素作为输入，并在相应的输出特征图中生成一个像素。ReLU 是另一种常用的激活函数，它是一种简单的非线性滤波器，仅传递非负值：如果 X ⩾ 0，则 Y=X，否则为 0。

卷积层 C3 有 16 个输出特征图，每个特征图都是 10 × 10 的图像。该层有 6 × 16=96 个滤波器组，每个滤波器组有 5 × 5=25 个权重。C3 的输出被传递到下采样层 S4，生成 16 个 5 × 5 的输出特征图。最后一个卷积层 C5 使用 16 × 120=1 920 个 5 × 5 的滤波器组从其 16 个输入特征图生成 120 个单像素输出特征。

---

⊖ 请注意，$W$ 既用于表示图像的宽度，也用于表示滤波器组（权重）矩阵的名称。每种情况下的用法都应从上下文中明确。

```
01  void subsamplingLayer_forward(int M, int H, int W, int K, float* Y, float*
S){
02     for(int m = 0;  m < M;  m++)           // for each output feature map
03        for(int h = 0; h < H/K; h++)        // for each output element,
04           for(int w = 0; w < W/K; w++) {   // this code assumes that H and W
05              S[m, x, y] = 0.;              // are multiples of K
06              for(int p = 0; p < K; p++) {  // loop over KxK input samples
07                 for(int q = 0; q < K; q++)
08                    S[m, h, w] += Y[m, K*h + p, K*w+ q] /(K*K);
09              }
                           // add bias and apply non-linear activation
10              S[m, h, w] = sigmoid(S[m, h, w] + b[m]);
11           }
12  }
```

图 16.7 下采样层前向传播路径的串行 C 语言实现。该层还包括一个激活函数，如果卷积层之后没有下采样层，则该函数包含在卷积层中

这些特征图通过全连接层 F6，该层有 84 个输出单元，其中每个输出都完全连接到所有输入。输出被计算为权重矩阵 $\boldsymbol{W}$ 与输入向量 $\boldsymbol{X}$ 的乘积，然后添加偏置并通过 sigmoid 传递输出。对于 F6，$\boldsymbol{W}$ 为 $120 \times 84$ 的矩阵。总之，输出是一个 84 元素的向量 Y6=sigmoid（$\boldsymbol{WX}+\boldsymbol{b}$）。读者应该认识到，这相当于 84 个感知机，每个感知机获取 C5 层生成的所有 120 个单像素 $x$ 值作为其输入。我们将全连接层的详细实现作为练习。

最后一个阶段是输出层，它使用高斯滤波器生成由 10 个元素组成的向量，这些元素对应输入图像包含 10 个数字之一的概率。

### 16.2.2 卷积神经网络反向传播

CNN 的训练基于 16.1 节中讨论的随机梯度下降法和反向传播过程（Rumelhart et al., 1986）。训练数据集标有“正确答案”。在手写识别示例中，标签给出了图像中的正确字母。标签信息可以用来生成最后阶段的“正确”输出：10 个元素向量的正确概率值。其中，正确数字的概率为 1.0，所有其他数字的概率为 0.0。

对于每个训练图像，网络的最后阶段将损失（误差）函数计算为生成的输出概率向量元素值与“正确”输出向量元素值之间的差。给定一系列训练图像，我们可以数值计算损失函数相对于输出向量元素的梯度。直观上，它给出了当输出向量元素的值变化时，损失函数值变化的速率。

反向传播过程首先计算最后一层的损失梯度 $\frac{\partial \boldsymbol{E}}{\partial \boldsymbol{y}}$。然后，通过网络的所有层将梯度从最后一层传播到第一层。每一层接收相对于其输出特征图的输入 $\frac{\partial \boldsymbol{E}}{\partial \boldsymbol{y}}$ 的梯度（这是后面层的 $\frac{\partial \boldsymbol{E}}{\partial \boldsymbol{x}}$），并计算自己相对于其输入特征图的 $\frac{\partial \boldsymbol{E}}{\partial \boldsymbol{x}}$ 梯度，如图 16.8b 所示。重复此过程，直到完成网络输入层的调整。

如果某层已经学习了参数（权重）$\boldsymbol{w}$，那么该层还需要计算相对于其权重的损失梯度 $\frac{\partial \boldsymbol{E}}{\partial \boldsymbol{w}}$。如图 16.8a 所示。例如，全连接层为 $\boldsymbol{y}=\boldsymbol{wx}$。梯度 $\frac{\partial \boldsymbol{E}}{\partial \boldsymbol{y}}$ 的反向传播由以下等式给出：

$$\frac{\partial \boldsymbol{E}}{\partial \boldsymbol{x}} = \boldsymbol{w}^{\mathrm{T}} \frac{\partial \boldsymbol{E}}{\partial \boldsymbol{y}} \quad \frac{\partial \boldsymbol{E}}{\partial \boldsymbol{w}} = \frac{\partial \boldsymbol{E}}{\partial \boldsymbol{y}} \boldsymbol{x}^{\mathrm{T}}$$

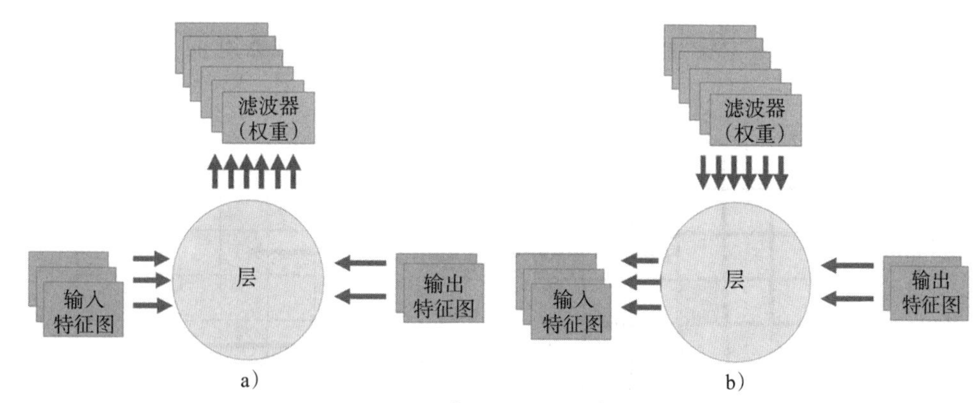


图 16.8 CNN 中某一层的 $\frac{\partial \boldsymbol{E}}{\partial \boldsymbol{w}}$（图 a）和 $\frac{\partial \boldsymbol{E}}{\partial \boldsymbol{x}}$（图 b）的反向传播

这个等式可以逐元素推导，就像我们在双层感知机示例中所做的那样。回想一下，每个全连接层的输出像素都是由一个感知机计算的，该感知机获取输入特征图中的像素。正如我们在 16.1 节中对 MLP 的训练所展示的那样，输入 $\boldsymbol{x}$ 的 $\frac{\partial \boldsymbol{E}}{\partial \boldsymbol{x}}$ 是输入元素所贡献的每个输出 $\boldsymbol{y}$ 元素的 $\frac{\partial \boldsymbol{E}}{\partial \boldsymbol{y}}$ 与 $\boldsymbol{x}$ 值对 $\boldsymbol{y}$ 值所贡献的 $\boldsymbol{w}$ 值之间的乘积之和。由于 $\boldsymbol{w}$ 矩阵的每一行都将全连接层的所有 $\boldsymbol{x}$ 元素（列）与一个 $\boldsymbol{y}$ 元素（其中一行）相关联，因此 $\boldsymbol{w}$ 的每一列（即 $\boldsymbol{w}^{\mathrm{T}}$ 的行）都将所有 $\boldsymbol{y}$（即 $\frac{\partial \boldsymbol{E}}{\partial \boldsymbol{y}}$）元素与一个 $\boldsymbol{x}$（即 $\frac{\partial \boldsymbol{E}}{\partial \boldsymbol{x}}$）元素相关联，因为转置转换了行和列。所以，矩阵向量乘法 $\boldsymbol{w}^{\mathrm{T}}\frac{\partial \boldsymbol{E}}{\partial \boldsymbol{y}}$ 的结果是所有输入 $\boldsymbol{x}$ 元素都具有 $\frac{\partial \boldsymbol{E}}{\partial \boldsymbol{x}}$ 的向量。

类似地，由于每个 $\boldsymbol{w}$ 元素乘以一个 $\boldsymbol{x}$ 元素生成 $\boldsymbol{y}$ 元素，因此每个 $\boldsymbol{w}$ 元素 $\frac{\partial \boldsymbol{E}}{\partial \boldsymbol{w}}$ 可以计算为 $\frac{\partial \boldsymbol{E}}{\partial \boldsymbol{y}}$ 元素与 $\boldsymbol{x}$ 元素的乘积。因此，$\frac{\partial \boldsymbol{E}}{\partial \boldsymbol{y}}$（单列矩阵）和 $\boldsymbol{x}^{\mathrm{T}}$（单行矩阵）之间的矩阵乘法会产生全连接层的所有 $\boldsymbol{w}$ 元素的值矩阵。这也可以看作 $\frac{\partial \boldsymbol{E}}{\partial \boldsymbol{y}}$ 和 $\boldsymbol{x}$ 向量之间的外积。

让我们将注意力转向卷积层的反向传播。我们将从 $\frac{\partial \boldsymbol{E}}{\partial \boldsymbol{y}}$ 开始计算 $\frac{\partial \boldsymbol{E}}{\partial \boldsymbol{x}}$，最终将用于计算上一层的梯度。与输入 $\boldsymbol{x}$ 的通道 $c$ 有关的梯度 $\frac{\partial \boldsymbol{E}}{\partial \boldsymbol{x}}$ 是所有 $m$ 层输出的“反向卷积”与相应 $\boldsymbol{w}$（$m$, $c$）之和：

$$\frac{\partial \boldsymbol{E}}{\partial \boldsymbol{x}}(c,h,w)=\sum_{m=0}^{M-1}\sum_{p=0}^{K-1}\sum_{q=0}^{K-1}\left(\frac{\partial \boldsymbol{E}}{\partial \boldsymbol{y}}(m,h-p,w-q)\times \boldsymbol{w}(m,c,k-p,k-q)\right)$$

通过 $h\text{–}p$ 和 $w\text{–}q$ 索引的反向卷积，可以使所有在前向卷积中得到 $\boldsymbol{x}$ 元素贡献的输出 $\boldsymbol{y}$ 元素的梯度，通过相同的权重对该 $\boldsymbol{x}$ 元素的梯度做出贡献。这是因为在卷积层的前向推理中，$\boldsymbol{x}$ 元素值的任何变化都会乘以这些 $\boldsymbol{w}$ 元素，并通过这些 $\boldsymbol{y}$ 元素对损失函数值的变化做出贡献。图 16.9 显示了使用具有 3 × 3 滤波器组的简单示例的索引模式。输出特征图中的 9 个阴影 $\boldsymbol{y}$ 元素是在前向干扰中接收 $x_{h,\ w}$ 贡献的 $\boldsymbol{y}$ 元素。例如，输入元素 $x_{h,\ w}$ 通过与 $w_{2,\ 2}$ 相乘对 $y_{h-2,\ w-2}$ 有贡献，并通过与 $w_{0,\ 0}$ 相乘对 $y_{h,\ w}$ 有贡献。因此，在反向传播期间，$\frac{\partial \boldsymbol{E}}{\partial x_{h,w}}$ 应该从接收这 9 个元素的 $\frac{\partial \boldsymbol{E}}{\partial \boldsymbol{y}}$ 中获得贡献，这一计算等同于与转置滤波器组 $\boldsymbol{w}^{\mathrm{T}}$ 的卷积。

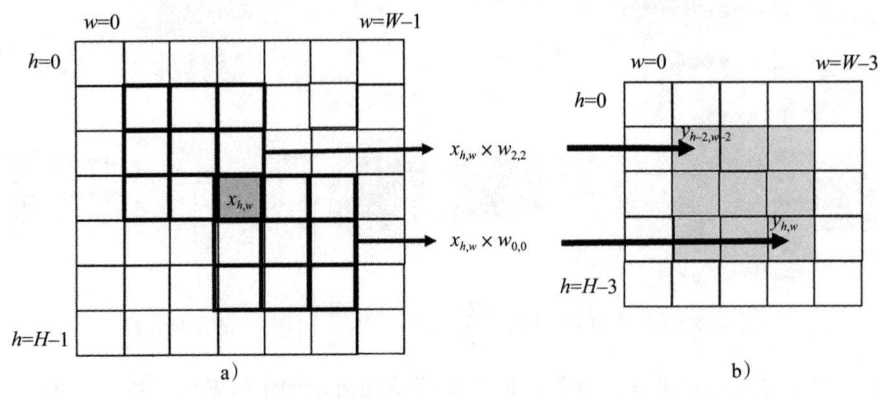


图 16.9　卷积层。$\frac{\partial \boldsymbol{E}}{\partial \boldsymbol{w}}$（图 a）和 $\frac{\partial \boldsymbol{E}}{\partial \boldsymbol{w}}$（图 b）的反向传播

图 16.10 显示了用于计算每个输入特征图每个元素 $\frac{\partial \boldsymbol{E}}{\partial \boldsymbol{x}}$ 的 C 代码。请注意，代码假设 $\frac{\partial \boldsymbol{E}}{\partial \boldsymbol{y}}$ 已针对该层的所有输出特征图进行了计算，并通过指针参数 dE_dY 传入。这是一个合理的假设，因为当前层的 $\frac{\partial \boldsymbol{E}}{\partial \boldsymbol{y}}$ 是其紧邻下一层的 $\frac{\partial \boldsymbol{E}}{\partial \boldsymbol{x}}$，其梯度应该在到达当前层之前由反向传播计算。其中还假设 $\frac{\partial \boldsymbol{E}}{\partial \boldsymbol{x}}$ 的空间已在设备内存中分配，其句柄作为指针参数 dE_dX 传入。该函数生成 $\frac{\partial \boldsymbol{E}}{\partial \boldsymbol{x}}$ 的所有元素。

```
01   void convLayer_backward_x_grad(int M, int C, int H_in, int W_in, int K,
                                    float* dE_dY, float* W, float* dE_dX) {
02      int H_out = H_in - K + 1;
03      int W_out = W_in - K + 1;
04      for(int c = 0;  c < C; c++)
05         for(int h = 0; h < H_in; h++)
06            for(int w = 0; w < W_in; w++)
07               dE_dX[c, h, w] = 0;

08      for(int m = 0;  m < M;  m++)
09         for(int h = 0; h < H-1; h++)
10           for(int w = 0; w < W-1; w++)
11             for(int c = 0;  c < C; c++)
12               for(int p = 0; p < K; p++)
13                 for(int q = 0; q < K; q++)
14                   if(h-p >= 0 && w-p >=0 && h-p < H_out and w-p < W_OUT)
15                      dE_dX[c, h, w] += dE_dY[m, h-p, w-p] * W[m, c, k-p, k-q];
16    }
```

图 16.10　卷积层后向路径的 $\frac{\partial \boldsymbol{E}}{\partial \boldsymbol{x}}$ 计算

卷积层中计算 $\frac{\partial \boldsymbol{E}}{\partial \boldsymbol{w}}$ 的串行代码与 $\frac{\partial \boldsymbol{E}}{\partial \boldsymbol{x}}$ 类似，如图 16.11 所示。由于每个 $\boldsymbol{W}$（$m$，$c$）都会影响输出 $\boldsymbol{Y}$（$m$）的所有元素，因此应将每个 $\boldsymbol{W}$（$m$，$c$）的梯度累积到相应输出特征图的所有像素上：

$$\frac{\partial \boldsymbol{E}}{\partial \boldsymbol{W}}(m,c,p,q)=\sum_{h=0}^{H_{\text{out}}-1}\sum_{w=0}^{W_{\text{out}}-1}\left(\boldsymbol{X}(c,h+p,w+q)\times\frac{\partial \boldsymbol{E}}{\partial \boldsymbol{Y}}(m,h,w)\right)$$

```
01  void convLayer_backward_w_grad(int M, int C, int H, int W, int K, float*
                                 dE_dY, float* X, float* dE_dW) {
02      int H_out = H - K + 1;
03      int W_out = W - K + 1;
04      for(int m = 0; m < M; m++)
05        for(int c = 0; c < C; c++)
06          for(int p = 0; p < K; p++)
07            for(int q = 0; q < K; q++)
08              dE_dW[m, c, p, q] = 0.;

09       for(int m = 0;  m < M;  m++)
10         for(int h = 0; h < H_out; h++)
11           for(int w = 0; w < W_out; w++)
12             for(int c = 0;  c < C; c++)
13               for(int p = 0; p < K; p++)
14                 for(int q = 0; q < K; q++)
15                    dE_dW[m, c, p, q] += X[c, h+p, w+q] * dE_dY[m, c, h, w];
16     }
```

图 16.11 卷积层后向路径的$\frac{\partial \boldsymbol{E}}{\partial \boldsymbol{w}}$计算

请注意，$\frac{\partial \boldsymbol{E}}{\partial \boldsymbol{x}}$的计算对于将梯度传播到上一层非常重要，而$\frac{\partial \boldsymbol{E}}{\partial \boldsymbol{w}}$的计算则是调整当前层权重值的关键。

所有滤波器组元素位置处的$\frac{\partial \boldsymbol{E}}{\partial \boldsymbol{w}}$完成计算后，使用16.1节中提出的公式更新权重以最小化预期误差：$\boldsymbol{w}\leftarrow \boldsymbol{w}-\varepsilon\frac{\partial \boldsymbol{E}}{\partial \boldsymbol{w}}$，其中$\varepsilon$是学习率常数。$\varepsilon$的初始值根据经验设置，并根据用户定义的规则通过迭代减小。$\varepsilon$的值在迭代中不断减小，以确保权重收敛到最小误差。回想一下，调整项的负号会导致变化与梯度方向相反，因此变化可能会减少误差。各层的权重值决定输入如何通过网络进行转换，所有层的这些权重值的调整都需要适应网络的行为。也就是说，网络从一系列标记的训练数据中“学习”，并针对不正确的推理结果触发反向传播，通过调整所有层的所有权重值来调整其行为。

正如16.1节中讨论的，反向传播通常在对训练数据集中$N$个图像的小批量执行前向传递后触发，并且计算小批量的梯度。学习到的权重将使用小批量计算的梯度进行更新，并在另一个小批量中重复该过程[⊖]。这将为所有先前描述的数组添加一个额外的维度，以$N$（小批量中样本的索引）为索引，同时添加了一个额外的循环。

图16.12显示了修改后卷积层的前向路径实现。它为小批量的所有样本生成输出特征图。

```
01  void convLayer_batched(int N, int M, int C, int H, int W, int K, float* X,
                         float* W, float* Y) {
02    int H_out = H - K + 1;
03    int W_out = W - K + 1;
04    for(int n = 0;  n < N;  n++)       // for each sample in the mini-batch
05      for(int m = 0;  m < M;  m++)          // for each output feature map
```

图 16.12 采用小批量训练的卷积层的前向路径

⊖ 如果按照“优化指南”工作，我们应该将使用过的样本返回训练集，然后通过随机挑选下一个样本来构建新的小批量。在实践中，我们按顺序迭代整个训练集。在机器学习中，训练集的一次传递称为一个迭代。然后，我们会对整个训练集进行洗牌，并开始下一个迭代。

```
06          for(int h = 0; h < H_out; h++)      // for each output element
07            for(int w = 0; w < W_out; w++) {
08              Y[n, m, h, w] = 0;
09              for (int c = 0;  c < C; c++ // sum over all input feature maps
10                for (int p = 0; p < K; p++)             // KxK  filter
11                  for (int q = 0; q < K; q++)
12                    Y[n,m,h,w] = Y[n,m,h,w] + X[n, c, h+p, w+q]*W[m,c,p,q];
13            }
14      }
```

图 16.12　采用小批量训练的卷积层的前向路径（续）

## 16.3　卷积层：CUDA 推理内核

训练卷积神经网络的计算模式类似于矩阵乘法：既是计算密集型的又是高度并行的。我们可以并行处理小批量中的不同样本、同一样本的不同输出特征图以及每个输出特征图的不同元素。在图 16.12 中，n 循环（第 04 行，小批量中的样本）、m 循环（第 05 行，输出特征图）和嵌套 h-w 循环（第 06 ～ 07 行，每个输出特征图的像素）都是并行循环，因为它们的迭代可以并行执行。这四个循环级别一起提供了大规模的并行性。

最里面的三个循环级别，即 c 循环（在输入特征图或通道上）和嵌套的 p-q 循环（在滤波器组中的权重上），也提供了显著的并行性。然而为了实现并行化，同时因为这些循环级别的不同迭代可以对相同的 Y 元素执行读取 – 修改 – 写入，需要在累积到 Y 元素时使用原子操作。因此，除非需要提高并行性，否则这些循环将保持串行。

假设在卷积层中利用四个级别的“简单”并行性（n，m，h，w），则并行迭代的总数是乘积 N*M*H_out*W_out。这种高度的可用并行性使卷积层成为 GPU 加速的绝佳候选者。我们可以轻松地设计一个捕获并行性的线程组织的内核。

我们首先需要对线程组织做出一些高层设计决策。假设我们让每个线程计算一个输出特征图的一个元素。我们将使用 2D 线程块，其中每个线程块计算一个输出特征图中 TILE_WIDTH×TILE_WIDTH 个像素的块。例如，如果设置 TILE_WIDTH=16，则每个块总共有 256 个线程。这在处理每个输出特征图的像素时捕获了部分嵌套的 h-w 循环级并行性。

块可通过多种不同的方式组织成 3D 网格。每个选项指定网格尺寸以捕获不同组合中的 n、m 和 h-w 并行度。我们将介绍其中一个选项的详细信息，其他选项作为练习，供读者探索不同的选项并评估每个选项的潜在利弊。详细介绍如下：

- 第一个维度（X）对应于每个块覆盖的输出特征图（M）。
- 第二个维度（Y）反映了块的输出块在输出特征图中的位置。
- 网格中的第三个维度（Z）对应于小批量中的样本（N）。

图 16.13 显示了基于上述线程组织启动内核的主机代码。网格的 X 和 Z 维度上的块数显而易见，即 M（输出特征图的数量）和 N（小批量中的样本数量）。其中，Y 维度上的排列稍微复杂一些，如图 16.14 所示。理想情况下，为了简单起见，我们希望将网格索引的两个维度专用于垂直和水平块索引。然而，我们只有一个维度，因为我们已经使用 X 作为输出特征图索引，使用 Z 作为小批量中的样本索引。因此，我们线性化块索引以对输出特征图块的水平和垂直块索引进行编码。

在图 16.14 的例子中，每个样本有四个输出特征图（M=4），每个输出特征图由 2×2 个块（第 02 行中的 W_grid=2 和第 03 行中的 H_grid=2）组成，每个包含 16×16=256 个像素。网格组织分配每个块来计算这些块。

```
01    # define TILE_WIDTH 16
02    W_grid = W_out/TILE_WIDTH;   // number of horizontal tiles per output map
03    H_grid = H_out/TILE_WIDTH;   // number of vertical tiles per output map
04    T = H_grid * W_grid;
05    dim3 blockDim(TILE_WIDTH, TILE_WIDTH, 1);
06    dim3 gridDim(M, T, N);
07    ConvLayerForward_Kernel<<< gridDim, blockDim>>>(…);
```

图 16.13　启动卷积层内核的主机代码

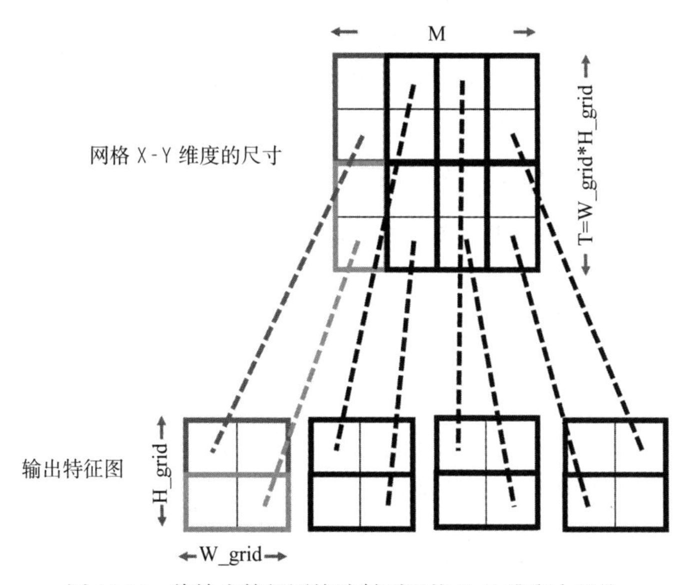


图 16.14　将输出特征图块映射到网格 X-Y 维度中的块

我们已经将每个输出特征图分配给 X 维度，这反映为 X 维度中的四个块，每个块对应于一个输出特征图。如图 16.14 底部所示，我们对每个输出特征图中的四个块进行线性化，并将它们分配给 Y 维度的块。因此，使用以行为主的顺序分别将块（0，0）、（0，1）、（1，0）和（1，1）映射到 blockIdx.y 值为 0、1、2 和 3 的块。因此，Y 维度中的块总数为 4（第 04 行中的 T=H_grid*W_griD=4）。因此，我们将在第 06 ～ 07 行启动一个包含 gridDim（4，4，N）的网格。

图 16.15 显示了基于上述线程组织的内核。请注意，为了清楚起见，在代码中，我们在数组访问中使用多维索引。请读者将这段伪代码翻译成常规的 C 语言代码，假设 X、Y 和 W 必须通过基于以行为主布局的线性化索引来访问。

```
01  __global__ void
02  ConvLayerForward_Kernel(int C, int W_grid, int K, float* X, float* W,
                            float* Y) {
03      int m = blockIdx.x;
04      int h = (blockIdx.y / W_grid)*TILE_WIDTH + threadIdx.y;
05      int w = (blockIdx.y % W_grid)*TILE_WIDTH + threadIdx.x;
06      int n = blockIdx.z;
07      float acc = 0.;
08      for (int c = 0;  c < C; c++) {           // sum over all input channels
09          for (int p = 0; p < K; p++)          // loop over KxK  filter
10              for (int q = 0; q < K; q++)
11                  acc += X[n, c, h + p, w + q] * W[m, c, p, q];
12      }
13      Y[n, m, h, w] = acc;
14  }
```

图 16.15　卷积层前向路径的内核

每个线程首先生成其分配的输出特征图像素的 n(批次)、m(特征图)、h(垂直) 和 w(水平) 索引。给定主机代码，n（第 06 行）和 m（第 03 行）索引很简单。对于第 04 行的 h 索引的计算，首先将 blockIdx.y 值除以 W_grid 以恢复垂直方向上的块索引，如图 16.13 所示。然后，该块索引按 TILE_WIDTH 扩展并添加到 threadIdx.y，以将实际垂直像素索引形成到输出特征图中（第 04 行）。水平像素索引的推导类似（第 05 行）。

图 16.15 中的内核具有较高的并行度，但消耗了过多的全局内存带宽。正如在第 7 章中讨论的卷积模式一样，内核的执行速度将受到全局内存带宽的限制。我们可以使用常量内存缓存和共享内存块来显著减少全局内存流量并提高内核的执行速度。这些对卷积推理核的优化留作读者的练习。

## 16.4　卷积层的 GEMM 表示

我们可以通过将卷积层表示为等效的矩阵乘法运算，然后使用 CUDA 线性代数库 cuBLAS 中的高效 GEMM（通用矩阵乘法）内核来构建更快的卷积层。该方法由 Chellapilla 等人（2006）提出。其核心思想是展开和复制输入的特征图像素，这样，计算一个输出特征图像素所需的所有元素都将被存储为由此产生的矩阵中的一列。这样，卷积层的前向操作就变成了一个大型矩阵乘法[⊖]。

如图 16.5 所示，为方便起见，图 16.16 顶部再次给出了一个小型卷积层示例，它的输入是 C=3 个特征图，每个特征图的大小为 3×3，输出是 M=2 个特征图，每个特征图的大小为 2×2。该层使用 m×C=6 个滤波器组，每个滤波器组的大小为 2×2。

首先，我们将重新排列所有输入像素。由于卷积的结果是跨输入特征求和，因此输入特征可以连接成一个大矩阵。每个输入特征图都成为大矩阵中的一部分行。如图 16.16 所示，输入特征图 0、1 和 2 分别成为“输入特征 X_unrolled”矩阵的顶部、中间和底部部分。

重新排列后，结果矩阵的每一列都包含计算一个输出特征元素所需的所有输入值。例如，在图 16.16 中，计算输出特征图 0 的（0,0）处的值所需的所有特征像素在输入特征图中被圈出：

$$
\begin{aligned}
Y_{0,0,0} &= (1,2,1,1)\cdot(1,1,2,2)+(0,2,0,3)\cdot(1,1,1,1)+(1,2,0,1)\cdot(0,1,1,0) \\
&= 1+2+2+2+0+2+0+3+0+2+0+0=14
\end{aligned}
$$

其中每个内积的第一项是线性化图 16.16 中圈出的像素块而形成的向量。第二项是通过对用于卷积的滤波器组进行线性化而形成的向量。在这两种情况下，线性化都是通过使用以行为主的顺序来完成的。很明显，我们可以将三个内积重新表示为一个内积：

$$
\begin{aligned}
Y_{0,0,0} &= (1,2,1,1,0,2,0,3,1,2,0,1)\cdot(1,1,2,2,1,1,1,1,0,1,1,0) \\
&= 1+2+2+2+0+2+0+3+0+2+0+0=14
\end{aligned}
$$

如图 16.16 底部所示，滤波器组的级联向量成为滤波器矩阵的第 0 行，输入特征图的滤波向量成为输入特征图展开矩阵的第 0 列。在矩阵乘法过程中，滤波器组矩阵的行和输入特征矩阵的列将产生输出特征图的一个像素。

请注意，2×12 滤波器矩阵和 12×8 输入特征图矩阵的矩阵乘法会生成 2×8 输出特征图矩阵。输出特征图矩阵的顶部是输出特征图 0 的线性化形式，底部是输出特征图 1。这两个特征图都已经采用以行为主的顺序，因此可以用作下一层的单个输入特征图。对于滤波器组，滤波器矩阵的每一行只是原始滤波器组采用以行为主的顺序的视图。因此，滤波器矩阵

⊖ 另请参见 https://petewarden.com/2015/04/20/why-gemm-is-at-the-heart-of-deep-learning/，了解更详细的解释。

只是所有原始滤波器组的级联。不涉及滤波器元素的重新排列或重新定位。

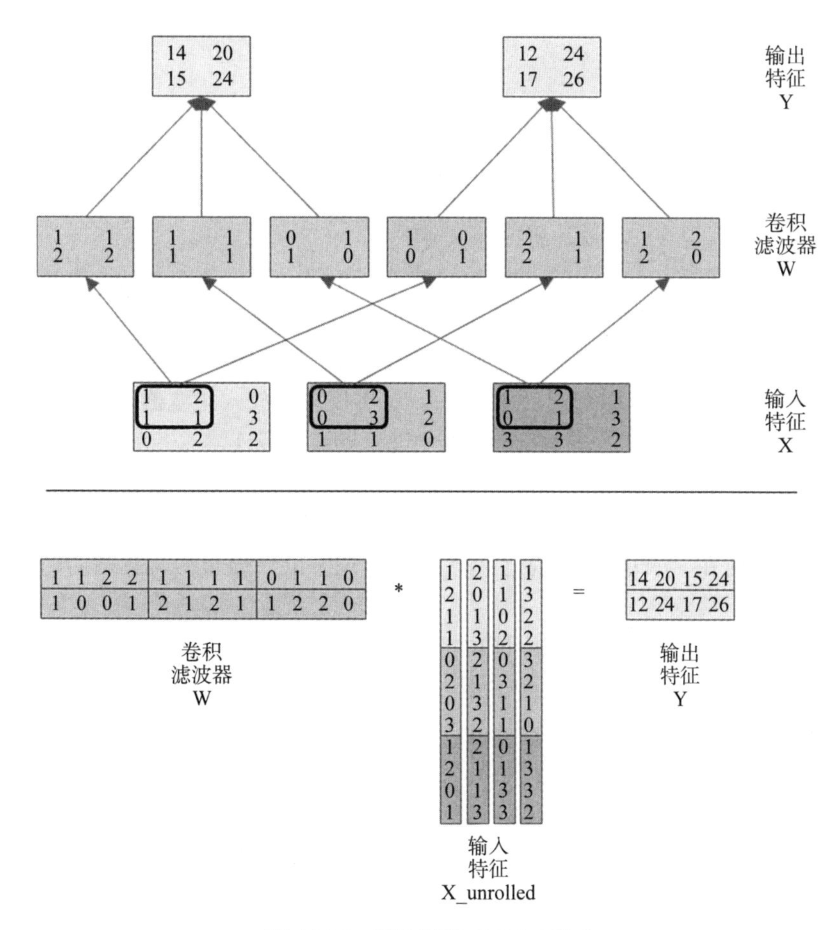


图 16.16 卷积层的 GEMM 表式

我们发现了一个重要现象，由于卷积特性，用于计算输出特征图不同像素的输入特征图像素块会相互重叠。这意味着当我们生成扩展的输入特征矩阵时，每个输入特征图像素都会被复制多次。例如，在计算输出特征的四个像素时，每个 3×3 输入特征图的中心像素会被使用四次，因此会被复制四次。每条边上的中间像素被使用两次，因此将被复制两次。每个输入特征角上的四个像素仅使用一次，无需重复。因此扩展后的输入特征矩阵部分的像素总数为 4×1+2×4+1×4=16。由于每个原始输入特征图只有 9 个像素，因此 GEMM 公式会产生 16/9=1.8 的扩展比来表示输入特征图。

一般来说，展开的输入特征图矩阵的大小可以从生成每个输出特征图元素所需的输入特征图元素的数量推导出来。扩展矩阵的高度或行数是每个输出特征图元素所包含的输入特征元素的数量，即 C×K×K：每个输出元素是来自每个输入特征图的 K×K 元素的卷积，有 C 个输入特征图。在我们的例子中，由于滤波器组为 2×2，且有三个输入特征图，因此 K 为 2。因此，扩展矩阵的高度应为 3×2×2=12，这正是图 16.16 所示矩阵的高度。

扩展矩阵的宽度或列数是每个输出特征图的元素数。如果每个输出特征图都是 H_out×W_out 矩阵，则扩展矩阵的列数为 H_out×W_out。在示例中，每个输出特征图都是 2×2 矩阵，因此展开后的矩阵有四列。请注意，输出特征图的数量 M 并不影响复制。这是因为所有输出特征图都是由同一个扩展后的输入特征图矩阵计算得出的。

输入特征图的扩展比是扩展矩阵的大小与原始输入特征图总大小的比值。读者应确认扩展比如下：

$$\frac{C \times K \times K \times H\_out \times W\_out}{C \times H\_in \times W\_in}$$

其中，H_in 和 W_in 分别是每个输入特征图的高度和宽度。一般来说，如果输入特征图和输出特征图比滤波器组大很多，扩展比将接近 K × K。

滤波器组被表示为完全线性化布局中的滤波器组矩阵，其中每一行包含生成一个输出特征图所需的所有权重值。滤波器组矩阵的高度就是输出特征图的数量（M）。计算不同的输出特征图需要共享一个扩展的输入特征图矩阵。滤波器组矩阵的宽度是生成每个输出特征图元素所需的权重值数量，即 C×K×K。回想一下，在将权重值放入滤波器组矩阵时，不会出现重复。例如，滤波器组矩阵只是图 16.16 中六个过滤器组的级连。

当我们将滤波器组矩阵 W 乘以扩展的输入矩阵 X_unrolled 时，输出特征图将计算为高度为 M、宽度为 H_out×W_out 的矩阵 Y。即 Y 的每一行都是一个完整的输出特征图。现在我们来讨论如何在 CUDA 中实现这一算法。首先讨论数据布局，我们从输入和输出矩阵的布局开始。

- 我们假设小批量中的输入特征图样本将以与基本 CUDA 内核相同的方式提供。它被组织为 N×C×H×W 数组，其中 N 是小批量中的样本数量，C 是输入特征图的数量，H 是每个输入特征图的高度，W 是每个输入特征图的宽度。
- 如图 16.16 所示，矩阵乘法自然会产生一个输出 Y，存储为 M×（H_out×W_out）数组。这就是最初的基本 CUDA 内核所产生的结果。
- 由于滤波器组矩阵不涉及权重值的重复，我们假定它将提前准备好，并组织成一个 $M \times C \times K^2$ 数组，如图 16.16 所示。

扩展输入特征图矩阵 X_unroll 的准备工作更加复杂。由于每次扩展都会将输入大小增加 $K^2$ 倍，因此对于 5 或更大的 K 值，扩展比率可能非常大。用于保存小批量的所有样本输入特征图的内存占用率可能会非常大。为了减少内存占用率，我们将只为 X_unrolled [C×K×K×H_out×W_out] 分配一个缓冲区。我们将通过循环小批量中的样本来重用该缓冲区。在每次迭代过程中，我们将样本输入特征图从其原始形式转换为扩展矩阵。

图 16.17 显示了一个串行函数，它通过收集和复制输入特征图 X 的元素来生成 X_unroll 数组。该函数使用五级循环。最里面的两级 for 循环（w 和 h，第 08 ～ 13 行）为每个输出特征图元素放置一个输入特征图元素。接下来的两个级别（p 和 q，第 06 ～ 14 行）对每个 K×K 滤波器矩阵元素重复该过程。最外层循环重复所有输入特征图的过程。这种实现方式在概念上简单明了，而且很容易并行化，因为循环之间不存在迭代依赖关系。此外，最内层循环（w，第 10 ～ 13 行）的连续迭代从 X 中输入特征图的局部块读取，并写入扩展矩阵 X_unroll 中的连续位置（X_unroll 中的同一行）。这样可以有效利用 CPU 的内存带宽。

我们现在准备设计一个 CUDA 内核来实现输入特征图展开。每个 CUDA 线程将负责从一个输入特征图中收集（K×K）个输入元素，以获取输出特征图的一个元素。线程总数将为（C×H_out×W_out）。我们将使用一维线程块，并从线性化线程索引中提取多维索引。

图 16.18 显示了展开内核的实现。请注意，每个线程都将建立一列的 K×K 部分，如图 16.16 中输入特征 X_Unrolled 数组中的阴影框所示。每个这样的部分都包含来自通道 C 的输入特征

图 X 片段的所有元素，这些元素需要与相应的滤波器进行卷积运算，以产生输出 Y 的一个元素。

```
01    void unroll(int C, int H, int W, int K, float* X, float* X_unroll) {
02        int H_out = H - K + 1;
03        int W_out = W - K + 1;
04        for(int c = 0; c < C; c++) {
              // Beginning row index of the section for channel C input feature
              // map in the unrolled matrix
05            w_base = c * (K*K);
06            for(int p = 0; p < K; p++) {
07                for(int q = 0; q < K; q++) {
08                    for(int h = 0; h <  H_out; h++) {
09                        int h_unroll = w_base + p*K + q;
10                        for(int w = 0; w < W_out; w ++) {
11                            int w_unroll = h * W_out + w;
12                            X_unroll[h_unroll, w_unroll) = X(c, h + p, w + q);
13                        }
14                    }
15                }
16            }
17        }
18    }
```

图 16.17　生成展开 X 矩阵的 C 函数。为了清楚起见，数组访问采用多维索引形式，并且需要线性化以使代码可编译

```
01    __global__ void
02    unroll_Kernel(int C, int H, int W, int K, float* X, float* X_unroll) {
03        int t = blockIdx.x * blockDim.x + threadIdx.x;
04        int H_out = H - K + 1;
05        int W_out = W - K + 1;
          // Width of the unrolled input feature matrix
06        int W_unroll = H_out * W_out;
07        if (t < C * W_unroll) {
              // Channel of the input feature map being collected by the thread
08            int c = t / W_unroll;
              // Column index of the unrolled matrix to write a strip of
              // input elements into (also, the linearized index of the output
              // element for which the thread is collecting input elements)
09            int w_unroll = t % W_unroll;
              // Horizontal and vertical indices of the output element
10            int h_out = w_unroll / W_out;
11            int w_out = w_unroll % W_out;
              // Starting row index for the unrolled matrix section for channel c
12            int w_base = c * K * K;
13            for(int p = 0; p < K; p++)
14                for(int q = 0; q < K; q++) {
                      // Row index of the unrolled matrix for the thread to write
                      // the input element into for the current iteration
15                    int h_unroll = w_base + p*K + q;
16                    X_unroll[h_unroll, w_unroll] = X[c, h_out + p, w_out + q];
17            }
18        }
19    }
```

图 16.18　展开输入特征图的 CUDA 内核实现。为了清晰起见，数组访问采用了多维索引形式，并需要对代码进行线性化编译

比较图 16.17 和图 16.18 的循环结构可以发现，图 16.17 中最内层的两个循环层在图 16.18 中变成了外层循环层。这种互换使得计算输出元素所需的输入元素的收集工作可以由多个线程并行处理。此外，让每个线程从输入特征图中收集生成输出所需的所有输入特征图元素会生成合并的存储器写入模式。如图 16.16 所示，相邻线程将连续写入相邻的 X_unroll 元

素，因为它们都垂直移动以完成相关部分。对 X 的读取访问模式与之类似，可以通过检查相邻线程的 w_out 值来分析。我们将对读取访问模式的详细分析留作练习。

一个重要的高级假设是，我们将输入特征图、滤波器组权重和输出特征图保存在设备内存中。滤波器组矩阵只需准备一次，并存储在设备的全局内存中，供所有输入特征图使用。对于小批量中的每个样本，我们启动 unroll_Kernel 来准备扩展矩阵并启动矩阵乘法内核，如图 16.16 所示。

利用矩阵乘法实现卷积可以非常高效，因为矩阵乘法在所有硬件平台上都经过了高度优化。矩阵乘法在 GPU 上的运算速度尤其快，因为每字节全局内存数据访问的浮点运算比率很高。矩阵越大，这一比率越高，这意味着矩阵乘法在小矩阵上的效率较低。因此，这种卷积方法在创建大型矩阵进行乘法运算时最为有效。

如前所述，滤波器组矩阵是 M×(C×K×K) 矩阵，扩展后的输入特征图矩阵是 (C×K×K)×(H_out×W_out) 矩阵。请注意，除了滤波器组矩阵的高度外，所有维度的大小都取决于卷积参数的乘积，而不是参数本身。虽然单个参数可以很小，但它们的乘积往往很大。例如，在卷积网络的前端，C 通常很小，但 H_out 和 W_out 却很大。另一方面，在网络末端，C 较大，但 H_out 和 W_out 较小。因此，所有层的乘积 C×H_out×W_out 通常都很大。这意味着所有层的矩阵大小往往都很大，因此使用这种方法的性能往往很高。

形成扩展的输入特征图矩阵的一个缺点是其涉及将输入数据复制多达 K×K 次，这可能需要分配大量的存储器。为了解决这一限制，如图 16.16 所示的实现逐块具体化 X_unroll 矩阵，例如，通过形成扩展的输入特征图矩阵并针对小批量的每个样本迭代调用矩阵乘法。然而，这限制了实现中的并行性，有时会导致矩阵乘法太小而无法有效利用 GPU。这种公式的另一个缺点是降低了卷积的计算强度，因为除了读取 X 之外，还必须写入和读取 X_unroll，这比直接方法需要更多的内存。因此，最高性能的实现方案在实现展开算法时需要更复杂的安排，既要最大限度地利用 GPU，又要保持从 DRAM 的读取最少。当我们在下一节中介绍 CUDNN 方法时，我们将再次讨论这一点。

## 16.5　CUDNN 库

CUDNN 是一个用于实现深度学习原语的优化例程库，旨在让深度学习框架更轻松地利用 GPU。它提供了灵活且易于使用的 C 语言深度学习 API，可以巧妙地集成到现有的深度学习框架（例如 Caffe、TensorFlow、Theano、Torch）中。正如我们在上一节中讨论的那样，该库要求输入和输出数据驻留在 GPU 设备内存中。这一要求与 cuBLAS 类似。

该库是线程安全的，其例程可以从不同的主机线程中调用。前向和后向路径的卷积例程使用一个通用描述符，该描述符封装了层的属性。张量和滤波器可通过不透明描述符访问，并可灵活地使用每个维度的任意步长来指定张量布局。CNN 中最重要的计算原语是一种特殊形式的批量卷积。

在本节中，我们描述该卷积的前向形式。表 16.1 列出了控制该卷积的 CUDNN 参数。

卷积有两个输入：

- D 是一个包含输入数据的四维 N×C×H×W 张量[⊖]。
- F 是一个包含卷积滤波器的四维 K×C×R×S 张量。

⊖ 张量是一个数学术语，表示二维以上的数组。数学中的矩阵只有二维。具有三个或更多维度的数组称为张量。就本书而言，可以简单地将 $T$ 维张量视为 $T$ 维数组。

输入数据数组（张量）D 的范围为小批量中的 N 个样本，每个样本有 C 个输入特征图，每个输入特征图有 H 行和 W 列。滤波器的范围包括 K 个输出特征图、C 个输入特征图、每个滤波器组的 R 行和 S 列。输出也是一个四维张量 O，其范围涵盖小批量中的 N 个样本、K 个输出特征图、每个输出特征图的 P 行和 Q 列，其中 P=f（H;R;u;pad_h）和 Q=f（W;S;v;pad_w），这意味着输出特征图的高度和宽度取决于输入特征图和滤波器组的高度和宽度，以及填充和步幅选择。步幅参数 u 和 v 允许用户通过仅计算输出像素的子集来减少计算负载。填充参数允许用户指定将多少行或列的 0 条目附加到每个特征图，以改进内存对齐和/或向量化执行。

表 16.1 CUDNN 的卷积参数。请注意，CUDNN 命名约定与之前使用的略有不同

| 参数 | 含义 |
|---|---|
| N | 小批量中的图像数量 |
| C | 输入特征图数量 |
| H | 输入图像高度 |
| W | 输入图像宽度 |
| K | 输出特征图数量 |
| R | 滤波器高度 |
| S | 滤波器宽度 |
| u | 垂直步幅 |
| v | 水平步幅 |
| pad_h | 零填充高度 |
| pad_w | 零填充宽度 |

CUDNN（Chetlur et al.，2014）支持用于实现卷积层的多种算法：基于矩阵乘法的 GEMM（Tan et al.，2011）和 Winograd（Lavin & Scott，2016）、基于 FFT 的算法（Vasilache et al.，2014），等等。使用矩阵乘法实现卷积的基于 GEMM 的算法类似于 16.4 节中介绍的方法。正如我们在 16.4 节末尾所讨论的，在全局内存中具体化扩展的输入特征矩阵在全局内存空间和带宽消耗方面可能代价高昂。CUDNN 通过延迟生成扩展输入特征图矩阵 X_unroll 并将其加载到片上存储器中来避免此问题，而不是在调用矩阵乘法例程之前将其收集到片外存储器中。NVIDIA 提供了基于矩阵乘法的例程，可实现 GPU 上最大理论浮点吞吐量的高利用率。该例程的算法与 Tan 等人（2011）描述的算法类似。输入矩阵 A 和 B 的固定大小子矩阵依次被读入片上存储器，然后用于计算输出矩阵 C 的子矩阵。由卷积带来的所有索引复杂性都在块管理中得到处理。我们对 A 和 B 的块进行计算，同时将 A 和 B 的下一个块从片外存储器提取到片上缓存和其他存储器中。该技术隐藏了与数据传输相关的内存延迟，使得矩阵乘法计算仅受执行算术计算所需的时间的限制。

由于矩阵乘法例程所需的平铺与卷积的任何参数无关，X_unroll 的平铺边界与卷积问题之间的映射并非难事。因此，CUDNN 方法需要计算这一映射，并将 A 和 B 的正确元素加载到片上存储器中。这在计算过程中动态进行，从而使 CUDNN 卷积实现能够利用优化的基础设施进行矩阵乘法。与矩阵乘法相比，需要额外的索引运算，但充分利用了矩阵乘法的计算引擎来完成工作。计算完成后，CUDNN 会执行所需的张量转置，将结果存储在用户所需的数据布局中。

## 16.6 总结

本章首先简要介绍了机器学习。接着，更深入地研究分类任务并引入感知机，这是一种线性分类器，是理解现代 CNN 的基础。同时讨论了如何为单层和 MLP 实现前向推理和后向传播训练过程。特别讨论了对可微激活函数的需求，以及如何在训练过程中通过多层感知机网络中的链式规则来更新模型参数。

基于对感知机的概念和数学理解，本章提出了一个基本的卷积神经网络及其主要类型层的实现。这些层可以被视为感知机的特殊情况和/或简单改编。然后，本章在第 7 章中的卷积模式的基础上，提出了卷积层（CNN 中计算最密集的层）的 CUDA 内核实现。

随后，本章介绍了通过将输入特征图展开为矩阵，将卷积层表示为矩阵乘法的技术。通

过这种转换，卷积层可以受益于 GPU 高度优化的 GEMM 库，并介绍了输入矩阵展开过程的 C 和 CUDA 实现，讨论了展开方法的优缺点。

最后，本章概述了用于大多数深度学习框架的 CUDNN 库。这使得用户可以从高度优化的层实现中受益，而无须自己编写 CUDA 内核。

## 练习

1. 实现 16.2 节中描述的池化层的前向传递。
2. 我们对输入和输出特征使用了 [N×C×H×W] 布局。是否可以通过将其更改为 [N×H×W×C] 布局来减少内存带宽？使用 [C×H×W×N] 布局的潜在好处是什么？
3. 实现 16.2 节中描述的卷积层的后向传递。
4. 分析图 16.18 中展开内核对 X 的读访问模式，并说明相邻线程的内存读操作是否可以合并。

## 参考文献


Chellapilla K., Puri S., Simard P., 2006. High Performance Convolutional Neural Networks for Document Processing, https://hal.archives-ouvertes.fr/inria-00112631/document.

Chetlur S., Woolley C., Vandermersch P., Cohen J., Tran J., 2014. cuDNN: Efficient Primitives for Deep Learning NVIDIA.

Hinton, G.E., Osindero, S., Teh, Y.W., 2006. A fast learning algorithm for deep belief nets. Neural Comp. 18, 1527–1554. Available from: https://www.cs.toronto.edu/~hinton/absps/fastnc.pdf.

Krizhevsky, A., Cuda-convnet, https://code.google.com/p/cuda-convnet/.

Krizhevsky, A., Sutskever, I., Hinton, G., 2012. ImageNet classification with deep convolutional neural networks. In Proc. Adv. NIPS 25 1090–1098, https://papers.nips.cc/paper/4824-imagenet-classification-with-deep-convolutional-neural-networks.pdf.

Lavin, A., Scott G., 2016. Fast algorithms for convolutional neural networks. In: Proceedings of the IEEE Conference on Computer Vision and Pattern Recognition.

LeCun, Y., et al., 1990. Handwritten digit recognition with a back-propagation network. In Proc. Adv. Neural Inf. Process. Syst. 396–404, http://yann.lecun.com/exdb/publis/pdf/lecun-90c.pdf.

LeCun, Y., Bengio, Y., Hinton, G.E., 2015. Deep learning. Nature 521, 436–444 (28 May 2015). Available from: http://www.nature.com/nature/journal/v521/n7553/full/nature14539.html.

LeCun, Y., Bottou, L., Bengio, Y., Haffner, P., 1998. Gradient-based learning applied to document recognition. Proc. IEEE 86 (11), 2278–2324. Available from: http://yann.lecun.com/exdb/publis/pdf/lecun-01a.pdf.

Raina, R., Madhavan, A., Ng, A.Y., 2009. Large-scale deep unsupervised learning using graphics processors. Proc. 26th ICML 873–880. Available from: http://www.andrewng.org/portfolio/large-scale-deep-unsupervised-learning-using-graphics-processors/.

Rosenblatt, F., 1957. The Perceptron—A Perceiving and Recognizing Automaton. Report 85–460-1. Cornell Aeronautical Laboratory.

Rumelhart, D.E., Hinton, G.E., Williams, R.J., 1986. Learning representations by back-propagating errors. Nature 323 (6088), 533–536.

Samuel, A., 1959. Some studies in machine learning using the game of checkers. IBM J. Res. Dev. 3 (3), 210–229. Available from: https://doi.org/10.1147/rd.33.0210. CiteSeerX 10.1.1.368.2254.

Tan, G., Li, L., Treichler, S., Phillips, E., Bao, Y., Sun, N., 2011. Fast implementation of DGEMM on Fermi GPU. Supercomputing 11.

Vasilache N., Johnson J., Mathieu M., Chintala S., Piantino S, LeCun Y., 2014. Fast Convolutional Nets With fbfft: A GPU Performance Evaluation, http://arxiv.org/pdf/1412.7580v3.pdf.

# 迭代式磁共振成像重建

在本章中，我们从一个简单却一直受到主流计算系统性能限制的问题开始阐述。我们展示了并行执行的优势，其不仅可以加速现有的计算方法，还支持应用专家采用一种被广泛认为因过于计算密集而被忽视的方法。这种方法代表一类越来越重要的计算范畴，其中涉及从大量观测数据中获得未知值的最优统计估计。我们通过示例算法和源代码实现展示了开发人员如何系统地决定核函数的并行结构、分配变量到不同类型的内存、规避硬件限制、验证结果并评估性能改进的影响。

## 17.1 背景

磁共振成像（Magnetic Resonance Imaging，MRI）是一种常用的医疗手段，可用于对全身各区域的生理组织进行安全且非侵入式的结构性及功能性探查。使用 MRI 生成的图像已经对临床和研究领域产生了深远的影响。MRI 包含两个阶段：获取（扫描）阶段和重建阶段。在获取阶段，扫描仪将在 $k$-空间域（例如空间频域或傅里叶变换域）按照预设好的轨迹对数据进行采样。这些数据样本随后在重建阶段被转换为所需的图像。直观来看，重建阶段将会根据扫描仪收集的 $k$-空间数据估计组织的形状和纹理。

MRI 的应用常常受限于高噪声水平、显著的造影伪影和 / 或高数据获取耗时。临床上，较短的扫描时间不仅能增加设备的使用吞吐量，也能减少病人的不适感，并有助于减轻运动相关伪影。高图像清晰度及准确度对于病理的早期诊断至关重要，这将为患者提供更好的预后。然而，短扫描时长、高清晰度以及高信噪比（Signal-to-Noise Ratio，SNR）这三个目标常常是冲突的，在某一目标上的提升往往以另外一个或两个目标的牺牲为代价。只有技术上的突破性进展才能够在三个目标上同时有所提升。本章展示了大规模并行编程为此带来的突破。

推荐读者阅读 Liang 和 Lauterbur（1999）编写的 MRI 相关教科书以理解 MRI 背后的物理原理。在本章的研究中，我们主要关注重建阶段的计算复杂度，以及 $k$-空间采样轨迹如何影响复杂度。MRI 扫描仪所采用的 $k$-空间采样轨迹会大幅影响影像的重建质量、重建算法的时间复杂度以及扫描仪获取数据样本所需的时间。式（17.1）为在某一类重建方法下将 $k$-空间样本与重建后图像相关联的表达式：

$$\hat{m}(r)=\sum_{j}W(k_j)s(k_j)\mathrm{e}^{\mathrm{i}2\pi k_j r} \tag{17.1}$$

式（17.1）中，$m(r)$ 为重建后的影像，$s(k)$ 为被测量的 $k$-空间数据，$W(k)$ 为考虑非均匀采样的权重函数，其目的是减少在更高采样密度的 $k$-空间区域所采集数据的影响。在此种重建类别中，$W(k)$ 也常被用作变迹（apodization）滤波函数，用以减少噪声的影响和由于有限取样造成的伪影。

在理想情况下，如果在 $k$-空间中的均匀分布笛卡儿坐标点处采样数据，那么权重函数 $W(k)$ 会变为常数，并可以在式（17.1）中被约去。此外，在使用均匀分布的笛卡儿坐标点采样时，式（17.1）中的指数项在 $k$-空间内是均匀分布的。作为结果，对于 $m(r)$ 的重建是在 $s(k)$ 上进行的逆快速傅里叶变换（Fast Fourier Transform，FFT)，这是一种极其高效的计算方法。使用均匀分布的笛卡儿坐标点所收集的数据集被称为*笛卡儿扫描轨迹*。图 17.1a 描绘了笛卡儿扫描轨迹。在实际应用中，笛卡儿扫描轨迹在扫描仪上能直接实现，并且在当今的临床环境中被广泛使用。

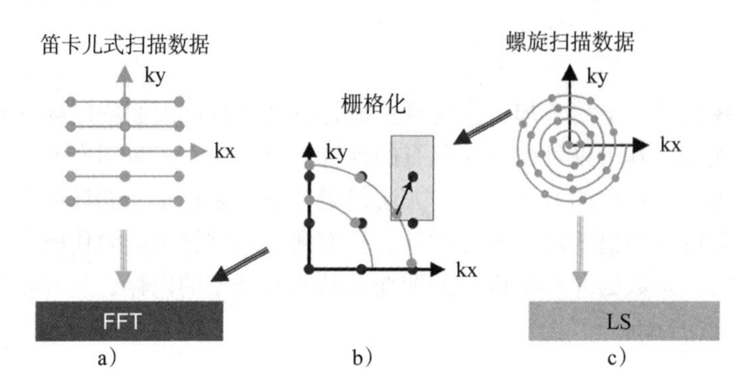


图 17.1　扫描仪 $k$-空间轨迹及其相关的重建策略：a）使用 FFT 重建的笛卡儿轨迹；b）使用 FFT 重建的以坐标标定的螺旋轨迹（或一般非笛卡儿轨迹）；c）基于线性求解器重建的螺旋（非笛卡儿）轨迹

尽管笛卡儿扫描数据的逆 FFT 重建在计算上是高效的，但非笛卡儿扫描轨迹常常在降低成像对于病人移动的敏感性、提供自我标定的场不均匀性信息以及降低对于扫描仪的硬件性能要求上更具有优势。因此，人们提出了非笛卡儿扫描轨迹，例如螺旋线（见图 17.1c)、径向线（也被称为投影成像）以及玫瑰花结等轨迹，用以减少运动相关伪影并解决扫描仪硬件性能上的限制问题。这些进步已经能将重建图像的像素值用于检测极细微的现象，例如在解剖病理之前检测组织的化学异常。

图 17.2 展示了一种基于 MRI 重建所产生的钠分布图像。钠是正常人体组织中受到严格调控的物质。图中的信息可以被用于跟踪中风及癌症治疗过程中的组织健康状况。由于钠在人体组织中远不及水分子富集，可靠地进行钠浓度水平测量需要使用更多的样本数据以采集出具有更高 SNR 的图像。因此，需要使用非笛卡儿扫描轨迹以减少额外的扫描时间。改进后的 SNR 能够可靠地提供人体组织中化学物质（例如钠）的活体浓度数据。钠浓度的变化或波动是疾病进展或组织死亡的早期征兆。举例来说，图 17.2 所示的人脑内钠分布图像可以作为脑肿瘤组织对于化疗方案的反应的早期指示，从而实现定制化医疗。

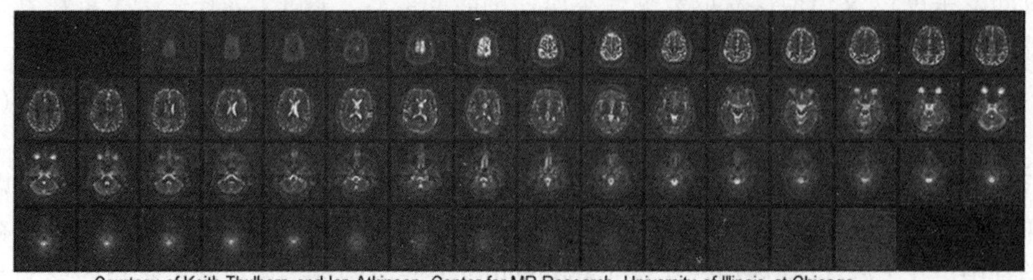
Courtesy of Keith Thulborn and Ian Atkinson, Center for MR Research, University of Illinois at Chicago

图 17.2　非笛卡儿式 $k$-空间样本轨迹和基于精确线性解的重建推动了全新的医疗应用

使用非笛卡儿式轨迹数据重建图像既存在机遇又存在挑战。主要的挑战在于公式中的指数项不再是均匀分布、求和式不再是 FFT 形式。因此不再可以对 $k$-空间样本直接使用逆 FFT 以完成重建。在常用的被称为网格化的方法中，样本首先被插入均匀的笛卡儿坐标系，然后再使用 FFT 进行重建（见图 17.1b）。例如，网格化卷积法采用将 $k$-空间数据点与网格化卷积掩模进行卷积的方法，将结果累加到笛卡儿坐标系上。正如我们在第 7 章所见，卷积计算是一种重要的高度计算密集的大规模并行计算模式。读者已经具备了通过并行计算加速卷积网格计算的技能，从而有助于将当前的 FFT 方法应用于非笛卡儿轨迹数据。

在本章中，我们将介绍一种迭代的、统计上最优的图像重建方法，该方法可以精确地建模成像机制并限制所得图像像素值中的噪声误差。这种统计上的优化方法由于大数据分析的兴起而变得越来越重要。然而，由于与网格化相比计算要求大幅提高，迭代式重建方法在大规模三维问题上的应用并不广泛。由于最近 GPU 得到了广泛普及，这些重建方法在临床实践中变得可行。迭代重建算法过去使用高端串行 CPU 需要花费数小时才能重建中等分辨率的图像，现在使用 CPU 和 GPU 只需几分钟。这种延迟在临床环境中是可以接受的。

## 17.2 迭代式重建

Haldar 和 Liang 提出了一种用于非笛卡儿式轨迹数据的基于线性求解器的迭代式重建算法（Stone et al.，2008），如图 17.1c 所示。算法能对扫描仪数据获取中的物理过程进行明确的建模，从而减少重建中的伪影。然而，算法的计算开销很大。我们将这种算法作为一种由于计算耗时过长而无法应用到实践中的创新方法的示例。我们将展示大规模并行计算可以将重建时间减少至几分钟内，从而使得新型成像能力（例如钠成像）能被应用到临床环境中。

图 17.3 展示了一种解决方案。此方案使用基于迭代线性求解器的重建方法中的准贝叶斯估计问题公式。其中 $\boldsymbol{\rho}$ 是包含重建影像体素值的向量，$\boldsymbol{F}$ 是对成像的物理过程进行建模的矩阵，$\boldsymbol{D}$ 是从扫描仪中获取的数据样本向量，$\boldsymbol{W}$ 是融合先验信息（如解剖学约束）的矩阵。$\boldsymbol{F}^{\mathrm{H}}$ 和 $\boldsymbol{W}^{\mathrm{H}}$ 分别是 $\boldsymbol{F}$ 和 $\boldsymbol{W}$ 的埃尔米特转置（或称共轭转置），即对每个元素进行转置并取其复共轭（$a+\mathrm{i}b$ 的复共轭为 $a-\mathrm{i}b$）。在临床环境中，$\boldsymbol{W}$ 中表示的解剖学约束来自患者的一个或多个高分辨率、高信噪比的水分子扫描。这些水分子扫描揭示了解剖结构位置等特征，矩阵 $\boldsymbol{W}$ 从这些参考图像中导出。问题在于在给定所有其他矩阵和向量的情况下求解 $\boldsymbol{\rho}$。

表面上看，图 17.3 中的问题公式所表述的计算解决方案应该非常简单直接。它涉及矩阵乘加 $(\boldsymbol{F}^{\mathrm{H}}\boldsymbol{F}+\lambda\boldsymbol{W}^{\mathrm{H}}\boldsymbol{W})$、矩阵 – 向量乘法（$\boldsymbol{F}^{\mathrm{H}}\boldsymbol{D}$）、矩阵求逆 $(\boldsymbol{F}^{\mathrm{H}}\boldsymbol{F}+\lambda\boldsymbol{W}^{\mathrm{H}}\boldsymbol{W})^{-1}$ 以及最后的矩阵乘法 $((\boldsymbol{F}^{\mathrm{H}}\boldsymbol{F}+\lambda\boldsymbol{W}^{\mathrm{H}}\boldsymbol{W})^{-1}\times\boldsymbol{F}^{\mathrm{H}}\boldsymbol{D})$。然而矩阵的大小使得这种简单方法非常耗时。矩阵 $\boldsymbol{F}^{\mathrm{H}}$ 和 $\boldsymbol{F}$ 的维度是由 3D 重建图像中的体素数以及用于重建的 $k$-空间采样数确定的。即使在中等分辨率的 $128^3$ 体素重建中，$\boldsymbol{F}$ 中有 $128^3\approx200$ 万列，且每列有 $N$ 个元素，其中 $N$ 是所使用的 $k$-空间采样数（$\boldsymbol{D}$ 的大小）。显然，$\boldsymbol{F}$ 非常大。这样的大维度矩阵在大数据分析中是很常见的，例如在使用迭代求解器方法估计大量噪声观测数据的影响时就会遇到这种情况。

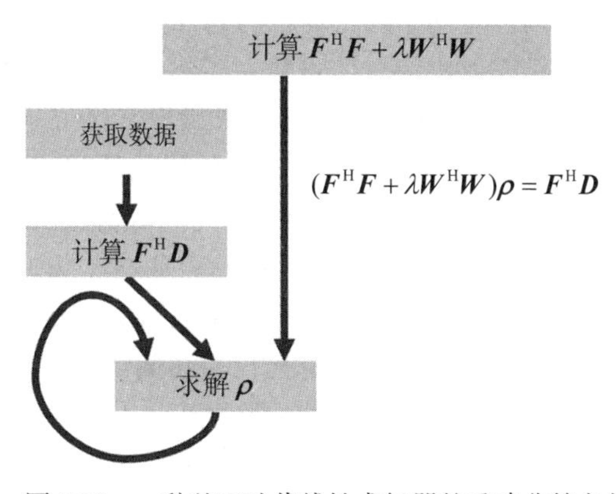


图 17.3 一种基于迭代线性求解器的重建非笛卡儿 $k$-空间样本数据的方法

所涉及的矩阵大到在直接使用高斯消

元等方法求解图 17.3 中的方程时，所涉及的矩阵运算几乎是不可解的。更好的方法是使用矩阵求逆的迭代方法，如共轭梯度（Conjugate Gradient，CG）法。CG 法通过迭代求解图 17.3 中的方程求得 $\boldsymbol{\rho}$，进而重建图像。在每次迭代中，CG 法更新当前图像的估计值 $\boldsymbol{\rho}$ 以改善准贝叶斯代价函数值。由于涉及 $\boldsymbol{F}^{H}\boldsymbol{F}+\boldsymbol{W}^{H}\boldsymbol{W}$ 和 $\boldsymbol{\rho}$ 的矩阵 – 向量乘法运算在 CG 法的每次迭代中都是必需的，CG 法的计算效率在很大程度上取决于这些运算的效率。

幸运的是，矩阵 $\boldsymbol{W}$ 通常具有稀疏结构，这使得乘法 $\boldsymbol{W}^{H}\boldsymbol{W}$ 可以被高效地计算。并且矩阵 $\boldsymbol{F}^{H}\boldsymbol{F}$ 是常对角化的，这使得其可以通过 FFT 进行有效的矩阵 – 向量乘法。Stone 等人（2008）提出了一种基于 GPU 加速的方法来计算 $\boldsymbol{Q}$。这种方法使用一种在涉及 $\boldsymbol{F}^{H}\boldsymbol{F}$ 的矩阵 – 向量乘法时能够快速进行计算而无须实际计算 $\boldsymbol{F}^{H}\boldsymbol{F}$ 本身的数据结构。在高端 CPU 核心上，计算 $\boldsymbol{Q}$ 可能需要数天的时间。由于 $\boldsymbol{F}$ 建模了图像处理的物理过程，因此只需要对给定扫描仪和计划轨迹进行一次处理。因此，$\boldsymbol{Q}$ 只需要计算一次，并且可用于使用相同扫描轨迹的多个扫描。

计算 $\boldsymbol{F}^{H}\boldsymbol{D}$ 的矩阵 – 向量乘法所需的时间比 $\boldsymbol{Q}$ 少一个数量级，但在高端 CPU 上的 $128^3$ 体素重建仍需要大约 3 小时。基于 $\boldsymbol{D}$ 是从扫描仪中获取的数据样本向量这个事实，由于需要为每个图像采集计算 $\boldsymbol{F}^{H}\boldsymbol{D}$，其计算时间被期望缩短至几分钟之内[⊖]。我们将展示此过程的细节。事实证明，$\boldsymbol{Q}$ 计算结构的核心部分与 $\boldsymbol{F}^{H}\boldsymbol{D}$ 完全相同，区别仅仅是 $\boldsymbol{Q}$ 涉及矩阵乘法而不仅仅是矩阵 – 向量乘法，因此需要更多的计算。因此，从并行化的角度，讨论其中一个就足够了。我们将重点关注 $\boldsymbol{F}^{H}\boldsymbol{D}$，因为这是每次数据采集都需要运行的步骤。

图 17.3 中的“求解 $\boldsymbol{\rho}$”步骤执行基于 $\boldsymbol{F}^{H}\boldsymbol{D}$ 的实际 CG 法。正如我们之前所解释的，对 $\boldsymbol{Q}$ 进行预计算使得该步骤的计算量大大降低，仅占串行 CPU 上每个图像重建执行的不到 1%。因此，我们将 CG 法求解器排除在并行化范围之外，本章将重点放在 $\boldsymbol{F}^{H}\boldsymbol{D}$ 上。我们将在本章末尾重新审视 CG 求解器。

## 17.3　计算 $\boldsymbol{F}^{H}\boldsymbol{D}$

图 17.4 展示了用于计算 $\boldsymbol{F}^{H}\boldsymbol{D}$ 的数据结构的核心步骤的串行 C 实现。计算从一个遍历 *k*-空间样本的外层循环开始（第 01 行）。简单浏览图 17.4 就能发现，由于其中显著的数据并行性，$\boldsymbol{F}^{H}\boldsymbol{D}$ 的 C 实现可被并行加速的潜力巨大。算法首先计算当前 *k*-空间样本点的 `Mu` 的实部和虚部（`rMu` 和 `iMu`）。程序随后进入一个内部的 `n` 次循环，在该循环中计算当前 *k*-空间样本对图像空间中每个体素的 $\boldsymbol{F}^{H}\boldsymbol{D}$ 的实部和虚部的贡献。时刻记得 `M` 是 *k*-空间样本的总数，`N` 是重建图像中的总体素数。虽然任何体素处的 $\boldsymbol{F}^{H}\boldsymbol{D}$ 值取决于所有 *k*-空间样本点的值，但是 $\boldsymbol{F}^{H}\boldsymbol{D}$ 的任何体素元素都不依赖于 $\boldsymbol{F}^{H}\boldsymbol{D}$ 的任何其他体素元素，因此可以并行计算 $\boldsymbol{F}^{H}\boldsymbol{D}$ 的所有元素。具体到实现而言，外层循环的所有迭代可以并行完成，内层循环的所有迭代也可以并行完成，但内层循环的计算和与其处在同一迭代中外层循环的前置语句计算存在依赖关系。

尽管算法具有丰富的固有并行性，但潜在的性能瓶颈也是明显的。首先是在计算 $\boldsymbol{F}^{H}\boldsymbol{D}$ 元素的循环中，浮点运算与内存访问的比率最多为 0.75OP/B，最差为 0.25OP/B。最理想情况是假设正弦和余弦三角函数操作是需要 13 和 12 个浮点运算的五元素泰勒级数，最差情况是假设每个三角函数操作在硬件中作为元运算计算。正如我们在第 5 章中所看到的，在核函

⊖ 注意，$\boldsymbol{F}^{H}\boldsymbol{D}$ 的计算可以使用网格化方法，同时用相对较低的最终重建图像质量在几秒内完成计算。

数中需要尽量提高浮点运算与全局内存访问比率，以免受到内存带宽的限制。因此，除非大幅增加比率，否则内存访问将明显限制核函数的性能。

```
01  for (int m = 0; m < M; m++) {
02    rMu[m] = rPhi[m]*rD[m] + iPhi[m]*iD[m];
03    iMu[m] = rPhi[m]*iD[m] - iPhi[m]*rD[m];
04    for (int n = 0; n < N; n++) {
05      float expFhD = 2*PI*(kx[m]*x[n] + ky[m]*y[n] + kz[m]*z[n]);
06      float cArg = cos(expFhD);
07      float sArg = sin(expFhD);
08      rFhD[n] +=  rMu[m]*cArg - iMu[m]*sArg;
09      iFhD[n] +=  iMu[m]*cArg + rMu[m]*sArg;
10    }
11  }
```

图 17.4　$\boldsymbol{F}^{\mathrm{H}}\boldsymbol{D}$ 的计算

其次，浮点运算与浮点三角函数的比率仅为 13∶2。这将导致基于 GPU 的实现必须容忍或避免由于正弦和余弦操作的长延迟和低吞吐量而导致的停顿。如果没有好的方法来降低三角函数的成本，性能很可能会受到在这些函数中花费的时间的主导。

现在我们准备着手将 $\boldsymbol{F}^{\mathrm{H}}\boldsymbol{D}$ 从串行 C 代码转换为 CUDA 核函数。

### 17.3.1　第 1 步：确定核函数的并行结构

将图 17.4 中的循环转换为 CUDA 核函数在概念上很直观。由于图 17.4 中外层循环的所有迭代都可以并行执行，我们可以通过将迭代映射到 CUDA 线程来简单地将外层循环转换为 CUDA 核函数。图 17.5 展示了一个这样的直接转换而来的核函数。每个线程实现原始外层循环的一次迭代，这也就意味着我们使用每个线程来计算一个 *k*-空间样本对所有 $\boldsymbol{F}^{\mathrm{H}}\boldsymbol{D}$ 元素的贡献。原始的外层循环有 M 次迭代，而 M 可能在百万数量级。我们显然需要大量的线程块来生成足够的线程以执行所有这些迭代。

```
01  #define FHD_THREADS_PER_BLOCK 1024
02  __global__ void cmpFhD(float* rPhi, iPhi, rD, iD,
03      kx, ky, kz, x, y, z, rMu, iMu, rFhD, iFhD, int N) {
04    int m = blockIdx.x * FHD_THREADS_PER_BLOCK + threadIdx.x;
05    rMu[m] = rPhi[m]*rD[m] + iPhi[m]*iD[m];
06    iMu[m] = rPhi[m]*iD[m] - iPhi[m]*rD[m];
07    for (int n = 0; n < N; n++) {
08       float expFhD = 2*PI*(kx[m]*x[n] + ky[m]*y[n] + kz[m]*z[n]);
09       float cArg = cos(expFhD);  float sArg = sin(expFhD);
10       atomicAdd(&rFhD[n],rMu[m]*cArg - iMu[m]*sArg);
11       atomicAdd(&iFhD[n],iMu[m]*cArg + rMu[m]*sArg);
12    }
13  }
```

图 17.5　$\boldsymbol{F}^{\mathrm{H}}\boldsymbol{D}$ 核函数（版本一）

为了方便性能调优，我们声明一个常量 FHD_THREADS_PER_BLOCK，它定义了在调用 cmpFhD 核函数时每个线程块中的线程数。因此，在调用核函数时，我们将使用 M/ FHD_THREADS_PER_BLOCK 作为网格大小，使用 FHD_THREADS_PER_BLOCK 作为块大小。在核函数内部，每个线程先计算本线程被分配到的原始外层循环的迭代轮次。这一步使用熟悉的公式 blockIdx.x*FHD_THREADS_PER_BLOCK+threadIdx.x。例如，假设有 100 万个 *k*-空间样本，我们决定每个块使用 1024 个线程。在核函数调用时，网格大小将为 1 000 000/1024 ≈ 977 个块，块大小将为 1024。每个线程需计算的迭代次数 m 为 blockIdx.x*1024+threadIdx。

尽管图 17.5 中的核函数展现了丰富的并行性，但它存在一个主要问题：所有线程都写入所有 rFhD 和 iFhD 体素元素。这也就意味着核函数必须在内层循环中使用全局内存中的原子操作，以防止线程破坏彼此对体素值的贡献（第 10 ～ 11 行）。正如我们在第 9 章中看到的，对全局内存数据进行大量的原子操作可能严重降低并行运算的性能。此外 rFhD 和 iFhD 数组的大小，即重建图像中的总体素数，使得在共享内存中进行私有化变得不可行。我们需要探索其他选择。

每个线程获取一个输入元素（在本应用中为 *k*-空间样本）并更新所有或许多输出元素（在本应用中为重建图像的体素）的排列方式被称为*分散法*。从直观上来看，分散法中每个线程将一个输入的影响分散到许多输出值上。然而在分散法中，不同线程可能会更新相同的输出元素，因此可能会破坏彼此的贡献。因此一般情况下需要对分散法使用原子操作，这往往会对并行运算的性能产生负面影响。

一种更好的分散法的替代方案是使用每个线程计算一个输出元素，通过汇集所有输入元素的贡献来计算一个输出元素，这称为*聚集法*。聚集法确保线程仅更新其指定的输出元素而不会相互干扰。在我们的应用中，基于聚集法的并行化将每个线程分配给计算一对 rFhD 和 iFhD 元素，这些元素来自所有 *k*-空间样本。因此线程之间不存在互相干扰，也不需要原子操作。

为了使用聚集法，我们需要将 n-循环设为外层循环，以便可以将每次 n-循环的迭代分配给一个线程。这可以通过交换图 17.4 中的内层循环和外层循环来实现，这使得每个新的外层循环迭代处理一个 rFhD/iFhD 元素对。也就是说，每个新的外层循环迭代将执行新的内层循环，该循环累积所有 *k*-空间样本对外层循环迭代处理的 rFhD/iFhD 元素对的贡献。这种循环结构的转换称为*循环交换*。这需要一个完全嵌套的循环，意味着在外部 for 循环语句和内部 for 循环语句之间没有语句。然而，对于图 17.4 中的 FhD 代码，情况并非如此。我们需要找到一种将 rMu 和 iMu 元素的计算转移出去的方法。

从对图 17.4 的快速检查中，我们可以看出 $\boldsymbol{F}^{\mathrm{H}}\boldsymbol{D}$ 计算可以分为两个单独的循环，如图 17.6 所示。我们使用一种称为*循环分裂*或*循环切割*的技术，这种技术将循环体分为两个循环。在计算 $\boldsymbol{F}^{\mathrm{H}}\boldsymbol{D}$ 的情景下，外层循环由两个部分组成：内层循环之前的语句和内层循环本身。如图 17.6 所示，我们可以通过将内层循环之前的语句放入第一个循环中，将内层循环放入第二个循环中，在外层循环上执行循环分裂。

```
01  for (int m = 0; m < M; m++) {
02     rMu[m] = rPhi[m]*rD[m] + iPhi[m]*iD[m];
03     iMu[m] = rPhi[m]*iD[m] - iPhi[m]*rD[m];
04  }
05  for (int m = 0; m < M; m++) {
06     for (int n = 0; n < N; n++) {
07        float expFhD = 2*PI*(kx[m]*x[n] + ky[m]*y[n] + kz[m]*z[n]);
08        float cArg = cos(expFhD);
09        float sArg = sin(expFhD);
10        rFhD[n] +=  rMu[m]*cArg - iMu[m]*sArg;
11        iFhD[n] +=  iMu[m]*cArg + rMu[m]*sArg;
12     }
13  }
```

图 17.6　在 $\boldsymbol{F}^{\mathrm{H}}\boldsymbol{D}$ 计算时进行循环分裂

循环分裂的一个重要考虑因素是，分裂会改变原始外层循环两部分的相对执行顺序。在原始外层循环中，第一次迭代的两部分在第二次迭代之前都会执行。分裂后，所有迭代的第一部分将会首先执行，其次才是所有迭代的第二部分。读者应该能自行验证这种执行顺序的变化不会影响 $\boldsymbol{F}^{\mathrm{H}}\boldsymbol{D}$ 的执行结果。这是因为每次迭代的第一部分的执行不依赖于原始外层循环之前的任何迭代的第二部分的结果。循环分裂经常由能够分析循环迭代之间（缺乏）依赖关系的高级编译器直接执行。

通过循环分裂，$\boldsymbol{F}^{\mathrm{H}}\boldsymbol{D}$ 计算现在分为两个步骤。第一步是一个单层循环，用于计算 rMu 和 iMu 元素，以便在第二步的循环中使用。第二步对应于第二个循环，该循环基于在第一步计算的 rMu 和 iMu 元素计算 FHD 元素。现在，每个步骤都可以转换为自己的 CUDA 核函数。这两个 CUDA 核函数将在彼此之间串行执行。由于第二个循环需要使用第一个循环的结果，将这两个循环分成两个串行执行的核函数不会牺牲任何并行性。

图 17.7 中的 cmpMu() 核函数实现了第一层循环。将第一层循环从串行 C 代码转换为 CUDA 核函数非常简单：每个线程执行原始 C 代码的一次迭代。由于对应着大量 *k*-空间样本，M 值可能非常大，因此这种转换可能需要创建大量线程。每个线程块中可以有最多 1024 个线程，因此我们需要使用多个块来容纳如此大量的线程。为此，我们设置每个块中拥有的线程数量（图 17.7 中的 MU_THREADS_PER_BLOCK），并使用 M/MU_THREADS_PER_BLOCK 个块来覆盖原始循环的所有 M 次迭代。例如，如果有 100 万个 *k*-空间样本，那么可以使用每块 1024 个线程和 1 000 000/1024 ≈ 977 个块来配置核函数以进行调用。这是通过在创建核函数的时候定义 MU_THREADS_PER_BLOCK 为 1024 并将其用作块大小，以及定义 M/MU_THREADS_PER_BLOCK 作为网格大小来实现的。

```
01  #define MU_THREADS_PER_BLOCK 1024
02  __global__ void cmpMu(float* rPhi, iPhi, rD, iD, rMu, iMu)  {
03     int m = blockIdx.x*MU_THREAEDS_PER_BLOCK + threadIdx.x;
04     rMu[m] = rPhi[m]*rD[m] + iPhi[m]*iD[m];
05     iMu[m] = rPhi[m]*iD[m] - iPhi[m]*rD[m];
06  }
```

图 17.7 cmpMu 核函数

在核函数内部，每个线程可以通过使用其 blockIdx 和 threadIdx 值来识别分配给它的所应计算的迭代轮次。由于线程结构是一维的，因此只需要使用 blockIdx.x 和 threadIdx.x 即可。由于每个块覆盖了原始迭代的一部分，某个线程所覆盖的迭代是 blockIdx.x*MU_THREADS_PER_BLOCK+threadIdx。例如，假设 MU_THREADS_PER_BLOCK=1024，对于线程 blockIdx.x=0 和 threadIdx.x=37，其应计算原始循环的第 37 次迭代，而线程 blockIdx.x=5 和 threadIdx.x=2 应计算原始循环的第 5122（5 × 1024+2）次迭代。使用此迭代编号来访问 Mu、Phi 和 D 数组可以确保数组的覆盖方式与原始循环的迭代覆盖方式相同，而由于每个线程都写入其自己的 Mu 元素，因此这些线程之间不存在潜在的冲突。

确定第二个核函数结构需要做更多的工作。观察图 17.6 中的第二个循环可以发现，在设计第二个核函数时，至少有三个可选的实现方案：第一种方案是每个线程对应于内层循环的一个迭代。虽然这需要创建最多的线程从而最大化对并行性的利用，但是总线程数将变成 N×M，其中 N 在百万数量级、M 在数十万数量级，这会导致网格中的线程太多，远超设备的可用线程数。

第二种方案是使用每个线程来实现外层循环的一个迭代。这种方案使用的线程比第一个方案少：与生成 N×M 个线程不同，该选项只生成 M 个线程。由于 M 对应于 *k*-空间样本的数量（通常使用数量级在几十万的样本来计算 $\boldsymbol{F}^{\mathrm{H}}\boldsymbol{D}$），因此这个方案仍然利用了大量的并行性。然而这个核函数会遇到与图 17.5 中的核函数相同的问题，即每个线程都会写入所有 rFhD 和 iFhD 元素，从而导致在线程之间存在极大数量的冲突。与图 17.5 的情况类似，图 17.8 中的代码也需要原子操作，这会显著减慢并行计算速度。因此，这种方案效果并不好。

```
01  #define FHD_THREADS_PER_BLOCK 1024
02  __global__ void cmpFhD(float* rPhi, iPhi, phiMag,
03          kx, ky, kz, x, y, z, rMu, iMu, int N) {
04    int m = blockIdx.x * FHD_THREADS_PER_BLOCK + threadIdx.x;
05    for (int n = 0; n < N; n++) {
06       float expFhD = 2*PI*(kx[m]*x[n]+ky[m]*y[n]+kz[m]*z[n]);
07       float cArg = cos(expFhD);
08       float sArg = sin(expFhD);
09       atomicAdd(&rFhD[n],rMu[m]*cArg - iMu[m]*sArg);
10       atomicAdd(&iFhD[n],iMu[m]*cArg + rMu[m]*sArg);
11    }
12  }
```

图 17.8　$\boldsymbol{F}^{\mathrm{H}}\boldsymbol{D}$ 核函数的第二种方案

第三种方案是使用每个线程计算一对 rFhD 和 iFhD 输出。这种方案需要交换内部和外层循环，然后使用每个线程来实现新外层循环的一个迭代。转换如图 17.9 所示。因为由 CUDA 线程实现的循环必须是外层循环，循环交换是必要的。循环交换的结果是新的外层循环每次迭代都处理一对 rFhD 和 iFhD 输出，并使每次内层循环收集所有输入元素对这一对输出的贡献。

```
01  for (int n = 0; n < N; n++) {
02     for (int m = 0; m < M; m++) {
03        float expFhD = 2*PI*(kx[m]*x[n] + ky[m]*y[n] + kz[m]*z[n]);
04        float cArg = cos(expFhD);
05        float sArg = sin(expFhD);
06        rFhD[n] +=  rMu[m]*cArg - iMu[m]*sArg;
07        iFhD[n] +=  iMu[m]*cArg + rMu[m]*sArg;
08     }
09  }
```

图 17.9　在 $\boldsymbol{F}^{\mathrm{H}}\boldsymbol{D}$ 计算时进行循环交换

循环交换法会改变迭代的顺序，因此当循环中的迭代可以以任意顺序执行时才是可行的。而在本例中，两个循环层次的所有迭代都彼此独立，因此循环交换可行，循环可以以任意顺序相对于彼此执行。这种方案允许我们将新的外层循环转换为一个由 N 个线程执行的核函数。由于 N 对应于重建图像中的体素数，因此对于高分辨率图像，N 的值可能会非常大。对于一个 128×128×128 的图像，有 $128^3$=2 097 152 个线程，提供了大量的并行性可能。而对于更高分辨率的图像（比如 512×512×512），我们可能需要使用多维网格、启动多个网格或者将多个体素分配给一个单独的线程。在第三种方案中，由于每个线程都有唯一的 n 值，所有线程都将结果累加到自己所应计算的 rFhD 和 iFhD 元素中，也就是说，线程之间不存在冲突。综上，第三种方案是所有方案中最佳的选择。

从循环交换派生出来的核函数如图 17.10 所示，外层循环未在代码中显示。每个线程覆盖一个外部 n 次循环的迭代，其中 n 等于 blockIdx.x*FHD_THREADS_PER_BLOCK+threadIdx.x。一旦确定了迭代的 n 值，线程就根据该 n 值执行内部 m 次循环。此核函数被调用时，块中的线程数量由全局常数 FHD_THREADS_PER_BLOCK 指定。假设 N 是存储重建图像中体素数的变量，N/FHD_THREADS_PER_BLOCK 个块将覆盖原始循环的所有 N 次迭代。例如，如果有 2 097 152 个体素，核函数被调用时可以使用每块 1024 个线程的配置参数以及 2 097 152/1024 = 2048 个块。在图 17.10 中，通过将 1024 分配给 FHD_THREADS_PER_BLOCK 并在内核创建时将其用作块大小，以及将 N/FHD_THREADS_PER_BLOCK 用作网格大小来实现这一点。

```
01 #define FHD_THREADS_PER_BLOCK 1024
02 __global__ void cmpFhD(float* rPhi, iPhi, phiMag,
03         kx, ky, kz, x, y, z, rMu, iMu, int M) {

04   int n = blockIdx.x * FHD_THREADS_PER_BLOCK + threadIdx.x;
05   for (int m = 0; m < M; m++) {
06      float expFhD = 2*PI*(kx[m]*x[n]+ky[m]*y[n]+kz[m]*z[n]);
07      float cArg = cos(expFhD);
08      float sArg = sin(expFhD);
09      rFhD[n] +=  rMu[m]*cArg - iMu[m]*sArg;
10      iFhD[n] +=  iMu[m]*cArg + rMu[m]*sArg;
11   }
12 }
```

图 17.10　$F^HD$ 核函数的第三种方案

## 17.3.2　第 2 步：克服内存带宽限制

图 17.10 中简单 cmpFhD 核函数的性能比图 17.5 和图 17.8 中的核函数好很多，但其计算速度提升仍受限于内存带宽限制。通过简单分析可知，主要限制因素是每个线程中，计算与全局内存访问比率较低。在原始循环中，每次迭代至少执行 14 次内存访问：kx[m]、ky[m]、kz[m]、x[n]、y[n]、z[n]、两次 rMu[m]、两次 iMu[m]、读写 rFhD[n]、读写 iFhD[n]。而每次迭代中会执行大约 13 次浮点乘法、加法或三角函数操作。因此计算与全局内存访问比率为 13/（14×4）≈ 0.23OP/B，根据我们在第 5 章的分析，这个比率太低了。最简单的方法是通过将一些数组元素分配给局部变量以提高计算与全局内存访问比率。正如我们在第 5 章中讨论的那样，局部变量将驻留在寄存器中，因此分配给局部变量可以将对全局内存的读写转换为对芯片内寄存器的读写。观察图 17.10 中的核函数，每个线程在循环的所有迭代中都使用相同的 x[n]、y[n] 和 z[n] 元素（第 05 ～ 06 行）。我们可以在进入循环计算之前将这些元素加载到局部变量中，之后核函数就可以在循环内部使用局部变量，将全局内存访问转换为寄存器访问。此外，循环需要反复对 rFhD[n] 和 iFhD[n] 进行读写，那么我们就可以让迭代从两个局部变量中进行读写，在循环计算后再将局部变量的内容写入 rFhD[n] 和 iFhD[n]。修改后的代码如图 17.11 所示。通过为每个线程增加 5 个寄存器，我们将每次迭代中的内存访问次数从 14 减少到 7，也就是说我们将计算与全局内存访问比率从 0.23OP/B 提高到 0.46OP/B。这一良好的改进也是对宝贵的寄存器资源的良好利用。

```
01 #define FHD_THREADS_PER_BLOCK 1024
02 __global__ void cmpFhD(float* rPhi, iPhi, phiMag,
                kx, ky, kz, x, y, z, rMu, iMu, int M) {

03   int n = blockIdx.x * FHD_THREADS_PER_BLOCK + threadIdx.x;
                // assign frequently accessed coordinate and output
                // elements into registers
04   float xn_r = x[n]; float yn_r = y[n]; float zn_r = z[n];
```

图 17.11　在 $F^HD$ 核函数中使用寄存器以减少内存访问

```
05     float rFhDn_r = rFhD[n]; float iFhDn_r = iFhD[n];
06     for (int m = 0; m < M; m++) {
07        float expFhD = 2*PI*(kx[m]*xn_r+ky[m]*yn_r+kz[m]*zn_r);
08        float cArg = cos(expFhD);
09        float sArg = sin(expFhD);
10        rFhDn_r +=  rMu[m]*cArg - iMu[m]*sArg;
11        iFhDn_r +=  iMu[m]*cArg + rMu[m]*sArg;
12     }
13     rFhD[n] = rFhD_r; iFhD[n] = iFhD_r;
14  }
```

图 17.11　在 $\boldsymbol{F}^{H}\boldsymbol{D}$ 核函数中使用寄存器以减少内存访问（续）

我们已经讨论过寄存器的使用情况会限制占用率，即限制运行在流多处理器（SM）中的块数。如果在核函数中增加 5 个寄存器，每个线程块的寄存器将增加 5×FHD_THREADS_PER_BLOCK。假设每个块有 1024 个线程，就需要增加 5120 个寄存器。由于在 SM 版本 3.5 或更高版本中最多可以容纳 65 536 个寄存器被分配给一个 SM，因此我们必须注意进一步增加寄存器用量是否可能会限制 SM 的可分配块数。幸运的是在此核函数中，寄存器使用情况对并行性并不是一个限制因素。

我们希望通过在 cmpFhD 核函数中消除更多的全局内存访问以进一步改善计算与全局内存访问比率。下一个可改善之处是 *k*- 空间样本 kx[m]、ky[m] 和 kz[m]。对这些数组元素的访问方式与 x[n]、y[n] 和 z[n] 元素不同：kx、ky 和 kz 中的不同元素在图 17.11 所示循环的每次迭代中都会被访问。这意味着我们不能将一个 *k*-空间元素加载到寄存器中，使得所有迭代都通过寄存器访问该元素。因此，通过使用寄存器无法改善计算与全局内存访问比率。然而，我们应该注意到 *k*-空间元素并没有被核函数修改，而且每个 *k*-空间元素在网格中的所有线程之间都会被使用。这意味着我们可以将 *k*-空间元素放入常量内存中。那么，也许设置一个常数寄存器将消除大部分 DRAM 访问。

对图 17.11 中的循环进行分析后，我们可以发现 *k*-空间元素非常适合作为常量内存。用于访问 kx、ky 和 kz 的索引是 m，我们知道 m 独立于 threadIdx，这意味着一个线程束中的所有线程都将访问相同的 kx、ky 和 kz 元素。这是常量内存的理想访问模式：每当一个元素进入缓存后，至少会被当前生成设备中一个线程束中的 32 个线程所使用。这意味着对常量内存的每 32 次访问中至少有 31 次将由缓存提供服务。这使得缓存可以有效地消除 96% 或更多的全局内存访问。除此之外，常量每次从缓存中被访问时，其可以被广播到线程束中的所有线程。这使得访问 *k*-空间元素时使用常量内存几乎与使用寄存器一样高效[⊖]。

然而，将 *k*-空间元素放入常量内存中涉及一个技术问题。常量内存的容量为 64KB，然而 *k*-空间样本的大小可能要大得多（数量级在百万级别）。一个经典的绕过常量内存容量限制的方法是将大型数据集分解成 64KB 或更小的块。开发人员必须以新的方式重新组织核函数：核函数将被多次调用，而每次调用仅计算数据中的一块。这对于 cmpFhD 核函数来说是非常容易的。

对图 17.11 中的循环进行仔细检查后，我们发现所有线程都将按顺序遍历 *k*-空间样本数组，也就是说网格中的所有线程在每次迭代中都将访问相同的 *k*-空间元素。对于大型数据集内核中的循环，只不过需要迭代更多次。这意味着我们可以将循环分成几个部分，每个部

⊖ 访问常量内存并非与访问寄存器同样高效的原因是访问常量内存仍然需要使用内存加载指令。

分处理被切分为 64KB 常量内存容量的 *k*-空间元素块[⊖]。主机端代码现在将多次调用核函数。每次主机端调用核函数时，核函数会将一个新的 *k*-空间元素块放入常量内存中，如图 17.12 所示。(对于最新的设备和 CUDA 版本，核函数参数的 const __restrict__ 声明会使相应的输入数据在只读数据缓存中可用，这是一种更简单的语法，可以获得与使用常量内存相同的效果。)

```
__constant__ float kx_c[CHUNK_SIZE], ky_c[CHUNK_SIZE], kz_c[CHUNK_SIZE];
…

void main() {
  for (int i = 0; i < M/CHUNK_SIZE; i++);
    cudaMemcpyToSymbol(kx_c,&kx[i*CHUNK_SIZE],4*CHUNK_SIZE,
             cudaMemCpyHostToDevice);
    cudaMemcpyToSymbol(ky_c,&ky[i*CHUNK_SIZE],4*CHUNK_SIZE,
             cudaMemCpyHostToDevice);
    cudaMemcpyToSymbol(kz_c,&kz[i*CHUNK_SIZE],4*CHUNK_SIZE,
             cudaMemCpyHostToDevice);
    …
    cmpFhD<<<FHD_THREADS_PER_BLOCK, N/FHD_THREADS_PER_BLOCK>>>(rPhi,
                   iPhi, phiMag, x, y, z, rMu, iMu, CHUNK_SIZE);
  }
  /* Need to call kernel one more time if M is not */
  /* perfect multiple of CHUNK SIZE */
}
```

图 17.12　对 *k*-空间数据进行分块以使其适应常量内存的主机端代码

在图 17.12 中，从一个循环中调用了 cmpFhD 内核。代码假设 kx、ky 和 kz 数组在主机内存中。kx、ky 和 kz 的维度由 M 给出。每次迭代时，主机代码调用 cudaMemcpyToSymbol() 函数将 *k*-空间数据的一个块传输到设备常量内存中，然后调用内核来处理这个块。请注意，当 M 不是 CHUNK_SIZE 的整数倍时，主机代码将需要额外的一轮 cudaMemcpyToSymbol() 和一个额外的内核调用来完成剩余的 *k*-空间数据。

图 17.13 展示了一个经过修改的从常量内存访问 *k*-空间数据的核函数。注意指向 kx、ky 和 kz 的指针不再出现在核函数的参数列表中。如图 17.12 所示，kx_c、ky_c 和 kz_c 数组被声明为 __constant__ 关键字下的全局变量。通过从常量缓存中访问这些元素，核函数现在实际上只有对 rMu 和 iMu 数组的四次全局内存访问。编译器通常会意识到这四次数组访问只是对两个位置的访问，那么将只执行两次全局访问：一次是对 rMu[m] 的访问，一次是对 iMu[m] 的访问。这些值将存储在临时寄存器变量中，供其他两个变量使用。这使得最终的内存访问次数为 2。计算与内存访问比率高达 1.63OP/B。虽然这一结果仍然不是十分理想，但已经提高到内存带宽限制不再是限制性能的唯一因素。而正如我们即将看到的，可以执行一些其他优化使计算更加高效，从而进一步提高性能。

如果我们运行图 17.12 和图 17.13 中的代码，会发现在某些设备上的实际性能提升并不像我们所期望的那样高。事实证明，图中所示代码没有达到我们所期望的内存带宽用量减少，因为常量缓存在这段代码上的性能表现并不好。这与常量缓存的设计和 *k*-空间数据的内存布局有关。如图 17.14a 所示，每个常量缓存条目被设计为存储多个连续的字，从而降低常量缓存的硬件成本。当一个元素被加载到缓存中时，周围的几个元素也会被加载到缓存

⊖ 注意，并非所有对于只读数据的访问都像我们所使用的例子一样适用于常量内存。在某些应用中，不同块中的线程访问在迭代中访问不同的输入元素。如此差分的访问模式使得在一个核函数调用启动中很难将足够的数据放入常量内存。

中。这在图 17.14 中以围绕 kx[i]、ky[i] 和 kz[i] 的阴影部分形式呈现。因此，为了支持线程束的每次迭代的有效执行，常量缓存中需要三个缓存行。

```
01  #define FHD_THREADS_PER_BLOCK 1024
02  __global__ void cmpFhD(float* rPhi, iPhi, phiMag,
03                         x, y, z, rMu, iMu, int M) {
04    int n = blockIdx.x * FHD_THREADS_PER_BLOCK + threadIdx.x;
05    float xn_r = x[n]; float yn_r = y[n]; float zn_r = z[n];
06    float rFhDn_r = rFhD[n]; float iFhDn_r = iFhD[n];
07    for (int m = 0; m < M; m++) {
08       float expFhD = 2*PI*(kx_c[m]*xn_r+ky_c[m]*yn_r+kz_c[m]*zn_r);
09       float cArg = cos(expFhD);
10       float sArg = sin(expFhD);
11       rFhDn_r +=  rMu[m]*cArg - iMu[m]*sArg;
12       iFhDn_r +=  iMu[m]*cArg + rMu[m]*sArg;
13    }
14    rFhD[n] = rFhD_r; iFhD[n] = iFhD_r;
15  }
```

图 17.13　为使用常量内存而修改后的 $\boldsymbol{F}^{\mathrm{H}}\boldsymbol{D}$ 核函数

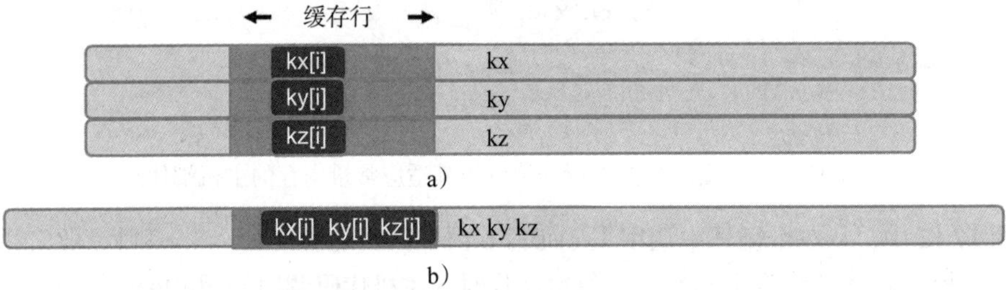

← 缓存行 →

kx[i]　kx
ky[i]　ky
kz[i]　kz

a）

kx[i] ky[i] kz[i]　kx ky kz

b）

图 17.14　*k*-空间样本排布在常量缓存效率上的影响：a）分别存储在不同数组中的 *k*-空间样本，b）以结构体形式存储在一个数组中的 *k*-空间样本

一般来说，计算中会有相当数量的线程束同时在一个 SM 上执行。由于不同的线程束可能在计算互不相干的迭代，这些线程束可能需要许多常量缓存条目。例如，如果我们定义每个线程块有 1024 个线程，并且每个 SM 中指定并行执行两个块，那么在一个 SM 中将有（1024/32）× 2 = 64 个线程束同时执行。同时，如果每个线程束需要至少三个常量缓存行来维持高效执行，在最坏的情况下我们需要总共 64 × 3=192 个缓存行。即使假设平均情况下有三个线程束将在相同的迭代上执行从而共享缓存行，我们仍然需要 64 个缓存行。这被称为所有工作线程束的工作集。

由于成本的限制，一些设备的常量缓存具有较少的缓存行（例如 32）。当没有足够的缓存行来容纳整个工作集时，不同线程束需要访问的数据将开始争夺缓存行。当一个线程束开始计算它的下一次迭代时，因为要为其他线程束需访问的元素腾出空间，此线程束需要访问的下一个元素可能已经被清除。事实证明，在某些设备上，常量缓存的容量确实不足以容纳在一个 SM 中活动的所有线程束的条目。因此常量缓存无法消除大量的全局内存访问。

相关文献中已经对缓存条目的低效使用问题进行了深入研究。我们可以通过调整 *k*-空间数据的内存排布来解决这一问题。解决方案如图 17.14b 所示，基于此解决方案的代码见图 17.15 和图 17.16。与其将 *k*-空间数据的 x、y 和 z 分量分别存储在三个单独的数组中，解决方案是将这些分量存储在一个数组中，数组的元素构成一个结构体。文献中这种声明风格通常被称为*结构体数组*。数组的声明如图 17.15（第 01 ～ 03 行）所示。我们假设内存分配和初始化代码（未展示）已将 *k*-空间数据的 x、y 和 z 分量正确地放置在字段中。通过将 x、 y 和 z 分量存储在数组元素的三个字段中，开发者可以将这些分量在常量内存中强制以连续的方式进行存储。因此线程束的每次迭代所使用的三个分量现在可以被存储在一个缓存条目内，从而减少了所有工作线程束计算所需的条目数。注意到由于我们只有一个数组来保存所有的 *k*- 空间数据，所以可以只使用一个 cudaMemcpyToSymbol 来将整个块复制到设备的常量内存中。假设每个 *k*- 空间样本是单精度浮点数，传输的大小从 4×CHUNK_SIZE 调整为 12×CHUNK_SIZE，从而在一个 cudaMemcpyToSymbol 调用中传输所有三个分量。

```
01  struct kdata {
02     float x, float y, float z;
03  };

04  __constant__ struct kdata k_c[CHUNK_SIZE];
05  …
06  void main() {
07    for (int i = 0; i < M/CHUNK_SIZE; i++){
08       cudaMemcpyToSymbol(k_c,k,12*CHUNK_SIZE,cudaMemCpyHostToDevice);
09       cmpFhD<<<FHD_THREADS_PER_BLOCK, N/FHD_THREADS_PER_BLOCK>>>(…);
10    }
11  }
```

图 17.15　调整 *k*- 空间数据排布以提高缓存效率

```
01  __global__ void cmpFhD(float* rPhi, iPhi, phiMag,
02                        x, y, z, rMu, iMu, int M) {
03    int n = blockIdx.x * FHD_THREADS_PER_BLOCK + threadIdx.x;
04    float xn_r = x[n]; float yn_r = y[n]; float zn_r = z[n];
05    float rFhDn_r = rFhD[n]; float iFhDn_r = iFhD[n];

06    for (int m = 0; m < M; m++) {
07       float expFhD = 2*PI*(k[m].x*xn_r + k[m].y*yn_r + k[m].z*zn_r);
08       float cArg = cos(expFhD);
09       float sArg = sin(expFhD);
10       rFhDn_r +=  rMu[m]*cArg - iMu[m]*sArg;
11       iFhDn_r +=  iMu[m]*cArg + rMu[m]*sArg;
12    }
13    rFhD[n] = rFhD_r; iFhD[n] = iFhD_r;
14  }
```

图 17.16　在 $F^{H}D$ 核函数中调整 *k*- 空间数据内存排布

有了新的数据结构排布，我们还需要修改核函数以使访问按照新的排布进行。新的核函数展示在图 17.16 中。注意，kx[m] 已经变成了 k[m].x，ky[m] 已经变成了 k[m].y，依此类推。这个代码上的小变化可能会显著提高其在某些设备上的执行速度。

### 17.3.3　第 3 步：使用硬件三角函数

CUDA 提供了硬件实现的数学函数，其吞吐量比软件实现高得多。GPU 提供这些三角函数（如 sin() 和 cos()）的硬件实现的动机之一是提高图形应用程序中视角变换的速度。这些函数被实现为由 SFU（特殊函数单元）执行的硬件指令。使用这些函数的过程非常简单：在 cmpFhD 核函数中，我们只需将对 sin() 和 cos() 函数的调用更改为它们的硬件版本：__sin() 和 __cos()。这些是会被编译器识别并翻译成 SFU 指令的内置函数。因为在频繁执行的循环体中会调用这些函数，我们期望调用硬件实现的三角函数能带来显著的性能提升。修改后的 cmpFhD 核函数如图 17.17 所示。

然而，我们需要注意的是从软件函数切换到硬件函数会导致精度降低。硬件实现目前的精度比软件库要低（详情请参阅 CUDA C 编程指南）。在 MRI 的使用情景下，我们需要确保硬件实现能提供足够的精度，如图 17.18 所示。测试过程涉及一个虚构对象的“完美”图像

（$I_0$），有时称为幻象对象。我们使用反向过程生成相应的“扫描”*k*-空间数据，然后通过所提出的重建系统处理合成的扫描数据以生成重建图像（$I$）。之后将完美图像和重建图像中的像素值输入图 17.18 中的峰值信噪比（PSNR）公式中。

```
01  #define FHD_THREADS_PER_BLOCK 1024
02  __global__ void cmpFhD(float* rPhi, iPhi, phiMag,
03          x, y, z, rMu, iMu, int M) {

04    int n = blockIdx.x * FHD_THREADS_PER_BLOCK + threadIdx.x;
05    float xn_r = x[n]; float yn_r = y[n]; float zn_r = z[n];
06    float rFhDn_r = rFhD[n]; float iFhDn_r = iFhD[n];
07    for (int m = 0; m < M; m++) {
08       float expFhD = 2*PI*(k[m].x*xn_r+k[m].y*yn_r+k[m].z*zn_r);
09       float cArg = __cos(expFhD);
10       float sArg = __sin(expFhD);
11       rFhDn_r +=  rMu[m]*cArg - iMu[m]*sArg;
12       iFhDn_r +=  iMu[m]*cArg + rMu[m]*sArg;
13    }
14    rFhD[n] = rFhD_r; iFhD[n] = iFhD_r;
15  }
```

图 17.17　使用硬件函数 `__sin()` 和 `__cos()`

$$\mathrm{MSE}=\frac{1}{mn}\sum_{i}\sum_{j}(I(i,j)-I_0(i,j))^2 \quad \mathrm{PSNR}=20\log_{10}\left(\frac{\max(I_0(i,j))}{\sqrt{\mathrm{MSE}}}\right)$$

图 17.18　验证硬件函数正确性的指标

使用硬件函数引起的 PSNR 变化的通过标准取决于图像的预期应用。在我们的案例中，我们与临床 MRI 领域的专家合作以确保由于硬件函数而引起的 PSNR 变化在应用中保持在可接受的范围内。在医生使用图像来形成对于损伤的印象或对于疾病的评估这种应用场景中，还需要对图像质量进行目视检查。图 17.19 展示了原始“真实”图像的不同视觉效果。图像展示了在 CPU 双精度和单精度上的实现都达到了 27.6dB 的 PSNR，远高于应用中的可接受水平。目视上的对比也展示了重建图像确实与原始图像相对应。与简单的双线性插值 gridding/iFFT 相比，迭代重建的优势在图 17.19 中也很明显。使用简单的 gridding/iFFT 重建的图像的 PSNR 仅为 16.8dB，远低于迭代重建方法实现的 27.6dB 的 PSNR。

图 17.19 中对 gridding/iFFT 图像（图像 2）的目视上的检验还显示存在严重的伪影，这可能会显著影响图像的诊断用途。这些伪影在迭代重建方法的图像中不会出现。

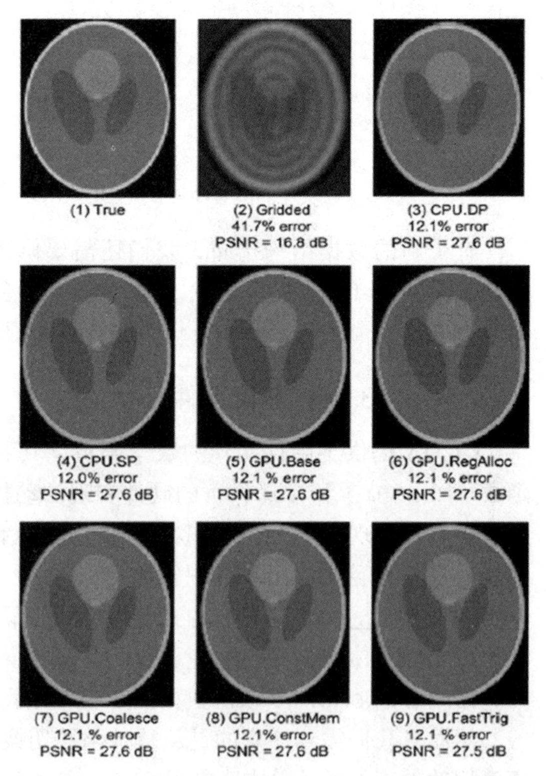


图 17.19　不同 $\boldsymbol{F}^{\mathrm{H}}\boldsymbol{D}$ 实现下的浮点精度和准确度验证

当我们从 CPU 上的双精度算术转向单精度算术时，PSNR 没有明显的降级，仍保持在 27.6dB。当我们将三角函数从软件库移至硬件单元时，我们观察到 PSNR 的微小降级，从 27.6dB 降至 27.5dB。轻微的 PSNR 损失在应用中处于可接受范围内。通过目视检查可以确认，与原始图像相比，重建图像没有明显的伪影。

### 17.3.4　第 4 步：实验性能调优

到目前为止，我们还没有确定内核的适当配置参数值。一个内核配置参数是每个块的线程数：为充分利用每个 SM 的线程容量，在每个块中配置足够数量的线程是必需的。另一个内核配置参数是在图 17.17 中 `for` 循环的循环体（第 07 行）中应该展开多少次，这可以通过使用 `#pragma unroll` 语句后跟我们希望编译器在循环上执行的展开次数来设置。一方面，展开循环可以减少开销指令的数量，潜在地减少处理每个 *k*-空间样本数据所需的时钟周期数；另一方面，过多的展开可能会增加寄存器的使用量，随之减少一个 SM 中所能容纳的块的数量。

注意，这些配置的效果不是相互孤立的。一个参数值的增加可能会占用本可以用来增加另一个参数值的资源。因此，可以以实验的方式，通过尝试大量的参数组合来共同评估这些参数。在 $\boldsymbol{F}^{H}\boldsymbol{D}$ 的情况下，与仅探索一些有前途的趋势即启发式调优搜索相比，通过系统地搜索所有组合并选择具有最佳测定运行时间的组合，性能将提高约 20%。Ryoo 等人（2008）提出了一种基于帕累托最优曲线的方法，用于筛选掉大部分不良的组合。

## 17.4　总结

在本章中，我们介绍了将循环密集型应用——MRI 图像的迭代重建——从其串行形式进行并行化和优化的关键步骤。我们从合适的并行化组织形式开始：分散法与聚集法。我们展示了从分散法转变为聚集法的转换是避免原子操作的关键，原子操作可能会显著降低并行执行的性能。我们讨论了实际的技术，即循环分裂和循环交换，这些技术是使聚集法并行化成为可能的关键。

我们进一步介绍了优化技术的应用，如将数组元素转存至寄存器中、使用常量内存 / 缓存来存储输入元素，并使用硬件函数来改善并行内核的性能。正如我们所讨论的，从基本版本到最终优化版本，速度提升了约 103 倍。

在并行化和优化之前，$\boldsymbol{F}^{H}\boldsymbol{D}$ 的计算在执行时间中几乎占据了 100%。一个有趣的现象是，在优化完成后，CG 求解器（图 17.3 中的“求解 $\boldsymbol{\rho}$”步骤）实际上可能会比 $\boldsymbol{F}^{H}\boldsymbol{D}$ 计算花费更多的时间。这是因为我们已经大大加速了 $\boldsymbol{F}^{H}\boldsymbol{D}$。任何进一步的加速工作都需要加速 CG 求解器：成功完成并行化和优化后，$\boldsymbol{F}^{H}\boldsymbol{D}$ 计算时间仅占大约 50%，另外的 50% 主要花费在 CG 求解器中。这是并行化真实应用中的一个众所周知的现象：因为成功的并行化工作加速了执行中耗时的阶段，所以主导执行时间变为计算中其他曾经微不足道的部分。

## 练习

1. 循环分裂将一个循环分成两个循环。使用图 17.4 中的 $\boldsymbol{F}^{H}\boldsymbol{D}$ 代码，列举外部循环体两个部分的执行顺序：内部循环之前的语句和内部循环。
   a. 在循环分裂之前，从外部循环的不同迭代中列举这些部分的执行顺序。
   b. 在循环分裂之后，列举这些部分的执行顺序。

c. 确定练习中 a 和 b 的执行结果是否相同。执行结果相同的判断条件是如果一个部分所需的所有数据在该部分执行之前被正确生成并保留以供其使用，并且该部分的执行结果不会被原始执行顺序中应该在该部分之后执行的其他部分覆盖。

2. 循环交换将内部循环与外部循环进行交换，反之亦然。使用图 17.9 中的循环，列举在循环交换之前和之后循环体实例的执行顺序。

a. 在循环交换之前的不同迭代中，列举循环体的执行顺序。用 m 和 n 的值标识这些迭代。

b. 在循环交换之后的不同迭代中，列举循环体的执行顺序。用 m 和 n 的值标识这些迭代。

c. 确定练习中 a 和 b 部分的执行结果是否相同。执行结果相同的判断条件是如果一个部分所需的所有数据在该部分执行之前被正确生成和保留以供其使用，并且该部分的执行结果不被原始执行顺序中应在该部分之后执行的其他部分覆盖。

3. 在图 17.11 中，识别 x[] 和 kx[] 的访问方式在索引性质上的区别。利用这种区别解释为什么尝试将 kx[n] 加载到图 17.11 所示核函数的寄存器中是没有意义的。

## 参考文献

Liang, Z.P., Lauterbur, P., 1999. Principles of Magnetic Resonance Imaging: A Signal Processing Perspective. John Wiley and Sons.

Ryoo, S., Ridrigues, C.I., Stone, S.S., Stratton, J.A., Ueng, Z., Baghsorkhi, S.S., et al., 2008. Program optimization carving for GPU computing. J. Parallel Distrib. Comput. Available from: https://doi.org/10.1016/j.jpdc.2008.050.011.

Stone, S.S., Haldar, J.P., Tsao, S.C., Hwu, W.W., Sutton, B.P., Liang, Z.P., 2008. Accelerating advanced MRI reconstruction on GPUs. J. Parallel Distrib. Comput. 68 (10), 1307–1318. Available from: https://doi.org/10.1016/j.jpdc.2008.050.013.

# 静电势能图

前面的案例研究使用了一个统计估算应用来说明选择适当级别的循环嵌套以进行并行执行的过程，通过转换循环来减少内存访问干扰、使用常量内存来放大只读数据的内存带宽、使用寄存器来减少内存带宽的消耗，并使用特殊的硬件功能单元来加速三角函数。在本章的案例研究中，我们讨论基于常规网格数据结构的分子动力学应用，以说明优化技术的应用。这些技术可以实现全局内存访问、合并和计算吞吐量改进。与之前的案例研究一样，我们给出了静电势能图计算核函数的多种实现，每个版本都在前一个版本的基础上进行了改进。每个版本都采用了来自第 6 章的一种或多种实用技术。其中一些技术在之前的案例研究中已经使用过，但有些是不同的，例如系统性重用计算结果、线程粒度粗化和快速边界条件检查。本章的应用案例研究表明，有效地使用这些实用技术可以显著提高应用的计算吞吐量。

## 18.1 背景

本案例研究基于视觉分子动力学（Visual Molecular Dynamics，VMD）(Humphrey et al., 1996)。VMD 是一个流行的软件系统，旨在显示、动画化和分析生物分子系统。VMD 拥有超过 20 万名注册用户。它是现代“计算显微镜”的重要基础，生物学家可以利用它观察对传统显微镜技术来说过小的生命形式（如病毒等）。VMD 内置了对生物分子系统分析的强大支持，比如计算分子系统在空间格点上的静电势值（本章的重点）。同时，由于其多功能性和用户可扩展性，它也是用于显示其他大型数据集（如序列数据、量子化学模拟数据和体数据）的流行工具。

尽管 VMD 被设计为可运行在各种硬件上，包括笔记本电脑、台式机、集群和超级计算机，但大多数用户将 VMD 用作桌面级科学应用，进行交互式三维（3D）可视化和分析。对于运行时间过长以至于无法进行交互式使用的计算，VMD 还可以以批处理模式运行从而生成供以后使用的视频。加速 VMD 的动机是提高批处理模式作业的速度以达到交互式使用，这可以极大地提高科学研究的生产力。随着桌面 PC 中 CUDA 设备的广泛普及，VMD 加速将对 VMD 用户社区产生广泛影响。到目前为止，VMD 的多个方面已经通过 CUDA 进行了加速，包括电静势图计算、离子放置、分子轨道计算和显示，以及蛋白质中气体迁移途径的成像。

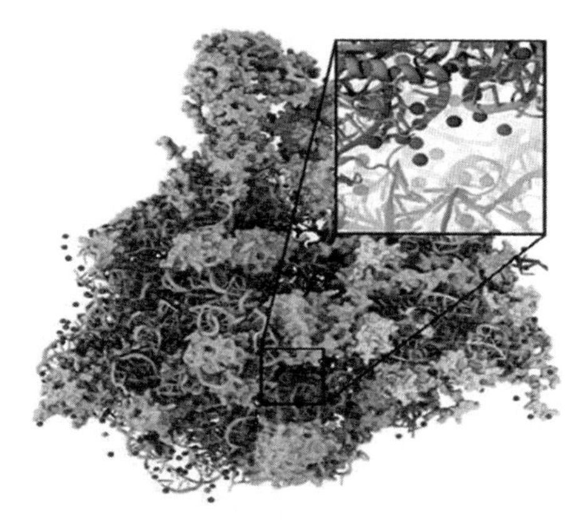

图 18.1 在为分子动力学模拟构建稳定结构时使用的静电势能图

本案例研究涉及的计算是在网格空间中计算静电势能图。这种计算通常用于将离子放置到分子结构中，从而进行分子动力学模拟。图 18.1 展示了将离子放置到蛋白质结构中，为分子动力学模拟做准备。在这个应用中，静电势能图用于识别根据物理定律可以放置离子的空间位置（红点）。该功能还可以用于计算分子动力学模拟过程中的时间平均电场势图，这对于模拟过程以及模拟结果的可视化和分析非常有用。

计算静电势能图的方法有多种。其中，直接库仑求和（Direct Coulomb Summation，DCS）法是一种高精度的方法，特别适用于 GPU（Stone et al.，2007）。DCS 方法通过加和系统中所有原子对格点处静电势能值的贡献来计算每个网格点的静电势能值。图 18.2 中展示了这种方法。原子 i 对晶格点 j 的贡献是原子 i 的电荷除以晶格点 j 到原子 i 的距离。由于需要对所有网格点和所有原子进行计算，计算量与系统中的原子总数和网格点总数的乘积成比例。对于现实的分子系统，这个乘积可能非常大。因此，传统上计算静电势能图以 VMD 批处理作业形式进行。

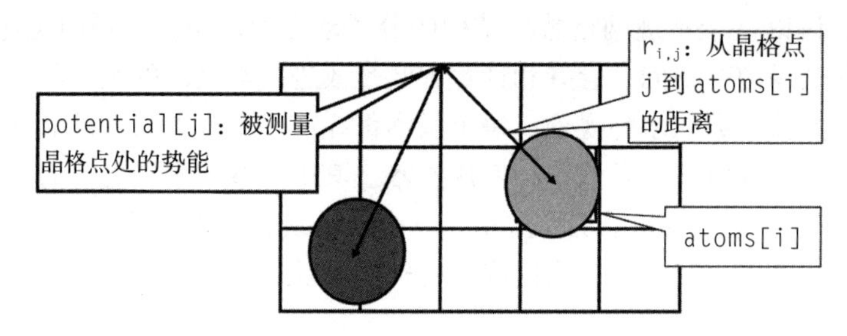


图 18.2　atoms[i] 在晶格点 j 处贡献的静电势能（potential[j]）是 atoms[i].charge/$r_{i,j}$。在直接库仑求和法中，在晶格点 j 处的总势能为系统中所有原子的贡献总和

## 18.2　核函数设计：分散法与聚集法

图 18.3 展示了 DCS 的基础 C 代码。该函数被编写为处理三维（3D）网格的二维（2D）切片。为处理模拟空间的所有切片，该函数将被重复调用。函数的结构非常简单，有三层 for 循环：外部的两层循环迭代网格点空间的 y 维度和 x 维度；对于每个网格点，最内层的循环迭代所有原子，计算所有原子对该网格点的静电势能贡献。注意每个原子由 atoms[] 数组的连续四个元素表示：前三个元素存储原子的 x、y 和 z 坐标，第四个元素存储原子的电荷。在最内层循环结束时，累积值被写入网格数据结构，然后外层循环迭代并开始下一个网格点的计算。

```
01 void cenergy(float *energygrid, dim3 grid, float gridspacing, float z,
02                      const float *atoms, int numatoms) {
03   int atomarrdim = numatoms * 4; //x,y,z, and charge info for each atom
04   for (int j=0; j<grid.y; j++) {
        // calculate y coordinate of the grid point based on j
05      float y = gridspacing * (float) j;
06      for (int i=0; i<grid.x; i++) {
           // calculate x coordinate based on i
07         float x = gridspacing * (float) i;
08         float energy = 0.0f;
09         for (int n=0; n<atomarrdim; n+=4) {
10            float dx = x - atoms[n  ];
11            float dy = y - atoms[n+1];
12            float dz = z - atoms[n+2];
13            energy += atoms[n+3] / sqrtf(dx*dx + dy*dy+ dz*dz);
```

图 18.3　一段未经优化的二维切片上的 DCS C 代码

```
14         }
15         energygrid[grid.x*grid.y*z + grid.x*j + i] = energy;
16       }
17     }
18   }
```

图 18.3　一段未经优化的二维切片上的 DCS C 代码（续）

注意，图 18.3 中的 DCS 函数通过将网格点索引值与网格点间距相乘即可即时计算每个网格点的 x 和 y 坐标。这是一种均匀网格，所有网格点在三个维度中的间距都相同。该函数利用了同一切片中的所有网格点具有相同的 z 坐标这一事实。这个值由函数的调用者预先计算，并作为函数参数（z）传入。对于图 18.3 中的串行 C 代码，仍然有可优化之处，优化后可以显著提高其执行速度。

图 18.4 展示了带有部分优化的 DCS C 代码，以提高其执行速度和效率。首先，图 18.3 中的最内层循环（n 循环）已经转移到了最外层循环（图 18.4 中的第 05 行）。因此代码改为遍历所有原子。对于每个原子，内层循环（i 循环和 j 循环）将原子的贡献分散到所有网格点上。正如我们在第 17 章中所讨论的，由于图 18.3 中的三层循环都是完全嵌套的且所有迭代彼此独立，因此循环交换是可行的。

```
01 void cenergy(float *energygrid, dim3 grid, float gridspacing, float z,
02              const float *atoms, int numatoms) {
03   int atomarrdim = numatoms * 4; //x,y,z, and charge info for each atom
     // starting point of the slice in the energy grid
04   int grid_slice_offset = (grid.x*grid.y*z) / gridspacing;
     //  calculate potential contribution of each atom
05   for (int n=0; n<atomarrdim; n+=4) {
06      float dz = z - atoms[n+2];  // all grid points in a slice have the same
07      float dz2 = dz*dz;          // z  value, no recalculation in inner loops
08      float charge = atoms[n+3];
09      for (int j=0; j<grid.y; j++) {
10         float y = gridspacing * (float) j;
11         float dy = y - atoms[n+1];  // all grid points in a row have the same
12         float dy2 = dy*dy;          // y value
13         int grid_row_offset =  grid_slice_offset+ grid.x*j;
14         for (int i=0; i<grid.x; i++) {
15            float x = gridspacing * (float) i;
16            float dx = x - atoms[n    ];
17            energygrid[grid_row_offset+i] += charge / sqrtf(dx*dx + dy2+ dz2);
18         }
19      }
20   }
21 }
```

图 18.4　一段部分优化后的二维切片上的 DCS C 代码

循环交换使两种优化方式变得可能。首先，原子与平面上所有网格点之间的 z 分量相同，可以一次性计算整个网格点切片的距离。因此计算可以在两个内层循环之外完成（图 18.4 中的第 06 ～ 07 行）。与之相似的是原子与同一行中所有网格点之间的 y 分量相同，计算可以在最内层循环之外完成（图 18.4 中的第 11 ～ 12 行）。相比之下，在图 18.3 的最内层循环中，距离的 y 和 z 分量都是在最内层循环计算的。距离分量计算量的大幅减少使得图 18.4 中的 C 代码速度更快。这种优化方式无法在图 18.3 中完成，因为其在最内层循环才遍历所有原子，所以更改遍历到的原子对象时必须重新计算距离的 x、y 和 z 分量。

对于 GPU 计算，我们假设主机端程序在系统内存中输入并维护原子电荷及坐标。我们还假设主机端程序在系统内存中维护网格点数据结构。DCS 核函数被设计为处理静电势能网格点结构的二维切片（注意不要将此处的网格与线程网格混淆）。这些网格点类似于第 8 章中讨论的离散化网格点。对于每个二维切片，CPU 将其网格数据传输到设备全局内存。与第 17 章中的 *k*- 空间数据类似，原子信息也被分块以适应常量内存大小。对于每个原子信息块，CPU 将块传输到设备的常量内存、调用 DCS 核函数计算当前块对当前切片的贡献，并准备传输下一个块。在处理了当前切片的所有原子信息块之后，将切片传回以更新 CPU 系统内存中的网格点数据结构。然后转移至下一个切片进行计算。

现在让我们专注于 DCS 核函数的设计。将图 18.4 中优化过的 C 代码并行化的过程非常自然，优化所得核函数如图 18.5 所示。定义的常量 `CHUNK_SIZE` 指定每次核函数调用应传输到 GPU 常量内存中的原子数，`CHUNK_SIZE*4` 的值应小于或等于 64K。核函数中的一个线程与图 18.4 中最外层循环的一次迭代一一对应，并将其分配的原子的贡献分散到所有网格点。然而，正如我们在第 17 章中所学到的，这种分散并行化方法需要使用原子操作来更新能量网格点（第 17 ～ 18 行），这将显著降低并行计算速度。

```
01  __constant__ float atoms[CHUNK_SIZE*4];
02  void  __global__ cenergy(float *energygrid, dim3 grid, float gridspacing,
03                           float z) {
04    int n = (blockIdx.x * blockDim .x + threadIdx.x) * 4;
05    float dz = z-atoms[n+2];  // all grid points in a slice have the same
06    float dz2 = dz*dz;        // z value
      // starting position of the slice in the energy grid
07    int grid_slice_offset = (grid.x*grid.y*z) / gridspacing;
08    float charge = atoms[n+3];
09    for (int j=0; j<grid.y; j++) {
10       float y = gridspacing * (float) j;
11       float dy = y-atoms[n+1];    // all grid points in a row have the same
12       float dy2 = dy*dy;          // y value
         // starting position of the row in the energy grid
13       int grid_row_offset =  grid_slice_offset+ grid.x*j;
14       for (int i=0; i<grid.x; i++) {
15           float x = gridspacing * (float) i;
16           float dx = x - atoms[n    ];
17           atomicAdd(&energygrid[grid_row_offset+i],
18                        charge / sqrtf(dx*dx+dy2+dz2));
19       }
20    }
21  }
```

图 18.5　使用分散法的 DCS 核函数

我们可以改用聚集法以在每个线程中计算所有原子对一个网格点的累积贡献。这确实不失为一种好方法，每个线程将写入自己的网格点而无须使用原子操作。然而，这就要求循环执行顺序与图 18.3 中未优化的 C 代码的顺序相同，也就是说，我们将并行化一个较慢的 C 实现。这展示了在并行化应用程序时经常遇到的困境：优化后的串行代码不如未优化的串行代码易于并行化。不利之处在于每个线程内的执行速度可能会大幅降低，这可能会最终导致失去并行化的速度优势。我们将在本章最后重新讨论这一点。

图 18.6 展示了基于聚集法的核函数，该核函数修改自图 18.3 中未优化的 C 代码。我们构建一个与二维电势网格点组织相匹配的二维线程网格。为此，我们需要将图 18.3 中的两

个外层循环（第 04 ～ 06 行）修改为完全嵌套的循环，以便我们可以使用每个线程执行两级循环的一次迭代。我们可以执行循环分裂（与之前的案例研究中相同），或者将 y 坐标的计算（图 18.3 中的第 05 行）移到内层循环中。前者需要创建一个新数组来保存所有 y 值，并且会导致核函数需要通过全局内存进行数据通信。后者会增加 y 坐标计算的次数。在本案例中我们选择执行后者，因为在内层循环中只需要增加可以轻松容纳的少量计算，这不会显著增加内层循环的执行时间。被吸收到内层循环中的工作量远小于第 17 章中此方法的工作量。前者由于线程中被分配的工作较少，核函数中还要添加启动开销。所选的转换允许所有 i 和 j 的迭代并行执行。这是计算所做工作量和实现的并行性水平之间的权衡。

```
01  __constant__ float atoms[CHUNK_SIZE*4];
02  void __global__ cenergy(float *energygrid, dim3 grid, float gridspacing,
03                          float z, int numatoms) {
04     int i = blockIdx.x * blockDim.x + threadIdx.x;
05     int j = blockIdx.y * blockDim.y + threadIdx.y;
06     int atomarrdim = numatoms * 4;
07     int k = z / gridspacing;
08     float y = gridspacing * (float) j;
09     float x = gridspacing * (float) i;
10     float energy = 0.0f;
       // calculate potential contribution from all atoms
11     for (int n=0; n<atomarrdim; n+=4) {
12        float dx = x - atoms[n  ];
13        float dy = y - atoms[n+1];
14        float dz = z - atoms[n+2];
15        energy += atoms[n+3] / sqrtf(dx*dx + dy*dy + dz*dz);
16     }
17     energygrid[grid.x*grid.y*k + grid.x*j + i] += energy;
18  }
```

图 18.6　使用聚集法的 DCS 核函数

在图 18.6 的核函数代码中，图 18.3 中的两个外层循环已被移除，并由核函数调用中的计算配置参数替代（图 18.6 中的第 04 ～ 05 行）。在每个线程网格内，线程块被组织成计算网格结构中的片状静电势。在最简单的核函数中，每个线程计算一个网格点的值。在更复杂的核函数中，每个线程计算多个网格点，并利用网格点计算之间的冗余性来提高执行速度。这是第 6 章中讨论的线程粗化优化的示例，将在下一节中讨论。

由于执行速度没有受到原子操作的阻碍，图 18.6 中核函数的性能相当不错。另外，在代码中可以看到每个线程对于每四个内存元素访问进行九次浮点运算。每个原子的 atoms[] 数组元素都在每个流多处理器（SM）的硬件常量缓存中缓存，并广播给大量线程。这些常量内存元素在线程之间的大量重用使得常量缓存非常有效，消除了绝大部分 DRAM 访问。最终，全局内存带宽对于本核函数不再是一个限制性因素。

## 18.3　线程粗化

尽管图 18.6 中的核函数通过常量缓存避免了全局内存瓶颈，但每九次浮点运算仍需执行四次常量内存访问指令。这些内存访问指令消耗了本可以用来增加浮点指令执行吞吐量的硬件资源。此外，这些内存访问指令的执行会产生能耗，这是许多大规模并行计算系统的一个重要限制因素。本节将展示如何使用线程粗化技术将多个线程合并在一起，以便可以一次性从常量内存中获取 atoms[] 数据，存储在寄存器中，并用于多个能量网格点的计算。

此外，如图 18.7 所示，沿着同一行（y 维度）的所有能量网格点具有相同的 y 坐标。因此，原子的 y 坐标与沿着行中任何网格点的 y 坐标之间的差值具有相同的值。在图 18.6 中的 DCS 核函数中，当计算原子与网格点之间的距离时，所有线程都会冗余地为同一行中的所有网格点执行这个计算。我们可以消除这种冗余并提高执行效率。

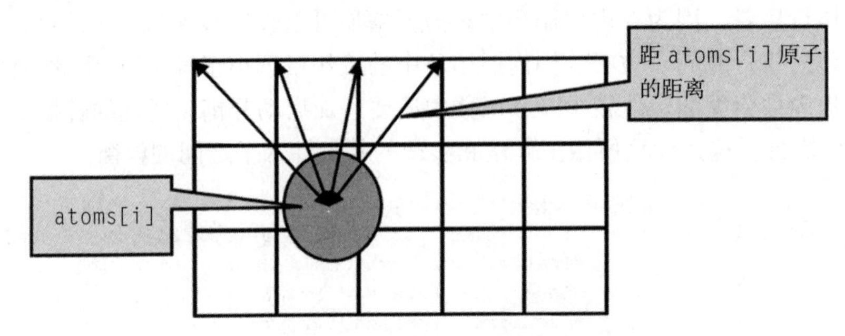


图 18.7 在多个网格点间重用计算结果

我们的方法是让每个线程计算同一行中多个能量网格点的静电势能。图 18.8 核函数中的每个线程计算四个网格点。对于每个原子代码只计算 dy（即 y 坐标的差值）一次（第 21 行）。然后代码计算表达式 dy*dy+dz*dz 并将其保存到自动变量 dysqdzsq 中，该变量被赋值给一个寄存器（第 23 行）。对于所有四个网格点，这个值都是相同的，电荷信息也从常量内存中获取并存储在自动变量 charge 中（第 24 行）。因此，对于 energy0 到 energy3 的计算都可以使用寄存器中存储的值。

```
01  __constant__ float atoms[CHUNK_SIZE*4];
02  #define COARSEN_FACTOR 4
03  void __global__ cenergy(float *energygrid, dim3 grid, float gridspacing,
04                          float z, int numatoms) {
05     int i = blockIdx.x * blockDim.x*COARSEN_FACTOR + threadIdx.x;
06     int j = blockIdx.y * blockDim.y + threadIdx.y;
07     int atomarrdim = numatoms * 4;
08     int k = z / gridspacing;
09     float y = gridspacing * (float) j;
10     float x = gridspacing * (float) i;
11     float energy0 = 0.0f;
12     float energy1 = 0.0f;
13     float energy2 = 0.0f;
14     float energy3 = 0.0f;
15     // calculate potential contribution from all atoms
16     for (int n=0; n<atomarrdim; n+=4) {
17        float dx0 = x - atoms[n  ];
18        float dx1 = dx0 +   gridspacing;
19        float dx2 = dx0 + 2*gridspacing;
20        float dx3 = dx0 + 3*gridspacing;
21        float dy = y - atoms[n+1];
22        float dz = z - atoms[n+2];
23        float dysqdzsq = dy*dy + dz*dz;
24        float charge = atoms[n+3];
25        energy0 += charge / sqrtf(dx0*dx0 + dysqdzsq);
26        energy1 += charge / sqrtf(dx1*dx1 + dysqdzsq);
27        energy2 += charge / sqrtf(dx2*dx2 + dysqdzsq);
28        energy3 += charge / sqrtf(dx3*dx3 + dysqdzsq);
29     }
```

图 18.8 线程粗化后的 DCS 核函数

```
30      energygrid[grid.x*grid.y*k + grid.x*j + i  ] += energy0;
31      energygrid[grid.x*grid.y*k + grid.x*j + i+1] += energy1;
32      energygrid[grid.x*grid.y*k + grid.x*j + i+2] += energy2;
33      energygrid[grid.x*grid.y*k + grid.x*j + i+3] += energy3;
34  }
```

图 18.8 线程粗化后的 DCS 核函数（续）

类似地，原子的 x 坐标也从常量内存中读取并用于计算 dx0 到 dx3（第 17 ～ 20 行）。总之，如此设计核函数能在处理四个网格点的原子时消除 3 次原子 y 坐标常量内存访问、3 次原子 x 坐标访问、3 次原子电荷访问、3 次浮点减法操作、5 次浮点乘法操作和 9 次浮点加法操作。那么对图 18.8 中的核函数代码统计可得，处理四个网格点的每次循环迭代需执行 4 次常量内存访问、3 次浮点减法、11 次浮点加法、6 次浮点乘法以及 4 次浮点除法。

读者可验证图 18.6 版本的 DCS 核函数需执行 16 次常量内存访问、12 次浮点减法、12 次浮点加法、12 次浮点乘法和 12 次浮点除法，总共 48 次浮点运算用于相同的四个网格点。从图 18.6 到图 18.8，总计从 16 次常量内存访问和 48 次运算减少到 4 次常量内存访问和 24 次浮点运算，这是非常可观的一个数目。可以预期核函数的计算时间和能耗都会有相当大的改善。

这种优化的成本是每个线程需要使用更多寄存器。这可能会降低每个 SM 可以容纳的线程数。然而由于寄存器数量保持在允许的限制范围内，其不会限制 GPU 计算资源的占用率。

## 18.4 内存合并

虽然图 18.8 中的 DCS 核函数性能非常高，但线程的内存写入效率低下。在第 30 ～ 33 行，每个线程需写入四个相邻的网格点。这就意味着每个线程束中相邻线程的写入模式会导致未合并的全局内存写入。在核函数中不合并写入会导致两个问题。首先，每个线程计算四个相邻的网格点，因此对于写入 energygrid[] 数组的每个语句，线程束中的线程不会访问相邻的位置。注意到两个相邻的线程访问的内存位置间相隔四个元素，因此，由线程束中的所有线程写入的 32 个位置是分散的，在加载 / 写入位置之间有三个元素的间隔。这个问题可以通过将相邻的网格点分配给块中相邻的线程来解决。我们首先将在 x 维上分配 blockDim.x 个连续的网格点给线程。然后我们将其后 blockDim.x 个网格点分配给相同的线程。重复此分配过程，直到每个线程具有所应计算数量的网格点。这种分配方式在图 18.9 中说明。

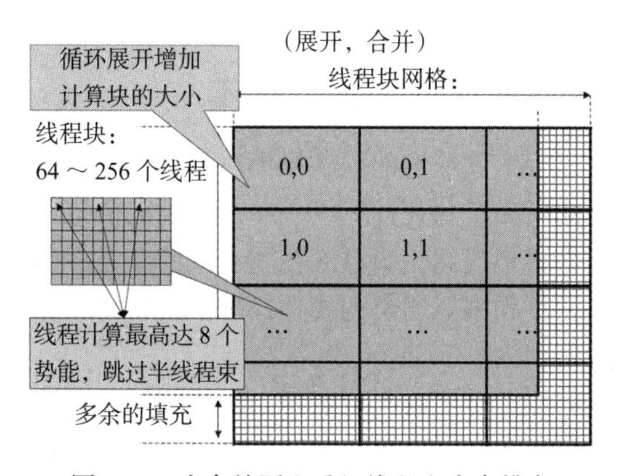


图 18.9 为合并写入重组线程和内存排布

具有粗化线程粒度和对网格点分配到线程的合并感知的核函数代码如图 18.10 所示。注意在线程所被分配的网格点里，用于计算原子到网格点距离的 x 坐标由 blockDim.x*gridspacing 偏移。这是由于分配给线程的四个网格点的 x 坐标相互间隔 blockDim.x 个网格点。在循环结束后，在内存中写入 energygrid 数组时索引相互间隔 blockDim.x。自此对 energygrid 数组的所有写入都可合并，核函数性能将优于图 18.8。

```
01 __constant__ float atoms[CHUNK_SIZE*4];
02 #define COARSEN_FACTOR 4
03 void __global__ cenergy(float *energygrid, dim3 grid, float gridspacing,
04                          float z, int numatoms) {
05     int i = blockIdx.x * blockDim.x*COARSEN_FACTOR + threadIdx.x;
06     int j = blockIdx.y * blockDim.y + threadIdx.y;
07     int atomarrdim = numatoms * 4;
08     int k = z / gridspacing;
09     float y = gridspacing * (float) j;
10     float x = gridspacing * (float) i;
11     float energy0 = 0.0f;
12     float energy1 = 0.0f;
13     float energy2 = 0.0f;
14     float energy3 = 0.0f;
15     // calculate potential contribution from all atoms
16     for (int n=0; n<atomarrdim; n+=4) {
17         float dx0 = x - atoms[n  ];
18         float dx1 = dx0 +   blockDim.x * gridspacing;
19         float dx2 = dx0 + 2*blockDim.x * gridspacing;
20         float dx3 = dx0 + 3*blockDim.x * gridspacing;
21         float dy = y - atoms[n+1];
22         float dz = z - atoms[n+2];
23         float dysqdzsq = dy*dy + dz*dz;
24         float charge = atoms[n+3];
25         energy0 += charge / sqrtf(dx0*dx0 + dysqdzsq);
26         energy1 += charge / sqrtf(dx1*dx1 + dysqdzsq);
27         energy2 += charge / sqrtf(dx2*dx2 + dysqdzsq);
28         energy3 += charge / sqrtf(dx3*dx3 + dysqdzsq);
29     }
30     energygrid[grid.x*grid.y*k + grid.x*j + i              ] += energy0;
31     energygrid[grid.x*grid.y*k + grid.x*j + i +   blockDim.x] += energy1;
32     energygrid[grid.x*grid.y*k + grid.x*j + i + 2*blockDim.x] += energy2;
33     energygrid[grid.x*grid.y*k + grid.x*j + i + 3*blockDim.x] += energy3;
34 }
```

图 18.10 线程粗化及内存合并后的 DCS 核函数

## 18.5 用于数据尺寸可扩展性的截断分箱

通常情况下，我们可以为解决给定的问题提出多种算法。其中一些算法所需的计算步骤较少，一些算法比其他算法更易于并行计算，一些算法的数值稳定性更好，一些算法消耗的内存带宽较低。然而，通常很难找到一个算法在所有这四个方面都优于其他算法。在给定问题和分解策略的情况下，并行程序员通常需要选择一个能在给定硬件系统上实现最佳权衡的算法。

一般来说，解决同一问题的算法方案应该得出相同的解。在这一要求下可以通过优化计算来获得更高的效率和 / 或更多的并行性。在一些应用中，如果问题可以接受最终解上的略微改变，那么就可以应用更“激进”的算法策略。一种重要的算法策略，称为*截断求和*，可以通过牺牲一小部分准确性来显著提高网格算法（如静电势能计算）的执行效率。这是基于这样的事实：大多网格计算问题是基于物理法则的，也就是说对于某个网格点，其上来自远离网格点的粒子或样本的数值贡献可以通过一种隐式方法进行集体处理，此方法的计算复杂性要低得多。

图 18.11 说明了如何将截断求和策略应用于静电势能计算。图 18.11a 展示了在本章前几节中讨论过的直接求和算法。每个网格点接收来自所有原子的贡献。尽管这是一种并行度很高的方法，可以实现出色的加速，但由于系统中原子数量与系统体积的成比例增加，在体积极大的能量网格系统中此方法无法很好地实现可扩展性——计算量将随体积的平方增加。对于大体积系统，这种增加会导致计算时间过长，即使在大规模并行设备上也无法解决此问题。

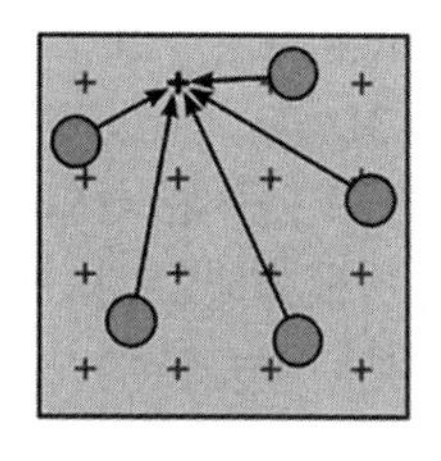

a）直接求和：在每一个网格点上，对所有电荷的静电势能求和

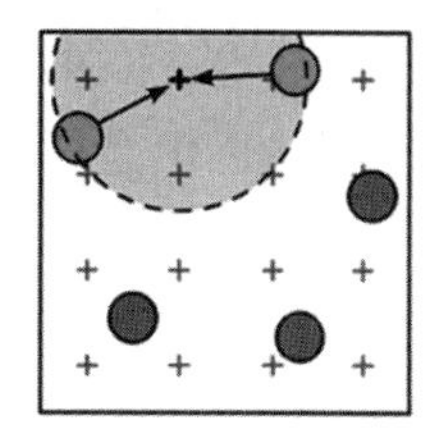

b）截断求和：对于相邻电荷的静电势能进行求和，首先对电荷按照空间距离排序

图 18.11　直接求和（图 a）与截断求和（图 b）

我们了解到，每个网格点仅需要获得与它相近原子的准确贡献值。由于贡献值与距离成反比，远离网格点的原子对网格点能量的实际贡献很小。图 18.11b 用一个围绕网格点的圆说明了这一事实。来自圆外的原子（深色原子）对网格点能量的贡献值很小，可以通过单独的隐式方法处理。如果我们能够设计出一种算法，使每个网格点只从其坐标为圆心固定半径内的原子处获得贡献值，算法的计算复杂性将减少到与系统体积成线性比例，算法的计算时间亦将如此。这种算法在串行计算中被广泛使用。

在串行计算中，简单的截断算法每次处理一个原子。对于每个原子，算法会遍历坐标在原子半径内的网格点。由于网格点存储在数组中，可以轻松以索引作为其坐标函数，此过程非常简单。通过对图 18.4 中 DCS 的 C 实现代码进行轻微修改，可以得到截断算法的 C 实现。算法通过限制内部循环的 i 和 j 范围以获得落于计算半径内的能量网格点。然而，这个简单的过程并不容易并行化：正如我们在 18.2 节中讨论过的，原子中心的并行化由于其分散的内存更新行为而导致性能较差。

因此我们需要找到一种基于网格中心问题分解的截断分箱算法：每个线程计算一个网格点的能量值。幸运的是，有一种广为人知的方法可以将直接求和算法（例如图 18.10 中的算法）改进为截断分箱算法。Rodrigues 等人为静电势能问题提出了这样的算法（Rodrigues et al.，2008）。

该算法的关键思想是首先根据输入原子的坐标将其分箱。每个箱子对应于能量网格空间中的一个方框，框内包含所有坐标落在框内的原子。箱子被实现为多维数组：x、y 和 z 维度以及第四维度，即箱内的原子组成的向量。

我们为网格点定义了一组“邻域”箱，其中包含所有对网格点处能量值做出贡献的原子。图 18.12 展示了网格点邻域箱的示例。注意围绕网格点的九个箱子与截断距离圆相互重叠。为了正确进行

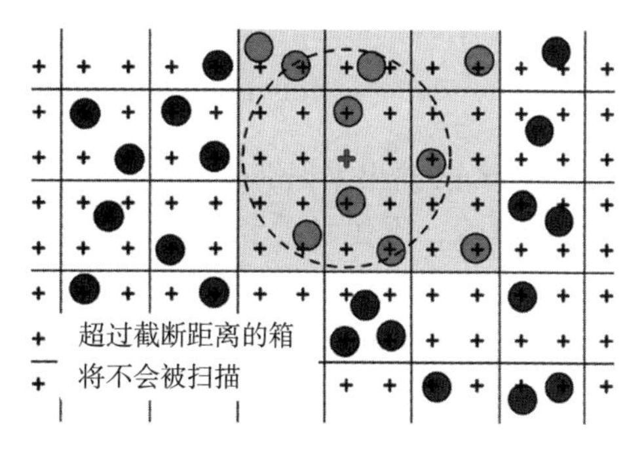


图 18.12　一个网格点的领域箱

截断求和，我们需要确保所有邻域箱中的原子都被考虑在内，以计算其对网格点做出的贡献。注意一些邻域箱中的原子可能不在截断半径范围内。因此在处理邻域箱中的原子时，所有线程都需要检查该原子是否落入截断半径范围内。这可能会导致一个线程束中的线程之间出现一些控制发散。

尽管图 18.12 只显示了一层（2D）包含网格点的邻域箱，但真实的算法通常会在一个网格点的邻域内包含多个 3D 箱。在这种方法中，所有线程都会遍历自己的邻域。它们使用块和线程索引来识别其被分配的网格点坐标，并使用这些坐标来识别哪些箱应当被计算。在考虑邻域箱问题时可以将其视为能量网格空间中的一个模板。然而，涉及在给定截断半径的情况下确定邻域箱的计算是一个复杂的几何问题，其求解可能很耗费时间。因此块中所有线程的邻域箱通常直接被定义好，并在启动线程网格之前完成计算。

图 18.13 展示了邻域箱的按块设计。根据块维度和网格间距，我们可以计算每个块覆盖的能量网格空间的面积（在 3D 中是体积）。图 18.13 中，我们将块覆盖的区域绘制为正方形。为了简单起见，我们假设每个块被一个箱所覆盖，也就是说，所有落入相同正方形的原子将被收集到同一个箱中。例如，如果网格间距为 0.5Å，块中共有 8×8×8 个网格点，每个块将覆盖一个 4Å×4Å×4Å 能量网格空间中的立方体（即每个箱的大小）。一般而言，如果我们假设计算分子级力的截断距离为 12Å，则需要识别出所有可能被 512 个圆中的任意一个完全或部分覆盖的箱子，这些圆的圆心分别位于块 / 箱中的一个网格点处，一个网格点被一个线程覆盖。我们还可以使用保守估计：绘制一个位于箱中心超级圆，其半径是截断距离加上箱对角线的一半。简单推理可得这个超级圆将覆盖所有圆心位于该箱内的圆，哪怕是圆心位于箱最边缘的圆。我们可以创建一个列表，其中包含完全或部分被超级圆覆盖的箱的相对位置。

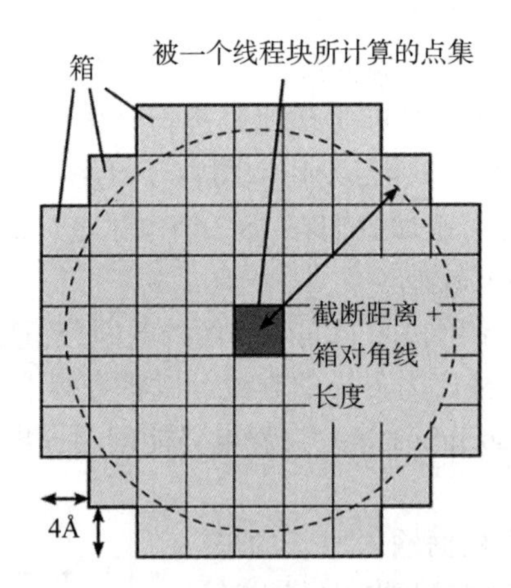


图 18.13　识别一个块内所有网格点的邻域箱

图 18.14 给出了识别邻域箱的一个例子。可以看到，对于每个箱子，有 9 个箱子完全被超级圆覆盖，还有 12 个箱子部分被覆盖。我们可以生成一个包含这 21 个邻域箱的列表，块中的每个线程都需要检查列表中的箱以查找该线程所覆盖的网格点的截断距离内的原子。这些箱以箱坐标的相对偏移（relative offset）形式表示。例如，完全被超级圆覆盖的 9 个箱子可以表示为列表（–1，–1）、（0，–1）、（1，–1）、（–1，0）、（0，0）、（1，0）、（–1，1）、（0，1）和（1，1），如图 18.14 的上图所示。该列表大部分情况下将会以常量内存数组的形式提供

给核函数。在核函数执行期间，块中的所有线程都会遍历邻域列表。对于每个邻域箱求解过程，线程将偏移应用于由块覆盖的箱坐标，并导出邻域箱坐标，如图 18.14 的下图所示。线程间协作将箱中的原子加载到共享内存中，然后每个线程单独检查这些原子是否在其覆盖的网格点的截断距离之内。每个线程单独决策是否包含或排除每个原子为其覆盖的网格点做出的能量值贡献。

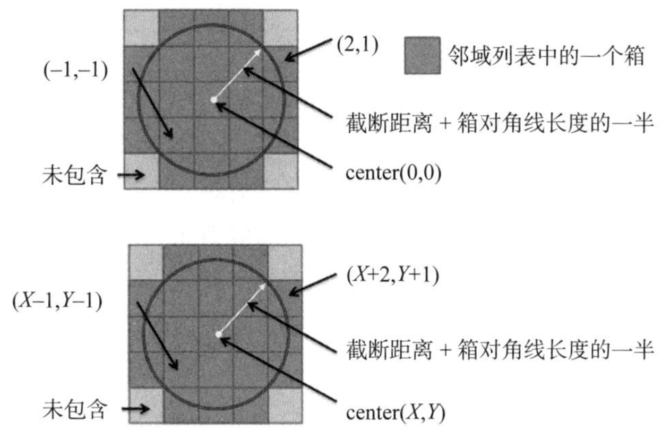


图 18.14　使用相对偏移的邻域列表

截断分箱算法对于计算复杂性的改进主要来自算法中每个线程在大型网格系统中仅检查由邻域箱定义的一小部分原子。然而这将使得以常量内存形式存储原子变得不那么有吸引力。由于线程块将访问不同邻域，有限大小的常量内存可能无法容纳所有工作线程块所需计算的所有原子。这就导致需要使用全局内存来存储更大的原子集。为减少带宽消耗，块中的线程间协同将共同邻域箱中的原子信息加载到共享内存中，然后所有线程才会检查共享内存中的原子。

分箱存在一个微妙的问题，那就是箱中可能最终含有不同数量的原子。由于原子在网格系统中是统计分布的，某些箱子可能有很多原子，而某些箱子可能根本没有原子。为了保证内存合并，必须要求所有箱大小相同，并且要在适当的合并边界上进行对齐。这就要求我们在一些箱中填充电荷为 0 的虚拟原子。而这一行为会产生两个负面效应：首先，虚拟原子占据全局内存和共享内存存储空间，并消耗设备的数据传输带宽；其次，虚拟原子会延长箱中实际原子较少的线程块的计算时间。

一个好的方法是将箱大小设置为一个合理的水平。合理的箱大小应大于绝大多数箱中的原子数，并通常远小于一个箱子中最大可能的原子数。分箱过程将维护一个溢出列表。在处理一个原子时，如果原子所属的原箱已满，那么该原子将被添加到溢出列表中。设备端计算完核函数后，网格点能量值结果将传输回主机端。主机端在溢出列表中的原子上执行一个串行截断算法以添加这些溢出原子缺失的贡献。

只要溢出原子占所有原子的比例较小（例如小于 3%），溢出原子的附加串行处理时间通常会比设备端的执行时间短。我们还可以更改核函数设计，使每个核函数调用计算一组网格点的能量值。在每个核函数完成后，主机端启动下一个核函数并处理已完成核函数的溢出原子。这样，主机端将在设备端执行下一个核函数时处理溢出原子。这种方法可以隐藏大部分（可能不是全部）处理溢出原子的延迟，因为其与下一个核函数的计算并行进行。

## 18.6 总结

本章介绍了在定间距能量网格中并行计算静电势能的一系列决策和权衡。我们展示了将高度优化的 DCS 方法的串行 C 实现并行化，最终会得到一个慢速的、需要大量原子操作的分散核函数。随后我们展示了可以将优化度不高的串行 C 代码并行化为具有更高并行执行速度的聚集核函数。我们还展示了通过线程粗化，可以重获优化后串行执行的大部分效率。我们进一步证明了通过仔细选择每个线程需要覆盖的网格点，核函数可以具有完全合并的内存写入模式。

虽然 DCS 是计算分子系统静电势能图的高精度方法，但它不具有可扩展性。该方法执行的操作数与原子数和网格点数成比例增长。当我们增加待模拟的分子系统的物理体积时，预期网格点数和原子数都会与物理尺寸成比例增加。因此，要执行的操作数将大致与物理体积的平方成比例，也就是说，要执行的操作数将与模拟中的系统体积的平方成比例增长。这使得 DCS 方法不适用于模拟现实生物系统。我们展示了通过稍微降低精度，结合分箱技术实现的截断求和方法可以在保留高度并行性的同时显著改善计算复杂度。

## 练习

1. 对于图 18.6，用所有运行配置参数完成配置网格并调用核函数的主机端代码。
2. 假设粗化因子为 8，对比图 18.8 中的核函数与图 18.6 中每次迭代的操作数（内存加载、浮点运算、分支）。注意前者的每次迭代相当于后者的 8 次迭代。
3. 对于增加每个 CUDA 线程中所需完成的工作量（如 18.3 节所示），给出两个可能的缺点。
4. 使用图 18.13 解释当块中的线程处理邻域表中的箱时，为何可能出现控制发散。

## 参考文献


Humphrey, W., Dalke, A., Schulten, K., 1996. VMD – visual molecular dyanmics. J. Mole. Graph. 14, 33–38.

Rodrigues, C.I., Hardy, D.J., Stone, J.E., Schulten, K., Hwu, W.M., 2008. GPU acceleration of cutoff pair potentials for molecular modeling applications. In *Proceedings of the Fifth Conference on Computing Frontiers* (pp. 273–282).

Stone, J.E., Phillips, J.C., Freddolino, P.L., Hardy, D.J., Trabuco, L.G., Schulten, K., 2007. Accelerating molecular modeling applications with graphics processors. J. Comput. Chem. 28, 2618–2640.

第 19 章

Programming Massively Parallel Processors: A Hands-on Approach, Fourth Edition

# 并行编程与计算思维

到目前为止，我们已经集中讨论了并行编程中的实际知识，包括 CUDA 编程接口特性、GPU 架构、性能优化技术、并行模式和应用案例研究。在本章中，我们将讨论更抽象的概念。我们将并行编程泛化为一种计算思维过程，其中涉及设计或选择并行算法、将问题领域分解为明确定义、协调一致且可被所选算法高效执行的工作单元。具有强大计算思维技能的程序员不仅能分析问题领域的结构，还可以进行转换：哪些部分本质上是串行的，哪些部分适合高性能并行执行，以及从前者转换为后者所涉及的领域上的特定权衡。通过良好的算法选择和问题分解，程序员可以在并行性、工作效率和资源消耗之间达到适当的折中。在解决具有挑战性的领域问题时，通常需要领域知识和计算思维技能的强大结合。本章将帮助读者更深入地了解并行编程和计算思维的一般性概念。

## 19.1 并行计算的目标

在讨论并行编程的基本概念之前，有必要先回顾一下我们需要进行并行计算的三个主要目标。第一个目标是在更短的时间内解决给定的问题。例如，一家投资公司可能需要在交易后运行金融投资组合风险分析软件包，对其所有投资组合进行分析。这样的分析在串行计算机上可能需要耗费 200 个小时。然而，投资组合管理过程可能要在 4 小时内完成分析，以便及时进行基于分析结果的重要决策。使用并行计算可以加速分析过程，确保在所需的时间窗口内完成。

使用并行计算的第二个目标是在给定的时间内解决更大规模的问题。在金融投资组合分析的示例中，投资公司可能能够使用串行计算在给定的时间窗口内对其当前投资组合运行风险分析。然而，假设公司计划扩大其投资组合的持仓数量。规模更大的问题会导致串行分析超出允许的时间窗口。并行计算能减少更大规模问题的运行时间，帮助企业适应所计划的投资组合扩张。

使用并行计算的第三个目标是在给定的时间内获得给定问题的更好的解决方案。投资公司可能一直在其投资组合风险分析中使用近似模型。使用更准确的模型可能会增加计算复杂性，并使串行计算机上的运行时间超出允许的时间窗口。例如，更准确的模型可能要求考虑更多类型的风险因素之间的相互作用，这就需要使用更复杂的数值公式。并行计算可以减少更准确的模型的运行时间，从而在允许的时间窗口内完成分析。

在实践中，使用并行计算可能是上述三个目标的综合体现。

从我们的讨论中可以看出，并行计算主要受到提速的驱动。实现第一个目标需要在当前问题规模上运行现有模型时提速，实现第二个目标需要在更大问题规模上运行现有模型时提速，实现第三个目标需要在当前问题规模上运行更复杂的模型时提速。显然，通过并行计算提速可以综合实现这些目标。例如，通过并行计算可以减少更复杂的模型在更大问题规模上的运行时间。

此外，从我们的讨论中也可以看出，适合并行计算的应用通常涉及大问题规模和高复杂性。换句话说，这些应用处理大量的数据、在每次迭代中需要大量的计算或对数据执行多次迭代。不涉及大问题规模或不具有高建模复杂性的应用往往能在较短的时间内完成，并不需要太多提速。

一个真实的应用通常由多个模块共同协作完成。图 19.1 展示了一个分子动力学应用的主要模块。对于系统中的每个原子，应用程序需要计算作用在原子上的各种形式的力，如振动力、旋转力和非键合力。每种形式的力都是用不同的方法计算的。在高层次上，编程人员需要决定如何组织这些工作。注意这些模块之间的工作量可能会有很大的差异。非键合力的计算通常涉及许多原子之间的相互作用，并且比振动力和旋转力需要更多的计算。因此这些模块往往被实现为对力数据结构的单独遍历。

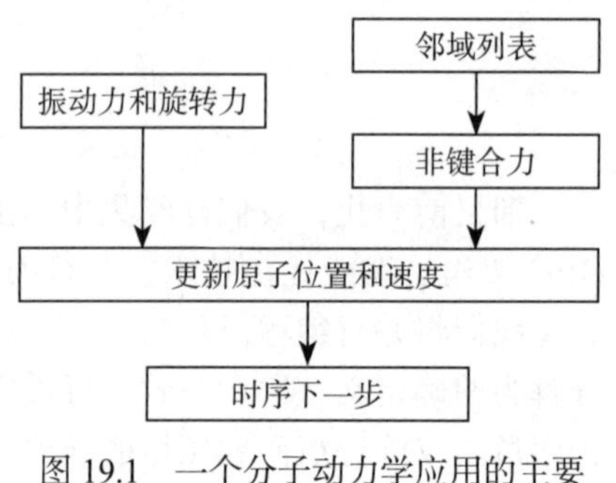


图 19.1　一个分子动力学应用的主要问题

程序员需要决定是否值得在 CUDA 设备端上实现每一次遍历。例如，编程人员可能认为计算振动力和旋转力的工作不值得在 GPU 设备上执行。若如此规划，最后完成的 CUDA 程序中启动的核函数只为所有网格点计算非键合力场，同时在主机端为网格点计算振动力和旋转力。更新原子位置和速度的模块也可以在主机端运行：首先将主机端的振动力和旋转力与设备端的非键合力组合在一起，然后使用组合力来计算新的原子位置和速度。

设备端所执行的任务比例最终将决定通过并行化实现的应用级加速。举例来说，假设非键合力计算占原始串行执行时间的 95%，并且使用 GPU 加速了 100 倍。我们进一步假设应用程序的其余部分保留在主机端并且没有加速。应用级提速为 1/( 5% + 95%/100 ) = 1/( 5% + 0.95%) = 1/ ( 5.95%) = 17 倍。在主机端和 CUDA 设备端计算可重叠的情况下，并行部分的执行时间将完全覆盖在主机端执行时间中。应用级速度提升将是 1/ ( 5%) = 20 倍。这是 Amdahl 定律的一个示例：并行计算所提供的应用程序速度提升受限于应用程序的串行部分。在这种情况下，尽管应用程序的串行部分相当少 ( 5%)，但高达 100 倍的非键合力计算提速将被其制约，最终应用级提速被限制在 20 倍，尽管非键合力的计算被完全涵盖在主机端串行部分的执行时间内。这个例子说明了在加速大型应用程序时面临的主要挑战：在 CUDA 设备上不值得并行执行的小工作的累积执行时间可能最终成为用户所看到的提速限制因素。我们在第 17 章中就看到过这种现象：CG 计算成为速度提升的限制因素，尽管它仅占原始应用程序执行时间的约 1%。

Amdahl 定律经常推动程序员实现任务级并行。尽管其中一些较小的任务不值得进行细粒度的大规模并行执行，但在数据集足够大的情况下，可能也希望将其中一些任务与其他任务并行执行。这可以通过使用多核主机并行执行此类任务来实现。另一种方法是尝试同时执行多个小核函数，每个核函数对应一个任务。CUDA 设备支持使用流进行任务并行，这将在第 20 章中讨论。

减少串行任务影响的另一种方法是以分层方式利用数据并行性。例如，在分子动力学应用的消息传递接口（Message Passing Interface，MPI）实现中，通常会将大块空间网格及其相关原子分配到计算集群网络的节点上。通过使用每个节点的主机为其原子块计算振动力和旋转力，我们可以利用多个主机 CPU 的优势，并为这些较小的模块实现加速。每个节点可以使用 CUDA 设备在更高水平的速度提升下计算非键合力。节点间需要交换数据以计算跨块的力以及跨块边界移动的原子。我们将在第 20 章中讨论更多关于 MPI 和 CUDA 联合编程的细节。在此我们的主要观点是 MPI 和 CUDA 可以在实际应用中以互补的分层方式使用，共同在大数据集上实现更高的计算速度。

并行编程过程通常可以分为三个步骤：算法选择、问题分解和性能优化与调优。最后一步是之前章节的重点，并在第 6 章中做了一般性讨论。在接下来的两节中，我们将深入讨论前两步。

## 19.2　算法选择

算法是一个逐步进行的过程，每一步都被精确地说明并且可以被计算机执行。算法必须具备三个基本特性：明确性、有效可计算性和有限性。明确性指的是每一步都应被精确说明，不存在关于要做什么的模糊性；有效可计算性表示每一步都可以被计算机执行；有限性意味着算法必须保证能终止。

在面对一个问题时，我们通常可以提出多个解决问题的算法。其中一些算法比其他算法需要的计算步骤更少（具有较低的算法复杂度），一些算法比其他算法的可并行化程度更高，一些算法比其他算法更普遍适用，一些算法比其他算法具有更好的准确性或数值稳定性。不幸的是，往往并不存在某个算法能在所有这些方面都比其他算法更好。并行编程程序员通常需要选择一个能在给定的硬件系统上取得最佳平衡的算法。

在本书的一些章节中，我们已经看到了评估不同算法时所做的权衡。在第 11 章中，我们比较了两种不同的并行前缀和算法，即 Kogge-Stone 算法和 Brent-Kung 算法。我们的分析显示 Brent-Kung 算法具有较低的算法复杂度——执行相同计算所需的操作数较少，这使得它的工作效率更高。然而，我们的分析也展示了 Kogge-Stone 算法比 Brent-Kung 算法具有更高的可并行性，使其能够在更少的迭代中完成。算法复杂度和算法的可并行性之间的权衡是并行编程程序员常遇到的典型问题。最佳算法通常取决于目标并行硬件的特性，以及算法的高复杂性在多大程度上可以通过将两个并行算法或一个并行算法与一个较低复杂度的串行算法经线程粗化结合起来而减轻。

在第 13 章中，我们比较了两种不同的并行排序算法：基数排序和归并排序。基数排序是一种非比较排序算法，因此其算法复杂度比归并排序低。同时，基数排序也非常适合并行化。然而，基数排序并不通用，其只适用于某些特定类型的键；而归并排序作为一种基于比较的排序算法则更加通用，可以用于任何在其上具有明确的比较操作定义的键。在选择并行算法时，通用性和并行执行效率之间的权衡是并行编程程序员面临的另一个挑战。

在第 18 章中，我们比较了两种不同的计算方法，分别是直接库仑求和（DCS）和截断求和（Rodrigues et al.，2008）。这两种方法的可并行性相同，并具有相同的通用性，然而，它们呈现了算法复杂度和准确性之间的经典权衡。截断求和算法通过牺牲一小部分准确性显著提高了网格计算的计算效率。该技术所解决的挑战是，完全准确的方法（如 DCS）所执行的计算量与体积的平方成正比增长。对于大体积系统，这种增长使得计算过程即使对于大规模并行设备来说也变得过于冗长。截断求和法基于这样的事实：大多数网格计算问题是基于物理法则的，也就是说对于某个网格点，其上来自远离网格点的粒子或样本的数值贡献可以通过一种隐式方法以更低的算法复杂度集体处理。尽管算法复杂度和准确性之间的这种权衡不是并行编程所独有的，也会在串行实现中遇到，但其可能会给并行编程程序员带来额外的挑战。我们在本节的剩余部分中以截断求和算法为例展示了可能会遇到的额外挑战。

在串行计算中，简单的截断算法一次处理一个原子。对于每个原子，算法在迭代中处理落在原子坐标的某个截断半径范围内的网格点。这是一个简单直接的过程，可以根据它们的坐标将网格点索引到数组中。然而这个简单的过程却不容易在并行执行中实现，这是因为以原子为中心的分解由于其分散的内存访问行为而导致算法性能较差。因此我们需要使用以网格为中心的截断分箱算法：每个线程计算一个网格点的能量值。该算法的关键思想是首先根据坐标将输入原子分配到箱中。每个箱对应于网格空间中的一个盒子，其中包含所有坐标落在盒子内的原子。我们为网格点定义一个“邻域”箱集合，以包含所有能够对网格点的能量值产生贡献的原子。在第 18 章中，我们描述了管理所有网格点的邻域箱的高效方法。在这种算法中，所有块都遍历自己的邻域箱，而块中的所有线程则一起扫描这些邻域箱中的原子，但对每个原子是否落在其截断半径内做出单独的决策。

分箱面临的一个微妙的问题是，不同的箱可能包含的原子数量不同。有些箱可能有很多原子，而有些箱可能根本没有原子。一个常见的解决方案是将箱的大小设置在一个合理的水平，且通常远小于一个箱中最大可能的原子数。分箱过程会维护一个溢出列表。当原子被分配至箱内时，如果一个原子的主箱已满，则将原子添加到溢出列表中。在设备端完成用于计算静电势能图的截断求和核函数的计算后，溢出列表中的原子再被处理以补全其贡献。

图 19.2 展示了各种静电势能图算法和实现的可扩展性及性能对比。注意 CPU-SSE3 曲线基于串行截断求和算法。如图 19.2 所示，对于小体积（约 1000Å³）的图，主机端（带有 SSE 的 CPU）的执行速度比使用 DCS 核函数快。这是因为对于如此小的体积，工作量并不足以充分利用 CUDA 设备的优势。然而对于适中的体积（在 2000 到 500 000Å³ 之间），DCS 核函数的性能明显优于主机端，这归因于其大规模并行性。但是正如我们所预料的，当体积大小达到约 1 000 000Å³ 时，DCS 核函数的可扩展性变差，运行时间甚至超过了 CPU 上的串行算法。这是因为 DCS 核函数的算法复杂度高于串行截断算法，所以核函数上所需计算的工作量增速远比串行算法的工作量增速快得多。对于体积大于 1 000 000Å³ 的图，工作量甚至大到超过了硬件计算资源的处理能力。

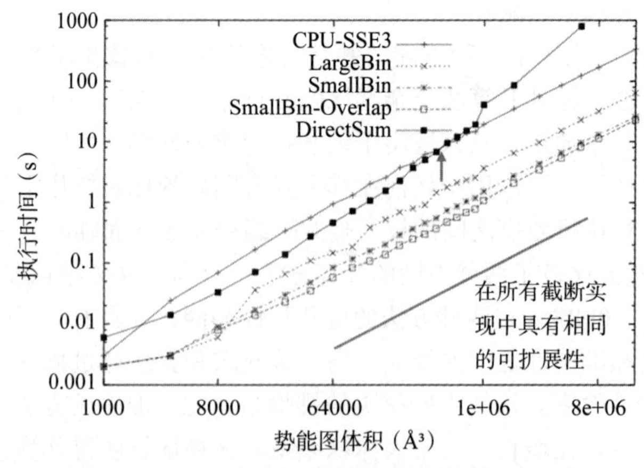


图 19.2　DCS 与截断分箱算法的可扩展性及性能

图 19.2 还展示了三个基于分箱的截断求和算法实现的运行时间。SmallBin 实现对应于第 18 章中讨论的邻域箱列表方法，允许运行相同核函数的块处理不同的原子邻域。SmallBin 实现确实会产生更多的指令开销，用于将原子从全局内存加载到共享内存中。对于

适中的体积，整个系统中的原子数量有限，而更少的原子计算量并不足以补偿额外的指令开销。SmallBin-Overlap 实现将串行的溢出原子处理与下一个核函数计算重叠。它在运行时间上具有虽然不庞大但很明显的改进，超过了 SmallBin 实现。SmallBin-Overlap 实现相较于高效串行 CPU-SSE 截断求和实现达到了 17 倍的加速，并在大体积上维持了其可扩展性。

## 19.3　问题分解

在选择适当的算法后，对于需要使用并行计算解决的问题，必须将问题形式化为可被分解成多个可完全同时计算的子问题形式。在此种形式化和分解下，程序员编写代码、组织数据以并行地解决这些子问题。在大型计算问题中找到并行性通常在概念层面很简单，但付诸实践时颇具挑战。关键是要识别每个并行执行单元需要完成的工作以充分利用问题的固有并行性。

对问题进行分解以进行并行计算的两种最常见的策略是输出中心分解和输入中心分解。顾名思义，输出中心分解策略从并行处理不同数据输出单元的角度进行线程分配，而输入中心分解策略从并行处理不同数据输入单元的角度进行线程分配。这两个分解策略在图 19.3 中进行了说明。虽然这两种分解策略最终的执行结果相同，但在给定的硬件系统中，两种分解策略的性能表现可能会非常不同。输出中心分解通常使用内存聚集访问行为，其中每个线程将输入值的影响汇总或收集到一个输出值中。图 19.3a 展示了聚集访问行为。在 CUDA 设备端上通常倾向于使用基于聚集的访问模式，这是由于线程可以将结果累积在私有寄存器中。此外，多个线程可以共享输入，并可以有效地使用常量内存缓存或共享内存来节省全局内存带宽。

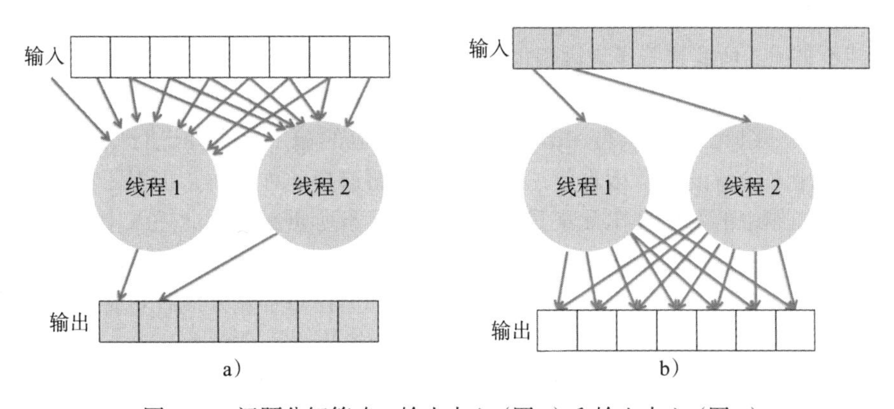


图 19.3　问题分解策略：输出中心（图 a）和输入中心（图 b）

相比之下，输入中心分解通常呈现出分散内存访问行为，其中每个线程将输入值的影响分散到输出值中。图 19.3b 展示了分散行为。CUDA 设备中对于分散式访问模式的支持程度并不高，因为多个线程会同时更新同一个网格点，所以网格点必须存储在所有与之相关的线程都可以写入的内存中。在多个线程同时写入输出值时，必须使用原子操作来防止竞争和值丢失。这些原子操作比在输出中心分解中使用的寄存器访问要慢得多。

除了聚集与分散访问模式之外，为了有针对性地为特定程序选择输出中心分解或输入中心分解（或其他分解），还可能需要考虑其他因素。根据应用程序的不同，考虑因素包括分解后是否具有高可并行性、将输入 – 输出数据进行匹配的难易程度、问题分解所引发的负载均衡问题等。

在第 17 章和第 18 章中，输入中心和输出中心分别使用了这两种分解策略，且两者都被实现并被明确地进行了比较。然而在本书大量对于计算的讨论中亦隐含着对于问题分解做出的设计决策。在此我们将重新审视这些计算，以强调在每种情况下所选的问题分解法，以及为何其优于其他分解。

图像处理（第 3 章）、矩阵乘法（第 3 章、第 5 章和第 6 章）、卷积（第 7 章）以及模板（第 8 章）计算都使用输出中心分解策略进行并行化。即在计算中线程被分配给输出元素（图像像素、矩阵条目或网格点），在对输出做出贡献的输入元素上迭代。相反，输入中心分解策略将线程分配给输入元素，每个线程都会在迭代中将其涵盖的输入元素贡献计算到对应的输出元素中，并使用原子操作进行更新。在这种情况下，输出中心分解相对于输入中心分解的优势建立在使用聚集访问模式而避免了原子操作上，同时没有其他需要考量的、使输入中心分解更有利的因素。此时有足够多的输出元素以暴露高并行性，识别每个输出元素所对应的输入元素简单直接，而且所有输出元素的计算工作量相同，不存在负载不平衡。

直方图计算（第 9 章）使用输入中心分解策略进行并行化。即每个线程被分配给一个或一组输入元素，并根据输入值来更新输出区间。由于多个线程可能会更新同一个输出区间，因此需要原子操作（分散访问模式）。若采取另一种方法，输出中心分解将线程按输出区间分配，每个线程搜索被映射至该线程上的输入值，并相应地更新区间。因为每个输出区间将由单个线程更新（聚集访问模式），这种分解将消除对于原子操作的需求。然而输出中心分解会产生许多其他问题。首先，输出区间的数量通常比输入值的数量要小得多，因此并行性大大降低；其次，线程无法在不检查输入值的情况下知道哪些输入值映射到其负责的输出区间，因此每个线程都需要遍历每个输入值，大大降低了工作效率；最后，即使线程有某种方法能够快速识别映射到其输出区间的输入值，每个区间上所映射的输入值数量也会不同，这会在线程之间导致负载不平衡。所有这些考虑因素使得输入中心分解对于直方图计算更有利。

归并操作通过使用输出中心分解进行并行化。也就是说，每个线程被分配给输出数组中的一个元素（或一组元素），执行二分搜索来找到相应的输入元素并进行归并。虽然许多其他更适合输出中心分解的计算因聚集法优于分散法而选择此种分解，但对于归并操作而言并非如此。归并操作中的每个输出元素只由一个输入元素所贡献，因此输入中心的归并操作不需要使用原子操作。然而，输入中心的归并操作要么会使查找线程负责的输入元素与相应的输出元素之间的映射的开销变得更加代价高昂，要么会在每个输入线程负责不同数量的输入元素时产生高负载不均衡。因此，此处更倾向于使用输出中心分解。

对于稀疏矩阵计算（第 14 章），SpMV/COO 核函数使用输入中心分解，其中线程被分配给输入矩阵中的非零元素，并原子地更新相应输出向量元素（分散访问模式）。其他核函数使用输出中心分解，其中线程被分配给输出向量元素，并在输入矩阵的非零元素上进行迭代（聚集访问模式）。尽管输入中心的 SpMV/COO 核函数需要执行原子操作，但它在其他方面具有优势，例如更高的并行化程度和更好的负载均衡。最终的结论是对于此计算的最佳分解取决于输入数据集。此外，混合的 ELL-COO 格式示例展示了混合的输出中心和输入中心分解可能是有益的。

对于图遍历，顶点中心的外推实现和边中心实现都使用了输入中心分解。在这种情况下，线程被分配给顶点或边，更新相邻顶点的级别。相反，顶点中心的拉取实现使用输出中心分解，每个线程仅更新其分配的顶点的级别。在此处进行不同分解之间的选择时，无须考虑分散和聚集访问模式之间的权衡。这是因为两种方式对级别值的更新是幂等的而不需要原子操作。然而，由访问模式而体现出的并行性和两种访问模式实现后的负载均衡是决定哪种分解模式更有利的决定性考量方面。最佳分解模式最终取决于输入数据集。读者可以在第 15 章中了解更多操作细节。

迭代式 MRI 重建问题和静电势能计算问题都更倾向于输出中心分解，此处分散模式相对于聚集模式的优势在于避免了原子操作。这两章中已深入讨论了两种分解策略之间的区别。迭代 MRI 重建问题处理大量的 *k*-空间采样数据。每个 *k*-空间采样数据在计算其对重建体素数据的贡献时也会被多次使用。对于高分辨率重建，每个样本数据被多次使用。我们展示了 MRI 重建中 $\boldsymbol{F}^{\mathrm{H}}\boldsymbol{D}$ 问题的一种良好输出中心分解。在此分解下形成的每个子问题使用聚集策略计算一个 $\boldsymbol{F}^{\mathrm{H}}\boldsymbol{D}$ 元素的值。

类似地，静电势能计算问题涉及许多输入原子对大量输出格点的势能贡献的计算。实际分子系统模型通常至少涉及成千上万的原子和数百万的能量格点。每个原子的静电荷信息在计算其对能量格点的贡献时被多次使用。我们展示了静电势能图计算问题的分解可以是以原子为中心（即输入中心）或以格点为中心（即输出中心）的。在以原子为中心的分解中，每个线程负责计算一个原子对所有格点的影响；相比之下，以格点为中心的分解使用每个线程来计算所有原子对一个格点的影响。经证明，以格点为中心的分解更好，这是因为它使用了更有利的聚集访问模式。两种分解所开发出的并行性是充足的。对于截断求和算法，其克服了以格点为中心的分解中输入数据映射到输出数据的困难，并且通过在前面讨论的 SmallBin-Overlap 实现克服了由于分箱引起的负载不平衡。

## 19.4　计算思维

计算思维可以说是并行应用开发中最重要的方面（Wing，2006）。我们将计算思维定义为以计算步骤和算法来形式化领域问题的思维过程。与其他思维过程和问题解决技能类似，计算思维是一门艺术。正如我们在第 1 章中提到的，我们建议迭代式地讲授计算思维，通过这种方法学生可以在实际经验和抽象概念之间来回切换。

现已有大量关于各种算法、问题分解和优化策略的文献。本书很难全面覆盖所有这些可用的技术，对此，我们仅讨论了一部分广泛适用的技术。虽然这些技术是使用 CUDA C 实现进行演示的，但它们可以帮助读者在总体上建立计算思维基础。我们相信人类在自底向上学习时会获得最好的学习效果，也就是说，我们首先在特定编程模型的背景下学习概念并打下坚实的基础，然后再将知识泛化到其他编程模型。通过深入的 CUDA C 实现经验，我们逐渐熟悉并行程序，这甚至将帮助我们学习可能与 GPU 无关的并行编程和计算思维概念。

对于并行程序员来说，掌握高效的计算思维需要学习一系列技能，这些基础技能包括：

- 计算机架构：内存组织、缓存和局部性、内存带宽、SIMT/SPMD/SIMD 执行、浮点精度与准确性。这些概念在理解算法、问题分解和优化之间的权衡时至关重要。
- 编程接口和编译器：并行执行模型、可用内存类型、支持的同步类型、数组数据布局和线程粒度转换。这些概念在思考数据结构和循环结构的安排以实现更好性能时是必需的。
- 领域知识：问题形式化、硬约束与软约束、数值方法、精度、准确性和数值稳定性。理解这些基本规则可以使开发人员在应用算法技术时更有创造力。

我们的目标是为所有这些领域提供坚实的基础。读者在完成本书后应继续扩展自己在这些领域的知识。更重要的是，在建立更多计算思维技能方面，最好的方法是继续解决具有出色计算解决方案的具有挑战性的问题。

有效地使用计算的最终目标是使科学变得更好，而不仅仅是更快。这就要求我们重新审视之前的假设，并真正思考如何应用大规模并行处理这一重要工具。换句话说，诺贝尔奖或者图灵奖并不会颁给仅仅进行“重新编译”或在相同的计算方法上增加更多线程的人。真正重要的科学发现更可能来源于全新的计算思维。这也是在算力发展的黄金时代以新方式解决新问题的目标。

对于计算密集型应用，有三种不同难度、复杂度和潜在回报的方法，我们称之为“良好”“更优”和“最优”。

“良好”的方法只是简单地“加速”传统的程序代码。最基础的方式就是在新平台或架构上重新编译并运行，而不添加任何领域知识或并行性专业知识。这种方法仅仅使用优化的库、工具或指令来强化性能表现，例如 CuBLAS、CuFFT、Thrust、Matlab 或 OpenACC。这种方法不需要任何算法选择、问题分解或优化和调优方面的努力。对领域科学家来说，运用此法能够立即有所回报——因为只需要最基本的计算机科学知识或编程技能就可以获得不错的加速效果。然而这种方法并没有充分发挥并行计算的潜力。

“更优”的方法涉及使用并行编程技能重写现有代码以利用新架构，或者从零开始创建新代码。这种方法为问题分解和优化选择提供了一个绝佳的思考机会。这对于非领域专长的计算机科学家来说是非常有益的，且只需要最基本的领域知识。然而由于缺乏选择有效算法所需的特定的领域知识，这种方法也无法充分发挥并行计算的潜力。

“最优”的方法需要综合性地尝试应用并行化，这就涉及三个关键步骤：算法选择、问题分解和优化调优。我们希望不仅将已知的算法映射到并行程序并进行优化，还要重新思考在最终的解决方案中所使用的数值方法和算法。第 18 章中的截断分箱法就是一个很好的例子。为设计该方法，需要领域专业知识，以牺牲精度来换取更低的算法复杂度；同时还需要掌握问题分解和优化技能，以使用由计算机科学家设计的基于网格的分解和分箱技术。在这种方法中，有可能获得最大的性能优势和根本性的新发现和能力。例如，运用此法能实现对于生化系统的高保真模拟，这是现有的传统方法所远远不能及的。这种方法是跨学科的，需要计算机科学和领域见解，但其所带来的回报值得我们为之付出努力。

## 19.5 总结

本章讨论了并行编程和计算思维的主要步骤，即算法选择、问题分解和优化调优。对于给定的计算问题，程序员通常需要从各种算法中选择。其中一些算法在保持相同数值精度的同时实现了不同的权衡。其他算法则涉及在牺牲一定精度的情况下实现更高的可扩展性。对于所选的算法，问题分解的不同选择可能会导致线程之间的干扰程度不同，暴露的并行性、负载不均衡和其他在并行执行期间的性能考虑因素也会有所不同。计算思维技能使算法设计者能够绕过屏障，完成一个良好的解决方案。

## 参考文献

Message Passing Interface Forum, MPI–A Message Passing Interface Standard Version 2.2, http://www.mpi-forum.org/docs/mpi-2.2/mpi22-report.pdf, September 4, 2009.

Rodrigues, C.I., Stone, J., Hardy, D., Hwu, W.W. 2008. GPU acceleration of cutoff-based potential summation. In: ACM Computing Frontier Conference 2008, Italy, May 2008.

Wing, J., 2006. Computational thinking. Commun. ACM 49, 3.

# 第四部分



# 高级实践


- 第 20 章　异构计算集群编程：CUDA 流
- 第 21 章　CUDA 动态并行性
- 第 22 章　高级实践与未来演变

# 异构计算集群编程：CUDA 流

迄今为止，我们关注的是在拥有一个主机端和一个设备端的异构计算系统中进行编程。在高性能计算（High-Performance Computing，HPC）中，应用程序需要利用计算节点集群的综合算力。当今许多 HPC 集群在每个节点中都有一个或多个主机端和一个或多个设备端。以往这些集群主要使用消息传递接口（Message Passing Interface，MPI）进行编程。在本章中，我们将介绍联合 MPI/CUDA 编程的概念。我们将仅介绍程序员将其异构应用扩展到集群环境中的多个节点时所必须了解的 MPI 概念。特别地，我们将关注域分区、点对点通信和集体通信，这些概念在将 CUDA 核函数扩展到多个节点时非常重要。

## 20.1 背景

尽管在 2009 年之前几乎没有顶级超级计算机使用 GPU，但对于能源效率的需求使得近年来 GPU 迅速被采用。当今世界上许多顶级超级计算机在每个节点中同时使用 CPU 和 GPU。这种方法的有效性通过此种计算机在反映超级计算机能源效率的 Green500 榜单中取得的高排名得以验证。

目前计算集群的主导编程接口是 MPI（Gropp et al.，1999）。MPI 是用于在计算集群中运行的进程之间进行通信的 API 函数集合。MPI 的基本假设是一个分布式存储模型。在该模型中，进程通过向彼此发送消息来交换信息。当应用程序使用 API 中的通信函数时，它不需要处理互连网络中的细节。MPI 实现允许进程使用逻辑编号相互寻址，就像在电话系统中使用电话号码一样：电话用户可以使用电话号码相互拨号，而不必知道所呼叫的人在哪里以及呼叫的路由情况。

在典型的 MPI 应用程序中，数据和工作被分配至进程内。如图 20.1 所示，每个节点可以包含一个或多个进程，每个节点被绘制为一朵云。随着这些进程的计算，它们可能需要彼此之间的数据，这就需要通过发送和接收消息来满足。在某些情况下，进程还需要进行彼此之间的同步，并在协作执行大任务时生成集体结果。这是通过集体通信 API 函数来实现的。

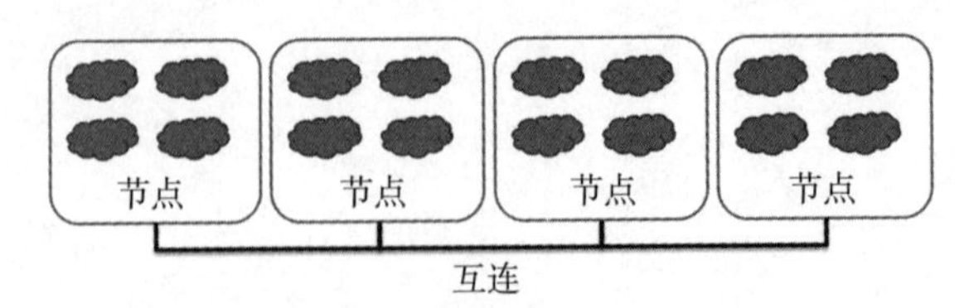


图 20.1　程序员视角下的 MPI 进程

## 20.2 一个运行示例

我们使用在第 8 章中引入的三维（3D）图案计算作为一个计算示例。我们假设求解用于描述热传递物理定律的热传递偏微分方程时基于有限差分法。特别地，我们将使用雅可比迭代方法，在每次迭代或时间步长中计算网格点的值作为相邻点（北、东、南、西、上、下）和上一时间步自身值的加权和。为了获得高数值稳定性，在计算网格点时还使用了每个方向上的多个间接邻居。正如我们在第 8 章中讨论的，这是一种高阶模板计算。本章中我们假设每个方向上将使用四个点。

如图 20.2 所示，在计算下一个步骤值的过程中共有 24 个邻居点。网格中的每个点都有 $x$、$y$ 和 $z$ 坐标。对于一个坐标值为 $x = i$、$y = j$ 和 $z = k$ 的网格点，或者（$i$，$j$，$k$），它的 24 个邻居分别是（$i$–4，$j$，$k$）、（$i$–3，$j$，$k$）、（$i$–2，$j$，$k$）、（$i$–1，$j$，$k$）、（$i$+1，$j$，$k$）、（$i$+2，$j$，$k$）、（$i$+3，$j$，$k$）、（$i$+4，$j$，$k$）、（$i$，$j$–4，$k$）、（$i$，$j$–3，$k$）、（$i$，$j$–2，$k$）、（$i$，$j$–1，$k$）、（$i$，$j$+1，$k$）、（$i$，$j$+2，$k$）、（$i$，$j$+3，$k$）、（$i$，$j$+4，$k$）、（$i$，$j$，$k$–4）、（$i$，$j$，$k$–3）、（$i$，$j$，$k$–2）、（$i$，$j$，$k$–1）、（$i$，$j$，$k$+1）、（$i$，$j$，$k$+2）、（$i$，$j$，$k$+3）、（$i$，$j$，$k$+4）。由于每个网格点的数据值在下一个时间步中是基于 25 个点的当前数据值（24 个邻居和它自己）计算的，所以这是一个 25 点模板计算。

图 20.2　25 点模板计算样例，其中使用在 $x$、$y$、$z$ 方向上的四个邻居

我们假设系统被建模为一个结构化网格，在每个方向上网格点之间的间距是恒定的。正如我们在第 8 章中讨论的那样，这允许我们使用一个三维数组，其中每个元素存储一个网格点的状态。每个维度中相邻元素之间的物理距离可以由一个网格间距变量表示。注意这个网格数据结构类似于第 18 章中所用的结构。图 20.3 展示了一个三维数组，其代表一个矩形通风管道。数组的 $x$ 和 $y$ 维度是管道的横截面，$z$ 维度是热流方向。

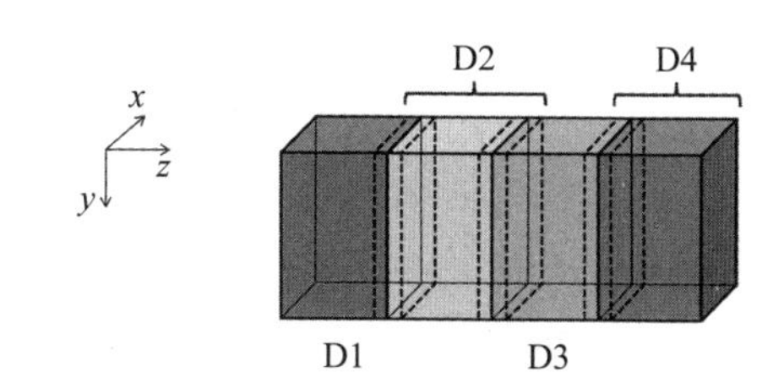


图 20.3　建模管道热传递的 3D 网格数组

我们假设数据按以行为主的布局放置在内存空间中，其中 $x$ 是最低维、$y$ 是中间维、$z$ 是最高维，即所有 $y$ = 0 且 $z$ = 0 的元素将根据它们的 $x$ 坐标在连续的内存位置中排列。图 20.4 展示了网格数据布局的一个示例。此示例网格中只有 16 个数据元素：在 $x$ 维度中有 2 个元素，在 $y$ 维度中有 2 个元素，在 $z$ 维度中有 4 个元素。所有 $y$ = 0 且 $z$ = 0 的 $x$ 元素首先放置在内存中。然后是所有 $y$ = 1 且 $z$ = 0 的元素。接下来的一组将是 $y$ = 0 且 $z$ = 1 的元素。

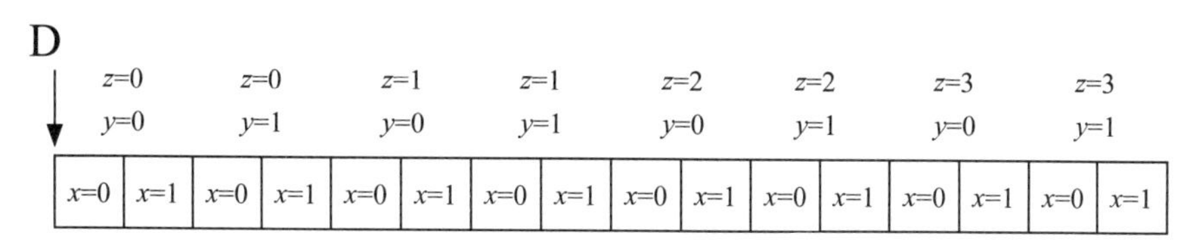


图 20.4　3D 网格的内存布局示例

在使用计算集群时，常常将输入数据划分为若干个分区，称为域分区，并将每个分区分配给集群中的一个节点。在图 20.3 中，我们展示了将三维数组划分为四个域分区：D0、D1、D2 和 D3。每个分区将分配给一个 MPI 计算进程。

域分区可以通过图 20.4 进一步说明。第一部分，或称切片的前四个元素（$z$ = 0），位于第一个分区；第二部分（$z = 1$）位于第二个分区；第三部分（$z = 2$）位于第三个分区；第四部分（$z = 3$）位于第四个分区。这是一个简易示例，在实际应用中，每个维度通常有数百甚至数千个元素。在本章的以下部分中，有必要记住 $z$ 切片中的所有元素都位于内存中的相邻位置。

## 20.3 MPI 基础

与 CUDA 一样，MPI 程序基于 SPMD 并行编程模型。所有 MPI 进程执行相同的程序。MPI 系统提供了一组 API 函数，用于建立通信系统。这一系统允许进程彼此之间进行通信。图 20.5 展示了为 MPI 应用程序设置和解除通信系统的五个基本 MPI 函数。

- `int MPI_Init(int*argc, char***argv)`
  - 初始化 MPI 环境。
- `int MPI_Comm_rank(MPI_Comm comm,int *rank)`
  - 调用进程在其 comm 组中的 rank 值。
- `int MPI_Comm_size (MPI_Comm comm, int *size)`
  - comm 组中的进程数。
- `int MPI_Comm_abort(MPI_Comm comm)`
  - 通过错误标志终止 MPI 通信连接。
- `int MPI_Finalize ()`
  - 结束 MPI 应用程序，释放所有资源。

图 20.5　用于建立及关闭通信系统的基本 MPI 函数

我们将使用一个简单的 MPI 程序（见图 20.6）来说明 API 函数的用法。要在集群中启动 MPI 应用程序，用户需要在集群的登录节点上向 `mpirun` 命令或 `mpiexec` 命令提供程序的可执行文件。每个进程通过调用 `MPI_Init()` 函数（第 05 行）来初始化 MPI 运行时。这会为运行应用程序的所有进程初始化通信系统。一旦 MPI 运行时被初始化，每个进程调用两个函数来准备通信。第一个函数是 `MPI_Comm_rank()`（第 06 行），它为每个调用进程返回唯一的数字，称为 MPI rank 或进程 ID。进程接收的数字从 0 到进程数减 1 不等。进程的 MPI rank 类似于 CUDA 线程的表达式 `blockIdx.x*blockDim.x+threadIdx.x`。它在通信中唯一标识进程，这与电话系统中的电话号码等效。主要的区别在于 MPI rank 是一维的。

```
01  #include "mpi.h"
02  int main(int argc, char *argv[]) {
03     int pad = 0, dimx  = 480+pad, dimy  = 480, dimz  = 400, nreps = 100;
04     int pid=-1, np=-1;
05     MPI_Init(&argc, &argv);
06     MPI_Comm_rank(MPI_COMM_WORLD, &pid);
07     MPI_Comm_size(MPI_COMM_WORLD, &np);
08     if(np < 3) {
09        if(0 == pid) printf("Needed 3 or more processes.\n");
10        MPI_Abort( MPI_COMM_WORLD, 1 ); return 1;
11     }
12     if(pid < np - 1)
13        compute_process(dimx, dimy, dimz / (np - 1), nreps);
14     else
15        data_server( dimx,dimy,dimz );
16     MPI_Finalize();
17     return 0;
18   }
```

图 20.6　一个简单的 MPI 主程序

图 20.6 第 06 行的 MPI_Comm_rank() 函数接受两个参数。第一个参数是用于指定请求范围的 MPI 内置类型 MPI_Comm，即由 MIP_Comm 变量标识的一组进程所形成的集合。MPI_Comm 类型的每个变量通常称为通信器（communicator）。MPI_Comm 和其他 MPI 内置类型在"mpi.h"头文件（第 01 行）中定义，所有使用 MPI 的 C 程序文件中都应包含此头文件。MPI 应用程序可以创建一个或多个通信器，每个通信器都是为通信而存在的一组 MPI 进程。MPI_Comm_rank() 将为通信器中的每个进程分配唯一的 ID。在图 20.6 中，传递的参数值是 MPI_COMM_WORLD。这是一个默认值，意味着通信器中包括所有运行应用程序的 MPI 进程[⊖]。

MPI_Comm_rank() 函数的第二个参数是一个指向整数变量的指针，函数将返回的 rank 值存入这个变量中。在图 20.6 中，为存储 rank 值，我们声明了一个名为 pid 的变量。在 MPI_Comm_rank() 返回后，pid 变量将包含调用进程的唯一 ID。

第二个 API 函数是 MPI_Comm_size()（第 07 行），它返回通信器中正在运行的 MPI 进程总数。MPI_Comm_size() 函数有两个参数。第一个是 MPI_Comm 类型，指定请求的范围。在图 20.6 中，传递的参数值是 MPI_COMM_WORLD，这意味着 MPI_Comm_size() 的范围是应用程序中的所有进程。由于范围是所有 MPI 进程，返回值是运行应用程序的 MPI 进程的总数。此值由用户在使用 mpirun 命令或 mpiexec 命令执行应用程序时进行配置。然而用户可能没有请求足够数量的进程，此外，系统可能无法创建用户请求的所有进程。因此对于 MPI 应用程序来说，检查运行的实际进程数是一个好的做法。

第二个参数是一个指向整数变量的指针，MPI_Comm_size() 函数将把返回值存入这个变量中。在图 20.6 中，为存储返回值我们声明了一个名为 np 的变量。函数返回后，变量 np 包含运行应用程序的 MPI 进程数量。在图 20.6 中，我们假设应用程序至少需要 3 个 MPI 进程。因此程序检查进程数是否至少为 3（第 08 行）。如果不是，则调用 MPI_Comm_abort() 函数终止通信连接，并返回错误标志值 1（第 10 行）。

图 20.6 还展示了报告错误或其他任务的常见模式。尽管有多个 MPI 进程，我们只需要报告一次错误即可。应用程序代码指定具有 pid=0 的进程进行报告（第 09 行）。这类似于 CUDA 核函数中的模式，其中某些任务只需要由线程块中的一个线程完成。

正如图 20.5 所示，MPI_Comm_abort() 函数有两个参数（第 10 行）。第一个参数设置请求的范围。在图 20.6 中，范围设置为 MPI_COMM_WORLD，这意味着运行应用程序的所有 MPI 进程。第二个参数是导致中止的错误类型代码。除 0 之外的任何数字都表示发生了错误。

如果进程数满足要求，应用程序继续执行计算。在图 20.6 中，应用程序使用 np-1 个进程（pid 从 0 到 np-2）执行计算（第 12 ～ 13 行），并使用一个进程（最后一个 pid 为 np-1）为其他进程执行 I/O 服务（第 14 ～ 15 行）。我们将执行 I/O 服务的进程称为数据服务器，将执行计算的进程称为计算进程。在图 20.6 中，如果进程的 pid 在 0 到 np-2 的范围内，那么它是计算进程，并调用 compute_process() 函数（第 13 行）。如果进程的 pid 是 np-1，那么它是数据服务器，并调用 data_server() 函数（第 15 行）。这类似于根据线程 ID 执行不同操作的模式。

⊖ 对于在同一个应用中创建和使用多个通信器有兴趣的读者可以参考 MPI 参考手册（Gropp et al., 1999），尤其是关于组内通信器和组间通信器的部分。

应用程序完成计算后，其通过调用 MPI_Finalize() 来通知 MPI 运行时。该函数会释放分配给应用程序的所有 MPI 通信资源（第 16 行）。随后应用程序可以返回 0 值退出，表示没有发生错误（第 17 行）。

## 20.4　点对点通信的 MPI

MPI 支持两种主要通信类型。第一种是点对点类型，涉及一个源进程和一个目标进程。源进程调用 MPI_Send() 函数，目标进程调用 MPI_Recv() 函数。这类似于呼叫者拨打电话，接收者在电话系统中回应电话。

图 20.7 显示了使用 MPI_Send() 函数的语法。第一个参数是指向要发送数据的内存起始位置的指针。第二个参数是一个整数，表示要发送的数据元素的数量。第三个参数是 MPI 内置类型 MPI_Datatype。就 MPI 库实现而言它指定了正在发送的每个数据元素的类型。MPI_Datatype 的变量或参数可以存放的值在 mpi.h 中定义，包括 MPI_DOUBLE（双精度浮点数）、MPI_FLOAT（单精度浮点数）、MPI_INT（整数）和 MPI_CHAR（字符）。这些类型的确切大小取决于主机处理器中相应 C 类型的大小。有关更复杂的 MPI 类型的使用，请参阅 MPI 参考手册（Gropp et al.，1999）。

- int MPI_Send(void *buf, int count, MPI_Datatype datatype, int dest,int tag, MPI_Comm comm)
  - buf：发送缓冲区的起始地址（指针）。
  - count：发送缓冲区中元素的数量（非负整数）。
  - datatype：每个发送缓冲区元素的数据类型（MPI_Datatype）。
  - dest：目标进程的 rank 值（整数）。
  - tag：消息标签（整数）。
  - comm：通信器（句柄）。

图 20.7　MPI_Send() 函数的语法

MPI_Send() 的第四个参数是一个整数，给出了目标进程的 MPI rank。第五个参数给出了一个标识符，用于分类由同一进程发送的消息。第六个参数是一个通信器，指定了定义目标 MPI rank 的上下文。

图 20.8 显示了使用 MPI_Recv() 函数的语法。第一个参数是指向接收到的数据应被存放于的内存位置的指针。第二个参数是一个整数，表示 MPI_Recv() 函数被允许接收的最大元素数量。第三个参数是 MPI_Datatype，指定要接收的每个元素的类型。第四个参数是一个整数，给出了消息源进程 ID。第五个参数是一个整数，指定目标进程所期望的标识符。如果目标进程不想受限于特定的标识符，则可以使用 MPI_ANY_TAG，表示接收者愿意接受来自源的任何标识符消息。

我们将首先使用数据服务器来说明点对点通信的使用。在实际应用中，数据服务器进程通常会为计算进程执行数据输入和输出操作。然而输入和输出的复杂性更多依赖于系统。那么，既然 I/O 并不是讨论的重点，我们将在集群环境中尽可能避免讨论 I/O 操作的复杂性。也就是说，我们将不从文件系统中读取数据，而是让数据服务器使用随机数初始化数据，并将数据分发给计算进程。数据服务器代码的第一部分如图 20.9 所示。

- int MPI_Recv(void *buf, int count,MPI_Datatype datatype, int source, int tag,MPI_Comm comm, MPI_Status *status)
  - buf：接收缓冲区的起始地址（指针）。
  - count：接收缓冲区中元素的最大数量（整数）。
  - datatype：每个接收缓冲区元素的数据类型（MPI_Datatype）。
  - source：源进程的 rank 值（整数）。
  - tag：消息标签（整数）。
  - comm：通信器（句柄）。
  - status：状态对象（状态）。

图 20.8　MPI_Recv() 函数的语法

```
01 void data_server(int dimx, int dimy, int dimz, int nreps) {
02     int np;
       /* Set MPI Communication Size */
03     MPI_Comm_size(MPI_COMM_WORLD, &np);
04     unsigned int num_comp_nodes = np - 1, first_node = 0, last_node = np - 2;
05     unsigned int num_points = dimx * dimy * dimz;
06     unsigned int num_bytes  = num_points * sizeof(float);
07     float *input=0, *output=0;
       /* Allocate input data */
08     input = (float *)malloc(num_bytes);
09     output = (float *)malloc(num_bytes);
10     if(input == NULL || output == NULL) {
11             printf("server couldn't allocate memory\n");
12             MPI_Abort( MPI_COMM_WORLD, 1 );
13     }
       /* Initialize input data */
14     random_data(input, dimx, dimy ,dimz , 1, 10);
       /* Calculate number of shared points */
15     int edge_num_points = dimx * dimy * ((dimz / num_comp_nodes) + 4);
16     int int_num_points  = dimx * dimy * ((dimz / num_comp_nodes) + 8);
17     float *send_address = input;
       /* Send data to the first compute node */
18     MPI_Send(send_address, edge_num_points, MPI_FLOAT, first_node,
                   0, MPI_COMM_WORLD );
19     send_address += dimx * dimy * ((dimz / num_comp_nodes) - 4);
       /* Send data to "internal" compute nodes */
20     for(int process = 1; process < last_node; process++) {
21             MPI_Send(send_address, int_num_points, MPI_FLOAT, process,
                           0, MPI_COMM_WORLD);
22             send_address += dimx * dimy * (dimz / num_comp_nodes);
       }
       /* Send data to the last compute node */
23     MPI_Send(send_address, edge_num_points, MPI_FLOAT, last_node,
                   0, MPI_COMM_WORLD);
```

图 20.9　数据服务器进程代码（第一部分）

数据服务器函数有四个参数。前三个参数指定 3D 网格的大小：x 维度中的元素数量 dimx，y 维度中的元素数量 dimy，以及 z 维度中的元素数量 dimz。第四个参数指定需要对网格中所有数据点进行的迭代次数。

在图 20.9 中，第 2 行声明变量 np，其包含运行应用程序的进程数。第 3 行调用 MPI_Comm_size() 函数，其将应用程序中运行的进程数存储到 np 中。第 4 行声明并初始化了几个辅助变量。变量 num_comp_procs 包含计算进程的数量。由于我们将一个进程保留为数据服务器，所以有 np-1 个计算进程。变量 first_proc 给出了第一个计算进程的进程

ID，即 0。变量 last_proc 给出了最后一个计算进程的进程 ID，即 np-2。也就是说，第 04 行将进程 0 到 np-2 指定为计算进程。具有最大 rank 的进程充当数据服务器。这一举措反映了设计决策，这个决策也将在计算进程代码中体现出来。

第 05 行声明并初始化了 num_points 变量，其给出要处理的总网格数据点数，即每个维度中的元素数量的乘积 dimx * dimy * dimz。第 06 行声明并初始化了 num_bytes 变量，其给出存储所有网格数据点所需的总字节数。由于每个网格数据点都是一个浮点数，此值为 num_points*sizeof(float)。

第 07 行声明了两个指针变量 input 和 output。这两个指针将分别指向输入数据缓冲区和输出数据缓冲区。第 08 行和第 09 行为输入和输出缓冲区分配内存，并将它们的地址分配给各自的指针。第 10 行检查内存分配是否成功。如果内存分配失败，相应的指针将会收到来自 malloc() 函数的 NULL 指针。在这种情况下，代码会终止应用程序并报告一个错误（第 11 ～ 12 行）。

第 15 行和第 16 行计算应当发送到每个计算进程网格点的数组元素数量。如图 20.3 所示，有两种类型的计算进程：边缘进程和内部进程。第一个进程（进程 0，计算 D1）和最后一个进程（进程 3，计算 D4）计算仅在一侧有邻居的边缘分区。分区 D1 分配给进程 0，只有右侧（D2）有邻居。分区 D4 分配给最后一个计算进程，只有左侧（D3）有邻居。此类计算边缘分区的计算进程称为*边缘进程*。其他每个进程都计算具有两侧邻居的内部分区。例如，进程 1 计算分区 D2，它有一个左邻居（D1）和一个右邻居（D3）。此类计算内部分区的进程称为*内部进程*。

回想一下，在雅可比迭代方法中，每个网格点的计算步需要前一步立即邻居的值。这为分区左右边界处的网格点创建了对边缘单元的需求，在图 20.3 中的每个分区边缘用虚线定义的切片表示。注意这些边缘切片类似于第 8 章中介绍的模板切片。由于我们正在计算具有每个方向四个元素的 25 点模板，每个进程需要接收包含其分区边界网格点的每一侧所有邻居的四个切片的边缘单元。例如在图 20.3 中，分区 D2 需要来自 D1 的四个边缘切片和来自 D3 的四个边缘切片。注意一个 D2 的边缘切片也是一个 D1 或 D3 的边缘切片。

总网格点数是 dimx*dimy*dimz。由于我们沿 z 维度对网格进行分区，每个分区中的网格点数应为 dimx*dimy*(dimz/num_comp_procs)。为了在每个分区内计算值，我们需要每个方向上的四个邻居切片。因此，应该发送到每个内部进程的网格点数是 dimx*dimy*((dimz/num_comp_procs)+8)。而边缘进程只有一个邻居。与卷积的情况类似，我们假设在边缘单元中将使用幽灵单元并且不需要发送输入数据。例如，分区 D1 只需要来自右侧的 D2 的四个邻居切片。因此发送到边缘进程的网格点数是 dimx*dimy*((dimz/num_comp_procs)+4)。也就是说，每个进程从邻居分区的每一侧接收四个边缘网格点切片。

图 20.9 的第 17 行将 send_address 指针设置为指向输入网格点数组的开头。为了将适当的分区发送给每个进程，我们需要在每次 MPI_Send() 中为此起始地址添加适当的偏移量。稍后我们会重申这一点。

现在我们准备完成数据服务器的代码。图 20.9 的第 18 行向进程 0 发送分区。由于这是第一个分区，其起始地址也是整个网格的起始地址。这在第 17 行中设置。进程 0 是一个边缘进程，其没有左邻居。因此要发送的网格点数是 edge_num_points 的值，即 dimx*dimy*((dimz/num_comp_procs)+4)。第三个参数指定每个元素的类型为 MPI_FLOAT，即 C

中的 float（单精度，4 字节）。第四个参数指定目标进程的 MPI rank 的值，即 first_node，亦即 0。第五个参数指定 MPI 标记的值为 0，此处是因为我们不使用标记来区分从数据服务器发送的消息。第六个参数指定了用于解释消息发送者和接收者 rank 值的通信器应当是当前应用程序中的所有 MPI 进程。

图 20.9 的第 19 行将 send_address 指针推进到进程 1 的数据分区的起始点。从图 20.3 可知，分区 D1 中有 dimx*dimy*(dimz/num_comp_procs) 个元素，这意味着 D2 从起始位置的 dimx*dimy*(dimz/num_comp_procs) 个元素处开始。回想一下，我们还需要发送 D1 的边缘单元。因此，我们通过调整四个切片的 MPI_Send() 的起始地址，得出第 19 行中 send_address 指针前进的表达式：dimx*dimy*((dimz/num_comp_procs)-4)。

图 20.9 的第 20 行是一个循环，用于向内部进程（从进程 1 到进程 np-3）发送 MPI 消息。在我们的四个计算进程的示例中，np 为 5，因此循环将 MPI 消息发送到进程 1 和进程 2。这些内部进程需要接收两侧邻居的边缘网格点。因此第 21 行中 MPI_Send() 的第二个参数使用 int_num_nodes，即 dimx*dimy*((dimz/num_comp_procs)+8)。其余参数与第 18 行的 MPI_Send() 类似，不同之处在于目标进程是由循环变量 process 指定的。该变量从 1 递增到 np-3（last_node 为 np-2）。

第 22 行对于每个内部进程向前推进分区中网格点数为 dimx*dimy*dimz/num_comp_nodes 的地址。注意内部进程的环绕网格点的起始位置相隔 dimx*dimy*dimz/num_comp_procs 个点。虽然需要通过四个切片拉回起始地址以适应边缘网格点，但由于我们为每个内部进程都如此做，所以起始位置之间的净距离保持在每个分区中的网格点数。

第 23 行将数据发送到进程 np-2，即最后一个仅有一个左邻居的计算进程。读者应该能够推理出所使用的所有参数值。请注意此处我们还没有完成数据服务器代码。稍后我们会回过头来处理数据服务器的最后一部分，该部分用于收集所有计算进程的输出值。

现在我们将注意力转向接收数据服务器进程的输入的计算进程。在图 20.10 中，第 03 ～ 04 行为进程设置了进程 ID 和应用程序的总进程数。第 05 行确定数据服务器是进程 np-1。第 06 ～ 07 行计算每个内部进程应处理的网格点数和字节数。第 08 ～ 09 行计算每个边缘（4 个切片）中的网格点数和字节数。

```
01  void compute_node_stencil(int dimx, int dimy, int dimz, int nreps ) {
02      int np, pid;
03      MPI_Comm_rank(MPI_COMM_WORLD, &pid);
04      MPI_Comm_size(MPI_COMM_WORLD, &np);
05      int server_process = np - 1;
06      unsigned int num_points        = dimx * dimy * (dimz + 8);
07      unsigned int num_bytes         = num_points * sizeof(float);
08      unsigned int num_halo_points = 4 * dimx * dimy;
09      unsigned int num_halo_bytes  = num_halo_points * sizeof(float);
        /* Allocate host memory */
10      float *h_input  = (float *)malloc(num_bytes);
        /* Allocate device memory for input and output data */
11      float *d_input = NULL;
12      cudaMalloc((void **)&d_input,  num_bytes );
13      float *rcv_address = h_input + ((0 == pid) ? num_halo_points : 0);
14      MPI_Recv(rcv_address, num_points, MPI_FLOAT, server_process,
                   MPI_ANY_TAG, MPI_COMM_WORLD, &status );
15      cudaMemcpy(d_input, h_input, num_bytes, cudaMemcpyHostToDevice);
```

图 20.10 计算进程代码（第一部分）

第 10 ～ 12 行为输入数据分配了主机端内存和设备端内存。尽管边缘进程所需边缘数据更少，但出于简单起见，它们仍被分配了相同数量的内存；部分被分配的内存不会被边缘进程使用。第 13 行设置了从数据服务器接收输入数据的主机端内存起始地址。对于除进程 0 外的所有计算进程，起始接收位置只是分配的输入数据内存的起始位置。然而对于进程 0，我们调整四个切片的接收位置。这是出于简单起见，我们假设接收输入数据的主机端内存对于所有计算进程都是相同的：来自左邻居的四个边缘元素切片，其次是分区，然后是来自右邻居的四个边缘元素切片。然而，如图 20.9 第 15 行所示，数据服务器不会将任何环绕数据从左邻居发送到进程 0。也就是说，对于进程 0，来自数据服务器的 MPI 消息只包含分区和来自右邻居的环绕数据。因此第 13 行通过调整四个切片的起始主机内存位置，以便进程 0 可以正确地解释数据服务器的输入数据。

第 14 行从数据服务器接收 MPI 消息。读者对于大多数参数应当很熟悉。最后一个参数反映了在接收数据时发生的任何错误条件。第二个参数指定所有计算进程都将从数据服务器接收全部数据量。但是，数据服务器将向进程 0 和进程 `np-2` 发送较少的数据。这在代码中没有反映出来，因为 `MPI_Recv()` 允许第二个参数所指定的数据点数多于实际接收到的数据点数，并且只会把从发送方接收到的实际字节数放入接收内存中。对于进程 0，来自数据服务器的输入数据只包含分区和来自右邻居的边缘数据。接收到的输入将跳过所分配内存的前四个切片来放置，被跳过的切片对应于（不存在的）左邻居的边缘数据。这一效果是通过第 13 行的表达式 `((0==pid)?num_halo_points:0)` 实现的。对于进程 `np-2`，输入数据包含来自左邻居的边缘数据和分区。接收到的输入将从分配的内存的开始位置放置，留下所分配内存的最后四个切片未使用。

第 15 行将接收到的输入数据复制到设备内存中。在进程 0 的情况下，左侧的环绕数据点是无效的。在进程 `np-2` 的情况下，右侧的边缘数据点是无效的。然而为了简单起见，所有的计算节点都将完整地发送到设备内存中。此处假设核函数启动后会将这些无效部分正确地忽略。在第 15 行之后，所有的输入数据都在设备端内存中。

图 20.11 展示了计算进程代码的第二部分。第 16 ～ 18 行分配了主机端内存和设备端内存，用于输出数据。设备端内存中的输出数据缓冲区将与输入数据缓冲区一起作为双缓冲方案使用。也就是说在每次迭代中它们会交换角色。我们将在稍后回到这一点，并解释图 20.11 中剩余的代码。我们现在已经准备好展示在网格点上执行计算步骤的代码了。

```
16    float *h_output = NULL, *d_output = NULL, *d_vsq = NULL;
17    float *h_output = (float *)malloc(num_bytes);
18    cudaMalloc((void **)&d_output, num_bytes );
19    float *h_left_boundary = NULL, *h_right_boundary = NULL;
20    float *h_left_halo = NULL, *h_right_halo = NULL;
      /* Allocate host memory for halo data */
21    cudaHostAlloc((void **)&h_left_boundary,  num_halo_bytes,
                     cudaHostAllocDefault);
22    cudaHostAlloc((void **)&h_right_boundary, num_halo_bytes,
                     cudaHostAllocDefault);
23    cudaHostAlloc((void **)&h_left_halo,      num_halo_bytes,
                     cudaHostAllocDefault);
24    cudaHostAlloc((void **)&h_right_halo,     num_halo_bytes,
                     cudaHostAllocDefault);
   /* Create streams used for stencil computation */
25    cudaStream_t stream0, stream1;
26    cudaStreamCreate(&stream0);
27    cudaStreamCreate(&stream1);
```

图 20.11　计算进程代码（第二部分）

## 20.5　计算与通信的重叠

一种简单的执行计算步骤的方式是每个计算进程对其整个分区执行计算步骤，与左右邻居交换边缘数据，然后重复执行。尽管这是一个非常简单的策略，但它并不是很有效。原因是这种策略强制系统处于两种模式之一。在第一种模式下，所有计算进程都在执行计算步骤，在此期间通信网络没有被使用。在第二种模式下，所有计算进程都在与左右邻居交换边缘数据，在此期间计算硬件没有得到很好的利用。理想情况下，我们希望通过始终同时利用通信网络和计算硬件来实现更好的性能。这可以通过将每个计算进程的计算任务分为两个阶段来实现，如图 20.12 所示。

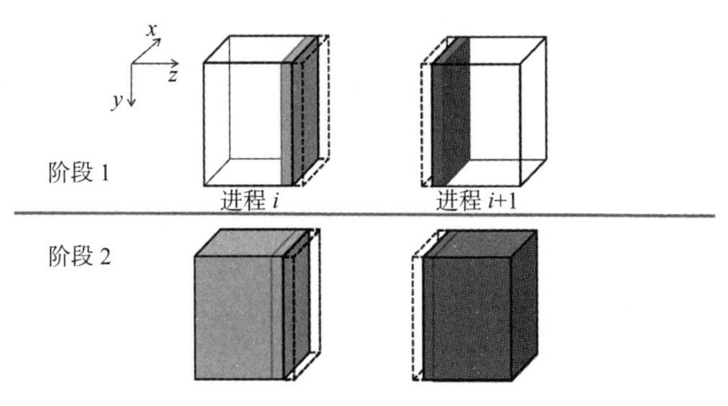


图 20.12　一个用于重叠计算和通信的两阶段策略

在阶段 1 中，每个计算进程计算其邻居在下一次迭代中将需要的边界切片，这些切片将作为其邻居的边缘单元。我们仍假设使用四个边缘数据切片。图 20.12 将四个边缘数据切片显示为虚线透明切片，将四个边界切片显示为灰色切片。注意进程 $i$ 的灰色切片将被复制到进程 $i+1$ 的虚线切片中，进程 $i+1$ 的灰色切片将在下次通信时复制到进程 $i$ 的虚线切片中。对于进程 0，第一个阶段计算边界数据的右边四个切片。对于内部节点，它计算其边界数据的左边四个切片和右边四个切片。对于进程 `np-2`，它计算其边界数据的左边四个切片。其原因是这些边界切片在下一次迭代中由它们的邻居所需。如果这些边界切片首先被计算，那么在计算进程计算其余部分的内部网格点时，数据可以被传输到其邻居。

在阶段 2 中，每个计算进程并行执行两个活动。第一个活动是将新的边界值通信给邻居进程。这是通过首先将数据从设备内存复制到主机内存，然后发送 MPI 消息到邻居进程来完成的。正如稍后将讨论的那样，我们需要注意从邻居接收到的数据应在下一次迭代中使用，而不是当前迭代。第二个活动是计算分区中的剩余数据。如果通信活动所需的时间比计算活动短，我们就可以隐藏通信延迟，并始终充分利用计算硬件。这一结果通常是通过在每个分区的内部分配足够的切片以允许每个计算进程执行足够的计算以隐藏通信来实现的。

为了支持阶段 2 中的并行活动，我们需要使用 CUDA 编程模型的两个高级特性：常量内存分配和流。常量内存分配请求分配的内存不会被操作系统交换出去。这是通过 `cudaHostAlloc()`API 调用来完成的。图 20.11 中的第 21 ～ 24 行为左边界和右边界切片以及左边界和右边界边缘切片分配了常量内存缓冲区。左边界和右边界切片需要从设备内存复制到左右邻居进程。这些缓冲区被用作设备将数据复制到其中的主机内存临时区域，然后作为 `MPI_Send()` 发送到邻居进程的源缓冲区。左边界和右边界边缘切片需要从邻居进程接收。这些缓冲区被用作 `MPI_Recv()` 的主机内存暂存区，用作目标缓冲区，然后从中将数据复制到设备内存。这些缓冲区有时被称为*反弹缓冲区*，因为它们的主要作用是作为临时缓冲区，允许数据从设备内存反弹到远程 MPI 进程，反之亦然。

需要注意的是，反弹缓冲区的主机内存分配是使用 cudaHostAlloc() 函数而不是标准的 malloc() 函数进行的。区别在于 cudaHostAlloc() 函数分配了一个常量内存缓冲区，有时也被称为页面锁定内存缓冲区。为了完全理解常量内存缓冲区的概念，我们需要了解更多关于操作系统中的内存管理的背景知识。

在现代计算机系统中，操作系统管理应用程序的虚拟内存空间。每个应用程序都可以访问一个大的连续地址空间。但实际上系统只拥有有限数量的物理内存，且需要在所有正在运行的应用程序之间共享。于是操作系统通过将虚拟内存划分为页，并只将运行中的页映射到物理内存中来为每个程序提供空间。当内存需求很大时，操作系统需要将一些页从物理内存分页到磁盘等大容量存储器中。因此在执行期间，应用程序的数据可能随时被分页出去。

cudaMemcpy() 的实现使用了一种名为直接内存访问（DMA）设备的硬件。当调用 cudaMemcpy() 函数在主机和设备内存之间进行复制时，函数将使用 DMA 操作来完成。在主机内存上，DMA 硬件在物理地址上操作，也就是说，操作系统需要向 DMA 设备提供一个翻译过的物理地址。然而在 DMA 操作完成之前，数据可能会被分页出去。数据的物理内存位置可能会被重新分配给虚拟内存位置不同的其他数据。在这种情况下，DMA 操作可能会被破坏，其数据可能会被分页活动覆盖。

解决此数据损坏问题的一种常见方法是在 CUDA 运行时中将复制操作分为两个步骤。对于主机到设备的复制，CUDA 运行时首先将源主机内存数据复制到常量内存缓冲区中，这意味着内存位置上的数据被标记为不会被分页机制分页出去；然后，它使用 DMA 设备将数据从常量内存缓冲区复制到设备内存中。对于设备到主机的复制，CUDA 运行时首先使用 DMA 设备将数据从设备内存复制到常量内存缓冲区中；然后，将数据从常量内存缓冲区复制到目标主机内存位置中。通过使用额外的常量内存缓冲区，DMA 复制将不受任何分页活动的影响。

这种方法存在两个问题：一个问题是额外的复制会增加 cudaMemcpy() 操作的延迟，另一个问题是涉及的额外复杂性导致 cudaMemcpy() 函数的同步实现。也就是说，在 cudaMemcpy() 函数完成操作并返回之前，主机程序不能继续执行。这使得所有的复制操作都被串行化。为了支持更高并行性的快速复制，CUDA 提供了 cudaMemcpyAsync() 函数。

cudaMemcpyAsync() 函数要求主机内存缓冲区被分配为常量内存缓冲区。这在图 20.11 的第 21 ～ 24 行中实现，用于为左边界、右边界、左边缘和右边缘切片的主机内存缓冲区分配常量内存缓冲区。这些缓冲区使用 cudaHostAlloc() 函数进行分配，该函数确保分配的内存是固定的或页面锁定的，不受分页活动的影响。需要注意的是，cudaHostAlloc() 函数有三个参数，前两个与 cudaMalloc() 相同，第三个参数指定了一些更高级用法的选项。对于大多数基本用例，我们可以简单地使用默认值 cudaHostAllocDefault。

第二个用于通信与计算重叠的高级 CUDA 特性是*流*（stream），这是一种支持并发执行 CUDA API 函数的功能。流是一系列有序的操作。当主机代码调用 cudaMemcpyAsync() 函数或启动一个核函数时，可以将流作为其参数之一进行指定。通过在 cudaMemcpyAsync() 调用中指定流，复制操作会被放置到一个流中。同一流中的所有操作将按照放置到该流中的顺序依次执行。然而，不同流中的操作可以在没有任何顺序约束的情况下并行执行。

图 20.11 的第 25 行声明了两个 CUDA 内置类型 cudaStream_t 的变量。这些变量随后在调用 cudaStreamCreate() 函数时使用。每次调用 cudaStreamCreate() 都会创建一个新的流，并将流的标识符放入其参数中。在第 26 ～ 27 行的调用之后，主机代码可以在后续的 cudaMemcpyAsync() 调用和核函数调用中使用流 0 或流 1。

图 20.13 展示了计算进程的第三部分。第 28 行声明了一个用于 MPI 发送和接收的 MPI 状态变量。第 29 ～ 30 行计算了计算进程的左邻居和右邻居的进程 ID。left_neighbor 和 right_neighbor 变量将在计算进程发送消息到邻居并从邻居接收消息时作为参数使用。对于进程 0，其没有左邻居，因此第 29 行将 MPI 常量 MPI_PROC_NULL 分配给 left_neighbor 以记录这一事实。对于进程 np-2，其没有右邻居，因此第 30 行将 MPI_PROC_NULL 分配给 right_neighbor。对于所有的内部进程，第 29 ～ 30 行将 pid-1 分配给 left_neighbor，将 pid+1 分配给 right_neighbor。

```
28      MPI_Status status;
29      int left_neighbor  = (pid > 0)      ? (pid - 1) : MPI_PROC_NULL;
30      int right_neighbor = (pid < np - 2) ? (pid + 1) : MPI_PROC_NULL;

        /* Upload stencil cofficients */
31      upload_coefficients(coeff, 5);
32      int left_halo_offset    = 0;
33      int right_halo_offset   = dimx * dimy * (4 + dimz);
34      int left_stage1_offset  = 0;
35      int right_stage1_offset = dimx * dimy * (dimz - 4);
36      int stage2_offset       = num_halo_points;
37      MPI_Barrier( MPI_COMM_WORLD );
38      for(int i=0; I < nreps; i++) {
            /* Compute boundary values needed by other nodes first */
39          call_stencil_kernel(d_output + left_stage1_offset,
                d_input + left_stage1_offset, dimx, dimy, 12, stream0);
40          call_stencil_kernel(d_output + right_stage1_offset,
                d_input + right_stage1_offset, dimx, dimy, 12, stream0);
            /* Compute the remaining points */
41          call_stencil_kernel(d_output + stage2_offset, d_input +
                       stage2_offset, dimx, dimy, dimz, stream1);
```

图 20.13　计算进程代码（第三部分）

图 20.13 的第 31 行调用一个函数将模板系数复制到 GPU 常量内存中。由于读者应该已经熟悉常量内存，在此不展示细节。第 32 ～ 36 行设置了几个偏移量，这些偏移量将用于调用核函数和交换数据，以便计算和通信可以重叠进行。这些偏移量定义了在图 20.13 的每个阶段中需要计算的网格点的区域，这些也在图 20.12 中进行了可视化。

需要注意的是，每个设备内存中的总切片数目是四个左侧边缘点（虚线，白色）加上四个左侧边界点，加上 dimx*dimy*(dimz-8) 个内部点，加上四个右侧边界点和四个右侧边缘点（虚线，白色）。如图 20.14 所示，变量 left_stage1_offset 定义了为计算左边界点所需的切片的起始点。这包括 12 个切片的数据：4 个左邻居边缘点、4 个边界点和 4 个内部点的切片。这些切片是分区中最左边的，因此偏移值由第 34 行设置为 0。变量 right_stage2_offset 定义了计算右边界点所需切片的起始点。这也包括 12 个切片：4 个内部点、4 个右边界点和 4 个右边界边缘点。这 12 个切片的起始点可以通过从总切片数 dimz+8 中减去 12 来得到。因此，这 12 个切片的起始偏移值由图 20.12 中的第 35 行设置为 dimx*dimy*(dimz-4)。

图 20.13 的第 37 行是一个 MPI 屏障同步，类似于 CUDA 中块内线程之间的 CUDA__

syncthreads()。MPI 屏障强制所有由输入参数指定的 MPI 进程彼此等待。在所有进程都达到此点之前，没有一个进程可以继续执行。我们在此处进行屏障同步的原因是确保所有计算节点已经接收到其输入数据并准备好执行计算步骤。由于它们将彼此交换数据，我们希望让它们都在大致相同的时间开始。这也意味着在数据交换期间不会出现少数进程耽误所有其他进程的情况。MPI_Barrier() 是一种集体通信函数。我们将在下一节中更详细地讨论集体通信 API 函数。

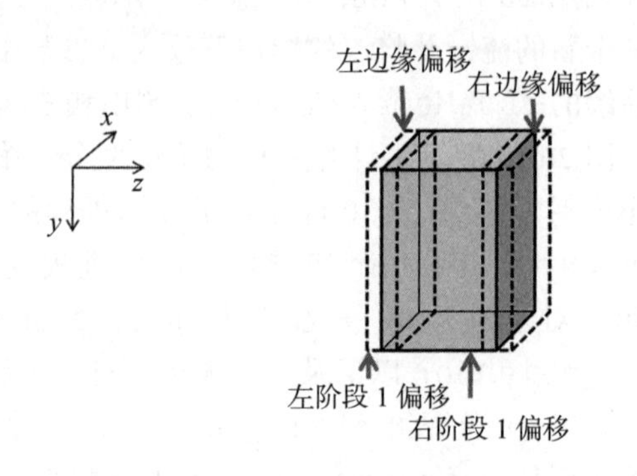


图 20.14 用于与邻居过程进行数据交换的设备内存偏移

第 38 行开始了一个执行计算步骤的循环。对于每次迭代，每个计算进程将执行图 20.12 中所示的一个两阶段过程。第 39 行调用一个函数，在阶段 1 生成左边界点的四个切片。我们假设该函数将设置网格配置并调用执行单个计算步骤的模板核函数，如第 8 章中所述。call_stencil_kernel() 函数需要多个参数。第一个参数是内核的输出数据区域的指针。第二个参数是输入数据区域的指针。在这两种情况下，我们都将 left_stage1_offset 添加到设备内存中的输入和输出数据中。接下来的三个参数指定了要处理的网格部分的维度。注意为了正确执行四个左边界切片中所有点的计算，我们需要在每侧都有四个切片。第 40 行在阶段 1 中执行右边界点的相同操作。请注意，这些内核将在流 0 内调用，并将串行执行。

第 41 行调用 call_stencil_kernel() 函数，该函数将调用模板核函数以生成阶段 2 的 dimx*dimy*(dimz-8) 个内部点。注意这也需要每侧四个切片的输入边界值，因此总共需要 dimx*dimy*dimz 个输入切片。此核函数在流 1 中调用，将与第 39 ～ 40 行调用的核函数并行执行。

图 20.15 显示了计算进程代码的第四部分。第 42 行将左边界点的四个切片复制到主机内存中，以便与左邻居进程进行数据交换。第 43 行将右边界点的四个切片复制到主机内存中，以便与右邻居进程进行数据交换。这两者都是在流 0 中进行的异步复制，在复制数据之前会等待流 0 中的两个核函数完成。第 44 行是一个同步，强制进程等待流 0 中的所有操作完成后才能继续。这确保了在进程继续进行数据交换之前，左右边界点已经在主机内存中。

在数据交换阶段，我们将使所有 MPI 进程向左邻居发送边界切片。也就是说，所有进程都会从右邻居接收数据。因此最好有一个 MPI 函数，可以向目标发送数据并从源接收数据。这样可以减少 MPI 函数调用的数量。图 20.16 中的 MPI_Sendrecv() 函数就是这样的函数。它是 MPI_Send() 和 MPI_Recv() 的组合，我们在此不详细展开解释参数的含义。

第 45 行将左边界点的四个切片发送到左邻居，并从右邻居接收四个切片的右边缘点。第 46 行将右边界点的四个切片发送到右邻居，并从左邻居接收四个切片的左边缘点。对于进程 0，它的 left_neighbor 在第 27 行被设置为 MPI_PROC_NULL，因此对于进程 0，MPI 运行时既不会发送第 45 行的消息，也不会接收第 46 行的消息。同样，MPI 运行时也不会接收第 45 行的消息或发送第 46 行的消息给进程 np-2。因此，图 20.13 中第 29 ～ 30 行的条件赋值消除了第 45 ～ 46 行中特殊的 if-then-else 语句的需要。

```
        /* Copy the data needed by other nodes to the host */
42      cudaMemcpyAsync(h_left_boundary, d_output + num_halo_points,
                num_halo_bytes, cudaMemcpyDeviceToHost, stream0 );
43      cudaMemcpyAsync(h_right_boundary,
                d_output + right_stage1_offset + num_halo_points,
                num_halo_bytes, cudaMemcpyDeviceToHost, stream0 );
44      cudaStreamSynchronize(stream0);
        /* Send data to left, get data from right */
45      MPI_Sendrecv(h_left_boundary, num_halo_points, MPI_FLOAT,
                left_neighbor,  i, h_right_halo,  num_halo_points,
                MPI_FLOAT, right_neighbor, i, MPI_COMM_WORLD, &status );
        /* Send data to right, get data from left */
46      MPI_Sendrecv(h_right_boundary, num_halo_points, MPI_FLOAT,
                right_neighbor, i, h_left_halo, num_halo_points,
                MPI_FLOAT, left_neighbor,  i, MPI_COMM_WORLD, &status );

47      cudaMemcpyAsync(d_output+left_halo_offset,  h_left_halo,
                num_halo_bytes, cudaMemcpyHostToDevice, stream0);
48      cudaMemcpyAsync(d_output+right_halo_offset, h_right_halo,
                num_halo_bytes, cudaMemcpyHostToDevice, stream0 );
49      cudaDeviceSynchronize();

50      float *temp = d_output;
51      d_output = d_input; d_input = temp;
52  }
```

图 20.15　计算进程代码（第四部分）

- `int MPI_Sendrecv(void *sendbuf, int sendcount,MPI_Datatype sendtype, int dest, int sendtag,void*recvbuf, int recvcount,MPI_Datatype recvtype, int source, int recvtag,MPI_Comm comm,MPI_Status *status)`
  - sendbuf：初始发送缓冲区地址（可选）。
  - sendcount：发送缓冲区中元素的数量（整数）。
  - sendtype：发送缓冲区中元素的类型（句柄）。
  - dest：目标进程的 rank 值（整数）。
  - sendtag：发送标签（整数）。
  - recvcount：接收缓冲区中元素的数量（整数）。
  - recvtype：接收缓冲区中元素的类型（句柄）。
  - source：源进程的 rank 值（整数）。
  - recvtag：接收标签（整数）。
  - comm：通信器（句柄）。
  - recvbuf：初始接收缓冲区地址（可选）。
  - status：状态对象（状态），此处指接收操作。

图 20.16　MPI_Sendrecv() 函数的语法

在 MPI 消息已经发送和接收之后，第 47 ～ 48 行将新接收到的边界点传输到设备内存的 d_output 缓冲区中。这些复制是在流 0 中进行的，因此它们将与在第 38 行启动的流 1 中的核函数并行执行。

第 49 行是所有设备活动的同步操作。这个调用强制进程等待包括核函数和数据复制在内的所有设备活动全部完成。当 cudaDeviceSynchronize() 函数返回时，来自当前计算步骤的 d_output 数据已经准备好：来自左邻居进程的左边缘数据、在第 36 行启动的内核的边界数据、在第 38 行启动的内核的内部数据、在第 37 行启动的内核的右边界数据以及来自右邻居的右边缘数据。

第 50 ～ 51 行交换了 d_input 和 d_output 指针。这将当前计算步骤的 d_output 数据输出更改为下一个计算步骤的 d_input 数据。交换完成后将继续下一个计算步骤，即进入第 35 行的下一个循环迭代。此过程持续直到所有计算进程完成了参数 nreps 指定的计算次数。

图 20.17 展示了计算进程代码的最后一部分，即第五部分。第 53 行是一个屏障同步，强制所有进程等待其他进程完成计算步骤。第 54 ～ 56 行交换了 d_output 和 d_input。这是因为第 50 ～ 51 行在准备下一个计算步骤时交换了 d_output 和 d_input。然而，对于最后的计算步骤，这是不必要的，因此我们使用第 54 ～ 56 行来撤销交换。第 57 行将最终输出复制到主机内存。第 58 行将输出发送到数据服务器。第 59 行等待所有进程完成。第 60 ～ 63 行释放所有资源，然后返回主程序。

```
      /* Wait for previous communications */
53    MPI_Barrier(MPI_COMM_WORLD);

54    float *temp = d_output;
55    d_output = d_input;
56    d_input = temp;

      /* Send the output, skipping halo points */
57    cudaMemcpy(h_output, d_output, num_bytes, cudaMemcpyDeviceToHost);
      float *send_address = h_output + num_ghost_points;
58    MPI_Send(send_address, dimx * dimy * dimz, MPI_REAL,
               server_process, DATA_COLLECT, MPI_COMM_WORLD);
59    MPI_Barrier(MPI_COMM_WORLD);

      /* Release resources */
60    free(h_input); free(h_output);
61    cudaFreeHost(h_left_ghost_own); cudaFreeHost(h_right_ghost_own);
62    cudaFreeHost(h_left_ghost); cudaFreeHost(h_right_ghost);
63    cudaFree( d_input ); cudaFree( d_output );
64 }
```

图 20.17　计算进程代码（第五部分）

图 20.18 展示了数据服务器代码的第二部分，也是最后一部分。该部分从图 20.9 继续。第 24 行是一个屏障同步，等待所有计算节点完成计算步骤并发送其输出。这个屏障对应于计算进程的第 59 行的屏障。第 26 ～ 27 行接收来自所有计算进程的输出数据。第 28 行将输出数据存储到外部存储中。最后，第 29 ～ 30 行在返回主程序之前释放资源。

```
      /* Wait for nodes to compute */
24    MPI_Barrier(MPI_COMM_WORLD);
      /* Collect output data */
25    MPI_Status status;
26    for(int process = 0; process < num_comp_nodes; process++)
27          MPI_Recv(output + process * num_points / num_comp_nodes,
                  num_points / num_comp_nodes, MPI_REAL, process,
                  DATA_COLLECT, MPI_COMM_WORLD, &status );

      /* Store output data */
28    store_output(output, dimx, dimy, dimz);
      /* Release resources */
29    free(input);
30    free(output);
}
```

图 20.18　数据服务器代码（第二部分）

## 20.6 MPI 集体通信接口

在前一节中，我们看到了 MPI 集体通信 API 的一个例子：MPI_Barrier。其他常用的组集体通信类型包括广播、归约、聚集和发散（Gropp et al.，1999）。屏障同步 MPI_Barrier() 可能是最常用的集体通信函数。如我们在示例中所见，屏障用于确保在 MPI 进程间开始相互交互之前，准备工作已就绪。我们不会详细展开介绍其他类型的 MPI 集体通信函数，但我们鼓励读者阅读这些函数的详细信息。通常情况下，MPI 运行时开发人员和系统供应商会对集体通信函数进行高度优化。使用它们通常比尝试使用发送和接收调用的组合来实现相同功能更具有可读性、有效性和高效性。

## 20.7 CUDA 感知的 MPI

现代的 MPI 实现已经能够感知 CUDA 编程模型，并尽力地将 MPI 设计为最小化 GPU 之间的通信延迟。目前，MVAPICH2、IBM Platform MPI 和 OpenMPI 都支持 CUDA 与 MPI 之间的直接交互。

CUDA 感知的 MPI 实现能够从一个节点的 GPU 内存发送消息到另一个节点的 GPU 内存。这有效地消除了在发送 MPI 消息之前进行的设备到主机的数据传输以及在接收 MPI 消息之后进行的主机到设备的数据传输的需要。这有可能简化主机代码和内存数据布局。在我们的示例中，如果使用 CUDA 感知的 MPI 实现，我们将不再需要主机常量内存分配和异步内存复制。

第一个简化是我们不再需要分配主机常量内存缓冲区来将边界点传输到主机内存，以便为 MPI_Send() 做准备。这意味着我们可以放心地删除图 20.11 中的第 21 ～ 24 行。然而我们仍然需要使用 CUDA 流和两个独立的 GPU 内核，以便在计算出边界元素后尽快开始在节点之间进行通信。

第二个简化是我们不再需要在 MPI_Recv() 之后异步地将边界数据从主机内存复制到设备内存。因此我们还可以删除图 20.15 中的第 42 ～ 43 行。由于 MPI 调用现在接收设备内存地址，我们需要修改对 MPI_SendRecv 的调用来使用它们。需要注意的是，这些内存地址实际上对应于先前版本中异步内存复制的设备地址。由于 CUDA 感知的 MPI 实现将直接更新 GPU 内存的内容，我们还可以删除图 20.15 中的第 47 ～ 48 行。图 20.19 显示了对图 20.15 中第 45 ～ 46 行的 MPI_SendRecv 语句的修改，使其直接读取和写入设备内存。

```
MPI_SendRecv(d_output + num_halo_points, num_halo_points, MPI_FLOAT,
        left_neighbor, i, d_output + left_halo_offset, num_halo_points,
        MPI_FLOAT, right_neighbor, i, MPI_COMM_WORLD, &status);
MPI_SendRecv(d_output + right_stage1_offset, num_halo_points,
        num_halo_points, MPI_FLOAT, right_neighbor, i,
        d_output + right_halo_offset, num_halo_points,
        MPI_FLOAT, left_neighbor, i, MPI_COMM_WORLD, &status);
```

图 20.19　使用 CUDA 感知的 MPI 修改后的 MPI_SendRecv 调用

除了删除使用 MPI_SendRecv 进行边缘交换的数据传输外，还可以通过直接从 GPU 内存中接收 / 发送输入 / 输出来删除初始和最终内存复制。

## 20.8 总结

在本章中，我们介绍了在具有异构计算节点的 HPC 集群中进行联合 CUDA/MPI 编程的基本模式。MPI 应用程序中的所有进程都运行相同的程序。但是，正如示例中的数据服务器和计算进程所示，每个进程可以遵循不同的控制流和函数调用路径来明确它们专有的角色。

我们还使用模板模式展示了计算进程如何交换数据。我们介绍了使用CUDA流和异步数据传输来实现计算和通信的重叠。我们还展示了如何使用MPI屏障来确保所有进程都准备好彼此交换数据。最后，我们简要概述了使用CUDA感知的MPI来简化设备内存中数据的交换。需要指出的是，尽管MPI是一个非常不同的编程系统，但本章涵盖的所有主要MPI概念，即SPMD、MPI rank和屏障，在CUDA编程模型中都有对应的概念。这证实了我们的理念：通过在一个模型中进行良好的并行编程教学，学生可以快速且轻松地掌握其他编程模型。我们鼓励读者在本章提供的基础上继续深入学习更高级的MPI功能和其他重要的模式。

## 练习

1. 假设本章中的25点模板计算被用于一个大小为$x$维64网格点、$y$维64网格点、$z$维2048网格点的网格。此计算被分配在17个MPI rank上，其中16个为计算进程，1个为数据服务器进程。
   a. 每个计算进程需要计算多少网格点输出值？
   b. 以下各需要多少边缘网格点？
      i. 每个内部计算进程
      ii. 每个边缘计算进程
   c. 在图20.12的阶段1中，以下各有多少边界网格点被计算？
      i. 每个内部计算进程
      ii. 每个边缘计算进程
   d. 在图20.12的阶段2中，以下各有多少内部网格点被计算？
      i. 每个内部计算进程
      ii. 每个边缘计算进程
   e. 在图20.12的阶段2中，以下各发送了多少字节？
      i. 每个内部计算进程
      ii. 每个边缘计算进程
2. 如果MPI调用`MPI_Send(ptr_a, 1000, MPI_FLOAT, 2000, 4, MPI_COMM_WORLD)`后传输了4000字节数据，被发送的每个数据元素的大小是多少？
   a. 1字节
   b. 2字节
   c. 4字节
   d. 8字节
3. 以下哪个说法是正确的？
   a. `MPI_Send()`默认分块
   b. `MPI_Recv()`默认分块
   c. MPI消息必须至少有128字节
   d. 不同MPI进程可以访问共享内存里的同一变量
4. 在`MPI_Send`和`MPI_Recv`中使用GPU地址修改计算进程的示例代码，以移除`cudaMemcpyAsync()`函数调用。

## 参考文献

Gropp, W., Lusk, E., Skjellum, A., 1999. Using MPI, Portable Parallel Programming with the Message Passing Interface, 2nd Ed. MIT Press, Cambridge, MA, Scientific and Engineering Computation Series. ISBN 978-0-262−57132-6.

# CUDA 动态并行性

CUDA 动态并行性是 CUDA 编程模型的扩展功能，其使得一个核函数能够调用其他核函数，从而允许在设备上执行的线程启动新的线程网格。在早期的 CUDA 版本中，线程网格只能从主机代码中启动。涉及递归、不规则循环结构、时间 – 空间变化或其他不适合平坦单层并行性的算法需要通过从主机调用多个内核来实现，这增加了主机的负担、主机与设备之间的通信量以及总执行时间。在某些情况下，程序员会采取循环串行化等笨拙的技术来支持这些算法需求，这一行为无疑损害了软件的可维护性。动态并行性允许算法在动态地发现新工作时准备并启动新的线程网格，同时不会加重主机的负担或影响软件的可维护性。本章描述了 CUDA 的扩展功能，支持动态并行性，包括对 CUDA 编程接口的修改和增强，以及利用这种增强能力的指导方针和最佳实践。

## 21.1 背景

许多现实世界的应用程序采用的算法可能在空间上或时间上具有动态变化的工作量。例如，图 21.1 展示了一个湍流模拟示例。在该示例中，所需的建模细节水平在空间和时间上都存在变化。随着燃烧流从左向右移动，活动范围和强度不断增加。对于模型的右侧，所需的建模细节要多得多。一方面，对于模型的左侧来说，使用固定的细网格会产生过多的工作而没有收益。另一方面，使用固定的粗网格会使模型的右侧牺牲过多的准确性。理想情况下，应该对需要更多细节的模型部分使用细网格，而对不需要的部分使用粗网格。

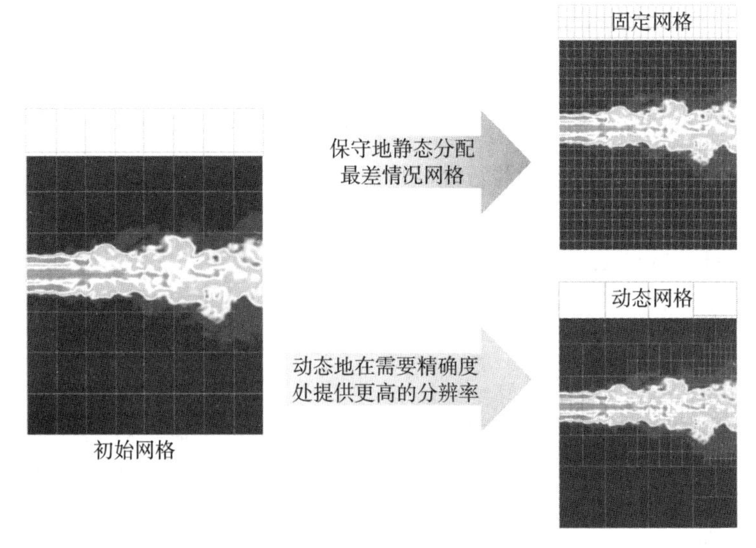


图 21.1　湍流模拟模型中的固定网格与动态网格

到目前为止，我们假设所有的核函数都是从主机代码调用的。线程网格执行的工作量在调用核函数时就已经确定。采用单程序多数据的代码编程风格编程核函数时，让线程块使用不同的网格间距是烦琐甚至极其困难的。在这种限制下使用固定和均匀（规则）的网格系统是更为有利的。如图 21.1 右上部分所示，为了达到所需的准确性，这种固定网格方法通常需要适应模型中计算需求最高的部分，而在不需要如此详细的部分保留不必要的额外数据，并执行不必要的额外工作。

一种更理想的方法如图 21.1 右下部分所示，即动态网格。当模拟算法在模型的某些区域检测到快速变化的模拟量时，它会在这些区域内细化网格以达到所需的准确性水平。对于不表现出如此密集活动的区域，不需要进行这种细化。因此算法可以动态地将更多的计算资源引导至对额外工作有需求的模型区域。

图 21.2 以图 21.1 中的模拟模型为背景，从概念上比较了没有动态并行性和具有动态并行性两种系统的行为。在没有动态并行性的情况下，主机线程必须启动所有的网格。如果在网格执行期间发现了新的工作，比如在模型的某个区域需要细化，那么网格需要终止、向主机报告并让主机启动新的网格。这在图 21.2a 中进行了说明。主机启动一个网格，等待该网格终止后从它那里接收信息，并为已完成网格发现的任何新工作启动后续网格。图中描述了后续的网格是依次启动的。在此情境下也可以应用复杂的优化，比如在不同流中启动独立的网格，或者将它们组合在一起以便可以并行运行。

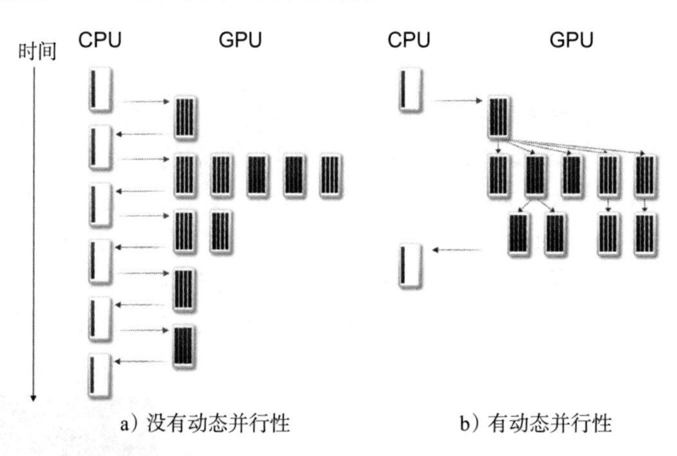


图 21.2　对于有动态工作变化的算法的网格启动模式

如图 21.2b 所示，在具有动态并行性的情况下，发现新工作的线程可以直接启动网格来完成工作。在我们的示例中，当一个线程发现模型中的某个区域需要细化时，它可以启动一个新的网格，在细化区域上执行计算，而不存在终止网格、向主机报告并由主机启动新的网格的开销。

## 21.2　动态并行性概述

从程序员的角度来看，动态并行性意味着他们可以在一个核函数中编写调用另一个核函数的函数。在图 21.3 中，主函数（主机代码）启动了三个核函数：A、B 和 C。这些是主机代码中的核函数调用，这也是本书中一直采用的假设。图 21.3 中的新内容是其中一个核函数 B 调用了三个核函数 X、Y 和 Z。在不支持动态并行性的早期 CUDA 系统中，这是不合法的。

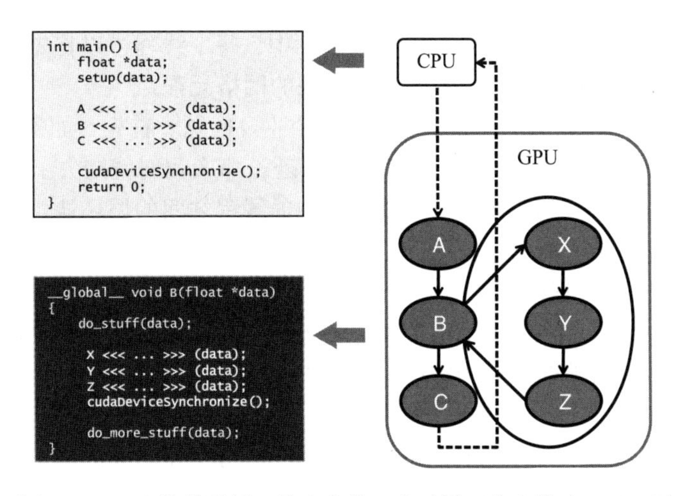


图 21.3　一个简单示例，其中内核 B 启动了三个内核（X、Y、Z）

从核函数内部调用核函数的语法与从主机代码调用核函数的语法相同：

```
kernel_name<<< Dg, Db, Ns, S >>>([kernel arguments])
```

- Dg 是 dim3 类型，用于指定网格的维度和大小。
- Db 是 dim3 类型，用于指定每个线程块的维度和大小。
- Ns 是 size_t 类型，用于指定为此次动态分配调用中的每个线程块分配的共享内存字节数。这是在静态分配的共享内存之外的额外分配。Ns 是一个可选参数，默认为 0。
- S 是 cudaStream_t 类型，用于指定与此次调用关联的流。该流必须与其调用者处于同一线程块中。S 是一个可选参数，默认为 0。

为了演示如何使用动态并行性，我们提供了没有和有动态并行性的简单核函数示例。这些示例基于一个假设的并行算法。该算法不计算有用的结果，仅提供一个概念上简单的计算模式。这种计算模式在许多应用中都会反复出现。它用于说明这两种方法之间的区别，以及在算法中每个线程执行的工作量可以动态变化时，如何使用动态并行性来提取更多的并行性，同时减少控制流发散。

图 21.4 展示了一个简单的未使用动态并行性的示例核函数。在这个示例中，每个核函数线程执行一些计算（第 05 行），然后循环遍历一个由该线程负责的数据元素列表（第 07 行），并为每个数据元素执行另一些计算（第 08 行）。

```
01    __global__ void kernel(unsigned int* start, unsigned int* end,
02        float* someData, float* moreData) {
03
04        unsigned int i = blockIdx.x*blockDim.x + threadIdx.x;
05        doSomeWork_findMoreWork(someData[i]);
06
07        for(unsigned int j = start[i]; j < end[i]; ++j) {
08            doMoreWork(moreData[j]);
09        }
10
11    }
```

图 21.4　一个简单的示例，其中用 CUDA 实现了假设的并行算法，未使用动态并行性

这种计算模式在许多应用中经常出现。例如，在图搜索中，每个线程可以访问一个顶点，然后循环遍历一组相邻顶点。读者可能会发现这种核函数结构与图 15.14 中基于顶点的 BFS 内核类似。另一个例子是在稀疏矩阵计算中，每个线程可以首先识别非零元素行的起始

位置，然后循环遍历非零值。在本章开始处的示例中，每个线程可以首先处理一个粗略的网格元素，如果需要细化网格，可以循环遍历更精细的网格元素。

采用图 21.4 所示的方式编写应用程序存在两个主要问题。首先，如果循环中的工作（第 07 ～ 09 行）在进行细化后更有利于结果的并行处理，那么我们就错失了从应用程序中提取更多并行性的机会。其次，如果在同一个线程束中的线程之间的循环迭代次数差异显著，那么由此产生的控制发散会降低程序的性能。

图 21.5 展示了同一个程序的另一个版本，其中使用了动态并行性。在这个版本中，原始核函数被分成了两部分：一个父核函数和一个子核函数。父核函数的起始部分与原始核函数相同，由一个线程网格执行，称为父网格。父内核不再进行循环，而是调用子核函数来继续工作（第 07 ～ 08 行）。子核函数由称为子网格的线程网格执行，完成原来在循环体内执行的工作（图 21.5 的第 18 行），该工作原本位于循环体内（图 21.4 的第 07 ～ 09 行）。

```
01    __global__ void kernel_parent(unsigned int* start, unsigned int* end,
02        float* someData, float* moreData) {
03
04        unsigned int i = blockIdx.x*blockDim.x + threadIdx.x;
05        doSomeWork(someData[i]);
06
07        kernel_child <<< ceil((end[i]-start[i])/256.0), 256 >>>
08            (start[i], end[i], moreData);
09
10    }
11
12    __global__ void kernel_child(unsigned int start, unsigned int end,
13        float* moreData) {
14
15        unsigned int j = start + blockIdx.x*blockDim.x + threadIdx.x;
16
17        if(j < end) {
18            doMoreWork(moreData[j]);
19        }
20
21    }
```

图 21.5　使用 CUDA 动态并行性修改后的版本

以这种方式编写程序解决了关于原始代码的两个问题。首先，循环迭代现在由子内核线程并行执行，而不是由原始内核线程串行执行。由此我们从程序中提取了更多的并行性。其次，现在每个线程只执行一个循环迭代，从而实现了更好的负载平衡并消除了控制发散。虽然程序员可以通过不同方式重写内核来实现这两个目标，例如通过使用基于边缘的宽度优先实现，但对于某些应用程序来说，这样的转换可能麻烦、复杂且容易出错。动态并行性提供了一种表达这种计算模式的简单方式。

## 21.3　示例：贝塞尔曲线

现在我们展示一个更有趣和有用的示例：自适应细分样条曲线。这个示例展示了如何根据工作负载的变化量来启动不同数量的子网格。示例是计算贝塞尔曲线（Bezier curve），这些曲线经常用于计算机图形学以绘制由一组控制点定义的平滑、直观的曲线。这些控制点通常由用户定义。

从数学上讲，贝塞尔曲线由一组控制点 $P_0$ 到 $P_n$ 定义，其中 $n$ 称为控制点的阶数（1 为线性，2 为二次，3 为三次，依此类推）。第一个和最后一个控制点总是曲线的端点，中间的控制点（如果有）通常不在曲线上。

### 21.3.1　线性贝塞尔曲线

给定两个控制点 $P_0$ 和 $P_1$，线性贝塞尔曲线只是连接这两个点的直线。曲线上的点坐标由以下线性插值公式给出：

$$B(t) = P_0 + t(P_1 - P_0) = (1-t)P_0 + tP_1,\ t \in [0,1]$$

### 21.3.2　二次贝塞尔曲线

二次贝塞尔曲线由三个控制点 $P_0$、$P_1$ 和 $P_2$ 定义。二次曲线上的点被定义为从 $P_0$ 到 $P_1$ 和从 $P_1$ 到 $P_2$ 的线性贝塞尔曲线上对应点的线性插值。曲线上的点坐标计算通过以下公式实现：

$$B(t) = (1-t)[(1-t)P_0 + tP_1] + t[(1-t)P_0 + tP_2],\ t \in [0,1]$$

该公式可简化为：

$$B(t) = (1-t)^2 P_0 + 2(1-t)tP_1 + t^2 P_2,\ t \in [0,1]$$

### 21.3.3　贝塞尔曲线计算（不使用动态并行性）

图 21.6 展示了部分 CUDA C 程序，该程序用于计算贝塞尔曲线上的点坐标。从第 13 行开始的 computeBezierLines 核函数被设计为使用一个块来计算一组三个控制点的曲线点（使用二次贝塞尔公式）。每个线程块首先计算由三个控制点定义的曲线的曲率度量。直观地说，曲率越大，为这三个控制点绘制平滑二次贝塞尔曲线所需的点就越多。这定义了每个块要执行的工作量，体现在第 20～21 行中。当前线程块要计算的总点数与曲率值成比例。

```
01    #include <stdio.h>
02    #include <cuda.h>
03
04    #define MAX_TESS_POINTS 32
05
06    // A structure containing all parameters needed to tessellate a Bezier line
07    struct BezierLine {
08        float2 CP[3];                           //Control points for the line
09        float2 vertexPos[MAX_TESS_POINTS]; //Vertex position array to tessellate into
10        int nVertices;                          //Number of tessellated vertices
11    };
12
13    __global__ void computeBezierLines(BezierLine *bLines, int nLines) {
14        int bidx = blockIdx.x;
15        if(bidx < nLines){
16            //Compute the curvature of the line
17            float curvature = computeCurvature(bLines);
18
19            //From the curvature, compute the number of tessellation points
20            int nTessPoints = min(max((int)(curvature*16.0f),4),32);
21            bLines[bidx].nVertices = nTessPoints;
22
23            //Loop through vertices to be tessellated, incrementing by blockDim.x
24            for(int inc = 0; inc < nTessPoints; inc += blockDim.x){
25                int idx = inc + threadIdx.x;  //Compute a unique index for this point
26                if(idx < nTessPoints){
27                    float u = (float)idx/(float)(nTessPoints-1);  //Compute u from idx
28                    float omu = 1.0f - u;    //pre-compute one minus u
29                    float B3u[3]; //Compute quadratic Bezier coefficients
30                    B3u[0] = omu*omu;
31                    B3u[1] = 2.0f*u*omu;
32                    B3u[2] = u*u;
33                    float2 position = {0,0};  //Set position to zero
34                    for(int i = 0; i < 3; i++){
```

图 21.6　不使用动态并行性的贝塞尔曲线计算

```
35                  //Add the contribution of the i'th control point to position
36                  position = position + B3u[i] * bLines[bidx].CP[i];
37              }
38              //Assign value of vertex position to the correct array element
39              bLines[bidx].vertexPos[idx] = position;
40          }
41      }
42  }
43  }
```

图 21.6 不使用动态并行性的贝塞尔曲线计算（续）

在第 24 行的循环中，所有线程在每次迭代中计算一组连续的贝塞尔曲线点。循环体中的详细计算基于我们之前提供的公式。关键点在于，某个块中线程执行的迭代次数与另一个块中线程执行的迭代次数可能差别很大。根据调度策略，每个线程块执行的工作量的变化可能导致流多处理器（SM）的利用率降低，进而导致性能降低。

### 21.3.4 贝塞尔曲线计算（使用动态并行性）

图 21.7 展示了使用动态并行性的贝塞尔曲线计算代码。它将图 21.6 中的 computeBezierLines 核函数分成了两个核函数，第一部分 computeBezierLines_parent 用于发现每个控制点要执行的工作量，第二部分 computeBezierLines_child 执行实际计算。

```
01  struct BezierLine {
02      float2 CP[3];        //Control points for the line
03      float2 *vertexPos; //Vertex position array to tessellate into
04      int nVertices;       //Number of tessellated vertices
05  };
06  __global__ void computeBezierLines_parent(BezierLine *bLines, int nLines) {
07      //Compute a unique index for each Bezier line
08      int lidx = threadIdx.x + blockDim.x*blockIdx.x;
09      if(lidx < nLines){
10          //Compute the curvature of the line
11          float curvature = computeCurvature(bLines);
12
13          //From the curvature, compute the number of tessellation points
14          bLines[lidx].nVertices = min(max((int)(curvature*16.0f),4),MAX_TESS_POINTS);
15          cudaMalloc((void**)&bLines[lidx].vertexPos,
16              bLines[lidx].nVertices*sizeof(float2));
17
18          //Call the child kernel to compute the tessellated points for each line
19          computeBezierLine_child<<<ceil((float)bLines[lidx].nVertices/32.0f), 32>>>
20              (lidx, bLines, bLines[lidx].nVertices);
21      }
22  }
23  __global__ void computeBezierLine_child(int lidx, BezierLine* bLines,
24      int nTessPoints) {
25      int idx = threadIdx.x + blockDim.x*blockIdx.x;//Compute idx unique to this vertex
26      if(idx < nTessPoints){
27          float u = (float)idx/(float)(nTessPoints-1);  //Compute u from idx
28          float omu = 1.0f - u;   //Pre-compute one minus u
29          float B3u[3];   //Compute quadratic Bezier coefficients
30          B3u[0] = omu*omu;
31          B3u[1] = 2.0f*u*omu;
32          B3u[2] = u*u;
33          float2 position = {0,0};  //Set position to zero
34          for(int i = 0; i < 3; i++) {
35              //Add the contribution of the i'th control point to position
36              position = position + B3u[i] * bLines[lidx].CP[i];
37          }
38          //Assign the value of the vertex position to the correct array element
39          bLines[lidx].vertexPos[idx] = position;
40      }
41  }
```

图 21.7 使用动态并行性的贝塞尔曲线计算

```
42    __global__ void freeVertexMem(BezierLine *bLines, int nLines) {
43        //Compute a unique index for each Bezier line
44        int lidx = threadIdx.x + blockDim.x*blockIdx.x;
45        if(lidx < nLines)
46            cudaFree(bLines[lidx].vertexPos);    //Free the vertex memory for this line
47    }
```

图 21.7 使用动态并行性的贝塞尔曲线计算（续）

在新的组织结构下，computeBezierLines_parent 核函数为每组控制点执行的工作量要比原始的 computeBezierLines 核函数小得多。因此我们在 computeBezierLines_parent 中使用一个线程来执行此工作，而在 computeBezierLines 中则要使用一个块。在第 58 行，我们只需为每组控制点启动一个线程。这一点通过将核函数启动配置中块的数量设置为 N_LINES 除以 BLOCK_DIM 来体现。

computeBezierLines_parent 内核和 computeBezierLines 内核之间有两个关键区别。首先是用于访问控制点的索引是基于线程的（图 21.7 的第 08 行），而不是基于块的（图 21.6 的第 14 行）。这是因为每个控制点的工作是由线程而不是块来完成的，正如本章前面提到的。其次是用于存储计算出的贝塞尔曲线点的内存是动态确定和分配的（图 21.7 的第 15 行）。这使得代码可以为每组控制点分配足够的内存以放入 bLines 变量中。注意在图 21.6 中每个 BezierLine 元素都声明为最大可能点数（第 09 行）。与之相对的，图 21.7 中的声明只有指向动态分配存储的指针。允许核函数调用 cudaMalloc() 函数可以显著减少内存使用量，其适用于控制点的曲率变化显著的情况。

一旦 computeBezierLines_parent 核函数的线程确定了其控制点组需要的工作量，就会调用 computeBezierLines_child 核函数并启动一个子网格来执行工作（图 21.7 的第 19 行）。在我们的示例中，父网格中的每个线程都为其分配的控制点集创建一个新的网格。如此一来，每个线程块执行的工作是平衡的，每个子网格执行的工作量是变化的。

动态并行性核函数调用与主机端的核函数调用具有相同的异步语义。也就是说，一旦调用了子核函数，调用它的父线程可以继续执行后续代码，而无须等待子网格完成。如果父线程希望等待其子网格完成，则必须执行显式同步，类似于主机线程所做的操作。如果没有进行显式同步，则线程可以完成执行，但在最后会有一个隐式同步。隐式同步确保在父网格终止之前，所有子网格都已终止。有关父 - 子网格同步语义的更多详细信息，请参阅 CUDA C++ 编程指南（NVIDIA Corporation，2021）。

在 computeBezierLines_parent 终止后，仍需要释放使用 cudaMalloc 在核函数内分配的内存。出于这个原因，代码中还实现了一个额外的核函数 freeVertexMem（第 42 ～ 47 行），供主机端调用。此核函数并行地释放分配给 bLines_d 数据结构中顶点的所有存储空间。这个核函数是必要的，因为由设备核函数在设备上分配的设备存储必须由设备核函数释放。有关在设备上使用 cudaMalloc 和 cudaFree 的更多详细信息，请参阅 CUDA C++ 编程指南（NVIDIA Corporation，2021）。

## 21.4 递归示例：四叉树

动态并行性还允许程序员实现递归算法。在本节中，我们通过四叉树（Finkel and Bentley，1974）来说明如何使用动态并行性实现递归。四叉树通过将二维空间递归地细分为四个大小相等的象限来划分。每个象限被视为四叉树的一个节点，并包含一系列点。如果一个象限中的点数大于一个固定的最小值，该象限将被递归地细分为四个更小的象限，即四个子节点。

图 21.8 说明了使用动态并行性构建四叉树的过程。在这个实现中，一个节点（象限）被分配给一个块。最初（深度为 0），一个块（块 0）被分配整个二维空间（四叉树的根节点），其中包含所有点。它将空间分成四个象限，并为每个象限启动一个块（深度为 1）。如果子块中包含的点数超过一个固定的最小值，这些子块（块 00 到块 03）将再次细分它们的象限。在本示例中我们假设最小值为两个，因此块 00 和块 02 不会启动子节点。块 01 和块 03 每个都启动一个带有四个块的网格。

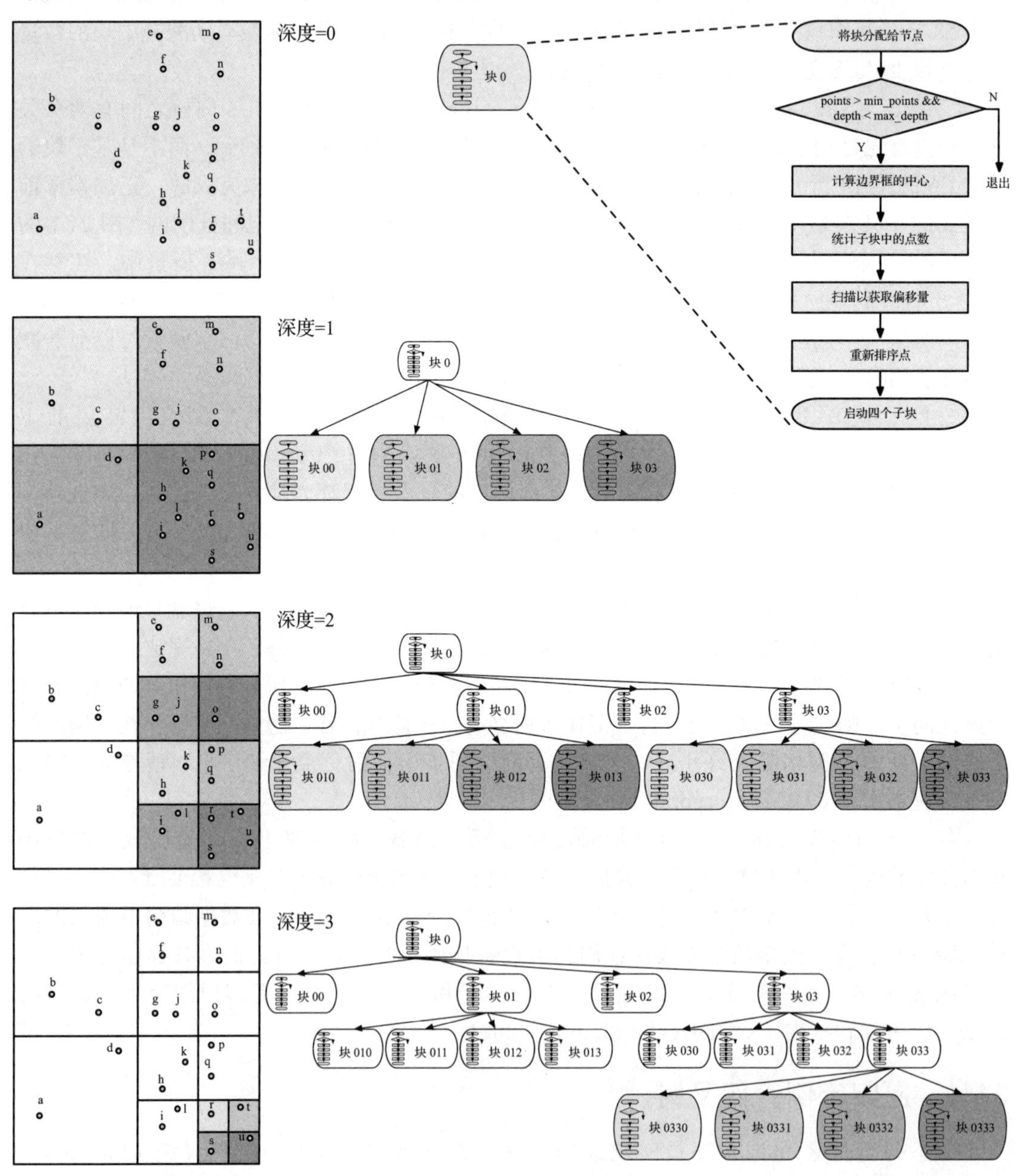


图 21.8　四叉树。每个块都被分配给一个象限。如果象限内的点大于两个，块将启动四个子块。阴影块即为每个深度下的活动块

正如图 21.8 右侧的流程图所示，一个块首先检查其象限中的点数是否大于进一步细分所需的最小值，并且最大深度是否已达到。如果其中任何一个条件不成立，则结束该象限的工作并返回块。否则块将计算围绕其象限的边界框的中心。中心位于四个新象限的中央。统计每个象限中的点数。使用四个元素的扫描操作计算存储点的位置的偏移量。然后重新排序点，以便将同一象限中的点分组并放置在点存储的相应部分中。最后，块为四个新象限中的每个启动一个块的子网格。

图 21.9 继续描述图 21.8 中的例子，详细说明了在每个深度级别上如何重新排序点。在本例中我们假设每个象限必须具有超过两个点才能进一步细分。算法使用两个缓冲区来存储和重新排序点。算法结束时，点应该在缓冲区 0 中。因此如果在达到终止条件时，点位于缓冲区 1 中，可能需要在退出之前交换缓冲区的内容。

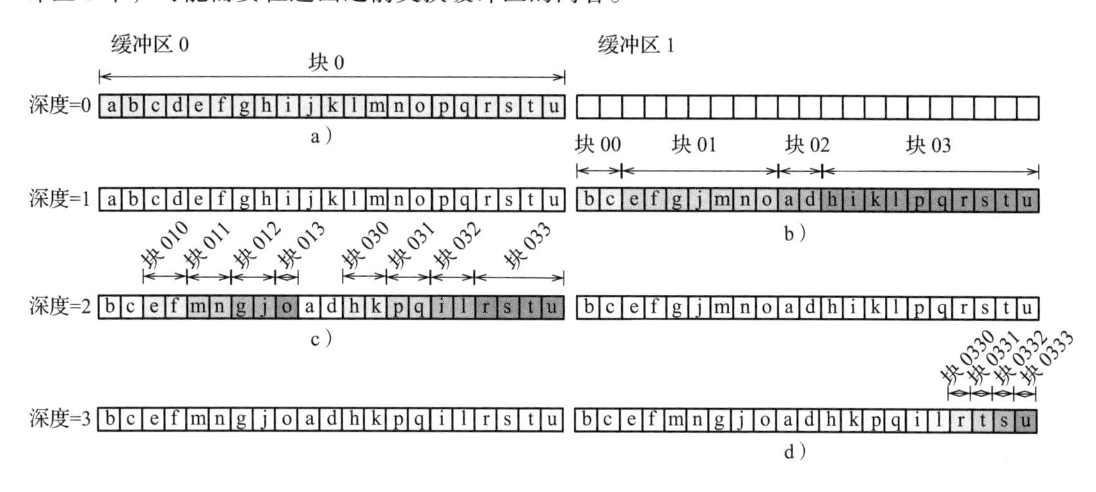


图 21.9　四叉树示例。在每个深度级别，块聚集同一象限内的所有点。a）缓冲区 0 中的初始输入列表，b）列表被重排至四个与四个象限相关的子列表，c）反映第二级象限的重排后的列表，d）反映第三级象限的重排后的列表，e）用于返回给调用函数的复制到缓冲区 0 的最终列表

在从主机代码调用的初始内核（深度为 0）中，块 0 被分配了在缓冲区 0 中驻留的所有点，如图 21.9a 所示。块 0 将象限进一步细分为四个子象限，将同一子象限中的所有点分组，并根据象限将点存储到缓冲区 1 中，如图 21.9b 所示。它的四个子块块 00 到块 03，分别被分配了四个新象限，如图 21.9b 中标记的范围所示。块 00 和块 02 不会启动子节点，因为它们各自分配的象限中的点数只有两个。块 01 和块 03 将其点重新排序以将同一象限中的点分组，并分别启动了四个子块，如图 21.9c 所示。块 010、011、012、013、030、031 和 032 不会启动子节点（它们具有两个或更少的点），也不需要交换点（它们已经在缓冲区 0 中）。只有块 033 重新排序点并启动了四个块，如图 21.9d 所示。块 0330 到块 0333 在将点交换到块 0 后退出，如图 21.9e 所示。

图 21.10 中的核函数代码实现了图 21.8 中的流程图。四叉树是使用节点数组实现的，其中每个元素包含四叉树的一个节点的所有相关信息（定义在本章附录中）。随着四叉树的构建，新的节点将在核函数的执行过程中被创建并放置在数组中。核函数代码假设节点参数指

向节点数组中下一个可用位置。

```
01    __global__ void build_quadtree_kernel
02               (Quadtree_node *nodes, Points *points, Parameters params) {
03        __shared__ int smem[8]; // To store the number of points in each quadrant
04
05        // The current node in the quadtree
06        Quadtree_node &node = nodes[blockIdx.x];
07        node.set_id(node.id() + blockIdx.x);
08        int num_points = node.num_points(); // The number of points in the node
09
10        // Check the number of points and its depth
11        bool exit = check_num_points_and_depth(node, points, num_points, params);
12        if(exit) return;
13
14        // Compute the center of the bounding box of the points
15        const Bounding_box &bbox = node.bounding_box();
16        float2 center;
17        bbox.compute_center(center);
18
19        // Range of points
20        int range_begin = node.points_begin();
21        int range_end   = node.points_end();
22        const Points &in_points = points[params.point_selector]; // Input points
23        Points &out_points = points[(params.point_selector+1) % 2]; // Output points
24
25        // Count the number of points in each child
26        count_points_in_children(in_points, smem, range_begin, range_end, center);
27
28        // Scan the quadrants' results to know the reordering offset
29        scan_for_offsets(node.points_begin(), smem);
30
31        // Move points
32        reorder_points(out_points, in_points, smem, range_begin, range_end, center);
33
34        // Launch new blocks
35        if (threadIdx.x == blockDim.x-1) {
36            // The children
37            Quadtree_node *children = &nodes[params.num_nodes_at_this_level];
38
39            // Prepare children launch
40            prepare_children(children, node, bbox, smem);
41
42            // Launch 4 children.
43            build_quadtree_kernel<<<4, blockDim.x, 8 *sizeof(int)>>>
44                      (children, points, Parameters(params, true));
45        }
46    }
```

图 21.10　使用动态并行性的四叉树：递归内核（支持其的代码见本章附录）

每个块首先检查其节点（象限）中的点数。点是由 x 和 y 坐标构成的一对浮点数（定义在本章附录中）。如果点数小于或等于最小值，或者达到了最大深度（第 11 行），则块将退出。最大深度可以基于应用要求或硬件约束进行指定（见 12.5 节）。块在退出之前可能需要将其点从缓冲区 1 写入缓冲区 0。这是因为四叉树完成后输出应该在缓冲区 0 中。从缓冲区 1 到缓冲区 0 的点的转移是在图 21.11 中所示的设备函数 check_num_points_and_depth() 中进行的。

接下来，计算边界框的中心（第 17 行）。边界框由其左上角和右下角定义。当前节点的边界框的左上角和右下角点的坐标作为调用者的一部分给出。中心点的坐标计算为这两个角点之间的中间点的坐标。边界框的定义（包括函数 compute_center()）在本章附录中给出。

由于中心点分割了四个象限，通过比较中心点与当前节点的坐标值，我们可以判断当前点归属于哪个象限。每个象限的点数随后被统计（第 26 行）。设备端函数 count_points_ in_children()可以在图 21.11 中找到，这里做了简化处理。块中线程集体遍历点的范围，并使用原子操作更新在共享内存中的计数器。

```
001 // Check the number of points and its depth
002 __device__ bool check_num_points_and_depth(Quadtree_node &node, Points *points,
003                                            int num_points, Parameters params){
004     if(params.depth >= params.max_depth || num_points <= params.min_points_per_node) {
005     // Stop the recursion here. Make sure points[0] contains all the points
006       if(params.point_selector == 1) {
007         int it = node.points_begin(), end = node.points_end();
008         for (it += threadIdx.x ; it < end ; it += blockDim.x)
009           if(it < end)
010             points[0].set_point(it, points[1].get_point(it));
011       }
012       return true;
013     }
014     return false;
015 }
016
017 // Count the number of points in each quadrant
018 __device__ void count_points_in_children(const Points &in_points, int* smem,
019     int range_begin, int range_end, float2 center) {
020     // Initizalize shared memory
021     if(threadIdx.x < 4) smem[threadIdx.x] = 0;
022     __syncthreads();
023     // Compute the number of points
024     for(int iter=range_begin+threadIdx.x; iter<range_end; iter+=blockDim.x){
025         float2 p = in_points.get_point(iter); // Load the coordinates of the point
026         if(p.x < center.x && p.y >= center.y)
027             atomicAdd(&smem[0], 1); // Top-left point?
028         if(p.x >= center.x && p.y >= center.y)
029             atomicAdd(&smem[1], 1); // Top-right point?
030         if(p.x < center.x && p.y < center.y)
031             atomicAdd(&smem[2], 1); // Bottom-left point?
032         if(p.x >= center.x && p.y < center.y)
033             atomicAdd(&smem[3], 1); // Bottom-right point?
034     }
035     __syncthreads();
036 }
037
038 // Scan quadrants' results to obtain reordering offset
039 __device__ void scan_for_offsets(int node_points_begin, int* smem){
040     int* smem2 = &smem[4];
041     if(threadIdx.x == 0){
042     for(int i = 0; i < 4; i++)
043         smem2[i] = i==0 ? 0 : smem2[i-1] + smem[i-1]; // Sequential scan
044     for(int i = 0; i < 4; i++)
045         smem2[i] += node_points_begin;  // Global offset
046     }
047     __syncthreads();
048 }
049
050 // Reorder points in order to group the points in each quadrant
051 __device__ void reorder_points(
052                 Points& out_points, const Points &in_points, int* smem,
053                 int range_begin, int range_end, float2 center){
054     int* smem2 = &smem[4];
055     // Reorder points
056     for(int iter=range_begin+threadIdx.x; iter<range_end; iter+=blockDim.x){
057         int dest;
058         float2 p = in_points.get_point(iter); // Load the coordinates of the point
059         if(p.x<center.x && p.y>=center.y)
060             dest=atomicAdd(&smem2[0],1); // Top-left point?
061         if(p.x>=center.x && p.y>=center.y)
062             dest=atomicAdd(&smem2[1],1); // Top-right point?
063         if(p.x<center.x && p.y<center.y)
064             dest=atomicAdd(&smem2[2],1); // Bottom-left point?
065         if(p.x>=center.x && p.y<center.y)
066             dest=atomicAdd(&smem2[3],1); // Bottom-right point?
067         // Move point
068         out_points.set_point(dest, p);
```

图 21.11 使用动态并行性的四叉树：设备端函数（支持其的代码见本章附录）

```
069        }
070        __syncthreads();
071    }
072
073    // Prepare children launch
074    __device__ void prepare_children(Quadtree_node *children, Quadtree_node &node,
075                                     const Bounding_box &bbox, int *smem){
076        int child_offset = 4*node.id(); // The offsets of the children at their level
077
078        // Set IDs
079        children[child_offset+0].set_id(4*node.id()+ 0);
080        children[child_offset+1].set_id(4*node.id()+ 4);
081        children[child_offset+2].set_id(4*node.id()+ 8);
082        children[child_offset+3].set_id(4*node.id()+12);
083
084        // Points of the bounding-box
085        const float2 &p_min = bbox.get_min();
086        const float2 &p_max = bbox.get_max();
087
088        // Set the bounding boxes of the children
089        children[child_offset+0].set_bounding_box(
090            p_min.x , center.y, center.x, p_max.y);     // Top-left
091        children[child_offset+1].set_bounding_box(
092            center.x, center.y, p_max.x , p_max.y);     // Top-right
093        children[child_offset+2].set_bounding_box(
094            p_min.x , p_min.y , center.x, center.y);    // Bottom-left
095        children[child_offset+3].set_bounding_box(
096            center.x, p_min.y , p_max.x , center.y);    // Bottom-right
097
098        // Set the ranges of the children.
099        children[child_offset+0].set_range(node.points_begin(),    smem[4 + 0]);
100        children[child_offset+1].set_range(smem[4 + 0], smem[4 + 1]);
101        children[child_offset+2].set_range(smem[4 + 1], smem[4 + 2]);
102        children[child_offset+3].set_range(smem[4 + 2], smem[4 + 3]);
103    }
```

图 21.11　使用动态并行性的四叉树：设备端函数（支持其的代码见本章附录）（续）

设备函数 scan_for_offsets() 随后被调用（第 29 行）。如图 21.11 所示，其在共享内存中的四个计数器上进行扫描。随后它将父象限的全局偏移量添加到这些值中，以确定缓冲区中每个象限组的起始偏移量。

点使用象限的偏移量，并使用 reorder_points()（第 32 行）重新排序。为简单起见，此设备函数（如图 21.11 所示）对四个象限计数器中的一个使用原子操作来确定放置每个点的位置。

最后，块的最后一个线程（第 35 行）确定子节点在节点数组中的下一个可用位置（第 37 行），准备子象限的新节点内容（第 40 行），并使用四个线程块启动一个子核函数（第 43 行）。prepare_children() 设备函数通过设置子节点的边界框限制和每个象限中点的范围来准备子节点的新节点内容（第 75 行）。

其余的定义可以在本章附录中找到。

## 21.5　重要注意事项

在本节中，我们将简要解释使用动态并行性的程序的计算行为中的一些重要注意事项。程序员需要充分了解这些注意事项，以便能更自信地使用动态并行性。

### 21.5.1　内存和数据可见性

当父线程将一个内存指针传递给子网格时，必须确保被指向的内存对子网格是可访问的，以防子网格试图访问无效的内存。可以被父线程及其子网格访问的内存包括全局内存、常量内存和纹理内存。父线程不应该将指向本地内存或共享内存的指针传递给子网格，因为本地内存和共享内存分别是线程和线程块的私有内存。

除了确保父线程传递给子网格的内存对子网格是可访问的外，程序员还必须了解由父线程写入该内存的数据何时对子网格可见，反之亦然。在执行过程中，父线程和子网格在两个时间点具有相同的内存视图：当父线程启动子网格时，以及当子网格完成计算时（后者由父线程调用同步 API 作为信号）。换句话说，当父线程启动子网格时，该启动之前内存的任何更新都可以被子网格看到，但对于启动之后的内存更新不做保证。此外，并不能保证子网格对内存所做的所有更新在子网格完成计算并由父线程完成同步之前对父线程可见。

读者可参见 CUDA C++ 编程指南以获取有关父线程和子网格之间内存和数据可见性的更多详细信息（NVIDIA Corporation，2021）。

### 21.5.2　待处理启动池配置

待处理启动池是一个缓冲区，用于跟踪正在执行或等待执行的核函数。该池分配了固定数量的空间，从而支持固定数量的待处理核函数调用（默认为 2048）。如果超过了此数量则会启用虚拟化池，这将导致显著的减速，甚至可能达到一个数量级或更高。为了避免这种减速，程序员可以通过在主机函数中执行 cudaDeviceSetLimit()API 调用以设置 cudaLimitDevRuntimePendingLaunchCount 配置，从而增加固定池的大小。

例如，在 21.3 节的贝塞尔曲线计算中，如果 N_LINES 设置为 4096，那么将启动 4096 个子网格，其中一半的子网格启动将使用虚拟化池。这将导致显著的性能损失。然而，如果将固定大小的池设置为 4096，执行时间将显著缩短。

作为一般性建议，固定大小的池的大小应设置为预期启动的网格数（如果超过默认大小）。在贝塞尔曲线示例中，我们将在调用 computeBezierLines_parent() 内核之前调用 cudaDeviceSetLimit (cudaLimitDevRuntimePendingLaunchCount, N_LINES)。

### 21.5.3　流

与主机代码可以使用流并发地执行内核一样，设备线程可以在使用动态并行性启动网格时使用流。流的范围对于创建该流的块是私有的。当在核函数调用中未指定流时，默认的 NULL 流在块中被所有线程使用。这意味着在同一块中启动的所有网格将被串行化，即使它们是由不同的线程启动的。然而通常情况下，在块中由不同线程启动的网格是独立的，可以并发执行。因此如果希望避免由于串行化而导致的性能损失，程序员必须小心地在每个线程中显式使用不同的流。

贝塞尔曲线示例在 computeBezierLines_parent() 内核中启动与父线程数量相同的子网格（图 21.7 的第 19 行）。如果使用默认的 NULL 流，由同一父块启动的所有网格将被串行化。因此与没有动态并行性的原始内核相比，使用默认的 NULL 流在启动 computeBezierLines_child() 内核时可能会导致并行性显著减少。

如果需要更多的并发性，必须在每个线程中创建和使用命名流。图 21.12 展示了应该替换图 21.7 中的第 19 行的代码。使用此代码后从同一线程块启动的内核将被放置在不同的流中，从而可以并发运行。这将更好地利用所有 SM，并显著减少执行时间。

```
// Create non-blocking stream
cudaStream_t stream;
cudaStreamCreateWithFlags(&stream, cudaStreamNonBlocking);

//Call the child kernel to compute the tessellated points for each line
computeBezierLine_child<<<ceil((float)bLines[lidx].nVertices/32.0f), 32, 0, stream>>>
    (lidx, bLines, bLines[lidx].nVertices);

// Destroy stream
cudaStreamDestroy(stream);
```

图 21.12　用命名流启动的子内核

### 21.5.4　嵌套深度

使用动态并行性启动的核函数本身可能调用其他核函数，而这些核函数又可能调用其他核函数，依此类推。我们在四叉树应用中看到了这样一个核函数的示例。每个次级启动都被视为一个新的*嵌套级别*，达到的总级数被称为*嵌套深度*。当前硬件支持的最大嵌套深度为 24 级。因此，诸如四叉树示例中的核函数在决定是否进行动态启动之前应检查此限制。

在父子同步存在的情况下，由于系统需要存储父网格状态所需的内存量，嵌套深度还受到附加约束。这个约束被称为*同步深度*。有关嵌套深度和同步深度的更多详细信息，请参阅 CUDA C++ 编程指南（NVIDIA Corporation，2021）。

## 21.6　总结

CUDA 动态并行性扩展了 CUDA 编程模型，允许核函数调用其他核函数。这使得每个线程能够动态地发现新工作，并根据新发现的工作动态地启动新的网格。它还支持线程对设备内存的动态分配。正如我们在贝塞尔曲线计算示例中所展示的，这些扩展可以实现更好的线程和块之间的工作平衡，以及更高效的内存使用。CUDA 动态并行性还可以帮助程序员实现递归算法，正如四叉树示例所示。

除了确保更好的负载平衡外，动态并行性在可编程性方面还提供了许多优势。然而需要牢记的是，使用少量线程启动网格可能会导致 GPU 资源严重利用不足。一个通用建议是使用大量块启动子网格，或者在块的数量较少的情况下至少使用具有大量线程的块。

同样，可以被看作一种树处理形式的嵌套并行性在树节点较厚（即每个节点部署了许多线程）和 / 或分支度较大（即每个父节点具有许多子节点）时能提供更高的性能。由于硬件中限制了嵌套深度，因此只能有效地实现相对较浅的树。

要有效地使用动态并行性，程序员需要理解诸如内存内容的可见性、待处理启动计数和流之类的细节。在动态并行性中，父子之间的内存和流的谨慎使用对于程序的正确执行和在启动子网格时实现预期的并行性水平至关重要。

## 练习

1. 以下关于贝塞尔曲线示例的说法哪个是正确的？
   a. 如果 N_LINES=1024 且 BLOCK_DIM=64，被启动的子内核数量为 16
   b. 如果 N_LINES=1024，为提高性能，固定池大小应从 2048（默认值）减至 1024
   c. 如果 N_LINES=1024 且 BLOCK_DIM=64 且单线程流被使用，最终被部署的总流数量为 16
2. 考虑二维下的 64 个等间距点，采用四叉树分类，则四叉树的最大深度是（包括根节点）？
   a. 21

b. 4
c. 64
d. 16

3. 同一个四叉树，启动的子内核的总数为？
   a. 21
   b. 4
   c. 64
   d. 16
4. 判断正误：父内核可以定义新的可被子内核继承的 `__constant__` 变量。
5. 判断正误：子内核可以访问其父内核的共享和本地内存。
6. 六个 256 线程块运行以下父内核：

```
__global__ void parent_kernel(int *output, int *input, int *size) {
  // Thread index
  int idx = threadIdx.x + blockDim.x*blockIdx.x;

  // Number of child blocks
  int numBlocks = size[idx] / blockDim.x;

  // Launch child
  child_kernel<<< numBlocks, blockDim.x >>>(output, input, size);

}
```

有多少子内核可以并发运算？
a. 1536
b. 256
c. 6
d. 1

# 参考文献

Bezier Curves, http://en.wikipedia.org/wiki/B%C3%A9zier_curve.
Finkel, R.A., Bentley, J.L., 1974. Quad trees: a data structure for retrieval on composite keys. Acta Inform. 4 (1), 1–9.
NVIDIA Corporation, 2021. CUDA C++ programming guide, March.

# 附录 四叉树示例的支持代码

```
001    // A structure of 2D points
002    class Points {
003        float *m_x;
004        float *m_y;
005
006        public:
007        // Constructor
008        __host__ __device__ Points() : m_x(NULL), m_y(NULL) {}
009
010        // Constructor
011        __host__ __device__ Points(float *x, float *y) : m_x(x), m_y(y) {}
012
013        // Get a point
014        __host__ __device__ __forceinline__ float2 get_point(int idx) const {
015            return make_float2(m_x[idx], m_y[idx]);
016        }
017
018        // Set a point
```

```
019         __host__ __device__ __forceinline__ void set_point(int idx, const float2 &p) {
020             m_x[idx] = p.x;
021             m_y[idx] = p.y;
022         }
023 
024         // Set the pointers
025         __host__ __device__ __forceinline__ void set(float *x, float *y) {
026             m_x = x;
027             m_y = y;
028         }
029     };
030 
031     // A 2D bounding box
032     class Bounding_box {
033         // Extreme points of the bounding box
034         float2 m_p_min;
035         float2 m_p_max;
036 
037         public:
038         // Constructor. Create a unit box
039         __host__ __device__ Bounding_box(){
040             m_p_min = make_float2(0.0f, 0.0f);
041             m_p_max = make_float2(1.0f, 1.0f);
042         }
043 
044         // Compute the center of the bounding-box
045         __host__ __device__ void compute_center(float2 &center) const {
046             center.x = 0.5f * (m_p_min.x + m_p_max.x);
047             center.y = 0.5f * (m_p_min.y + m_p_max.y);
048         }
049 
050         // The points of the box
051         __host__ __device__ __forceinline__ const float2 &get_max() const {
052             return m_p_max;
053         }
054 
055         __host__ __device__ __forceinline__ const float2 &get_min() const {
056             return m_p_min;
057         }
058 
059         // Does a box contain a point
060         __host__ __device__ bool contains(const float2 &p) const {
061             return p.x>=m_p_min.x && p.x<m_p_max.x && p.y>=m_p_min.y && p.y<m_p_max.y;
062         }
063 
064         // Define the bounding box
065             __host__ __device__ void set(float min_x, float min_y, float max_x, float
max_y){
066             m_p_min.x = min_x;
067             m_p_min.y = min_y;
068             m_p_max.x = max_x;
069             m_p_max.y = max_y;
070         }
071     };
072 
073     // A node of a quadree
074     class Quadtree_node {
075         // The identifier of the node
076         int m_id;
077         // The bounding box of the tree
078         Bounding_box m_bounding_box;
079         // The range of points
080         int m_begin, m_end;
081 
082         public:
083         // Constructor
084         __host__ __device__ Quadtree_node() : m_id(0), m_begin(0), m_end(0) {}
085 
086         // The ID of a node at its level
087         __host__ __device__ int id() const {
088             return m_id;
089         }
090 
091         // The ID of a node at its level
092         __host__ __device__ void set_id(int new_id) {
093             m_id = new_id;
```

```
094         }
095 
096         // The bounding box
097         __host__ __device__ __forceinline__ const Bounding_box &bounding_box() const {
098             return m_bounding_box;
099         }
100 
101         // Set the bounding box
102         __host__ __device__ __forceinline__ void set_bounding_box(float min_x,
103             float min_y, float max_x, float max_y) {
104             m_bounding_box.set(min_x, min_y, max_x, max_y);
105         }
106 
107         // The number of points in the tree
108         __host__ __device__ __forceinline__ int num_points() const {
109             return m_end - m_begin;
110         }
111 
112         // The range of points in the tree
113         __host__ __device__ __forceinline__ int points_begin() const {
114             return m_begin;
115         }
116 
117         __host__ __device__ __forceinline__ int points_end() const {
118             return m_end;
119         }
120 
121         // Define the range for that node
122         __host__ __device__ __forceinline__ void set_range(int begin, int end) {
123             m_begin = begin;
124             m_end = end;
125         }
126     };
127 
128     // Algorithm parameters
129     struct Parameters {
130         // Choose the right set of points to use as in/out
131         int point_selector;
132         // The number of nodes at a given level (2^k for level k)
133         int num_nodes_at_this_level;
134         // The recursion depth
135         int depth;
136         // The max value for depth
137         const int max_depth;
138         // The minimum number of points in a node to stop recursion
139         const int min_points_per_node;
140 
141         // Constructor set to default values.
142         __host__ __device__ Parameters(int max_depth, int min_points_per_node) :
143             point_selector(0),
144             num_nodes_at_this_level(1),
145             depth(0),
146             max_depth(max_depth),
147             min_points_per_node(min_points_per_node) {}
148 
149         // Copy constructor. Changes the values for next iteration
150         __host__ __device__ Parameters(const Parameters &params, bool) :
151             point_selector((params.point_selector+1) % 2),
152             num_nodes_at_this_level(4*params.num_nodes_at_this_level),
153             depth(params.depth+1),
154             max_depth(params.max_depth),
155             min_points_per_node(params.min_points_per_node) {}
156     };
```

# 高级实践与未来演变

整本书中我们的重点一直是可扩展的并行编程。CUDA C 和 GPU 硬件在我们的示例和练习中大多扮演着编程平台的角色。然而，基于 CUDA C 学习的并行编程概念和技能很容易嫁接到其他并行编程平台。例如我们在第 20 章中所看到的，消息传递接口（MPI）的大部分关键概念，如进程、rank 和屏障，在 CUDA C 中都有其对应概念。此外，支持 CUDA 的 GPU 已经在高性能计算（HPC）系统中被广泛使用。对于许多读者来说，CUDA C 很可能不仅仅是一个学习工具，更可能成为一个重要的应用开发和部署平台。因此，读者需要了解用于支持应用级高性能开发的高级 CUDA C 特性和实践方法。CUDA 流使得 MPI HPC 应用能够将通信与计算重叠，这种能力对于实现整个应用的性能目标尤为重要。基于这一点，本章将为读者提供 CUDA C 和 GPU 计算硬件的高级特性概述，这些特性在实现具备高性能和高可维护性的应用程序方面非常重要。对于每个特性，我们将介绍基本概念及其在不同版本的 GPU 计算中的简要演变历史。对于这些特性的概念和演变历史的良好理解将有助于消除关于这些特性的一些常见困惑。本章的目标是帮助读者建立一个有助于详细研究这些特性的概念框架。

## 22.1 主机 / 设备交互模型

到目前为止，我们在异构计算系统中做出的假设是一个相当简单的主机与设备之间的交互模型。在这个简单模型中，每个设备都有一个与主机内存（系统内存）相分离的设备内存（CUDA 全局内存）。设备上运行的核函数所需处理的数据需要通过调用 `cudaMemcpy()` 函数从主机内存传输到设备内存才可使用。设备生成的数据在被主机使用之前也需要通过调用 `cudaMemcpy()` 函数从设备内存传输到主机内存。尽管这个模型简单易懂，但在应用程序层会产生一些问题。

首先，像磁盘控制器和网卡这样的 I/O 设备被设计为在主机内存上高效运行。由于设备内存与主机内存分开，输入数据需要从主机内存传输到设备内存，输出数据需要从设备内存传输到主机内存，才可以在 I/O 操作中使用。这些额外的传输增加了 I/O 延迟，降低了可实现的 I/O 吞吐量。对于许多应用程序而言，如果 I/O 设备能够直接在设备内存上操作，将会提高整体应用程序性能并简化应用程序代码。

其次，主机内存是传统编程系统放置其应用程序数据结构的地方。其中一些数据结构很大。在早期启用 CUDA 的 GPU 中，设备内存相较于主机内存更小，这迫使应用程序开发人员将其大型数据结构分成适合设备内存的块。例如在第 18 章中，三维静电能量网格数组被划分为主机内存和设备内存之间传输的二维切片。对于许多应用程序来说，如果整个数据结构可以驻留在设备内存中会更好。而对于另外一些应用程序来说，甚至可能没有将其数据结构划分为较小块的好方法。对于这些应用程序，最理想的情况是 GPU 可以直接访问主机内存中的数据，或者对于核函数执行过程中需要使用的数据，由 CUDA 运行时系统软件进行迁移。

这种主机 / 设备交互模型的局限性来源于早期适配 CUDA 的 GPU 的内存架构限制。在这些早期设备中，对于应用程序唯一可行的主机 / 设备交互模型就是我们在前面章节中假设的简单模型。然而随着越来越多的应用程序采用 GPU 计算，这些程序的需求促使 CUDA 系统软件开发人员和 GPU 硬件设计人员开发出更好的解决方案。研究人员自 CUDA 早期以来就意识到了这些需求，并提出了解决方案（Gelado et al.，2010）。本节的其余部分将简要介绍解决这些局限性的历史。

### 22.1.1　零拷贝内存及统一虚拟地址空间

2009 年，CUDA 2.2 引入了对系统内存的零拷贝访问。这使得主机代码可以向核函数提供特殊的指向主机内存的设备数据指针。在设备上运行的代码可以使用此指针通过系统互连（如 PCIe 总线）直接访问主机内存，而无须调用 `cudaMemcpy()`。零拷贝内存是固定主机内存（见第 20 章），其分配方式为调用 `cudaHostAlloc()` 并将 `cudaHostAllocMapped` 作为 `flag` 参数的值。我们已提到过 `flag` 参数的其他值可用于更高级的用途。由 `cudaHostAlloc()` 返回的数据指针不能直接传递给核函数，主机代码必须首先使用 `cudaHostGetDevicePointer()` 获得有效的设备数据指针，并将此函数返回的设备数据指针传递给核函数。这意味着用于访问相同物理内存的主机代码和设备代码使用不同的数据指针。

为了防止 GPU 访问时操作系统意外地将数据换出，主机内存页必须被固定。显然，访问将受到系统互连的长延迟和有限带宽的影响。系统互连的带宽通常不到全局内存带宽的 10%。核函数的性能通常受全局内存带宽的限制，除非我们使用分块技术来显著减少每个浮点操作执行的全局内存访问次数。如果核函数的大部分内存访问都是对零拷贝内存的访问，那么核函数的执行速度甚至可能受到系统互连带宽的严重限制。因此，应该仅将零拷贝内存用于偶尔、稀疏地访问应用程序数据结构的 GPU 上的核函数。

2011 年，CUDA 4 引入了统一虚拟寻址（unified virtual addressing）。在此 CUDA 版本之前，主机和设备拥有各自的虚拟地址空间。它们分别将主机或设备数据指针映射到主机或设备物理内存位置。这些不连续的虚拟地址空间意味着同一个物理内存位置可能被主机和设备中的不同虚拟地址访问，这在使用零拷贝内存时确实会发生。统一虚拟地址空间（Unified Virtual Address Space，UVAS）最初由 GMAC 库（Gelado et al.，2010）引入，并在 CUDA 4 中采用。其使用一个由主机和设备共享的单一虚拟地址空间。UVAS 保证每个物理内存地址仅映射到一个虚拟内存位置。这使得 CUDA 运行时可以通过检查虚拟内存地址来确定数据指针是指向主机内存还是设备内存。这个特性消除了在 `cudaMemcpy()` 调用中指定数据拷贝方向的需要。

需要注意的是，CUDA 4 中的 UVAS 并不保证指针所指向的数据的可访问性。例如，主机代码不能使用由 `cudaMalloc()` 返回的设备指针来直接访问设备内存，反之亦然。零拷贝内存是一个例外：主机代码可以直接将指向零拷贝内存的指针作为核函数启动参数传递给设备。当核函数代码解引用此零拷贝指针时，指针值会被转换为一个物理系统内存位置，并通过 PCIe 总线直接访问。注意，除非所有内存都是使用 `cudaHostAlloc()` 进行分配的，否则，这种方法不一定允许核函数代码解引用从内存位置读取的指针值，例如在遍历链接数据结构时的跟随指针链。

零拷贝内存的数据结构支持类型以及数据访问带宽上的限制，促使研究者在 UVAS 之上进一步改进 GPU 架构的内存模型。

### 22.1.2　大型虚拟和物理地址空间

早期适配 CUDA 的 GPU 存在一个基本限制：虚拟和物理地址的大小。这些早期设备支持 32 位虚拟地址和最多 32 位物理地址。对于这些设备，设备内存的大小限制为 4GB，这是 32 位物理地址位能够寻址的最大内存量。此外，无论数据集是在主机内存还是设备内存中，CUDA 核函数只能操作小于 4GB 的数据集，这是通过 32 位指针可以访问的最大虚拟内存位置数。现代 CPU 基于 64 位虚拟地址，实际使用了 48 位。这些主机虚拟地址无法适应 GPU 使用的 32 位虚拟地址，这也导致了零拷贝内存所支持的数据结构类型受限。

为了消除这个限制，从 2013 年引入的 Kepler GPU 架构开始，后续版本的 GPU 开始采用具有 64 位虚拟地址和至少 40 位物理地址的现代虚拟内存架构。明显的好处是这些 GPU 可以容纳超过 4GB 的 DRAM，CUDA 核函数也可以操作大型数据集。虚拟和物理地址空间的扩大不仅能够支持使用大型设备内存，还为构建更好的主机 / 设备交互模型提供了机会。无论数据是在主机内存还是设备内存中，主机和设备现在都可以使用完全相同的指针值来访问数据。

大型 GPU 物理地址空间还允许 CUDA 系统软件将系统中不同 GPU 的设备内存统一到一个物理地址空间中。如此做的好处是一个 GPU 可以通过简单地解引用映射到 GPU 群物理地址的数据指针，从而直接访问连接到相同 PCIe 总线的任何其他 GPU 的内存。在 Kepler GPU 架构之前，不同 GPU 之间的通信只能通过由主机代码触发的设备到设备内存复制来实现。这需要消耗额外的内存用以存储从其他 GPU 复制的数据，并且此内存复制操作会产生额外的性能开销。在系统中直接访问其他设备内存使得只需要将设备指针传递给核函数调用中的另一个 GPU，然后使用它来加载和 / 或存储需要通信的数据。

### 22.1.3　统一内存

2013 年，CUDA 6 引入了统一内存。统一内存会创建一个被 CPU 和 GPU 共享的受管理内存池，桥接 CPU 和 GPU 之间的分隔。受管理内存可以使用单一指针被 CPU 和 GPU 访问。位于受管理内存中的变量可以驻留在 CPU 物理内存或 GPU 物理内存中，甚至两者都可以。CUDA 运行时软件和硬件实现了对于数据迁移和一致性的支持，例如 GMAC 系统（Gelado et al., 2010）。最终效果是，对于 CPU 上运行的代码，其行为类似 CPU 内存，而对于 GPU 上运行的代码，其行为类似 GPU 内存。当然，应用程序必须执行适当的同步操作，如屏障或原子操作，以协调对受管理内存位置的任何并发访问。共享的全局虚拟地址空间允许应用程序中的所有变量具有唯一的地址。当这种内存架构被编程工具和运行时系统暴露给应用程序时，会带来明显的益处。

其中一点是将 CPU 代码移植到 CUDA 中所需的工作量减少。在图 22.1 中，我们在左侧展示了一个简单的 CPU 代码示例。通过统一内存，代码可以通过两个简单的更改移植到 CUDA 中。第一个更改是在 `malloc()` 和 `free()` 的位置使用 `cudaMallocManaged()` 和 `cudaFree()`。第二个更改是启动一个核函数并执行设备同步，而不是调用 `qsort()` 函数。显然仍然需要编写或者访问一个并行的 `qsort` 核函数。我们所展示的是，使用统一内存使得对主机代码的更改是简单明了且易于维护的。

CPU 代码

```
void sortfile(FILE *fp, int N) {
  char *data;
  data = (char *)malloc(N);

  fread(data, 1, N, fp);

  qsort(data, N, 1, compare);


  use_data(data);

  free(data);
}
```

使用统一内存的 CUDA 6 代码

```
void sortfile(FILE *fp, int N) {
  char *data;
  cudaMallocManaged(&data, N);

  fread(data, 1, N, fp);

  qsort<<<...>>>(data,N,1,compare);
  cudaDeviceSynchronize();

  use_data(data);

  cudaFree(data);
}
```

图 22.1 统一内存简化了将 CPU 代码（左）移植到 CUDA 代码（右）的过程

然而，CUDA 6 统一内存的性能受到 Kepler 和 Maxwell GPU 架构硬件能力的限制。所有被 CPU 修改过的受管理内存位置的内容必须在任何网格启动之前刷新到 GPU 设备内存中。CPU 和 GPU 不能同时访问受管理内存分配，并且统一内存地址空间受限于 GPU 物理内存的大小。存在这些限制，是因为这些 GPU 架构缺乏支持主机和设备内存之间一致性的能力，并且数据迁移主要是由软件执行的。

2016 年，Pascal GPU 架构添加了一些功能，进一步简化了 CPU 和 GPU 之间的内存共享和编程，同时降低了将 GPU 用于显著加速所需的工作量。两个主要的硬件特性使这些改进成为可能：支持大型地址空间的能力和页故障处理能力。

Pascal GPU 架构将 GPU 寻址能力扩展到 49 位虚拟寻址，足以覆盖现代 CPU 的 48 位虚拟地址空间以及 GPU 自身的内存。这使得使用统一内存的程序可以访问系统中所有 CPU 和 GPU 的完整地址空间，不再受限于复制到设备内存的允许数据量。由此，CPU 和 GPU 可以真正共享指针值，同时，GPU 能够遍历主机内存中基于指针的数据结构。

Pascal GPU 架构中对内存缺页处理的支持是一个关键的新特性，它提供了更无缝的统一内存功能。结合系统范围的虚拟地址空间，缺页处理能力消除了在每次网格启动之前 CUDA 系统软件需要同步（刷新）所有受管理内存内容到 GPU 的需求。CUDA 运行时通过允许主机和设备在修改受管理内存中的变量时互相使对方的副本无效实现了一致性机制。这种无效化可以通过使用页映射和保护机制来完成。在启动网格时，CUDA 系统软件不再需要将所有 GPU 副本的受管理内存数据更新为最新状态。如果网格访问了一个在设备内存中被主机无效化的副本数据，GPU 将处理缺页来更新数据并恢复执行。

在 GPU 上运行的网格访问一个不在其设备内存中的页面时也会导致缺页，而缺页处理允许页面根据需要自动迁移到 GPU 内存中。如果预计数据只偶尔被访问，也可以将页面映射到 GPU 地址空间以通过系统互连访问（映射有时比迁移更快）。需要注意的是统一内存是系统范围的：GPU（和 CPU）可以缺页，也可以从 CPU 内存或系统中其他 GPU 的内存中迁移内存页面。如果 CPU 函数解引用指针并访问映射到 GPU 物理内存的变量，虽然可能延迟更长，但数据访问仍然会被处理。这种能力使得 CUDA 程序更容易调用尚未移植到 GPU 的传统库。在以前的 CUDA 内存架构中，开发人员必须手动将数据从设备内存传输到主机内存，以便在 CPU 上使用传统库函数来处理它们。

具备缺页处理能力的统一内存使得 CPU/GPU 交互机制比零拷贝内存更加通用。它允许 GPU 在主机内存中遍历大型数据结构。从 Pascal 架构开始，GPU 设备甚至可以遍历链式数据结构，即使该数据结构不位于零拷贝内存中。这是因为在主机代码和设备代码中使用相同的指针值来引用同一个变量。因此，由主机构建的链式数据结构的嵌入式指针值可以被设备遍历，反之亦然。在一些应用领域，例如 CAD，主机物理内存系统可能具有数百 GB 的容量。这些物理内存系统是必需的，因为应用程序需要整个数据集“在内存中”。有了直接访问大 CPU 物理内存的能力，GPU 加速这些应用程序变得可行。

### 22.1.4 虚拟地址空间控制

CUDA 11 引入了一组低级 API，以便程序员在内存分配方面获得更多的灵活性。新的 API 允许使用 `cuMemAddressReserve()` 来保留虚拟地址空间的一部分范围。随后，程序员可以使用 `cuMemCreate()` 在任何设备上分配物理内存，并使用 `cuMemMap()` 将其映射到保留范围内的任何位置。这些 API 使得程序员可以在多个设备上构建自定义的数据结构布局。例如，可以在多个设备上分配一个 3D 体数据，并使用单一指针引用它。

## 22.2 内核执行控制

### 22.2.1 核函数中的函数调用

早期的 CUDA 版本不允许在内核执行期间进行函数调用。尽管核函数的源代码可能包含函数调用，但编译器必须能够将所有函数体内联到核对象中，以便在运行时核函数中没有函数调用。虽然这种模型在许多应用程序的性能关键部分中表现得相当好，但它不支持更复杂应用程序中的常见软件工程实践。特别是它不支持系统调用、动态链接库调用、递归函数调用以及面向对象语言（如 C++）中的虚函数。

后来的设备架构，如 Kepler，支持在运行时核函数中进行函数调用。此功能在 CUDA 5 及以后的版本中得到支持。编译器不再需要内联函数体，虽然仍然可以将其作为性能优化来进行。这一能力部分源于用于 CUDA 线程的并行调用帧堆栈的可缓存快速大规模实现。它使 CUDA 设备代码更加“可组合”，允许不同的作者编写不同的 CUDA 内核组件并将它们全部组装在一起，而不存在大量重设计成本。它还允许软件供应商发布不包含源代码的设备库，以保护知识产权。然而这其中仍然存在一些限制。例如对虚函数的支持仅限于由设备代码构造的对象，不支持设备代码的动态库。

对运行时函数调用的支持还使递归成为可能，并且能显著减轻程序员从传统的面向 CPU 的算法过渡到经 GPU 优化的代码时的负担。在某些情况下开发人员可以将 CPU 代码“剪切并粘贴”到 CUDA 内核中，并获得一个尽管继续进行性能调优仍将增加效益，但性能已经相对良好的内核。

有了对函数调用的支持，内核现在可以调用标准库函数，如 `printf()` 和 `malloc()`。根据我们的经验，在核函数中调用 `printf()`，对于在生产软件中调试和支持核函数提供了微妙但重要的帮助。尽管调试器能为开发人员提供有关程序崩溃的更多细节，但许多终端用户并不懂技术，也无法轻松完成关于使用调试器的培训。在内核中调用 `printf()` 的能力使开发人员能够为应用程序添加一种便于转储内部状态，进而向终端用户提交有意义的错误报告的模式。

CUDA 8 添加了对 C++11 的支持，同时也引入了另一种形式的函数调用：`lambda` 函数。当与元编程技术结合使用时，设备端 `lambda` 函数使得高性能可重用代码的开发成为可能。CUDA 还支持将 `lambda` 函数作为参数传递给 CUDA 内核。这个特性可以用来编写通用内核（例如，排序内核），其中比较函数可以作为内核的输入参数之一。CUDA 还增加了对“扩展 lambda”的实验性支持，可以通过使用 -extended-lambda 编译器参数来启用。这个特性允许程序员使用 __host__ __device__ 修饰符对 C++ lambda 函数进行注释，进一步简化了编写可重用代码的任务。

### 22.2.2 核函数中的异常处理

在早期的 CUDA 系统中，核函数代码不支持异常处理。虽然这对于许多高性能应用的性能关键部分来说并不是一个重大限制，但会为依赖于异常而非显式地测试罕见条件来对此情况进行检测及处理的生产质量应用增加成本。

随着对有限的异常处理的支持，CUDA 调试器允许用户执行逐步执行、设置断点，或运行内核直到发生无效的内存访问。在这些情况下，执行被暂停时用户可以检查内核的局部和全局变量的值。根据我们的经验，CUDA 调试器在检测越界内存访问和潜在的竞争条件方面是一个非常有用的工具。

### 22.2.3 多个网格的同时执行

最早的 CUDA 系统只允许在每个 GPU 设备上同时执行一个网格。多个网格可以使用 CUDA 流进行提交，但它们会在一个队列中缓冲，只有在当前网格完成执行后才会释放下一个网格。Fermi GPU 架构及其后继版本允许在同一应用程序中执行多个网格，从而减少了应用程序开发人员需要将多个内核“批处理”到一个更大的内核中以更充分地利用设备的压力。此外，有时将工作划分为可以以不同优先级执行的块是有益的。

同时执行多个网格的典型示例是并行集群应用。该应用将工作分为“本地”和“远程”部分，其中远程工作涉及与其他节点的交互并位于全局进程的关键路径上。在以前的 CUDA 系统中，网格需要执行大量工作才能有效利用设备，人们必须小心地避免启动本地工作以防止全局工作阻塞。这意味着必须在两个选项中选择一个：降低设备利用率并等待远程工作到达，或者以增加完成远程工作单元的延迟为代价直接开始本地工作以使设备保持高效（Phillips and Stone, 2009）。通过多个网格的执行，应用程序可以使用更小的网格来启动工作，由此当高优先级的远程工作到达时，其可以以较低的延迟开始运行，而不会被大规模本地计算网格所阻塞。

### 22.2.4 硬件队列和动态并行性

Kepler 架构和 CUDA 5 通过添加多个硬件队列扩展了多个网格部署功能，这使得来自多个流的多个网格的线程块可以更高效地调度。此外，CUDA 动态并行性允许 GPU 创建工作：GPU 网格可以以数据依赖性或计算负载依赖性的方式异步、动态地启动子网格。GPU 可以独立管理更复杂的工作负载，这减少了 CPU 与 GPU 之间的交互和同步，而 CPU 则可以自由地执行其他有用的计算。

### 22.2.5 可中断的网格

Fermi GPU 架构允许取消正在运行的网格，这使得程序员可以创建支持取消的 CUDA 加速应用程序，其中，用户可以随时中止长时间运行的计算而无须程序员进行繁复的设计。这使得用户级任务调度系统实现可以更好地在计算系统的 GPU 节点之间进行负载均衡，并且可以更优雅地处理 GPU 的负载过重问题，即某 GPU 可能比其他 GPU 运行得更慢的情况

（Stone & Hwu, 2009）。

### 22.2.6　合作内核

在处理不规则数据的 GPU 内核时通常会遇到负载不平衡的问题。CUDA 11 引入了合作内核来解决这个问题。合作内核可以执行多达填满 GPU 的上限的线程块，而 CUDA 运行时则保证所有线程块将并发执行。这种并发保证使线程块能够在共享互斥机制（例如互斥量）上进行安全的合作，从而保护共享数据结构（例如工作队列）。合作内核需要一个特殊的 API，即 `cudaLaunchCooperativeKernel()`，提供一个设备 API 来识别线程组并进行分区。合作内核不限于单个设备，可以使用 `cudaLaunchCooperativeKernelMultiDevice()` 在多个设备上运行。

## 22.3　内存带宽和计算吞吐量

### 22.3.1　双精度速度

早期的设备在执行双精度浮点运算时速度显著降低（约为单精度的 1/8）。Fermi 及其后继设备的浮点算术单元被显著强化，使得双精度算术的执行速度约为单精度的一半。这对于密集使用双精度浮点算术的应用有着巨大的益处。

实际上，获得最显著收益的是那些需要将基于 CPU 的数值应用程序移植到 GPU 上的开发人员。由于双精度速度的改进，他们不再需要评估应用程序或其中的某些部分是否适用于单精度。这显著降低了将 CPU 应用程序移植到 GPU 的开发成本，同时也回应了 HPC 社区在 GPU 早期阶段对其的主要批评。

一些使用较小输入数据类型（8 位、16 位或单精度浮点数）的应用将继续从使用单精度运算中受益。其使用 32 位而不是 64 位数据降低了带宽需求。医学成像、遥感、射电天文学、地震分析等自然数据常常适用于这一类别。Pascal GPU 架构引入了对使用 16 位半精度数字进行计算的新硬件支持，以进一步提高适用半精度表示数据的应用程序的性能和能源效率。例如在基于 Ampere 架构的 A100 中，使用张量核心进行的 16 位半精度算术吞吐量为 156 TFLOPS，与其 19.5 TFLOPS 的单精度吞吐量相比有着巨大提升。

### 22.3.2　更好的控制流效率

从 Fermi GPU 架构开始，CUDA 系统采用了一种由编译器驱动的通用预测技术（Mahlke et al.，1995），该技术可以比以前的 CUDA 系统更有效地处理控制流。这种技术在 VLIW 系统中取得了一定的成功，而其在 GPU 线程束式 SIMD 执行系统中能提供更加显著的速度提升。这种能力扩大了可以利用 GPU 的应用的范围，特别是数据驱动型应用，如光线追踪、量子化学可视化和元胞自动机模拟，在这些应用中可能存在显著的性能优势。

### 22.3.3　可配置缓存和暂存内存

早期 CUDA 系统中的共享内存用作程序员管理的暂存内存，并提高了那些使用具有本地化和可预测访问模式的关键数据结构的应用程序的速度。从 Fermi GPU 架构开始，共享内存被增强为更大的片上（on-chip）内存，其可以配置为部分缓存内存和部分共享内存，从而使可预测和不太可预测的访问模式都可以从片上内存中受益。这种可配置性允许程序员根据应用的适应程度来分配资源。

在 CPU 代码直接移植的早期设计阶段，应用程序将极大地从作为片上内存的主要部分的缓存中受益。这进一步平滑了性能调优过程。当开发人员将 CPU 应用程序移植到 GPU 时，具有更多“便于提升的性能”。

现有的 CUDA 应用程序以及具有可预测访问模式的应用程序，可以在维持与之前设备相同的“占用率”的条件下增加对快速共享内存的使用。对于性能或功能受共享内存大小限制的 CUDA 应用程序，尺寸的增加将是一个受欢迎的改进。例如，在类似有限差分方法等的模板计算中，共享内存增量能提高内存带宽效率和应用程序性能。

### 22.3.4　增强的原子操作

Fermi GPU 架构中的原子操作比以前的 CUDA 系统中的原子操作快得多，而 Kepler 中的原子操作速度更快。此外，Kepler 中的原子操作更加通用。Maxwell GPU 架构中共享内存变量上的原子操作在吞吐量方面得到进一步增强。原子操作在随机分散计算模式中经常使用，例如直方图。更快的原子操作减少了算法转换的需求，例如用于实现这种随机分散计算的前缀和（Sengupta et al., 2007）和排序（Satish et al., 2009）。算法转换往往会增加内核调用的数量，以及执行目标计算所需的总操作数量。更快的原子操作还可以使需要进行集体操作或多个线程块更新共享数据结构的算法所需的主机 CPU 参与更少，从而减小 CPU 和 GPU 之间的数据传输压力。

### 22.3.5　增强的全局内存访问

Fermi 和 Kepler 中的随机内存访问速度比早期的 GPU 架构要快得多，程序员不用担心内存协同问题。这允许更多的 CPU 算法直接被用作 GPU 算法的基础，进一步平滑了那些访问多样化数据结构的应用程序（如光线追踪等），以及其他在很大程度上面向对象并且可能难以转换为完美平铺数组的应用程序的移植路径。

Pascal GPU 架构引入了 HBM2（High-Bandwidth Memory version 2）3D 堆叠 DRAM 内存，可提供 3 倍于前一代 NVIDIA Maxwell 架构 GPU 的内存带宽。Pascal 还是第一个支持 NVLink 处理器互连的架构，这为 Tesla P100 提供了 5 倍于 PCI Express 3.0 的 GPU-GPU 和 GPU-CPU 通信性能。这种互连极大地提高了节点内多 GPU 计算的可扩展性，以及 GPU 与支持 NVLink 的 CPU 之间数据共享的效率。

## 22.4　编程环境

### 22.4.1　统一设备内存空间

在早期的 CUDA 设备中，共享内存、局部内存和全局内存分别构成各自独立的地址空间。开发人员可以使用指向全局内存的指针，但不能使用其他类型的指针。从 2009 年引入的 Fermi 架构开始，这些内存共同组成一个统一的地址空间。有了这个统一的地址空间，使用单一的加载 / 存储指令和指针地址来访问 GPU 内存中的任何一种空间（全局内存、局部内存或共享内存）而不需要为每种内存类型选用不同的指令和指针成为可能。程序员不必关心包含特定操作数的内存是哪一种，只需在分配时进行内存考量。在将 CUDA 数据对象传递到其他过程和函数中时，无论它们来自哪个内存区域，操作过程都会更加简单。

CUDA 代码模块于是变得更加“可组合”，即 CUDA 设备函数可以接受一个可能指向这些内存中的任何一种的指针。例如，如果没有统一的 GPU 地址空间，设备函数需要为其参数中可能存在的每种内存类型都准备一个实现。统一 GPU 地址空间允许以相同的方式访问所有主要 GPU 内存类型中的变量，从而使一个设备函数能够接受可能存在于不同类型 GPU 内存中的参数。如果函数参数指针指向共享内存位置，代码将运行得更快；而如果指向全局内存位置，则速度较慢。程序员仍然可以进行手动数据放置和传输以进行性能优化。统一内存空间极大地降低了构建生产质量 CUDA 库的成本。这也实现了对 C 和 C++ 指针的全面支持，在当时是一项重大进步。

未来的 CUDA 编译器将包括对 C++ 模板和核函数中虚拟函数调用的增强支持。虽然硬件增强（如运行时函数调用）已经存在，但编译器中对 C++ 语言的增强支持需要更多时间来完善。通过这些增强，未来的 CUDA 编译器将支持大多数主流 C++ 功能。例如在核函数中使用 C++ 特性，如 `new`、`delete`、构造函数和析构函数。这些功能已经得到支持。

全新的、进化中的编程接口将继续提高异构并行程序员的生产力。OpenACC 允许开发人员使用编译器指令为其串行循环添加注释，以便编译器生成 CUDA 内核。开发者还可以使用 Thrust 库中的并行类型通用函数、类和迭代器来描述计算，并让底层机制生成和配置实现计算的核函数。CUDA FORTRAN 允许 FORTRAN 程序员使用他们熟悉的语言开发 CUDA 内核。特别是，CUDA FORTRAN 对多维数组索引提供了强大的支持。C++ AMP 允许开发人员将内核描述为在逻辑数据结构上操作的并行循环，例如 C++ 应用程序中的多维数组。我们可以期待新的创新继续出现，进一步提高开发人员在这个令人兴奋的领域的生产力。

### 22.4.2 使用关键路径分析进行性能分析

对于在 CPU 和 GPU 上进行大量计算的异构应用程序，找到其最佳的优化点是具有挑战性的。理想情况下，我们希望将优化工作集中在能够为应用程序提供最大速度提升且付出最少工作的部分。为了实现这一目标，CUDA 7.5 引入 PC 采样，其提供了指令级的性能分析，使用户能够确定在应用程序中哪些特定的代码行占用了最多的时间。

然而，使用此类性能分析工具的用户面临的一个挑战是，应用程序中执行时间最长的内核并不总是最关键的优化目标。如图 22.2 所示，内核 X 是执行时间较长的内核。然而它的执行时间与 CPU 执行活动 A 完全重叠。如果不同时改进内核 X 的执行时间和活动 A 的执行时间，进一步提高内核 X 的执行时间可能不会改善应用程序的性能。虽然内核 Y 的执行时间不如内核 X 长，但它处于应用程序执行的关键路径上。CPU 在等待内核 Y 完成时处于空闲状态。加速内核 Y 将减少 CPU 等待时间，因此它是最佳的优化目标。

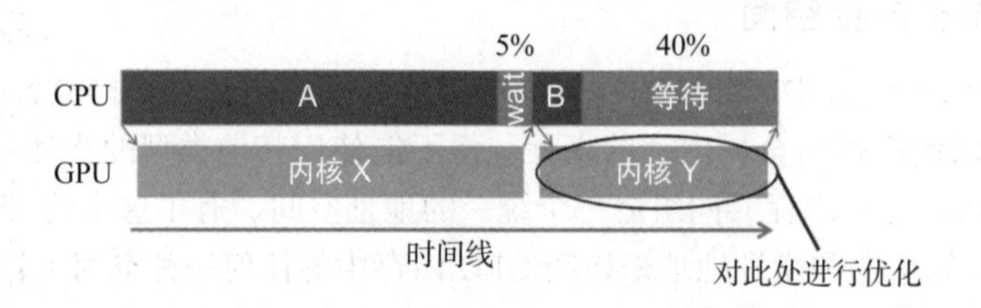


图 22.2 关键路径分析在识别需优化的关键内核方面的重要性

2016 年，CUDA 8 中的 Visual Profiler 提供了 GPU 内核和 CPU CUDA API 调用之间的关键路径分析，从而能够更精确地确定优化方向。图 22.3 展示了 CUDA 8 Visual Profiler 中的关键路径分析。不在关键路径上的 GPU 内核、复制操作和 API 调用被设置为灰色，只有在应用程序执行的关键路径上的活动才被以彩色方式突出显示。这使用户能够轻松地确定重点需要优化的工作内核和其他活动。

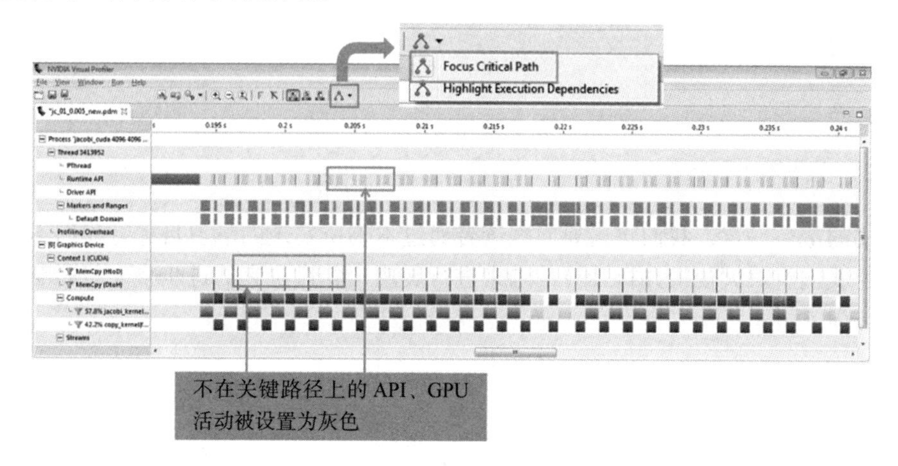


图 22.3 CUDA 8 Visual Profiler 中的关键路径分析

## 22.5 展望未来

CUDA 优化不断提高其对于开发效率及现代软件工程实践的支持。随着新功能的出现和编程语言支持的增加，在最小开发成本下能获得合理性能的应用程序的范围将显著扩大。与之前的 CUDA 系统相比，开发人员已经体验到应用程序开发、移植和维护成本的降低。使用 Thrust 等能自动生成 CUDA 代码的高级工具开发的现有应用程序性能也可能会立即提升。虽然内存架构、内核执行控制和计算核心性能相关的硬件增强优势将在相关的 SDK 版本中表现出来，但这些增强的真正潜力可能需要数年时间才能在 SDK 和运行时中得到充分利用。我们预测在未来几年内，GPU 计算的编程工具和运行时环境将迎来一个充满来自产业界和学术界的创新的时代。

## 参考文献

Gelado, I., Stone, J.E., Cabezas, J., Patel, S., Navarro, N., Hwu, W.W., 2010. An asymmetric distributed shared memory model for heterogeneous parallel systems. In: The ACM/IEEE 15th International Conference on Architectural Support for Programming Languages and Operating Systems (ASPLOS'10), March 2010. Pittsburgh, PA.

Mahlke, S.A., Hank, R.E., Mcormick, J.E., August, D.I., Hwu, W.W., 1995. A comparison of full and partial predicated execution support for ILP processors. In: Proceedings of the 22nd Annual International Symposium on Computer Architecture, Santa Margherita Ligure, Italy, June 1995, pp. 138–150.

Phillips, J., Stone, J., 2009. Probing biomolecular machines using graphics processors. Commun. ACM 52 (10).

Satish, N., Harris, M., Garland, M., 2009. Designing efficient sorting algorithms for manycore GPUs. In: Proceedings of 23rd IEEE International Parallel & Distributed Processing Symposium, May 2009.

Sengupta, S., Harris, M., Zhang, Y., Owens, J.D., 2007. Scan primitives for GPU Computing. In: Proceedings of Graphics Hardware, August 2007, pp. 97–106.

Stone, J.E., Hwu, W.W., 2009. WorkForce: A Lightweight Framework for Managing Multi-GPU Computations, Technical Report, IMPACT Group, University of Illinois at Urbana-Champaign.

# 结论与展望

在本书的最后一章，我们将简要回顾读者通过本书所实现的学习目标。我们不会给出结论，相反，我们将对大规模并行计算的未来进行展望，并讨论它的进步将如何影响科学和技术的发展方向。

## 23.1 目标回顾

正如引言中所述，我们的主要目标是教会读者编写大规模并行处理器程序。我们承诺一旦你具备正确的直觉并以正确的方式思考，编写这样的程序将变得非常容易。再进一步，我们承诺本书将关注计算思维，这种技能能使你以有利于并行计算的方式思考问题。我们还承诺关注限制并行应用性能的因素，并为优化代码提供系统性方法，以突破这些障碍。

我们通过四个步骤实现了这些承诺。在第一步中，第 2 章到第 6 章介绍了并行计算的基本概念、CUDA C 以及在 CUDA 中开发大规模并行代码时的关键性能考虑因素。这些章节还介绍了必要的计算机架构的概念，以便理解在高性能并行编程中必须解决的硬件限制。有了这些知识，开发者可以自信地编写并行代码，并就不同线程安排、循环结构和编码风格的相对优点进行推理。我们在这一部分中总结了常见的优化技术清单，这些技术在本书的其余部分中用于优化各种并行模式和应用的性能。

在第二步中，我们介绍了六种主要的并行模式（第 7 章到第 12 章），这些模式已在许多应用中被证明非常有利于引入并行性。这些章节涵盖最有用的并行计算模式背后的概念。每种模式都有具体的代码示例。每种模式还用于介绍在并行编程中经常遇到的用于提高并行化和解决性能屏障的重要技术。我们还使用这些模式展示了在各种情景中如何应用第一步中介绍的优化。

在第三步中，我们介绍了更多的高级模式和应用（第 13 章到第 19 章），以强化在上一步中获得的知识和技能。虽然在这一步中我们继续应用在前一步中练习过的优化方法，但更加强调探索问题分解的替代形式，以实现并行化，并分析不同分解和相关数据结构之间的权衡。这一步中的最后一章致力于回顾计算思维，帮助读者将在前面章节中学到的概念泛化为解决新问题所需的高层次思维。通过这一步的学习，高性能并行编程变成一种思维过程，而不是某种黑魔法。

第四步介绍并行编程中的相关高级实践。第 20 章介绍了使用 MPI 和 CUDA C 编写 HPC 集群程序所需的基本技能。第 21 章介绍了动态并行性的概念，这一概念将帮助并行程序员完成许多用于现实应用的能够处理动态工作负载的、更复杂的并行算法。第 22 章总结了其他高级实践并对大规模并行处理器的未来发展进行了展望。

我们希望你喜欢这本书，并希望你与我们期待的一样，已经具备了编写大规模并行计算系统程序的能力。

## 23.2 未来展望

自 2007 年首次引入支持 CUDA 的 GPU G80 以来，GPU 作为大规模计算设备的能力在计算吞吐量方面提高了惊人的 452 倍，在内存带宽方面提高了 18 倍，如图 23.1 所示。这些进步不仅促使科学和工程领域中的高性能计算、人工智能和数据分析取得了巨大的进展，还在金融、制造和医学等多个垂直领域产生了广泛影响。正如我们在第 16 章中所看到的，GPU 在大规模数据集上点燃了深度学习的革命，其被广泛应用于图像识别、语音识别和视频分析等领域。

| | G80（2007 年） | A100（2020 年） | A100/G80 比值 |
|---|---|---|---|
| 计算吞吐量 | 0.345 F32 TFLOPS | 156 TFLOPS | 452 倍 |
| 内存带宽 | 86.4GB/s | 1555GB/s | 18 倍 |
| 内存容量 | 1.5GB | 40GB | 27 倍 |
| PCle 带宽 | 8GB/s（Gen2 × 16，每路） | 32GB/s（Gen4 × 16，每路） | 4 倍 |

图 23.1 从 G80 到 A100：一份跨越 13 年的比较

自 2010 年本书第 1 版问世以来，并行计算领域也在以惊人的速度进步。可扩展算法可以解决的问题范围显著扩大。虽然 GPU 的使用最初集中在规则的、密集的矩阵计算和蒙特卡罗方法上，但其应用很快扩展到了稀疏方法、图计算和自适应细化方法。在许多领域，算法本身也取得了快速的进展。在并行模式、高级模式和应用相关章节中介绍的一些算法代表了最近的重要进展。

有些读者自然想知道，我们是否已经到达了并行计算快速进步的终点。从所有迹象来看，答案绝对是否定的。我们仍处在并行计算革命的开始。过去三十年来计算的惊人进步已经引发了行业范式的转变。重大创新过去通常是由计算设备辅助的物理仪器驱动的，而现在则由物理仪器辅助的计算推动。

例如二十年前，全球定位系统（GPS）革命性地改变了我们的驾驶方式。GPS 主要基于卫星信号感知，辅以确定两个位置之间最短路径的计算方法。而最近通过手机中的地图应用和云端数据服务进行的对等报告和计算，进一步使驾驶员能够根据交通状况改变路线。如今汽车行业最令人兴奋的革命是自动驾驶汽车，而其主要基于辅以物理传感器的机器学习计算方法。

另一个例子是，在过去二十年里，磁共振成像（MRI）和正电子发射断层扫描（PET）革命性地改变了医学领域。这些技术主要基于电磁和光传感器，辅以计算图像重建方法。它们使医生能够在不进行手术的情况下看到人体内的病理。而如今医学领域正在经历个体化医学革命，其主要由计算基因组学方法驱动，辅以测序传感器。

再举一个例子，半导体行业过去依赖于先进的物理光源、辅以计算方法来确保设计规则的执行，从而在制造过程中减小器件特征尺寸。如今物理光源的进步实际上已经停滞不前。器件特征尺寸的减小主要由计算设计的光刻掩模驱动。这种方法协调光波干涉，从而在芯片上产生极其精确的刻蚀图案。

许多其他领域也正在发生类似的范式转变。计算已经成为社会中几乎所有令人激动的创新的主要推动力。这引发了无法满足的对更快的计算系统的需求，只有通过并行计算才能实现计算性能的增长。这种强大的需求将继续激励行业创新，创造更强大的并行计算设备。访问存储数据的并行性水平是最有提高潜力的领域之一。过去的计算设备在这方面的并行性水平非常低。对大规模存储数据的访问的根本性改进可能会激发出我们当前甚至无法想象的一整代应用。

总之，我们正处于计算黄金时代的黎明。行业将继续招募和奖励具有高超技能的并行程序员。你们的工作将在你们所选择的领域产生深远的影响。

尽情享受这一旅程吧！

# 数值方面的考虑

在计算的早期阶段，浮点数运算能力仅存在于大型机和超级计算机中。尽管20世纪80年代设计的许多微处理器开始配备浮点数协处理器，但其浮点数运算速度非常慢，大约比大型机和超级计算机慢三个数量级。随着微处理器技术的进步，20世纪90年代设计的许多微处理器，如英特尔Pentium III和AMD Athlon，开始具备与超级计算机相媲美的高性能浮点数计算能力。高速浮点运算已成为当今微处理器和GPU的标准功能。浮点数表示支持更大范围的可表示数据值和对微小数据值的更精确的表示。这些理想的特性使得浮点数成为建模物理和人工现象（如燃烧、空气动力学、光照和金融风险）的首选数据表示方式。对这些模型的大规模计算推动了对并行计算的需求。因此对于应用程序员来说，在开发其并行应用程序时理解浮点数运算的性质非常重要。更进一步，我们将专注于浮点数运算操作的准确性、浮点数表示的精度、数值算法的稳定性，以及在并行编程中如何考虑这些因素。

## A.1 浮点数数据表示

IEEE-754浮点数标准旨在确保计算机制造商遵循一套共同的浮点数数据的表示和算术方式（IEEE Microprocessor Standards Committee，2008）。世界上大多数计算机制造商都接受了这个标准。几乎所有未来设计的微处理器要么完全符合IEEE-754浮点数标准，要么几乎符合较新的IEEE-754 2008修订版。因此对于应用程序开发人员来说，理解这个标准的概念和实际考量因素是很重要的。

浮点数系统的出发点是数值的按位表示。在IEEE浮点数标准中，一个数值以三组比特表示：符号（$S$）、指数（$E$）和尾数（$M$）。除了一些例外情况外，每个（$S$，$E$，$M$）模式都可以根据以下公式唯一地标识一个数值：

$$\text{value} = (-1)^S \times 1.M \times \{2^{E-\text{bias}}\} \quad \text{(A.1)}$$

$S$的解释很简单：$S = 0$表示正数，$S = 1$表示负数。从数学上讲，任何数（包括$-1$）的0次幂结果均为1，因此此值为正。与之不同的是$-1$的1次幂是$-1$本身，乘以$-1$将变为负数。而$M$和$E$的解释要复杂得多，我们将使用以下示例来帮助解释$M$和$E$位。

为了简单起见，假设每个浮点数由1位符号、3位指数和2位尾数组成。我们将使用这个假设的6位格式来说明编码$E$和$M$所涉及的问题。在讨论数值时，有时我们需要以十进制位值或二进制位值来表示一个数。以十进制位值表示的数将带有下标D，而以二进制位值表示的数将带有下标B。例如，$0.5_D$（$5 \times 10^{-1}$，因为十进制小数点右边位的权为$10^{-1}$）与$0.1_B$（$1 \times 2^{-1}$，因为二进制小数点右边位的权为$2^{-1}$）相同。

### A.1.1 规格化的$M$表示

公式（A.1）要求将所有的值都视为$1.M$的形式来处理尾数值，这使得每个浮点数的尾数位模式都是唯一的。例如在这种$M$位的解释中，$0.5_D$所允许的唯一尾数位模式是所有$M$

位均为 0：

$$0.5_D = 1.0_B \times 2^{-1}$$

其他候选模式可能是 $0.1_B \times 2^0$ 和 $10.0_B \times 2^{-2}$，但两者都不符合 1.*M* 的形式。满足这一限制的数字将被称为规格化数字。因为满足该限制的所有数的尾数值都是服从 1.XX 形式的，所以我们可以从表示中省略“1.”部分。因此在 2 位尾数表示中，从 1.00 中省略“1.”后获得的 0.5 的尾数值是 00。这使得 2 位尾数实际上成为 3 位尾数。通常情况下，在 IEEE 格式中，*m* 位尾数实际上能表示（*m*+1）位尾数。

### A.1.2　*E* 的过量编码

用于表示 *E* 的数位决定了可以表示的数值范围。大的正 *E* 值表示非常大的浮点数绝对值。例如，如果 *E* 的值是 64，则所表示的浮点数位于 $2^{64}$（$>10^{18}$）和 $2^{65}$ 之间。大的负 *E* 值表示非常小的浮点数值。例如，如果 *E* 的值是 –64，则所表示的数位于 $2^{-64}$（$<10^{-18}$）和 $2^{-63}$ 之间。*E* 字段允许浮点数格式表示比整数格式更广泛的数值范围。我们会在讨论格式可表示的数字时再次讨论这一内容。

IEEE 标准采用过量或偏置编码约定来表示 *E*。如果使用 *E* 位来表示指数 *e*，将在补码表示的指数上添加（$2^{e-1}-1$）以形成其过量表示。补码是一种以翻转每一位二进制值并将结果加 1 来获得数的负值表示的方法。在我们的 3 位指数表示中，指数有 3 位（*e*=3）。因此要获取过量编码，值 $2^{3-1}-1=011$ 需要被添加到指数值的补码表示中。

过量表示的优点是可以使用无符号比较器来比较有符号数。如图 A.1 所示，在 3 位指数表示中，过量 3 位模式在被视为无符号数时从 –3 到 3 单调递增。我们将这些位模式中的每一个值都视为相应值的编码。例如，–3 的编码为 000，3 的编码为 110。因此，如果使用无符号数字比较器来比较从 –3 到 3 中任何数的过量 3 编码，比较器能在哪个数字更大、更小等方面给出正确的比较结果。例如，如果用无符号比较器比较过量 3 的编码 001 和 100，那么 001 小于 100。它们所代表的值 –2 和 1 具有完全相同的关系，可以验证结论的正确性。这对于硬件实现来说是一个非常可取的特点，因为无符号比较器比有符号比较器更小且更快。

| 二进制补码 | 十进制值 | 过量 3 |
|---|---|---|
| 101 | –3 | 000 |
| 110 | –2 | 001 |
| 111 | –1 | 010 |
| 000 | 0 | 011 |
| 001 | 1 | 100 |
| 010 | 2 | 101 |
| 011 | 3 | 110 |
| 100 | 保留模式 | 111 |

图 A.1　过量 3 编码，以过量 3 排序

过量表示中，所有位都是 1 的模式是一个保留模式。注意，0 值再加上相等数量的正值和负值最终导致有奇数个模式。将模式 111 视为偶数或奇数都会导致正数和负数的数量不平衡。IEEE 标准将这个特殊的位模式用作特殊用途，稍后讨论。

现在我们可以用 6 位格式表示 $0.5_D$：

$$0.5_D = 001000，其中 S = 0，E = 010，M = (1.)00$$

也就是说，$0.5_D$ 的 6 位表示为 001000。

一般来说，使用规格化尾数和过量编码的指数，带有 *n* 位指数的数值为：

$$\text{value} = (-1)^S \times 1M \times 2^{(E-(2^{(n-1)}-1))} \tag{A.2}$$

## A.2　可表示数字

一种数值表示格式的可表示数字是指可以在该格式中精确表示的数字。例如，如果使用 3 位无符号整数格式，可表示数字如图 A.2 所示。

| | |
|---|---|
| 000 | 0 |
| 001 | 1 |
| 010 | 2 |
| 011 | 3 |
| 100 | 4 |
| 101 | 5 |
| 110 | 6 |
| 111 | 7 |

图 A.2　3 位无符号整数格式的可表示数字

上述格式既不能表示 –1 也不能表示 9。如图 A.3 所示，我们可以绘制一个数轴来标识所有可表示数字，其中 3 位无符号整数格式的所有可表示数字都用星号标记。

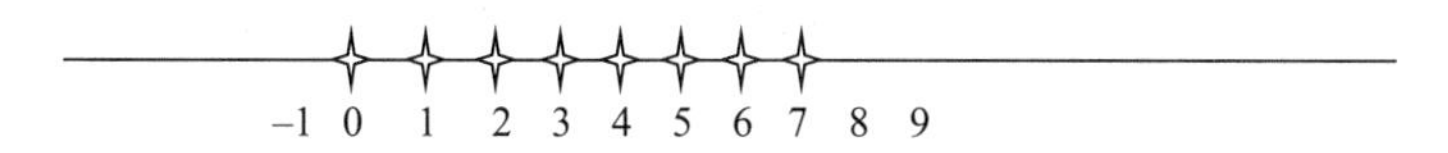


图 A.3　3 位无符号整数格式的可表示数字

浮点格式的可表示数字可以以类似的方式进行可视化。在图 A.4 中，我们展示了迄今为止所讨论的所有可表示数字以及两个变体。我们使用 5 位格式以保持表格的大小可控。该格式由 1 位 *S*、2 位 *E*（过量 1 编码）和 2 位 *M*（省略“1.”部分）组成。无零列给出了我们迄今讨论的格式的可表示数字。鼓励读者至少使用公式（A.2）生成无零列的一部分。注意在此格式中，0 不是可表示的数字之一。

| | | 无零 | | 下溢 | | 非规格化格式 | |
|---|---|---|---|---|---|---|---|
| *E* | *M* | *S*=0 | *S*=1 | *S*=0 | *S*=1 | *S*=0 | *S*=1 |
| 00 | 00 | $2^{-1}$ | $-(2^{-1})$ | 0 | 0 | 0 | 0 |
| | 01 | $2^{-1}+1\times2^{-3}$ | $-(2^{-1}+1\times2^{-3})$ | 0 | 0 | $1\times2^{-2}$ | $-1\times2^{-2}$ |
| | 10 | $2^{-1}+2\times2^{-3}$ | $-(2^{-1}+2\times2^{-3})$ | 0 | 0 | $2\times2^{-2}$ | $-2\times2^{-2}$ |
| | 11 | $2^{-1}+3\times2^{-3}$ | $-(2^{-1}+3\times2^{-3})$ | 0 | 0 | $3\times2^{-2}$ | $-3\times2^{-2}$ |
| 01 | 00 | $2^{0}$ | $-(2^{0})$ | $2^{0}$ | $-(2^{0})$ | $2^{0}$ | $-(2^{0})$ |
| | 01 | $2^{0}+1\times2^{-2}$ | $-(2^{0}+1\times2^{-2})$ | $2^{0}+1\times2^{-2}$ | $-(2^{0}+1\times2^{-2})$ | $2^{0}+1\times2^{-2}$ | $-(2^{0}+1\times2^{-2})$ |
| | 10 | $2^{0}+2\times2^{-2}$ | $-(2^{0}+2\times2^{-2})$ | $2^{0}+2\times2^{-2}$ | $-(2^{0}+2\times2^{-2})$ | $2^{0}+2\times2^{-2}$ | $-(2^{0}+2\times2^{-2})$ |
| | 11 | $2^{0}+3\times2^{-2}$ | $-(2^{0}+3\times2^{-2})$ | $2^{0}+3\times2^{-2}$ | $-(2^{0}+3\times2^{-2})$ | $2^{0}+3\times2^{-2}$ | $-(2^{0}+3\times2^{-2})$ |
| 10 | 00 | $2^{1}$ | $-(2^{1})$ | $2^{1}$ | $-(2^{1})$ | $2^{1}$ | $-(2^{1})$ |
| | 01 | $2^{1}+1\times2^{-1}$ | $-(2^{1}+1\times2^{-1})$ | $2^{1}+1\times2^{-1}$ | $-(2^{1}+1\times2^{-1})$ | $2^{1}+1\times2^{-1}$ | $-(2^{1}+1\times2^{-1})$ |
| | 10 | $2^{1}+2\times2^{-1}$ | $-(2^{1}+2\times2^{-1})$ | $2^{1}+2\times2^{-1}$ | $-(2^{1}+2\times2^{-1})$ | $2^{1}+2\times2^{-1}$ | $-(2^{1}+2\times2^{-1})$ |
| | 11 | $2^{1}+3\times2^{-1}$ | $-(2^{1}+3\times2^{-1})$ | $2^{1}+3\times2^{-1}$ | $-(2^{1}+3\times2^{-1})$ | $2^{1}+3\times2^{-1}$ | $-(2^{1}+3\times2^{-1})$ |
| 11 | 保留模式 | | | | | | |

图 A.4　无零、下溢、非规格化格式的可表示数字

图 A.5 展示了这些可表示数字如何填充数轴，其中仅展示了正数。负数与它们的正数对

应部分对称，位于0的另一侧。

图 A.5 无零格式的可表示数字

通过观察我们可以得出五个结论。第一个结论是指数位定义了可表示数字的主程。在图 A.5 中，因为有两个指数位，所以0的两侧分别有三个主程。一般主程位于2的幂之间。由于指数有两位并且有一个保留的位模式（11），因此有三个2的幂（$2^{-1} = 0.5_D$，$2^0 = 1.0_D$，$2^1 = 2.0_D$），每个都从一个可表示数字主程开始。在0的左侧还有三个2的幂（$-2^{-1} = -0.5_D$，$-2^0 = -1.0_D$，$-2^1 = -2.0_D$），在图 A.5 中没有显示。

第二个结论是尾数位定义了每个主程区间中可表示数字的数量。若使用两位尾数，则每个区间中有四个可表示数字。一般而言，若使用 $N$ 位尾数，则每个区间中有 $2^N$ 个可表示数字。如果要表示的值位于一个区间内，它将被舍入为这些可表示数字之一。显然，每个区间中可表示数字的数量越多，在该区域内能够表示的值就越精确。因此，尾数位数决定了表示的精度。

第三个结论是0在这个格式中是不可表示的。在图 A.4 的无零列中，可表示数字中缺少0。0是最重要的数字之一，无法在数字表示系统中表示0是一个严重的缺陷。我们将很快解决这个问题。

第四个结论是可表示数字在靠近0的区域变得更加接近。随着数字向零移动，每个区间的大小都是前一个区间的一半。在图 A.5 中，最右边的区间宽度为2，下一个区间宽度为1，再下一个区间宽度为0.5。虽然图 A.5 中没有显示出来，但在0的左侧也有三个区间，它们包含可表示的负数。最左边的区间宽度为2，下一个区间宽度为1，再下一个区间宽度为0.5。由于每个区间都有相同的可表示数字（图 A.5 中有四个），可表示数字在向零移动时变得更加接近。换句话说，随着数字绝对值的变小，可表示数字之间的距离变得更小。这一特点是可取的。随着这些数字的绝对值变小，更精确地表示它们变得更加重要。可表示数字之间的距离决定了落入区间的值的最大舍入误差。例如，如果你的银行账户中有十亿美元，你可能不会注意到在计算余额时存在1美元的舍入误差；然而如果总余额是10美元，1美元的舍入误差将非常显眼。

第五个结论是随着数字靠近0，表示数字的密度增加以及在区间中表示数字的精度增加的趋势在0附近不成立。换句话说，靠近0的地方存在可表示数字的间隙。这是因为规格化尾数的范围排除了0。这是另一个严重的缺陷。与在0.5和1.0之间的误差相比，在0和0.5之间的数字引入了更大的（4倍）误差。一般而言，对于尾数中的 $m$ 位，这种表示方式会在最接近零的区间中引入比下一个区间多 $2^m$ 倍的误差。对于依赖于对非常小数据值进行准确收敛条件检测的数值方法，这种缺陷可能会导致执行时的不稳定性和结果的不准确性。此外，某些算法会生成小数，并最终将它们用作分母。在除法过程中，对这些小数进行表示的误差可能会被放大，导致这些算法中的数值存在不稳定性。

一种可以将0纳入规格化浮点数系统的方法是下溢（abrupt underflow）约定，这在图 A.4 中有所说明。无论何时 $E$ 为0，该数字都被解释为0。在5位格式中，这种方法在0附近（在 −1.0 和 +1.0 之间）占用了8个可表示数字（四个正数和四个负数），并使它们全部变成0。由于其简单性，20世纪80年代的一些小型计算机使用下溢约定。即使在今天，一些需要高速运算的算术单元仍然使用下溢约定。虽然这种方法使0成为可表示数字，但它在0

附近创建了更大的可表示数字间隙，如图 A.6 所示。与图 A.5 相比，显然可表示数字的间隙在 0.5 到 1.0 之间已经显著增大（2 倍）。正如我们前面解释的，这对于许多其正确性依赖于零附近小数字的准确表示的数值算法来说是有很大问题的。

图 A.6　下溢格式的可表示数字

IEEE 标准实际采用的方法称为非规格化。该方法放宽了对接近 0 的数字的规格化要求。如图 A.6 所示，每当 $E = 0$ 时，将不再假定尾数为 1.XX 的形式，而是假定为 0.XX。指数的值被假定与上一个区间相同。例如在图 A.4 中，非规格化表示 00001 具有指数值 00 和尾数值 01。尾数被假定为 0.01，指数被假定为与上一个区间相同，即 0 而不是 –1。也就是说，00001 表示的值改为 $0.01 \times 2^0 = 2^{-2}$。图 A.7 展示了非规格化格式的可表示数字。在此格式下，0 附近的可表示数字均匀分布。直观地说，非规格化约定将在无零表示的最后一个区间中的四个数字分散出来，以覆盖间隙区域。这消除了前两种方法中的不良间隙。注意，最后两个区间中可表示数字之间的距离实际上是相同的。通常情况下，如果 $n$ 位指数为 0，则该值为：

$$0.M \times 2^{-2^{(n-1)}+2}$$

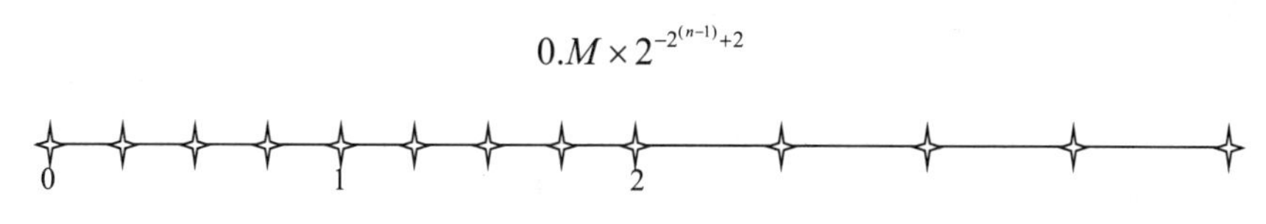


图 A.7　非规格化格式的可表示数字

正如我们所看到的，非规格化的计算公式相当复杂。硬件还需要能够检测一个数字是否落在非规格化区间，并选择适当的表示形式。高速实现非规格化所需的硬件数量非常大。若使用稍少一些的硬件实现，则通常会在需要生成或使用非规格化数字时引入数千个时钟周期的延迟。这是早期 CUDA 设备不支持非规格化的原因。然而由于现代制造工艺中可用晶体管的数量不断增加，几乎所有更新的 CUDA 设备都支持非规格化。具体来说，所有计算能力为 1.3 及以上的 CUDA 设备支持非规格化的双精度操作数，所有计算能力为 2.0 及以上的设备支持非规格化的单精度操作数。

总之，浮点表示精度通过数字表示中将数字表示为一个可表示数字时的最大误差来衡量。误差越小，精度越高。通过向尾数的表示中添加更多的位数，可以提高浮点表示的精度。通过将一位添加到尾数中，可以将最大误差减少一半，从而提高精度。因此，当数字系统的尾数使用更多位时，它具有更高的精度。这体现在 IEEE 标准中的双精度与单精度数字之间。

## A.3　特殊位模式和 IEEE 格式中的精度

我们现在转向 IEEE 格式中的具体细节。当所有指数位都为 1 时，如果尾数为 0，则表示的数字是无穷大值；如果尾数不为 0，则不是一个数字（NaN）。IEEE 浮点格式的所有特殊位模式见图 A.8。

所有其他数字都是规格化的浮点数。单精度数字有 1 位 $S$、8 位 $E$ 和 23 位 $M$。双精度数字有 1 位 $S$、11 位 $E$ 和 52 位 $M$。由于双精度数字有额外的 29 位尾数，表示一个数字的最大误差降低到单精度格式的 $1/2^{29}$。额外的 3 位指数还使得双精度格式扩展了可表示数字的区间数。这将可表示数字的范围扩展到非常大和非常小的值。

| 指数 | 尾数 | 含义 |
|---|---|---|
| 11…1 | ≠0 | NaN |
| 11…1 | =0 | $(-1)^S \times \infty$ |
| 00…0 | ≠0 | 非规格化 |
| 00…0 | =0 | 0 |

图 A.8　IEEE 标准格式中的特殊位模式

所有可表示数字都位于 $-\infty$ 和 $+\infty$ 之间。通过溢出可以创建 ∞，例如，一个大数除以一个非常小的数。任何可表示数字除以 $-\infty$ 或 $+\infty$ 的结果都为 0。

NaN 是由输入值不合理的操作生成的，例如 0/0、0× ∞、∞ / ∞、∞ − ∞。在程序中还未正确初始化的数据也使用 NaN。IEEE 标准中有两种类型的 NaN：信号 NaN 和静默 NaN。在表示信号 NaN 时，应清除最高有效尾数位；而在表示静默 NaN 时，应设置最高有效尾数位。

使用信号 NaN 作为算术操作的输入会引发异常。例如，计算操作（1.0+ 信号 NaN）会向操作系统发出异常信号。信号 NaN 被用于浮点计算时，程序在浮点计算中的任何情况下，只要 NaN 值被使用，程序都将被中断。通常，这些情况意味着程序执行出现了问题。在执行关键任务的应用程序中，只有在通过其他方式验证执行的有效性之后，程序才能继续执行。例如，软件工程师经常将所有未初始化的数据标记为信号 NaN。这种做法确保在程序执行期间能检测到使用了未初始化的数据。由于在大规模并行执行期间支持准确的信号化较为困难，当前的 GPU 硬件不支持信号 NaN。

将静默 NaN 用作算术操作的输入时，它会生成另一个静默 NaN，而不会引发异常。例如计算操作（1.0+ 静默 NaN）会生成一个静默 NaN。静默 NaN 通常用于用户可以查看输出并决定是否应该使用不同的输入重新运行应用程序以获得更有效的结果的应用程序中。在打印结果时，静默 NaN 会打印为 NaN，以便用户可以在输出文件中找到它们。

## A.4　算术精度和舍入

既然我们已经对 IEEE 浮点格式有了很好的理解，现在可以讨论算术精度的概念了。虽然精度（precision）是由浮点数格式中使用的尾数位数决定的，但算术精度（accuracy）是由在浮点数上执行的操作决定的。浮点算术操作的算术精度是通过操作引入的最大误差来衡量的。误差越小，算术精度越高。浮点算术中最常见的误差来源是操作生成一个无法准确表示的、需要舍入的结果。如果结果值的尾数需要太多位才能准确表示，那么就会发生舍入。例如，乘法可能会生成一个乘积值，其位数是输入值的两倍。再例如，如果两个浮点数的指数相同，则可以通过将它们的尾数值相加来进行浮点数相加；而当浮点加法的两个输入操作数具有不同的指数时，具有较小指数的操作数的尾数会反复除以 2 或右移（即所有尾数位向右移动一位）直到指数相等。这就导致最终结果可能具有超过格式所能容纳的位数。

操作数的对齐位移可以通过基于图 A.4 中的 5 位表示的简单示例来说明。假设我们需要将 $1.00_B \times 2^{-2}$（0，00，01）加到 $1.00_B \times 2^1{}_D$（0，10，00），也就是说，我们需要执行操作 $1.00_B \times 2^1 + 1.00_B \times 2^{-2}$。由于值的差异，第二个数的尾数值需要先右移 3 位才能将其添加到第一个尾数值。也就是说，加法变为 $1.00_B \times 2^1 + 0.001_B \times 2^1$。现在可以通过将尾数值相加来执行加法。理想结果应该是 $1.001_B \times 2^1$。然而，我们可以看到这个理想结果在 5 位表示中不是一个可表示数字：它需要三位尾数，而格式中只有两位尾数。因此我们能做的是生成最接近的可表示数字之一，即 $1.00_B \times 2^1$ 或 $1.01_B \times 2^1$。这样一来，我们引入了一个误差 $0.001_B \times 2^1$。这是最低位值的一半，我们称之为 $0.5_D$ ULP（最后一位的单位）。如果硬件被设计为完美执行算术和舍入操作，那么引入的最大误差应该不超过 $0.5_D$ ULP。据我们所知，这也是所有当前 CUDA 设备中的加法和减法操作实现的算术精度。

在实践中，一些更复杂的算术硬件单元，如除法和超越函数，通常是通过多项式逼近算法实现的。如果硬件在逼近中没有使用足够数量的项，可能会产生比 $0.5_D$ ULP 更大的误差结果。例如，如果反演操作的理想结果是 $1.00_B \times 2^1$，但由于使用逼近算法，硬件生成了 $1.10_B \times 2^1$，那么错误就是 $2_D$ ULP，其中误差（$1.10_B - 1.00_B = 0.10_B$）比最后一位的单位（$0.01_B$）大两倍。实践中一些早期设备的硬件反演操作引入了一个比尾数最低位的位数大两倍的错误，即 2 ULP。现代 CUDA 设备中有更丰富的晶体管，它们的硬件算术操作也更加精确。

## A.5　算法考虑事项

数值算法经常需要对大量的值进行求和。例如矩阵乘法中的点积需要对输入矩阵元素的成对积进行求和。理想情况下，因为加法是一种关联操作，求和这些值的顺序不应该影响最终的总和。然而在有限精度下，求和这些值的顺序可能会影响最终结果的准确性。例如，假设我们需要在 5 位表示中对四个数字进行求和归约：$1.00_B \times 2^0 + 1.00_B \times 2^0 + 1.00_B \times 2^{-2} + 1.00_B \times 2^0 + 1.00_B \times 2^{-2}$。如果按严格的顺序将数字相加，则有以下操作序列：

$$
\begin{aligned}
&1.00_B \times 2^0 + 1.00_B \times 2^0 + 1.00_B \times 2^{-2} + 1.00_B \times 2^{-2} \\
&= 1.00_B \times 2^1 + 1.00_B \times 2^{-2} + 1.00_B \times 2^{-2} \\
&= 1.00_B \times 2^1 + 1.00_B \times 2^{-2} = 1.00_B \times 2^1
\end{aligned}
$$

注意在第二步和第三步中，较小的操作数会因为与较大的操作数相比太小而消失。

现在让我们考虑一个并行算法，其中首先将前两个值相加，然后在并行操作中将后两个操作数相加。之后算法会求出成对的和：

$$(1.00_B \times 2^0 + 1.00_B \times 2^0) + (1.00_B \times 2^{-2} + 1.00_B \times 2^{-2}) = 1.00_B \times 2^1 + 1.00_B \times 2^{-1} = 1.01_B \times 2^1$$

读者应该意识到这个算法是第 10 章中介绍的归约树，其假设了加法操作的关联性。注意并行结果与顺序结果不同。这是因为第三个和第四个值的和足够大，以至于其最终影响了加法结果。串行算法和并行算法之间的这种不一致通常会让不熟悉浮点精度和准确性考虑的应用程序开发人员感到惊讶。虽然我们展示了并行算法产生了比串行算法更准确的结果的情况，但读者应该能够想出一个略微不同的、并行算法产生的结果比串行算法的结果更不准确的情况。也就是说，加法操作的关联性对于浮点数来说并不是绝对的。经验丰富的应用程序开发人员要么确保最终结果的变化是可以容忍的，要么确保数据被排序或分组，使得并行算法产生最准确的结果。

最大化浮点算术精度的常见技术是在归约计算之前对数据进行预排序。在求和归约示例中，如果我们根据升序的数值顺序对数据进行预排序，将得到以下结果：

$$1.00_B \times 2^{-2} + 1.00_B \times 2^{-2} + 1.00_B \times 2^0 + 1.00_B \times 2^0$$

当我们在并行算法中将数字分成组时，比如一个组中有第一对，另一个组中有第二对，数值接近的数字将在同一组中。显然我们需要在预排序过程中考虑数字的符号。因此当我们在这些组中进行加法运算时，更可能得到准确的结果。此外，一些并行算法使用每个线程来逐个在每个组中归约值。按升序对数字进行排序允许串行相加获得更高的精度。这就是在大规模并行数值算法中经常使用排序的原因。有兴趣的读者可以研究更高级的技术，比如补偿求和算法（也称为 Kahan 求和算法），以获得更健壮的浮点值精确求和方法（Kahan，1965）。

## A.6　线性求解器和数值稳定性

操作顺序可能会导致归约操作的数值结果有所变化，但对于某些类型的计算，比如线性方程组的求解器，操作顺序可能会产生更严重的影响。在这些求解器中，不同的输入数值可能需要不同的操作顺序才能找到解。如果算法未能按照所需的操作顺序对输入进行操作，即使解存在，也可能找不到解。能够始终找到适当的操作顺序并找到问题的解的算法被称为数值稳定的。无法做到这一点的算法被称为数值不稳定的。

在某些情况下，对数值稳定性的考虑可能会使在计算问题上找到高效的并行算法变得更加困难。我们可以用基于高斯消元的求解器来说明这一现象。考虑以下线性方程组：

$$3X+5Y+2Z=19 \tag{A.3}$$

$$2X+3Y+Z=11 \tag{A.4}$$

$$X+2Y+2Z=11 \tag{A.5}$$

只要这些方程表示的三个平面有一个交点，我们就可以使用高斯消元来导出给出交点坐标的解。我们在图 A.9 中展示了将高斯消元应用于该系统的过程，其中变量从较低位置的方程式中被系统地消除。

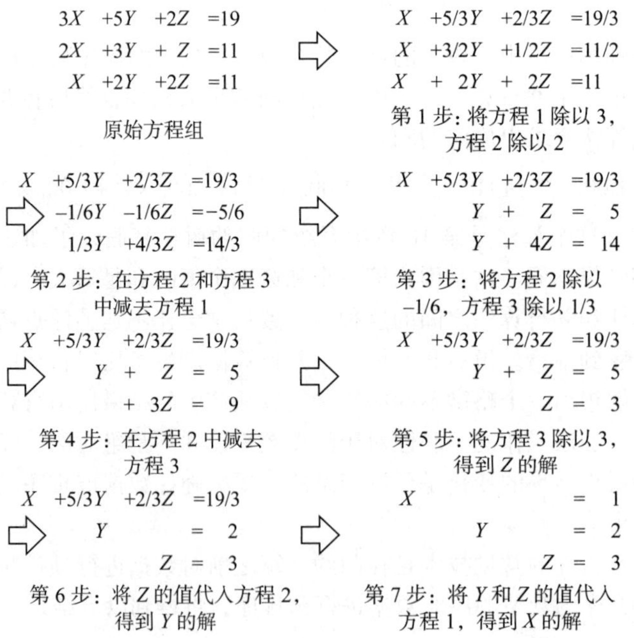

$$\begin{aligned}3X+5Y+2Z&=19\\2X+3Y+Z&=11\\X+2Y+2Z&=11\end{aligned}$$

原始方程组

$$\begin{aligned}X+5/3Y+2/3Z&=19/3\\X+3/2Y+1/2Z&=11/2\\X+2Y+2Z&=11\end{aligned}$$

第 1 步：将方程 1 除以 3，方程 2 除以 2

$$\begin{aligned}X+5/3Y+2/3Z&=19/3\\-1/6Y-1/6Z&=-5/6\\1/3Y+4/3Z&=14/3\end{aligned}$$

第 2 步：在方程 2 和方程 3 中减去方程 1

$$\begin{aligned}X+5/3Y+2/3Z&=19/3\\Y+Z&=5\\Y+4Z&=14\end{aligned}$$

第 3 步：将方程 2 除以 –1/6，方程 3 除以 1/3

$$\begin{aligned}X+5/3Y+2/3Z&=19/3\\Y+Z&=5\\+3Z&=9\end{aligned}$$

第 4 步：在方程 2 中减去方程 3

$$\begin{aligned}X+5/3Y+2/3Z&=19/3\\Y+Z&=5\\Z&=3\end{aligned}$$

第 5 步：将方程 3 除以 3，得到 $Z$ 的解

$$\begin{aligned}X+5/3Y+2/3Z&=19/3\\Y&=2\\Z&=3\end{aligned}$$

第 6 步：将 $Z$ 的值代入方程 2，得到 $Y$ 的解

$$\begin{aligned}X&=1\\Y&=2\\Z&=3\end{aligned}$$

第 7 步：将 $Y$ 和 $Z$ 的值代入方程 1，得到 $X$ 的解

图 A.9　用于线性方程组求解系统的高斯消元与反向代入消元

在第 1 步中，所有方程都除以其 $X$ 变量的系数：方程（A.3）的系数为 3，方程（A.4）的系数为 2，方程（A.5）的系数为 1。这使得所有方程中 $X$ 的系数相同。在第 2 步中，方程（A.4）和方程（A.5）分别减去方程（A.3）。这些减法将变量 $X$ 从方程（A.4）和方程（A.5）中消除，如图 A.9 所示。

现在我们可以将方程（A.4）和方程（A.5）视为一个比原方程少一个变量的较小的方程系统。由于它们不包含变量 $X$，所以可以独立于方程（A.3）解决。通过消除方程（A.5）中的变量 $Y$，我们可以取得更多的进展。在第 3 步中，将方程（A.4）和方程（A.5）除以其 $Y$ 变量的系数：方程（A.4）的系数为 –1/6，方程（A.5）的系数为 1/3。这使得方程（A.4）和方程（A.5）中 $Y$ 的系数相同。在第 4 步中，从方程（A.5）中减去方程（A.4），使得方程（A.5）中消除了变量 $Y$。

对于具有更多方程的系统，该过程会重复多次。然而由于在这个示例中只有三个变量，第三个方程只包含 $Z$ 变量。我们只需将方程（A.5）除以变量 $Z$ 的系数。这给出了解 $Z = 3$。

有了 $Z$ 变量的解，我们可以将 $Z$ 值代入方程（A.4）中，得到解 $Y = 2$。然后我们可以将 $Z = 3$ 和 $Y = 2$ 同时代入方程（A.3）中，得到解 $X = 1$。我们现在已经获得了原系统的完整解。显然，第 6 步和第 7 步形成了反向代入方法的第二阶段。我们从最后一个方程向第一个方程回溯，为越来越多的变量找到解。

通常情况下，方程在计算机中以矩阵形式存储。由于所有计算只涉及系数和右侧值，因此我们只需在矩阵中存储这些系数和右侧值。图 A.10 展示了高斯消元和反向代入过程的矩阵视图。矩阵的每一行对应于原始方程。对方程的操作变成对矩阵行的操作。

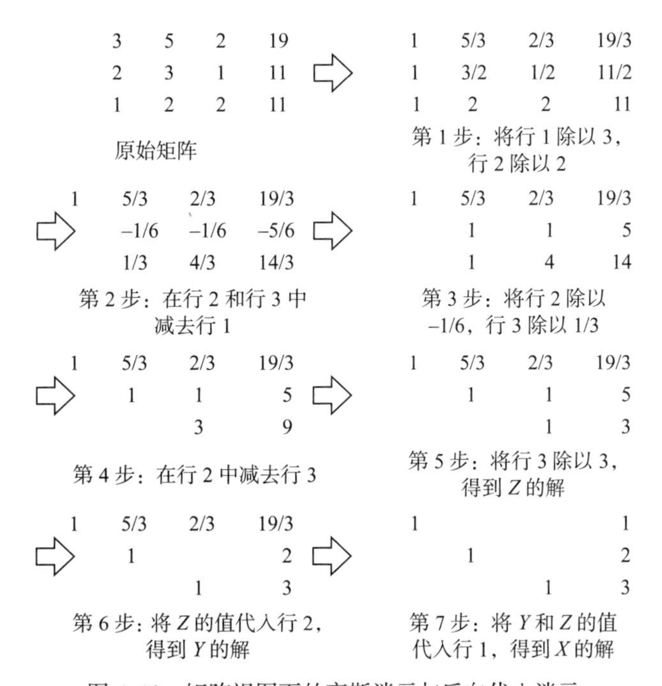


图 A.10　矩阵视图下的高斯消元与反向代入消元

经过高斯消元后，矩阵变成了一个上三角矩阵。出于各种物理和数学原因，这是一种非常流行的矩阵类型。我们可以看到，最终目标是使矩阵的系数部分变成对角线形式，其中每一行对角线上只有一个值 1。这被称为单位矩阵，因为任何矩阵乘以单位矩阵的结果仍然是它本身。这也是对矩阵执行高斯消元等于将矩阵与其逆矩阵相乘的原因。

通常情况下，对于我们在图 A.10 中所示的高斯消元过程设计并行算法是很直观的。例如我们可以编写一个 CUDA 核函数，并将每个线程指定为在矩阵的一行上执行所有计算。对于适用共享内存的系统，我们可以使用线程块执行高斯消元。所有线程都会遍历计算步骤。在每个除法步骤之后，所有线程都参与屏障同步。然后所有线程都执行减法步骤。减法步骤完成后线程将停止参与计算，这是因为其指定的行在反向代入消元阶段之前没有更多的工作要做。在减法步骤之后，所有线程需要再次执行屏障同步，以确保下一个步骤将在更新后的信息上进行计算。当方程系统有许多变量时，我们可以期望从并行执行中获得合理的加速。

然而，我们一直在使用的简单高斯消元算法可能会遭受数值不稳定性的困扰。下面的例子可以说明这一点：

$$5Y + 2Z = 16 \tag{A.6}$$

$$2X + 3Y + Z = 11 \tag{A.7}$$

$$X + 2Y + 2Z = 11 \tag{A.8}$$

当我们执行算法的第 1 步时就会遇到一个问题。方程（A.6）中 $X$ 变量的系数为零。我们将无法通过 $X$ 变量的系数除方程（A.6），并通过从方程（A.7）和方程（A.8）中减去方程（A.6）来消除方程（A.7）和方程（A.8）中的 $X$ 变量。读者应该验证这个方程系统是可解的，且具有唯一解：$X = 1$，$Y = 2$，$Z = 3$。因此，该算法在数值上是不稳定的。即使解存在，它也可能无法为某些输入值生成解。

这是高斯消元算法的一个众所周知的问题，可以通过一种通常称为*主元法*的方法来解决。其思路是找到剩余方程中系数不为零的主元变量的方程。通过交换当前顶部方程和被识别的方程，算法可以成功地从其他方程中消除主元变量。如果我们将主元法应用于这三个方程，可得到以下一组方程：

$$2X + 3Y + Z = 11 \tag{A.9}$$

$$5Y + 2Z = 16 \tag{A.10}$$

$$X + 2Y + 2Z = 11 \tag{A.11}$$

注意方程（A.9）中 $X$ 的系数不再为零。我们可以继续进行高斯消元，如图 A.11 所示。

读者应该按照图 A.11 中的步骤进行操作。需要额外注意的问题是，一些方程可能没有当前步骤正在消除的变量（参见图 A.11 中第 1 步的第 2 行）。这样的线程不需要对方程进行除法运算。

通常情况下，主元法应该选择所有主元变量中具有最大绝对系数值的方程，并将其方程（行）与当前顶部方程交换，同时将变量（列）与当前变量交换。虽然主元法在概念上很简单，但它可能会带来相当显著的复杂性和性能开销。在我们简单的 CUDA 核函数实现中，每个线程都被分配了一行。主元法需要检查并有可能需要交换分布在不同线程中的系数数据。如果所有系数都在共享内存中，这不是一个大问题。只要我们控制了线程束内的控制流发散程度，就可以使用块中的线程运行并行的最大值归约。

然而，如果线性方程组由多个线程块甚至计算集群的多个节点求解，那么检查跨越多个线程块或多个计算集群节点的数据的想法可能是代价高昂的。这是用于避免全局数据检查的通信避免算法（Ballard et al., 2011）的主要提出动机。通常有两种方法来解决这个问题。部分主元选取将交换操作的候选项限制为来自本地方程集的方程，以限制全局检查的成本。然而这可能会稍微降低解的数值精度。研究人员还证明，随机化似乎有利于保持解的高数值精度水平。

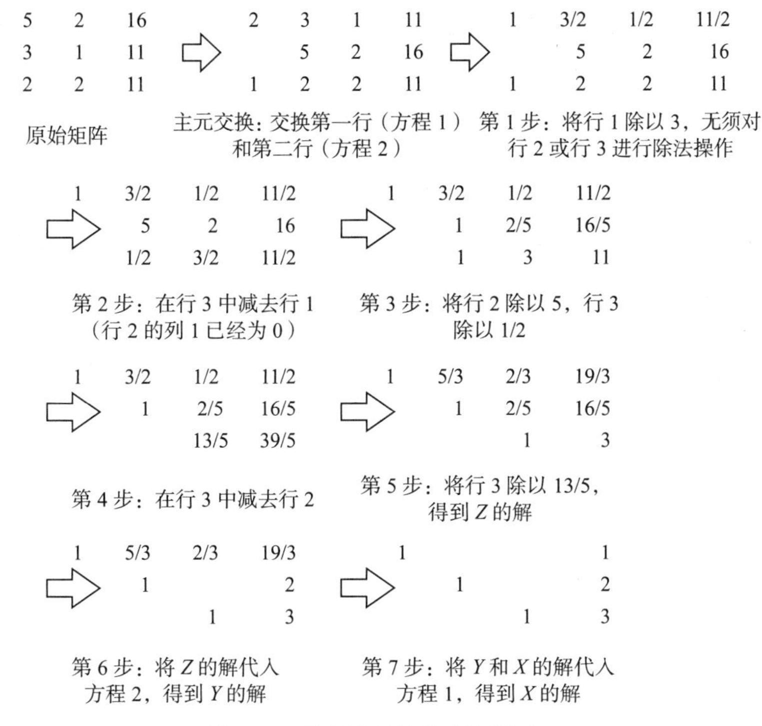


图 A.11　使用主元法的高斯消元

## A.7　总结

在本附录中，我们介绍了浮点数格式和可表示数的概念，这些概念是理解精度的基础。基于这些概念，我们解释了非规格化数以及它们在许多数值应用中的重要性。在早期的 CUDA 设备中并不支持非规格化数。然而，现代硬件支持非规格化数。我们还解释了浮点运算的算术精度的概念。对于 CUDA 程序员来说，理解在特殊功能单元中实现的快速算术运算可能存在较低精度这一潜在问题非常重要。更为重要的是，读者现在应该对为什么并行算法常常会影响计算结果的准确性以及如何使用排序等技术来提高计算准确性有了很好的理解。

## 练习

1. 仿照图 A.5，画出 6 位格式（1 位符号位，3 位尾数，2 位指数）的数轴图。使用你的结果解释每个额外的尾数位对于数轴上的可表示数集的意义。
2. 仿照图 A.5，再画出 6 位格式（1 位符号位，2 位尾数，3 位指数）的数轴图。使用你的结果解释每个额外的指数位对于数轴上的可表示数集的意义。
3. 假设在新处理器设计阶段，由于技术困难，进行加法运算的浮点计算单元只能进行向 0 舍入（即向靠近 0 的方向进行截断）。硬件保留了足够多的位，因此只有舍入会导致误差。在此机器上的最大加法 ULP 误差是多少?

4. 一位研究生写了一个归约大浮点数组的 CUDA 核函数，用于加和数组中的所有元素。此数组将一直按最小至最大的有序方式存储。为避免分支发散，此学生决定实现图 A.4 中的算法。解释为什么这会降低结果的算术精度。
5. 假设在设计算术单元时，硬件实现了一个迭代近似算法以在每个周期进行 sin() 函数计算时生成两位额外的尾数精度。此架构允许算术函数在 9 个周期内迭代。假设硬件以 0 填充所有的剩余尾数位。此硬件实现中 IEEE 单精度数字标准下的 sin() 函数的最大 ULP 误差是多少？假设被忽略的“1.”尾数位在此算术单元中也必须生成。

# 参考文献


IEEE Microprocessor Standards Committee, 2008. Draft Standard for Floating-Point Arithmetic P754, Most recent revision January 2008.

Kahan, W., 1965. Further remarks on reducing truncation errors. Commun. ACM 8 (1), 40. Available from: https://doi.org/10.1145/363707.363723.

Ballard, G., Demmel, J., Holtz, O., Schwartz, O., 2011. Minimizing communication in numerical linear algebra. SIAM J. Matrix Anal. Appl. 32 (3), 866–901.